DIE GRUNDLEHREN DER

MATHEMATISCHEN WISSENSCHAFTEN

IN EINZELDARSTELLUNGEN MIT BESONDERER BERÜCKSICHTIGUNG DER ANWENDUNGSGEBIETE

HERAUSGEGEBEN VON

R. GRAMMEL · E. HOPF · H. HOPF · W. MAGNUS
F. K. SCHMIDT · B. L. VAN DER WAERDEN

BAND LXXXVIII

GRUNDPROBLEME DER MATHEMATISCHEN THEORIE ELEKTROMAGNETISCHER SCHWINGUNGEN

VON

CLAUS MÜLLER

SPRINGER-VERLAG
BERLIN · GÖTTINGEN · HEIDELBERG
1957

GRUNDPROBLEME DER MATHEMATISCHEN THEORIE ELEKTROMAGNETISCHER SCHWINGUNGEN

VON

DR. CLAUS MÜLLER
O. PROFESSOR AN DER TECHNISCHEN HOCHSCHULE AACHEN

MIT 8 ABBILDUNGEN

SPRINGER-VERLAG
BERLIN · GÖTTINGEN · HEIDELBERG
1957

ISBN-13: 978-3-642-94697-4 e-ISBN-13: 978-3-642-94696-7
DOI: 10.1007/978-3-642-94696-7

Softcover reprint of the hardcover 1st edition 1957

Vorwort

Infolge der vielfältigen Fragen, die durch die schnelle Entwicklung der Technik der elektrischen Wellen an die Mathematik herangetragen wurden, ergab sich ein Arbeitsgebiet, das vom Vorbild der klassischen Potentialtheorie ausgeht und die Entwicklung einer mathematischen Theorie der elektromagnetischen Schwingungen zum Ziele hat.

Der ausgesprochen mathematische Charakter, den HEINRICH HERTZ und G. HEAVISIDE in grundlegenden Arbeiten aus den Jahren 1888 bis 1900 diesem Fragenkreis bereits gegeben hatten, förderte diese Tendenz beträchtlich. Ihr Aufbau der MAXWELLschen Theorie formuliert eine Fülle mathematischer Probleme von großer Allgemeinheit und reduziert die theoretische Beschreibung elektromagnetischer Vorgänge auf die Lösung genau definierter mathematischer Aufgaben.

Die Anfänge der technischen Entwicklung, die sich aus der HERTZschen Entdeckung der elektrischen Wellen ergaben, fielen zusammen mit den Arbeiten zur Lösung der DIRICHLETschen und NEUMANNschen Probleme, die den Abschluß der klassischen Potentialtheorie erbrachten. Im Anschluß an die FREDHOLMsche Theorie der linearen Integralgleichungen im Jahre 1904 wurden namentlich von DAVID HILBERT und H. POINCARÉ viele berühmte Probleme der mathematischen Physik des 19. Jahrhunderts in schneller Folge abschließend behandelt.

Es ist wohl natürlich, daß diese Ergebnisse, von denen nur die Lösung der klassischen Randwertprobleme und der Eigenwertprobleme genannt seien, auch ins Gebiet der elektromagnetischen Schwingungen ausstrahlten. Die ersten mathematischen Untersuchungen dieser Fragen stehen daher ganz im Zeichen einer Entwicklung, die ihre entscheidenden Anregungen von der Potentialtheorie erhielt. Als das interessanteste Ergebnis dieser Zeit können wohl die Gesetze der asymptotischen Verteilung der Eigenfrequenzen geschlossener Hohlräume angesehen werden, die H. WEYL zwischen 1910 und 1915 formulierte. Es zeigte sich jedoch schon hier, daß die Fragen der Theorie elektromagnetischer Schwingungen nicht als einfache Verallgemeinerung der Probleme der Potentialtheorie angesehen werden können, sondern charakteristische Schwierigkeiten besitzen, die sich aus der besonderen Gestalt der MAXWELLschen Gleichungen ergeben.

Unabhängig von diesen prinzipiellen Untersuchungen waren ebenfalls in Analogie zu den Verfahren der Potentialtheorie Lösungsmethoden entwickelt worden, die nach dem Gedanken der Separation der Variablen spezielle Probleme zu behandeln gestatten. Mit diesem Verfahren arbeitet die Theorie der Beugung an der Kugel, die 1908 von G. MIE entwickelt wurde, und in anderer Form auch die von A. SOMMERFELD gefundene Theorie der Spiegelung an einer Halbebene und am Keil.

Namentlich bei den Arbeiten von A. SOMMERFELD aus den Jahren um die Jahrhundertwende zeigte sich gegenüber der Potentialtheorie ein entscheidender Unterschied, der darin bestand, daß sich die elektromagnetischen Schwingungen im Unendlichen wesentlich anders verhielten, als nach den Ergebnissen der Potentialtheorie zu erwarten war. Bei allen Problemen, die die Behandlung des Unendlichen erfordern, und das ist bei der Ausbreitung der elektromagnetischen Wellen der Fall, ergaben sich Schwierigkeiten, die nicht in Analogie zur Potentialtheorie behandelt werden konnten.

Im letzten Jahrzehnt hat sich nun gezeigt, daß gerade das Verhalten im Unendlichen die entscheidenden Aussagen ermöglicht. Schon A. SOMMERFELD hatte 1898 erkannt, daß die Eindeutigkeit der skalaren Beugungsprobleme, wie sie bei den akustischen Schwingungen auftreten, nur gewährleistet ist, wenn eine sogenannte Ausstrahlungsbedingung zusätzlich gefordert wird, die besagt, daß der durch das Schwingungsfeld bewirkte Energietransport ins Unendliche gerichtet ist. Im mathematischen Sinne ist diese Ausstrahlungsbedingung eine Art Randbedingung im Unendlichen, die ein bestimmtes asymptotisches Verhalten fordert. Durch diese Ausstrahlungsbedingung war die vollständige Formulierung der skalaren Beugungsprobleme möglich. Ihre konsequente mathematische Behandlung konnte jedoch erst wesentlich später vorgenommen werden, als F. RELLICH 1943 zeigte, daß die von SOMMERFELD gegebenen Formulierungen der Beugungsprobleme der Akustik nur eindeutig bestimmte Lösungen besitzen können. Der Beweis der Existenz dieser Lösungen wurde dann 1952 von H. WEYL und dem Verfasser gegeben.[1]

In den letzten Jahren ist es nun auch gelungen, die Grundprobleme der Theorie der Ausbreitung elektromagnetischer Schwingungen in der Allgemeinheit und Schärfe zu behandeln, die von einer mathematischen Theorie erwartet wird. Es schwebte mir vor, der klassischen Potentialtheorie einen Fragenkreis an die Seite zu stellen, der im gleichen Maße von der Wechselwirkung zwischen physikalischer Vorstellung und mathe-

[1] Über eine ähnliche Entwicklung in der Sowjetunion unterichtet das Buch von W. D. KUPRADSE: Randwertaufgaben der Schwingungstheorie und Integralgleichungen (Berlin 1956).

matischer Formulierung lebt, wie es bei den Problemen der Potentialtheorie der Fall ist. Das vorliegende Buch gibt eine geschlossene Darstellung meiner Arbeiten zur Theorie der elektromagnetischen Schwingungen aus den Jahren 1945 bis 1955, wobei einige Ergebnisse, namentlich die Untersuchungen über die Strahlungscharakteristiken, hier erstmalig erscheinen.

An mathematischen Hilfsmitteln werden die Theorie der Kugelfunktionen und die Theorie der BESSEL-Funktionen weitgehend benutzt. Beide Gebiete werden in der vorliegenden Darstellung so weit dargestellt, als sie für den Ausbau der Theorie notwendig sind. Daneben wird die Theorie der Vektorfelder auf geschlossenen Flächen benötigt, die mit differentialgeometrischen und topologischen Methoden arbeitet. Die Theorie der linearen Operatoren ermöglicht den Abschluß der Existenzbeweise und stellt damit ein wesentliches Hilfsmittel der mathematischen Theorie elektromagnetischer Schwingungen dar. Auch diese Gebiete sind in der Darstellung enthalten.

Ich habe versucht, den durch die Vielzahl der Begriffsbildungen und mathematischen Ergebnisse bedingten Verlust an Einheitlichkeit dadurch auszugleichen, daß die Probleme der Theorie elektromagnetischer Schwingungen stets als Bindeglieder der mathematischen Theorien erscheinen.

In einem einleitenden Abschnitt wird zunächst die MAXWELL-HERTZsche Theorie der elektrischen Schwingungen kurz entwickelt. Ausgehend von der Integralform der MAXWELLschen Gleichungen ergibt sich auf natürliche Weise eine erweiterte Interpretation der differentiellen Gesetze, die darin besteht, daß die Grundoperationen der Vektoranalysis, wie Rotation und Divergenz, nicht in der üblichen Weise mit Hilfe der partiellen Ableitung der Vektorfelder definiert werden, sondern direkt als räumliche Grenzprozesse erscheinen. Dieser Gedanke liegt vielen physikalischen Begriffsbildungen zugrunde, ist aber in seiner mathematischen Konsequenz erst in letzter Zeit verfolgt worden.

Der § 1 führt dieses Programm durch und zeigt die durch diese erweiterten Definitionen gewonnenen Möglichkeiten. Insbesondere ergeben sich Beweise bekannter Identitäten unter abgeschwächten Voraussetzungen. Es gelingt dabei, die in der Potentialtheorie immer wieder benötigte Voraussetzung der HÖLDER-Stetigkeit in vielen Fällen durch die normale Stetigkeit zu ersetzen.

In den folgenden Abschnitten werden dann die wichtigsten Ergebnisse aus der Theorie der skalaren Schwingungsgleichung abgeleitet, die in den letzten Jahren entdeckt wurden. Einige dieser Ergebnisse erscheinen hier zum erstenmal. Bei diesen Untersuchungen spielt das Verhalten im Unendlichen eine besondere Rolle, so daß gerade diese

Abschnitte die Unterschiede gegenüber der Potentialtheorie besonders herausarbeiten.

Nach diesen Vorbereitungen lassen sich dann die Grundprobleme der elektromagnetischen Schwingungen behandeln, wobei zunächst die Fragen des homogenen Raumes untersucht werden. Hier werden die Ausstrahlungsbedingungen der elektromagnetischen Schwingungen bedeutsam, da sie die Eindeutigkeitsbeweise für die gesamte Theorie ermöglichen.

Die letzten Abschnitte bringen die Beweise der Existenz der von der MAXWELL-HERTZschen Theorie geforderten Felder im materieerfüllten Raum und stellen damit die Lösung der allgemeinen Beugungsprobleme dar.

Es ging mir nicht darum, eine möglichst vollständige Behandlung der vielfältigen Probleme und Methoden der mathematischen Theorie elektromagnetischer Schwingungen zu geben, zumal bereits Darstellungen vorliegen, die sich besonders mit speziellen Problemen befassen. Ich habe vielmehr versucht, die Tragweite und Geschlossenheit der Grundgedanken der Theorie in ihrer Allgemeinheit darzulegen. Diese Grundgedanken, die durch die MAXWELLschen Gleichungen, das HUYGENSsche Prinzip und die Ausstrahlungsbedingungen gekennzeichnet sind, ermöglichen eine Theorie, die an innerer Geschlossenheit der Potentialtheorie gleichkommt, und sie an Vielfalt der Fragestellungen noch übertrifft. A. SOMMERFELD spricht in ähnlichem Zusammenhang von der prästabilierten Harmonie von Mathematik und Physik. Ich hoffe, daß es mir durch diese Darstellung gelungen ist, ein weiteres Beispiel dieser reizvollen Beziehungen zu geben.

Dem Institute of Mathematical Sciences in New York und seiner Forschungsgruppe für Elektromagnetische Schwingungen unter M. KLINE verdanke ich viele wertvolle Diskussionen. Bei der Durchsicht des Manuskriptes und der Korrekturen hat mir Herr R. LEIS wesentliche Hilfe geleistet. Herrn H. NIEMEYER und Frl. R. TROMMSDORFF danke ich für ihre Mitarbeit beim Lesen der Korrekturen und der Anfertigung des Sachverzeichnisses.

Aachen, Januar 1957

CLAUS MÜLLER

Inhaltsverzeichnis

Einleitung

Die von MAXWELL und HERTZ aufgestellte Theorie beschreibt die elektromagnetischen Schwingungen durch zwei Vektorfelder $\mathfrak{E}$ und $\mathfrak{H}$, die als elektrisches und magnetisches Feld bezeichnet werden. Der Schwingungsvorgang wird weiterhin charakterisiert durch eine Frequenz ω, während die Eigenschaften der Materie, in denen sich diese Vorgänge abspielen, durch Materialgrößen ε und μ festgelegt werden. Die eingeprägten Kräfte, die die Schwingungsvorgänge erzeugen, nennen wir $\mathfrak{J}$ und $\mathfrak{J}'$ und bezeichnen sie als elektrische und magnetische Ströme.

Zwischen diesen Vektorfeldern und den Materialgrößen bestehen Beziehungen, die durch die MAXWELLschen Gleichungen wie folgt formuliert werden $(i = \sqrt{-1})$[1]

$$\nabla \times \mathfrak{H} + i\,\omega\,\varepsilon\,\mathfrak{E} = \mathfrak{J}, \tag{1}$$

$$\nabla \times \mathfrak{E} - i\,\omega\,\mu\,\mathfrak{H} = -\mathfrak{J}'. \tag{2}$$

Zu diesen Gesetzen treten noch die Gleichungen

$$\nabla\,\mathfrak{J} - i\,\omega\,P = 0, \tag{3}$$

$$\nabla\,\mathfrak{J}' - i\,\omega\,P' = 0, \tag{4}$$

die wir als Definitionsgleichungen für P und P' auffassen. Die Funktionen P und P' nennen wir elektrische bzw. magnetische Ladungsdichten.

Die mathematische Theorie elektromagnetischer Schwingungen behandelt die Lösungen dieser Gleichungen. Aus der physikalischen Erfahrung folgen einige Einschränkungen, denen ω, ε und μ zu genügen haben. Die Frequenz ω als wichtigste, dem Schwingungsvorgang in seiner Gesamtheit zugeordnete Größe, ist in der vorliegenden Darstellung eine komplexe Konstante, die der Bedingung

$$0 \leqq \arg(\omega) < \pi \tag{5}$$

[1] Diese Gleichungen gehen aus den zeitabhängigen MAXWELLschen Gleichungen hervor, wenn ein geeignetes Maßsystem eingeführt wird, und alle Glieder den Zeitanteil in der Form $e^{-i\omega t}$ enthalten [vgl. Gl. (17), S. 3].

unterworfen wird. Die Vektorfelder $\mathfrak{E}$, $\mathfrak{H}$ und $\mathfrak{J}$, $\mathfrak{J}'$ sind komplexwertig, während ε und μ in der Form

$$\varepsilon = \varepsilon_0 + \frac{i\sigma}{\omega}, \tag{6}$$

$$\mu = \mu_0 + \frac{i\sigma'}{\omega} \tag{7}$$

dargestellt werden können. Hier sind ε_0, μ_0 und σ, σ' reell und genügen

$$\varepsilon_0 > 0; \quad \mu_0 > 0; \quad \sigma \geqq 0; \quad \sigma' \geqq 0. \tag{8}$$

Spielen sich die Schwingungsvorgänge in einem Raum ab, der inhomogen mit Materie erfüllt ist, so werden diese Größen räumlich veränderlich sein. Die physikalische Interpretation dieser Materialkonstanten lautet:

ε_0 = Dielektrizitätskonstante,
μ_0 = Permeabilität,
σ = elektrische Leitfähigkeit,
σ' = magnetische Leitfähigkeit.

Die letzte Größe ist in allen bekannten Fällen gleich Null. Aus Gründen der inneren Symmetrie der MAXWELLschen Gleichungen lassen wir aber auch $\sigma' > 0$ zu, was sich später als vorteilhaft erweisen wird.

Für viele Betrachtungen ist der POYNTINGsche Vektor

$$\mathfrak{S} = \overline{\mathfrak{E}} \times \mathfrak{H} \tag{9}$$

von besonderer Bedeutung. Sind $\mathfrak{E}$ und $\mathfrak{H}$ Lösungen von Gl. (1) und (2) so gilt nämlich

$$\begin{aligned} \nabla\mathfrak{S} &= \nabla(\overline{\mathfrak{E}} \times \mathfrak{H}) = \mathfrak{H}\cdot\nabla\times\overline{\mathfrak{E}} - \overline{\mathfrak{E}}\cdot\nabla\times\mathfrak{H} \\ &= -i\overline{\omega}\overline{\mu}\,\mathfrak{H}\overline{\mathfrak{H}} + i\omega\varepsilon\,\mathfrak{E}\overline{\mathfrak{E}} - \mathfrak{H}\overline{\mathfrak{J}}' - \overline{\mathfrak{E}}\mathfrak{J}. \end{aligned} \tag{10}$$

Benutzen wir hier Gl. (6) und (7), so ergibt sich für den Realteil dieses Ausdrucks

$$\begin{aligned} \mathrm{Re}(\nabla\mathfrak{S}) = &-\omega_2(\varepsilon_0\,\mathfrak{E}\overline{\mathfrak{E}} + \mu_0\,\mathfrak{H}\overline{\mathfrak{H}}) - \sigma\,\mathfrak{E}\overline{\mathfrak{E}} - \sigma'\,\mathfrak{H}\overline{\mathfrak{H}} \\ &- \mathrm{Re}(\mathfrak{H}\overline{\mathfrak{J}}') - \mathrm{Re}(\overline{\mathfrak{E}}\mathfrak{J}), \end{aligned} \tag{11}$$

wenn wir noch mit reellen ω_1 und ω_2

$$\omega = \omega_1 + i\omega_2 \tag{12}$$

setzen.

Die Identität Gl. (11) ist wesentlich für den Aufbau unserer Theorie, da sie als zeitunabhängige Formulierung des Energiesatzes der MAX-

WELLschen Theorie interpretiert werden kann. Um dies zu erkennen, gehen wir folgendermaßen vor:

Bezeichnen wir mit $\mathfrak{A}$ und $\mathfrak{B}$ beliebige von t unabhängige Vektoren und setzen

$$
(13)\qquad \begin{aligned} 2\mathfrak{A}^*(t) &= \mathfrak{A} e^{-i\omega t} + \overline{\mathfrak{A}} e^{i\overline{\omega} t},\\ 2\mathfrak{B}^*(t) &= \mathfrak{B} e^{-i\omega t} + \overline{\mathfrak{B}} e^{i\overline{\omega} t}, \end{aligned}
$$

so wird nach einfacher Rechnung

$$
(14)\qquad \begin{aligned} &e^{-2\omega_2 t}\mathfrak{A}^*(t)\,\mathfrak{B}^*(t)\\ &= \tfrac{1}{4}\left(\mathfrak{A}\,\mathfrak{B}\,e^{-2i\omega_1 t} + \overline{\mathfrak{A}\,\mathfrak{B}}\,e^{2i\omega_1 t} + \overline{\mathfrak{A}}\,\mathfrak{B} + \mathfrak{A}\,\overline{\mathfrak{B}}\right), \end{aligned}
$$

und wir finden

$$
(15)\qquad \lim_{T\to\infty} \frac{1}{T}\int_0^T e^{-2\omega_2 t}\mathfrak{A}^*(t)\,\mathfrak{B}^*(t)\,dt = \frac{1}{4}\left(\overline{\mathfrak{A}}\,\mathfrak{B} + \mathfrak{A}\,\overline{\mathfrak{B}}\right).
$$

In diesem Sinne können wir den Ausdruck der rechten Seite als das zeitliche Mittel von $\mathfrak{A}^*\,\mathfrak{B}^*$ auffassen. Analog finden wir auch

$$
(16)\qquad \lim_{T\to\infty} \frac{1}{T}\int_0^T e^{-2\omega_2 t}\left(\mathfrak{A}^*(t)\times\mathfrak{B}^*(t)\right)dt = \frac{1}{4}\left(\overline{\mathfrak{A}}\times\mathfrak{B} + \mathfrak{A}\times\overline{\mathfrak{B}}\right).
$$

Bezeichnen wir nun mit $\mathfrak{E}^*$, $\mathfrak{H}^*$, $\mathfrak{J}^*$ und $\mathfrak{J}'^*$ die Realteile der mit $e^{-i\omega t}$ multiplizierten Felder $\mathfrak{E}$, $\mathfrak{H}$, $\mathfrak{J}$ und $\mathfrak{J}'$, so folgt aus Gl. (1) und (2)

$$
(17)\qquad \begin{aligned} \nabla\times\mathfrak{H}^* - \varepsilon_0\frac{\partial}{\partial t}\mathfrak{E}^* &= \sigma\,\mathfrak{E}^* + \mathfrak{J}^*,\\ \nabla\times\mathfrak{E}^* + \mu_0\frac{\partial}{\partial t}\mathfrak{H}^* &= -\sigma'\,\mathfrak{H}^* - \mathfrak{J}'^*. \end{aligned}
$$

Zur Beschreibung der Energieverhältnisse führt man nun in der MAXWELLschen Theorie die folgenden Größen ein

$\frac{1}{2}\varepsilon_0(\mathfrak{E}^*)^2$ = elektrische Energie,
$\frac{1}{2}\mu_0(\mathfrak{H}^*)^2$ = magnetische Energie,
$-\mathfrak{J}^*\,\mathfrak{E}^*$ = elektrische Leistung,
$\sigma(\mathfrak{E}^*)^2$ = Energieverluste durch JOULEsche Wärme.

In unserer formal verallgemeinerten Fassung sind noch die Größen $-\mathfrak{J}'^*\,\mathfrak{H}^*$ und $\sigma'(\mathfrak{H}^*)$ als magnetische Leistung und verallgemeinerter Energieverlust anzuführen. Diese in der MAXWELLschen Theorie nicht auftretenden Definitionen nehmen wir aus Gründen der mathematischen Symmetrie als Analogiegrößen in unsere Betrachtung auf.

Aus Gl. (17) ergibt sich dann

$$(18)\quad \begin{aligned} &\mathfrak{E}^* \cdot \nabla \times \mathfrak{H}^* - \frac{1}{2}\frac{\partial}{\partial t}\varepsilon_0 \mathfrak{E}^*\mathfrak{E}^* = \sigma \mathfrak{E}^*\mathfrak{E}^* + \mathfrak{J}^*\mathfrak{E}^*, \\ &\mathfrak{H}^* \cdot \nabla \times \mathfrak{E}^* + \frac{1}{2}\frac{\partial}{\partial t}\mu_0 \mathfrak{H}^*\mathfrak{H}^* = -\sigma' \mathfrak{H}^*\mathfrak{H}^* - \mathfrak{J}'^*\mathfrak{H}^*, \end{aligned}$$

so daß wir durch Subtraktion

$$(19)\quad \begin{aligned} &\nabla(\mathfrak{E}^* \times \mathfrak{H}^*) + \frac{1}{2}\frac{\partial}{\partial t}(\varepsilon_0 \mathfrak{E}^*\mathfrak{E}^* + \mu_0 \mathfrak{H}^*\mathfrak{H}^*) \\ &\qquad + \sigma \mathfrak{E}^*\mathfrak{E}^* + \sigma' \mathfrak{H}^*\mathfrak{H}^* + \mathfrak{J}^*\mathfrak{E}^* + \mathfrak{J}'^*\mathfrak{H}^* = 0 \end{aligned}$$

erhalten[1]. Die Divergenz des Vektors

$$(20)\quad \mathfrak{S}^* = \mathfrak{E}^* \times \mathfrak{H}^*$$

ermöglicht daher die Energiebilanz. Dieser Vektor, den man als POYNTINGschen Vektor bezeichnet, beschreibt die sogenannte Energieströmung, mit deren Hilfe die Ausbreitung der Energie veranschaulicht werden kann.

Im Sinne von Gl. (16) können wir nun, vom Faktor $\frac{1}{2}$ abgesehen, den Realteil des Vektors $\mathfrak{S} = \overline{\mathfrak{E}} \times \mathfrak{H}$ als das zeitliche Mittel des Vektors $\mathfrak{S}^*$ auffassen und finden damit durch Vergleich von Gl. (19) und (11), daß diese letzte Gleichung für unseren Fragenkreis den Energiesatz repräsentiert.

Wir nehmen nun an, daß der dreidimensionale euklidische Raum in einer bestimmten Weise mit Materie erfüllt ist. Wir denken uns also ε und μ als Funktionen des Ortes gegeben. Stellen wir uns dann vor, daß es uns gelungen ist, Ströme $\mathfrak{J}$ und $\mathfrak{J}'$ zu erzeugen, die sich zeitlich periodisch mit der Frequenz ω ändern, so werden diese Ströme elektromagnetische Schwingungen erzeugen, deren Feldvektoren den Gl. (1) und (2) genügen. Das Grundproblem unserer Theorie besteht daher in der Aufgabe, bei fester Frequenz ω, gegebenen ε und μ, und für beliebig vorgegebene $\mathfrak{J}$ und $\mathfrak{J}'$ die Gl. (1) zu lösen.

In dieser Form ist das Problem noch nicht so gegeben, daß alle physikalisch interessanten Fälle darin enthalten sind. Wir haben nämlich noch zu formulieren, was geschieht, wenn sich die Materie etwa unstetig ändert, wie es an der Grenze zweier physikalischer Körper der Fall ist. Hier können wir unsere zusätzlichen Forderungen leicht aus den MAXWELLschen Gleichungen ableiten, wenn wir sie etwas anders formulieren. Wir nehmen dazu an, daß wir Lösungen der Gl. (1) bis (4) besitzen, die im ganzen Raume stetig sind. Ist dann G ein reguläres Gebiet, beispielsweise eine Kugel oder ein Würfel, das von der geschlossenen Fläche F berandet wird, so erhalten wir nach dem GAUSSschen

Integralsatz, wenn $\mathfrak{n}$ die ins Äußere von G weisende Normale auf F ist,

$$\int_F (\mathfrak{n} \times \mathfrak{H})\, dF + i\omega \int_G \varepsilon \mathfrak{E}\, dV = \int_G \mathfrak{J}\, dV, \tag{21}$$

$$\int_F (\mathfrak{n} \times \mathfrak{E})\, dF - i\omega \int_G \mu \mathfrak{H}\, dV = -\int_G \mathfrak{J}'\, dV, \tag{22}$$

sowie

$$\int_F (\mathfrak{J}\mathfrak{n})\, dF - i\omega \int_G P\, dV = 0 \tag{23}$$

$$\int_F (\mathfrak{J}'\mathfrak{n})\, dF - i\omega \int_G P'\, dV = 0. \tag{24}$$

Sind nun $\mathfrak{E}$ und $\mathfrak{H}$ nur stückweise stetige Lösungen unserer Gleichungen und ist F_0 die Unstetigkeitsfläche, so erhalten wir, wenn F_0' der in G enthaltene Teil von F_0 ist (vgl. Abb. 1), und Gl. (21), (22) auf jedes der Teilgebiete angewandt werden, in die G durch F_0' zerlegt wird

$$\int_F (\mathfrak{n} \times \mathfrak{H})\, dF + i\omega \int_G \varepsilon \mathfrak{E}\, dV = \int_G \mathfrak{J}\, dV + \int_{F'_0} \mathfrak{j}\, dF, \tag{21'}$$

$$\int_F (\mathfrak{n} \times \mathfrak{E})\, dF - i\omega \int_G \mu \mathfrak{H}\, dV = -\int_G \mathfrak{J}'\, dV - \int_{F'_0} \mathfrak{j}'\, dF, \tag{22'}$$

wobei

$$\mathfrak{j} = \mathfrak{n} \times \mathfrak{H}_+ - \mathfrak{n} \times \mathfrak{H}_-, \tag{25}$$

$$\mathfrak{j}' = -\mathfrak{n} \times \mathfrak{E}_+ + \mathfrak{n} \times \mathfrak{E}_- \tag{26}$$

ist. Dabei stellen $\mathfrak{E}_+$, $\mathfrak{H}_+$ die Werte von $\mathfrak{E}$ und $\mathfrak{H}$ an der durch die positive Richtung der Normalen gekennzeichneten Seite von F_0 dar, während $\mathfrak{E}_-$, $\mathfrak{H}_-$ die Werte an der negativen Seite bezeichnen. Aus der Gestalt der Gl. (21′) und (22′) ergibt sich daher, daß wir die durch Gl. (25) und (26) definierte Unstetigkeit beschreiben können, wenn wir sogenannte Flächenströme einführen.

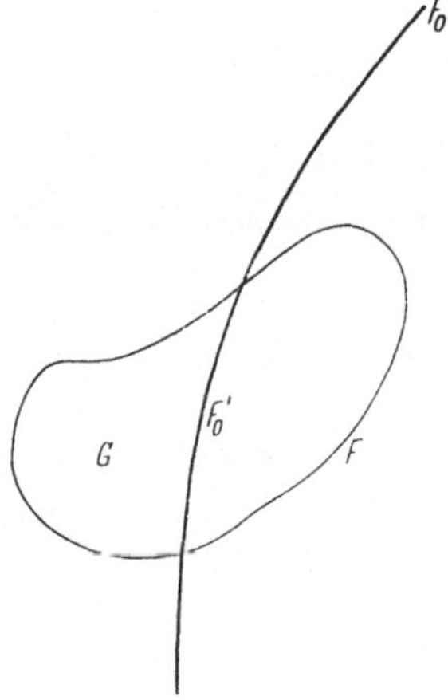

Abb. 1

Analog liefern Unstetigkeiten von $\mathfrak{J}$ und $\mathfrak{J}'$

$$\int_F (\mathfrak{J}\mathfrak{n})\, dF - i\omega \int_G P\, dV - i\omega \int_{F_0'} \varrho\, dF = 0, \tag{23'}$$

$$\int_F (\mathfrak{J}'\mathfrak{n})\, dF - i\omega \int_G P'\, dV - i\omega \int_{F_0'} \varrho'\, dF = 0, \tag{24'}$$

wenn wir

$$\varrho = -\frac{i}{\omega}[(\mathfrak{J}_+ \mathfrak{n}) - (\mathfrak{J}_- \mathfrak{n})], \tag{27}$$

$$\varrho' = -\frac{i}{\omega}[(\mathfrak{J}'_+ \mathfrak{n}) - (\mathfrak{J}'_- \mathfrak{n})] \tag{28}$$

setzen. Durch die Unstetigkeiten der Normalkomponenten von $\mathfrak{J}$ und $\mathfrak{J}'$ werden daher Flächenladungen definiert.

Diese Flächenladungen sind allein durch $\mathfrak{J}$ und $\mathfrak{J}'$ bestimmt, und wir benötigen zu ihrer Bestimmung lediglich diese Felder. Wir benutzen insbesondere keine Voraussetzungen über $\mathfrak{E}$ und $\mathfrak{H}$. Wir werden diese Flächenladungen als Flächenladungen erster Art bezeichnen zum Unterschied von denjenigen Flächenladungen, die durch die Flächenströme Gl. (25) und (26) bestimmt werden. Haben wir durch Gl. (23′) und (24′) das Prinzip von der Erhaltung der Ladung im räumlichen Sinne formuliert, so wird unsere Aufgabe darin bestehen, dieses Prinzip auch in der Fläche F_0 zu formulieren. Wir nehmen dazu an, daß das Flächenstück F'_0 von der stückweise stetig differenzierbaren Kurve C'_0 berandet wird und bezeichnen mit $\mathfrak{t}_0$ den Tangentenvektor dieser Kurve. Die Richtung dieses Vektors können wir so wählen, daß

$$\mathfrak{n}_0 = \mathfrak{t}_0 \times \mathfrak{n} \tag{29}$$

ins Äußere von F'_0 weist, wenn $\mathfrak{n}$ der übliche Normalenvektor der Fläche F_0 ist. Analog zur Definition der räumlichen Divergenz ist dann

$$\int_{C'_0} (\mathfrak{n}_0 \mathfrak{j})\, ds \tag{30}$$

ein Maß für den Fluß durch die Kurve C'_0. Gibt es eine Funktion ϱ_0 auf F_0, so daß für alle Flächenstücke F'_0, die von Kurven C'_0 berandet werden

$$\int_{C'_0} (\mathfrak{n}_0 \mathfrak{j})\, ds = i\,\omega \int_{F'_0} \varrho_0\, dF \tag{31}$$

gilt, so nennen wir ϱ_0 die Flächenladung (zweiter Art) des Flächenstromes $\mathfrak{j}$. Wir wollen diese Flächenladung nun für die Flächenströme Gl. (25) und (26) ausrechnen. Nach Gl. (29) ist

$$\int_{C'_0} (\mathfrak{n}_0 \mathfrak{j})\, ds = \int_{C'_0} \mathfrak{j}\,(\mathfrak{t}_0 \times \mathfrak{n})\, ds = -\int_{C'_0} \mathfrak{t}_0 (\mathfrak{j} \times \mathfrak{n})\, ds, \tag{32}$$

Wegen Gl. (25) erhalten wir damit

$$\begin{aligned} \int_{C'_0} (\mathfrak{n}_0 \mathfrak{j})\, ds &= \int_{C'_0} \mathfrak{t}_0 (\mathfrak{n} \times \mathfrak{j})\, ds \\ &= \int_{C'_0} (\mathfrak{t}_0 \mathfrak{H}_- - \mathfrak{t}_0 \mathfrak{H}_+)\, ds = \int_{C'_0} \mathfrak{H}_- d\mathfrak{s} - \int_{C'_0} \mathfrak{H}_+ d\mathfrak{s}, \end{aligned} \tag{33}$$

wenn $d\mathfrak{s}$ das gerichtete Linienelement der Kurve C_0' bezeichnet. Auf Grund des Satzes von STOKES wird nun, wenn wir durch die Indizes $+$ und $-$ Werte an verschiedenen Seiten von F_0 unterscheiden

$$(34)\quad \begin{aligned} \int\limits_{C_0'} \mathfrak{H}_- d\mathfrak{s} &= \int\limits_{F_0'} (\mathfrak{n}\cdot\nabla\times\mathfrak{H}_-)\,dF = -i\omega\int\limits_{F_0'}\Big[\varepsilon_-(\mathfrak{n}\mathfrak{E}_-) + \frac{i}{\omega}(\mathfrak{n}\mathfrak{J}_-)\Big]dF,\\ \int\limits_{C_0'} \mathfrak{H}_+ d\mathfrak{s} &= \int\limits_{F_0'} (\mathfrak{n}\cdot\nabla\times\mathfrak{H}_+)\,dF = -i\omega\int\limits_{F_0'}\Big[\varepsilon_+(\mathfrak{n}\mathfrak{E}_+) + \frac{i}{\omega}(\mathfrak{n}\mathfrak{J}_+)\Big]dF, \end{aligned}$$

Aus den obigen Rechnungen folgt daher

$$(35)\quad \int\limits_{C_0'} (\mathfrak{n}_0\mathfrak{j})\,ds = i\omega\int\limits_{F_0'}\Big[(\varepsilon\mathfrak{E}\mathfrak{n})_+ - (\varepsilon\mathfrak{E}\mathfrak{n})_- + \frac{i}{\omega}\{(\mathfrak{J}\mathfrak{n})_+ - (\mathfrak{J}\mathfrak{n})_-\}\Big]dF,$$

und wir erhalten

$$(36)\quad \varrho_0 - \Big[\varepsilon\mathfrak{E}\mathfrak{n} + \frac{i}{\omega}\mathfrak{J}\mathfrak{n}\Big]_+ - \Big[\varepsilon\mathfrak{E}\mathfrak{n} + \frac{i}{\omega}\mathfrak{J}\mathfrak{n}\Big]_-$$

Entsprechend ergibt sich für die magnetischen Flächenladungen zweiter Art

$$(37)\quad \varrho_0' = \Big[\mu\mathfrak{H}\mathfrak{n} + \frac{i}{\omega}\mathfrak{J}'\mathfrak{n}\Big]_+ - \Big[\mu\mathfrak{H}\mathfrak{n} + \frac{i}{\omega}\mathfrak{J}'\mathfrak{n}\Big]_- .$$

In Verbindung mit Gl. (27) und (28) folgt damit

$$(38)\quad \varrho + \varrho_0 = (\varepsilon\mathfrak{E}\mathfrak{n})_+ - (\varepsilon\mathfrak{E}\mathfrak{n})_-,$$

$$(39)\quad \varrho' + \varrho_0' = (\mu\mathfrak{H}\mathfrak{n})_+ - (\mu\mathfrak{H}\mathfrak{n})_-.$$

Auf diese Weise haben wir die Gesamtflächenladungen definiert und in die jeweiligen Bestandteile zerlegt. Es ist dabei zu beachten, daß die Unstetigkeiten der Normalkomponenten von $\varepsilon\,\mathfrak{E}$ und $\mu\,\mathfrak{H}$ die Flächenladungen insgesamt definieren. Diese Unstetigkeiten können dabei entweder durch Unstetigkeiten der Volumenströme $\mathfrak{J}$ und $\mathfrak{J}'$ oder aber durch Flächenströme erzeugt werden.

Unsere soeben aufgestellten Interpretationen der Unstetigkeiten gelten dabei auch, wenn ε und μ beim Durchgang durch F_0 unstetig sind. Wir werden von unseren Lösungen erwarten müssen, daß sie keine anderen Ströme definieren, als diejenigen, die wir zur Erzeugung des Feldes vorgegeben haben. Ist daher F_0 eine Grenzfläche zweier physikalischer Körper mit verschiedenen Materialeigenschaften, so dürfen auf F_0 höchstens die durch die Unstetigkeiten der eingeprägten Volumenströme bedingten Ladungen erster Art auftreten. Es können insbesondere keine Flächenströme auftreten. Die Tangentialkomponenten von $\mathfrak{E}$ und $\mathfrak{H}$ müssen daher stetig sein, während die Normalkomponenten die durch Gl. (36) und (37) geforderte Beziehung mit $\varrho_0 = \varrho_0' = 0$ erfüllen müssen.

Neben den flächenhaften Unstetigkeiten können noch linienförmige Singularitäten auftreten, die sich mit Hilfe von Linienströmen und Linienladungen interpretieren lassen. Diese Singularitäten besitzen nicht die prinzipielle Bedeutung der flächenhaften Singularitäten. Wir übergehen sie daher bei unserer Betrachtung.

Unsere Aufgabe besteht nun darin, Lösungen der Gl. (1) und (2) zu finden, wenn ε, μ und $\mathfrak{J}$, $\mathfrak{J}'$ vorgegeben sind. Wir hatten gesehen, daß ein natürlicher Abschluß und eine durchsichtige Erweiterung der Begriffsbildung unseres Fragenkreises entsteht, wenn wir von den Differentialgleichungen (1), (2) zu den Integralbeziehungen Gl. (21), (22) übergehen. Dieser Übergang ist auch für die Frage der Lösbarkeit der Gleichungen von großer Bedeutung. Stellen wir nämlich die Frage nach den Bedingungen, denen ε, μ und $\mathfrak{J}$, $\mathfrak{J}'$ zu genügen haben, damit Lösungen unserer Gleichungen existieren, so müssen wir zunächst den Begriff der Lösung klären. Legen wir die Gl. (1), (2) zugrunde, so ist klar, daß $\mathfrak{E}$ und $\mathfrak{H}$ differenzierbar sein müssen, damit die Größen $\nabla \times \mathfrak{E}$ und $\nabla \times \mathfrak{H}$ gebildet werden können. Wählen wir dagegen die Integralform Gl. (21), (22) als Ausgang unserer Theorie, so entfällt die Forderung der Differenzierbarkeit. Ähnlich verhält es sich mit den Gl. (23), (24) und (23'), (24').

Unser erstes Anliegen muß daher eine Revision der Begriffe Rotation und Divergenz sein. Können wir diese Operationen allgemeiner definieren, als üblich ist, so werden wir auch eine breitere Fassung unserer Theorie erwarten können. Dies wird sich besonders in den Voraussetzungen bemerkbar machen, die wir von ε, μ und $\mathfrak{J}$, $\mathfrak{J}'$ zu fordern haben.

Im § 1 behandeln wir diese Frage in einem weiteren Rahmen, der zu einer allgemeineren Fassung der Grundbegriffe der Vektoranalysis führt. Hier legen wir genauer fest, was wir unter Gebieten und Flächen verstehen wollen und gewinnen auch die ersten Lösungen unserer Gleichungen.

Von besonderem Interesse sind die Lösungen unserer Gleichungen im homogenen Raum, den wir durch konstante ε und μ beschreiben können. Gilt dann

$$\nabla \times \mathfrak{H} + i\omega\varepsilon\,\mathfrak{E} = 0, \tag{40}$$

$$\nabla \times \mathfrak{E} - i\omega\mu\,\mathfrak{H} = 0, \tag{41}$$

so wird

$$\nabla \times \nabla \times \mathfrak{E} - i\omega\mu \nabla \times \mathfrak{H} = \nabla \times \nabla \times \mathfrak{E} - \omega^2\varepsilon\mu\,\mathfrak{E} = 0. \tag{42}$$

Andererseits ist auch

$$\nabla\,\mathfrak{E} = \nabla\,\mathfrak{H} = 0. \tag{43}$$

Benutzen wir noch die bekannte Identität

(44) $$\nabla \times \nabla \times \mathfrak{E} = -\Delta \mathfrak{E} + \nabla(\nabla \mathfrak{E}),$$

die den LAPLACEschen Δ-Operator enthält, so wird aus Gl. (42) mit $k^2 = \omega^2 \varepsilon \mu$

(45) $$\Delta \mathfrak{E} + k^2 \mathfrak{E} = 0; \qquad \nabla \mathfrak{E} = 0.$$

Der wichtigste und interessanteste Fall wird hier für positiv reelle k erhalten, so daß wir wesentliche Ergebnisse über unsere Felder durch Untersuchung der Lösungen der Gleichung

(46) $$\Delta U + k^2 U = 0$$

erhalten. Für positiv reelle k können wir diese Gleichung noch zu

(47) $$\Delta U + U = 0$$

normieren. Bevor wir daher zu den Aussagen über die Lösungen der MAXWELLschen Gleichungen zurückkehren, müssen wir uns eingehend mit der Behandlung dieser Gleichung befassen.

Um ein vollständiges System partikulärer Lösungen zu erhalten, führen wir Polarkoordinaten r, $\mathfrak{x}_0$ ein, indem wir dem Ortsvektor $\mathfrak{x}$ in der Form

(48) $$\mathfrak{x} = r\,\mathfrak{x}_0; \qquad \mathfrak{x}_0^2 = 1; \qquad r \geqq 0$$

darstellen und setzen

(49) $$U_n(\mathfrak{x}) = f_n(r)\, K_n(\mathfrak{x}_0),$$

wobei also $K_n(\mathfrak{x}_0)$ eine nur von der Richtung abhängige Funktion ist. Genügt diese Funktion der Gleichung

(50) $$\Delta r^n K_n(\mathfrak{x}_0) = n(n+1)\, r^{n-2} K_n + r^n \Delta K_n = 0$$

und erfüllt $f_n(r)$ die Differentialgleichung

(51) $$\frac{1}{r^2}(r^2 f_n')' + \left(1 - \frac{n(n+1)}{r^2}\right) f_n = 0,$$

so stellt $U_n(\mathfrak{x})$ eine Lösung von Gl. (47) dar.

Die Funktionen $K_n(\mathfrak{x}_0)$ bezeichnet man als Kugelfunktionen. Ihre Theorie können wir fast vollständig aus der Gl. (50) ableiten. Der § 2 behandelt diesen Gegenstand und beweist als wichtigstes Ergebnis die Vollständigkeit und Abgeschlossenheit dieses Funktionensystems. Auf Grund dieses Ergebnisses gewinnen wir durch die Gesamtheit der Lösungen Gl. (49) ein vollständiges System von partikulären Lösungen.

In § 3 behandeln wir die Lösungen der Gl. (51) und gewinnen die für uns wichtige Theorie der BESSEL-Funktionen. Mit $\Psi_n^{(1)}$ und $\Psi_n^{(2)}$ bezeichnen wir ein spezielles Fundamentalsystem dieser Gleichungen, das für $r \to \infty$ die asymptotischen Beziehungen

$$\Psi_n^{(1)}(r) = (-i)^n \frac{e^{ir}}{r} + O\left(\frac{1}{r^2}\right), \tag{52}$$

$$\Psi_n^{(2)}(r) = i^n \frac{e^{-ir}}{r} + O\left(\frac{1}{r^2}\right) \tag{53}$$

erfüllt.

Diese asymptotischen Beziehungen bestimmen das Verhalten der Lösungen von Gl. (47) im Unendlichen, das uns vorwiegend interessieren wird.

Im homogenen stromfreien Raum stellen die kartesischen Komponenten der Felder $\mathfrak{E}$ und $\mathfrak{H}$ Lösungen der skalaren Schwingungsgleichung (46) dar, die wir in der speziellen Form Gl. (47) eingehender untersuchen. Die Lösungen dieser Gleichungen haben viele Eigenschaften mit den harmonischen Funktionen gemeinsam. Sie sind analytisch, lassen sich in Reihen nach Kugelfunktionen entwickeln und besitzen eine Integraldarstellung nach Art der GREENschen Formel. Es gilt für sie allerdings nicht das Maximumprinzip und es gilt auch nicht der Satz, daß jede ganze gleichmäßig beschränkte Lösung konstant ist. Diese beiden Eigenschaften der harmonischen Funktionen, die für die Lösungen unserer Gleichungen nicht gelten, sind bekanntlich entscheidende Hilfsmittel der Potentialtheorie. Wir müssen daher andere Eigenschaften herausarbeiten, die in ähnlicher Breite ausgenutzt werden können.

Für unsere Zwecke ist die Existenz gleichmäßig beschränkter ganzer Lösungen dieser Gleichung, man denke nur an die Funktion

$$e^{i(\mathfrak{x}\mathfrak{y}_0)}; \quad \mathfrak{y}_0^2 = 1 \tag{54}$$

besonders kritisch, da damit die Eindeutigkeit der Lösung unserer Probleme gefährdet erscheint. Den so entstehenden Schwierigkeiten können wir dadurch begegnen, daß wir das Verhalten unserer Funktionen im Unendlichen untersuchen. Hier stellt sich heraus, daß gerade in den asymptotischen Gesetzen ein entscheidender Unterschied zwischen den harmonischen Funktionen und den Lösungen der Schwingungsgleichung besteht. Das Verhalten der Lösungen der Schwingungsgleichung im Unendlichen ist jedoch so charakteristisch, daß wir viele weitreichende Schlüsse aus den asymptotischen Entwicklungen ziehen können. Entscheidende Argumentationen werden wir daher mit Hilfe asymptotischer Gesetze führen. Diese besondere Bedeutung des Unendlichen kann sowohl mathematisch als auch physikalisch eingesehen werden.

In der Potentialtheorie besitzt man bekanntlich die KELVIN-Transformationen, die es gestatten, eine im Äußeren einer Kugel harmonische Funktion in eine Funktion zu verwandeln, die in der Umgebung des Nullpunktes harmonisch ist. Die asymptotischen Gesetze der harmonischen Funktionen im Unendlichen können damit vollständig durch deren Verhalten in der Umgebung des Nullpunktes beschrieben werden. Es ist daher für die Fragen der Potentialtheorie sinnvoll, den euklidischen Raum durch einen unendlich fernen Punkt abzuschließen. Die Schwingungsgleichung ist demgegenüber nur bei euklidischen Bewegungen invariant, und das Verhalten im Unendlichen läßt sich nicht durch die Eigenschaften im Endlichen beschreiben. Eine genauere Untersuchung zeigt, daß wesentlich andere Gesetze gelten.

Außer diesen mathematischen Argumenten lassen sich aber auch physikalische Gründe für eine Vorrangstellung des Unendlichen angeben. Die Beweise der Eindeutigkeit der Lösungen werden immer so geführt, daß der wesentliche Schluß über den Energiesatz erfolgt. Nun stellen unsere Felder $\mathfrak{E}$ und $\mathfrak{H}$ elektromagnetische Schwingungsvorgänge dar, von denen wir schon durch die Formulierung annehmen, daß sie unendlich lange gedauert haben und auch noch andauern werden, da unsere Gleichungen den sogenannten eingeschwungenen Zustand beschreiben. Jeder derartige elektromagnetische Vorgang ist aber mit einem Energietransport verbunden, der durch die periodisch eingeprägten Kräfte erzeugt wird. Bei einer Energiebilanz wird somit der Energietransport ins Unendliche eine entscheidende Rolle spielen. Wir werden daher auch aus diesem Grunde erwarten müssen, daß das Verhalten im Unendlichen von ausschlaggebender Bedeutung für unsere Felder ist.

Die §§ 4, 5 und § 6 untersuchen zunächst das Verhalten der Lösungen der skalaren Schwingungsgleichung im Unendlichen. Als besonders wichtig erscheinen dabei diejenigen Lösungen, die ein spezielles asymptotisches Verhalten zeigen, das durch die sogenannte SOMMERFELDsche Ausstrahlungsbedingung

$$(55)\qquad \frac{\partial U}{\partial r} - i\,U = o\left(\frac{1}{r}\right)$$

beschrieben wird. Für diese Funktionen gilt

$$(56)\qquad U(r\,\mathfrak{x}_0) = \frac{e^{ir}}{r}\,f(\mathfrak{x}_0) + O\left(\frac{1}{r^2}\right),$$

wobei die Funktion $f(\mathfrak{x}_0)$, die nur von dem Richtungsvektor $\mathfrak{x}_0$ abhängt, als Strahlungscharakteristik bezeichnet wird. Jeder Lösung der Schwingungsgleichung, die der Bedingung Gl. (55) genügt, ist eine derartige Charakteristik eindeutig zugeordnet. Für diese Richtungsfunktionen können mehrere Eigenschaften bewiesen werden, die sie vollständig definieren. Als wichtigstes Ergebnis ist hier zu nennen, daß $f(\mathfrak{x}_0)$ auf der Einheitskugel Ω analytisch ist. Umgekehrt können wir fragen, ob zu jeder Strahlungscharakteristik eine Lösung $U(\mathfrak{x})$ gehört und diese Frage bejahend beantworten. Es ist sogar möglich, aus der vorgegebenen Strahlungscharakteristik eine Aussage über die Mindestgröße des Gebietes zu gewinnen, in dem die diese Charakteristik erzeugenden Quellen liegen müssen.

Neben diesen ganz im Zeichen der SOMMERFELDschen Ausstrahlungsbedingung Gl. (55) stehenden Untersuchungen stellen die in § 6 untersuchten Eigenschaften der ganzen Lösungen einen Fragenkreis dar, der die besondere Bedeutung des Unendlichen für die Lösungen der Schwingungsgleichung von einer anderen Seite beleuchtet.

Wie schon oben ausgeführt, genügen die Felder $\mathfrak{E}$ den Gl. (45). Sie können also als vektorielle, divergenzfreie Lösungen der Schwingungsgleichung aufgefaßt werden. Es ist daher wichtig, auch die Eigenschaft

$$\nabla \mathfrak{E} = 0 \tag{57}$$

näher zu untersuchen. Hier ist entscheidend, daß wir auch diese Eigenschaft aus dem asymptotischen Verhalten schließen können, wie in § 7 durchgeführt wird. Wir betrachten dazu die Funktion

$$V = (\mathfrak{x}\,\mathfrak{E}) \tag{58}$$

und erhalten aus

$$\Delta\mathfrak{E} + k^2\mathfrak{E} = 0 \tag{59}$$

durch Differentiation

$$(\Delta + k^2)\,V = 2\nabla\mathfrak{E}. \tag{60}$$

Da jede Lösung von Gl. (59) analytisch ist, finden wir durch nochmalige Differentiation

$$(\Delta + k^2)^2\,V = 0. \tag{61}$$

Die Funktion V genügt demnach der iterierten Schwingungsgleichung.

Wir beweisen in § 7, daß aus

$$V(\mathfrak{x}) = o(1) \quad \text{für} \quad r \to \infty \tag{62}$$

unter der Voraussetzung Gl. (61) stets

$$(\Delta + k^2)\,V = 0 \tag{63}$$

folgt, so daß Gl. (57) wegen Gl. (60) identisch erfüllt ist. Damit haben wir aus

$$(\Delta + k^2)\,\mathfrak{E} = 0 \quad \text{und} \quad \mathfrak{x}\,\mathfrak{E} = o(1) \quad \text{für} \quad r \to \infty \tag{64}$$

die Divergenzfreiheit von $\mathfrak{E}$ gefolgert.

Das wichtige Ergebnis Gl. (56) über die asymptotische Entwicklung hatten wir für den speziellen Fall $k = 1$ hergeleitet. Eine einfache Übertragung ermöglicht den Beweis der Entwicklung

$$U(r\mathfrak{x}_0) = \frac{e^{ikr}}{r} f(\mathfrak{x}_0) + O\left(\frac{1}{r^2}\right) \tag{65}$$

für alle Funktionen U, die im Äußeren einer großen Kugel $|\mathfrak{x}| \geqq R$ der Gleichung

$$\Delta U + k^2 U = 0 \tag{66}$$

mit reellem, positivem k genügen und die Ausstrahlungsbedingung

$$\frac{\partial U}{\partial r} - ikU = o\left(\frac{1}{r}\right) \tag{67}$$

erfüllen. Diese Voraussetzung läßt sich noch abschwächen, worauf wir jedoch einleitend verzichten. Wesentlich ist dagegen eine Eigenschaft der Funktion $f(\mathfrak{x}_0)$, die eine Beziehung zum Radius R herstellt. Wir können nämlich der nur auf der Einheitskugel definierten Funktion $f(\mathfrak{x}_0)$ eine ganze harmonische Funktion $H(\mathfrak{x})$ so zuordnen, daß

$$f(\mathfrak{x}_0) = H(\mathfrak{x}_0) \tag{68}$$

ist, und für die Integrale über die Einheitskugel Ω

$$\overline{\lim_{r\to\infty}}\left(\frac{1}{kr} \lg \int_\Omega |H(r\mathfrak{x}_0)|^2 \, d\omega\right) \geqq R \tag{69}$$

gilt. Diese Formulierung ist gleichbedeutend mit einer Aussage über die Entwicklungskoeffizienten der Funktion $f(\mathfrak{x}_0)$ nach Kugelfunktionen, die umständlicher zu fassen ist.

Unsere Ergebnisse können wir nun zusammenfassen zu Aussagen über die Lösungen der MAXWELLschen Gleichungen. Wir nehmen dazu an, daß $\mathfrak{F}(\mathfrak{x}_0)$ ein Vektorfeld auf der Einheitskugel ist, das dort nur Tangentialkomponenten besitzt. Es muß also

$$(\mathfrak{x}_0 \cdot \mathfrak{F}(\mathfrak{x}_0)) = 0 \tag{70}$$

sein. Besitzen nun die kartesischen Komponenten des Feldes $\mathfrak{F}(\mathfrak{x}_0)$ die Eigenschaften, die wir für die skalaren Strahlungscharakteristiken bewiesen hatten, so existiert in $|\mathfrak{x}| \geqq R$ ein Vektorfeld $\mathfrak{E}$, das den Gleichungen

$$\Delta\mathfrak{E} + k^2\mathfrak{E} = 0 \tag{71}$$

und

$$\frac{\partial}{\partial r}\mathfrak{E} - ik\mathfrak{E} = o\left(\frac{1}{r}\right) \tag{72}$$

genügt. Darüber hinaus gilt noch

$$\mathfrak{E}(r\mathfrak{x}_0) = \frac{e^{ikr}}{r}\mathfrak{F}(\mathfrak{x}_0) + o\left(\frac{1}{r}\right) \quad \text{für} \quad r \to \infty. \tag{73}$$

Aus Gl. (50) erhalten wir dann für $r \to \infty$

$$(\mathfrak{x}\,\mathfrak{E}) = o(1) \tag{74}$$

und finden nach dem unter Gl. (58) ff. erwähnten Ergebnis

$$\nabla\,\mathfrak{E} = 0. \tag{75}$$

Mit reellen ω, ε und μ können wir nun

$$\mathfrak{H} = -\frac{i}{\omega\,\mu}\,\nabla \times \mathfrak{E}, \qquad k^2 = \omega^2\,\varepsilon\,\mu \tag{76}$$

setzen und haben eine Lösung $\mathfrak{E}$, $\mathfrak{H}$ der MAXWELLschen Gleichungen in $|\mathfrak{x}| \geqq R$ gefunden. Die asymptotische Beziehung Gl. (73) kann auch differenziert werden, wie in den Einzelheiten gezeigt wird, und es gilt

$$\mathfrak{H} = \frac{k}{\omega\,\mu}\,\frac{e^{ikr}}{r}\,(\mathfrak{x}_0 \times \mathfrak{F}(\mathfrak{x}_0)) + o\left(\frac{1}{r}\right). \tag{77}$$

Damit folgt wegen Gl. (53)

$$\left\{\begin{aligned} &\omega\,\varepsilon(\mathfrak{x}_0 \times \mathfrak{E}) - k\,\mathfrak{H} = o\left(\frac{1}{r}\right); &\qquad \mathfrak{E} = O\left(\frac{1}{r}\right);\\ &\omega\,\mu(\mathfrak{x}_0 \times \mathfrak{H}) + k\,\mathfrak{E} = o\left(\frac{1}{r}\right); &\qquad \mathfrak{H} = O\left(\frac{1}{r}\right). \end{aligned}\right. \tag{78}$$

Insbesondere gilt auch

$$\varepsilon\,\mathfrak{E}\,\overline{\mathfrak{E}} = \mu\,\mathfrak{H}\,\overline{\mathfrak{H}} + o\left(\frac{1}{r^2}\right). \tag{79}$$

Bilden wir $\mathfrak{S} = \overline{\mathfrak{E}} \times \mathfrak{H}$, so finden wir

$$\begin{aligned} \mathfrak{x}_0\,\mathfrak{S} &= \mathfrak{x}_0(\overline{\mathfrak{E}} \times \mathfrak{H}) = \mathfrak{H}(\mathfrak{x}_0 \times \overline{\mathfrak{E}})\\ &= \frac{k}{\omega\,\varepsilon}\,\mathfrak{H}\,\overline{\mathfrak{H}} + o\left(\frac{1}{r^2}\right) = \frac{k}{\omega\,\mu}\,\mathfrak{E}\,\overline{\mathfrak{E}} + o\left(\frac{1}{r^2}\right) \end{aligned} \tag{80}$$

oder wegen $k^2 = \omega^2\,\varepsilon\,\mu$ in symmetrischer Form

$$k(\mathfrak{x}_0\,\mathfrak{S}) = \tfrac{1}{2}\,\omega(\mu\,\mathfrak{H}\,\overline{\mathfrak{H}} + \varepsilon\,\mathfrak{E}\,\overline{\mathfrak{E}}) + o\left(\frac{1}{r^2}\right). \tag{81}$$

Beachten wir, daß $\mathfrak{S}$ den POYNTINGschen Vektor des Energiestromes darstellt, so folgt aus diesem Ergebnis, daß der Energietransport ins Unendliche gerichtet ist, da $\mathfrak{x}_0\,\mathfrak{S}$ asymptotisch positiv reell ist.

Wir hatten uns bei den letzten Betrachtungen auf den Fall positiv reeller ω, ε und μ beschränkt. Allgemein können diese Größen aber komplex sein. Betrachten wir nun die Bedingung Gl. (78) für beliebige konstante ω, ε und μ, die nur den von uns eingangs geforderten Bedingungen zu genügen haben, so ergibt sich analog zu Gl. (80)

$$\begin{aligned} \mathfrak{x}_0\mathfrak{S} = \mathfrak{x}_0(\overline{\mathfrak{E}}\times\mathfrak{H}) &= \frac{\overline{k}}{\overline{\omega\,\varepsilon}}\mathfrak{H}\,\overline{\mathfrak{H}} + o\left(\frac{1}{r^2}\right) \\ &= \frac{k}{\omega\,\mu}\mathfrak{E}\,\overline{\mathfrak{E}} + o\left(\frac{1}{r^2}\right). \end{aligned} \tag{82}$$

Nun ist aber

$$k^2 = \omega^2\,\varepsilon\,\mu \quad \text{und} \quad k = |k|\,e^{i\gamma_1} \tag{83}$$

mit

$$0 \leqq \gamma_1 < \pi. \tag{84}$$

Andererseits ist nach Gl. (5), (6) und (7)

$$\begin{cases} 0 \leqq \arg(\omega\,\varepsilon) < \pi, \\ 0 \leqq \arg(\omega\,\mu) < \pi. \end{cases} \tag{85}$$

Damit wird

$$\gamma_1 = \tfrac{1}{2}\arg(\omega\,\varepsilon) + \tfrac{1}{2}\arg(\omega\,\mu), \tag{86}$$

und wir finden

$$-\frac{\pi}{2} < \arg\frac{k}{\omega\,\mu} = \frac{1}{2}\arg(\omega\,\varepsilon) - \frac{1}{2}\arg(\omega\,\mu) < \frac{\pi}{2}, \tag{87}$$

so daß

$$\operatorname{Re}\left(\frac{k}{\omega\,\mu}\right) > 0 \tag{89}$$

ist. Der Realteil von $\mathfrak{S}$ kann aber, wie wir gesehen haben, als Mittelwert der Energieströmung interpretiert werden. Insbesondere ist also für den gesamten Energiestrom durch die Kugel $|\mathfrak{x}| = R$ beim Grenzübergang $R \to \infty$

$$\operatorname{Re}\Bigl(\int\limits_{|\mathfrak{x}|=R} (\mathfrak{x}_0\mathfrak{S})\,dF\Bigr) = \int\limits_{|\mathfrak{x}|=R} \mathfrak{E}\,\overline{\mathfrak{E}}\,dF \cdot \operatorname{Re}\left(\frac{k}{\omega\,\mu}\right) + o(1). \tag{90}$$

Alle Felder $\mathfrak{E}$, $\mathfrak{H}$, die den Bedingungen Gl. (78) genügen, stellen folglich Schwingungsvorgänge dar, die einen Energietransport ins Unendliche beschreiben. Derartige Schwingungen bezeichnet man auch als Ausstrahlungsvorgänge, und wir nennen daher die Bedingungen Gl. (78) die Ausstrahlungsbedingungen, die von allen unseren Feldern zu erfüllen sind. Diese Bedingungen beschreiben das asymptotische Verhalten und ermöglichen uns die Beweise der Eindeutigkeit der Lösung unserer Probleme, die, wie schon die obige Diskussion der Ausstrahlungsbedingungen zeigt, aufs engste mit der Durchführung der Energiebilanz verbunden sind.

I. Vektoranalysis

Wie schon einleitend betont, benötigen wir zur Diskussion der MAXWELLschen Gleichungen eine genaue Festlegung der vektoranalytischen Grundoperationen. Die üblichen Definitionen mit Hilfe des Operators

$$\nabla = \mathfrak{e}_1 \frac{\partial}{\partial x^1} + \mathfrak{e}_2 \frac{\partial}{\partial x^2} + \mathfrak{e}_3 \frac{\partial}{\partial x^3}$$

führen schnell zu Schwierigkeiten, die nicht in der Natur der Probleme begründet sind, sondern durch die Wahl des Operators veranlaßt werden. Legen wir nämlich den ∇-Operator in der angegebenen Form zugrunde, so müssen wir von unseren Lösungen verlangen, daß jede der benötigten ersten Ableitungen existiert. Diese Ableitungen stellen aber allein betrachtet keine charakteristischen Eigenschaften der Vektorfelder dar, sondern werden erst bedeutungsvoll, wenn sie durch die Bildungen der Divergenz und Rotation zusammengefaßt werden. Es ist daher naturgemäß, diese letzten Prozesse unmittelbar zu definieren, zumal die physikalische Anschauung stets direkte Herleitungen dieser Operationen benutzt hat, die ohne Schwierigkeit als mathematische Definitionen formuliert werden können.

Wir denken uns dazu eine Folge von Gebieten G_ν, die von den Flächen F_ν berandet werden, und die gegen einen Punkt $\mathfrak{x}$ konvergieren. Bezeichnen wir mit $\|G_\nu\|$ das Volumen von G_ν und mit $\mathfrak{n}$ die ins Äußere von G_ν gerichtete Flächennormale auf F_ν, so wird die Divergenz des Feldes $\mathfrak{v}$ an der Stelle $\mathfrak{x}$ durch

$$\lim_{G_\nu \to \mathfrak{x}} \frac{1}{\|G_\nu\|} \int_{F_\nu} (\mathfrak{n}\,\mathfrak{v})\, dF = \nabla\, \mathfrak{v}$$

definiert, falls der Grenzwert unabhängig von der Wahl der Gebietsfolge G_ν existiert. Von einer Präzisierung der geometrischen Begriffe, die wir später geben werden (Def. 1—5), sehen wir zunächst ab.

Entsprechend erhalten wir die Rotation durch

$$\lim_{G_\nu \to \mathfrak{x}} \frac{1}{\|G_\nu\|} \int_{F_\nu} (\mathfrak{n} \times \mathfrak{v})\, dF = \nabla \times \mathfrak{v}$$

und den Gradienten durch

$$\lim_{G_\nu \to \mathfrak{x}} \frac{1}{\|G_\nu\|} \int_{F_\nu} \mathfrak{n}\, U\, dF = \nabla\, U.$$

Wir werden zeigen, daß es eine wichtige Klasse von Vektorfeldern gibt, die in diesem Sinne eine Divergenz und Rotation besitzen, während die entsprechenden Prozesse im alten Sinne nicht zu bilden sind. Sind $\mathfrak{v}$ und U in der Umgebung des Punktes $\mathfrak{x}$ stetig differenzierbar, so ergibt sich aus dem Integralsatz von GAUSS (Satz 1), daß die alten und die neuen Definitionen übereinstimmen.

Zur Vereinfachung der Ausdrucksweise wollen wir den ∇-Operator von nun an mit ∇^* bezeichnen und das Symbol ∇ für unsere Definitionen benutzen. Für stetig differenzierbare $\mathfrak{v}$ und U stimmen dann beide Operationen überein (Lemma 8).

Die erste durch unsere Definitionen gewonnene Vereinfachung erhalten wir beim Nachweis der Identitäten

$$\nabla(\nabla \times \mathfrak{v}) = 0; \qquad \nabla \times \nabla U = 0.$$

Wollen wir diese Beziehungen für ∇^* beweisen, so müssen wir bekanntlich voraussetzen, daß für $\mathfrak{v}$ und U die auftretenden gemischten Ableitungen zweiter Ordnung existieren und stetig sind. Im Rahmen der neuen Definitionen benötigen wir lediglich, daß $\nabla \times \mathfrak{v}$ und ∇U stetig sind. Im Falle der Divergenz und Rotation liefern die neuen Definitionen, wie auch noch an weiteren Beispielen gezeigt wird, eine echte Erweiterung des Anwendungsbereiches der Operatoren. Im Falle der Bildung des Gradienten stimmen die beiden Prozesse dagegen im wesentlichen überein. Ist nämlich der nach der neuen Definition gebildete Vektor ∇U stetig, so ist U stetig differenzierbar, und es gilt

$$\nabla U = \nabla^* U.$$

Die Einführung des LAPLACEschen Δ-Operators können wir im Einklang mit unseren Definitionen durch

$$\Delta U = \nabla(\nabla^* U) = (\nabla \nabla^*) U$$

vornehmen. Mit Δ^* bezeichneten wir den üblichen LAPLACE-Operator.

Nachdem die Grundoperationen der Vektoranalysis neu definiert sind, ergibt sich sofort die Aufgabe, auch die Möglichkeit der Umkehrung dieser Differentationsprozesse mit Hilfe von Integralsätzen zu beweisen, wie sie für die üblichen Definitionen durch den Satz von GAUSS geleistet wird. Zu diesem Zweck beweisen wir den GAUSSschen Satz für unsere Definitionen (Satz 3). Entsprechend gilt auch der Satz von STOKES (Satz 5). Zu beiden Beweisen setzen wir die übliche Fassung der Sätze (Satz 1 und 2) als bekannt voraus.

Unserer Theorie liegen die Gleichungen

$$\nabla \times \mathfrak{H} + i\omega\varepsilon\mathfrak{E} = \mathfrak{J}; \qquad \nabla \times \mathfrak{E} - i\omega\mu\mathfrak{H} = -\mathfrak{J}';$$
$$\nabla \mathfrak{J} = i\omega P; \qquad \nabla \mathfrak{J}' = i\omega P'$$

zugrunde, aus denen wir für konstante ε und μ durch Bildung der Divergenz

$$\varepsilon \nabla \mathfrak{E} = P; \qquad \mu \nabla \mathfrak{H} = P'$$

herleiten. Im Grenzfall $\omega = 0$ zerfallen unsere Gleichungen in

$$\nabla\times\mathfrak{H} = \mathfrak{J}; \qquad \nabla\,\mathfrak{H} = \frac{1}{\mu}P'; \qquad \nabla\,\mathfrak{J} = 0;$$

$$\nabla\times\mathfrak{E} = -\mathfrak{J}'; \qquad \nabla\mathfrak{E} = \frac{1}{\varepsilon}P; \qquad \nabla\,\mathfrak{J}' = 0,$$

so daß die Koppelungen zwischen $\mathfrak{E}$ und $\mathfrak{H}$, $\mathfrak{J}$ und P sowie $\mathfrak{J}'$ und P' entfallen. Diese Gleichungen beschreiben die stationären, d. h. zeitlich unabhängigen Vorgänge und enthalten insbesondere die Gleichungen der Elektrostatik und der Magnetostatik, die entstehen, wenn wir entweder $\mathfrak{J} = \mathfrak{J}' = 0$ und $P = 0$ oder $P = P' = 0$ und $\mathfrak{J}' = 0$ setzen. Die von uns eingeführten fiktiven magnetischen „Ströme“ und „Ladungen“ verschwinden natürlich in beiden Fällen. Im Falle der Elektrostatik haben wir daher die Gleichungen

$$\nabla\times\mathfrak{E} = 0; \qquad \nabla\,\mathfrak{E} = \frac{1}{\varepsilon}P$$

zu lösen. Die Aufgabe, im homogenen Raum (ε = konst.) zu einer gegebenen Ladungsverteilung P die Feldstärke $\mathfrak{E}$ zu berechnen, verlangt daher die Lösung der obigen Gleichungen. Aus dem Verschwinden der Rotation folgt, daß das stetige Feld $\mathfrak{E}$ in der Form

$$\mathfrak{E} = -\nabla^* U$$

vermittels einer stetig differenzierbaren Funktion U dargestellt werden kann (Lemma 7). Damit erhalten wir

$$\Delta U = -\frac{1}{\varepsilon}P.$$

Diese Gleichung, die mit Δ^* statt Δ schon von Poisson behandelt wurde und nach ihm benannt wird, ist seitdem vielfach untersucht worden. Für uns ist sie, abgesehen von ihrem Auftreten in der Elektrostatik, von besonderer Bedeutung, da sie typische Eigenschaften besitzt, die auch unseren allgemeinen Gleichungen zukommen.

Wir zeigen zunächst (Satz 7), daß

$$U(\mathfrak{x}) = \frac{1}{4\pi\varepsilon}\int\limits_G \frac{P(\mathfrak{y})}{|\mathfrak{x}-\mathfrak{y}|}\,dV_{\mathfrak{y}}$$

im Gebiet G eine Lösung obiger Gleichung darstellt, falls $P(\mathfrak{y})$ dort stetig ist. Wir legen dabei den Operator Δ zugrunde. Um die Gültigkeit der Poissonschen Gleichung im Sinne von Δ^* zu beweisen, benötigen wir die zweimalige Differenzierbarkeit von U. Diese ist gewährleistet, wenn $P(\mathfrak{y})$ der sogenannten Hölder-Bedingung genügt (Lemma 10). Wir werden später zeigen (Lemma 44), daß stetige Funktionen $P(\mathfrak{y})$ so existieren, daß U nicht zweimal differenzierbar ist. Der Operator Δ

und nicht Δ^* muß daher als der natürliche Differentialoperator der POISSONschen Gleichung angesehen werden.

Es ist nun unsere Aufgabe, die angekündigten Ergebnisse in den Einzelheiten zu beweisen.

§ 1. Die Grundbegriffe der Vektoranalysis

Wir beginnen mit einigen geometrischen Definitionen[1].

Definition 1. *Eine Kurve $\mathfrak{x}(s)$ heißt regulär, wenn sie stetig ist, aus endlich vielen stetig differenzierbaren Kurvenstücken besteht, keine Doppelpunkte besitzt und endliche Länge hat.*

Zur Definition der regulären Flächen benötigen wir die regulären Flächenelemente.

Definition 2. *Ein reguläres Flächenelement ist eine Punktmenge, die für mindestens ein kartesisches Koordinatensystem eine Darstellung*

$$x^3 = F(x^1, x^2) \qquad (x^1, x^2) \in G$$

mit in G stetig differenzierbarem $F(x^1, x^2)$ besitzt. Dabei ist G ein endliches abgeschlossenes Gebiet der (x^1, x^2)-Ebene, das von einer geschlossenen regulären Kurve berandet wird.

Als Flächenelement bezeichnen wir

$$dF = \sqrt{1 + \left(\frac{\partial F}{\partial x^1}\right)^2 + \left(\frac{\partial F}{\partial x^2}\right)^2}\, d x^1 d x^2$$

und definieren durch

$$\mathfrak{n} = \pm\left(-\frac{\partial F}{\partial x_1}\mathfrak{e}_1 - \frac{\partial F}{\partial x^2}\mathfrak{e}_2 + \mathfrak{e}_3\right)\frac{1}{\sqrt{1 + F^2_{x^1} + F^2_{x^2}}}$$

den bis auf das Vorzeichen, dessen Festlegung wir uns vorbehalten, eindeutig bestimmten Normalenvektor $\mathfrak{n}$.

Aus den regulären Flächenelementen bauen wir nun die regulären Flächen auf und benutzen die Bezeichnungen „Kante" und „Ecke" in dem folgenden Sinne:

1. Die endlich vielen stetig differenzierbaren Kurvenstücke, aus denen der Rand der regulären Flächenelemente besteht, heißen Kanten.

2. Die Punkte, in denen zwei Kanten zusammentreffen, heißen Ecken.

---

[1] Diese Definitionen stammen von O. D. KELLOGG: Foundations of Potential Theory, 1929, S. 97ff.

Damit bilden wir

Definition 3. *Eine reguläre Oberfläche setzt sich wie folgt aus endlich vielen regulären Flächenelementen zusammen:*

1. *Zwei reguläre Flächenelemente haben höchstens eine Kante oder eine Ecke gemeinsam.*
2. *Drei oder mehr Flächenelemente haben höchstens Eckpunkte gemeinsam.*
3. *Je zwei der endlich vielen Flächenelemente können als Anfangs- und Endglied einer Kette aufgefaßt werden, in der jedes Glied mit dem nächsten eine Kante gemeinsam hat.*
4. *Alle Flächenelemente, die eine Ecke gemeinsam haben, bilden eine Kette, in der je zwei aufeinanderfolgende Elemente eine Kante gemeinsam haben. (Das erste und das letzte Glied dieser Kette brauchen dabei keine gemeinsame Kante zu haben.)*

Wenn jede der endlich vielen Kanten einer regulären Oberfläche zu zwei Flächenelementen gehört, nennen wir die Oberfläche geschlossen.

Wir benutzen weiterhin

Definition 4. *Ein Punkt heißt regulär bzgl. einer regulären Oberfläche, wenn er bei mindestens einer Aufteilung in Flächenelemente nicht als Punkt einer Kante auftritt, er heißt regulär bzgl. einer Kurve, wenn die Kurve in diesem Punkte stetig differenzierbar ist.*

Für räumliche Gebiete bilden wir

Definition 5. *Ein reguläres Gebiet ist eine endliche abgeschlossene Punktmenge, die von endlich vielen geschlossenen und paarweise punktfremden regulären Oberflächen berandet wird.*

Wir führen den Operator

$$\nabla^* = \mathfrak{e}_1 \frac{\partial}{\partial x^1} + \mathfrak{e}_2 \frac{\partial}{\partial x^2} + \mathfrak{e}_3 \frac{\partial}{\partial x^3} \tag{1}$$

ein. Dann gilt[1]

Satz 1. *Es sei $\mathfrak{v}(\mathfrak{x})$ ein im regulären Gebiet G stetiges Vektorfeld, das in jedem ganz in G gelegenen regulären Teilgebiet stetig differenzierbar ist. Das Integral*

$$\int_G (\nabla^* \mathfrak{v})\, dV$$

sei konvergent. Dann gilt

$$\int_G (\nabla^* \mathfrak{v})\, dV = \int_F (\mathfrak{v}\,\mathfrak{n})\, dF,$$

wo $\mathfrak{n}$ die in den regulären Randpunkten des Randes F von G gebildete und ins Äußere von G weisende Flächennormale ist.

---

[1] Diese für unsere Zwecke ausreichende Fassung des Gaussschen Satzes wurde von O. D. Kellogg, Foundations of Potential Theory. 1929, S. 113ff. gegeben.

Diese Formulierung zeigt die Gültigkeit des GAUSSschen Satzes für reguläre Gebiete. Entsprechend erhalten wir den STOKESschen Satz[1].

Satz 2. Es sei *F eine reguläre, orientierbare Fläche. Das Vektorfeld* $\mathfrak{v}(\mathfrak{x})$ *sei stetig differenzierbar in einem Gebiet, das F ganz enthält. Dann ist*

$$\int_F \mathfrak{n}(\nabla^* \times \mathfrak{v})\,dF = \int_C (\mathfrak{t}\,\mathfrak{v})\,dS,$$

wobei $\mathfrak{n}$ *die Flächennormale auf F und* $\mathfrak{t}$ *der Tangentenvektor den regulären Randkurve C von F in deren regulären Punkten ist.*

Die Vorzeichen von $\mathfrak{n}$ *und* $\mathfrak{t}$ *sind dabei so gewählt, daß in der regulären Punkten von C* $\mathfrak{t} \times \mathfrak{n}$ *ins Äußere der Fläche F weist.*

Die üblicherweise durch

$$\nabla^* \mathfrak{v} = \operatorname{div} \mathfrak{v} \quad \text{und} \quad \nabla^* \times \mathfrak{v} = \operatorname{rot} \mathfrak{v} \tag{2}$$

definierten Grundoperationen der Vektoranalysis reichen für unsere Zwecke nicht aus. Wir werden daher die Operationen Gl. (2) der Divergenz und Rotation durch allgemeinere Definitionen ersetzen.

Ihrer physikalischen Herkunft nach sind Divergenz und Rotation bekanntlich nicht durch die Darstellung Gl. (2) gegeben, sondern durch Grenzprozesse entstanden, die als räumliche Differentiationsprozesse aufgefaßt werden können. Diese anschaulichen Prozesse werden nun genauer definiert und unserer Theorie nutzbar gemacht[2].

Wir benötigen dazu

Definition 6. *Eine Folge regulärer Gebiete* G_ν *heißt konvergent gegen den Punkt* $\mathfrak{x}_0$, *wenn es zu jedem* $\varepsilon > 0$ *ein* $N(\varepsilon)$ *so gibt, daß alle* G_ν *mit* $\nu \geqq N(\varepsilon)$ *ganz in der Kugel* $|\mathfrak{x} - \mathfrak{x}_0| \leqq \varepsilon$ *enthalten sind.*

An die Stelle der üblichen Definitionen der Divergenz und Rotation setzen wir nun

Definition 7. Es *sei* $\mathfrak{v}(\mathfrak{x})$ *stetig in der Umgebung des Punktes* $\mathfrak{x}_0$. *Existiert dann, wenn wir mit* $\|G_\nu\|$ *das Volumen des regulären Gebietes* G_ν *und mit* F_ν *dessen Rand bezeichnen, unabhängig von der Wahl der Folge* G_ν,

$$\lim_{G_\nu \to \mathfrak{x}_0} \frac{1}{\|G_\nu\|} \int_{F_\nu} (\mathfrak{n}\,\mathfrak{v})\,dF,$$

so setzen wir in $\mathfrak{x}_0$

$$\nabla\,\mathfrak{v} = \lim_{G_\nu \to \mathfrak{x}_0} \frac{1}{\|G_\nu\|} \int_{F_\nu} (\mathfrak{n}\,\mathfrak{v})\,dF.$$

---

[1] Vgl. KELLOGG: Foundations of Potential Theory, S. 119ff.

[2] Der Gedanke, die Grundoperationen der Vektoranalysis allgemeiner zu fassen, ist in verschiedenen Richtungen verfolgt worden. Meist wird die differentielle Definition (2) durch Integralforderungen ersetzt, die nach dem GAUSSschen und dem STOKESschen Satz natürlich erscheinen (vgl. etwa H. WEYL: Duke, math. J. **7**, 411—444 (1940). Der hier eingeschlagene Weg wurde von Cl. MÜLLER: Math. Ann. **124**, 427 (1952) angegeben.

Diese Definition setzt also voraus, daß der Grenzwert für alle gegen $\mathfrak{x}_0$ konvergenten Folgen G_ν existiert. Nach Satz 1 erhalten wir sofort

Lemma 1. *Ist $\mathfrak{v}$ in der Umgebung von $\mathfrak{x}_0$ stetig differenzierbar, so wird in $\mathfrak{x}_0$*

$$\nabla^* \mathfrak{v} = \nabla \mathfrak{v}.$$

Analog zu Definition 7 bilden wir für die Rotation mit den Bezeichnungen von Definition 7

Definition 8. *Es sei $\mathfrak{v}(\mathfrak{x})$ in der Umgebung des Punktes $\mathfrak{x}_0$ stetig. Existiert dann*

$$\lim_{G_\nu \to \mathfrak{x}_0} \frac{1}{\|G_\nu\|} \int_{F_\nu} (\mathfrak{n} \times \mathfrak{v})\, dF$$

unabhängig von der Folge G_ν, so setzen wir in $\mathfrak{x}_0$

$$\nabla \times \mathfrak{v} = \lim_{G_\nu \to \mathfrak{x}_0} \frac{1}{\|G_\nu\|} \int_{F_\nu} (\mathfrak{n} \times \mathfrak{v})\, dF.$$

Nach Satz 1 folgt wiederum

Lemma 2. *Es sei $\mathfrak{v}$ stetig differenzierbar in der Umgebung des Punktes $\mathfrak{x}_0$. Dann ist in $\mathfrak{x}_0$*

$$\nabla^* \times \mathfrak{v} = \nabla \times \mathfrak{v}.$$

Für stetig differenzierbare Felder stimmen daher beide Definitionen überein. Wir werden später zeigen, daß es stetige Vektorfelder gibt, die im Sinne der Definition 7 eine stetige Divergenz besitzen ohne differenzierbar zu sein. Zunächst wollen wir als Analogon und Erweiterung von Satz 1 die Umkehrung unserer Definition beweisen. Dazu formulieren wir

Satz 3. *Es sei $\mathfrak{v}$ stetig im regulären Gebiet G. In jedem regulären Teilgebiet, das ganz in G liegt, sei $\nabla \mathfrak{v}$ stetig. Es existiere das Integral*

$$\int_G (\nabla \mathfrak{v})\, dV.$$

Dann ist

$$\int_F (\mathfrak{v}\,\mathfrak{n})\, dF = \int_G (\nabla \mathfrak{v})\, dV.$$

Zum Beweise dieser Erweiterung des GAUSSschen Satzes benötigen wir einige Vorbereitungen.

Es sei G_ϱ ein inneres Teilgebiet von G, dessen Punkte von der Randfläche F mindestens den Abstand ϱ besitzen.

In G_ϱ bilden wir für $\tau \leqq \varrho$ die Mittelwerte

$$\mathfrak{v}_\tau(\mathfrak{x}) = \frac{3}{4\pi\tau^3} \int_{|\mathfrak{x}-\mathfrak{y}| \leqq \tau} \mathfrak{v}(\mathfrak{y})\, dV_{\mathfrak{y}}. \tag{3}$$

Auf Grund der Stetigkeit von $\mathfrak{v}(\mathfrak{y})$ ist in G_ϱ im Sinne gleichmäßiger Konvergenz

(4) $$\lim_{\tau\to 0} \mathfrak{v}_\tau(\mathfrak{y}) = \mathfrak{v}(\mathfrak{y}).$$

Es gilt aber sogar

Lemma 3. *In G_ϱ ist $\mathfrak{v}_\tau$ stetig differenzierbar und es ist gleichmäßig*

$$\lim_{\tau\to 0} \nabla^* \mathfrak{v}_\tau = \nabla \mathfrak{v},$$

wenn $\nabla \mathfrak{v}$ stetig ist, und

$$\lim_{\tau\to 0} \nabla^* \times \mathfrak{v}_\tau = \nabla \times \mathfrak{v},$$

wenn $\nabla \times \mathfrak{v}$ stetig ist.

Wir beweisen zunächst die Identität

(5) $$\Big(\nabla_{\mathfrak{x}}^* \int\limits_{|\mathfrak{x}-\mathfrak{y}|\le\tau} \mathfrak{v}(\mathfrak{y})\, dV_{\mathfrak{y}}\Big) = \int\limits_{|\mathfrak{x}-\mathfrak{y}|=\tau} (\mathfrak{n}\,\mathfrak{v})\, d\Gamma_{\mathfrak{y}}.$$

Dazu betrachten wir mit in G stetigen Funktionen $U(\mathfrak{x})$ die Mittelwerte

(6) $$\Phi(\mathfrak{x}) = \int\limits_{|\mathfrak{x}-\mathfrak{y}|\le\tau} U(\mathfrak{y})\, dV_{\mathfrak{y}}.$$

Als stetige Funktion kann $U(\mathfrak{y})$ durch stetig differenzierbare Funktionen $U_\varkappa(\mathfrak{y})$ in G gleichmäßig approximiert werden. Mit

(7) $$\Phi_\varkappa(\mathfrak{x}) = \int\limits_{|\mathfrak{x}-\mathfrak{y}|\le\tau} U_\varkappa(\mathfrak{y})\, dV_{\mathfrak{y}} = \int\limits_{|\mathfrak{z}|\le\tau} U_\varkappa(\mathfrak{x}+\mathfrak{z})\, dV_{\mathfrak{z}}$$

gilt daher gleichmäßig in G_ϱ

(8) $$\lim_{\varkappa\to\infty} \Phi_\varkappa(\mathfrak{x}) = \Phi(\mathfrak{x}).$$

Andererseits ist nach Gl. (7)

(9) $$\nabla_{\mathfrak{x}}^* \Phi_\varkappa(\mathfrak{x}) = \int\limits_{|\mathfrak{z}|\le\tau} \nabla_{\mathfrak{x}}^* U_\varkappa(\mathfrak{x}+\mathfrak{z})\, dV_{\mathfrak{z}} = \int\limits_{|\mathfrak{z}|\le\tau} \nabla_{\mathfrak{z}}^* U_\varkappa(\mathfrak{x}+\mathfrak{z})\, dV_{\mathfrak{z}},$$

wenn $\nabla_{\mathfrak{x}}^*$ und $\nabla_{\mathfrak{y}}^*$ die bzgl. $\mathfrak{x}$ und $\mathfrak{y}$ angewandten Operatoren ∇^* bezeichnen. Aus Satz 1 ergibt sich nun wegen der für alle konstanten Vektoren $\mathfrak{a}$ gültigen Identität

(10) $$(\nabla^* \mathfrak{a}\, U_\varkappa) = \mathfrak{a}\, \nabla^* U_\varkappa$$

nach Gl. (9)

(11) $$\nabla_{\mathfrak{x}}^* \Phi_\varkappa(\mathfrak{x}) = \int\limits_{|\mathfrak{z}|=\tau} \mathfrak{n}\, U_\varkappa(\mathfrak{x}+\mathfrak{z})\, dF_{\mathfrak{z}} = \int\limits_{|\mathfrak{x}-\mathfrak{y}|=\tau} \mathfrak{n}\, U_\varkappa(\mathfrak{y})\, dF_{\mathfrak{y}}.$$

Es gilt daher auch gleichmäßig in G_ϱ

$$\lim_{\varkappa\to\infty} \nabla_{\mathfrak{x}}^* \Phi_\varkappa(\mathfrak{x}) = \int\limits_{|\mathfrak{x}-\mathfrak{y}|=\tau} \mathfrak{n}\, U(\mathfrak{y})\, dF_{\mathfrak{y}}, \tag{12}$$

so daß wir schließlich

$$\nabla_{\mathfrak{x}}^* \int\limits_{|\mathfrak{x}-\mathfrak{y}|\leqq\tau} U(\mathfrak{y})\, dV_{\mathfrak{y}} = \int\limits_{|\mathfrak{x}-\mathfrak{y}|=\tau} \mathfrak{n}\, U(\mathfrak{y})\, dF_{\mathfrak{y}} \tag{13}$$

erhalten. Dies ist gleichbedeutend mit

$$\frac{\partial}{\partial x^i} \int\limits_{|\mathfrak{x}-\mathfrak{y}|\leqq\tau} U(\mathfrak{y})\, dV_{\mathfrak{y}} = \int\limits_{|\mathfrak{x}-\mathfrak{y}|=\tau} n^i(\mathfrak{y})\, U(\mathfrak{y})\, dF_{\mathfrak{y}}, \tag{14}$$

wenn wir

$$\mathfrak{x} = x^1\mathfrak{e}_1 + x^2\mathfrak{e}_2 + x^3\mathfrak{e}_3; \qquad \mathfrak{n} = n^1\mathfrak{e}_1 + n^2\mathfrak{e}_2 + n^3\mathfrak{e}_3 \tag{15}$$

setzen, so daß Gl. (5) aus (Gl. 14) folgt.

Zur Abkürzung setzen wir

$$\nabla^* \mathfrak{v}_\tau = f_\tau(\mathfrak{x}); \qquad \nabla\,\mathfrak{v} = f(\mathfrak{x}). \tag{16}$$

Dann folgt aus der Definition von $\nabla\,\mathfrak{v}$ wegen Gl. (5)

$$\lim_{\substack{\tau_n\to 0\\ \mathfrak{x}_n\to\mathfrak{x}_0}} f_{\tau_n}(\mathfrak{x}_n) = f(\mathfrak{x}_0) \tag{17}$$

für jede Nullfolge τ_n und jede gegen einen inneren Punkt $\mathfrak{x}_0$ von G_ϱ konvergente Punktfolge $\mathfrak{x}_n$. Da $f(\mathfrak{x})$ stetig ist, konvergiert $f_{\tau_n}(\mathfrak{x})$ gleichmäßig gegen $f(\mathfrak{x})$. Es sei nämlich τ_n eine beliebige Nullfolge. Dann bilden wir

$$g_n(\mathfrak{x}) = f_{\tau_n}(\mathfrak{x}) - f(\mathfrak{x}). \tag{18}$$

Diese Funktionen sind im abgeschlossenen Gebiet G_ϱ stetig. Es gibt daher ein $\mathfrak{x}_n$ aus G_ϱ so, daß für alle $\mathfrak{x}$ bei festem n gleichmäßig in G_ϱ

$$|g_n(\mathfrak{x})| \leqq |g_n(\mathfrak{x}_n)| = \mu_n \tag{19}$$

ist. Die Folge der Maxima μ_n besitzt mindestens einen Häufungspunkt M (der vielleicht $+\infty$ sein kann.) Es gibt daher eine gegen M konvergente Teilfolge $\mu_{n'}$ (bzw. evtl. eine gegen $+\infty$ divergente Teilfolge). Die Punktfolge $\mathfrak{x}_{n'}$ ist beschränkt und hat mindestens einen Häufungspunkt $\mathfrak{x}_0$. Die Teilfolge $\mathfrak{x}_{n''}$ konvergiere gegen $\mathfrak{x}_0$. Dann ist

$$\begin{aligned} \mu_{n''} &= |g_{n''}(\mathfrak{x}_{n''})| = |f_{\tau_{n''}}(\mathfrak{x}_{n''}) - f(\mathfrak{x}_{n''})| \\ &\leqq |f_{\tau_{n''}}(\mathfrak{x}_{n''}) - f(\mathfrak{x}_0)| + |f(\mathfrak{x}_0) - f(\mathfrak{x}_{n''})|, \end{aligned} \tag{20}$$

so daß die Teilfolge $\mu_{n''}$ wegen Gl. (17) gegen Null konvergiert. Die Folge der Maxima besitzt daher nur den Häufungspunkt Null und stellt folglich eine Nullfolge dar. Dies ist aber gleichbedeutend mit der ersten

Aussage von Lemma 3. Analog beweisen wir auch die zweite dort ausgesprochene Behauptung.

Wir erhalten damit für jedes Gebiet G_ϱ das von der Fläche F_ϱ berandet wird

$$\lim_{\tau\to 0}\int_{G_\varrho}(\nabla^*\mathfrak{v}_\tau)\,dV = \lim_{\tau\to 0}\int_{F_\varrho}(\mathfrak{n}\,\mathfrak{v}_\tau)\,dF \tag{21}$$

oder wegen Gl. (4) und Lemma 3

$$\int_{G_\varrho}(\nabla\,\mathfrak{v})\,dV = \int_{F_\varrho}(\mathfrak{v}\,\mathfrak{n})\,dF. \tag{22}$$

Da wir das Gebiet G durch Gebiete G_ϱ von innen her approximieren können, ergibt ein Prozeß der Ausschöpfung die Behauptung von Satz 3[1].

Dieselbe Argumentation liefert auch

Satz 4. *Es sei $\mathfrak{v}(\mathfrak{x})$ stetig im regulären Gebiet G. In jedem Teilgebiet, das ganz in G liegt, sei $\nabla\times\mathfrak{v}$ stetig. Es existiere das Integral*

$$\int_G(\nabla\times\mathfrak{v})\,dV.$$

Dann ist

$$\int_G(\nabla\times\mathfrak{v})\,dV = \int_F(\mathfrak{n}\times\mathfrak{v})\,dF.$$

Nach diesen beiden Sätzen können wir nun auch die Divergenz und Rotation von Produkten bilden. Wir erhalten

Lemma 4. *Es seien $\mathfrak{v}$, $\mathfrak{w}$, $\nabla\mathfrak{v}$, $\nabla\mathfrak{w}$, $\nabla\times\mathfrak{v}$, $\nabla\times\mathfrak{w}$ stetig, die Funktion U sei stetig differenzierbar für $|\mathfrak{x}-\mathfrak{x}_0|\leqq\alpha$. Dann ist für alle $\mathfrak{x}$ aus $|\mathfrak{x}-\mathfrak{x}_0|<\alpha$*

$$\nabla(\mathfrak{v}\times\mathfrak{w}) = \mathfrak{w}\,\nabla\times\mathfrak{v} - \mathfrak{v}\,\nabla\times\mathfrak{w},$$

$$\nabla U\mathfrak{v} = U\,\nabla\mathfrak{v} + \mathfrak{v}\,\nabla U.$$

Zum Beweis bilden wir wieder die Mittelwerte

$$\mathfrak{v}_\tau = \frac{3}{4\pi\tau^3}\int_{|\mathfrak{x}-\mathfrak{y}|\leqq\tau}\mathfrak{v}(\mathfrak{y})\,dV_\mathfrak{y};\qquad \mathfrak{w}_\tau = \frac{3}{4\pi\tau^3}\int_{|\mathfrak{x}-\mathfrak{y}|\leqq\tau}\mathfrak{w}(\mathfrak{y})\,dV_\mathfrak{y} \tag{23}$$

für $0<\tau<\varepsilon$ und alle $\mathfrak{x}$ aus $|\mathfrak{x}-\mathfrak{x}_0|\leqq\alpha-\varepsilon$ mit beliebigem $\varepsilon>0$.

Auf Grund der gleichmäßigen Konvergenz der Folgen $\mathfrak{v}_\tau$, $\mathfrak{w}_\tau$, $\nabla^*\mathfrak{v}_\tau$, $\nabla^*\mathfrak{w}_\tau$, $\nabla^*\times\mathfrak{v}_\tau$, $\nabla^*\times\mathfrak{w}_\tau$ ergibt sich damit für jedes ganz in

[1] Die Ausschöpfung läßt sich für sog. Normalgebiete (vgl. O. D. KELLOGG: l. c. S. 85ff.) leicht durchführen. Nachdem der Satz für diese Gebiete bewiesen ist, kann das Erweiterungsprinzip von KELLOGG (vgl. Fußnote 1, S. 20) angewandt werden.

$|\mathfrak{x} - \mathfrak{x}_0| \leqq \alpha - \varepsilon$ gelegene reguläre Gebiet G, das von F berandet wird,

$$\int_F \mathfrak{n}(\mathfrak{v}_\tau \times \mathfrak{w}_\tau)\, dF = \int_G (\mathfrak{w}_\tau \nabla^* \times \mathfrak{v}_\tau - \mathfrak{v}_\tau \nabla^* \times \mathfrak{w}_\tau)\, dV, \tag{24}$$

so daß für $\tau \to 0$

$$\int_F \mathfrak{n}(\mathfrak{v} \times \mathfrak{w})\, dF = \int_G (\mathfrak{w} \nabla \times \mathfrak{v} - \mathfrak{v} \nabla \times \mathfrak{w})\, dV \tag{25}$$

folgt. Analog beweisen wir auch

$$\int_F U(\mathfrak{n}\,\mathfrak{v})\, dF = \int_G (\mathfrak{v} \nabla^* U + U \nabla \mathfrak{v})\, dV \tag{26}$$

und erhalten unsere Behauptung aus der Stetigkeit der in den Integralen über G auftretenden Funktionen.

Wir übertragen nun den STOKESschen Satz auf unsere Definition und beweisen

Satz 5. *Es sei F eine reguläre orientierbare Fläche. Die Vektorfelder $\mathfrak{v}$ und $\nabla \times \mathfrak{v}$ seien stetig in einem Gebiet, das F ganz enthält. Die Fläche F werde von der regulären Kurve C berandet. Es sei $\mathfrak{n}$ die Flächennormale auf F, $\mathfrak{t}$ der Tangentenvektor in den regulären Punkten der Kurve C. Auf C weise $\mathfrak{t} \times \mathfrak{n}$ ins Äußere von F. Dann ist*

$$\int_F \mathfrak{n}(\nabla \times \mathfrak{v})\, dF = \int_C (\mathfrak{t}\,\mathfrak{v})\, ds.$$

Zum Beweis werden wieder die Mittelwerte $\mathfrak{v}_\tau$ gebildet, so daß Satz 5 aus Satz 2 nach dem mehrfach durchgeführten Grenzübergang folgt. Damit erhalten wir

Lemma 5. *Es seien $\mathfrak{v}$ und $\nabla \times \mathfrak{v}$ stetig für $|\mathfrak{x} - \mathfrak{x}_0| \leqq \alpha$. Dann ist in $|\mathfrak{x} - \mathfrak{x}_0| < \alpha$*

$$\nabla(\nabla \times \mathfrak{v}) = 0.$$

Auf Grund von Satz 5 ist nämlich

$$\int_F \mathfrak{n}(\nabla \times \mathfrak{v})\, dF = 0 \tag{27}$$

für jede geschlossene Fläche F. Wir erkennen hier einen ersten Vorteil der neuen Definition, da zum Beweis der entsprechenden mit dem Operator ∇^* gebildeten Identität mindestens die zweimal stetige Differenzierbarkeit von $\mathfrak{v}$ benötigt wird. Eine analoge Verbesserung ergibt sich in

Lemma 6. *Es sei $U(\mathfrak{x})$ stetig differenzierbar für $|\mathfrak{x} - \mathfrak{x}_0| \leqq \alpha$. Dann ist in $|\mathfrak{x} - \mathfrak{x}_0| < \alpha$*

$$\nabla \times \nabla^* U = 0.$$

Mit jedem konstanten Vektor $\mathfrak{a}$ gilt nämlich

(28) $$\nabla^* \times \mathfrak{a}\, U = -\mathfrak{a} \times \nabla^* U,$$

so daß wir aus Satz 5 für jede geschlossene Fläche F in $|\mathfrak{x} - \mathfrak{x}_0| \leqq \alpha$

(29) $$-\int_F \mathfrak{n}(\mathfrak{a} \times \nabla^* U)\, dF = \mathfrak{a} \int_F (\mathfrak{n} \times \nabla^* U)\, dF = 0$$

erhalten.

Da dies für beliebige $\mathfrak{a}$ gilt, ergibt sich Lemma 6 unmittelbar.

Aus Satz 5 folgt ebenfalls

Lemma 7. *Es sei $\mathfrak{v}$ stetig für $|\mathfrak{x} - \mathfrak{x}_0| \leqq \alpha$ und*

$$\nabla \times \mathfrak{v} = 0.$$

Dann ist $\mathfrak{v}$ in $|\mathfrak{x} - \mathfrak{x}_0| < \alpha$ stetig differenzierbar und in der Form

$$\mathfrak{v} = \nabla^* U$$

darstellbar.

Nach Satz 5 erfüllen die längs der Geraden von $\mathfrak{x}_0$ nach $\mathfrak{x}$ erstreckten Integrale

(30) $$\int_{\mathfrak{x}_0}^{\mathfrak{x}} (\mathfrak{v}\, \mathfrak{t})\, ds = U(\mathfrak{x})$$

die Beziehung

(31) $$U(\mathfrak{x}_1) - U(\mathfrak{x}_2) = \int_{\mathfrak{x}_2}^{\mathfrak{x}_1} (\mathfrak{v}\, \mathfrak{t})\, ds,$$

wenn das Integral über die geradlinige Verbindung von $\mathfrak{x}_1$ und $\mathfrak{x}_2$ erstreckt wird, so daß die Differentiation von $U(\mathfrak{x})$ dann $\mathfrak{v}(\mathfrak{x})$ liefert.

Von besonderer Bedeutung ist der Operator $\Delta = (\nabla\, \nabla^*)$, der die Verallgemeinerung des LAPLACEschen Operators

(32) $$\Delta^* = (\nabla^* \nabla^*) = \left(\frac{\partial}{\partial x^1}\right)^2 + \left(\frac{\partial}{\partial x^2}\right)^2 + \left(\frac{\partial}{\partial x^3}\right)^2$$

darstellt. Wir definieren diesen Operator gesondert in

Definition 9. *Es sei $U(\mathfrak{x})$ in der Umgebung des Punktes $\mathfrak{x}_0$ stetig differenzierbar. Existiert*

$$\lim_{G_\nu \to \mathfrak{x}_0} \frac{1}{\|G_\nu\|} \int_{F_\nu} (\mathfrak{n}\, \nabla^* U)\, dF = \lim_{G_\nu \to \mathfrak{x}_0} \frac{1}{\|G_\nu\|} \int_{F_\nu} \frac{\partial U}{\partial n}\, dF$$

unabhängig von der Folge G_ν, so setzen wir in $\mathfrak{x}_0$

$$\Delta U = \lim_{G_\nu \to \mathfrak{x}_0} \frac{1}{\|G_\nu\|} \int_{F_\nu} \frac{\partial U}{\partial n}\, dF.$$

Da ΔU als Divergenz des Vektors $\nabla^* U$ definiert wird, erhalten wir aus Lemma 4 und Satz 3 den GREENschen Satz

Satz 6. *Die Funktionen* $U(\mathfrak{x})$ und $W(\mathfrak{x})$ *seien stetig differenzierbar im regulären Gebiet G. In jedem regulären Teilgebiet, das ganz in G liegt, seien* ΔU *und* ΔW *stetig. Die Integrale*

$$\int_G U \Delta W \, dV \quad \text{und} \quad \int_G W \Delta U \, dV$$

existieren. Dann ist

$$\int_G (U \Delta W - W \Delta U) \, dV = \int_F \left(U \frac{\partial W}{\partial n} - W \frac{\partial U}{\partial n} \right) dF .$$

Der Beweis dieses Satzes ergibt sich unmittelbar aus Satz 3, da nach Lemma 4 in jedem ganz in G gelegenen Teilgebiet

$$(33) \qquad \begin{cases} \nabla (W \nabla^* U) = W \Delta U + \nabla^* U \cdot \nabla^* W, \\ \nabla (U \nabla^* W) = U \Delta W + \nabla^* U \cdot \nabla^* W \end{cases}$$

und somit

$$(34) \qquad \nabla (W \nabla^* U - U \nabla^* W) = W \Delta U - U \Delta W$$

ist.

Nachdem wir die Operationen der Divergenz und der Rotation durch die Definitionen 7 und 8 eingeführt haben, entsteht die Frage nach einer analogen Definition des Gradienten. Wir bilden dazu

Definition 7a. *Die Funktion* $U(\mathfrak{x})$ *sei stetig in der Umgebung des Punktes* $\mathfrak{x}_0$. *Existiert dann*

$$\lim_{G_\nu \to \mathfrak{x}_0} \frac{1}{\|G_\nu\|} \int_{F_\nu} \mathfrak{n} \, U \, dF$$

unabhängig von der Folge G_ν, *so setzen wir in* $\mathfrak{x}_0$

$$\nabla U = \lim_{G_\nu \to \mathfrak{x}_0} \frac{1}{\|G_\nu\|} \int_{F_\nu} \mathfrak{n} \, U \, dF .$$

Es zeigt sich nun, daß der so gebildete Gradient im wesentlichen mit $\nabla^* U$ übereinstimmt. Wir beweisen nämlich

Lemma 8. *Für* $|\mathfrak{x} - \mathfrak{x}_0| \leqq \alpha$, $\alpha > 0$ *sei* ∇U *stetig. Dann ist dort*

$$\nabla U = \nabla^* U .$$

Wir bilden für $\tau \leqq \tau_0$ und $|\mathfrak{x} - \mathfrak{x}_0| \leqq \alpha - \tau_0$

$$(35) \qquad U_\tau(\mathfrak{x}) = \frac{3}{4\pi \tau^3} \int_{|\mathfrak{x} - \mathfrak{y}| \leqq \tau} U(\mathfrak{y}) \, dV_{\mathfrak{y}} .$$

Dann ist nach Gl. (13)

$$\nabla^* U_\tau(\mathfrak{x}) = \frac{3}{4\pi\tau^3} \int\limits_{|\mathfrak{x}-\mathfrak{y}|=\tau} \mathfrak{n}\, U(\mathfrak{y})\, dF_{\mathfrak{y}}. \tag{36}$$

Setzen wir

$$\mathfrak{g}_\tau(\mathfrak{x}) = \nabla^* U_\tau(\mathfrak{x}) - \nabla U(\mathfrak{x}), \tag{37}$$

so folgt aus der Definition 7a und der Stetigkeit von ∇U, daß für jede gegen einen Punkt $\mathfrak{x}'$ aus $|\mathfrak{x}-\mathfrak{x}_0| \leqq \alpha - \tau_0$ konvergente Punktfolge $\mathfrak{x}_n$ und jede Nullfolge τ_n

$$\lim_{\substack{\tau_n \to 0 \\ \mathfrak{x}_n \to \mathfrak{x}'}} |\mathfrak{g}_{\tau_n}(\mathfrak{x}_n)| = 0 \tag{38}$$

gilt. Ist μ_τ das Maximum von $|\mathfrak{g}_\tau(\mathfrak{x})|$ in $|\mathfrak{x}-\mathfrak{x}_0| \leqq \alpha - \tau_0$, so ergibt sich durch die im Anschluß an Gl. (19) verwandte Argumentation

$$\lim_{\tau \to 0} \mu_\tau = 0. \tag{39}$$

Die Folge $\nabla^* U_\tau(\mathfrak{x})$ konvergiert daher gleichmäßig gegen ∇U. Es gilt aber auch

$$\lim_{\tau \to 0} U_\tau(\mathfrak{x}) = U(\mathfrak{x}) \tag{40}$$

gleichmäßig in $|\mathfrak{x}-\mathfrak{x}_0| \leqq \alpha - \tau_0$.

Wir erhalten nun für je zwei Punkte $\mathfrak{x}_1$ und $\mathfrak{x}_2$ aus $|\mathfrak{x}-\mathfrak{x}_0| \leqq \alpha - \tau$.

$$U_\tau(\mathfrak{x}_1) - U_\tau(\mathfrak{x}_2) = \int_{\mathfrak{x}_2}^{\mathfrak{x}_1} (\mathfrak{t} \cdot \nabla^* U_\tau)\, ds, \tag{41}$$

wobei das Integral etwa über die geradlinige Verbindung von $\mathfrak{x}_1$ und $\mathfrak{x}_2$ erstreckt wird. Lassen wir nun τ gegen Null gehen, so folgt

$$U(\mathfrak{x}_1) - U(\mathfrak{x}_2) = \int_{\mathfrak{x}_2}^{\mathfrak{x}_1} (\mathfrak{t} \cdot \nabla U)\, ds. \tag{42}$$

Setzen wir daher $\mathfrak{x}_2 = \mathfrak{x}$ und $\mathfrak{x}_1 = \mathfrak{x} + \mathfrak{h}$, so ergibt sich

$$U(\mathfrak{x}+\mathfrak{h}) - U(\mathfrak{x}) = \int_{\mathfrak{x}}^{\mathfrak{x}+\mathfrak{h}} (\mathfrak{t} \cdot \nabla U)\, ds. \tag{43}$$

Mit $\mathfrak{h} = h\,\mathfrak{h}_0$, $h \geqq 0$ und $\mathfrak{h}_0^2 = 1$ wird auf der Geraden von $\mathfrak{x}$ nach $\mathfrak{x}+\mathfrak{h}$ der Tangentenvektor $\mathfrak{t} = \mathfrak{h}_0$, und es folgt aus der Stetigkeit von ∇U

$$\begin{aligned} U(\mathfrak{x}+\mathfrak{h}) - U(\mathfrak{x}) &= \Big(\mathfrak{h}_0 \cdot \int_0^h \nabla U(\mathfrak{x})\, ds\Big) + \\ &+ \Big(\mathfrak{h}_0 \cdot \int_0^h (\nabla U(\mathfrak{x}+\mathfrak{h}) - \nabla U(\mathfrak{x}))\, ds\Big) = (\mathfrak{h} \cdot \nabla U(\mathfrak{x})) + o(h). \end{aligned} \tag{44}$$

Damit ist aber ∇U der Gradient im Sinne der üblichen Definition. Die Identität $\nabla U = \nabla^* U$ gilt somit in jeder Kugel $|\mathfrak{x} - \mathfrak{x}_0| \leqq \alpha - \tau_0$, $\tau_0 > 0$, so daß die Behauptung von Lemma 8 bewiesen ist.

Für Skalare besteht also kein Unterschied zwischen den Operationen ∇ und ∇^*, wenn die Ergebnisse stetig sind. Bei der Anwendung auf Vektoren ergibt sich jedoch ein wesentlicher Unterschied, da wir Felder $\mathfrak{v}$ nachweisen können, die im Sinne von $\nabla\,\mathfrak{v}$ eine stetige Divergenz besitzen, während $\nabla^*\,\mathfrak{v}$ nicht zu bilden ist.

Wir betrachten nun die Funktion

$$\Phi(\mathfrak{x}, \mathfrak{y}) = \frac{e^{ik|\mathfrak{x}-\mathfrak{y}|}}{|\mathfrak{x}-\mathfrak{y}|} = \frac{e^{ikR}}{R}; \quad R = |\mathfrak{x} - \mathfrak{y}| \tag{45}$$

mit beliebigem konstanten k. Dann wird für $\mathfrak{x} \neq \mathfrak{y}$ wegen $(\nabla R)^2 = 1$ und $\Delta R = 2/R$

$$\begin{cases} \nabla_{\mathfrak{y}} \Phi = \dfrac{d}{dR} \dfrac{e^{ikR}}{R} \nabla R, \\ \Delta_{\mathfrak{y}} \Phi = \left(\dfrac{d^2}{dR^2} + \dfrac{2}{R}\dfrac{d}{dR}\right) \dfrac{e^{ikR}}{R} = -k^2 \dfrac{e^{ikR}}{R} = -k^2 \Phi. \end{cases} \tag{46}$$

Es sei nun F eine reguläre geschlossene Fläche, die das Gebiet G berandet, und $\mathfrak{x}$ liege außerhalb G. Dann ist nach Satz 3

$$\int_F \frac{\partial \Phi}{\partial n} dF_{\mathfrak{y}} = -k^2 \int_G \Phi\, dV_{\mathfrak{y}}. \tag{47}$$

Liegt $\mathfrak{x}$ dagegen im Inneren von G, so wenden wir Satz 3 auf das Gebiet G_τ an, das aus denjenigen Punkten $\mathfrak{y}$ von G besteht, die $|\mathfrak{y} - \mathfrak{x}| \geqq \tau$ erfüllen. Ist τ genügend klein, so liegt $|\mathfrak{x} - \mathfrak{y}| = \tau$ ganz in G, und es ergibt sich

$$\int_F \frac{\partial \Phi}{\partial n} dF + \int_{|\mathfrak{x}-\mathfrak{y}|=\tau} \frac{\partial \Phi}{\partial n} dF = -k^2 \int_{G_\tau} \Phi(\mathfrak{x}, \mathfrak{y})\, dV_{\mathfrak{y}}, \tag{48}$$

wobei zu beachten ist, daß die Normale auf $|\mathfrak{x} - \mathfrak{y}| = \tau$ zum Punkte $\mathfrak{x}$ weist.

Wir wollen nun den Grenzübergang $\tau \to 0$ durchführen. Dazu bemerken wir, daß für $\tau_2 > \tau_1$

$$\begin{aligned} \left| \int_{G_{\tau_1}} \Phi\, dV_{\mathfrak{y}} - \int_{G_{\tau_2}} \Phi\, dV_{\mathfrak{y}} \right| &\leqq \int_{\tau_1 \leqq |\mathfrak{x}-\mathfrak{y}| \leqq \tau_2} |\Phi|\, dV_{\mathfrak{y}} \\ &\leqq e^{|k|\tau_2} \int_{\tau_1 \leqq |\mathfrak{z}| \leqq \tau_2} \frac{dV_{\mathfrak{z}}}{|\mathfrak{z}|} = 2\pi e^{|k|\tau_2} (\tau_2^2 - \tau_1^2) \end{aligned} \tag{49}$$

ist. Daher existiert der Grenzwert der rechten Seite von Gl. (48) für $\tau \to 0$, wenn wir das Integral über G als uneigentliches Integral verstehen. Es ist weiterhin

$$(50)\qquad \int\limits_{|\mathfrak{x}-\mathfrak{y}|=\tau} \frac{\partial \Phi}{\partial n}\, dF_{\mathfrak{y}} = \frac{e^{ik\tau}}{\tau}\left(\frac{1}{\tau} - ik\right) \int\limits_{|\mathfrak{z}|=\tau} dF_{\mathfrak{z}} = 4\pi(1 - ik\tau)\, e^{ik\tau}.$$

Damit erhalten wir durch den Grenzübergang $\tau \to 0$

$$(51)\qquad \int\limits_F \frac{\partial \Phi}{\partial n_{\mathfrak{y}}}\, dF_{\mathfrak{y}} = -k^2 \int\limits_G \Phi(\mathfrak{x}, \mathfrak{y})\, dV_{\mathfrak{y}} + \begin{cases} 0 & \text{für } \mathfrak{x} \notin G;\ \mathfrak{x} \notin F \\ -4\pi & \text{für } \mathfrak{x} \in G;\ \mathfrak{x} \notin F. \end{cases}$$

Wir untersuchen nun die Funktion

$$(52)\qquad U(\mathfrak{x}) = \int\limits_G \Phi(\mathfrak{x}, \mathfrak{y})\, \varrho(\mathfrak{y})\, dV_{\mathfrak{y}},$$

wobei $\varrho(\mathfrak{y})$ eine in G definierte stetige Funktion darstellt. Das Integral existiert für alle $\mathfrak{x}$. Es existiert aber auch

$$(53)\qquad \int\limits_G \varrho(\mathfrak{y}) \nabla_{\mathfrak{y}} \Phi\, dV_{\mathfrak{y}}$$

für alle $\mathfrak{x}$. Liegt nämlich $\mathfrak{x}$ im Äußeren von G, so ist $\nabla_{\mathfrak{y}} \Phi$ eine in G stetige Funktion, und die Definition des Integrals bereitet keine Schwierigkeiten. Andererseits gibt es aber auch eine positive Konstante B so, daß für alle $\mathfrak{x}$ und $\mathfrak{y}$ in G (einschließlich des Randes F)

$$(54)\qquad |\nabla_{\mathfrak{y}} \Phi(\mathfrak{x}, \mathfrak{y})| \leqq \frac{B}{|\mathfrak{x}-\mathfrak{y}|^2}; \qquad |\Phi(\mathfrak{x}, \mathfrak{y})| \leqq \frac{B}{|\mathfrak{x}-\mathfrak{y}|}$$

ist. Mit $|\varrho(\mathfrak{y})| \leqq C$ wird daher

$$(55)\qquad \left| \int\limits_{\substack{G \\ \tau_1 \leqq |\mathfrak{x}-\mathfrak{y}| \leqq \tau_2}} \varrho(\mathfrak{y}) \nabla_{\mathfrak{y}} \Phi\, dV_{\mathfrak{y}} \right| \leqq BC \int\limits_{\tau_1 \leqq |\mathfrak{x}-\mathfrak{y}| \leqq \tau_2} \frac{dV_{\mathfrak{y}}}{|\mathfrak{x}-\mathfrak{y}|^2} = 4\pi BC(\tau_2 - \tau_1),$$

so daß unser Integral auch für alle $\mathfrak{x}$ in G als uneigentliches Integral definiert werden kann.

Wir wollen nun weiter zeigen, daß die in Gl. (52) definierte Funktion $U(\mathfrak{x})$ stetig differenzierbar ist. Zu diesem Zweck bilden wir

$$(56)\qquad \Psi_\tau(r) = \begin{cases} \dfrac{e^{ikr}}{r} & \text{für } r \geqq \tau \\[2mm] \dfrac{e^{ik\tau}}{\tau} + \dfrac{\tau}{2}\left(\dfrac{r^2}{\tau^2} - 1\right)\left(\dfrac{d}{d\tau}\dfrac{e^{ik\tau}}{\tau}\right) & \text{für } r \leqq \tau. \end{cases}$$

Dann ist $\Psi_\tau(|\mathfrak{x}-\mathfrak{y}|)$ für alle $\mathfrak{x}$ und $\mathfrak{y}$ stetig differenzierbar, und es ist

$$(57)\qquad \Psi_\tau(|\mathfrak{x}-\mathfrak{y}|) = \Phi(\mathfrak{x}, \mathfrak{y}) \quad \text{für} \quad |\mathfrak{x}-\mathfrak{y}| \geqq \tau,$$

während für $|\mathfrak{x}-\mathfrak{y}| \leqq \tau \leqq \tau_0$ mit passendem $D > 0$ und $D' > 0$

$$|\Psi_\tau(|\mathfrak{x}-\mathfrak{y}|)| \leqq D'\left(\frac{1}{\tau}+\left|ik-\frac{1}{\tau}\right|\right) \leqq D'\left(\frac{2}{\tau}+|k|\right) \leqq \frac{D}{\tau} \tag{58}$$

und

$$|\nabla_{\mathfrak{y}}\Psi_\tau(|\mathfrak{x}-\mathfrak{y}|)| \leqq D'\frac{|\mathfrak{x}-\mathfrak{y}|}{\tau}\left|ik-\frac{1}{\tau}\right|\frac{1}{\tau} \leqq \frac{D\,|\mathfrak{x}-\mathfrak{y}|}{\tau^3} \tag{59}$$

ist. Es wird somit wegen Gl. (57)

$$\begin{aligned} U(\mathfrak{x}) = \int\limits_G \Psi_\tau(|\mathfrak{x}-\mathfrak{y}|)\,\varrho(\mathfrak{y})\,dV_{\mathfrak{y}} + \int\limits_{\substack{G\\|\mathfrak{x}-\mathfrak{y}|\leqq\tau}} \Phi\,\varrho(\mathfrak{y})\,dV_{\mathfrak{y}} - \\ - \int\limits_{\substack{G\\|\mathfrak{x}-\mathfrak{y}|\leqq\tau}} \Psi_\tau(|\mathfrak{x}-\mathfrak{y}|)\,\varrho(\mathfrak{y})\,dV_{\mathfrak{y}}. \end{aligned} \tag{60}$$

Aus Gl. (54) und (58) folgt daher

$$\begin{aligned} \left|U(\mathfrak{x}) - \int\limits_G \Psi_\tau(|\mathfrak{x}-\mathfrak{y}|)\,\varrho(\mathfrak{y})\,dV_{\mathfrak{y}}\right| \leqq CB \int\limits_{|\mathfrak{x}-\mathfrak{y}|\leqq\tau} \frac{dV_{\mathfrak{y}}}{|\mathfrak{x}-\mathfrak{y}|} + \\ + \frac{DC}{\tau}\int\limits_{|\mathfrak{x}-\mathfrak{y}|\leqq\tau} dV_{\mathfrak{y}} = 2\pi C\left(B+\frac{2D}{3}\right)\tau^2, \end{aligned} \tag{61}$$

so daß im Sinne gleichmäßiger Konvergenz

$$\lim_{\tau\to 0} \int \Psi_\tau(|\mathfrak{x}-\mathfrak{y}|)\,\varrho(\mathfrak{y})\,dV_{\mathfrak{y}} = U(\mathfrak{x}) \tag{62}$$

gilt. Es ist

$$\nabla_{\mathfrak{x}}\Psi_\tau(|\mathfrak{x}-\mathfrak{y}|) = -\nabla_{\mathfrak{y}}\Psi_\tau(|\mathfrak{x}-\mathfrak{y}|), \tag{63}$$

und es folgt aus der stetigen Differenzierbarkeit von $\Psi_\tau(|\mathfrak{x}-\mathfrak{y}|)$

$$\begin{aligned} \nabla_{\mathfrak{x}}\int\limits_G \Psi_\tau(|\mathfrak{x}-\mathfrak{y}|)\,\varrho(\mathfrak{y})\,dV_{\mathfrak{y}} &= \int\limits_G \nabla_{\mathfrak{x}}\Psi_\tau(|\mathfrak{x}-\mathfrak{y}|)\,\varrho(\mathfrak{y})\,dV_{\mathfrak{y}} \\ &= -\int\limits_G \varrho(\mathfrak{y})\,\nabla_{\mathfrak{y}}\Psi_\tau(|\mathfrak{x}-\mathfrak{y}|)\,dV_{\mathfrak{y}}. \end{aligned} \tag{64}$$

Als Funktionen von $\mathfrak{x}$ betrachtet, sind diese Integrale stetig.

Unter Benutzung von Gl. (54) und (59) folgt weiterhin

$$\begin{aligned} &\left|\int\limits_G \varrho(\mathfrak{y})\,\nabla_{\mathfrak{y}}\Phi(\mathfrak{x},\mathfrak{y})\,dV_{\mathfrak{y}} - \int\limits_G \varrho(\mathfrak{y})\,\nabla_{\mathfrak{y}}\Psi_\tau(|\mathfrak{x}-\mathfrak{y}|)\,dV_{\mathfrak{y}}\right| \\ &= \left|\int\limits_{\substack{G\\|\mathfrak{x}-\mathfrak{y}|\leqq\tau}} \varrho(\mathfrak{y})\,\nabla_{\mathfrak{y}}\Phi\,dV_{\mathfrak{y}} - \int\limits_{\substack{G\\|\mathfrak{x}-\mathfrak{y}|\leqq\tau}} \varrho(\mathfrak{y})\,\nabla_{\mathfrak{y}}\Psi_\tau(|\mathfrak{x}-\mathfrak{y}|)\,dV_{\mathfrak{y}}\right| \\ &\leqq BC\int\limits_{|\mathfrak{x}-\mathfrak{y}|\leqq\tau} \frac{dV_{\mathfrak{y}}}{|\mathfrak{x}-\mathfrak{y}|^2} + \frac{DC}{\tau^3}\int\limits_{|\mathfrak{x}-\mathfrak{y}\leqq\tau|} |\mathfrak{x}-\mathfrak{y}|\,dV_{\mathfrak{y}} = \pi C(D+4B)\tau, \end{aligned} \tag{65}$$

so daß im Sinne gleichmäßiger Konvergenz auch

$$\lim_{\tau\to 0} \nabla_{\mathfrak{x}} \int_G \Psi_\tau(|\mathfrak{x}-\mathfrak{y}|)\,\varrho(\mathfrak{y})\,dV_{\mathfrak{y}} = -\int_G \varrho(\mathfrak{y})\nabla_{\mathfrak{y}}\Phi\,dV_{\mathfrak{y}} \tag{66}$$

gilt. Aus Gl. (62) und (66) ergibt sich daher

$$\nabla U(\mathfrak{x}) = -\int_G \varrho(\mathfrak{y})\nabla_{\mathfrak{y}}\Phi(\mathfrak{x},\mathfrak{y})\,dV_{\mathfrak{y}}, \tag{67}$$

wobei dieser Gradient als Grenzwert einer Folge stetiger Vektorfelder auch stetig ist. Benutzen wir noch die Identität

$$\nabla_{\mathfrak{x}}\Phi(\mathfrak{x},\mathfrak{y}) = -\nabla_{\mathfrak{y}}\Phi(\mathfrak{x},\mathfrak{y}), \tag{68}$$

so führt unser Ergebnis zu

$$\begin{aligned}\nabla_{\mathfrak{x}}\int_G \varrho(\mathfrak{y})\,\Phi(\mathfrak{x},\mathfrak{y})\,dV_{\mathfrak{y}} &= \int_G \varrho(\mathfrak{y})\nabla_{\mathfrak{x}}\Phi(\mathfrak{x},\mathfrak{y})\,dV_{\mathfrak{y}}\\ &= -\int_G \varrho(\mathfrak{y})\,\nabla_{\mathfrak{y}}\Phi(\mathfrak{x},\mathfrak{y})\,dV_{\mathfrak{y}}.\end{aligned} \tag{69}$$

Bei unserer Herleitung haben wir lediglich benutzt, daß $\varrho(\mathfrak{y})$ gleichmäßig beschränkt ist. Es gilt unsere Formel daher auch unter dieser Voraussetzung. Die Stetigkeit benötigen wir jedoch zum Beweis von

Satz 7. *Die Funktion $\varrho(\mathfrak{y})$ sei stetig im regulären Gebiet G, das von der Fläche F berandet wird. Dann ist*

$$(\Delta_{\mathfrak{x}} + k^2)\int_G \frac{e^{ik|\mathfrak{x}-\mathfrak{y}|}}{|\mathfrak{x}-\mathfrak{y}|}\,\varrho(\mathfrak{y})\,dV_{\mathfrak{y}} = \begin{cases} 0 & \text{für } \mathfrak{x}\notin G;\quad \mathfrak{x}\notin F,\\ -4\pi\varrho(\mathfrak{x}) & \text{für } \mathfrak{x}\in G;\quad \mathfrak{x}\notin F.\end{cases}$$

Liegt $\mathfrak{x}$ nicht in G, so können wir die Differentiationen nach $\mathfrak{x}$ und die Integration bezüglich $\mathfrak{y}$ beliebig vertauschen. Daher ergibt sich der erste Teil der Behauptung aus Gl. (46), weil $\Delta_{\mathfrak{x}}\Phi = \Delta_{\mathfrak{y}}\Phi = -k^2\Phi$ ist.

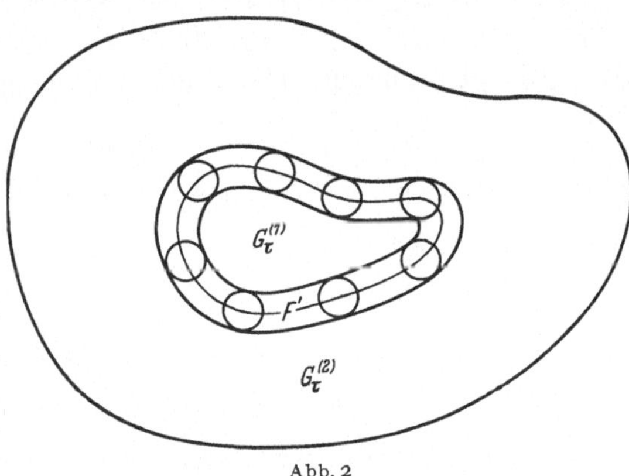

Abb. 2

Zum Beweis des zweiten Teiles denken wir uns ein ganz in G gelegenes Gebiet G', das von der Fläche F' berandet wird und bilden zu G' das Gebiet G_τ^* durch folgende Definition (vgl. Abb. 2)

$$\mathfrak{z}\in G_\tau^*,\quad \text{wenn}\quad \begin{cases}\mathfrak{z}\in G,\\ |\mathfrak{z}-\mathfrak{y}|\leq\tau \quad \text{für mindestens ein } \mathfrak{y} \text{ aus } F'.\end{cases} \tag{70}$$

Es enthält das Gebiet G_τ^* also die Fläche F'. Wir können nun G zerlegen in drei Gebiete, so daß

(71) $$G = G_\tau^{(1)} + G_\tau^* + G_\tau^{(2)}$$

gilt, wobei $G_\tau^{(1)}$ die Bedingung

(72) $$G' \supset G_\tau^{(1)}$$

erfüllt. Wir setzen mit der laufend benutzten Abkürzung $\Phi(\mathfrak{x}, \mathfrak{y})$

(73) $$U_\tau^{(1)} = U_\tau^{(1)}(\mathfrak{x}) = \int\limits_{G_\tau^{(1)}} \Phi(\mathfrak{x}, \mathfrak{y})\, \varrho(\mathfrak{y})\, dV_{\mathfrak{y}},$$

(74) $$U_\tau^* = U_\tau^*(\mathfrak{x}) = \int\limits_{G_\tau^*} \Phi(\mathfrak{x}, \mathfrak{y})\, \varrho(\mathfrak{y})\, dV_{\mathfrak{y}},$$

(75) $$U_\tau^{(2)} = U_\tau^{(2)}(\mathfrak{x}) = \int\limits_{G_\tau^{(2)}} \Phi(\mathfrak{x}, \mathfrak{y})\, \varrho(\mathfrak{y})\, dV_{\mathfrak{y}}.$$

Dann wird durch

(76) $$U(\mathfrak{x}) = U_\tau^{(1)} + U_\tau^* + U_\tau^{(2)}$$

die in Satz 7 genannte Funktion dargestellt.

Nach Gl. (58) finden wir

(77) $$\begin{cases} \displaystyle\int\limits_{F'} \frac{\partial}{\partial n} U_\tau^{(1)}\, dF = -k^2 \int\limits_{G'} U_\tau^{(1)}\, dV - 4\pi \int\limits_{G_\tau^{(1)}} \varrho\, dV, \\ \displaystyle\int\limits_{F'} \frac{\partial}{\partial n} U_\tau^{(2)}\, dF = -k^2 \int\limits_{G'} U_\tau^{(2)}\, dV, \end{cases}$$

denn in beiden Fällen können wir zuerst über $\mathfrak{x}$ und dann über $\mathfrak{y}$ integrieren, da die Integranden stetig von $\mathfrak{x}$ und $\mathfrak{y}$ abhängen.

Wegen der Stetigkeit von ϱ gibt es eine positive Konstante C, so daß $|\varrho(\mathfrak{y})| \leqq C$ gleichmäßig erfüllt ist. Unter Beachtung von Gl. (54) finden wir daher

(78) $$|\nabla_{\mathfrak{x}} U_\tau^*| = \Bigg| \int\limits_{G_\tau^*} \varrho(\mathfrak{y})\, \nabla_{\mathfrak{y}} \Phi\, dV_{\mathfrak{y}} \Bigg| \leqq C B \int\limits_{G_\tau^*} \frac{dV_{\mathfrak{y}}}{|\mathfrak{x}-\mathfrak{y}|^2}.$$

Ist α eine positive Zahl mit $\alpha > \tau$, so wird

(79) $$\int\limits_{G_\tau^*} \frac{dV_{\mathfrak{y}}}{|\mathfrak{x}-\mathfrak{y}|^2} \leqq \int\limits_{|\mathfrak{x}-\mathfrak{y}| \leqq \alpha} \frac{dV_{\mathfrak{y}}}{|\mathfrak{x}-\mathfrak{y}|^2} + \frac{1}{\alpha^2} \int\limits_{G_\tau^*} dV_{\mathfrak{y}} = 4\pi\alpha + \frac{1}{\alpha^2} \|G_\tau^*\|.$$

Das Gebiet G_τ^* ist die Vereinigungsmenge aller Kugeln vom Radius τ, deren Mittelpunkte auf F' liegen. Wir wollen zeigen, daß für $\tau \to 0$

(80) $$\|G_\tau^*\| = O(\tau)$$

ist. Zu diesem Zweck nehmen wir zunächst an, daß die Fläche F' glatt ist und zerlegen sie in ihre endlich vielen regulären Flächenelemente. Jedes dieser Flächenelemente können wir durch Wahl eines geeigneten kartesischen Koordinatensystems in der Form

(81) $$x^3 = F(x^1, x^2)$$

darstellen, wobei (x^1, x^2) in einem regulären Bereich B der (x_1, x_2)-Ebene liegen. Der Ortsvektor $\mathfrak{z}$ der Punkte eines Flächenelementes hat dann die Gestalt

(82) $$\mathfrak{z} = x^1\mathfrak{e}_1 + x^2\mathfrak{e}_2 + F(x^1, x^2)\,\mathfrak{e}_3 = \mathfrak{z}(u^1, u^2),$$

wenn wir x^1 und x^2 als Parameter auffassen und mit u^1 und u^2 bezeichnen. Der Normalenvektor $\mathfrak{n}$ wird dann durch

(83) $$\mathfrak{n} = \frac{\mathfrak{e}_3 - F_{|1}\,\mathfrak{e}_1 - F_{|2}\,\mathfrak{e}_2}{\sqrt{1 + F_{|1}^2 + F_{|1}^2}}$$

mit

(84) $$F_{|i} = \frac{\partial}{\partial u^i} F$$

gegeben. Wir betrachten nun die Punkte $\mathfrak{x}$, deren Ortsvektoren durch

(85) $$\mathfrak{x} = \mathfrak{z}(u^1, u^2) + r\,\mathfrak{n}(u^1, u^2)$$

gegeben werden, wenn r genügend klein ist. Diese Darstellung können wir als eine Parameterdarstellung vermittels der Parameter u^1, u^2 und r auffassen. Sie ist umkehrbar eindeutig, wenn die zugehörige Funktionaldeterminante nicht verschwindet.

Zerlegen wir Gl. (85) in die kartesischen Komponenten x^i, z^i, n^i, so ergibt sich

(86) $$x^i = z^i(u^1, u^2) + r n^i(u^1, u^2),$$

und es ist die Funktionaldeterminante

(87) $$\frac{\partial(x^1, x^2, x^3)}{\partial(u^1, u^2, r)} = D(u^1, u^2, r)$$

eine stetige Funktion der Parameter u^1, u^2 und r, die für $r = 0$ den Wert

(88) $$\begin{vmatrix} z^1{}_{|1} & z^1{}_{|2} & n^1 \\ z^2{}_{|1} & z^2{}_{|2} & n^2 \\ z^3{}_{|1} & z^3{}_{|2} & n^3 \end{vmatrix} = \frac{1}{\sqrt{1 + F_{|1}^2 + F_{|2}^2}} \begin{vmatrix} 1 & 0 & -F_{|1} \\ 0 & 1 & -F_{|2} \\ F_{|1} & F_{|2} & 1 \end{vmatrix} = \sqrt{1 + F_{|1}^2 + F_{|2}^2}$$

annimmt. Wegen der Stetigkeit gibt es daher ein $\tau_0 > 0$ so, daß die Funktionaldeterminante für alle u^1, u^2 aus B und $-\tau_0 \leqq r \leqq \tau_0$ von Null verschieden ist. Die Koordinatendarstellung Gl. (86) können wir demnach als umkehrbar eindeutige Abbildung des zylinderförmigen Parameterbereiches von der Höhe 2τ auf das durch Gl. (85) dargestellte schalenförmige Gebiet auffassen. Das Volumen dieses Gebietes verschwindet somit wie das Volumen des Parameterbereiches für $\tau \to 0$ von der Ordnung τ. Ist die Fläche F' glatt, so läßt sich G_τ^* für genügend kleine τ in endlich viele Gebiete dieser Art zerlegen und wir haben Gl. (80) bewiesen.

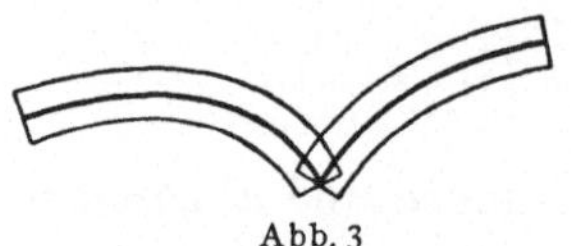
Abb. 3

Besitzt F' dagegen endlich viele Kanten, so werden sich die oben benutzten Gebiete nicht glatt zu G_τ^* zusammenfügen (vgl. Abb. 3), und wir machen einen Fehler, wenn wir $\|G_\tau^*\|$ als Summe dieser Volumina ausdrücken. Dieser Fehler ist kleiner als das Volumen der Vereinigungsmenge aller Kugeln vom Radius τ, deren Mittelpunkte auf den Kanten liegen.

Jede dieser endlich vielen Kanten ist eine zweimal stetig differenzierbare Kurve von endlicher Länge. Wir stellen sie in der Form

(89) $$\mathfrak{x} = \mathfrak{z}(s)$$

dar, wobei s, der Parameter der Bogenlänge, so gewählt ist, daß

(90) $$\left|\frac{d}{ds}\mathfrak{z}\right| = 1$$

wird. Mit

(91) $$\mathfrak{t} = \frac{d}{ds}\mathfrak{z}$$

bezeichnen wir den Tangentenvektor. Wir drücken die Differentiation nach s durch Punktieren aus und betrachten die Kurve $\mathfrak{t}(s)$, die ganz auf der Einheitskugel liegt. Ihr Linienelement wird durch

(92) $$|\dot{\mathfrak{t}}|\,ds$$

gegeben. Ist L die Gesamtlänge unserer Ausgangskurve Gl. (89), so wird folglich

(93) $$\int_0^L |\dot{\mathfrak{t}}|\,ds$$

die endliche Länge des Bildes auf der Kugel sein. Wir teilen die ursprüngliche Kurve nun in endlich viele Teilkurven so auf, daß das vermittels Gl. (91) gewonnene Bild dieser Kurve auf der Einheitskugel nicht länger ist als $\pi/4$. Für jedes dieser Teilstücke gibt es dann einen konstanten

Vektor $\mathfrak{a}$, so daß auf diesem Kurvenstück

$$\mathfrak{a} \times \mathfrak{t} \neq 0 \tag{94}$$

ist. Bezeichnen wir mit $\mathfrak{t}(0)$ den Anfangspunkt eines solchen Kurvenstückes, so ist nämlich für alle s des zugehörigen Intervalls

$$(\mathfrak{t}(0)\,\mathfrak{t}(s)) \leqq \cos\frac{\pi}{4}, \tag{95}$$

da die Gesamtlänge dieses Kurvenstückes höchstens $\pi/4$ ist. Wählen wir daher $\mathfrak{a}$ so, daß

$$-\cos\frac{\pi}{4} < \mathfrak{a}\,\mathfrak{t}(0) < \cos\frac{\pi}{4}, \tag{96}$$

so ist die Forderung Gl. (94) erfüllt. Mit Hilfe des so gewonnenen Vektors $\mathfrak{a}$ bilden wir nun weiter

$$\mathfrak{n}_1 = \frac{\mathfrak{t}\times\mathfrak{a}}{|\mathfrak{t}\times\mathfrak{a}|}; \qquad \mathfrak{n}_2 = \mathfrak{t}\times\mathfrak{n}_1. \tag{97}$$

Dann sind die Vektoren $\mathfrak{n}_1$ und $\mathfrak{n}_2$ stetig differenzierbare Funktionen von s und es gilt

$$\mathfrak{t}\mathfrak{n}_1 = \mathfrak{t}\mathfrak{n}_2 = \mathfrak{n}_1\mathfrak{n}_2 = 0; \qquad \mathfrak{n}_1^2 = \mathfrak{n}_2^2 = \mathfrak{t}^2 = 1. \tag{98}$$

Zu jedem dieser Teilstücke betrachten wir nun die durch

$$\mathfrak{x} = \mathfrak{z}(s) + u^1\mathfrak{n}_1(s) + u^2\mathfrak{n}_2(s) \qquad (u^1)^2 + (u^2)^2 \leqq \tau^2 \tag{99}$$

definierten Punkte. Durchläuft s den Parameterbereich eines der genannten Teilstücke und variieren u^1 und u^2 in den angegebenen Grenzen, so stellen die Punkte Gl. (99) ein Gebiet dar, das sich röhrenförmig um die Kurve schließt. Wir wollen das Verhalten dieses Gebietes für $\tau \to 0$ untersuchen. Dazu fassen wir wieder Gl. (99) als Parameterdarstellung auf und untersuchen die Funktionaldeterminante, die als Funktion der Parameter u^1, u^2 und s stetig ist. Für $u^1 = u^2 = 0$ hat sie, ausgedrückt in den kartesischen Komponenten z^i, n_1^i, n_2^i, den Wert

$$\begin{vmatrix} \dot{z}^1 & n_1^1 & n_2^1 \\ \dot{z}^2 & n_1^2 & n_2^2 \\ \dot{z}^3 & n_1^3 & n_2^3 \end{vmatrix}, \tag{100}$$

wobei n_1^i und n_2^i die Koordinaten von $\mathfrak{n}_1$ und $\mathfrak{n}_2$ darstellen. Sie ist also wegen Gl. (91) gleich

$$\mathfrak{t}(\mathfrak{n}_1\times\mathfrak{n}_2) = \mathfrak{n}_2(\mathfrak{t}\times\mathfrak{n}_1) = \mathfrak{n}_2^2 = 1. \tag{101}$$

Für $\tau \to 0$ ist daher das Volumen unserer Röhre von derselben Ordnung wie das Volumen des Parameterbereiches, der durch einen Kreiszylinder vom Querschnitt $\pi\tau^2$ dargestellt wird. Die Beiträge dieser Gebiete sind folglich von der Ordnung τ^2 und stören Gl. (80) nicht.

Fügen wir die durch Gl. (99) dargestellten Gebiete zusammen, so werden sie sich nur dann glatt aneinanderfügen, wenn die Kanten zusammen eine geschlossene stetig differenzierbare Kurve bilden. An jeder echten Ecke werden wir die einzelnen Röhren nicht glatt aneinanderschließen können und dementsprechend bei unserer Abschätzung Fehler machen. Diese Fehler sind aber jeweils nicht größer als das Volumen der Kugel vom Radius τ, deren Mittelpunkt in der betreffenden Ecke liegt. Da insgesamt nur endlich viele Ecke vorhanden sind, verschwinden diese Fehler von der Ordnung τ^3. Wir haben damit Gl. (80) bewiesen und können nun den Beweis von Satz 7 zu Ende führen.

Aus Gl. (78) und (79) ergibt sich mit Gl. (80)

$$|\nabla_{\mathfrak{x}} U_\tau^*| = O\left(\alpha + \frac{\tau}{\alpha^2}\right). \tag{102}$$

Die Zahl α war hier frei verfügbar und unterlag nur der Einschränkung $\alpha > \tau$.

Setzen wir daher $\alpha = \tau^{1/3}$, so ergibt sich für $\tau \to 0$

$$\left|\frac{\partial}{\partial n} U_\tau^*\right| = \left|\mathfrak{n}\,\nabla_{\mathfrak{x}} U_\tau^*\right| = O\,(\tau^{1/3}) \tag{103}$$

und damit auch

$$\left|\int\limits_{F'} \frac{\partial u}{\partial n}\, dF\right| = O\,(\tau^{1/3}). \tag{104}$$

Aus Gl. (76) und (77) erhalten wir folglich durch den Grenzübergang $\tau \to 0$

$$\int\limits_{F'} \frac{\partial}{\partial n} U\, dF + k^2 \int\limits_{G'} U\, dV = -4\pi \int\limits_{G'} \varrho\, dV. \tag{105}$$

Da diese Relation für alle in G gelegenen regulären Gebiete G' gilt, finden wir wegen der Stetigkeit von ϱ und U für jede Folge G_ν von regulären Gebieten

$$\lim_{G_\nu \to \mathfrak{x}} \frac{1}{\|G_\nu\|} \int\limits_{F_\nu} \frac{\partial}{\partial n} U\, dF = -\lim_{G_\nu \to \mathfrak{x}} \frac{1}{\|G_\nu\|} \int\limits_{G_\nu} (k^2 U + 4\pi\varrho)\, dV. \tag{106}$$

Weil $k^2\, U + 4\pi\,\varrho$ eine in G stetige Funktion ist, wird daher für $\mathfrak{x} \in G$

$$\begin{aligned} \frac{1}{\|G_\nu\|} \int\limits_{G_\nu} (k^2\, U + 4\pi\varrho)\, dV &= k^2\, U\,(\mathfrak{x}) + 4\pi\varrho\,(\mathfrak{x}) \\ &+ \frac{1}{\|G_\nu\|} \int\limits_{G_\nu} [k^2\, U(\mathfrak{y}) + 4\pi\varrho\,(\mathfrak{y}) - k^2\, U\,(\mathfrak{x}) - 4\pi\varrho\,(\mathfrak{x})]\, dV \\ &= k^2\, U\,(\mathfrak{x}) + 4\pi\varrho\,(\mathfrak{x}) + o(1), \end{aligned} \tag{107}$$

womit Satz 7 bewiesen ist.

Analog beweisen wir nun

Lemma 9. *Es sei* $\mathfrak{j}(\mathfrak{y})$ *ein im regulären Gebiet* G *stetiges Vektorfeld mit stetiger Divergenz. Dann ist für alle* $\mathfrak{x}$ *in* G *mit*

$$\Phi(\mathfrak{x},\mathfrak{y}) = \frac{e^{ik|\mathfrak{x}-\mathfrak{y}|}}{|\mathfrak{x}-\mathfrak{y}|}$$

$$\begin{aligned}\nabla_{\mathfrak{x}} \times \Big(\nabla_{\mathfrak{x}} \times \int_G \mathfrak{j}(\mathfrak{y})\, \Phi(\mathfrak{x},\mathfrak{y})\, dV_{\mathfrak{y}}\Big) &= 4\pi \mathfrak{j}(\mathfrak{x}) - \nabla_{\mathfrak{x}} \int_F (\mathfrak{n}\mathfrak{j})\, \Phi(\mathfrak{x},\mathfrak{y})\, dF_{\mathfrak{y}} \\ &\quad + \nabla_{\mathfrak{x}} \int_G \Phi(\mathfrak{x},\mathfrak{y})\, \nabla \mathfrak{j}\, dV_{\mathfrak{y}} + k^2 \int_G \mathfrak{j}(\mathfrak{y})\, \Phi(\mathfrak{x},\mathfrak{y})\, dV_{\mathfrak{y}},\end{aligned}$$

während für alle $\mathfrak{x}$, *die außerhalb* G *liegen*

$$\begin{aligned}\nabla_{\mathfrak{x}} \times \Big(\nabla_{\mathfrak{x}} \times \int_G \mathfrak{j}(\mathfrak{y})\, \Phi(\mathfrak{x},\mathfrak{y})\, dV_{\mathfrak{y}}\Big) &= - \nabla_{\mathfrak{x}} \int_F (\mathfrak{n}\mathfrak{j})\, \Phi(\mathfrak{x},\mathfrak{y})\, dF_{\mathfrak{y}} \\ &\quad + \nabla_{\mathfrak{x}} \int_G \Phi(\mathfrak{x},\mathfrak{y})\, \nabla \mathfrak{j}\, dV_{\mathfrak{y}} + k^2 \int_G \mathfrak{j}(\mathfrak{y})\, \Phi(\mathfrak{x},\mathfrak{y})\, dV_{\mathfrak{y}}\end{aligned}$$

gilt.

Zum Beweise der ersten Beziehung legen wir wieder ein ganz in G gelegenes Gebiet G', das von der Fläche F' berandet wird, zugrunde und betrachten für $\mathfrak{y} \notin F'$ mit einem konstanten Vektor $\mathfrak{j}$ das Integral

$$\begin{aligned}&\int_{F'} [\mathfrak{n} \times (\nabla_{\mathfrak{x}} \times \Phi \mathfrak{j}) - \mathfrak{n}(\nabla_{\mathfrak{x}} \Phi \mathfrak{j})]\, dF_{\mathfrak{x}} \\ &= \int_{F'} [\mathfrak{n} \times (\nabla_{\mathfrak{x}} \Phi \times \mathfrak{j}) - \mathfrak{n}(\mathfrak{j} \nabla_{\mathfrak{x}} \Phi)]\, dF_{\mathfrak{x}} \\ &= \int_{F'} [(\mathfrak{j}\mathfrak{n}) \nabla_{\mathfrak{x}} \Phi - (\mathfrak{n} \nabla_{\mathfrak{x}} \Phi)\, \mathfrak{j} - \mathfrak{n}(\mathfrak{j} \nabla_{\mathfrak{x}} \Phi)]\, dF_{\mathfrak{x}} \\ &= -\int_{F'} \mathfrak{j}(\mathfrak{n} \nabla_{\mathfrak{x}} \Phi)\, dF_{\mathfrak{x}} - \int_{F'} \mathfrak{j} \times (\mathfrak{n} \times \nabla_{\mathfrak{x}} \Phi)\, dF_{\mathfrak{x}},\end{aligned} \tag{108}$$

dessen Umformung durch einfache Identitäten des Integranden erreicht wird.

Nun ist nach Gl. (51) wegen $\mathfrak{n} \nabla_{\mathfrak{x}} = \dfrac{\partial}{\partial n_{\mathfrak{x}}}$

$$-\int_{F'} \mathfrak{j}(\mathfrak{n} \nabla_{\mathfrak{x}} \Phi)\, dF_{\mathfrak{x}} = \begin{cases} k^2 \mathfrak{j} \int_{G'} \Phi(\mathfrak{x},\mathfrak{y})\, dV_{\mathfrak{x}} & \text{für } \mathfrak{y} \notin G';\ \mathfrak{y} \notin F' \\ k^2 \mathfrak{j} \int_{G'} \Phi(\mathfrak{x},\mathfrak{y})\, dV_{\mathfrak{x}} + 4\pi \mathfrak{j} & \text{für } \mathfrak{y} \in G';\ \mathfrak{y} \notin F' \end{cases} \tag{109}$$

und nach Satz 5

$$\int_{F'} (\mathfrak{n} \times \nabla_{\mathfrak{x}} \Phi)\, dF_{\mathfrak{x}} = 0, \tag{110}$$

da für jeden konstanten Vektor $\mathfrak{a}$

$$(111)\quad \mathfrak{a}\int(\mathfrak{n}\times\nabla_{\mathfrak{x}}\Phi)\,dF_{\mathfrak{x}}=\int\mathfrak{n}\,(\nabla_{\mathfrak{x}}\Phi\times\mathfrak{a})\,dF_{\mathfrak{x}}=\int\mathfrak{n}\,(\nabla_{\mathfrak{x}}\times\mathfrak{a}\,\Phi)\,dF_{\mathfrak{x}}=0$$

ist. Wir erhalten aus Gl. (108) somit

$$(112)\quad \int_{F'}[\mathfrak{n}\times(\nabla_{\mathfrak{x}}\times\Phi\mathfrak{j})-\mathfrak{n}\,(\nabla_{\mathfrak{x}}\Phi\mathfrak{j})]\,dF_{\mathfrak{x}} = \begin{cases} k^2\mathfrak{j}\int\limits_{G'}\Phi(\mathfrak{x},\mathfrak{y})\,dV_{\mathfrak{x}} & \text{für}\quad \mathfrak{y}\notin G';\ \mathfrak{y}\notin F',\\ k^2\mathfrak{j}\int\limits_{G'}\Phi(\mathfrak{x},\mathfrak{y})\,dV_{\mathfrak{x}}+4\pi\mathfrak{j} & \text{für}\quad \mathfrak{y}\in G';\ \mathfrak{y}\notin F'. \end{cases}$$

Bilden wir nun mit den schon in Gl. (70ff.) benutzten Bezeichnungen die Vektorfelder

$$(113)\quad \begin{cases} \mathfrak{v}_\tau^{(1)}(\mathfrak{x})=\int\limits_{G_\tau^{(1)}}(\nabla_{\mathfrak{x}}\Phi\times\mathfrak{j}(\mathfrak{y}))\,dV_{\mathfrak{y}}; & \mathfrak{w}_\tau^{(1)}(\mathfrak{x})=\int\limits_{G_\tau^{(1)}}\mathfrak{j}(\mathfrak{y})\,\Phi(\mathfrak{x},\mathfrak{y})\,dV_{\mathfrak{y}};\\ \mathfrak{v}_\tau^{*}(\mathfrak{x})=\int\limits_{G_\tau^{*}}(\nabla_{\mathfrak{x}}\Phi\times\mathfrak{j}(\mathfrak{y}))\,dV_{\mathfrak{y}}; & \mathfrak{w}_\tau^{*}(\mathfrak{x})=\int\limits_{G_\tau^{*}}\mathfrak{j}(\mathfrak{y})\,\Phi(\mathfrak{x},\mathfrak{y})\,dV_{\mathfrak{y}},\\ \mathfrak{v}_\tau^{(2)}(\mathfrak{x})=\int\limits_{G_\tau^{(2)}}(\nabla_{\mathfrak{x}}\Phi\times\mathfrak{j}(\mathfrak{y}))\,dV_{\mathfrak{y}}; & \mathfrak{w}_\tau^{(2)}(\mathfrak{x})=\int\limits_{G_\tau^{(2)}}\mathfrak{j}(\mathfrak{y})\,\Phi(\mathfrak{x},\mathfrak{y})\,dV_{\mathfrak{y}}; \end{cases}$$

und die skalaren Funktionen

$$(114)\quad \begin{cases} V_\tau^{(1)}(\mathfrak{x})=\int\limits_{G_\tau^{(1)}}(\mathfrak{j}(\mathfrak{y})\,\nabla_{\mathfrak{x}}\Phi)\,dV_{\mathfrak{y}},\\ V_\tau^{*}(\mathfrak{x})=\int\limits_{G_\tau^{*}}(\mathfrak{j}(\mathfrak{y})\,\nabla_{\mathfrak{x}}\Phi)\,dV_{\mathfrak{y}},\\ V_\tau^{(2)}(\mathfrak{x})=\int\limits_{G_\tau^{(2)}}(\mathfrak{j}(\mathfrak{y})\,\nabla_{\mathfrak{x}}\Phi)\,dV_{\mathfrak{y}}, \end{cases}$$

so wird

$$(115)\quad \begin{cases} \nabla_{\mathfrak{x}}\times\int\limits_{G}\mathfrak{j}(\mathfrak{y})\,\Phi\,dV_{\mathfrak{y}}=\int\limits_{G}(\nabla_{\mathfrak{x}}\Phi\times\mathfrak{j}(\mathfrak{y}))\,dV_{\mathfrak{y}}=\mathfrak{v}(\mathfrak{x})=\mathfrak{v}_\tau^{(1)}+\mathfrak{v}_\tau^{*}+\mathfrak{v}_\tau^{(2)}\\ \nabla_{\mathfrak{x}}\int\limits_{G}\mathfrak{j}(\mathfrak{y})\,\Phi\,dV_{\mathfrak{y}}=\int\limits_{G}(\nabla_{\mathfrak{x}}\Phi\cdot\mathfrak{j}(\mathfrak{y}))\,dV_{\mathfrak{y}}\\ \qquad =V(\mathfrak{x})=V_\tau^{(1)}+V_\tau^{*}+V_\tau^{(2)}. \end{cases}$$

Da die Gebiete $G_\tau^{(1)}$ und $G_\tau^{(2)}$ so gewählt sind, daß sie keine Punkte der Randfläche F' enthalten, hängt der Integrand in den über diese Gebiete erstreckten Integralen stetig von $\mathfrak{x}$ und $\mathfrak{y}$ ab. Wir können daher bei

Integrationen bezüglich $\mathfrak{x}$ und $\mathfrak{y}$ die Reihenfolge der Integrationen vertauschen. Es wird somit nach Gl. (112)

$$(116)\quad \begin{cases} \int\limits_{F'} [\mathfrak{n} \times \mathfrak{v}_\tau^{(2)} - \mathfrak{n}\, V_\tau^{(2)}]\, dF_{\mathfrak{x}} = k^2 \int\limits_{G'} \mathfrak{w}_\tau^{(2)}(\mathfrak{x})\, dV_{\mathfrak{x}}\,, \\ \int\limits_{F'} [\mathfrak{n} \times \mathfrak{v}_\tau^{(1)} - \mathfrak{n}\, V_\tau^{(1)}]\, dF_{\mathfrak{x}} = k^2 \int\limits_{G'} \mathfrak{w}_\tau^{(1)}(\mathfrak{x})\, dV_{\mathfrak{x}} + 4\pi \int\limits_{G_\tau^{(1)}} \mathfrak{j}(\mathfrak{y})\, dV_{\mathfrak{y}}\,. \end{cases}$$

Auf Grund der Stetigkeit von $\mathfrak{j}(\mathfrak{y})$ gibt es eine Konstante C, so daß $|\mathfrak{j}(\mathfrak{y})| \leqq C$ gleichmäßig erfüllt wird.

Für jedes $\alpha > \tau > 0$ wird daher wegen Gl. (54) für alle $\mathfrak{x}$ aus G

$$(117)\quad \begin{cases} |\mathfrak{v}_\tau^*| = \left| \int\limits_{G_\tau^*} \nabla_{\mathfrak{x}} \Phi \times \mathfrak{j}(\mathfrak{y})\, dV_{\mathfrak{y}} \right| \leqq C \int\limits_{|\mathfrak{x}-\mathfrak{y}| \leqq \alpha} \frac{B\, dV_{\mathfrak{y}}}{|\mathfrak{x}-\mathfrak{y}|^2} + \frac{CB}{\alpha^2} \int\limits_{G_\tau^*} dV_{\mathfrak{y}}, \\ |V_\tau^*| = \left| \int\limits_{G_\tau^*} (\mathfrak{j}(\mathfrak{y})\, \nabla_{\mathfrak{x}} \Phi)\, dV_{\mathfrak{y}} \right| \leqq C \int\limits_{|\mathfrak{x}-\mathfrak{y}| \leqq \alpha} \frac{B\, dV_{\mathfrak{y}}}{|\mathfrak{x}-\mathfrak{y}|^2} + \frac{CB}{\alpha^2} \int\limits_{G_\tau^*} dV_{\mathfrak{y}}, \\ |\mathfrak{w}_\tau^*| = \left| \int\limits_{G_\tau^*} \mathfrak{j}(\mathfrak{y})\, \Phi\, dV_{\mathfrak{y}} \right| \leqq C \int\limits_{|\mathfrak{x}-\mathfrak{y}| \leqq \alpha} \frac{B\, dV_{\mathfrak{y}}}{|\mathfrak{x}-\mathfrak{y}|} + \frac{CB}{\alpha} \int\limits_{G_\tau^*} dV_{\mathfrak{y}}\,; \end{cases}$$

so daß wir nach Gl. (80)

$$(118)\quad \begin{cases} |\mathfrak{v}_\tau^*| = O\left(\alpha + \frac{\tau}{\alpha^2}\right); \qquad |V_\tau^*| = O\left(\alpha + \frac{\tau}{\alpha^2}\right) \\ |\mathfrak{w}_\tau^*| = O\left(\alpha^2 + \frac{\tau}{\alpha}\right) \end{cases}$$

erhalten. Mit $\alpha = \tau^{1/3}$ wird somit für $\tau \to 0$ nach Gl. (115) und (116)

$$(119)\quad \int\limits_{F'} [\mathfrak{n} \times \mathfrak{v} - \mathfrak{n}\, V]\, dF_{\mathfrak{x}} = 4\pi \int\limits_{G_\tau^{(1)}} \mathfrak{j}(\mathfrak{y})\, dV_{\mathfrak{y}} + k^2 \int\limits_{G'} \mathfrak{w}(\mathfrak{x})\, dV_{\mathfrak{x}} + O(\tau^{1/3})\,.$$

Durch den Grenzübergang $\tau \to 0$ erhalten wir daher

$$(120)\quad \int\limits_{F'} [\mathfrak{n} \times \mathfrak{v} - \mathfrak{n}\, V]\, dF_{\mathfrak{x}} = 4\pi \int\limits_{G'} \mathfrak{j}(\mathfrak{y})\, dV_{\mathfrak{y}} + k^2 \int\limits_{G'} \mathfrak{w}(\mathfrak{x})\, dV_{\mathfrak{x}}\,.$$

Diese Beziehung gilt für jedes ganz in G gelegene Gebiet G'. Liegt $\mathfrak{x}'$ dagegen ganz im Äußeren von G, so ergibt sich unmittelbar aus Gl. (112)

$$(121)\quad \int\limits_{F'} [\mathfrak{n} \times \mathfrak{v} - \mathfrak{n}\, V]\, dF = k^2 \int\limits_{G'} \mathfrak{w}(\mathfrak{x})\, dV_{\mathfrak{x}}\,.$$

Betrachten wir daher Folgen von Gebieten G_ν, die entweder ganz im Innern oder ganz im Äußeren von G liegen und gegen einen Punkt $\mathfrak{x}$

konvergieren, so wird für $\mathfrak{x} \notin F$

$$(122)\quad \lim_{G_\nu \to \mathfrak{x}} \frac{1}{\|G_\nu\|} \int_{F_\nu} [\mathfrak{n} \times \mathfrak{v} - \mathfrak{n}\, V]\, dF = \begin{cases} 4\pi\, \mathfrak{j}(\mathfrak{x}) + k^2\, \mathfrak{w}(\mathfrak{x}) & \text{für } \mathfrak{x} \in G, \\ k^2\, \mathfrak{w}(\mathfrak{x}) & \text{für } \mathfrak{x} \notin G, \end{cases}$$

da $\mathfrak{j}(\mathfrak{y})$ und $\mathfrak{w}(\mathfrak{x})$ stetig sind. Es ist aber für alle $\mathfrak{x}$

$$(123)\quad \begin{aligned} V(\mathfrak{x}) &= \int_G (\mathfrak{j}(\mathfrak{y})\, \nabla_{\mathfrak{x}} \Phi)\, dV_{\mathfrak{y}} = -\int_G (\mathfrak{j}(\mathfrak{y})\, \nabla_{\mathfrak{y}} \Phi)\, dV_{\mathfrak{y}} \\ &= -\lim_{\tau \to 0} \int_{\substack{G \\ |\mathfrak{x}-\mathfrak{y}| \geqq \tau}} (\mathfrak{j}(\mathfrak{y})\, \nabla_{\mathfrak{y}} \varphi)\, dV_{\mathfrak{y}}, \end{aligned}$$

wobei die letzte Beschreibung des Integrals als Grenzwert nur notwendig ist, wenn $\mathfrak{x}$ in G liegt. Dann wird aber für innere Punkte uns G und genügend kleine τ

$$(124)\quad \begin{aligned} &\int_{\substack{G \\ |\mathfrak{x}-\mathfrak{y}| \geqq \tau}} (\mathfrak{j}(\mathfrak{y})\, \nabla_{\mathfrak{y}} \Phi)\, dV_{\mathfrak{y}} \\ &= -\int_{\substack{G \\ |\mathfrak{x}-\mathfrak{y}| \geqq \tau}} \Phi\, \nabla \mathfrak{j}\, dV_{\mathfrak{y}} + \int_F (\mathfrak{j}\,\mathfrak{n})\, \Phi\, dF_{\mathfrak{y}} + \int_{|\mathfrak{x}-\mathfrak{y}| = \tau} (\mathfrak{j}\,\mathfrak{n})\, \Phi\, dF_{\mathfrak{y}}. \end{aligned}$$

Beim Grenzübergang $\tau \to 0$ verschwindet das Integral über die Kugel $|\mathfrak{x} - \mathfrak{y}| = \tau$, und wir erhalten

$$(125)\quad \int_G (\mathfrak{j}(\mathfrak{y})\, \nabla_{\mathfrak{y}} \Phi)\, dV_{\mathfrak{y}} = -\int_G \Phi\, \nabla\, \mathfrak{j}\, dV_{\mathfrak{y}} + \int_F (\mathfrak{j}\,\mathfrak{n})\, \Phi\, dF_{\mathfrak{y}}.$$

Liegt $\mathfrak{x}$ im Äußeren von G, so ist diese Identität unmittelbar einzusehen, da Φ und $\nabla_{\mathfrak{y}} \Phi$ dann stetig sind. Wir verzichten hier darauf, die Identität auch für die auf F liegenden $\mathfrak{x}$ zu beweisen, da diese Punkte in der Formulierung von Lemma 9 nicht vorkommen. Aus der Stetigkeit von $\nabla \mathfrak{j}$ folgt, daß das erste Integral für alle $\mathfrak{x}$ stetig differenzierbar ist, während das Oberflächenintegral stetig differenzierbar ist, wenn $\mathfrak{x}$ nicht auf F liegt.

Für $\mathfrak{x} \notin F$ existiert daher der Gradient von $V(\mathfrak{x})$, und wir finden

$$(126)\quad \nabla_{\mathfrak{x}} V(\mathfrak{x}) = \nabla_{\mathfrak{x}} \int_G \Phi\, \nabla\, \mathfrak{j}\, dV_{\mathfrak{y}} - \nabla_{\mathfrak{x}} \int_F (\mathfrak{j}\,\mathfrak{n})\, \Phi\, dF_{\mathfrak{y}}.$$

Aus Gl. (122) ergibt sich nun, daß für jede gegen einen nicht auf F gelegenen Punkt $\mathfrak{x}$ konvergente Gebietsfolge G_ν der Grenzwert

$$(127)\quad \lim_{G_\nu \to \mathfrak{x}} \frac{1}{\|G_\nu\|} \int_{F_\nu} [\mathfrak{n} \times \mathfrak{v} \cdot \mathfrak{n}\, V]\, dF$$

existiert. Da $V(\mathfrak{x})$ stetig differenzierbar ist, folgt somit schließlich

$$\begin{aligned}\nabla\times\mathfrak{v} &= \lim_{G_\nu\to\mathfrak{x}}\frac{1}{\|G_\nu\|}\int_{F_\nu}\mathfrak{n}\times\mathfrak{v}\,dF\\ &= (4\pi\,\mathfrak{j}(\mathfrak{x})) + k^2\,\mathfrak{w}(\mathfrak{x}) + \nabla_{\mathfrak{x}} V(\mathfrak{x})\\ &= (4\pi\,\mathfrak{j}(\mathfrak{x})) + k^2\int_G \mathfrak{j}(\mathfrak{y})\,\Phi(\mathfrak{x},\mathfrak{y})\,dV_{\mathfrak{y}}\\ &\quad + \nabla_{\mathfrak{x}}\int_G \Phi\,\nabla\,\mathfrak{j}\,dV_{\mathfrak{y}} - \nabla_{\mathfrak{x}}\int_F (\mathfrak{j}\,\mathfrak{n})\,\Phi\,dF_{\mathfrak{y}},\end{aligned}\tag{128}$$

wobei das eingeklammerte Glied nur auftritt, wenn $\mathfrak{x}$ im Inneren von G liegt. Damit ist Lemma 9 bewiesen.

In Satz 7 und Lemma 9 haben wir vorausgesetzt, daß $\varrho(\mathfrak{y})$, $\mathfrak{j}(\mathfrak{y})$ und $\nabla\,\mathfrak{j}$ stetig sind. Wir konnten dann unsere Identitäten beweisen, wenn wir die vektoranalytischen Grundoperationen im Sinne unserer Definitionen bildeten.

Wollen wir zeigen, daß diese Identitäten auch unter Benutzung der Operationen ∇^* und Δ^* gelten, so müssen wir nachweisen, daß die betrachteten Funktionen zumindest zweimal differenzierbar sind. Dazu benötigen wir die schärfere Voraussetzung der HÖLDER-Bedingung[1] und beweisen nun für den Spezialfall $k = 0$

Lemma 10. *Die Funktion $\varrho(\mathfrak{y})$ sei stetig für $|\mathfrak{y}| \leqq C$. Es gebe drei positive Zahlen α, A und $\tau < C$, so daß für alle $|\mathfrak{y}| \leqq \tau$*

$$|\varrho(\mathfrak{y}) - \varrho(o)| \leqq A\,|\mathfrak{y}|^\alpha$$

gilt. Dann ist

$$U(\mathfrak{x}) = \int_{|\mathfrak{y}|\leqq C}\frac{\varrho(\mathfrak{y})}{|\mathfrak{x}-\mathfrak{y}|}\,dV_{\mathfrak{y}}$$

im Nullpunkt zweimal differenzierbar.

Wir setzen

$$\varrho(\mathfrak{y}) = \varrho(o) + \varrho^*(\mathfrak{y}) = \varrho_0 + \varrho^*,\tag{129}$$

so daß für $|\mathfrak{y}| \leqq \tau$

$$|\varrho^*(\mathfrak{y})| \leqq A\,|\mathfrak{y}|^\alpha\tag{130}$$

---

[1] Nach O. HÖLDER: Beiträge zur Potentialtheorie, Diss. Stuttgart, 1882 bezeichnet. Es stellt Lemma 9 die Übertragung eines bekannten Ergebnisses der Potentialtheorie dar (vgl. KELLOGG: Foundations of Potential Theory, 1929. S. 152ff.)

ist. Hier kann ohne Einschränkung der Allgemeinheit $0<\alpha<1$ angenommen werden. Wegen Gl. (129) wird

$$(131)\qquad U(\mathfrak{x}) = \varrho_0 \int\limits_{|\mathfrak{y}|\leqq C} \frac{dV_{\mathfrak{y}}}{|\mathfrak{x}-\mathfrak{y}|} + \int\limits_{|\mathfrak{y}|\leqq C} \frac{\varrho^*(\mathfrak{y})}{|\mathfrak{x}-\mathfrak{y}|}\, dV_{\mathfrak{y}}\,.$$

Nach Gl. (69) ist für $|\mathfrak{y}|<C$ und $|\mathfrak{x}|<C$

$$(132)\qquad \begin{aligned} \nabla_{\mathfrak{x}} \int\limits_{|\mathfrak{y}|\leqq C} \frac{dV_{\mathfrak{y}}}{|\mathfrak{x}-\mathfrak{y}|} &= - \int\limits_{|\mathfrak{y}|\leqq C} \nabla_{\mathfrak{y}} \frac{dV_{\mathfrak{y}}}{|\mathfrak{x}-\mathfrak{y}|} \\ &= -\lim_{\tau\to 0} \int\limits_{\substack{|\mathfrak{y}|\leqq C\\ |\mathfrak{x}-\mathfrak{y}|\geqq\tau}} \nabla_{\mathfrak{y}} \frac{1}{|\mathfrak{x}-\mathfrak{y}|}\, dV_{\mathfrak{y}}\,. \end{aligned}$$

Es wird aber für jeden konstanten Vektor $\mathfrak{a}$ und $\tau\to 0$ $|\mathfrak{x}-\mathfrak{y}|\geqq\tau$

$$(133)\qquad \begin{aligned} \mathfrak{a} \int\limits_{\substack{|\mathfrak{y}|\leqq C\\ |\mathfrak{x}-\mathfrak{y}|\geqq\tau}} \nabla_{\mathfrak{y}} \frac{1}{|\mathfrak{x}-\mathfrak{y}|}\, dV_{\mathfrak{y}} &= \int\limits_{\substack{|\mathfrak{y}|\leqq C\\ |\mathfrak{x}-\mathfrak{y}|\geqq\tau}} \left(\mathfrak{a}\nabla_{\mathfrak{y}} \frac{1}{|\mathfrak{x}-\mathfrak{y}|}\right) dV_{\mathfrak{y}} \\ &= \mathfrak{a} \int\limits_{|\mathfrak{y}|=C} \frac{\mathfrak{n}}{|\mathfrak{x}-\mathfrak{y}|}\, dF_{\mathfrak{y}} + \mathfrak{a} \int\limits_{|\mathfrak{x}-\mathfrak{y}|=\tau} \frac{\mathfrak{n}}{|\mathfrak{x}-\mathfrak{y}|}\, dF_{\mathfrak{y}} \\ &= \mathfrak{a} \int\limits_{|\mathfrak{y}|=C} \frac{\mathfrak{n}}{|\mathfrak{x}-\mathfrak{y}|}\, dF_{\mathfrak{y}} + o(1)\,, \end{aligned}$$

so daß wir nach Gl. (132)

$$(134)\qquad \nabla_{\mathfrak{x}} \int\limits_{|\mathfrak{y}|\leqq C} \frac{dV_{\mathfrak{y}}}{|\mathfrak{x}-\mathfrak{y}|} = - \int\limits_{|\mathfrak{y}|=C} \frac{\mathfrak{n}}{|\mathfrak{x}-\mathfrak{y}|}\, dF_{\mathfrak{y}}$$

erhalten. Das Oberflächenintegral ist aber für alle $\mathfrak{x}$ mit $|\mathfrak{x}|<C$ beliebig oft differenzierbar. Wir haben daher nur noch

$$(135)\qquad U^*(\mathfrak{x}) = \int\limits_{|\mathfrak{y}|\leqq C} \varrho^*(\mathfrak{y}) \frac{dV_{\mathfrak{y}}}{|\mathfrak{x}-\mathfrak{y}|}$$

zu untersuchen. Setzen wir für $i=1, 2, 3$

$$(136)\qquad U_i^*(\mathfrak{x}) = \frac{\partial}{\partial x^i} U^*(x^1, x^2, x^3)\,,$$

so wird

$$(137)\qquad U_i^*(\mathfrak{x}) = \int\limits_{|\mathfrak{y}|\leqq C} \varrho^*(\mathfrak{y}) \frac{\partial}{\partial x^i} \frac{1}{|\mathfrak{x}-\mathfrak{y}|}\, dV_{\mathfrak{y}}\,.$$

Es ist für alle $\mathfrak{x}$ und $\mathfrak{y}$ gleichmäßig

$$(138)\qquad \frac{\partial^2}{\partial y^i\,\partial y^k} \frac{1}{|\mathfrak{x}-\mathfrak{y}|} = \frac{\partial^2}{\partial x^i\,\partial x^k} \frac{1}{|\mathfrak{x}-\mathfrak{y}|} = O\left(\frac{1}{|\mathfrak{x}-\mathfrak{y}|^3}\right).$$

Daher konvergiert wegen Gl. (130) das Integral

$$(139)\qquad \int\limits_{|\mathfrak{y}|\leqq C} \varrho^*(\mathfrak{y})\,\frac{\partial^2}{\partial y^i\,\partial y^k}\,\frac{1}{|\mathfrak{y}|}\,d V_{\mathfrak{y}} = B_{ik}\,.$$

Nach Gl. (69) ist

$$(140)\qquad U_i^*(0) = -\int\limits_{|\mathfrak{y}|\leqq C} \varrho^*(\mathfrak{y})\,\frac{\partial}{\partial y^i}\,\frac{1}{|\mathfrak{y}|}\,d V_{\mathfrak{y}}\,,$$

so daß wir mit

$$(141)\qquad \mathfrak{x} = r\,\mathfrak{x}_0; \qquad r \geqq 0; \qquad \mathfrak{x}_0^2 = 1$$

nach Gl. (137) und (140)

$$(142)\qquad \begin{aligned} U_i^*(r\,\mathfrak{x}_0) - U_i^*(0) - (\mathfrak{a}_i\,\mathfrak{x}) = &\int\limits_{|\mathfrak{y}|\leqq C} \varrho^*(\mathfrak{y})\,\frac{\partial}{\partial y^i}\left(\frac{1}{|\mathfrak{y}|} - \frac{1}{|\mathfrak{x}-\mathfrak{y}|}\right) d V_{\mathfrak{y}} - \\ &- \left(\mathfrak{x}\cdot \int\limits_{|\mathfrak{y}|\leqq C} \varrho^*(\mathfrak{y})\,\nabla_{\mathfrak{y}}^*\,\frac{\partial}{\partial y^i}\,\frac{1}{|\mathfrak{y}|}\,d V_{\mathfrak{y}}\right) \end{aligned}$$

erhalten, wenn zur Abkürzung

$$(143)\qquad \mathfrak{a}_i = B_{i1}\,\mathfrak{e}_1 + B_{i2}\,\mathfrak{e}_2 + B_{i3}\,\mathfrak{e}_3$$

gesetzt wird. Unsere Behauptung ist dann gleichbedeutend mit

$$(144)\qquad U_i^*(r\,\mathfrak{x}_0) - U_i^*(0) - (\mathfrak{a}_i\,\mathfrak{x}) = o(r)\,.$$

Zum Beweise dieser Beziehung setzen wir

$$(145)\qquad \tau = r^{1/5}$$

und untersuchen

$$(146)\qquad \begin{aligned} &\frac{\partial}{\partial y^i}\left(\frac{1}{|\mathfrak{x}-\mathfrak{y}|} - \frac{1}{|\mathfrak{y}|}\right) + \mathfrak{x}\,\nabla_{\mathfrak{y}}\,\frac{\partial}{\partial y^i}\,\frac{1}{|\mathfrak{y}|} \\ &\qquad = \frac{\mathfrak{e}_i(\mathfrak{x}-\mathfrak{y})}{|\mathfrak{x}-\mathfrak{y}|^3} + \frac{\mathfrak{e}_i\,\mathfrak{y}}{|\mathfrak{y}|^3} - \frac{\mathfrak{e}_i\,\mathfrak{x}}{|\mathfrak{y}|^3} + 3\,\frac{(\mathfrak{e}_i\,\mathfrak{y})\,(\mathfrak{x}\,\mathfrak{y})}{|\mathfrak{y}|^5} \end{aligned}$$

für $|\mathfrak{y}| \geqq \tau$. Es ist für $r \to 0$

$$(147)\qquad \begin{aligned} \frac{1}{|\mathfrak{x}-\mathfrak{y}|^3} &= \frac{1}{|\mathfrak{y}|^3}\left(1 - 2\,\frac{(\mathfrak{x}\,\mathfrak{y})}{|\mathfrak{y}|^2} + \frac{|\mathfrak{x}|^2}{|\mathfrak{y}|^2}\right)^{-3/2} \\ &= \frac{1}{|\mathfrak{y}|^3}\left(1 + 3\,\frac{(\mathfrak{x}\,\mathfrak{y})}{|\mathfrak{y}|^2} + O\left(\frac{|\mathfrak{x}|^2}{|\mathfrak{y}|^2}\right)\right), \end{aligned}$$

und wir finden nach Gl. (146)

$$(148)\qquad \left|\frac{\partial}{\partial y^i}\left(\frac{1}{|\mathfrak{x}-\mathfrak{y}|} - \frac{1}{|\mathfrak{y}|}\right) + \mathfrak{x}\,\nabla_{\mathfrak{y}}\,\frac{\partial}{\partial y^i}\,\frac{1}{|\mathfrak{y}|}\right| = O\left(\frac{|\mathfrak{x}|^2}{|\mathfrak{y}|^4}\right).$$

Damit wird

$$(149)\qquad \begin{aligned} &\int\limits_{\tau\leqq|\mathfrak{y}|\leqq C} \varrho^*(\mathfrak{y})\left[\frac{\partial}{\partial y^i}\left(\frac{1}{|\mathfrak{y}|} - \frac{1}{|\mathfrak{x}-\mathfrak{y}|}\right) - \mathfrak{x}\,\nabla_{\mathfrak{y}}\,\frac{\partial}{\partial y^i}\,\frac{1}{|\mathfrak{y}|}\right] d V_{\mathfrak{y}} \\ &\qquad = O\left(\frac{r^2}{\tau^4}\right) = O(r^{6/5}) = o(r)\,. \end{aligned}$$

Es ist auch

$$\left|\int\limits_{|\mathfrak{y}|\leqq\tau} \varrho^*(\mathfrak{y})\left(\mathfrak{x}\,\nabla_{\mathfrak{y}}\frac{\partial}{\partial y^i}\frac{1}{|\mathfrak{y}|}\right)d V_{\mathfrak{y}}\right| = O\left(r\int\limits_{|\mathfrak{y}|\leqq\tau}|\mathfrak{y}|^{\alpha-3}\,d V_{\mathfrak{y}}\right) = o(r), \tag{150}$$

so daß nur noch das Integral

$$\int\limits_{|\mathfrak{y}|\leqq\tau} \varrho^*(\mathfrak{y})\frac{\partial}{\partial y^i}\left(\frac{1}{|\mathfrak{y}|}-\frac{1}{|\mathfrak{x}-\mathfrak{y}|}\right)d V_{\mathfrak{y}} \tag{151}$$

zu diskutieren bleibt. Zunächst ist

$$\begin{aligned}\left|\frac{\partial}{\partial y^i}\left(\frac{1}{|\mathfrak{y}|}-\frac{1}{|\mathfrak{x}-\mathfrak{y}|}\right)\right| &\leqq \left|\nabla_{\mathfrak{y}}\left(\frac{1}{|\mathfrak{y}|}-\frac{1}{|\mathfrak{x}-\mathfrak{y}|}\right)\right| \\ &= \left|\frac{\mathfrak{y}}{|\mathfrak{y}|^3}-\frac{\mathfrak{y}-\mathfrak{x}}{|\mathfrak{y}-\mathfrak{x}|^3}\right|.\end{aligned} \tag{152}$$

Setzen wir

$$R = |\mathfrak{y}|; \qquad R_1 = |\mathfrak{x}-\mathfrak{y}|, \tag{153}$$

so wird

$$\left|\frac{\mathfrak{y}}{|\mathfrak{y}|^3}-\frac{\mathfrak{y}-\mathfrak{x}}{|\mathfrak{y}-\mathfrak{x}|^3}\right| \leqq \frac{|\mathfrak{x}|}{R^3} + R_1\left|\frac{1}{R^3}-\frac{1}{R_1^3}\right|. \tag{154}$$

Nach der Dreiecksungleichung ist aber

$$|R_1 - R| \leqq |\mathfrak{x}|, \tag{155}$$

so daß wir

$$\left|\frac{1}{R^3}-\frac{1}{R_1^3}\right| = \left|\frac{R_1^3-R^3}{R_1^3 R^3}\right| \leqq |\mathfrak{x}|\left(\frac{1}{R^3 R_1}+\frac{1}{R^2 R_1^2}+\frac{1}{R R_1^3}\right) \tag{156}$$

erhalten. Damit wird

$$\left|\frac{\partial}{\partial y^i}\left(\frac{1}{|\mathfrak{y}|}-\frac{1}{|\mathfrak{x}-\mathfrak{y}|}\right)\right| \leqq |\mathfrak{x}|\left(\frac{2}{R^3}+\frac{1}{R^2 R_1}+\frac{1}{R R_1^2}\right) \tag{157}$$

und

$$\begin{aligned}&\left|\int\limits_{|\mathfrak{y}|\leqq\tau} \varrho^*(\mathfrak{y})\frac{\partial}{\partial y^i}\left(\frac{1}{|\mathfrak{y}|}-\frac{1}{|\mathfrak{x}-\mathfrak{y}|}\right)d V_{\mathfrak{y}}\right| \\ &\quad = O\left(|\mathfrak{x}|\int\limits_{|\mathfrak{y}|\leqq\tau}|\mathfrak{y}|^{\alpha}\left(\frac{2}{|\mathfrak{y}|^3}+\frac{1}{|\mathfrak{y}|^2|\mathfrak{x}-\mathfrak{y}|}+\frac{1}{|\mathfrak{y}|\,|\mathfrak{x}-\mathfrak{y}|^2}\right)d V_{\mathfrak{y}}\right).\end{aligned} \tag{158}$$

Wir hatten $0 < \alpha < 1$ angenommen, so daß

$$\left\{\begin{aligned}\int\limits_{|\mathfrak{y}|\leqq\tau}\frac{d V_{\mathfrak{y}}}{|\mathfrak{y}|^{2-\alpha}|\mathfrak{x}-\mathfrak{y}|} &\leqq \int\limits_{|\mathfrak{y}|\leqq\tau}\frac{d V_{\mathfrak{y}}}{|\mathfrak{y}|^{3-\alpha}} + \int\limits_{|\mathfrak{x}-\mathfrak{y}|\leqq\tau+|\mathfrak{x}|}\frac{d V_{\mathfrak{y}}}{|\mathfrak{x}-\mathfrak{y}|^{3-\alpha}} \\ \int\limits_{|\mathfrak{y}|\leqq\tau}\frac{d V_{\mathfrak{y}}}{|\mathfrak{x}-\mathfrak{y}|^2|\mathfrak{y}|^{1-\alpha}} &\leqq \int\limits_{|\mathfrak{y}|\leqq\tau}\frac{d V_{\mathfrak{y}}}{|\mathfrak{y}|^{3-\alpha}} + \int\limits_{|\mathfrak{x}-\mathfrak{y}|\leqq\tau+|\mathfrak{x}|}\frac{d V_{\mathfrak{y}}}{|\mathfrak{x}-\mathfrak{y}|^{3-\alpha}}\end{aligned}\right. \tag{159}$$

ist, da die in $|\mathfrak{y}| \leqq \tau$ gelegenen Punkte $\mathfrak{y}$ mit

$$(160) \qquad |\mathfrak{x} - \mathfrak{y}| \leqq |\mathfrak{y}|$$

in der Kugel $|\mathfrak{x} - \mathfrak{y}| \leqq \tau + |\mathfrak{x}|$ liegen. Wir finden daher schließlich wegen $\tau = r^{1/5}$

$$(161) \quad \Bigg| \int\limits_{|\mathfrak{y}| \leqq \tau} \varrho^*(\mathfrak{y}) \frac{\partial}{\partial y^i} \left(\frac{1}{|\mathfrak{y}|} - \frac{1}{|\mathfrak{x} - \mathfrak{y}|} \right) dV \Bigg| = O\left(r\tau^\alpha + r(\tau + r)^\alpha\right) = o(r)$$

und haben unseren Satz bewiesen.

Zum Nachweis der zweimaligen Differenzierbarkeit haben wir für $\varrho(\mathfrak{y})$ mehr voraussetzen müssen als Stetigkeit. Wir werden später durch ein Gegenbeispiel zeigen, daß die Stetigkeit nicht zum Beweis dieser Eigenschaft ausreicht.

II. Spezielle Funktionen

Wir wollen uns zunächst einen Überblick über die charakteristischen Eigenschaften der elektromagnetischen Schwingungen verschaffen und nehmen als Ausgangspunkt die Gleichungen

$$\nabla \times \mathfrak{H} + i\omega\varepsilon\mathfrak{E} = 0; \qquad \nabla \times \mathfrak{E} - i\omega\mu\mathfrak{H} = 0$$

mit konstanten ε und μ. Diese Gleichungen besitzen, wie gleich gezeigt wird, die wichtige Eigenschaft, daß ihre Lösungen stets beliebig oft differenzierbar sind. Als Lösung wollen wir dabei zwei stetige Felder $\mathfrak{E}$ und $\mathfrak{H}$ bezeichnen, deren Rotationen existieren und den Gleichungen genügen. Wir setzen also weniger als Differenzierbarkeit voraus.

Zunächst bilden wir die Mittelwerte

$$\mathfrak{E}_\tau(\mathfrak{x}) = \frac{3}{4\pi\tau^3} \int\limits_{|\mathfrak{x}-\mathfrak{y}| \leqq \tau} \mathfrak{E}(\mathfrak{y})\, dV_\mathfrak{y}; \qquad \mathfrak{H}_\tau(\mathfrak{x}) = \frac{3}{4\pi\tau^3} \int\limits_{|\mathfrak{x}-\mathfrak{y}| \leqq \tau} \mathfrak{H}(\mathfrak{y})\, dV_\mathfrak{y},$$

die nach Gl. (1,5 ff.) stetig differenzierbar sind und

$$\nabla^* \times \mathfrak{E}_\tau = \frac{3}{4\pi\tau^3} \int\limits_{|\mathfrak{x}-\mathfrak{y}| = \tau} (\mathfrak{n} \times \mathfrak{E})\, dF_\mathfrak{y} = \frac{3}{4\pi\tau^3} \int\limits_{|\mathfrak{x}-\mathfrak{y}| \leqq \tau} \nabla \times \mathfrak{E}\, dV_\mathfrak{y} = i\omega\mu\mathfrak{H}_\tau,$$

$$\nabla^* \times \mathfrak{H}_\tau = \frac{3}{4\pi\tau^3} \int\limits_{|\mathfrak{x}-\mathfrak{y}| = \tau} (\mathfrak{n} \times \mathfrak{H})\, dF_\mathfrak{y} = \frac{3}{4\pi\tau^3} \int\limits_{|\mathfrak{x}-\mathfrak{y}| \leqq \tau} \nabla \times \mathfrak{H}\, dV_\mathfrak{y} = -i\omega\varepsilon\mathfrak{E}_\tau$$

erfüllen. Durch diese Mittelung gewinnen wir aus den stetigen Feldern $\mathfrak{E}$ und $\mathfrak{H}$ stetig differenzierbare Lösungen unserer Gleichungen. Nach einer nochmaligen Mittelung erhalten wir in

$$\mathfrak{E}_{\tau\tau'}(\mathfrak{x}) = \frac{3}{4\pi\tau'^3} \int\limits_{|\mathfrak{x}-\mathfrak{y}|\leq\tau'} \mathfrak{E}_\tau(\mathfrak{y})\, d V_{\mathfrak{y}}; \qquad \mathfrak{H}_{\tau\tau'} = \frac{3}{4\pi\tau'^3} \int\limits_{|\mathfrak{x}-\mathfrak{y}|\leq\tau'} \mathfrak{H}_\tau(\mathfrak{y})\, d V_{\mathfrak{y}}$$

zweimal stetig differenzierbare Felder, die ebenfalls

$$\nabla^* \times \mathfrak{H}_{\tau\tau'} + i\,\omega\,\varepsilon\,\mathfrak{E}_{\tau\tau'} = 0; \qquad \nabla^* \times \mathfrak{E}_{\tau\tau'} - i\,\omega\,\mu\,\mathfrak{H}_{\tau\tau'} = 0$$

erfüllen. Es ist offenbar

$$\nabla^*\,\mathfrak{E}_{\tau\tau'} = \nabla^*\,\mathfrak{H}_{\tau\tau'} = 0$$

und wir finden mit $k^2 = \omega^2\,\varepsilon\,\mu$

$$\nabla^* \times \nabla^* \times \mathfrak{E}_{\tau\tau'} - i\,\omega\,\mu\,\nabla^* \times \mathfrak{H}_{\tau\tau'} = \nabla^* \times \nabla^* \times \mathfrak{E}_{\tau\tau'} - k^2\,\mathfrak{E}_{\tau\tau'} = 0.$$

Nach einer elementaren Identität wird

$$\nabla^* \times \nabla^* \times \mathfrak{E}_{\tau\tau'} = -\Delta^*\,\mathfrak{E}_{\tau\tau'} + \nabla^*(\nabla^*\,\mathfrak{E}_{\tau\tau'}) = -\Delta^*\,\mathfrak{E}_{\tau\tau'},$$

da die Divergenz von $\mathfrak{E}_{\tau\tau'}$ verschwindet. Wir erhalten daher

$$\Delta^*\,\mathfrak{E}_{\tau\tau'} + k^2\,\mathfrak{E}_{\tau\tau'} = 0.$$

Jede der kartesischen Komponenten von $\mathfrak{E}_{\tau\tau'}$ genügt somit der Gleichung

$$\Delta U + k^2\, U = 0.$$

Wir bilden nun zu einem festen Punkt $\mathfrak{x}$ die Funktion

$$\chi(r) = \frac{1}{r^2} \int\limits_{|\mathfrak{x}-\mathfrak{y}|=r} U(\mathfrak{y})\, dF_{\mathfrak{y}}.$$

Dann ist

$$\chi'(r) = \frac{1}{r^2} \int\limits_{|\mathfrak{x}-\mathfrak{y}|=r} \frac{\partial}{\partial r}\, U\, dF_{\mathfrak{y}} = \frac{1}{r^2} \int\limits_{|\mathfrak{x}-\mathfrak{y}|=r} \frac{\partial U}{\partial n}\, dF,$$

denn $\frac{1}{r^2}\, dF$ hängt nicht von r ab und $\frac{\partial}{\partial r}$ stellt die Ableitung in Richtung der ins Äußere der Kugel $|\mathfrak{x}-\mathfrak{y}| \leq r$ weisenden Normalen dar. Nach Satz 6 wird daher

$$\chi'(r) = \frac{1}{r^2} \int\limits_{|\mathfrak{x}-\mathfrak{y}|\leq r} \Delta U\, d V_{\mathfrak{y}} = -\frac{k^2}{r^2} \int\limits_{|\mathfrak{x}-\mathfrak{y}|\leq r} U\, dV.$$

Durch weitere Differentiation finden wir

$$(r^2\,\chi'(r))' = -k^2 \int\limits_{|\mathfrak{x}-\mathfrak{y}|=r} U\, dF = -k^2\, r^2\, \chi(r).$$

Die Funktion $\chi(r)$ genügt folglich der linearen Differentialgleichung

$$\chi'' + \frac{2}{r}\chi' + k^2\chi = 0$$

mit den linear unabhängigen Lösungen

$$\frac{\sin k r}{r} \quad \text{und} \quad \frac{\cos k r}{r}.$$

In unserem Falle ist $\chi(0) = 4\pi\, U(\mathfrak{x})$, so daß sich

$$\chi(r) = 4\pi \frac{\sin k r}{k r} U(\mathfrak{x})$$

ergibt. Aus der Definition von $\chi(r)$ folgt nun

$$\int\limits_0^R r^2 \chi(r)\, dr = \int\limits_0^R \Big(\int\limits_{|\mathfrak{x}-\mathfrak{y}|=r} U\, dF_{\mathfrak{y}} \Big) dr = \int\limits_{|\mathfrak{x}-\mathfrak{y}|\leqq R} U(\mathfrak{y})\, dV_{\mathfrak{y}}$$

und wir finden

$$\lambda(k, R)\, U(\mathfrak{x}) = \int\limits_{|\mathfrak{x}-\mathfrak{y}|\leqq R} U(\mathfrak{y})\, dV_{\mathfrak{y}}$$

mit

$$\lambda(k, R) = \frac{4\pi}{k} \int\limits_0^R r \sin(k r)\, dr.$$

Da $U(\mathfrak{x})$ stellvertretend für jede der kartesischen Komponenten von $\mathfrak{E}_{\tau\tau'}$ steht, gilt auch

$$\lambda(k, R)\, \mathfrak{E}_{\tau\tau'}(\mathfrak{x}) = \int\limits_{|\mathfrak{x}-\mathfrak{y}|\leqq R} \mathfrak{E}_{\tau\tau'}(\mathfrak{y})\, dV_{\mathfrak{y}}.$$

Auf Grund der Stetigkeit von $\mathfrak{E}$ und $\mathfrak{E}_\tau$ gilt nun im Sinne gleichmäßiger Konvergenz

$$\lim_{\tau'\to 0} \mathfrak{E}_{\tau\tau'} = \mathfrak{E}_\tau; \qquad \lim_{\tau\to 0} \mathfrak{E}_\tau = \mathfrak{E}.$$

Wir erhalten daher zunächst durch den Grenzübergang $\tau' \to 0$

$$\lambda(k, R)\, \mathfrak{E}_\tau(\mathfrak{x}) = \int\limits_{|\mathfrak{x}-\mathfrak{y}|\leqq R} \mathfrak{E}_\tau(\mathfrak{y})\, dV_{\mathfrak{y}}$$

und dann für $\tau \to 0$

$$\lambda(k, R)\, \mathfrak{E}(\mathfrak{x}) = \int\limits_{|\mathfrak{x}-\mathfrak{y}|\leqq R} \mathfrak{E}(\mathfrak{y})\, dV_{\mathfrak{y}} = \int\limits_{|\mathfrak{z}|\leqq R} \mathfrak{E}(\mathfrak{x}+\mathfrak{z})\, dV_{\mathfrak{y}}.$$

Für $0 < k R < \pi$ ist $\lambda(k, R)$ positiv. Da R lediglich der Einschränkung unterworfen ist, daß die Kugel $|\mathfrak{x} - \mathfrak{y}| \leqq R$ ganz im Definitionsgebiet des Feldes $\mathfrak{E}$ liegt, können wir R so wählen, daß $\lambda(k, R)$ positiv ist.

Es folgt aus der Stetigkeit von $\mathfrak{E}$ nach Lemma 3, daß die rechte Seite der obigen Gleichung stetig differenzierbar ist. Da $\lambda(k, R)$ nicht verschwindet, ist somit auch $\mathfrak{E}$ stetig differenzierbar. Wenn $\mathfrak{E}$ aber stetig differenzierbar ist, können wir unsere Gleichung nach $\mathfrak{x}$ differenzieren und auf der rechten Seite Integration und Differentiation vertauschen. Unsere Mittelwertgleichung gilt daher nicht nur für $\mathfrak{E}$, sondern auch für alle ersten Ableitungen von $\mathfrak{E}$. Aus deren Stetigkeit folgt dann wieder, daß $\mathfrak{E}$ zweimal stetig differenzierbar ist. Durch Fortsetzung dieser Argumentation schließen wir daher, daß $\mathfrak{E}$ beliebig oft differenzierbar ist. Aus

$$\nabla \times \mathfrak{E} = i\,\omega\,\mu\,\mathfrak{H}$$

ergibt sich dann, daß auch $\mathfrak{H}$ beliebig oft differenzierbar ist.

Für die nun folgenden Betrachtungen, die sich auf die Untersuchung der Lösungen unserer Gleichungen für den Fall konstanter ε und μ beziehen, sind daher die Unterschiede zwischen ∇ und ∇^*, unerheblich.

Aus unseren Gleichungen folgt

$$\nabla \times \nabla \times \mathfrak{E} - i\,\omega\,\mu\,\nabla \times \mathfrak{H} = \nabla \times \nabla \times \mathfrak{E} - k^2\,\mathfrak{E} = 0$$

oder

$$\Delta\,\mathfrak{E} + k^2\,\mathfrak{E} = 0 \quad \text{und} \quad \nabla\,\mathfrak{E} = 0.$$

Diese beiden letzten Gleichungen sind mit der ersten äquivalent. Sie ermöglichen eine Trennung der Eigenschaften unserer Schwingungsfelder in solche, die von dem Schwingungscharakter herrühren und andere, die aus der Divergenzfreiheit folgen. Wegen der durch diese Trennung gegebenen Möglichkeiten der Vereinfachung wollen wir die letzten beiden Gleichungen zunächst untersuchen und beginnen mit der Schwingungsgleichung

$$\Delta\,U + k^2\,U = 0,$$

die wir in der normierten Form

$$\Delta\,U + U = 0$$

betrachten. Unser erstes Ziel ist die Gewinnung eines vollständigen Systems partikulärer Lösungen.

§ 2. Die Kugelfunktionen

Zur Diskussion der Lösungen der Helmholtzschen Schwingungsgleichung

$$\Delta\,U + U = 0$$

betrachten wir zunächst die Differentialgleichung

$$\Delta U = 0$$

und entwickeln ein System partikulärer Lösungen dieser Gleichung, indem wir von homogenen Polynomen $H_n(\mathfrak{x})$ ausgehen. Genügen diese Polynome der Gleichung

$$\Delta H_n(\mathfrak{x}) = 0,$$

so wird mit $\mathfrak{x} = r\,\mathfrak{x}_0$ und $r \geqq 0$, $\mathfrak{x}_0^2 = 1$ durch

$$H_n(r\,\mathfrak{x}_0) = r^n K_n(\mathfrak{x}_0)$$

eine Kugelfunktion $K_n(\mathfrak{x}_0)$ der Ordnung n definiert. Durch den Ansatz $\mathfrak{x} = r\,\mathfrak{x}_0$ können wir für unsere Funktionen die Abhängigkeit vom Radius r und die Abhängigkeit von der Richtung trennen. Die Kugelfunktionen $K_n(\mathfrak{x}_0)$ sind dementsprechend Funktionen, die nur von der Richtung $\mathfrak{x}_0$ abhängen. Wir nennen sie Kugelfunktionen, weil sie vollständig bekannt sind, wenn wir ihre Werte auf der Einheitskugel $\mathfrak{x}_0^2 = 1$ kennen.

Wir werden in § 3 zeigen, daß durch $f_n(r)\,K_n(\mathfrak{x}_0)$ Lösungen der HELMHOLTZschen Schwingungsgleichung gewonnen werden, wenn $f_n(r)$ einer bestimmten Differentialgleichung genügt. Es ergibt sich somit, daß wir die Richtungsabhängigkeit der Lösungen unserer Gleichungen mit Hilfe der Kugelfunktionen beschreiben können.

Im folgenden werden wir die Theorie der Kugelfunktionen entwickeln und ihre wichtigsten Eigenschaften beweisen. Wir werden dabei möglichst wenig von speziellen Koordinatensystemen auf der Kugel Gebrauch machen und darauf verzichten, die Kugelfunktionen explizit darzustellen. Dadurch werden einerseits Schwierigkeiten vermieden, die sich aus der Tatsache ergeben, daß es auf der Kugel kein singularitätenfreies Koordinatensystem gibt (vgl. § 13). Andererseits muß ein solcher Zugang die wesentlichen Eigenschaften des Funktionensystems klarer in Erscheinung treten lassen.

Zur Durchführung dieses Gedankens gehen wir folgendermaßen vor:

Es sei $H_n(\mathfrak{x})$ ein homogenes Polynom vom Grade n in den kartesischen Ortskoordinaten $\mathfrak{x}$, das der Differentialgleichung

$$\Delta H_n(\mathfrak{x}) = 0 \tag{1}$$

genügt. Führen wir durch

$$\mathfrak{x} = r\,\mathfrak{x}_0; \qquad r \geqq 0; \qquad \mathfrak{x}_0^2 = 1 \tag{2}$$

Polarkoordinaten ein, so wird

$$H_n(\mathfrak{x}) = r^n K_n(\mathfrak{x}_0). \tag{3}$$

Es heißt $K_n(\mathfrak{x}_0)$ Kugelfunktion der Ordnung n. Aus dieser Definition ergibt sich unmittelbar

$$K_n(-\mathfrak{x}_0) = (-1)^n K_n(\mathfrak{x}_0). \tag{4}$$

Andererseits ist auch

$$\begin{aligned} 0 &= \int\limits_{|\mathfrak{x}|\leqq 1} (H_n \Delta H_m - H_m \Delta H_n)\, dV = (m-n) \int\limits_{|\mathfrak{x}|=1} H_n H_m\, dF, \\ &= (m-n) \int\limits_{|\mathfrak{x}|=1} K_n(\mathfrak{x}_0) K_m(\mathfrak{x}_0)\, dF, \end{aligned} \tag{5}$$

so daß Kugelfunktionen verschiedener Ordnung orthogonal zueinander sind.

Mit $\mathfrak{x} = (x^1, x^2, x^3)$ können wir $H_n(\mathfrak{x})$ als homogenes Polynom vom Grade n in der Form

$$H_n(\mathfrak{x}) = \sum_{j=0}^{n} (x^3)^j A_{n-j}(x^1, x^2) \tag{6}$$

schreiben, wobei die A_{n-j} homogene Polynome vom Grade $n-j$ in (x^1, x^2) sind. Da $H_n(\mathfrak{x})$ beliebig oft differenzierbar ist, wird

$$\Delta H_n(\mathfrak{x}) = \Delta^* H_n(\mathfrak{x}) = \left[\left(\frac{\partial}{\partial x^1}\right)^2 + \left(\frac{\partial}{\partial x^2}\right)^2 + \left(\frac{\partial}{\partial x^3}\right)^2\right] H_n(\mathfrak{x}). \tag{7}$$

Wir setzen zur Abkürzung

$$\Delta_1^* = \left(\frac{\partial}{\partial x^1}\right)^2 + \left(\frac{\partial}{\partial x^2}\right)^2. \tag{8}$$

Dann folgt aus Gl. (1) und (6)

$$\begin{aligned} &\sum_{j=0}^{n} \left[\Delta_1^* + \left(\frac{\partial}{\partial x^3}\right)^2\right] (x^3)^j A_{n-j}(x^1, x^2) \\ &\qquad = \sum_{j=0}^{n-2} (x^3)^j \left(\Delta_1^* A_{n-j} + (j+2)(j+1) A_{n-j-2}\right), \end{aligned} \tag{9}$$

da

$$\Delta_1^* A_0 = \Delta_1^* A_1 = 0 \tag{10}$$

ist. Die $A_j(x^1, x^2)$ erfüllen somit die Rekursionsbeziehungen

$$\begin{gathered} \Delta_1^* A_j + (n-j+2)(n-j+1) A_{j-2} = 0 \\ j = n, n-1, \ldots 3, 2, \end{gathered} \tag{11}$$

so daß $H_n(\mathfrak{x})$ durch die Polynome $A_n(x^1, x^2)$ und $A_{n-1}(x^1, x^2)$ eindeutig bestimmt ist. In A_n sind $n+1$ und in A_{n-1} n Koeffizienten frei wählbar. Daher gibt es $2n+1$ linear unabhängige Kugelfunktionen der Ordnung n, und wir erhalten

Lemma 11. *Es gibt* $2n+1$ *normierte, orthogonale Kugelfunktionen* $K_{n,j}(\mathfrak{x}_0)$ *mit* $j=-n,\ -n+1,\ldots 0,\ldots n$ *der Ordnung* n.

Bezeichnen wir nämlich mit Ω die Einheitskugel $\mathfrak{x}_0^2=1$ und mit $d\omega$ ihr Flächenelement, so können wir $2n+1$ Kugelfunktionen $K_{n,j}$ mit $j=-n,\ldots 0,\ldots n$ so bestimmen, daß

$$\int_{\Omega} K_{n,j}(\mathfrak{x}_0)\,K_{n,l}(\mathfrak{x}_0)\,d\omega=\delta_{jl} \tag{12}$$

ist. Die Wahl des normierten Orthogonalsystems $K_{n,j}(\mathfrak{x}_0)$ ist nicht eindeutig bestimmt. Ist etwa $\mathfrak{A}$ eine orthogonale Matrix mit

$$\mathfrak{A}'\,\mathfrak{A}=\mathfrak{E}, \tag{13}$$

so stellt mit $H_n(\mathfrak{x})$ auch $H_n(\mathfrak{A}\,\mathfrak{x})$ ein homogenes harmonisches Polynom vom Grade n dar. Daher ist mit konstanten Koeffizienten α_j^k

$$K_{n,j}(\mathfrak{A}\,\mathfrak{x}_0)=\sum_{k=-n}^{+n}\alpha_j^k\,K_{n,k}(\mathfrak{x}_0), \tag{14}$$

denn jede Kugelfunktion der Ordnung n kann als Linearkombination der $K_{n,k}(\mathfrak{x}_0)$ dargestellt werden. Weil $\mathfrak{A}$ orthogonal ist, wird

$$\int_{\Omega} K_{n,j}(\mathfrak{A}\,\mathfrak{x}_0)\,K_{n,l}(\mathfrak{A}\,\mathfrak{x}_0)\,d\omega=\int_{\Omega} K_{n,j}(\mathfrak{x}_0)\,K_{n,l}(\mathfrak{x}_0)\,d\omega=\delta_{jl}. \tag{15}$$

Nach Gl. (12) und (14) bedeutet das

$$\sum_{k=-n}^{+n}\alpha_j^k\,\alpha_l^k=\delta_{jl}, \tag{16}$$

so daß die Matrix (α_j^k) ebenfalls orthogonal ist. Bilden wir nun mit zwei beliebigen Punkten $\mathfrak{x}_0$ und $\mathfrak{y}_0$ der Kugel

$$F(\mathfrak{x}_0,\mathfrak{y}_0)=\sum_{j=-n}^{n}K_{n,j}(\mathfrak{x}_0)\,K_{n,j}(\mathfrak{y}_0), \tag{17}$$

so gilt nach Gl. (16)

$$F(\mathfrak{A}\,\mathfrak{x}_0,\mathfrak{A}\,\mathfrak{y}_0)=F(\mathfrak{x}_0,\mathfrak{y}_0). \tag{18}$$

Da diese Identität für alle orthogonalen $\mathfrak{A}$ gilt, hängt $F(\mathfrak{x}_0, \mathfrak{y}_0)$ nur vom Skalarprodukt $(\mathfrak{x}_0\,\mathfrak{y}_0)$ ab[1], d. h.

$$\sum_{j=-n}^{+n} K_{n,j}(\mathfrak{x}_0)\,K_{n,j}(\mathfrak{y}_0) = \Phi(\mathfrak{x}_0\,\mathfrak{y}_0)\,. \tag{19}$$

Auf der rechten Seite steht eine Funktion, die bei festem $\mathfrak{y}_0$ eine Kugelfunktion von $\mathfrak{x}_0$ ist. Diese Kugelfunktion besitzt die besondere Eigenschaft, daß sie bei allen orthogonalen Transformationen, die $\mathfrak{y}_0$ fest lassen, ungeändert bleibt.

Zur Untersuchung dieser Funktion betrachten wir das harmonische homogene Polynom $L_n(\mathfrak{x})$ mit den folgenden Eigenschaften:

1. $L_n(\mathfrak{x})$ ändert sich nicht bei orthogonalen Transformationen, die die x^3-Achse fest lassen.

2. $L_n(0, 0, 1) = 1$.

Benutzen wir die Darstellung Gl. (6) der homogenen harmonischen Polynome für $L_n(\mathfrak{x})$, so folgt aus der ersten Eigenschaft, daß die dort eingeführten Polynome $A_{n-j}(x^1, x^2)$ nur von $(x^1)^2 + (x^2)^2$ abhängen. Daher sind diese Polynome nur dann von Null verschieden, wenn $n - j$ gerade ist. In jeder Darstellung Gl. (6) ist somit nur eines der beiden Polynome A_n und A_{n-1} von Null verschieden. Die Funktion $L_n(\mathfrak{x})$ ist somit bis auf einen Faktor eindeutig bestimmt, der durch die zweite Forderung normiert wird.

Setzen wir noch

$$\begin{cases} \mathfrak{x}_0 = t\,\mathfrak{e}_3 + \sqrt{1-t^2}\,(\mathfrak{e}_2\cos\varphi + \mathfrak{e}_1\sin\varphi)\,. \\ -1 \leqq t \leqq +1\,; \qquad 0 \leqq \varphi < 2\pi\,, \end{cases} \tag{20}$$

so läßt sich $L_n(\mathfrak{x})$ in der Form

$$L_n(\mathfrak{x}) = L_n(r\,\mathfrak{x}_0) = r^n\,P_n(t) \tag{21}$$

schreiben, wobei $P_n(t)$ das sog. Legendresche Polynom vom Grade n ist. Aus der Homogenität der $L_n(\mathfrak{x})$ folgt auch $P_n(-t) = (-1)^n P_n(t)$.

---

[1] Dies läßt sich folgendermaßen einsehen:
Wir setzen $\mathfrak{y}_0 = (0, 0, 1)$ und betrachten alle Drehungen, die diesen Punkt fest lassen. Dann ist $F(\mathfrak{x}_0, \mathfrak{y}_0)$ als Funktion von $\mathfrak{x}_0$ rotationssymmetrisch bezüglich der x^3-Achse und hängt folglich nur von der Komponente x^3 ab. Es ist aber für diese Wahl von $\mathfrak{y}_0$

$$x_0^3 = (\mathfrak{x}_0\,\mathfrak{y}_0)\,.$$

Da jeder Punkt $\mathfrak{y}_0$ durch eine orthogonale Transformation in den Punkt (0, 0, 1) gebracht werden kann, und das Skalarprodukt invariant gegenüber orthogonalen Transformationen ist, wird

$$F(\mathfrak{x}_0, \mathfrak{y}_0) = \Phi(\mathfrak{x}_0\,\mathfrak{y}_0)\,.$$

Das LEGENDRESCHE Polynom $P_n(t)$ stellt bei Benutzung der Parameter Gl. (20) eine Kugelfunktion dar, die von einem konstanten Faktor abgesehen, die einzige Kugelfunktion ist, die bei orthogonalen Transformationen mit dem Fixpunkt (0, 0, 1) ungeändert bleibt.

Ist daher in Gl. (19) speziell $\mathfrak{y}_0 = (0, 0, 1)$ so wird

$$\sum_{j=-n}^{+n} K_{n,j}(\mathfrak{x}_0)\, K_{n,j}(\mathfrak{y}_0) = c_n\, P_n(\mathfrak{x}_0\, \mathfrak{y}_0)\,. \tag{22}$$

Da beide Seiten invariant gegenüber orthogonalen Transformationen sind, und jeder Punkt der Einheitskugel durch eine geeignete orthogonale Transformation in (0, 0, 1) transformiert werden kann, gilt Gl. (22) für beliebige $\mathfrak{x}_0$ und $\mathfrak{y}_0$. Zur Bestimmung von c_n setzen wir nun $\mathfrak{x}_0 = \mathfrak{y}_0$. Dann wird

$$\sum_{j=-n}^{+n} (K_{n,j}(\mathfrak{x}_0))^2 = c_n\, P_n(1) = c_n\,. \tag{23}$$

Integrieren wir diese Identität über Ω, so folgt

$$(2n+1) = 4\pi\, c_n\,, \tag{24}$$

und wir erhalten[1]

Lemma 12. *Für beliebige $\mathfrak{x}_0$ und $\mathfrak{y}_0$ aus Ω ist*

$$\sum_{j=-n}^{+n} K_{n,j}(\mathfrak{x}_0)\, K_{n,j}(\mathfrak{y}_0) = \frac{2n+1}{4\pi}\, P_n(\mathfrak{x}_0\, \mathfrak{y}_0)\,.$$

Jede Kugelfunktion der Ordnung n läßt sich in der Form

$$K_n(\mathfrak{x}_0) = \sum_{j=-n}^{+n} a^j\, K_{n,j}(\mathfrak{x}_0) \tag{25}$$

darstellen, so daß

$$\int_{\Omega} |K_n(\mathfrak{x}_0)|^2\, d\omega = \sum_{j=-n}^{+n} |a^j|^2 \tag{26}$$

und

$$|K_n(\mathfrak{x}_0)|^2 \leq \sum_{j=-n}^{+n} |a^j|^2 \sum_{j=-n}^{+n} |K_{n,j}(\mathfrak{x}_0)|^2 \tag{27}$$

wird. Daher gilt nach Lemma 12

---

[1] Diese Herleitung des Additionstheorems der Kugelfunktionen stammt von G. HERGLOTZ, dessen Aufbau der Theorie der Kugelfunktionen hier übernommen wurde. Vgl. MÜLLER, CL.: Math. Ann. **124** (1952) S. 240ff.

Lemma 13. *Jede Kugelfunktion $K_n(\mathfrak{x}_0)$ genügt*

$$|K_n(\mathfrak{x}_0)|^2 \leqq \frac{2n+1}{4\pi} \int_\Omega |K_n(\mathfrak{x}_0)|^2 \, d\omega .$$

Aus der Orthogonalität der $K_{n,j}(\mathfrak{x}_0)$ folgt weiterhin

Lemma 14. *Für jede Kugelfunktion $K_n(\mathfrak{x}_0)$ ist*

$$\frac{2n+1}{4\pi} \int_\Omega P_n(\mathfrak{x}_0 \mathfrak{y}_0) \, K_n(\mathfrak{y}_0) \, d\omega_{\mathfrak{y}_0} = K_n(\mathfrak{x}_0) .$$

Es sei nun $A(t)$ eine für $-1 \leqq t \leqq 1$ stetige Funktion. Wir bilden mit beliebigen $\mathfrak{z}_0$ und $\mathfrak{y}_0$ aus Ω

$$\int_\Omega A(\mathfrak{z}_0 \mathfrak{x}_0) \, P_n(\mathfrak{y}_0 \mathfrak{x}_0) \, d\omega_{\mathfrak{x}_0} = \Phi(\mathfrak{z}_0, \mathfrak{y}_0) . \tag{28}$$

Dann gilt, da die Skalarprodukte invariant gegenüber orthogonalen Transformationen sind, für jede orthogonale Matrix

$$\Phi(\mathfrak{A}\,\mathfrak{z}_0, \mathfrak{A}\mathfrak{y}_0) = \Phi(\mathfrak{z}_0, \mathfrak{y}_0) . \tag{29}$$

Andererseits ist $\Phi(\mathfrak{z}_0, \mathfrak{y}_0)$ nach Gl. (28) bei festem $\mathfrak{z}_0$ eine Kugelfunktion in $\mathfrak{y}_0$. Da diese Kugelfunktion nach Gl. (29) bei allen orthogonalen Transformationen mit dem Fixpunkt $\mathfrak{z}_0$ ungeändert bleibt, erhalten wir, genau wie beim Beweise von Lemma 12,

$$\Phi(\mathfrak{z}_0, \mathfrak{y}_0) = \lambda_n \, P_n(\mathfrak{z}_0 \mathfrak{y}_0) . \tag{30}$$

Zur Bestimmung von λ_n setzen wir $\mathfrak{z}_0 = \mathfrak{y}_0$ und finden

$$\lambda_n = \int_\Omega A(\mathfrak{x}_0 \mathfrak{y}_0) \, P_n(\mathfrak{x}_0 \mathfrak{y}_0) \, d\omega_{\mathfrak{x}_0} . \tag{31}$$

Wegen Gl. (29) können wir hier $\mathfrak{y}_0 = (0, 0, 1)$ setzen. Benutzen wir dann noch die Parameterdarstellung Gl. (20), so wird

$$d\omega_{\mathfrak{x}_0} = dt \, d\varphi , \tag{32}$$

und wir finden

$$\lambda_n = 2\pi \int_{-1}^{+1} A(t) \, P_n(t) \, dt . \tag{33}$$

Die so gewonnene Formel

$$\int_\Omega A(\mathfrak{z}_0 \mathfrak{x}_0) \, P_n(\mathfrak{x}_0 \mathfrak{y}_0) \, d\omega_{\mathfrak{x}_0} = \lambda_n \, P_n(\mathfrak{z}_0 \mathfrak{y}_0) \tag{34}$$

multiplizieren wir beiderseits mit einer Kugelfunktion $K_n(\mathfrak{y}_0)$ und integrieren bez. $\mathfrak{y}_0$ über Ω. Dann folgt aus Lemma 14[1]

Lemma 15. *Es sei $A(t)$ stetig für $-1 \leqq t \leqq 1$, $K_n(\mathfrak{x}_0)$ bezeichne eine beliebige Kugelfunktion der Ordnung n. Dann gilt für alle $\mathfrak{z}_0$ aus Ω*

$$\int_{\Omega} A(\mathfrak{z}_0 \mathfrak{x}_0) K_n(\mathfrak{x}_0)\, d\omega_{\mathfrak{x}_0} = \lambda_n K_n(\mathfrak{z}_0)$$

mit

$$\lambda_n = 2\pi \int_{-1}^{+1} A(t) P_n(t)\, dt.$$

Aus Gl. (5) folgt für $n \neq m$

$$(35) \qquad 0 = \int_{\Omega} P_n(\mathfrak{x}_0 \mathfrak{y}_0) P_m(\mathfrak{x}_0 \mathfrak{y}_0)\, d\omega_{\mathfrak{y}_0} = 2\pi \int_{-1}^{+1} P_n(t) P_m(t)\, dt,$$

so daß die Polynome $P_n(t)$ auch durch die folgenden Bedingungen eindeutig bestimmt sind:

1. $P_n(t)$ ist ein Polynom vom Grade n.
2. Für $n \neq m$ ist
$$\int_{-1}^{+1} P_n(t) P_m(t)\, dt = 0$$
3. $P_n(1) = 1$.

Wir betrachten die Polynome

$$(36) \qquad p_n(t) = \left(\frac{d}{dt}\right)^n (t^2 - 1)^n,$$

die die erste Bedingung erfüllen. Ist $m > n$, so wird nach m-facher partieller Integration

$$(37) \qquad \int_{-1}^{+1} p_n(t) p_m(t)\, dt = (-1)^m \int_{-1}^{+1} (1 - t^2)^m \left(\frac{d}{dt}\right)^m p_n(t)\, dt.$$

Da $p_n(t)$ vom Grade $n < m$ ist, erfüllen die Polynome $p_n(t)$ auch die zweite Bedingung. Es ist

$$(38) \qquad p_n(1) = 2^n n!$$

Daher erhalten wir[2]

---

[1] Diese Formel wurde von E. HECKE: Math. Ann. **78**, 398 (1918) aufgestellt [vgl. auch A. ERDÉLYI: Math. Ann. **115**. 456 (1938)].

[2] Die nun folgenden Identitäten sind in der Theorie der Kugelfunktionen lange bekannt (vgl. etwa E. W. HOBSON: Theory of Spherical and Ellipsoidal Harmonics, 1931, S. 9ff).

Lemma 16. *Es ist*

$$P_n(t) = \frac{1}{2^n}\frac{1}{n!}\left(\frac{d}{dt}\right)^n (t^2-1)^n.$$

Durch n-fache partielle Integration ergibt sich unmittelbar

Lemma 17. *Ist $f(t)$ für $|t| \leqq 1$ n-mal stetig differenzierbar, so wird*

$$\int_{-1}^{+1} f(t)\,P_n(t)\,dt = \left(\frac{1}{2}\right)^n \frac{1}{n!}\int_{-1}^{+1}(1-t^2)^n\left(\frac{d}{dt}\right)^n f(t)\,dt.$$

Als Anwendung dieser Formel betrachten wir die Integrale

$$(39)\qquad \int_{-1}^{+1} P_k(t)\,(P_n'(t)-P_{n-2}'(t))\,dt = -\int_{-1}^{+1}(P_n(t)-P_{n-2}(t))\,P_k'(t)\,dt.$$

Da $P_n' - P_{n-2}'$ ein Polynom vom Grade $n-1$ ist, verschwindet das Integral für $k \geqq n$. Andererseits ist P_k' ein Polynom vom Grade $k-1$. Daher verschwindet das Integral auch für $k < n-1$, so daß Gl. (39) nur für $k = n-1$ von Null verschieden ist. Somit wird

$$(40)\qquad P_n'(t) - P_{n-2}'(t) = c_n\,P_{n-1}(t).$$

Aus Lemma 16 folgt andererseits

$$(41)\qquad P_n'(1) = \frac{n(n+1)}{2},$$

so daß wir schließlich wegen

$$(42)\qquad P_n'(1) - P_{n-2}'(1) = 2n-1$$

mit Gl. (40)

$$(43)\qquad P_n'(t) - P_{n-2}'(t) = (2n-1)\,P_{n-1}(t)$$

erhalten. Durch Auflösung dieser Rekursionsformel ergibt sich

Lemma 18. *Es ist*

$$P_n'(t) = (2n-1)\,P_{n-1}(t) + (2n-5)\,P_{n-3}(t) + \cdots,$$

wobei die Reihe entweder mit P_0 oder $3P_1$ abbricht, je nachdem, ob n ungerade oder gerade ist.

Aus Lemma 12 folgt

$$(44)\qquad \left(\frac{2n+1}{4\pi}\right)^2 \int_\Omega (P_n(\mathfrak{x}_0\,\mathfrak{y}_0))^2\,d\omega_{\mathfrak{y}_0} = \sum_{j=-n}^{+n}(K_{n,j}(\mathfrak{x}_0))^2 = \frac{2n+1}{4\pi}.$$

Da

$$(45)\qquad \int_\Omega (P_n(\mathfrak{x}_0\,\mathfrak{y}_0))^2\,d\omega_{\mathfrak{y}_0} = 2\pi\int_{-1}^{+1}(P_n(t))^2\,dt$$

ist, wird somit

$$\int_{-1}^{+1} (P_n(t))^2\,dt = \frac{2}{2n+1}. \tag{46}$$

Eine weitere wichtige Darstellung der Polynome $P_n(t)$ gewinnen wir durch Betrachtung der Funktion

$$\frac{1}{2\pi}\int_0^{2\pi} (x^3 + i x^2 \cos\alpha + i x^1 \sin\alpha)^n\,d\alpha. \tag{47}$$

Diese Funktion stellt offenbar ein homogenes Polynom vom Grade n dar, das harmonisch und rotationssymmetrisch bez. der x^3-Achse ist. Im Punkte (0, 0, 1) hat diese Funktion den Wert 1. Es ist daher bei Benutzung von Gl. (20)

$$\begin{aligned} L_n(\mathfrak{x}) &= L_n(r\,\mathfrak{x}_0) = r^n P_n(t) \\ &= \frac{r^n}{2\pi}\int_0^{2\pi} (t + i\sqrt{1-t^2}\cos(\alpha-\varphi))^n\,d\alpha, \end{aligned} \tag{48}$$

so daß sich

$$P_n(t) = \frac{1}{2\pi}\int_0^{2\pi} (t + i\sqrt{1-t^2}\cos\alpha)^n\,d\alpha \tag{49}$$

ergibt. Aus dieser Darstellung gewinnen wir die für beliebige komplexe t gültige Abschätzung

$$\begin{aligned} |P_n(t)| &\leqq \frac{1}{2\pi}\int_0^{2\pi} |t + i\sqrt{1-t^2}\cos\alpha|^n\,d\alpha \leqq \\ &\leqq (|t| + |\sqrt{1-t^2}|)^n \leqq (|t| + \sqrt{1+|t|^2})^n \leqq 2^n(1+|t|^2)^{n/2}. \end{aligned} \tag{50}$$

Falls t im Intervall $-1 \leqq t \leqq 1$ liegt, liefert die Integraldarstellung Gl. (49) eine wesentlich bessere Abschätzung. Es ist diese Darstellung nämlich gleichbedeutend mit

$$P_n(t) = \frac{1}{\pi}\int_{-1}^{+1} (t + is\sqrt{1-t^2})^n (1-s^2)^{-1/2}\,ds, \tag{51}$$

so daß

$$|P_n(t)| \leqq \frac{1}{\pi}\int_{-1}^{+1} e^{\frac{n}{2}\lg[1-(1-t^2)(1-s^2)]} (1-s^2)^{-1/2}\,ds \tag{52}$$

wird. Wegen

$$\lg[1-(1-t^2)(1-s^2)] \leqq -(1-s^2)(1-t^2) \tag{53}$$

erhalten wir weiter

$$|P_n(t)| \leqq \frac{1}{\pi} \int_{-1}^{+1} e^{-\frac{n}{2}(1-s^2)(1-t^2)} (1-s^2)^{-1/2} \, ds. \tag{54}$$

Durch die Substitution $\tau = 1 - s^2$ wird

$$|P_n(t)| \leqq \frac{1}{\pi} \int_{0}^{+1} e^{-\frac{n}{2}(1-t^2)\tau} \tau^{-1/2} (1-\tau)^{-1/2} \, d\tau. \tag{55}$$

Daher gilt für jedes γ mit $0 < \gamma < 1$

$$\begin{aligned} \pi |P_n(t)| &\leqq \int_0^{\gamma} e^{-\frac{n}{2}(1-t^2)\tau} \tau^{-1/2} (1-\gamma)^{-1/2} \, d\tau + \\ &+ e^{-\frac{n}{2}(1-t^2)\gamma} \int_{\gamma}^{1} (1-\tau)^{-1/2} \, d\tau \leqq \\ &\leqq \frac{\sqrt{2\pi}\,(1-\gamma)^{-1/2}}{[n(1-t^2)]^{1/2}} + 2(1-\gamma)^{1/2} e^{-\frac{n}{2}(1-t^2)\gamma}. \end{aligned} \tag{56}$$

Da diese Abschätzung bei festem γ gleichmäßig in $-1 \leqq t \leqq 1$ gilt, erhalten wir

Lemma 19. *Es gilt gleichmäßig in $-1 \leqq t \leqq 1$ für $n \to \infty$*

$$P_n(t) = O\big([n(1-t^2)]^{-1/2}\big).$$

Das Polynom $(n \geqq 1)$

$$p(t) = (n+1) P_{n+1}(t) + n P_{n-1}(t) - (2n+1) t P_n(t) \tag{57}$$

hat die Form

$$p(t) = \alpha P_{n+1}(t) + \beta P_n(t) + \gamma P_{n-1}(t), \tag{58}$$

denn die Integrale

$$\int_{-1}^{+1} p(t) P_\varkappa(t) \, dt \tag{59}$$

verschwinden für $\varkappa > n+1$ und $\varkappa < n-1$.

Aus $p(1) = p(-1) = 0$ erhalten wir nun $\alpha + \gamma = 0$; $\beta = 0$. Nach Lemma 16 ist

$$P_n(t) = \frac{1}{2^n} \binom{2n}{n} t^n + \cdots. \tag{60}$$

Daher verschwindet der Koeffizient von t^{n+1} in $p(t)$, und es wird $\alpha = \beta = \gamma = 0$. Das Polynom $p(t)$ ist daher identisch Null, und wir finden die Rekursionsformel

$$\left\{\begin{aligned} &(n+1) P_{n+1} + n P_{n-1} - (2n+1) t P_n = 0, \\ &P_1 = t P_0; \quad P_0 = 1. \end{aligned}\right. \tag{61}$$

Die Potenzreihe

$$f(x) = \sum_{n=0}^{\infty} P_n(t) x^n \tag{62}$$

konvergiert für $|x| \leqq A < 1$ absolut und gleichmäßig. Differenzieren wir nach x, so ergibt sich wegen Gl. (61) durch Koeffizientenvergleich

$$(1 + x^2 - 2xt) f'(x) = (t - x) f(x). \tag{63}$$

Mit Hilfe der Anfangsbedingung $f(0) = 1$ können wir die Lösung dieser Differentialgleichung eindeutig bestimmen und erhalten

Lemma 20. *Für* $-1 \leqq t \leqq +1$ *und* $|x| < 1$ *ist*

$$\sum_{n=0}^{\infty} x^n P_n(t) = \frac{1}{\sqrt{1 + x^2 - 2xt}}.$$

Da die Potenzreihe für $|x| < 1$ gliedweise differenziert werden darf, folgt

$$-\frac{x - t}{(1 + x^2 - 2xt)^{3/2}} = \sum_{n=1}^{\infty} n P_n(t) x^{n-1} \tag{64}$$

für $|x| < 1$. Aus

$$\frac{1}{\sqrt{1 + x^2 - 2xt}} - \frac{2x^2 - 2xt}{(1 + x^2 - 2xt)^{3/2}} = \frac{1 - x^2}{(1 + x^2 - 2xt)^{3/2}} \tag{65}$$

erhalten wir somit

Lemma 21. *Für* $|x| < 1$ und $-1 \leqq t \leqq 1$ *gilt gleichmäßig bez.* t

$$\frac{1 - x^2}{(1 + x^2 - 2xt)^{3/2}} = \sum_{n=0}^{\infty} (2n+1) x^n P_n(t).$$

Wir beweisen nun

Lemma 22. *Es sei* $f(t)$ *stetig in* $-1 \leqq t \leqq 1$. *Dann ist*

$$\lim_{r \to 1-0} \frac{1}{2} \int_{-1}^{+1} \frac{(1 - r^2) f(t)}{(1 + r^2 - 2rt)^{3/2}} dt = f(1).$$

Zum Beweise bemerken wir, daß nach Lemma 21 wegen der Orthogonalität der $P_n(t)$ für $0 \leqq r < 1$

$$\frac{1}{2}\int_{-1}^{+1} \frac{(1-r^2)\,dt}{(1+r^2-2r\,t)^{3/2}} = 1 \tag{66}$$

ist. Mit

$$\varphi(t) = f(t) - f(1) \tag{67}$$

erhalten wir daher

$$\frac{1}{2}\int_{-1}^{+1} \frac{(1-r^2)\,f(t)\,dt}{(1+r^2-2r\,t)^{3/2}} = f(1) + \frac{1}{2}\int_{-1}^{+1} \frac{(1-r^2)\,\varphi(t)\,dt}{(1+r^2-2r\,t)^{3/2}}. \tag{68}$$

Es ist

$$\int_{-1}^{+1} = \int_{-1}^{r} + \int_{r}^{1}. \tag{69}$$

Da $\varphi(t)$ gleichmäßig beschränkt ist, gilt mit geeignetem $C > 0$

$$\left|\frac{1}{2}\int_{-1}^{r} \frac{(1-r^2)\,\varphi(t)\,dt}{(1+r^2-2r\,t)^{3/2}}\right| \leqq C\int_{-1}^{r} \frac{(1-r^2)\,dt}{(1+r^2-2r\,t)^{3/2}} \leqq \frac{C}{r}\sqrt{1-r^2}, \tag{70}$$

und wir erhalten

$$\lim_{r\to 1-0} \int_{-1}^{r} = 0. \tag{71}$$

Zu jedem $\varepsilon > 0$ können wir wegen der Stetigkeit von $f(t)$ ein $\delta(\varepsilon)$ so finden, daß

$$|\varphi(t)| \leqq \varepsilon \quad \text{für} \quad 1-\delta \leqq t \leqq 1 \tag{72}$$

ist. Für alle r in $1-\delta \leqq r \leqq 1$ wird daher

$$\left|\frac{1}{2}\int_{r}^{1} \frac{(1-r^2)\,\varphi(t)\,dt}{(1+r^2-2r\,t)^{3/2}}\right| \leqq \frac{\varepsilon}{2}\int_{-1}^{+1} \frac{(1-r^2)\,dt}{(1+r^2-2r\,t)^{3/2}} = \varepsilon, \tag{73}$$

und wir erhalten auch

$$\lim_{r\to 1-0} \int_{r}^{1} = 0, \tag{74}$$

so daß Lemma 22 bewiesen ist.

Es sei nun $g(\mathfrak{y}_0)$ eine auf Ω stetige Funktion. Wir bilden für $0 \leqq r < 1$

$$\frac{1}{4\pi}\int_{\Omega} \frac{(1-r^2)\,g(\mathfrak{y}_0)\,d\omega_{\mathfrak{y}_0}}{(1+r^2-2r(\mathfrak{x}_0\,\mathfrak{y}_0))^{3/2}} = U(r\,\mathfrak{x}_0). \tag{75}$$

Denken wir uns einen Punkt $\mathfrak{x}_0$ aus Ω fest gewählt und benutzen wir ein kartesisches Koordinatensystem, in dem dieser Punkt die Koordinaten (0, 0, 1) hat, so wird mit der Parameterdarstellung Gl. (20)

$$(\mathfrak{x}_0\,\mathfrak{y}_0) = t. \tag{76}$$

Setzen wir noch

$$\frac{1}{2\pi}\int_0^{2\pi} g\left(t\,\mathfrak{e}_3 + \sqrt{1-t^2}\,(\mathfrak{e}_2\cos\varphi + \mathfrak{e}_1\sin\varphi)\right) d\varphi = f(t,\mathfrak{x}_0), \tag{77}$$

so finden wir für Gl. (75)

$$U(r\,\mathfrak{x}_0) = \frac{1}{2}\int_{-1}^{+1} \frac{(1-r^2)\,f(t,\mathfrak{x}_0)\,dt}{(1+r^2-2rt)^{3/2}}. \tag{78}$$

Als Funktion von t ist $f(t,\mathfrak{x}_0)$ in $|t| \leqq 1$ stetig, und es wird

$$f(1,\mathfrak{x}_0) - g(\mathfrak{x}_0). \tag{79}$$

Weiterhin ist $f(t,\mathfrak{x}_0)$ als Funktion von t stetig, und zwar gleichmäßig bez. $\mathfrak{x}_0$. Nach Lemma 22 gilt daher gleichmäßig bez. aller $\mathfrak{y}_0$ aus Ω

$$\lim_{r\to 1-0} \frac{1}{4\pi}\int_\Omega \frac{(1-r^2)\,g(\mathfrak{y}_0)\,d\omega_{\mathfrak{y}_0}}{(1+r^2-2r(\mathfrak{x}_0\,\mathfrak{y}_0))^{3/2}} = g(\mathfrak{x}_0), \tag{80}$$

Nach Lemma 21 wird nun für $0 \leqq r < 1$

$$\begin{aligned}&\frac{1}{4\pi}\int_\Omega \frac{(1-r^2)\,g(\mathfrak{y}_0)\,d\omega_{\mathfrak{y}_0}}{(1+r^2-2r(\mathfrak{x}_0\,\mathfrak{y}_0))^{3/2}}\\ &\qquad = \frac{1}{4\pi}\sum_{n=0}^{\infty}(2n+1)\,r^n\int_\Omega P_n(\mathfrak{x}_0\,\mathfrak{y}_0)\,g(\mathfrak{y}_0)\,d\omega_{\mathfrak{y}_0}.\end{aligned} \tag{81}$$

Damit gewinnen wir nach Gl. (80) und Lemma 12

Satz 8. *Es sei $g(\mathfrak{x}_0)$ stetig auf Ω. Setzen wir*

$$C_{n,j} = \int_\Omega g(\mathfrak{x}_0)\,K_{n,j}(\mathfrak{x}_0)\,d\omega,$$

so konvergiert die Reihe

$$\sum_{n=0}^{\infty} r^n \sum_{j=-n}^{+n} C_{n,j}\,K_{n,j}(\mathfrak{x}_0)$$

bei festem r mit $0 \leqq r < 1$ gleichmäßig bez. $\mathfrak{x}_0$, und es gilt ebenfalls gleichmäßig bez. $\mathfrak{x}_0$

$$\lim_{r\to 1-0}\sum_{n=0}^{\infty} r^n \sum_{j=-n}^{+n} C_{n,j}\,K_{n,j}(\mathfrak{x}_0) = g(\mathfrak{x}_0).$$

Dieser für unsere weiteren Untersuchungen wichtige Satz enthält den Beweis der Abgeschlossenheit und Vollständigkeit der Kugelfunktionen.

Es gilt nämlich als unmittelbare Folge von Satz 8

Satz 9. (*Vollständigkeit der Kugelfunktionen.*) *Es sei* $g(\mathfrak{x}_0)$ *stetig auf* Ω. *Für alle Kugelfunktionen* $K_{n,j}(\mathfrak{x}_0)$ *sei*

$$\int_\Omega K_{n,j}(\mathfrak{x}_0)\, g(\mathfrak{x}_0)\, d\omega = 0 .$$

Dann verschwindet $g(\mathfrak{x}_0)$ *identisch.*

Setzen wir mit den Beziehungen von Satz 8

$$g_r(\mathfrak{x}_0) = \sum_{n=0}^{\infty} r^n \sum_{-n}^{+n} C_{n,j} K_{n,j}(\mathfrak{x}_0), \tag{82}$$

so wird

$$\int_\Omega |g_r(\mathfrak{x}_0)|^2\, d\omega = \sum_{n=0}^{\infty} r^{2n} \sum_{j=-n}^{+n} |C_{n,j}|^2. \tag{83}$$

Auf Grund der Definition der Koeffizienten $C_{n,j}$ ist bei festem N

$$\begin{aligned} &\int_\Omega \left| g(\mathfrak{x}_0) - \sum_{n=0}^{N} \sum_{j=-n}^{+n} C_{n,j} K_{n,j}(\mathfrak{x}_0) \right|^2 d\omega \\ &\quad = \int_\Omega |g(\mathfrak{x}_0)|^2\, d\omega - \sum_{n=0}^{N} \sum_{j=-n}^{+n} |C_{n,j}|^2, \end{aligned} \tag{84}$$

so daß die Reihe

$$\sum_{n=0}^{\infty} \sum_{j=-n}^{+n} |C_{jn}|^2 \tag{85}$$

konvergiert. Da auch

$$\lim_{r \to 1-0} |g_r(\mathfrak{x}_0)|^2 = |g(\mathfrak{x}_0)|^2 \tag{86}$$

gleichmäßig bez. $\mathfrak{x}_0$ gilt, ergibt sich für $r \to 1 - 0$

Satz 10. (*Abgeschlossenheit der Kugelfunktionen.*) *Es sei* $g(\mathfrak{x}_0)$ *stetig auf* Ω. *Setzen wir*

$$C_{n,j} = \int_\Omega g(\mathfrak{x}_0)\, K_{n,j}(\mathfrak{x}_0)\, d\omega,$$

so wird

$$\int_\Omega |g(\mathfrak{x}_0)|^2\, d\omega = \sum_{n=0}^{\infty} \sum_{j=-n}^{+n} |C_{n,j}|^2 .$$

Abschließend bemerken wir noch den aus der Potentialtheorie bekannten Sachverhalt

Lemma 23. *Die Funktion $U(\mathfrak{x})$ genüge für $|\mathfrak{x}| \leqq 1$ der Gleichung*

$$\Delta U = 0.$$

Dann gilt für $0 \leqq r < 1$

$$U(r\,\mathfrak{x}_0) = \sum_{n=0}^{\infty} r^n K_n(\mathfrak{x}_0),$$

wobei diese Reihe in jeder Kugel $0 \leqq |\mathfrak{x}| \leqq \alpha < 1$ gleichmäßig konvergiert.

Umgekehrt stellt jede Reihe dieser Art, die in allen Kugeln $0 \leqq |\mathfrak{x}| \leqq \alpha < 1$ gleichmäßig gegen eine in $|\mathfrak{x}| \leqq 1$ stetige Grenzfunktion konvergiert, eine harmonische Funktion dar.

Zum Beweise benutzen wir den Mittelwertsatz der Potentialtheorie, den wir zunächst herleiten. Wir betrachten dazu eine Kugel $|\mathfrak{x} - \mathfrak{y}| \leqq \tau$, die ganz in der Einheitskugel liegt, und bilden

$$\int\limits_{|\mathfrak{x}-\mathfrak{y}|=\tau} U(\mathfrak{x})\, dF_{\mathfrak{x}} = \tau^2\, \Phi(\tau). \tag{87}$$

Dann ist wegen

$$\Phi'(\tau) = \frac{d}{d\tau}\frac{1}{\tau^2} \int\limits_{|\mathfrak{x}-\mathfrak{y}|=\tau} U(\mathfrak{x})\, dF_{\mathfrak{x}} = \frac{d}{d\tau} \int\limits_{|\mathfrak{z}_0|=1} U(\mathfrak{y} + \tau\,\mathfrak{z}_0)\, dF_{\mathfrak{z}_0}$$

$$= \int\limits_{|\mathfrak{z}_0|=1} \frac{\partial}{\partial\tau} U(\mathfrak{y} + \tau\,\mathfrak{z}_0)\, dF_{\mathfrak{z}_0} = \frac{1}{\tau^2} \int\limits_{|\mathfrak{x}-\mathfrak{y}|=\tau} \frac{\partial}{\partial n} U(\mathfrak{x})\, dF_{\mathfrak{x}} \tag{88}$$

$$= \frac{1}{\tau^2} \int\limits_{|\mathfrak{x}-\mathfrak{y}|\leqq\tau} \Delta U\, dV_{\mathfrak{x}} = 0,$$

so daß $\Phi(\tau)$ konstant ist. Nach Gl. (87) wird aber

$$\Phi(0) = \lim_{\tau\to 0} \frac{1}{\tau^2} \int\limits_{|\mathfrak{x}-\mathfrak{y}|=\tau} U(\mathfrak{x})\, dF_{\mathfrak{x}} = 4\pi\, U(\mathfrak{y}), \tag{89}$$

und wir erhalten

$$U(\mathfrak{y}) = \frac{1}{4\pi\tau^2} \int\limits_{|\mathfrak{x}-\mathfrak{y}|=\tau} U(\mathfrak{x})\, dF_{\mathfrak{x}}. \tag{90}$$

Ist $U(\mathfrak{x})$ nicht konstant, so folgt aus dieser Formel, daß im Inneren des Einheitskreises kein Maximum oder Minimum der Funktion liegen kann. Ist nämlich in einem inneren Punkt $\mathfrak{y}_1$

$$U(\mathfrak{y}_1) \geqq U(\mathfrak{x}) \tag{91}$$

für alle $\mathfrak{x}$ mit $|\mathfrak{x}| \leqq 1$, so folgt

$$0 \geqq \frac{1}{4\pi\tau^2} \int\limits_{|\mathfrak{x}-\mathfrak{y}_1|=\tau} (U(\mathfrak{x}) - U(\mathfrak{y}_1))\, dF_{\mathfrak{x}} \tag{92}$$

für alle τ mit $0 \leqq \tau < 1 - |\mathfrak{y}_1|$, da der Integrand nicht positiv ist. Diese Relation kann aber wegen Gl. (90) nur bestehen, wenn in der ganzen Kugel $|\mathfrak{x} - \mathfrak{y}_1| \leqq 1 - |\mathfrak{y}_1|$ identisch $U(\mathfrak{x}) = U(\mathfrak{y}_1)$ gilt.

Enthält diese Kugel den Nullpunkt, ist also $|\mathfrak{y}_1| \leqq \frac{1}{2}$, so wird das Maximum auch im Nullpunkt angenommen. Dann können wir obige Argumentation mit $\mathfrak{y}_2 = 0$ durchführen und finden, daß $U(\mathfrak{x})$ konstant ist.

Ist $|\mathfrak{y}_1| > \frac{1}{2}$, so gewinnen wir in

$$\mathfrak{y}_2 = \frac{2|\mathfrak{y}_1| - 1}{|\mathfrak{y}_1|} \mathfrak{y}_1 \quad \text{mit} \quad 1 - |\mathfrak{y}_2| = 2(1 - |\mathfrak{y}_1|) \tag{93}$$

einen Punkt mit $|\mathfrak{y}_2| < |\mathfrak{y}_1|$, auf den wir wieder unsere obige Argumentation anwenden können. Ist $|\mathfrak{y}_2| \leqq \frac{1}{2}$, so haben wir uneeren Beweis zu Ende geführt. Ist dagegen auch $|\mathfrak{y}_2| > \frac{1}{2}$, so liefert

$$\mathfrak{y}_3 = \frac{2|\mathfrak{y}_2| - 1}{|\mathfrak{y}_2|} \mathfrak{y}_2 \quad \text{mit} \quad 1 - |\mathfrak{y}_3| = 4(1 - |\mathfrak{y}_1|) \tag{94}$$

einen weiteren Punkt, in dem das Maximum angenommen wird. Durch diesen Prozeß, den wir durch die Punkte

$$\mathfrak{y}_{n+1} = \frac{2|\mathfrak{y}_n| - 1}{|\mathfrak{y}_n|} \mathfrak{y}_n ; \qquad 1 - |\mathfrak{y}_{n+1}| = 2^n(1 - |\mathfrak{y}_1|) \tag{95}$$

beschreiben können, erreichen wir nach endlich vielen Schritten, daß das Maximum auch im Nullpunkt angenommen wird. Damit folgt aber nach der obigen Bemerkung, daß U überall konstant ist. Betrachten wir $-U(\mathfrak{x})$, so ist das Maximum dieser Funktion gleich dem Minimum von U, und es ergibt sich, wenn wir das soeben erhaltene Ergebnis auf $-U(\mathfrak{x})$ anwenden, daß $U(\mathfrak{x})$ auch konstant ist, wenn das Minimum im Inneren angenommen wird. Damit ist unsere Behauptung bewiesen.

Wir wollen nun umgekehrt zeigen, daß aus der Gültigkeit der Mittelwertformel auch der harmonische Charakter der Funktion $U(\mathfrak{x})$ folgt. Wir nehmen daher an, daß $U(\mathfrak{x})$ stetig ist und für alle ganz in der Einheitskugel gelegenen Kugeln $|\mathfrak{x} - \mathfrak{y}| \leqq \tau$

$$U(\mathfrak{x}) = \frac{1}{4\pi\tau^2} \int\limits_{|\mathfrak{x}-\mathfrak{y}|=\tau} U(\mathfrak{y})\, dF_{\mathfrak{y}} \tag{96}$$

gilt. Dann erhalten wir durch Integration über τ

$$U(\mathfrak{x}) = \frac{3}{4\pi\tau_0^3} \int\limits_{|\mathfrak{x}-\mathfrak{y}|\leqq\tau_0} U(\mathfrak{y})\, dV_{\mathfrak{y}}. \tag{97}$$

Wir betrachten die Funktion $U(\mathfrak{x})$ für $|\mathfrak{x}| \leqq 1 - \tau_0$. Dann gilt nach der zum Beweis von Lemma 3 benutzten Argumentation, daß $U(\mathfrak{x})$ für $|\mathfrak{x}| \leqq 1 - \tau_0$ stetig differenzierbar ist, und es wird nach Gl. (1.13)

$$\frac{4\pi}{3}\tau_0^3 \nabla_{\mathfrak{x}} U(\mathfrak{x}) = \int\limits_{|\mathfrak{x}-\mathfrak{y}|=\tau_0} \mathfrak{n}\, U(\mathfrak{y})\, dF_{\mathfrak{y}}. \tag{98}$$

Da $U(\mathfrak{y})$ stetig differenzierbar ist, können wir das letzte Integral wieder umformen und erhalten für $|\mathfrak{x}| \leqq 1 - 2\tau_0$

$$\frac{4\pi}{3}\tau_0^3 \nabla U(\mathfrak{x}) = \int\limits_{|\mathfrak{x}-\mathfrak{y}|\leqq\tau_0} \nabla U\, dV_{\mathfrak{y}}, \tag{99}$$

so daß auch ∇U in $|\mathfrak{x}| \leqq 1 - 2\tau_0$ der Mittelwertformel Gl. (96) genügt. Daher ist auch ∇U stetig differenzierbar, und wir erhalten, daß $U(\mathfrak{x})$ in $|\mathfrak{x}| \leqq 1 - 2\tau_0$ zweimal stetig differenzierbar ist. Nun differenzieren wir die rechten Seite von Gl. (96) nach τ und finden für alle $\tau \leqq \tau_0$

$$\frac{1}{4\pi\tau^2} \int\limits_{|\mathfrak{x}-\mathfrak{y}|=\tau} \frac{\partial}{\partial n} U(\mathfrak{y})\, dF_{\mathfrak{y}} = \frac{1}{4\pi\tau^2} \int\limits_{|\mathfrak{x}-\mathfrak{y}|\leqq\tau} \Delta U\, dV_{\mathfrak{y}} = 0. \tag{100}$$

Für alle $\mathfrak{x}$ aus $|\mathfrak{x}| \leqq 1 - 3\tau_0$ gilt diese Relation. Damit ist

$$\frac{3}{4\pi\tau^2} \int\limits_{|\mathfrak{x}-\mathfrak{y}|\leqq\tau} \Delta U\, dV_{\mathfrak{y}} = 0, \tag{101}$$

so daß wir durch den Grenzübergang $\tau \to 0$ für alle $\mathfrak{x}$ aus $|\mathfrak{x}| \leqq 1 - 3\tau_0$ das Verschwinden von ΔU beweisen können. Da τ_0 beliebig klein gewählt werden kann, ist damit gezeigt, daß U harmonisch ist.

Ist nun $U_\varkappa(\mathfrak{x})$ eine Folge harmonischer Funktionen, die in allen Kugeln $0 \leqq |\mathfrak{x}| \leqq \alpha < 1$ gleichmäßig gegen eine in $|\mathfrak{x}| \leqq 1$ stetige Grenzfunktion $U(\mathfrak{x})$ konvergiert, so genügt $U(\mathfrak{x})$ in $|\mathfrak{x}| < 1$ der Mittelwertformel, denn wir können in

$$U_\varkappa(\mathfrak{x}) = \frac{1}{4\pi\tau^2} \int\limits_{|\mathfrak{x}-\mathfrak{y}|=\tau} U_\varkappa(\mathfrak{y})\, dF_{\mathfrak{y}} \tag{102}$$

beiderseits zur Grenze übergehen. Daher ist U harmonisch. Somit ist die letzte Behauptung von Lemma 23 bewiesen, da wir die Funktionen $U_\varkappa(\mathfrak{x})$ als Folge der Teilsummen unserer Reihe auffassen können.

Wir wollen nun abschließend noch beweisen, daß auch jede in der Einheitskugel harmonische Funktion in eine Reihe nach harmonischen Polynomen entwickelt werden kann.

Dazu benutzen wir Satz 8 und setzen $g(\mathfrak{x}_0) = U(\mathfrak{x}_0)$. Mit

$$C_{n,j} = \int_{\Omega} U(\mathfrak{x}_0)\, K_{n,j}(\mathfrak{x}_0)\, d\omega \tag{103}$$

konvergiert dann die Reihe

$$\sum_{n=0}^{\infty} r^n \sum_{j=-n}^{n} C_{n,j} K_{n,j}(\mathfrak{x}_0) = \sum_{n=0}^{\infty} r^n K_n(\mathfrak{x}_0) \tag{104}$$

gleichmäßig in $|\mathfrak{x}| \leqq \alpha < 1$. Nach Satz 8 gilt nämlich zunächst die gleichmäßige Konvergenz auf der Kugel $|\mathfrak{x}| = \alpha$. Daher folgt mit

$$C_n^2 = \sum_{j=-n}^{n} |C_{n,j}|^2; \qquad C_n \geqq 0 \tag{105}$$

aus Gl. (104)

$$\int_{\Omega} \left| \sum_{n=0}^{\infty} \alpha^n \sum_{j=-n}^{+n} C_{n,j} K_{n,j}(\mathfrak{x}_0) \right|^2 d\omega = \sum_{n=0}^{\infty} \alpha^{2n} C_n^2, \tag{106}$$

so daß

$$\lim_{n\to\infty} \alpha^n C_n = 0 \tag{107}$$

ist. Aus Lemma 13 ergibt sich

$$|K_n(\mathfrak{x}_0)| \leqq \sqrt{\frac{2n+1}{4\pi}}\, C_n, \tag{108}$$

und es wird für $r < \alpha$ wegen Gl. (107) mit geeignetem $M > 0$

$$|r^n K_n(\mathfrak{x}_0)| \leqq \sqrt{\frac{2n+1}{4\pi}}\, C_n r^n \leqq M \sqrt{2n+1} \left(\frac{r}{\alpha}\right)^n. \tag{109}$$

Die Reihe Gl. (104) konvergiert daher in jeder Kugel $|\mathfrak{x}| \leqq \alpha - \varepsilon$, $0 < \varepsilon < \alpha$ gleichmäßig. Da α eine beliebige Zahl aus $0 < \alpha < 1$ darstellt, konvergiert die Reihe in jeder Kugel $|\mathfrak{x}| \leqq \alpha < 1$ gleichmäßig und stellt folglich eine dort stetige und harmonische Funktion dar.

Nach Satz 8 gilt daher auch gleichmäßig bezüglich $\mathfrak{x}_0$

$$\lim_{r\to 1-0} \sum_{n=0}^{\infty} r^n K_n(\mathfrak{x}_0) = U(\mathfrak{x}_0). \tag{110}$$

Wir zeigen nun noch, daß die Funktion

$$V(\mathfrak{x}) = \sum_{n=0}^{\infty} r^n K_n(\mathfrak{x}_0) \tag{111}$$

in der abgeschlossenen Einheitskugel stetig ist. In jedem inneren Punkt hatten wir diese Funktion bereits als stetig erkannt. Es bleibt also noch die Stetigkeit in den Randpunkten zu untersuchen.

Wir nehmen dazu an, daß $\mathfrak{y}_n$ eine Folge von Punkten aus dem Inneren der Einheitskugel ist, die gegen den Randpunkt $\mathfrak{x}_0$ konvergiert. Wir setzen

$$\mathfrak{y}_n = \varrho_n \mathfrak{y}_{0n}; \quad \varrho_n > 0; \quad \mathfrak{y}_{0n}^2 = 1. \tag{112}$$

Dann ist

$$\lim_{n\to\infty} \varrho_n = 1; \quad \lim_{n\to\infty} \mathfrak{y}_{0n} = \mathfrak{x}_0. \tag{113}$$

Da Gl. (110) gleichmäßig bezüglich aller Richtungen gilt, können wir ein $N(\varepsilon)$ so finden, daß für $n \geqq N(\varepsilon)$

$$|g(\mathfrak{y}_{0n}) - V(\varrho_n \mathfrak{y}_{0n})| \leqq \frac{\varepsilon}{2} \tag{114}$$

ist. Andererseits gibt es ein $M(\varepsilon)$, so daß für alle $n \geqq M(\varepsilon)$

$$|g(\mathfrak{x}_0) - g(\mathfrak{y}_{0n})| \leqq \frac{\varepsilon}{2} \tag{115}$$

ist. Für $n \geqq \max(N, M)$ gilt daher

$$|g(\mathfrak{x}_0) - V(\mathfrak{y}_n)| \leqq \varepsilon. \tag{116}$$

Damit ist $V(\mathfrak{x})$ eine in $|\mathfrak{x}| \leqq 1$ stetige Funktion. Diese Funktion genügt in allen inneren Punkten der Mittelwertgleichung und stimmt auf $|\mathfrak{x}| = 1$ mit $U(\mathfrak{x})$ überein. Die Differenz $U - V$ genügt in allen inneren Punkten der Mittelwertgleichung, verschwindet auf dem Rande der Einheitskugel und ist in der ganzen abgeschlossenen Einheitskugel stetig. Diese Differenz ist daher identisch Null. Andernfalls würde sie nämlich ihr positives Maximum oder ihr negatives Minimum in einem inneren Punkte annehmen, was nach den obigen Überlegungen nicht möglich ist.

Wir haben damit Lemma 23 bewiesen und bemerken noch abschließend, daß die Normierung auf die Einheitskugel unwesentlich ist. Stellt nämlich $U(\mathfrak{x})$ eine für $|\mathfrak{x}| \leqq C$ harmonische Funktion dar, so ist

$$V(\mathfrak{x}) = U\left(\frac{1}{C}\,\mathfrak{x}\right) \tag{117}$$

in der Einheitskugel harmonisch. Dann können wir auf $V(\mathfrak{x})$ Lemma 23 anwenden und finden, wenn wir wieder zu $U(\mathfrak{x})$ zurückkehren, daß

$$U(\mathfrak{x}) = \sum_{n=0}^{\infty} r^n K_n(\mathfrak{x}_0) \tag{118}$$

ist, wobei diese Reihe in $0 \leqq |\mathfrak{x}| \leqq C - \varepsilon$ gleichmäßig konvergiert.

Eine ganze harmonische Funktion U, d. h. eine stetig differenzierbare Funktion U, die überall $\Delta U = 0$ erfüllt, kann daher durch eine in allen endlichen Punkten konvergente Reihe nach harmonischen Polynomen dargestellt werden.

§ 3. Die Besselfunktionen

Um Lösungen der Gleichung

$$\Delta U + U = 0$$

zu finden, untersuchen wir Funktionen der Form

$$U_n(\mathfrak{x}) = \frac{i^{-n}}{4\pi}\int\limits_{\Omega} e^{i(\mathfrak{x}\,\mathfrak{y}_0)} K_n(\mathfrak{y}_0)\, d\omega_{\mathfrak{y}_0},$$

die wegen $\mathfrak{y}_0^2 = 1$ der obigen Gleichung genügen. Nach Lemma 15 können wir $U_n(\mathfrak{x})$ in der Form

$$U_n(\mathfrak{x}) = \frac{i^{-n}}{4\pi}\int\limits_{\Omega} e^{ir(\mathfrak{x}_0\,\mathfrak{y}_0)} K_n(\mathfrak{y}_0)\, d\omega_{\mathfrak{y}_0} = \zeta_n(r)\, K_n(\mathfrak{x}_0)$$

schreiben. Allgemein behandeln wir in den folgenden Untersuchungen Funktionen der Form

$$f_n(r)\, K_n(\mathfrak{x}_0),$$

die Lösungen der HELMHOLTZschen Schwingungsgleichung darstellen. Dazu muß $f_n(r)$ der Differentialgleichung

$$f_n'' + \frac{2}{r} f_n' + \left(1 - \frac{n(n+1)}{r^2}\right) f_n = 0$$

genügen. Als Fundamentalsystem dieser Differentialgleichung gewinnen wir die Funktionen

$$\Psi_n^{(1)}(r) = i^{-(n+1)} \int\limits_{1+0\cdot i}^{1+\infty i} e^{irt} P_n(t)\, dt,$$

$$\Psi_n^{(2)}(r) = i^{-(n+1)} \int\limits_{-1+0\cdot i}^{-1+\infty i} e^{irt} P_n(t)\, dt,$$

mit deren Hilfe die schon genannte Funktion $\zeta_n(r)$ in der Form

$$\zeta_n(r) = \int\limits_{-1}^{+1} e^{irt} P_n(t)\, dt = \frac{1}{2i}\left(\Psi_n^{(1)}(r) - \Psi_n^{(2)}(r)\right)$$

dargestellt werden kann. Die Untersuchung dieser Funktionen ist der Hauptgegenstand der folgenden Betrachtungen. Besonders wichtig ist dabei deren Verhalten für $r \to \infty$, das wir durch die asymptotischen Gesetze

$$\Psi_n^{(1)}(r) = \frac{e^{i(r-\pi n/2)}}{r} + O\left(\frac{1}{r^2}\right),$$

$$\Psi_n^{(2)}(r) = \frac{e^{-i(r-\pi n/2)}}{r} + O\left(\frac{1}{r^2}\right)$$

beschreiben können. Dieses asymptotische Verhalten und seine Folgerungen bestimmt wesentlich die von uns untersuchten Probleme und wird uns noch vielfach begegnen.

Wir beginnen unsere Untersuchungen mit der Differentialgleichung

$$(1) \qquad \Delta U + U = 0.$$

Im vorigen Paragraphen hatten wir die Kugelfunktionen $K_n(\mathfrak{x}_0)$ so definiert, daß

$$(2) \qquad \Delta r^n K_n(\mathfrak{x}_0) = 0$$

ist. Setzen wir

$$(3) \qquad \mathfrak{x} = r(t\,\mathfrak{e}_3 + \sqrt{1-t^2}(\mathfrak{e}_2\cos\varphi + \mathfrak{e}_1\sin\varphi)),$$

so wird

$$(4) \qquad d\mathfrak{x}^2 = dr^2 + \frac{r^2}{1-t^2}dt^2 + r^2(1-t^2)\,d\varphi^2,$$

und es ergibt sich für den Laplaceschen Operator Δ^* nach einfacher Rechnung

$$(5) \qquad \begin{aligned} \Delta^* &= \frac{1}{r^2}\left(\frac{\partial}{\partial r} r^2 \frac{\partial}{\partial r} + \frac{\partial}{\partial t}(1-t^2)\frac{\partial}{\partial t} + \frac{1}{1-t^2}\frac{\partial^2}{\partial\varphi^2}\right) \\ &= \frac{1}{r^2}\frac{\partial}{\partial r} r^2 \frac{\partial}{\partial r} + \frac{1}{r^2}\Delta_0^*, \end{aligned}$$

mit

$$(6) \qquad \Delta_0^* = \frac{\partial}{\partial t}(1-t^2)\frac{\partial}{\partial t} + \frac{1}{1-t^2}\frac{\partial^2}{\partial\varphi^2}.$$

Aus Gl. (2) folgt daher

$$(7) \qquad \Delta^* r^n K_n(\mathfrak{x}_0) = n(n+1)\,r^{n-2}K_n(\mathfrak{x}_0) + r^{n-2}\Delta_0^* K_n(\mathfrak{x}_0) = 0,$$

und wir erhalten

Lemma 24. *Es ist für jede Kugelfunktion*

$$\Delta_0^* K_n(\mathfrak{x}_0) = -n(n+1)\,K_n(\mathfrak{x}_0).$$

Die Polynome $P_n(t)$ sind spezielle Kugelfunktionen der Ordnung n. Daher folgt nach Gl. (5)

Lemma 25. *Das Polynom $P_n(t)$ genügt der Differentialgleichung*

$$\frac{d}{dt}(1-t^2)\frac{d}{dt}P_n(t)+n(n+1)P_n(t)=0.$$

Wir betrachten die Funktionen

$$U_n(\mathfrak{x})=\frac{i^{-n}}{4\pi}\int\limits_{\Omega}e^{i(\mathfrak{x}\,\mathfrak{y}_0)}K_n(\mathfrak{y}_0)\,d\omega_{\mathfrak{y}_0},\tag{8}$$

die der Differentialgleichung

$$\Delta U_n+U_n=0\tag{9}$$

genügen. Nach Lemma 15 ist

$$U_n(\mathfrak{x})=\zeta_n(r)\,K_n(\mathfrak{x}_0)\tag{10}$$

mit[1]

$$\zeta_n(r)=\frac{i^{-n}}{2}\int\limits_{-1}^{+1}e^{irt}P_n(t)\,dt.\tag{11}$$

Aus Gl. (5) entnehmen wir wegen Lemma 24 und Gl. (9)

Lemma 26. *Die Funktion $\zeta_n(r)$ genügt der Differentialgleichung*

$$\zeta_n''(r)+\frac{2}{r}\zeta_n'(r)+\left(1-\frac{n(n+1)}{r^2}\right)\zeta_n(r)=0.$$

Nach Lemma 17 wird aus Gl. (11)

$$\zeta_n(r)=\frac{1}{2}\left(\frac{r}{2}\right)^n\frac{1}{n!}\int\limits_{-1}^{+1}e^{irt}(1-t^2)^n\,dt.\tag{12}$$

Nun ist

$$\int\limits_{-1}^{+1}(1-t^2)^n\,dt=\int\limits_{0}^{1}x^{-1/2}(1-x)^n\,dx=\frac{\Gamma(\frac{1}{2})\,\Gamma(n+1)}{\Gamma(n+\frac{3}{2})}\tag{13}$$

und

$$\int\limits_{-1}^{+1}|t|\,(1-t^2)^n\,dt=\int\limits_{0}^{1}(1-x)^n\,dx=\frac{1}{n+1}.\tag{14}$$

Zu jedem positiv reellen D gibt es eine Konstante C, so daß für alle t mit $-1\leqq t\leqq 1$ und $0\leqq r\leqq D$

$$|e^{irt}-1|\leqq C\,|t|\tag{15}$$

---

[1] In der allgemeinen Bezeichnung der Bessel-Funktionen ist

$$\zeta_n(r)=\sqrt{\frac{\pi}{2r}}\,J_{n+1/2}(r).$$

ist. Daher wird

$$(16)\quad \left|\zeta_n(r) - \frac{1}{2}\left(\frac{r}{2}\right)^n \frac{1}{n!}\int_{-1}^{+1}(1-t^2)^n\,dt\right| \leq \frac{C}{2}\left(\frac{r}{2}\right)^n \frac{1}{n!}\int_{-1}^{+1}|t|\,(1-t^2)^n\,dt.$$

Nach Gl. (13) und (14) heißt das

$$(17)\quad \left|\zeta_n(r) - \frac{1}{2}\left(\frac{r}{2}\right)^n \frac{\Gamma(\frac{1}{2})}{\Gamma(n+\frac{3}{2})}\right| \leq \frac{C}{2}\left(\frac{r}{2}\right)^n \frac{1}{(n+1)!}.$$

Es ist für $n \to \infty$

$$(18)\quad \begin{aligned}\int_{-1}^{+1}(1-t^2)^{n+1/2}\,dt &= \int_0^1 x^{-1/2}(1-x)^{n+1/2}\,dx\\ &= \frac{\Gamma(\frac{1}{2})\,\Gamma(n+\frac{3}{2})}{(n+1)!} = o(1).\end{aligned}$$

Somit finden wir[1]

Lemma 27. *Es gilt gleichmäßig in jedem endlichen Intervall* $0 \leq r \leq D$

$$\lim_{n\to\infty} \frac{2\zeta_n(r)\,\Gamma(n+\frac{3}{2})}{(r/2)^n\,\Gamma(\frac{1}{2})} = 1.$$

oder einfacher

$$\zeta_n(r) \cong \frac{1}{2}\left(\frac{r}{2}\right)\frac{\Gamma(\frac{1}{2})}{\Gamma(n+\frac{3}{2})}, \quad \textit{für } n \to \infty.$$

Aus dieser asymptotischen Entwicklung folgt ein Analogon zu einem bekannten Satz der Theorie der Potenzreihen. Es gilt nämlich

Satz 11. *Es sei $K_n(\mathfrak{x}_0)$ eine Folge von Kugelfunktionen. Wir setzen mit $C_n \geq 0$*

$$C_n^2 = \int_\Omega |K_n(\mathfrak{x}_0)|^2\,d\omega.$$

Ist dann für ein positiv reelles r_0

$$\sum_{n=0}^{\infty} |\zeta_n(r_0)|^2\,C_n^2$$

[1] Dieses Ergebnis kann auch erhalten werden, wenn wir $\zeta_n(r)$ in eine Potenzreihe nach r entwickeln. Dann ist nämlich (WATSON: Theory of BESSEL-Functions, 1944, S. 40; MAGNUS-OBERHETTINGER: Formeln und Sätze für die speziellen Funktionen der mathematischen Physik 1948, S. 25ff.)

$$\zeta_n(r) = \sqrt{\frac{\pi}{2}}\left(\frac{r}{2}\right)^n \frac{1}{\Gamma(n+\frac{3}{2})} + \cdots,$$

so daß sich $\zeta_n(r)$ bei festem r asymptotisch wie das erste Glied seiner Potenzreihenentwicklung verhält.

konvergent, so konvergieren die Reihen

$$\sum_{n=0}^{\infty} \zeta_n(r)\, K_n(\mathfrak{x}_0) \quad \text{und} \quad \sum_{n=0}^{\infty} n^2 \zeta_n(r)\, K_n(\mathfrak{x}_0)$$

für alle r mit $0 \leqq r < r_0$, wobei die Konvergenz in jedem abgeschlossenen Teilgebiet der offenen Kugel $|\mathfrak{x}| < r_0$ absolut und gleichmäßig gilt.

Aus der Konvergenz der Reihe folgt nämlich

$$\lim_{n\to\infty} |\zeta_n(r_0)|^2 C_n^2 = 0. \tag{19}$$

Nach Gl. (18) ist für genügend große n stets $\zeta_n(r_0) \neq 0$. Es gibt aber ein $N(r_0)$ und eine Konstante $A > 0$, so daß für alle $n > \mathrm{N}(r_0)$

$$C_n^2 \leqq \frac{A^2}{|\zeta_n(r_0)|^2} \tag{20}$$

ist. Nach Lemma 13 wird

$$|K_n(\mathfrak{x}_0)| \leqq \sqrt{\frac{2n+1}{4\pi}}\, C_n. \tag{21}$$

Daher ergibt sich

$$|\zeta_n(r)\, K_n(\mathfrak{x}_0)| \leqq |\zeta_n(r)|\, C_n \sqrt{\frac{2n+1}{4\pi}} \leqq A \sqrt{\frac{2n+1}{4\pi}} \left|\frac{\zeta_n(r)}{\zeta_n(r_0)}\right|. \tag{22}$$

Nach Lemma 27 ist für $n \to \infty$

$$\frac{\zeta_n(r)}{\zeta_n(r_0)} \cong \left(\frac{r}{r_0}\right)^n, \tag{23}$$

und es gibt daher ein N_0, so daß für $n \geqq N_0$

$$\left|\frac{\zeta_n(r)}{\zeta_n(r_0)}\right| \leqq 2\left(\frac{r}{r_0}\right)^n \tag{24}$$

gilt. Wir finden damit schließlich für $n \geqq N_0$

$$|\zeta_n(r)\, K_n(\mathfrak{x}_0)| \leqq \frac{A}{\sqrt{\pi}} \sqrt{2n+1} \left(\frac{r}{r_0}\right)^n. \tag{25}$$

Die Reihen

$$\sum_{n=0}^{\infty} \zeta_n(r)\, K_n(\mathfrak{x}_0) \quad \text{und} \quad \sum_{n=0}^{\infty} n^2 \zeta_n(r)\, K_n(\mathfrak{x}_0) \tag{26}$$

konvergieren daher gleichmäßig und absolut in jedem ganz in $|\mathfrak{x}| < r_0$ gelegenen Gebiet.

Wir bilden weiterhin[1]

$$(27)\quad \begin{cases} \Psi_n^{(1)}(r) = i^{-(n+1)} \int\limits_{1+0\cdot i}^{1+\infty i} e^{irt} P_n(t)\,dt, \\ \Psi_n^{(2)}(r) = i^{-(n+1)} \int\limits_{-1+0\cdot i}^{-1+\infty i} e^{irt} P_n(t)\,dt. \end{cases}$$

Dann ist

$$(28)\quad \zeta_n(r) = \frac{1}{2i}\left(\Psi_n^{(1)}(r) - \Psi_n^{(2)}(r)\right).$$

Aus Lemma 25 ergibt sich nach einfacher Rechnung, daß die in Gl. (27) definierten Funktionen der Differentialgleichung

$$(29)\quad \left(\frac{d^2}{dr^2} + \frac{2}{r}\frac{d}{dr}\right)\Psi_n^{(\varkappa)}(r) + \left(1 - \frac{n(n+1)}{r^2}\right)\Psi_n^{(\varkappa)}(r) = 0\,; \quad \varkappa = 1,2$$

genügen. Daher gilt auch

$$(30)\quad (\Delta + 1)\,\Psi_n^{(\varkappa)}(r)\,K_n(\mathfrak{x}_0) = 0.$$

Setzen wir $t = 1 + i\,s$, so wird nach Gl. (27)

$$(31)\quad \Psi_n^{(1)}(r) = i^{-n} e^{ir} \int\limits_0^\infty e^{-rs} P_n(1 + i\,s)\,ds,$$

während sich für $t = -1 + i\,s$

$$(32)\quad \Psi_n^{(2)}(r) = i^{-n} e^{-ir} \int\limits_0^\infty e^{-rs} P_n(-1 + i\,s)\,ds$$

ergibt. Wegen

$$(33)\quad P_n(1) = 1 \quad \text{und} \quad P_n(-1) = (-1)^n$$

folgt damit durch partielle Integration

$$(34)\quad \begin{cases} \Psi_n^{(1)}(r) = \dfrac{e^{i(r-(\pi n/2))}}{r} + \dfrac{e^{i(r-(\pi n/2))}}{r} \displaystyle\int\limits_0^\infty e^{-rs} \frac{d}{ds} P_n(1 + i\,s)\,ds, \\ \Psi_n^{(2)}(r) = \dfrac{e^{-i(r-(\pi n/2))}}{r} + \dfrac{e^{-i(r+(\pi n/2))}}{r} \displaystyle\int\limits_0^\infty e^{-rs} \frac{d}{ds} P_n(-1 + i\,s)\,ds. \end{cases}$$

---

[1] Diese Funktionen entsprechen den Bessel-Funktionen dritter Art, die häufig auch als Hankel-Funktionen bezeichnet werden. Es ist nämlich

$$\Psi_n^{(1)}(r) = i\sqrt{\frac{\pi}{2r}}\,H_{n+1/2}^{(1)}(r); \qquad \Psi_n^{(2)}(r) = \frac{1}{i}\sqrt{\frac{\pi}{2r}}\,H_{n+1/2}^{(2)}(r).$$

Da $P_n(t)$ ein Polynom vom Grade n in t ist, können wir die Integrale der rechten Seite durch endlich viele partielle Integrationen explizit angeben. Wir verzichten auf die Berechnung und bemerken nur[1]

Lemma 28. *Bei festem n gilt für $r \to \infty$*

$$\Psi_n^{(1)}(r) = \frac{e^{i(r-(\pi n/2))}}{r} + O\left(\frac{1}{r^2}\right),$$

$$\Psi_n^{(2)}(r) = \frac{e^{-i(r-(\pi n/2))}}{r} + O\left(\frac{1}{r^2}\right)$$

und

$$\zeta_n(r) = \frac{\sin\left(r - \frac{\pi n}{2}\right)}{r} + O\left(\frac{1}{r^2}\right).$$

Dieses Verfahren liefert wegen

$$(35)\qquad \left\{\begin{aligned} \frac{d}{dr}\Psi_n^{(1)}(r) &= i^{-n}\int_{1+0\cdot i}^{1+\infty i} e^{irt}\, t\, P_n(t)\, dt, \\ \frac{d}{dr}\Psi_n^{(2)}(r) &= i^{-n}\int_{-1+0\cdot i}^{-1+\infty i} e^{irt}\, t\, P_n(t)\, dt \end{aligned}\right.$$

auch

Lemma 29. *Bei festem n gilt für $r \to \infty$*

$$\frac{d}{dr}\Psi_n^{(1)}(r) = i\,\frac{e^{i(r-(\pi n/2))}}{r} + O\left(\frac{1}{r^2}\right),$$

$$\frac{d}{dr}\Psi_n^{(2)}(r) = -\,i\,\frac{e^{-i(r-(\pi n/2))}}{r} + O\left(\frac{1}{r^2}\right)$$

und

$$\frac{d}{dr}\zeta_n(r) = \frac{\cos\left(r - \frac{\pi n}{2}\right)}{r} + O\left(\frac{1}{r^2}\right).$$

Aus Lemma 28 folgt, daß die Funktionen $\Psi_n^{(1)}(r)$ und $\Psi_n^{(2)}(r)$ ein Fundamentalsystem der Differentialgleichung

$$(36)\qquad y'' + \frac{2}{r}y' + \left(1 - \frac{n(n+1)}{r^2}\right)y = 0$$

darstellen, denn ihre asymptotischen Entwicklungen sind linear unabhängig. Nachdem wir in Lemma 28 und Lemma 29 gezeigt haben,

[1] Dieses Ergebnis stellt einen einfachen Fall der allgemeinen HANKELschen Entwicklung dar (WATSON: Theory of BESSEL-Functions 1944, S. 198; MAGNUS-OBERHETTINGER: Formeln und Sätze für die speziellen Funktionen der mathematischen Physik, 1948, S. 26ff.)

wie sich die Funktionen $\Psi_n^{\varkappa}(r)$ bei festem n für $r \to \infty$ verhalten, wollen wir nun fragen, wie sich diese Funktionen bei festem r für $n \to \infty$ asymptotisch ausdrücken lassen.

Dazu benutzen wir wieder die Darstellung Gl. (27). Es wird dann, wenn wir nach Lemma 16

$$P_n(t) = \frac{1}{2^n}\frac{1}{n!}\left(\frac{d}{dt}\right)^n (t^2-1)^n \tag{37}$$

benutzen und n-mal partiell integrieren

$$\left\{\begin{aligned} \Psi_n^{(1)}(r) &= i^{-1}\left(\frac{r}{2}\right)^n \frac{1}{n!}\int\limits_{1+0\cdot i}^{1+\infty i} e^{irt}(1-t^2)^n\,dt,\\ \Psi_n^{(2)}(r) &= i^{-1}\left(\frac{r}{2}\right)^n \frac{1}{n!}\int\limits_{-1+0\cdot i}^{-1+\infty i} e^{irt}(1-t^2)^n\,dt. \end{aligned}\right. \tag{38}$$

Wir deformieren die Integrationswege und erhalten

$$\left\{\begin{aligned} \int\limits_{1+0\cdot i}^{1+\infty i} &= \int\limits_{1}^{0} + \int\limits_{0\cdot i}^{\infty i}\\ \int\limits_{-1+0\cdot i}^{-1+\infty i} &= \int\limits_{1-}^{0} + \int\limits_{0\cdot i}^{\infty i} \end{aligned}\right. \tag{39}$$

In beiden Fällen tritt das Integral

$$\int\limits_{0\cdot i}^{\infty i} e^{irt}(1-t^2)^n\,dt = i\int\limits_{0}^{\infty} e^{-rx}(1+x^2)^n\,dx \tag{40}$$

auf. Da

$$\left|\int\limits_{1}^{0} e^{irt}(1-t^2)^n\,dt\right| \leqq 1 \quad \text{und} \quad \left|\int\limits_{-1}^{0} e^{irt}(1-t^2)^n\,dt\right| \leqq 1 \tag{41}$$

ist, ergibt sich für $\varkappa = 1, 2$

$$\Psi_n^{(\varkappa)}(r) = \left(\frac{r}{2}\right)^n \frac{1}{n!}\int\limits_{0}^{\infty} e^{-rx}(1+x^2)^n\,dx + O\left(\frac{r^n}{2^n\,n!}\right). \tag{42}$$

Nun ist bei festem r und $n \to \infty$

$$\begin{aligned} \int\limits_{0}^{\infty} e^{-rx}(1+x^2)^n\,dx &= \int\limits_{0}^{\sqrt{n}} e^{-rx}(1+x^2)^n\,dx + \int\limits_{\sqrt{n}}^{\infty} e^{-rx}(1+x^2)^n\,dx\\ &= \int\limits_{\sqrt{n}}^{\infty} e^{-rx}(1+x^2)^n\,dx + O\left((1+n)^{n+1/2}\right)\\ &= \int\limits_{\sqrt{n}}^{\infty} e^{-rx}x^{2n}\,dx + \int\limits_{\sqrt{n}}^{\infty} e^{-rx}[(1+x^2)^n - x^{2n}]\,dx + O\left(n^{n+1/2}\right). \end{aligned} \tag{43}$$

Für $x \geqq \sqrt{n}$ ist aber

$$(1+x^2)^n - x^{2n} = x^{2n}\left[\left(1+\frac{1}{x^2}\right)^n - 1\right]$$

(44) $$= x^{2n}\left[\binom{n}{1}\frac{1}{x^2} + \binom{n}{2}\frac{1}{x^4} + \cdots + \binom{n}{n}\frac{1}{x^{2n}}\right] <$$

$$< x^{2n-2}\left(1 + \frac{1}{2!} + \cdots + \frac{1}{n!}\right) < e\,x^{2n-2}.$$

Daher erhalten wir

(45) $$\int_0^\infty e^{-rx}(1+x^2)^n\,dx = \int_0^\infty e^{-rx}x^{2n}\,dx - \int_0^{\sqrt{n}} e^{-rx}x^{2n}\,dx + \\ + O\left(n\int_{\sqrt{n}}^\infty e^{-rx}x^{2n-2}\,dx\right) + O(n^{n+1/2})$$

und finden unter Benutzung der Abschätzungen

(46) $$\begin{cases} \displaystyle\int_0^{\sqrt{n}} e^{-rx}x^{2n}\,dx = O(n^{n+1/2}), \\ \displaystyle\int_{\sqrt{n}}^\infty e^{-rx}x^{2n-2}\,dx < \int_0^\infty e^{-rx}x^{2n-2}\,dx = \frac{(2n-2)!}{r^{2n-1}} \end{cases}$$

schließlich

(47) $$\int_0^\infty e^{-rx}(1+x^2)^n\,dx = \frac{(2n)!}{r^{2n+1}} + O\left(\frac{(2n-2)!}{r^{2n-1}}\right) + O(n^{n+1/2}).$$

Nach der STIRLINGschen Formel ist für $x \to \infty$

(48) $$\Gamma(x) \cong \sqrt{\pi}\, x^{x-1/2}\, e^{-x},$$

so daß wir wegen $n! = \Gamma(n+1)$

(49) $$\int_0^\infty e^{-rx}(1+x^2)^n\,dx \cong \frac{(2n)!}{r^{2n+1}}$$

erhalten. Damit ergibt sich wegen Gl. (38), (42) und (48)[1]

[1] Diese Beziehung ist das einfachste Glied einer asymptotischen Entwicklung, die das Verhalten der BESSEL-Funktionen bei wachsendem Index und festem Argument beschreibt (WATSON: Theory of BESSEL-Functions 1944, S. 225ff; MAGNUS-OBERHETTINGER: Formeln und Sätze für die speziellen Funktionen der mathematischen Physik, 1948. S. 25, 26).

Lemma 30. *In jedem endlichen Intervall* $0 < a \leqq r \leqq b < \infty$ *ist für* $n \to \infty$ *und* $\varkappa = 1, 2$ *gleichmäßig*

$$\Psi_n^{(\varkappa)}(r) \cong \frac{\Gamma(n+\frac{1}{2})}{2\sqrt{\pi}}\left(\frac{2}{r}\right)^{n+1}.$$

Bei festem r_0 und r ist also

$$\frac{\Psi_n^{(\varkappa)}(r)}{\Psi_n^{(\varkappa)}(r_0)} \cong \left(\frac{r_0}{r}\right)^{n+1}. \tag{50}$$

Wir erhalten daher analog zu Satz 11

Satz 12. *Es sei* $K_n(\mathfrak{x}_0)$ *eine Folge von Kugelfunktionen. Wir setzen mit* $c_n \geqq 0$

$$c_n^2 = \int_\Omega |K_n(\mathfrak{x}_0)|^2 \, d\omega.$$

Ist dann für ein positiv reelles r_0

$$\sum_{n=0}^{\infty} |\Psi_n^{(\varkappa)}(r_0)|^2 c_n^2$$

konvergent, so konvergiert die Reihe

$$\sum_{n=0}^{\infty} \Psi_n^{(\varkappa)}(r) K_n(\mathfrak{x}_0)$$

für alle $r > r_0$, *und zwar absolut und gleichmäßig in jedem Gebiet* $r_0 < \alpha \leqq r \leqq A < \infty$.

Aus der Konvergenz der Reihe folgt nämlich für $n \to \infty$

$$\Psi_n^{(\varkappa)}(r_0)\, c_n^2 = o(1). \tag{51}$$

Daher gilt nach Lemma 30

$$c_n^2 = o\left[\left(\frac{r_0}{2}\right)^{n+1} \frac{2\sqrt{\pi}}{\Gamma(n+\frac{1}{2})}\right], \tag{52}$$

während aus Lemma 13

$$|K_n(\mathfrak{x}_0)| \leqq \sqrt{\frac{2n+1}{4\pi}}\, c_n \tag{53}$$

folgt. Es wird demnach

$$\Psi_n^{(\varkappa)}(r) K_n(\mathfrak{x}_0) = o\left(\sqrt{2n+1}\left(\frac{r_0}{r}\right)^{n+1}\right), \tag{54}$$

so daß die Reihe

$$\sum_{n=0}^{\infty} \Psi_n^{(\varkappa)}(r) K_n(\mathfrak{x}_0) \tag{55}$$

für $r \geqq \alpha > r_0$ gleichmäßig konvergiert.

Aus Gl. (36) folgt weiterhin

$$\frac{d}{dr} r^2\left(\Psi_n^{(1)}(r) \frac{d}{dr} \Psi_n^{(2)}(r) - \Psi_n^{(2)}(r) \frac{d}{dr} \Psi_n^{(1)}(r)\right) = 0. \tag{56}$$

Für $r \to \infty$ gilt nach Lemma 28 und Lemma 29

$$(57)\quad r^2\left(\Psi_n^{(1)}(r)\frac{d}{dr}\Psi_n^{(2)}(r) - \Psi_n^{(2)}(r)\frac{d}{dr}\Psi_n^{(1)}(r)\right) = -2i + o(1).$$

Da die linke Seite nach Gl. (56) konstant ist, gilt folglich für alle r

$$(58)\quad r^2\left(\Psi_n^{(1)}(r)\frac{d}{dr}\Psi_n^{(2)}(r) - \Psi_n^{(2)}(r)\frac{d}{dr}\Psi_n^{(1)}(r)\right) = -2i.$$

Wir bilden nun für $r > 0$ die Funktionen

$$(59)\quad \begin{cases} \xi_n^{(1)}(r) = \dfrac{1}{2i}\displaystyle\int_1^r \varrho^2\,\Psi_n^{(1)}(\varrho)\left(\Psi_n^{(1)}(r)\,\Psi_n^{(2)}(\varrho) - \Psi_n^{(2)}(r)\,\Psi_n^{(1)}(\varrho)\right)d\varrho, \\[2ex] \xi_n^{(2)}(r) = \dfrac{1}{2i}\displaystyle\int_1^r \varrho^2\,\Psi_n^{(2)}(\varrho)\left(\Psi_n^{(1)}(r)\,\Psi_n^{(2)}(\varrho) - \Psi_n^{(2)}(r)\,\Psi_n^{(1)}(\varrho)\right)d\varrho. \end{cases}$$

Dann gilt wegen Gl. (58) für $r > 0$ und $\varkappa = 1, 2$ mit

$$(60)\quad \Lambda_n = \left(\frac{d}{dr}\right)^2 + \frac{2}{r}\frac{d}{dr} + \left(1 - \frac{n(n+1)}{r^2}\right)$$

die Differentialgleichung

$$(61)\quad \Lambda_n\,\xi_n^{(\varkappa)}(r) = \Psi_n^{(\varkappa)}(r),$$

und wir erhalten

Lemma 31. *Die Funktionen $\Psi_n^{(\varkappa)}(r)$ und $\xi_n^{(\varkappa)}(r)$ mit $\varkappa = 1, 2$ stellen ein Fundamentalsystem der Lösungen der Differentialgleichung*

$$\Lambda_n^2\,y = 0$$

dar.

Für $r \to \infty$ gilt nach Gl. (59) und Lemma 28 bei festem n

$$(62)\quad \begin{aligned} \xi_n^{(1)}(r) &= \frac{1}{2i}\Psi_n^{(1)}(r)\left(\int_1^r d\varrho + O\left(\int_1^r \frac{d\varrho}{\varrho}\right)\right) - \\ &\quad - \frac{1}{2i}\Psi_n^{(2)}(r)\left(\int_1^r e^{i(2\varrho - \pi n)}\,d\varrho + O\left(\int_1^r \frac{d\varrho}{\varrho}\right)\right) \\ &= \frac{1}{2i}e^{i(r - (\pi n/2))} + o(1) \end{aligned}$$

und

$$(63)\quad \begin{aligned} \xi_n^{(2)}(r) &= -\frac{1}{2i}\Psi_n^{(2)}(r)\left(\int_1^r d\varrho + O\left(\int_1^r \frac{d\varrho}{\varrho}\right)\right) \\ &\quad + \frac{1}{2i}\Psi_n^{(1)}(r)\left(\int_1^r e^{-i(2\varrho - \pi n)}\,d\varrho + O\left(\int_1^r \frac{d\varrho}{\varrho}\right)\right) \\ &= -\frac{1}{2i}e^{-i(r - (\pi n/2))} + o(1). \end{aligned}$$

Damit ergibt sich

Lemma 32. *Für* $r \to \infty$ *gilt bei festem* n

$$\xi_n^{(1)}(r) = \frac{1}{2i} e^{i(r-(\pi n/2))} + o(1),$$

$$\xi_n^{(2)}(r) = -\frac{1}{2i} e^{-i(r-(\pi n/2))} + o(1).$$

III. Die Helmholtzsche Schwingungsgleichung

Wir wenden uns nun der Behandlung der HELMHOLTZschen Schwingungsgleichung

$$\Delta U + k^2 U = 0$$

zu, nehmen zunächst an, daß k konstant ist, und behandeln erst später den Fall veränderlicher k. Im Falle konstanter k treten die wichtigsten Eigenschaften der Lösungen dieser Gleichungen für positiv reelle k auf. Dann können wir die Differentialgleichungen zu

$$\Delta U + U = 0$$

normieren, da jede Lösung dieser Gleichung vermittels

$$V(\mathfrak{x}) = U(k\,\mathfrak{x})$$

eine Lösung der allgemeinen Differentialgleichung liefert.

Wir untersuchen zuerst unsere Funktionen in der Umgebung eines endlichen Punktes und gehen dann zur Behandlung des Verhaltens im Unendlichen über. Es sind für $\mathfrak{x} = r\,\mathfrak{x}_0$

$$\zeta_n(r)\,K_n(\mathfrak{x}_0), \qquad \Psi_n^{(1)}(r)\,K_n(\mathfrak{x}_0), \qquad \Psi_n^{(2)}(r)\,K_n(\mathfrak{x}_0)$$

partikuläre Lösungen der normierten Schwingungsgleichung. Unsere erste Aufgabe besteht darin, zu zeigen, daß wir alle Lösungen aus diesen partikulären Lösungen aufbauen können.

Dazu zeigen wir, daß jede Funktion U, die für $|\mathfrak{x}| \leqq c$ der HELMHOLTZschen Gleichung mit $k = 1$ genügt, in der Form

$$U(r\,\mathfrak{x}_0) = \sum_{n=0}^{\infty} \zeta_n(r)\,K_n(\mathfrak{x}_0)$$

dargestellt werden kann. Alle Eigenschaften dieser Klasse von Funktionen lassen sich dann aus dieser Darstellung ablesen. Die Konvergenzfrage kann dabei analog zu der entsprechenden Frage bei Potenzreihen beantwortet werden. Dies liegt daran, daß sich die Potenzreihen, die $\zeta_n(r)$ darstellen, bei festem r und $n \to \infty$ wie ihre ersten Glieder verhalten,

Die hier entwickelten Sätze stehen in vollkommener Analogie zu den entsprechenden Sätzen für harmonische Funktionen.

Eine entscheidende Änderung tritt jedoch auf, wenn wir das Verhalten im Unendlichen betrachten. Hier haben wir Funktionen zu diskutieren, die für $|\mathfrak{x}| \geqq c$ unserer Differentialgleichung genügen. Diese Funktionen können in der Form

$$U(r\,\mathfrak{x}_0) = \sum_{n=0}^{\infty} \left(\Psi_n^{(1)}(r)\, K_n(\mathfrak{x}_0) + \Psi_n^{(2)}(r)\, K_n(\mathfrak{x}_0)\right)$$

dargestellt werden. Für große r gilt

$$\Psi_n^{(1)}(r) = \frac{1}{r}\, e^{i(r-(n\pi/2))} + O\left(\frac{1}{r^2}\right),$$

$$\Psi_n^{(2)}(r) = \frac{1}{r}\, e^{-i(r-(n\pi/2))} + O\left(\frac{1}{r^2}\right).$$

Würden wir diese Entwicklungen in unsere Reihen einsetzen, so ergäbe sich beispielsweise für $r \to \infty$

$$\sum_{n=0}^{\infty} \Psi_n^{(1)}(r)\, K_n(\mathfrak{x}_0) = \frac{e^{ir}}{r} \sum_{n=0}^{\infty} (-i)^n\, K_n(\mathfrak{x}_0) + O\left(\frac{1}{r^2}\right).$$

Der Beweis einer derartigen Entwicklung ist jedoch nicht durch einfache Benutzung der asymptotischen Entwicklung für $\Psi_n^{(1)}(r)$ durchzuführen, da die genannten Abschätzungen nicht gleichmäßig bezüglich n gelten und somit nicht ohne weiteres zur Herleitung obiger Beziehung benutzt werden können.

Hinsichtlich des Verhaltens im Unendlichen zerfallen die Lösungen der Schwingungsgleichung in zwei Klassen, aus denen sich die Gesamtheit linear kombinieren läßt. Formal werden diese Klassen durch die Reihen

$$\sum_{n=0}^{\infty} \Psi_n^{(1)}(r)\, K_n(\mathfrak{x}_0)$$

und

$$\sum_{n=0}^{\infty} \Psi_n^{(2)}(r)\, K_n(\mathfrak{x}_0)$$

dargestellt. In ihren Eigenschaften für große r zeigen sich die beiden Funktionen charakteristische Unterschiede. Nehmen wir zur Vermeidung von Konvergenzschwierigkeiten an, daß die Reihen endlich sind, so wird das Verhalten der Funktionen der ersten Art durch

$$\frac{e^{ir}}{r}\, f(\mathfrak{x}_0) + O\left(\frac{1}{r^2}\right) = \frac{e^{ir}}{r} \sum_{n=0}^{N} (-i)^n\, K_n(\mathfrak{x}_0) + O\left(\frac{1}{r^2}\right)$$

beschrieben, während für die Funktionen der zweiten Klasse

$$\frac{e^{-ir}}{r} g(\mathfrak{x}_0) + O\left(\frac{1}{r^2}\right) = \frac{e^{-ir}}{r} \sum_{n=0}^{N} i^n K_n(\mathfrak{x}_0) + O\left(\frac{1}{r^2}\right)$$

gilt. Diesen Unterschied können wir durch eine Differentialbeziehung beschreiben. Es gilt nämlich

$$\frac{\partial U}{\partial r} - i U = O\left(\frac{1}{r^2}\right)$$

für die Funktionen der ersten und

$$\frac{\partial U}{\partial r} + i U = O\left(\frac{1}{r^2}\right)$$

für die Funktionen der zweiten Art. Diese beiden Bedingungen genügen vollständig zur Beschreibung unserer Klassen.

Uns interessieren vorwiegend die Funktionen der ersten Art, die wir auch durch die abgeschwächte Forderung

$$\int_{\Omega} \left|\frac{\partial U}{\partial r} - i U\right|^2 d\omega = o\left(\frac{1}{r^2}\right)$$

charakterisieren können. A. SOMMERFELD hat als erster auf die wesentliche Bedeutung dieser Bedingung für die physikalische Anwendung hingewiesen. Im Sinne der physikalischen Interpretation stellen nämlich die Realteile der Funktionen

$$e^{-i\omega t} \sum_{n=0}^{N} \Psi_n^{(1)}(r) K_n(\mathfrak{x}_0) = \frac{1}{r} e^{i(r-\omega t)} f(\mathfrak{x}_0) + O\left(\frac{1}{r^2}\right)$$

Schwingungsvorgänge dar, die sich wie auslaufende Wellen verhalten, während die Lösungen der zweiten Klasse in gleicher Weise einlaufende Wellen beschreiben. Uns interessieren vorwiegend auslaufende Schwingungen, da die anderen Vorgänge physikalisch nicht zu realisieren sind.

Nach den Untersuchungen über das Verhalten im Unendlichen, die für die Differentialgleichung mit konstantem k durchgeführt werden, müssen wir die lokalen Eigenschaften der Lösungen der allgemeinen Differentialgleichung mit veränderlichem k diskutieren. Diese Untersuchungen erfordern zum Teil erhebliche Mittel, die dadurch bedingt werden, daß alle Mittel fehlen, die sich für konstante k aus der Kenntnis der speziellen Funktion $\Phi(\mathfrak{x}, \mathfrak{y})$ ergeben. Trotzdem lassen sich wesentliche Ergebnisse, die wir für konstante k erhalten haben, auch auf den Fall stetig veränderlicher k übertragen.

§ 4. Die Lösungen der Gleichungen $\Delta U + U = 0$

Es sei $U(\mathfrak{x})$ für $|\mathfrak{x}| \leqq C$ eine Lösung der Differentialgleichung

$$\Delta U + U = 0. \tag{1}$$

Wir führen wieder die Polarkoordinaten

$$\mathfrak{x} = r\,\mathfrak{x}_0 \tag{2}$$

ein und bilden für $0 \leqq r \leqq C$ mit den Kugelfunktionen $K_{n,j}(\mathfrak{x}_0)$

$$F_{n,j}(r) = \int_\Omega U(r\,\mathfrak{x}_0)\,K_{n,j}(\mathfrak{x}_0)\,d\omega. \tag{3}$$

Nach der GREENschen Formel ist

$$\begin{aligned}\int_{|\mathfrak{x}|=r} K_{n,j}(\mathfrak{x}_0)\frac{\partial}{\partial n}U(r\,\mathfrak{x}_0)\,dF &= r^2 F'_{n,j}(r)\\ &= \int_{|\mathfrak{x}|\leqq r}\bigl(K_{n,j}(\mathfrak{x}_0)\,\Delta U - U\,\Delta K_{n,j}(\mathfrak{x}_0)\bigr)\,dV.\end{aligned} \tag{4}$$

Wegen

$$\Delta K_{n,j}(\mathfrak{x}_0) = -\frac{n(n+1)}{r^2}K_{n,j}(\mathfrak{x}_0) \tag{5}$$

erhalten wir daher nach Gl. (1)

$$r^2 F'_{n,j}(r) = -\int_0^r [\varrho^2 F_{n,j}(\varrho) - n(n+1)\,F_{n,j}(\varrho)]\,d\varrho \tag{6}$$

und finden durch Differentiation nach r

Lemma 33. *Die Funktionen $F_{n,j}(r)$ genügen der Differentialgleichung*

$$F''_{n,j}(r) + \frac{2}{r}F'_{n,j}(r) + \left(1 - \frac{n(n+1)}{r^2}\right)F_{n,j}(r) = 0.$$

Die einzige für $r \to 0$ beschränkte Lösung dieser Differentialgleichung ist $\zeta_n(r)$. Daher gibt es ein $C_{n,j}$, so daß für alle r mit $0 \leqq r \leqq C$

$$F_{n,j}(r) = C_{n,j}\,\zeta_n(r) \tag{7}$$

gilt. Setzen wir noch

$$K_n(\mathfrak{x}_0) = \sum_{j=-n}^{n} C_{n,j}\,K_{n,j}(\mathfrak{x}_0) \tag{8}$$

und

$$C_n^2 = \int_\Omega |K_n(\mathfrak{x}_0)|^2\,d\omega = \sum_{j=-n}^{+n}|C_{n,j}|^2, \tag{9}$$

so konvergiert die Reihe

$$\sum_{n=0}^{\infty} \zeta_n(r) K_n(\mathfrak{x}_0) \tag{10}$$

für $r < C$, denn es gilt nach Satz 10 mit Gl. (8) für alle $r_0 < C$

$$\int_{\Omega} |U(r\,\mathfrak{x}_0)|^2 \, d\omega = \sum_{n=0}^{\infty} |\zeta_n(r_0)|^2 C_n^2, \tag{11}$$

so daß die Reihe nach Satz 11 für $r < C$ konvergent ist. Setzen wir zur Abkürzung

$$\Phi(r, \mathfrak{x}_0) = \sum_{n=0}^{\infty} \zeta_n(r) K_n(\mathfrak{x}_0), \tag{12}$$

so ist diese Funktion für feste r mit $r < c$ stetig bez. $\mathfrak{x}_0$. Nach Gl. (3), (8) und (9) ist aber für alle $K_{n,j}(\mathfrak{x}_0)$

$$\int_{\Omega} (U(r\,\mathfrak{x}_0) - \Phi(r, \mathfrak{x}_0)) K_{n,j}(\mathfrak{x}_0) \, d\omega = 0, \tag{13}$$

so daß aus Satz 9

$$U(r\,\mathfrak{x}_0) = \Phi(r, \mathfrak{x}_0) \tag{14}$$

folgt. Wir finden damit

Satz 13. *Genügt die zweimal stetig differenzierbare Funktion $U(\mathfrak{x})$ für $|\mathfrak{x}| \leqq C$ der Differentialgleichung*

$$\Delta U + U = 0,$$

so kann diese Funktion durch eine für $0 \leqq r \leqq \alpha < C$ gleichmäßig konvergente Reihe der Form

$$\sum_{n=0}^{\infty} \zeta_n(r) K_n(\mathfrak{x}_0)$$

dargestellt werden.

Ist die Funktion $U(\mathfrak{x})$ zweimal stetig differenzierbar und genügt sie für $|\mathfrak{x}| \geqq C$ der Differentialgleichung

$$\Delta U + U = 0, \tag{15}$$

so folgt auch hier für

$$F_{n,j}(r) = \int_{\Omega} K_{n,j}(\mathfrak{x}_0) U(r\,\mathfrak{x}_0) \, d\omega \tag{16}$$

in $r > C$ mit der Abkürzung Gl. (3,16)

$$\Lambda_n F_{n,j}(r) = 0. \tag{17}$$

Daher gibt es zwei Konstanten $C_{n,j}^{(1)}$ und $C_{n,j}^{(2)}$, so daß

(18) $$F_{n,j}(r) = C_{n,j}^{(1)}\Psi_n^{(1)}(r) + C_{n,j}^{(2)}\Psi_n^{(2)}(r)$$

ist. Nach Satz 10 ist daher für jedes $r > C$

(19) $$\int_\Omega |U(r\mathfrak{x}_0)|^2\, d\omega = \sum_{n=0}^{\infty} \sum_{j=-n}^{+n} |C_{n,j}^{(1)}\Psi_n^{(1)}(r) + C_{n,j}^{(2)}\Psi_{n,j}^{(2)}(r)|^2,$$

und wir finden bei festem $r_0 > C$ für $n \to \infty$

(20) $$|C_{n,j}^{(1)}\Psi_n^{(1)}(r_0) + C_{n,j}^{(2)}\Psi_n^{(2)}(r_0)| = o(1).$$

Nach Lemma 30 gilt daher

(21) $$|C_{n,j}^{(1)} + C_{n,j}^{(2)}| = o\left(\frac{1}{\Gamma(n+\frac{1}{2})}\left(\frac{r_0}{2}\right)^{n+1}\right).$$

Somit wird für $n \to \infty$

(22) $$|C_{n,j}^{(1)}\Psi_n^{(1)}(r) + C_{n,j}^{(2)}\Psi_n^{(2)}(r)| = o\left(\left(\frac{r_0}{r}\right)^{n+1}\right).$$

Nach Lemma 13 ist aber

(23) $$|K_{n,j}(\mathfrak{x}_0)| \leqq \sqrt{\frac{2n+1}{4\pi}},$$

und wir erhalten

(24) $$K_{n,j}(\mathfrak{x}_0)\left(C_{n,j}^{(1)}\Psi_n^{(1)}(r) + C_{n,j}^{(2)}\Psi_n^{(2)}(r)\right) = o\left(\sqrt{2n+1}\left(\frac{r_0}{r}\right)^{n+1}\right).$$

Setzen wir noch

(25) $$\sum_{j=-n}^{+n} C_{n,j}^{(\varkappa)} K_{n,j}(\mathfrak{x}_0) = K_n^{(\varkappa)}(\mathfrak{x}_0), \qquad \varkappa = 1, 2,$$

so folgt aus Gl. (24), daß die Reihe

(26) $$\sum_{n=0}^{\infty} \left(\Psi_n^{(1)}(r)\, K_n^{(1)}(\mathfrak{x}_0) + \Psi_n^{(2)}(r)\, K_n^{(2)}(\mathfrak{x}_0)\right)$$

bei festem $r > r_0 > C$ gleichmäßig bez. $\mathfrak{x}_0$ konvergiert. Daher gilt wegen Satz 9

Satz 14. *Genügt die zweimal stetig differenzierbare Funktion $U(\mathfrak{x})$ für $|\mathfrak{x}| > C$ der Differentialgleichung*

$$\Delta U + U = 0,$$

so ist für alle $r > C$

$$U(r\mathfrak{x}_0) = \sum_{n=0}^{\infty} \left(\Psi_n^{(1)}(r)\, K_n^{(1)}(\mathfrak{x}_0) + \Psi_n^{(2)}(r)\, K_n^{(2)}(\mathfrak{x}_0)\right),$$

wobei diese Reihe in jedem endlichen abgeschlossenen Teilgebiet von $|\mathfrak{x}| > C$ *gleichmäßig konvergiert. Ist umgekehrt die Reihe in jedem abgeschlossenen Teilgebiet von* $|\mathfrak{x}| > C$ *gleichmäßig konvergent,* so stellt sie *dort eine Lösung der Schwingungsgleichung dar.*

Die erste Aussage folgt dabei aus Lemma 30, da die zum Beweis benutzten Abschätzungen in jedem Intervall $C < a \leqq r \leqq b < \infty$ gleichmäßig gelten.

Den Beweis der zweiten Behauptung führen wir über die Mittelwertgleichung. Nach Satz 13 gilt nämlich für jede Funktion U, die in der Umgebung des Nullpunktes der Schwingungsgleichung genügt

$$U(r\,\mathfrak{x}_0) = \sum_{n=0}^{\infty} \zeta_n(r)\, K_n(\mathfrak{x}_0). \tag{27}$$

Durch Integration erhalten wir daraus

$$\int_{\Omega} U(r\,\mathfrak{x}_0)\, d\omega = 4\pi\, \zeta_0(r)\, K_0. \tag{28}$$

Da diese Beziehung auch für $r = 0$ gelten muß, folgt $K_0 = U(0)$, und wir finden durch nochmalige Integration

$$\int_{|\mathfrak{x}| \leqq \tau} U(\mathfrak{x})\, dV_{\mathfrak{x}} = U(0)\, 4\pi \int_0^{\tau} r^2\, \zeta_0(r)\, dr. \tag{29}$$

Genügt nun U in einem regulären Gebiet G der Schwingungsgleichung, und ist G_{τ_0} die Menge der Punkte aus G, deren Abstand vom Rande nicht kleiner als τ_0 ist, so gilt wegen Gl. (33) für alle $\mathfrak{x}$ aus G_{τ_0} und alle τ mit $0 \leqq \tau \leqq \tau_0$

$$\int_{|\mathfrak{x}-\mathfrak{y}| \leqq \tau} U(\mathfrak{y})\, dV_{\mathfrak{y}} = U(\mathfrak{x})\, 4\pi \int_0^{\tau} r^2\, \zeta_0(r)\, dr, \tag{30}$$

da wir jeden Punkt $\mathfrak{x}$ als Ursprung eines kartesischen Koordinatensystems auffassen können.

Umgekehrt wollen wir nun zeigen, daß auch jede stetige Funktion, die für alle $\mathfrak{x}$ aus G_{τ_0} und alle τ mit $0 \leqq \tau \leqq \tau_0$ der Gl. (34) genügt, eine Lösung der Schwingungsgleichung darstellt. Wir bemerken dazu, wie wir schon früher gezeigt hatten, daß jede stetige Lösung der Mittelwertgleichung beliebig oft differenzierbar ist.

Durch Differentiation nach τ folgt weiterhin

$$\int_{|\mathfrak{x}-\mathfrak{y}| = \tau} U(\mathfrak{y})\, dF_{\mathfrak{y}} = U(\mathfrak{x})\, 4\pi\tau^2\, \zeta_0(\tau) \tag{31}$$

oder

$$\int_{\Omega} U(\mathfrak{x} + \tau\,\mathfrak{y}_0)\, d\omega_{\mathfrak{y}_0} = 4\pi\, U(\mathfrak{x})\, \zeta_0(\tau). \tag{32}$$

Durch nochmalige Differentiation nach τ ergibt sich

$$(33)\qquad \int_{\Omega} \frac{\partial}{\partial \tau} U(\mathfrak{x} + \tau\,\mathfrak{y}_0)\, d\omega_{\mathfrak{y}_0} = \frac{1}{\tau^2} \int_{|\mathfrak{x}-\mathfrak{y}|=\tau} \frac{\partial U}{\partial n}\, dF_{\mathfrak{y}} = 4\pi\, U(\mathfrak{x})\, \zeta_0'(\tau)\,.$$

Nun ist aber

$$(34)\qquad \zeta_0'(\tau) = \frac{d}{d\tau}\frac{\sin\tau}{\tau} = -\frac{1}{3}\tau + \cdots$$

und

$$(35)\qquad \int_{|\mathfrak{x}-\mathfrak{y}|=\tau} \frac{\partial U}{\partial n}\, dF_{\mathfrak{y}} = \int_{|\mathfrak{x}-\mathfrak{y}|\leqq\tau} \Delta U\, dV_{\mathfrak{y}},$$

so daß wir aus Gl. (34) für $\tau \to 0$

$$(36)\qquad \int_{|\mathfrak{x}-\mathfrak{y}|\leqq\tau} \Delta U\, dV_{\mathfrak{y}} = -\frac{4\pi}{3}\tau^3\, U(\mathfrak{x})\,\bigl(1 + o(1)\bigr)$$

erhalten. Da ΔU stetig ist, folgt daher durch den Grenzübergang $\tau \to 0$

$$(37)\qquad \Delta U + U = 0\,.$$

Ist nun U_N eine im regulären Gebiet G gleichmäßig konvergente Folge von Lösungen der Schwingungsgleichung, so gilt zunächst für alle N

$$(38)\qquad \int_{|\mathfrak{x}-\mathfrak{y}|\leqq\tau} U_N(\mathfrak{y})\, dV_{\mathfrak{y}} = U_N(\mathfrak{x})\, 4\pi \int_0^{\tau} r^2\, \zeta_0(r)\, dr$$

und damit auch für die Grenzfunktion U die Mittelwertgleichung (30). Wir hatten aber bereits bewiesen, daß jede stetige Lösung der Mittelwertgleichung auch eine Lösung der Schwingungsgleichung darstellt. Da unsere Beweisführung für alle $\tau_0 > 0$ gilt, ist damit gezeigt, daß die Grenzfunktion einer im regulären Gebiet G gleichmäßig konvergenten Folge von Lösungen der Schwingungsgleichung auch eine Lösung der Schwingungsgleichung ist.

Damit ist auch der zweite Teil von Satz 14 bewiesen.

Auf Grund des asymptotischen Verhaltens der Funktionen $\Psi_n^{(\varkappa)}(r)$ für $r \to \infty$ wie es in Lemma 28 und Lemma 29 formuliert wurde, ist auch für die Funktionen $U(\mathfrak{x})$, die im Äußeren einer endlichen Kugel der Schwingungsgleichung genügen, ein charakteristisches Verhalten im Unendlichen zu erwarten, das wir nun untersuchen wollen.

Wir beweisen zunächst[1]

Satz 15. *In* $|\mathfrak{x}| \geqq C$ *sei*

$$\Delta U + U = 0\,.$$

[1] Dieses Ergebnis stammt von F. RELLICH Jahresber. d. DMV, 53, (1943), S. 57.

Gilt dann für $r \to \infty$

$$\int_{\Omega} |U(r\mathfrak{x}_0)|^2 \, d\omega = o(r^{-2}),$$

so verschwindet $U(\mathfrak{x})$ *identisch.*

Hat nämlich $F_{n,j}(r)$ wieder die Bedeutung Gl. (16), so wird nach der letzten Voraussetzung

$$F_{n,j}(r) = o(r^{-1}). \tag{39}$$

Nach Lemma 28 und Gl. (18) ist aber

$$F_{n,j}(r) = \frac{1}{r}\left(C_{n,j}^{(1)} e^{i\left(r - \frac{\pi n}{2}\right)} + C_{n,j}^{(2)} e^{-i\left(r - \frac{\pi n}{2}\right)}\right) + o\left(\frac{1}{r}\right), \tag{40}$$

so daß aus Gl. (39) zunächst $C_{n,j}^{(1)} = C_{n,j}^{(2)} = 0$ und damit

$$F_{n,j}(r) = 0 \tag{41}$$

folgt. Da $F_{n,j}(r)$ die Entwicklungskoeffizienten der Funktion $U(r\mathfrak{x}_0)$ sind, folgt nach Satz 12 für $r > C$

$$U(r\mathfrak{x}_0) \equiv 0, \tag{42}$$

womit Satz 15 bewiesen ist.

§ 5. Die Ausstrahlungsbedingungen

Wir betrachten Funktionen $U(\mathfrak{x})$, die für $|\mathfrak{x}| > R$ der Differentialgleichung

$$\Delta U + U = 0 \tag{1}$$

genügen, und für $r \to \infty$ die asymptotische Bedingung

$$\int_{\Omega} \left| i\, U(r\mathfrak{x}_0) - \frac{\partial}{\partial r} U(r\mathfrak{x}_0) \right|^2 d\omega = o(r^{-2}) \tag{2}$$

erfüllen. Bilden wir wieder

$$F_{n,j}(r) = \int_{\Omega} U(r\mathfrak{x}_0)\, K_{n,j}(\mathfrak{x}_0)\, d\omega, \tag{3}$$

so ergibt sich wegen Gl. (2) für $r \to \infty$

$$i F_{n,j}(r) - \frac{d}{dr} F_{n,j}(r) = o(r^{-1}). \tag{4}$$

Nach Gl. (4,18) ist

$$F_{n,j}(r) = C_{n,j}^{(1)} \Psi_n^{(1)}(r) + C_{n,j}^{(2)} \Psi_n^{(2)}(r), \tag{5}$$

so daß aus Lemma 28 und Lemma 29 für $r \to \infty$

$$(6) \qquad i F_{n,j}(r) - \frac{d}{dr} F_{n,j}(r) = \frac{2i}{r} C_{n,j}^{(2)} e^{-i\left(r - \frac{\pi n}{2}\right)} + O\left(\frac{1}{r^2}\right)$$

folgt. Wegen Gl. (4) wird daher $C_{n,j}^{(2)} = 0$, und wir finden

$$(7) \qquad F_{n,j}(r) = C_{n,j}^{(1)} \Psi_n^{(1)}(r).$$

Mit

$$(8) \qquad K_n(\mathfrak{x}_0) = \sum_{j=-n}^{+n} C_{n,j}^{(1)} K_{n,j}(\mathfrak{x}_0)$$

ergibt sich daher nach Satz 14

Satz 16. *Genügt $U(\mathfrak{x})$ für $|\mathfrak{x}| > R$ der Differentialgleichung*

$$\Delta U + U = 0,$$

und gilt für $r \to \infty$

$$\int_\Omega \left| i U(r\mathfrak{x}_0) - \frac{\partial}{\partial r} U(r\mathfrak{x}_0) \right|^2 d\omega = o(r^{-2}),$$

so kann $U(r\mathfrak{x}_0)$ im Gebiet $|\mathfrak{x}| > R$ in der Form

$$U(\mathfrak{x}) = U(r\mathfrak{x}_0) = \sum_{n=0}^{\infty} \Psi_n^{(1)}(r) K_n(\mathfrak{x}_0)$$

dargestellt werden, wobei diese Reihe in jedem Gebiet $R < a \leqq |\mathfrak{x}| \leqq b < \infty$ gleichmäßig konvergiert.

Ist $U(r\mathfrak{x}_0)$ stetig für $|\mathfrak{x}| \geqq R$, so folgt

$$(9) \qquad \int_\Omega U(R\mathfrak{x}_0) K_{n,j}(\mathfrak{x}_0)\, d\omega = \lim_{r \to R+0} F_{n,j}(r),$$

und es ergibt sich nach Satz 10 und Satz 16 mit

$$(10) \qquad C_n \geqq 0; \qquad C_n^2 = \int_\Omega |K_n(\mathfrak{x}_0)|^2 d\omega,$$

$$(11) \qquad \int_\Omega |U(R\mathfrak{x}_0)|^2 d\omega = \sum_{n=0}^{\infty} C_n^2 |\Psi_n^{(1)}(R)|^2.$$

Damit wird wegen Lemma 30 für $n \to \infty$

$$(12) \qquad C_n = o\left(\left(\frac{R}{2}\right)^{n+1} \frac{1}{\Gamma(n+\frac{1}{2})}\right).$$

Nun ist aber

$$(13) \qquad |K_n(\mathfrak{x}_0)| \leqq C_n \sqrt{\frac{2n+1}{4\pi}}.$$

Andererseits ergibt sich unter Benutzung der STIRLINGschen Formel

$$\Gamma(x) \cong \sqrt{2\pi}\, x^{x-\frac{1}{2}} e^{-x} \text{ für } \quad x \to \infty \tag{14}$$

nach Gl. (12) und (13) für beliebige feste r und $n \to \infty$

$$|r^n K_n(\mathfrak{x}_0)| = o\left(\frac{1}{\Gamma(n)}\left(\frac{rR}{2}\right)^n\right) \tag{15}$$

da nach Gl. (14)

$$\frac{\sqrt{2n+1}}{\Gamma(n+\frac{1}{2})} \cong \frac{\sqrt{2}}{\Gamma(n)} \tag{16}$$

ist. Wir setzen nun

$$H(\mathfrak{x}) = H(r\,\mathfrak{x}_0) = \sum_{n=0}^{\infty} (-i\,r)^n K_n(\mathfrak{x}_0). \tag{17}$$

Dann konvergiert diese Reihe für alle r, und es gilt für $r \to \infty$ bei festem R

$$|H(\mathfrak{x})| = o\left(r\, e^{\frac{rR}{2}}\right). \tag{18}$$

Speziell ist also

$$H(\mathfrak{x}_0) = \sum_{n=0}^{\infty} (-i)^n K_n(\mathfrak{x}_0). \tag{19}$$

Es war aber

$$\Psi_n^{(1)}(r) = e^{ir}(-i)^n \int_0^{\infty} e^{-rs} P_n(1+is)\, ds. \tag{20}$$

Bilden wir nun

$$\chi(s, \mathfrak{x}_0) = \sum_{n=0}^{\infty} (-i)^n K_n(\mathfrak{x}_0)\, P_n(1+is), \tag{21}$$

so wird nach Gl. (2,50) für $s \geqq 0$

$$|P_n(1+is)| \leqq 2^n(\sqrt{2+s^2})^n < 2^n(2+s)^n. \tag{22}$$

Es ergibt sich folglich wegen Gl. (15) für $s \to \infty$, $s \geqq 0$

$$|\chi(s, \mathfrak{x}_0)| = O\left(\sum_{n=0}^{\infty} \frac{(2+s)^n R^n}{\Gamma(n)}\right) = O(s\, e^{sR}). \tag{23}$$

Mit

$$\chi_N(s, \mathfrak{x}_0) = \sum_{n=0}^{N} (-i)^n K_n(\mathfrak{x}_0)\, P_n(1+is) \tag{24}$$

gilt daher gleichmäßig bez. aller N

$$|\chi_N(s, \mathfrak{x}_0)| = O(s\, e^{sR}). \tag{25}$$

Für $r > R$ konvergieren daher die Integrale

$$\int_0^\infty \chi_N(s, \mathfrak{x}_0)\, e^{-rs}\, ds \tag{26}$$

gleichmäßig bez. N, und es folgt nach Satz 16 für alle $r > R$

$$U(r\mathfrak{x}_0) = \int_0^\infty e^{ir}\, e^{-rs}\, \chi(s, \mathfrak{x}_0)\, ds. \tag{27}$$

Zur Durchführung des Grenzüberganges $r \to \infty$ benötigen wir

Lemma 34. *Es sei $f(t)$ stetig für $t \geqq 0$ und genüge mit festem R gleichmäßig der Abschätzung*

$$|f(t)| = O(e^{tR}).$$

Dann ist für $r \to \infty$

$$\int_0^\infty e^{-rt} f(t)\, dt = \frac{f(0)}{r} + o\left(\frac{1}{r}\right).$$

Zum Beweise setzen wir

$$\begin{aligned} \int_0^\infty e^{-rt} f(t)\, dt = f(0) \int_0^\tau e^{-rt}\, dt + \int_0^\tau e^{-rt}(f(t) - f(0))\, dt + \\ + \int_\tau^\infty e^{-rt} f(t)\, dt. \end{aligned} \tag{28}$$

Wegen der Stetigkeit von $f(t)$ ist mit $\tau = r^{-1/2}$

$$\int_0^\tau e^{-rt}(f(t) - f(0))\, dt = o\left(\frac{1}{r}\right). \tag{29}$$

Weiterhin wird auch

$$\begin{aligned} \int_\tau^\infty e^{-rt} f(t)\, dt &= O\left(\int_\tau^\infty e^{-t(r-R)}\, dt\right) \\ &= O\left(\frac{e^{-\sqrt{r}}}{r - R}\right) = o\left(\frac{1}{r}\right) \end{aligned} \tag{30}$$

womit Lemma 34 bewiesen ist, da sich der erste Summand in Gl. (28) für $r \to \infty$ wie $f(0)\, r^{-1} + o(r^{-1})$ verhält.

Nach Gl. (23) ist für jedes $\varepsilon > 0$ gleichmäßig bzgl. s und $\mathfrak{x}_0$

$$\chi(s, \mathfrak{x}_0) = O(e^{s(R+\varepsilon)}). \tag{31}$$

Setzen wir noch

$$\chi(0, \mathfrak{x}_0) = \sum_{n=0}^\infty (-i)^n K_n(\mathfrak{x}_0) = f(\mathfrak{x}_0), \tag{32}$$

so ergibt sich nach Lemma 34

Lemma 35. *Für* $|\mathfrak{x}| \geqq R$ *sei* $U(\mathfrak{x})$ *stetig. In* $|\mathfrak{x}| > R$ *sei*

$$\Delta U + U = 0.$$

Gilt für $r \to \infty$

$$\int_{\Omega} \left| i\, U(r\,\mathfrak{x}_0) - \frac{\partial}{\partial r} U(r\,\mathfrak{x}_0) \right|^2 d\omega = o(r^{-2}),$$

so gibt es eine stetige Funktion $f(\mathfrak{x}_0)$, *so daß für* $r \to \infty$

$$U(r\,\mathfrak{x}_0) = \frac{e^{ir}}{r} f(\mathfrak{x}_0) + o\left(\frac{1}{r}\right)$$

ist.

Die hier zum Beweise benutzte Methode liefert über das soeben formulierte Ergebnis hinaus weitere Eigenschaften der Funktion $f(\mathfrak{x}_0)$, denen wir uns nun zuwenden wollen.

Nach Gl. (32) gilt mit

$$H(\mathfrak{x}) = H(r\,\mathfrak{x}_0) = \sum_{n=0}^{\infty} (-i\,r)^n K_n(\mathfrak{x}_0) \tag{33}$$

speziell

$$H(\mathfrak{x}_0) = f(\mathfrak{x}_0). \tag{34}$$

Wegen Gl. (12) und (13) konvergiert die zur Definition der Funktion $H(\mathfrak{x})$ benutzte Reihe für alle r. Insbesondere gilt mit der Abkürzung Gl. (10) und (12)

$$\begin{aligned} \int_{\Omega} |H(r\,\mathfrak{x}_0)|^2\, d\omega &= \sum_{n=0}^{\infty} r^{2n} C_n^2 \\ &= O\left(R^2 \sum_{n=0}^{\infty} \left(\frac{r\,R}{2}\right)^{2n} \left(\frac{1}{\Gamma(n+\frac{1}{2})}\right)^2\right). \end{aligned} \tag{35}$$

Nach der Stirlingschen Formel ist

$$2^{2n} (\Gamma(n+\tfrac{1}{2}))^2 \simeq \sqrt{4\pi n}\, \Gamma(2n), \tag{36}$$

so daß sich für $r \to \infty$ und jedes $\varepsilon > 0$

$$\int_{\Omega} |H(r\,\mathfrak{x}_0)|^2\, d\omega = O(r^2 R^4 e^{rR}) = O(e^{r(R+\varepsilon)}) \tag{37}$$

ergibt. In Verbindung mit Lemma 35 finden wir daher

Satz 17. *Die Funktion* $U(\mathfrak{x})$ *genüge für* $|\mathfrak{x}| \geqq R$ *der Differentialgleichung*

$$\Delta U + U = 0$$

und erfülle die Ausstrahlungsbedingung

$$\int_{\Omega} \left| i\,U(r\,\mathfrak{x}_0) - \frac{\partial}{\partial r} U(r\,\mathfrak{x}_0)\right|^2 d\omega = o\left(\frac{1}{r^2}\right).$$

Dann gibt es eine ganze harmonische Funktion $H(\mathfrak{x})$, *so daß*

$$\overline{\lim_{r\to\infty}} \left(\frac{1}{r} \lg \int_{\Omega} |H(r\,\mathfrak{x}_0)|^2 d\omega\right) \leqq R < \infty$$

ist, und für $r \to \infty$

$$U(r\,\mathfrak{x}_0) = \frac{e^{ir}}{r} H(\mathfrak{x}_0) + o\left(\frac{1}{r}\right)$$

gleichmäßig bez. aller Richtungen $\mathfrak{x}_0$ *erfüllt wird.*

Wir wollen diesen Satz umkehren, da uns besonders interessiert, ob sich die Funktion $H(\mathfrak{x}_0)$ willkürlich vorschreiben läßt. Nach dem obigen Satz muß $H(\mathfrak{x}_0)$ mit einer ganzen harmonischen Funktion $H(\mathfrak{x})$ so in Verbindung stehen, daß $H(\mathfrak{x}_0)$ die Werte dieser Funktion auf der Einheitskugel darstellt. Es muß daher $H(\mathfrak{x}_0)$ beliebig oft differenzierbar sein. Wir werden zeigen, daß die in Satz 17 genannten Eigenschaften nicht nur notwendig, sondern auch hinreichend für die Lösung dieser Frage sind. Dazu beweisen wir

Satz 18. *Es sei* $H(\mathfrak{x})$ *eine ganze harmonische Funktion mit*

$$\overline{\lim_{r\to\infty}} \frac{1}{r} \lg\left(\int_{\Omega} |H(r\,\mathfrak{x}_0)|^2 d\omega\right) = R < \infty.$$

Dann gibt es im Gebiet $|\mathfrak{x}| > R$ *eine zweimal stetig differenzierbare Funktion* $U(\mathfrak{x})$, *die der Differentialgleichung*

$$\Delta U + U = 0$$

genügt und die für $r \to \infty$

$$i\,U(r\,\mathfrak{x}_0) - \frac{\partial}{\partial r} U(r\,\mathfrak{x}_0) = o\left(\frac{1}{r}\right)$$

und

$$U(r\,\mathfrak{x}_0) = \frac{e^{ir}}{r} H(\mathfrak{x}_0) + o\left(\frac{1}{r}\right)$$

gleichmäßig bez. $\mathfrak{x}_0$ *erfüllt.*

Die ganze harmonische Funktion können wir in der Form

$$H(\mathfrak{x}) = \sum_{n=0}^{\infty} r^n K_n(\mathfrak{x}_0) \tag{38}$$

darstellen, wobei diese Reihe bei beliebigem festem r gleichmäßig bez. $\mathfrak{x}_0$ konvergiert. Mit

$$C_n \geqq 0; \quad C_n^2 = \int_{\Omega} |K_n(\mathfrak{x}_0)|^2 d\omega \tag{39}$$

wird folglich

$$\int_{\Omega} |H(r\,\mathfrak{x}_0)|^2\,d\omega = \sum_{n=0}^{\infty} r^{2n} C_n^2 . \tag{40}$$

Nach Gl. (13) ist

$$|K_n(\mathfrak{x}_0)| \leqq \sqrt{\frac{2n+1}{4\pi}}\, C_n . \tag{41}$$

Daher wird mit beliebigem festem $\alpha > 1$

$$\begin{aligned} |H(r\,\mathfrak{x}_0)|^2 &\leqq \frac{1}{4\pi}\Bigl(\sum_{n=0}^{\infty} \sqrt{2n+1}\, r^n C_n\Bigr)^2 \\ &\leqq \frac{1}{4\pi}\Bigl(\sum_{n=0}^{\infty} (2n+1)\frac{1}{\alpha^{2n}}\Bigr)\Bigl(\sum_{n=0}^{\infty} (\alpha r)^{2n} C_n^2\Bigr) \end{aligned} \tag{42}$$

oder

$$|H(r\,\mathfrak{x}_0)|^2 \leqq \frac{1}{4\pi}\,\frac{1+(1/\alpha^2)}{(1-(1/\alpha^2))^2} \sum_{n=0}^{\infty} (\alpha r)^{2n} C_n^2 . \tag{43}$$

Wegen

$$\overline{\lim_{r\to\infty}}\, \frac{1}{r}\lg\Bigl(\int_{\Omega} |H(r\,\mathfrak{x}_0)|^2\,d\omega\Bigr) = R \tag{44}$$

gilt mit jedem $\varepsilon > 0$ für $r \to \infty$

$$|H(r\,\mathfrak{x}_0)|^2 = O\bigl(e^{(R+\varepsilon)r}\bigr). \tag{45}$$

Es ist daher auch für alle $\mathfrak{x}_0$ gleichmäßig

$$\overline{\lim_{r\to\infty}}\, \frac{1}{r}\lg |H(r\,\mathfrak{x}_0)|^2 \leqq R + \varepsilon \tag{46}$$

und somit

$$\overline{\lim_{r\to\infty}}\, \frac{1}{r}\lg |H(r\,\mathfrak{x}_0)| \leqq R. \tag{47}$$

Bilden wir nun

$$\chi(s, \mathfrak{x}_0) = \sum_{n=0}^{\infty} P_n(1+is)\, K_n(\mathfrak{x}_0), \tag{48}$$

so gilt gleichmäßig für alle $\mathfrak{x}_0$

$$|\chi(s, \mathfrak{x}_0)| \leqq \sum_{n=0}^{\infty} \sqrt{\frac{2n+1}{4\pi}}\, C_n |P_n(1+is)|, \tag{49}$$

so daß sich wegen Gl. (22) und (42) bis (45)

$$\begin{aligned} |\chi(s, \mathfrak{x}_0)| &= O\Bigl(\sum_{n=0}^{\infty} \sqrt{2n+1}\,(2+s)^n\, 2^n C_n\Bigr) \\ &= O\bigl(e^{(R+\varepsilon)(2+s)}\bigr) = O\bigl(e^{(R+\varepsilon)s}\bigr) \end{aligned} \tag{50}$$

ergibt. Daher konvergiert das Integral

$$U(r\,\mathfrak{x}_0) = e^{ir}\int_0^\infty e^{-rs}\chi(s,\mathfrak{x}_0)\,ds \tag{51}$$

für alle $r > R$, und es gilt gleichmäßig bez. $\mathfrak{x}_0$ nach Lemma 34

$$U(r\,\mathfrak{x}_0) = \frac{e^{ir}}{r}H(\mathfrak{x}_0) + o\left(\frac{1}{r}\right). \tag{52}$$

Setzen wir

$$\chi_N(s,\mathfrak{x}_0) = \sum_{n=0}^{N} P_n(1+is)\,K_n(\mathfrak{x}_0), \tag{53}$$

so ergibt sich gleichmäßig bez. N und $\mathfrak{x}_0$

$$\chi_N(s,\mathfrak{x}_0) = O\left(e^{(R+\varepsilon)s}\right). \tag{54}$$

Daher gilt für $r \geqq R + 2\varepsilon$ gleichmäßig bez. r und $\mathfrak{x}_0$

$$\lim_{N\to\infty} e^{ir}\int_0^\infty e^{-rs}\chi_N(s,\mathfrak{x}_0)\,ds = U(r\,\mathfrak{x}_0). \tag{55}$$

Nach Gl. (20) ist aber

$$i^n\,\Psi_n^{(1)}(r) = e^{ir}\int_0^\infty e^{-rs}P_n(1+is)\,ds, \tag{56}$$

so daß wir nach Gl. (53) und (55)

$$U(r\,\mathfrak{x}_0) = \sum_{n=0}^{\infty} i^n\,\Psi_n^{(1)}(r)\,K_n(\mathfrak{x}_0) \tag{57}$$

erhalten, wobei diese Reihe bei beliebigem $\varepsilon > 0$ für alle $\mathfrak{x}$ mit $|\mathfrak{x}| \geqq R + 2\varepsilon$ gleichmäßig konvergiert. Daher gilt für $|\mathfrak{x}| > R$ nach Satz 14

$$\Delta U + U = 0. \tag{58}$$

Aus Gl. (51) können wir wegen Gl. (50)

$$\frac{\partial}{\partial r}U(r\,\mathfrak{x}_0) = i\,e^{ir}\int_0^\infty e^{-rs}\chi(s,\mathfrak{x}_0)\,ds - e^{ir}\int_0^\infty e^{-rs}s\,\chi(s,\mathfrak{x}_0)\,ds \tag{59}$$

entnehmen, und es wird nach Lemma 34

$$\frac{\partial}{\partial r}U(r\,\mathfrak{x}_0) = i\,\frac{e^{ir}}{r}H(\mathfrak{x}_0) + o\left(\frac{1}{r}\right). \tag{60}$$

Daher gilt

$$i\,U(r\,\mathfrak{x}_0) - \frac{\partial}{\partial r}U(r\,\mathfrak{x}_0) = o\left(\frac{1}{r}\right), \tag{61}$$

so daß $U(r\,\mathfrak{x}_0)$ alle in Satz 18 genannten Eigenschaften erfüllt.

Durch die beiden letzten Sätze wird das Ausstrahlungsproblem vollständig behandelt, denn wir haben die notwendigen und hinreichenden Bedingungen für seine Lösbarkeit angegeben. Merkwürdig an diesen Ergebnissen ist, daß der Radius R durch das asymptotische Verhalten bestimmt und nach Kenntnis der Funktion $H(\mathfrak{x}_0)$ auch angebbar ist.

Denken wir uns nämlich $H(\mathfrak{x}_0)$ vorgegeben, so bestimmen wir zunächst die Funktion $H(\mathfrak{x})$ durch ihre Reihe. Da $K_n(\mathfrak{x}_0)$ nach Kenntnis von $H(\mathfrak{x}_0)$ in der Form

$$K_n(\mathfrak{x}_0) = \frac{2n+1}{4\pi} \int_{\Omega} H(\mathfrak{y}_0)\, P_n(\mathfrak{x}_0 \mathfrak{y}_0)\, d\omega \tag{62}$$

gegeben ist, läßt sich diese Bestimmung explizit durchführen, und wir ermitteln R dann aus

$$\overline{\lim_{r\to\infty}} \left(\frac{1}{r} \lg \int_{\Omega} |H(r\mathfrak{x}_0)|^2\, d\omega \right) = R. \tag{63}$$

Nach Satz 17 kann die als Lösung des Ausstrahlungsproblems gefundene Funktion $U(\mathfrak{x})$ dann nicht so in der Innere eines Kreisrings $R'' \leqq |\mathfrak{x}| \leqq R' < R$ fortgesetzt werden, daß dort auch die Schwingungsgleichung erfüllt wird. Gäbe es nämlich eine solche Fortsetzung, so wäre nach Satz 17

$$\overline{\lim_{r\to\infty}} \left(\frac{1}{r} \lg \int_{\Omega} |H(r\mathfrak{x}_0)|^2\, d\omega \right) \leqq R'' < R \tag{64}$$

im Gegensatz zu Gl. (63).

§ 6. Die ganzen Lösungen der Schwingungsgleichung

Ist $\mathfrak{y}_0$ ein konstanter Einheitsvektor, so stellt

$$U(\mathfrak{x}) = e^{i(\mathfrak{y}_0 \mathfrak{x})} \tag{1}$$

eine ganze, gleichmäßig beschränkte Lösung der Schwingungsgleichung dar. Nach Gl. (3, 8) und (3, 10) ist

$$\int_{\Omega} e^{i(\mathfrak{x}\mathfrak{y}_0)} K_{n,j}(\mathfrak{y}_0)\, d\omega_{\mathfrak{y}_0} = 4\pi\, i^n \zeta_n(r)\, K_{n,j}(\mathfrak{x}_0), \tag{2}$$

und wir finden nach Satz 13

Lemma 36. *Es ist*

$$e^{ir(\mathfrak{x}_0\mathfrak{y}_0)} = \sum_{n=0}^{\infty} i^n (2n+1)\, P_n(\mathfrak{x}_0 \mathfrak{y}_0)\, \zeta_n(r),$$

wobei diese Reihe in jeder Kugel $|\mathfrak{x}| \leqq A < \infty$ *gleichmäßig konvergiert.*

Es wird nämlich wegen Gl. (2)

$$(3)\qquad e^{i(\mathfrak{x}\,\mathfrak{y}_0)} = e^{ir(\mathfrak{x}_0\,\mathfrak{y}_0)} = 4\pi \sum_{n=0}^{\infty} i^n \zeta_n(r) \Big(\sum_{j=-n}^{+n} K_{n,j}(\mathfrak{x}_0)\, K_{n,j}(\mathfrak{y}_0)\Big),$$

so daß die Behauptung aus Lemma 12 folgt.

Es sei nun $U(\mathfrak{x})$ eine ganze Lösung der Schwingungsgleichung. Dann ist nach Satz 13

$$(4)\qquad U(r\,\mathfrak{x}_0) = \sum_{n=0}^{\infty} \zeta_n(r)\, K_n(\mathfrak{x}_0),$$

wobei auch hier die Konvergenz in jeder Kugel $|\mathfrak{x}| \leqq A < \infty$ gleichmäßig ist. Wir bilden mit festem $R > 0$

$$(5)\qquad V(r\,\mathfrak{x}_0;\ R) = \frac{1}{4\pi} \int_{\Omega} U(r\,\mathfrak{y}_0)\, e^{iR(\mathfrak{x}_0\,\mathfrak{y}_0)}\, d\omega_{\mathfrak{y}_0}.$$

Nach Lemma 36 ergibt sich mit Gl. (4) für alle $r < \infty$

$$(6)\qquad V(r\,\mathfrak{x}_0;\ R) = \frac{1}{4\pi} \sum_{n=0}^{\infty} i^n \zeta_n(R)\,(2n+1) \int_{\Omega} U(r\,\mathfrak{y}_0)\, P_n(\mathfrak{x}_0\,\mathfrak{y}_0)\, d\omega_{\mathfrak{y}_0},$$

und wir erhalten nach Lemma 14

$$(7)\qquad V(r\,\mathfrak{x}_0;\ R) = \sum_{n=0}^{\infty} i^n \zeta_n(R)\, \zeta_n(r)\, K_n(\mathfrak{x}_0).$$

Es ist

$$(8)\qquad U(R\,\mathfrak{x}_0) = \sum_{n=0}^{\infty} \zeta_n(R)\, K_n(\mathfrak{x}_0).$$

Nach Gl. (3, 11) ist

$$(9)\qquad i^n \zeta_n(r) = \tfrac{1}{2} \int_{-1}^{+1} e^{irt}\, P_n(t)\, dt,$$

so daß

$$(10)\qquad V(r\,\mathfrak{x}_0;\ R) = \tfrac{1}{2} \sum_{n=0}^{\infty} \zeta_n(R)\, K_n(\mathfrak{x}_0) \int_{-1}^{+1} e^{irt}\, P_n(t)\, dt$$

wird. Da für $-1 \leqq t \leqq -1$ gleichmäßig $|P_n(t)| \leqq 1$ gilt, konvergiert die Reihe

$$(11)\qquad \sum_{n=0}^{\infty} \zeta_n(R)\, K_n(\mathfrak{x}_0)\, P_n(t) = \chi(t, \mathfrak{x}_0)$$

in $-1 \leqq t \leqq +1$ nach Satz 11 absolut und gleichmäßig, und wir erhalten

$$(12)\qquad V(r\,\mathfrak{x}_0;\ R) = \tfrac{1}{2} \int_{-1}^{+1} e^{irt}\, \chi(t, \mathfrak{x}_0)\, dt.$$

Nach Lemma 18 ist

(13) $$|P_n'(t)| \leqq 1 + 3 + \cdots + (2n-1) = n^2,$$

so daß $\chi(s, \mathfrak{x}_0)$ bez. t stetig differenzierbar ist, falls

(14) $$\sum_{n=0}^{\infty} n^2 \zeta_n(R) K_n(\mathfrak{x}_0)$$

absolut und gleichmäßig konvergiert. Da $U(\mathfrak{x})$ ganz ist, folgt diese Konvergenz aus Satz 11. Durch partielle Integration ergibt sich daher nach Gl. (12)

(15) $$V(r\,\mathfrak{x}_0;\, R) = \frac{1}{2r}\left(i^{-1} e^{ir} \chi(1, \mathfrak{x}_0) + i\, e^{-ir} \chi(-1, \mathfrak{x}_0)\right) + \frac{i}{2r} \int_{-1}^{+1} e^{irt} \frac{\partial}{\partial t} \chi(t, \mathfrak{x}_0)\, dt.$$

Wir benötigen noch

Lemma 37. *Es sei $f(t)$ in $-1 \leqq t \leqq +1$ stetig. Dann ist für $r \to \infty$*

$$\int_{-1}^{+1} e^{irt} f(t)\, dt = o(1).$$

Zum Beweise bilden wir[1]

(16) $$\xi_\varkappa = \frac{2\pi}{r}\varkappa \quad \text{mit} \quad \varkappa = -\left[\frac{r}{2\pi}\right], -\left[\frac{r}{2\pi}\right] + 1, \ldots, \left[\frac{r}{2\pi}\right].$$

Diese Punkte teilen das Integrationsgebiet in Intervalle auf, deren Länge höchstens gleich $\frac{2\pi}{r}$ ist. Es ergibt sich daher für $r \to \infty$

(17) $$\int_{-1}^{+1} e^{irt} f(t)\, dt = \sum_{-N(r)}^{N(r)-1} \int_{\xi_\varkappa}^{\xi_{\varkappa+1}} e^{irt} f(t)\, dt + O\left(\frac{1}{r}\right),$$

wenn wir $N(r) = \left[\frac{r}{2\pi}\right]$ setzen. Nun ist

(18) $$\int_{\xi_\varkappa}^{\xi_{\varkappa+1}} e^{irt}\, dt - \frac{1}{ir}\left(e^{ir\xi_{\varkappa+1}} - e^{ir\xi_\varkappa}\right) = 0.$$

Daher wird

(19) $$\int_{-1}^{+1} e^{irt} f(t)\, dt = \sum_{-N(r)}^{N(r)-1} \int_{\xi_\varkappa}^{\xi_{\varkappa+1}} e^{irt}\left(f(t) - f(\xi_\varkappa)\right) dt + o(1).$$

Da $\xi_{\varkappa+1} - \xi_\varkappa = \frac{2\pi}{r}$ ist, folgt die Behauptung nunmehr aus der gleichmäßigen Stetigkeit von $f(t)$.

[1] Es bezeichnet $[x]$ die größte ganze Zahl n mit $n \leqq x$.

Nach Gl. (15) ergibt sich daher für $r \to \infty$

$$V(r\mathfrak{x}_0; R) = \frac{1}{2r}\left(e^{i\left(r-\frac{\pi}{2}\right)}\chi(1, \mathfrak{x}_0) + e^{-i\left(r-\frac{\pi}{2}\right)}\chi(-1, \mathfrak{x}_0)\right) + o\left(\frac{1}{r}\right). \tag{20}$$

Es ist aber nach Gl. (11)

$$\left\{\begin{aligned} \chi(1, \mathfrak{x}_0) &= \sum_{n=0}^{\infty}\zeta_n(R)\,K_n(\mathfrak{x}_0) = U(R\,\mathfrak{x}_0),\\ \chi(-1, \mathfrak{x}_0) &= \sum_{n=0}^{\infty}\zeta_n(R)\,(-1)^n K_n(\mathfrak{x}_0)\\ &= \sum_{n=0}^{\infty}\zeta_n(R)\,K_n(-\mathfrak{x}_0) = U(-R\,\mathfrak{x}_0), \end{aligned}\right. \tag{21}$$

und wir finden

Satz 19. *Es sei $U(\mathfrak{x})$ eine ganze Lösung der Schwingungsgleichung.*

$$\Delta U + U = 0.$$

Dann ist bei beliebig gewähltem $R > 0$ für $r \to \infty$ gleichmäßig bez. aller $\mathfrak{x}_0$ aus Ω

$$\frac{1}{4\pi}\int_{\Omega} U(r\,\mathfrak{x}_0)\,e^{i R(\mathfrak{x}_0 \mathfrak{y}_0)}\,d\omega_{\mathfrak{x}_0}$$

$$= \frac{1}{2r}\left(e^{i\left(r-\frac{\pi}{2}\right)}U(R\,\mathfrak{x}_0) + e^{-i\left(r-\frac{\pi}{2}\right)}U(-R\,\mathfrak{x}_0)\right) + o\left(\frac{1}{r}\right).$$

Die wesentliche Voraussetzung des soeben bewiesenen Satzes ist der Ganzheitscharakter der Funktion $U(\mathfrak{x})$. Wir wollen nun zeigen, daß die soeben bewiesene Eigenschaft der ganzen Lösung auch zu ihrer Kennzeichnung unter den allgemeinen Lösungen der Schwingungsgleichung ausreicht. Dazu beweisen wir

Satz 20. *In $|\mathfrak{x}| \geqq C$ sei $U(\mathfrak{x})$ Lösung von*

$$\Delta U + U = 0.$$

Für jedes $R > C$ gelte mit $r \to \infty$ gleichmäßig bez. aller $\mathfrak{x}_0$ aus Ω

$$\frac{1}{4\pi}\int_{\Omega} U(r\,\mathfrak{x}_0)\,e^{i R(\mathfrak{x}_0 \mathfrak{y}_0)}\,d\omega_{\mathfrak{y}_0}$$

$$= \frac{1}{2r}\left(e^{i\left(r-\frac{\pi}{2}\right)}U(R\,\mathfrak{x}_0) + e^{-i\left(r-\frac{\pi}{2}\right)}U(-R\,\mathfrak{x}_0)\right) + o\left(\frac{1}{r}\right).$$

Dann ist $U(\mathfrak{x})$ eine ganze Lösung der Schwingungsgleichung.

Zusammen mit Satz 19 ist damit eine vollständige Beschreibung der ganzen Lösungen der Schwingungsgleichung durch asymptotische

Gesetze gewonnen. Zum Beweise von Satz 20 benutzen wir Satz 14. Es ist nämlich für $r > C$

$$U(r\mathfrak{x}_0) = \sum_{n=0}^{\infty} \left(\Psi_n^{(1)}(r)\, K_n^{(1)}(\mathfrak{x}_0) + \Psi_n^{(2)}(r)\, K_n^{(2)}(\mathfrak{x}_0)\right). \tag{22}$$

Nach Lemma 36 wird daher

$$\begin{aligned} V(r\mathfrak{x}_0; R) &= \frac{1}{4\pi}\int_\Omega U(r\mathfrak{x}_0)\, e^{iR(\mathfrak{x}_0\mathfrak{y}_0)}\, d\omega_{\mathfrak{y}_0} \\ &= \sum_{n=0}^{\infty} i^n \zeta_n(R) \left(\Psi_n^{(1)}(r)\, K_n^{(1)}(\mathfrak{x}_0) + \Psi_n^{(2)}(r)\, K_n^{(2)}(\mathfrak{x}_0)\right). \end{aligned} \tag{23}$$

Mit beliebigem konstantem $\mathfrak{y}_0$ aus Ω wird für $r \to \infty$ nach Lemma 28

$$\begin{aligned} &\frac{2n+1}{4\pi}\int_\Omega V(r\mathfrak{x}_0; R)\, P_n(\mathfrak{x}_0\mathfrak{y}_0)\, d\omega_{\mathfrak{y}_0} \\ &\quad = i^n \zeta_n(R) \left(\Psi_n^{(1)}(r)\, K_n^{(1)}(\mathfrak{x}_0) + \Psi_n^{(2)}\, K_n^{(2)}(\mathfrak{x}_0)\right) \\ &\quad = \zeta_n(R)\, \frac{1}{r}\left(e^{ir} K_n^{(1)}(\mathfrak{x}_0) + e^{-ir} K_n^{(2)}(-\mathfrak{x}_0)\right) + o\left(\frac{1}{r}\right). \end{aligned} \tag{24}$$

Auf Grund des vorausgesetzten asymptotischen Verhaltens wird andererseits

$$\begin{aligned} &\frac{2n+1}{4\pi}\int_\Omega V(r\mathfrak{x}_0; R)\, P_n(\mathfrak{x}_0\mathfrak{y}_0)\, d\omega_{\mathfrak{y}_0} \\ &\quad = \frac{1}{2r}\left(e^{i\left(r-\frac{\pi}{2}\right)} K_n^*(\mathfrak{y}_0) + e^{-i\left(r-\frac{\pi}{2}\right)} K_n^*(-\mathfrak{y}_0)\right) + o\left(\frac{1}{r}\right), \end{aligned} \tag{25}$$

wenn wir zur Abkürzung

$$\frac{2n+1}{4\pi}\int_\Omega U(R\mathfrak{y}_0)\, P_n(\mathfrak{x}_0\mathfrak{y}_0)\, d\omega_{\mathfrak{y}_0} = K_n^*(\mathfrak{x}_0) \tag{26}$$

setzen. Durch Vergleich von Gl. (24) und (26) folgt

$$\left\{\begin{aligned} \zeta_n(R)\, K_n^{(1)}(\mathfrak{x}_0) &= \frac{1}{2i} K_n^*(\mathfrak{x}_0), \\ \zeta_n(R)\, K_n^{(2)}(-\mathfrak{x}_0) &= -\frac{1}{2i} K_n^*(-\mathfrak{x}_0). \end{aligned}\right. \tag{27}$$

Diese Relation gilt für alle R, so daß

$$K_n^{(2)}(-\mathfrak{x}_0) = -K_n^{(1)}(-\mathfrak{x}_0) \tag{28}$$

ist, und es wird

$$\begin{aligned} \Psi_n^{(1)}(r)\, K_n^{(1)}(\mathfrak{x}_0) + \Psi_n^{(2)}\, K_n^{(2)}(\mathfrak{x}_0) &= K_n^{(1)}(\mathfrak{x}_0)\left(\Psi_n^{(1)}(r) - \Psi_n^{(2)}(r)\right) \\ &= 2i\, \zeta_n(r)\, K_n^{(1)}(\mathfrak{x}_0). \end{aligned} \tag{29}$$

Statt Gl. (22) gilt nun

$$U(r\mathfrak{x}_0) = 2i\sum_{n=0}^{\infty}\zeta_n(r)\,K_n^{(1)}(\mathfrak{x}_0). \tag{30}$$

Da diese Reihe für alle $r > C$ gleichmäßig bez. $\mathfrak{x}_0$ konvergiert, folgt nach Satz 10, daß $U(\mathfrak{x})$ auch ins Innere der Kugel $|\mathfrak{x}| \leqq C$ fortgesetzt werden kann und dort der Schwingungsgleichung genügt.

Die durch die letzten Sätze als charakteristisch für die ganzen Lösungen erkannte Verknüpfung entgegengesetzter Richtungen soll nun noch weiter untersucht werden. Wir nehmen dazu an, daß $U(\mathfrak{x})$ eine ganze Lösung der Schwingungsgleichung ist, die der Einschränkung

$$r^2\int_{\Omega}|U(r\mathfrak{x}_0)|^2\,d\omega \leqq M \tag{31}$$

mit beliebigem endlichem M unterworfen ist.

Wir wissen, daß $U(\mathfrak{x})$ in der Form

$$U(r\mathfrak{x}_0) = \sum_{n=0}^{\infty} i^n\,\zeta_n(r)\,K_n(\mathfrak{x}_0) \tag{32}$$

dargestellt werden kann, wobei wir zur Vereinfachung der folgenden Formel die Faktoren i^n eingeführt haben. Setzen wir noch

$$C_n \geqq 0; \qquad C_n^2 = \int_{\Omega}|K_n(\mathfrak{x}_0)|^2\,d\omega, \tag{33}$$

so wird

$$\int_{\Omega}|U(r\mathfrak{x}_0)|^2\,d\omega = \sum_{n=0}^{\infty} C_n^2\zeta_n^2(r), \tag{34}$$

und es gilt bei festem N für alle r

$$r^2\sum_{n=0}^{N}\zeta_n^2(r)\,C_n^2 \leqq M. \tag{35}$$

Nach Lemma 28 wird daher

$$r^2\sum_{n=0}^{N}\zeta_n^2(r)\,C_n^2 = \sum_{n=0}^{N}\sin^2\left(r-\frac{\pi n}{2}\right)C_n^2 + O\left(\frac{1}{r}\right) \leqq M. \tag{36}$$

Mit

$$r_\varkappa = \frac{\pi}{4} + \frac{\pi\varkappa}{2} \tag{37}$$

ist

$$\sin^2\left(r_\varkappa - \frac{\pi n}{2}\right) = \sin^2\left(\frac{\pi}{4} + \frac{(\varkappa-n)\pi}{2}\right) = \frac{1}{2}, \tag{38}$$

so daß sich für $\varkappa \to \infty$

(39) $$\sum_{n=0}^{N} C_n^2 \leqq 2M$$

ergibt. Da diese Abschätzungen für alle N gilt, finden wir

(40) $$\sum_{n=0}^{\infty} C_n^2 \leqq 2M.$$

Es sei nun δ eine beliebige reelle Zahl mit $1 > \delta > 0$. Wir bilden

(41) $$\begin{aligned} U(\mathfrak{x};\delta) &= \frac{1}{2\pi(1-\delta)} \int\limits_{(\mathfrak{x}_0\mathfrak{y}_0)\geqq\delta} U(r\,\mathfrak{y}_0)\, d\omega_{\mathfrak{y}_0} \\ &= \frac{1}{2\pi(1-\delta)} \sum_{n=0}^{\infty} \zeta_n(r)\, i^n \int\limits_{(\mathfrak{x}_0\mathfrak{y}_0)\geqq\delta} K_n(\mathfrak{y}_0)\, d\omega_{\mathfrak{y}_0}. \end{aligned}$$

Nach Lemma 15 ist

(42) $$\int\limits_{(\mathfrak{x}_0\mathfrak{y}_0)\geqq\delta} K_n(\mathfrak{y}_0)\, d\omega_{\mathfrak{y}_0} = 2\pi K_n(\mathfrak{x}_0) \int_{\delta}^{1} P_n(t)\, dt.$$

Mit

(43) $$\lambda_n(\delta) = \frac{1}{1-\delta} \int_{\delta}^{1} P_n(t)\, dt$$

wird daher

(44) $$U(\mathfrak{x};\delta) = \sum_{n=0}^{\infty} i^n \zeta_n(r)\, \lambda_n(\delta)\, K_n(\mathfrak{x}_0).$$

Nach Lemma 18 ist

(45) $$(2n+1)\, P_n(t) = P'_{n+1}(t) - P'_{n-1}(t),$$

so daß

(46) $$(2n+1)\, \lambda_n(\delta) = \frac{1}{1-\delta} \left(P_{n-1}(\delta) - P_{n+1}(\delta)\right)$$

wird. Aus Lemma 19 folgt somit

Lemma 38. In $0 \leqq \delta \leqq 1$ *gilt gleichmäßig für* $n \to \infty$

$$\lambda_n(\delta) = O\left([n(1-\delta)]^{-3/2}\right).$$

Die Reihe

(47) $$F(\mathfrak{x}_0;\delta) = \sum_{n=0}^{\infty} \lambda_n(\delta)\, K_n(\mathfrak{x}_0)$$

konvergiert daher wegen

(48) $$|K_n(\mathfrak{x}_0)| \leqq \sqrt{\frac{2n+1}{4\pi}}\, C_n$$

und Gl. (40) absolut und gleichmäßig. Wir bilden weiter

(49)
$$F(\mathfrak{x}_0;\delta_1,\delta_2)=\frac{1}{2\pi(1-\delta_2)}\int\limits_{(\mathfrak{x}_0\mathfrak{y}_0)\geqq\delta_2}F(\mathfrak{y}_0;\delta_1)\,d\omega_{\mathfrak{y}_0}=\sum_{n=0}^{\infty}\lambda_n(\delta_1)\,\lambda_n(\delta_2)\,K_n(\mathfrak{x}_0)$$

und

(50)
$$U(\mathfrak{x};\delta_1,\delta_2)=\frac{1}{2\pi(1-\delta_2)}\int\limits_{(\mathfrak{x}_0\mathfrak{y}_0)\geqq\delta_2}U(r\,\mathfrak{y}_0;\delta_1)\,d\omega_{\mathfrak{y}_0}=\sum_{n=0}^{\infty}i^n\,\zeta_n(r)\,\lambda_n(\delta_1)\,\lambda_n(\delta_2)\,K_n(\mathfrak{x}_0)$$

sowie

(51)
$$\varphi(t;\mathfrak{x}_0)=\sum_{n=0}^{\infty}\lambda_n(\delta_1)\,\lambda_n(\delta_2)\,P_n(t)\,K_n(\mathfrak{x}_0).$$

Nach Gl. (13) und Lemma 38 ist diese Funktion für $-1\leqq t\leqq 1$ stetig differenzierbar. Andererseits ist

(52)
$$i^n\,\zeta_n(r)=\tfrac{1}{2}\int\limits_{-1}^{+1}e^{irt}\,P_n(t)\,dt,$$

und es wird

(53)
$$U(\mathfrak{x};\delta_1,\delta_2)=\tfrac{1}{2}\int\limits_{-1}^{+1}e^{irt}\,\varphi(t;\mathfrak{x}_0)\,dt.$$

Für $r\to\infty$ ergibt sich folglich nach partieller Integration aus Lemma 37

(54)
$$U(r\,\mathfrak{x}_0;\delta_1,\delta_2)=\frac{1}{2r}\left(e^{i\left(r-\frac{\pi}{2}\right)}\varphi(1;\mathfrak{x}_0)+e^{-i\left(r-\frac{\pi}{2}\right)}\varphi(-1;\mathfrak{x}_0)\right)+o\left(\frac{1}{r}\right).$$

Aus Gl. (51) folgt aber

(55)
$$\varphi(1;\mathfrak{x}_0)=F(\mathfrak{x}_0;\delta_1,\delta_2);\qquad\varphi(-1;\mathfrak{x}_0)=F(-\mathfrak{x}_0;\delta_1,\delta_2),$$

und wir erhalten

Satz 21. *Die ganze Lösung $U(\mathfrak{x})$ der Schwingungsgleichung*

$$\Delta U+U=0$$

genüge für $r\to\infty$ der Einschränkung

$$\int\limits_{\Omega}|U(r\,\mathfrak{x}_0)|^2\,d\omega=O(r^{-2}).$$

Dann gibt es eine stetige Funktion $F(\mathfrak{x}_0)$, so daß nach zweimaliger Mittelung der Funktion $U(\mathfrak{x})$ für $r \to \infty$ gleichmäßig bez. aller Richtungen $\mathfrak{x}_0$

$$U(r\,\mathfrak{x}_0) = \frac{1}{2r}\left(e^{i\left(r-\frac{\pi}{2}\right)} F(\mathfrak{x}_0) + e^{-i\left(r-\frac{\pi}{2}\right)} F(-\mathfrak{x}_0)\right) + o\left(\frac{1}{r}\right)$$

gilt.

Als Gegenstück zu Satz 15 beweisen wir nun

Satz 22[1]. *Die ganze Lösung $U(\mathfrak{x})$ der Schwingungsgleichung genüge für $r \to \infty$ der Einschränkung*

$$\int_\Omega |U(r\,\mathfrak{x}_0)|^2\, d\omega = O(r^{-2}).$$

Gilt für ein $\mathfrak{z}_0$ und $r \to \infty$

$$\int_{(\mathfrak{x}_0\mathfrak{z}_0) \geqq 0} |U(r\,\mathfrak{x}_0)|^2\, d\omega_{\mathfrak{x}_0} = o(r^{-2}),$$

so verschwindet die Funktion $U(\mathfrak{x})$ identisch.

Zum Beweise bilden wir wieder die Funktionen Gl. (49) und (50). Nach Lemma 36 ist

$$e^{ir(\mathfrak{x}_0\mathfrak{y}_0)} = \sum_{n=0}^{\infty} i^n (2n+1)\, P_n(\mathfrak{x}_0\,\mathfrak{y}_0)\, \zeta_n(r). \tag{56}$$

Es wird daher

$$U(r\,\mathfrak{x}_0;\,\delta_1,\,\delta_2) = \frac{1}{4\pi}\int_\Omega e^{ir(\mathfrak{x}_0\mathfrak{y}_0)} F(\mathfrak{y}_0;\,\delta_1,\,\delta_2)\, d\omega_{\mathfrak{y}_0}. \tag{57}$$

Auf Grund der zweiten Voraussetzung von Satz 14 ist für alle $\mathfrak{x}_0$ mit

$$(\mathfrak{x}_0\mathfrak{z}_0) \geqq \delta_1\sqrt{1-\delta_2^2} + \delta_2\sqrt{1-\delta_1^2} \tag{58}$$

für $r \to \infty$

$$U(r\,\mathfrak{x}_0;\,\delta_1,\,\delta_2) = o(r^{-1}). \tag{59}$$

Nach Satz 21 ist daher auch

$$F(\mathfrak{x}_0;\,\delta_1,\,\delta_2) = 0 \quad \text{für} \quad |(\mathfrak{x}_0\mathfrak{z}_0)| \geqq \delta_1\sqrt{1-\delta_2^2} + \delta_2\sqrt{1-\delta_1^2}. \tag{60}$$

Da $F(\mathfrak{x}_0;\,\delta_1)$ stetig ist, gilt gleichmäßig auf Ω bei festem δ_1

$$\lim_{\delta_2 \to 1-0} F(\mathfrak{x}_0;\,\delta_1,\,\delta_2) = F(\mathfrak{x}_0;\,\delta_1). \tag{61}$$

Aus Gl. (60) folgt daher

$$F(\mathfrak{x}_0;\,\delta_1) = 0 \quad \text{für} \quad |(\mathfrak{x}_0\mathfrak{z}_0)| \geqq \sqrt{1-\delta_1^2}. \tag{62}$$

---

[1] Dieser Satz stammt von W. Magnus. Der hier eingeschlagene Weg geht auf Cl. Müller zurück. Vgl. Math. Ann., **124**, 235 (1952).

Nach Gl. (57) und (61) ist aber auch

$$(63)\qquad U(\mathfrak{x}_0;\,\delta_1) = \frac{1}{4\pi}\int\limits_{\Omega} e^{ir(\mathfrak{x}_0\mathfrak{y}_0)}\,F(\mathfrak{y}_0;\,\delta_1)\,d\omega_{\mathfrak{y}_0}.$$

Andererseits ergibt sich aus Gl. (40), (43) und (47)

$$(64)\qquad \int\limits_{\Omega} |F(\mathfrak{y}_0;\,\delta_1)|^2\,d\omega = \sum_{n=0}^{\infty} |\lambda_n(\delta_1)|^2\,C_n^2 \leqq \sum_{n=0}^{\infty} C_n^2 \leqq 2M$$

da für alle δ_1 gleichmäßig

$$(65)\qquad |\lambda_n(\delta_1)| \leqq 1$$

gilt. Es wird also nach Gl. (62)

$$(66)\qquad \begin{aligned} |U(r\,\mathfrak{x}_0;\,\delta_1)| &= \frac{1}{4\pi}\Bigg|\int\limits_{|(\mathfrak{y}_0\mathfrak{z}_0)|\leqq\sqrt{1-\delta_1^2}} e^{ir(\mathfrak{x}_0\mathfrak{y}_0)}\,F(\mathfrak{y}_0;\,\delta_1)\,d\omega_{\mathfrak{y}_0}\Bigg| \\ &\leqq \frac{1}{4\pi}\int\limits_{|(\mathfrak{y}_0\mathfrak{z}_0)|\leqq\sqrt{1-\delta_1^2}} |F(\mathfrak{y}_0;\,\delta_1)|\,d\omega_{\mathfrak{y}_0}. \end{aligned}$$

Aus Gl. (64) folgt aber

$$(67)\qquad \Bigg|\int\limits_{|(\mathfrak{y}_0\mathfrak{z}_0)|\leqq\sqrt{1-\delta_1^2}} |F(\mathfrak{y}_0;\,\delta_1)|\,d\omega_{\mathfrak{y}_0}\Bigg|^2 \leqq 8\pi M\,\sqrt{1-\delta_1^2},$$

so daß für alle $\mathfrak{x}$

$$(68)\qquad \lim_{\delta_1\to 1-0} U(\mathfrak{x};\,\delta_1) = 0$$

ist. Da $U(\mathfrak{x})$ stetig ist, gilt aber auch

$$(69)\qquad \lim_{\delta_1\to 1-0} U(\mathfrak{x};\,\delta_1) = U(\mathfrak{x}),$$

so daß Satz 22 nach Gl. (68) bewiesen ist.

§ 7. Vektorielle Lösungen der Schwingungsgleichung

Wir betrachten Vektorfelder $\mathfrak{v}(\mathfrak{x})$, die die Gleichung

$$(1)\qquad \Delta\mathfrak{v} + \mathfrak{v} = 0$$

erfüllen. Dann ist

$$(2)\qquad \Delta(\mathfrak{x}\,\mathfrak{v}) = \mathfrak{x}\Delta\mathfrak{v} + 2\nabla\,\mathfrak{v} = -(\mathfrak{x}\,\mathfrak{v}) + 2\nabla\,\mathfrak{v}$$

und

$$(3)\qquad (\Delta + 1)\,\nabla\mathfrak{v} = 0,$$

da jede Lösung von Gl. (1) beliebig oft differenzierbar ist. Aus Gl. (2) und (3) folgt daher

$$(4)\qquad (\Delta + 1)^2\,(\mathfrak{x}\,\mathfrak{v}) = 0.$$

Analog beweisen wir auch

(5) $$(\Delta + 1)(\mathfrak{x} \times \mathfrak{v}) = 2\nabla \times \mathfrak{v}$$

und erhalten

(6) $$(\Delta + 1)^2 (\mathfrak{x} \times \mathfrak{v}) = 0.$$

Nun gilt

Lemma 39. *Für $|\mathfrak{x}| \geqq C$ genüge $U(\mathfrak{x})$ der Differentialgleichung*

$$(\Delta + 1)^2 U = 0.$$

Es sei

$$\int_\Omega |U(r\,\mathfrak{x}_0)|^2\, d\omega = o(1)$$

für $r \to \infty$. Dann ist

$$(\Delta + 1)\, U = 0.$$

Zum Beweise bilden wir die Funktionen

(7) $$\int_\Omega U(r\,\mathfrak{x}_0)\, K_{n,j}(\mathfrak{x}_0)\, d\omega = F_{n,j}(r).$$

Nach Gl. (4, 5) ist

$$\frac{1}{r^2}\frac{d}{dr} r^2 \frac{d}{dr} F_{n,j}(r) = \int_\Omega K_{n,j}(\mathfrak{x}_0)\left(\Delta U - \frac{1}{r^2}\Delta_0 U\right) d\omega$$

(8) $$= \int_\Omega K_{n,j}(\mathfrak{x}_0)\, \Delta U\, d\omega - \frac{1}{r^2}\int_\Omega U\, \Delta_0 K_{n,j}(\mathfrak{x}_0)\, d\omega$$

$$= \frac{1}{r^2} n(n+1) F_{n,j}(r) + \int_\Omega K_{n,j}(\mathfrak{x}_0)\, \Delta U\, d\omega,$$

so daß mit

(9) $$\Lambda_n = \frac{1}{r^2}\frac{d}{dr} r^2 \frac{d}{dr} + 1 - \frac{n(n+1)}{r^2}$$

aus Gl. (8)

(10) $$\Lambda_n F_{n,j}(r) = \int_\Omega K_{n,j}(\mathfrak{x}_0)\, (\Delta + 1)\, U\, d\omega$$

wird. Wegen

(11) $$(\Delta + 1)^2 U = 0$$

genügt daher $F_{n,j}(r)$ der Differentialgleichung

(12) $$\Lambda_n^2 F_{n,j}(r) = 0.$$

Mit den Definitionen Gl. (3, 27) und (3, 59) lautet die allgemeine Lösung dieser Differentialgleichung

(13) $$C_1 \Psi_n^{(1)}(r) + C_2 \Psi_n^{(2)}(r) + b_1 \xi_n^{(1)}(r) + b_2 \xi_n^{(2)}(r),$$

und es ergibt sich für $r \to \infty$ nach Lemma 33

$$(14)\qquad F_{n,j}(r) = \frac{1}{2i}\left(b_1 e^{i\left(r-\frac{\pi}{2}\right)} - b_2 e^{-i\left(r-\frac{\pi}{2}\right)}\right) + o(1).$$

Auf Grund der Voraussetzungen ist aber

$$(15)\qquad F_{n,j}(r) = o(1),$$

so daß wir $b_1 = b_2 = 0$ finden. Es wird also

$$(16)\qquad F_{n,j}(r) = C_{n,j}^{(1)} \Psi_n^{(1)}(r) + C_{n,j}^{(2)} \Psi_n^{(2)}(r).$$

Bei festem $r > C$ ist daher die Reihe

$$(17)\qquad \sum_{n=0}^{\infty} \sum_{j=-n}^{+n} |C_{n,j}^{(1)} \Psi_n^{(1)}(r) + C_{n,j}^{(2)} \Psi_n^{(2)}(r)|^2$$

konvergent, und es erfolgt nach der unter Gl. (4, 20) durchgeführten Argumentation, daß die Reihe

$$(18)\qquad \sum_{n=0}^{\infty} \sum_{j=-n}^{+n} (C_{n,j}^{(1)} \Psi_n^{(1)}(r) + C_{n,j}^{(2)} \Psi_n^{(2)}(r)) K_{n,j}(\mathfrak{x}_0)$$

in jedem Gebiet $C < A \leqq |\mathfrak{x}| \leqq B < \infty$ gleichmäßig konvergiert. Dann genügt $U(\mathfrak{x})$ aber für alle $|\mathfrak{x}| > C$ der Schwingungsgleichung.

Aus Lemma 39 folgt nun

Satz 23. *Für $|\mathfrak{x}| \geqq C$ genüge $\mathfrak{v}(\mathfrak{x})$ der Gleichung*

$$\Delta \mathfrak{v} + \mathfrak{v} = 0.$$

Es sei

$$\int_\Omega |\mathfrak{x}_0\, \mathfrak{v}(r\,\mathfrak{x}_0)|^2\, d\omega = o\left(\frac{1}{r^2}\right).$$

Dann ist für $|\mathfrak{x}| > C$

$$\nabla \mathfrak{v} = 0.$$

Nach Gl. (2) ist nämlich

$$(19)\qquad (\Delta + 1)(\mathfrak{x}\,\mathfrak{v}) = 2 \nabla \mathfrak{v},$$

während $U = (\mathfrak{x}\,\mathfrak{v})$ die Voraussetzungen von Lemma 39 erfüllt, so daß die Behauptung aus

$$(20)\qquad (\Delta + 1)(\mathfrak{x}\,\mathfrak{v}) = 0$$

folgt. Analog ergibt sich aus Gl. (5) und (6) auch

Satz 24. *In $|\mathfrak{x}| \geqq C$ genüge $\mathfrak{v}(\mathfrak{x})$ der Gleichung*

$$\Delta \mathfrak{v} + \mathfrak{v} = 0.$$

Es sei

$$\int_\Omega |\mathfrak{x}_0 \times \mathfrak{v}(r\,\mathfrak{x}_0)|^2\, d\omega = o\left(\frac{1}{r^2}\right).$$

Dann ist in $|\mathfrak{x}| > C$

$$\nabla \times \mathfrak{v} = 0.$$

Aus diesen beiden Sätzen können wir nicht schließen, daß jedes Feld, das den Gleichungen

$$\nabla \mathfrak{v} = 0; \qquad (\Delta + 1)\mathfrak{v} = 0 \tag{21}$$

genügt, für $r \to \infty$

$$\int_{\Omega} |\mathfrak{x}_0 \mathfrak{v}|^2 d\omega = o\left(\frac{1}{r^2}\right) \tag{22}$$

erfüllt. Sind nämlich $\mathfrak{a}_0$ und $\mathfrak{b}_0$ zwei orthogonale Vektoren der Einheitskugel Ω, so stellt

$$\mathfrak{v}(\mathfrak{x}) = \mathfrak{a}_0 e^{i(\mathfrak{b}_0 \mathfrak{x})} \tag{23}$$

eine Lösung der Gl. (21) dar, und es ist für alle r

$$\int_{\Omega} |\mathfrak{x}_0 \mathfrak{v}|^2 d\omega = 2\pi \int_{-1}^{+1} t^2 dt = \frac{4\pi}{3} \tag{24}$$

im Gegensatz zu Gl. (22). Wir können eine Umkehrung von Satz 23 jedoch beweisen, wenn wir noch zusätzlich die Ausstrahlungsbedingung

$$\int_{\Omega} \left|\frac{\partial}{\partial r} \mathfrak{v}(r\mathfrak{x}_0) - i\mathfrak{v}(r\mathfrak{x}_0)\right|^2 d\omega = o\left(\frac{1}{r^2}\right) \tag{25}$$

fordern. Dazu benötigen wir

Lemma 40. *In* $|\mathfrak{x}| \geqq C$ *genüge* $U(\mathfrak{x})$ *der Gleichung*

$$\Delta U + U = 0$$

und erfülle

$$\int_{\Omega} \left|\frac{\partial}{\partial r} U(r\mathfrak{x}_0) - i\, U(r\mathfrak{x}_0)\right|^2 d\omega = o\left(\frac{1}{r^2}\right) \quad \text{für} \quad r \to \infty .$$

Dann gilt gleichmäßig bez. aller $\mathfrak{x}_0$ *und* $r \to \infty$

$$\nabla U(r\mathfrak{x}_0) - i\,\mathfrak{x}_0 U(r\mathfrak{x}_0) = O\left(\frac{1}{r^2}\right).$$

Für $|\mathfrak{x}| \geqq C' > C$ ist $U(\mathfrak{x})$ zweimal stetig differenzierbar. Wir denken uns diese Funktion zweimal stetig differenzierbar ins Innere der Kugel $|\mathfrak{x}| \leqq C'$ fortgesetzt, so daß dort

$$\Delta U + U = -4\pi\varrho \tag{26}$$

wird, wobei $\varrho(\mathfrak{x})$ eine stetige, im allgemeinen von Null verschiedene Funktion ist, die durch die gewählte Forsetzung eindeutig definiert wird, jedoch von der Art der Fortsetzung abhängt.

Bei festem $\mathfrak{x}$ genügt die Funktion

$$\Phi(\mathfrak{x}, \mathfrak{y}) = \frac{e^{i|\mathfrak{x}-\mathfrak{y}|}}{|\mathfrak{x}-\mathfrak{y}|} \tag{27}$$

für $\mathfrak{y} \neq \mathfrak{x}$ der Gleichung

$$(\Delta_{\mathfrak{y}} + 1)\,\Phi(\mathfrak{x}, \mathfrak{y}) = 0, \tag{28}$$

und der Ausstrahlungsbedingungen für $|\mathfrak{y}| \to \infty$

Dann ergibt sich durch Anwendung der GREENschen Formel (Satz 6) für $|\mathfrak{x}| < R$

$$\begin{aligned} U(\mathfrak{x}) = &\int\limits_{|\mathfrak{y}| \leqq C'} \Phi(\mathfrak{x}, \mathfrak{y})\, \varrho(\mathfrak{y})\, dV_{\mathfrak{y}} + \\ &+ \int\limits_{|\mathfrak{y}|=R} \left(\Phi(\mathfrak{x}, \mathfrak{y}) \frac{\partial U}{\partial n} - U \frac{\partial}{\partial n_{\mathfrak{y}}} \Phi(\mathfrak{x}, \mathfrak{y})\right) dF_{\mathfrak{y}}. \end{aligned} \tag{29}$$

Nach Satz 17 ist gleichmäßig für $R \to \infty$

$$\frac{\partial U}{\partial n} = i\,U + o\left(\frac{1}{R}\right); \quad U = O\left(\frac{1}{R}\right), \tag{30}$$

während sich bei festem $\mathfrak{x}$ für $\mathfrak{y} = R\mathfrak{y}_0$ und $R \to \infty$ auch

$$\nabla_{\mathfrak{y}} \frac{e^{i|\mathfrak{x} - R\mathfrak{y}_0|}}{|\mathfrak{x} - R\mathfrak{y}_0|} = i\,\mathfrak{y}_0 \frac{e^{i|\mathfrak{x} - R\mathfrak{y}_0|}}{|\mathfrak{x} - R\mathfrak{y}_0|} + O\left(\frac{1}{R^2}\right) \tag{31}$$

gleichmäßig bez. aller $\mathfrak{y}_0$ aus Ω ergibt. Insbesondere folgt aus Gl. (31) auf $|\mathfrak{y}| = R$

$$\frac{\partial}{\partial n_{\mathfrak{y}}} \Phi(\mathfrak{x}, \mathfrak{y}) = i\,\Phi(\mathfrak{x}, \mathfrak{y}) + O\left(\frac{1}{R^2}\right). \tag{32}$$

Durch Einsetzen in Gl. (29) erhalten wir nach dem Grenzübergang $R \to \infty$

$$U(\mathfrak{x}) = \int\limits_{|\mathfrak{y}| \leqq C'} \Phi(\mathfrak{x}, \mathfrak{y})\, \varrho(\mathfrak{y})\, dV_{\mathfrak{y}}. \tag{33}$$

Im Gebiet $|\mathfrak{x}| > C'$ können wir Integration und Differentiation vertauschen und finden

$$\nabla_{\mathfrak{x}} U(\mathfrak{x}) = \int\limits_{|\mathfrak{y}| \leqq C'} \varrho(\mathfrak{y})\, \nabla_{\mathfrak{x}} \Phi(\mathfrak{x}, \mathfrak{y})\, dV_{\mathfrak{y}}. \tag{34}$$

Nun ist aber analog zu Gl. (31) für $\mathfrak{x} = r\,\mathfrak{x}_0$ und $r \to \infty$

$$\nabla_{\mathfrak{x}} \Phi(\mathfrak{x}, \mathfrak{y}) = i\,\mathfrak{x}_0\, \Phi(\mathfrak{x}, \mathfrak{y}) + O\left(\frac{1}{r^2}\right) \tag{35}$$

gleichmäßig bez. aller $\mathfrak{y}$ mit $|\mathfrak{y}| \leqq C'$. Aus Gl. (33) folgt daher

$$(36)\quad \nabla_{\mathfrak{x}} U(r\,\mathfrak{x}_0) = i \int\limits_{|\mathfrak{y}| \leqq C'} \mathfrak{x}_0\, \varrho(\mathfrak{y})\, \Phi(\mathfrak{x}, \mathfrak{y})\, dV_{\mathfrak{y}} + O\left(\frac{1}{r^2}\right) = i\,\mathfrak{x}_0 U + O\left(\frac{1}{r^2}\right),$$

so daß Lemma 40 bewiesen ist.

Speziell gilt also auch für jeden konstanten Vektor $\mathfrak{a}$

$$(37)\quad (\mathfrak{a}\nabla)\, U(r\,\mathfrak{x}_0) = i\,(\mathfrak{a}\,\mathfrak{x}_0)\, U(r\,\mathfrak{x}_0) + O\left(\frac{1}{r^2}\right).$$

Ist nun $\mathfrak{v}(\mathfrak{x})$ ein divergenzfreies Vektorfeld, das der Schwingungsgleichung und der Ausstrahlungsbedingung genügt, so folgt durch Anwendung von Satz 17 auf jede der kartesischen Komponenten

$$(38)\quad \mathfrak{v}(r\,\mathfrak{x}_0) = \frac{e^{ir}}{r}\,\mathfrak{F}(\mathfrak{x}_0) + o\left(\frac{1}{r}\right),$$

wobei $\mathfrak{F}(\mathfrak{x}_0)$ ein Vektorfeld auf der Einheitskugel Ω mit

$$(39)\quad \mathfrak{F}(\mathfrak{x}_0) = F^1(\mathfrak{x}_0)\,\mathfrak{e}_1 + F^2(\mathfrak{x}_0)\,\mathfrak{e}_2 + F^3(\mathfrak{x}_0)\,\mathfrak{e}_3$$

ist. Da wir Lemma 40 auf jede der Funktionen $(\mathfrak{e}_j\,\mathfrak{v})$ anwenden können, ergibt sich

$$(40)\quad \frac{\partial}{\partial x^j}(\mathfrak{e}_j\,\mathfrak{v}) = i\,(\mathfrak{e}_j\,\mathfrak{x}_0)(\mathfrak{e}_j\,\mathfrak{v}) + o\left(\frac{1}{r}\right) = i\,\frac{e^{ir}}{r}\,F^j(\mathfrak{e}_j\,\mathfrak{x}_0) + o\left(\frac{1}{r}\right).$$

Aus $\nabla\,\mathfrak{v} = 0$ folgt daher

$$(41)\quad (\mathfrak{x}_0\,\mathfrak{F}(\mathfrak{x}_0)) = 0.$$

Es gilt also

Lemma 41. *Das Vektorfeld $\mathfrak{v}(\mathfrak{x})$ genüge für $|\mathfrak{x}| \geqq C$ den Gleichungen*

$$\nabla \times \nabla \times \mathfrak{v} = \mathfrak{v},$$

und der Ausstrahlungsbedingung. Dann ist für $r \to \infty$ gleichmäßig bez. $\mathfrak{x}_0$

$$\mathfrak{x}_0\,\mathfrak{v}(r\,\mathfrak{x}_0) = o\left(\frac{1}{r}\right).$$

Wir haben hier bei der Formulierung des Ergebnisses die beiden Bedingungen

$$(42)\quad \nabla\mathfrak{v} = 0 \quad \text{und} \quad \Delta\mathfrak{v} + \mathfrak{v} = 0$$

zu einer Gleichung zusammengefaßt, was mit Hilfe der Identität

$$(43)\quad \nabla \times \nabla \times \mathfrak{v} = -\Delta\mathfrak{v} + \nabla(\nabla\mathfrak{v})$$

leicht bestätigt werden kann.

Aus Satz 23 und Lemma 40 folgt nun

Lemma 42. *In* $|\mathfrak{x}| \geqq C$ *sei*

$$\Delta \mathfrak{v} + \mathfrak{v} = 0.$$

Für $r \to \infty$ *gelte*

$$\int\limits_{\Omega} \left| \frac{\partial \mathfrak{v}}{\partial r} - i\,\mathfrak{v} \right|^2 d\omega = o\left(\frac{1}{r^2}\right)$$

und

$$\int\limits_{\Omega} |\mathfrak{x}_0\, \mathfrak{v}(r\,\mathfrak{x}_0)|^2\, d\omega = o\left(\frac{1}{r^2}\right).$$

Dann ist in $|\mathfrak{x}| > C$

$$\nabla \times \nabla \times \mathfrak{v} = \mathfrak{v},$$

und es ergibt sich für $r \to \infty$

$$\mathfrak{x}_0 \times \nabla \times \mathfrak{v} + i\,\mathfrak{v} = o\left(\frac{1}{r}\right)$$

gleichmäßig bez. aller Richtungen.

Zunächst ist nämlich nach Satz 23 $\nabla\mathfrak{v} = 0$ und es gilt wegen Gl. (42)

$$\nabla \times \nabla \times \mathfrak{v} = \mathfrak{v}. \tag{44}$$

Da $\mathfrak{v}$ in jeder kartesischen Komponente der Ausstrahlungsbedingung genügt, gibt es ein Vektorfeld $\mathfrak{F}(\mathfrak{x}_0)$ auf Ω, so daß für $r \to \infty$

$$\mathfrak{v}(r\,\mathfrak{x}_0) = \frac{e^{ir}}{r}\,\mathfrak{F}(\mathfrak{x}_0) + o\left(\frac{1}{r}\right) \tag{45}$$

ist. Nach Lemma 41 ist dann

$$\mathfrak{x}_0\,\mathfrak{F}(\mathfrak{x}_0) = 0. \tag{46}$$

Aus Lemma 40 folgt

$$\nabla \times \mathfrak{v} = i(\mathfrak{x}_0 \times \mathfrak{F}(\mathfrak{x}_0))\,\frac{e^{ir}}{r} + o\left(\frac{1}{r}\right), \tag{47}$$

und wir erhalten wegen Gl. (46)

$$\mathfrak{x}_0 \times \nabla \times \mathfrak{v} = -i\,\mathfrak{F}(\mathfrak{x}_0)\,\frac{e^{ir}}{r} + o\left(\frac{1}{r}\right) = -i\,\mathfrak{v} + o\left(\frac{1}{r}\right). \tag{48}$$

Unter Benutzung von Satz 18 finden wir daher

Satz 25. *Es sei* $\mathfrak{F}(\mathfrak{x})$ *ein Vektorfeld, das für alle* $\mathfrak{x}$ *der Gleichung*

$$\Delta\mathfrak{F}(\mathfrak{x}) = 0$$

genügt. Ist

$$\overline{\lim_{r\to\infty}} \left(\frac{1}{r} \lg \int\limits_{\Omega} |\mathfrak{F}(r\,\mathfrak{x}_0)|^2\, d\omega\right) = R < \infty$$

und

$$\mathfrak{x}_0\,\mathfrak{F}(\mathfrak{x}_0) = 0,$$

so gibt es für $|\mathfrak{x}| > R$ *ein Vektorfeld* $\mathfrak{v}$ *mit*

$$\nabla \times \nabla \times \mathfrak{v} = \mathfrak{v},$$

das für $r \to \infty$

$$\mathfrak{x}_0 \times \nabla \times \mathfrak{v} + i\,\mathfrak{v} = o\left(\frac{1}{r}\right)$$

und

$$\mathfrak{v}(r\,\mathfrak{x}_0) = \frac{e^{ir}}{r}\,\mathfrak{F}(\mathfrak{x}_0) + o\left(\frac{1}{r}\right)$$

gleichmäßig bez. aller Richtungen erfüllt[1].

§ 8. Das Verhalten im Unendlichen

Die gewonnenen Ergebnisse wollen wir nun auf die Gleichung

$$\Delta U + k^2 U = 0 \tag{1}$$

übertragen, wobei wir annehmen, daß k positiv reell und konstant ist. Bezeichnet $U(\mathfrak{x})$ eine Lösung von Gl. (1), so gilt mit

$$V(\mathfrak{x}) = U\left(\frac{1}{k}\,\mathfrak{x}\right) \tag{2}$$

offenbar

$$\Delta V + V = 0, \tag{3}$$

so daß die oben gewonnenen Ergebnisse über die Lösungen dieser Differentialgleichung leicht auf die allgemeinere Differentialgleichung übertragen werden können.

Gilt Gl. (1) in $|\mathfrak{x}| \geqq R$, so genügt die Funktion Gl. (2) in $|\mathfrak{x}| \geqq k\,R$ der Differentialgleichung (3). Aus

$$\int\limits_{\Omega} \left|\frac{\partial U}{\partial r} - i\,k\,U\right|^2 d\omega = o\left(\frac{1}{r^2}\right) \tag{4}$$

für $r \to \infty$ folgt ebenfalls

$$\int\limits_{\Omega} \left|\frac{\partial V}{\partial r} - i\,V\right|^2 d\omega = o\left(\frac{1}{r^2}\right). \tag{5}$$

Wir erhalten daher durch unmittelbare Übertragung von Satz 17

Satz 26. *Die Funktion* $U(\mathfrak{x})$ *genüge für* $|\mathfrak{x}| \geqq R$ *der Differentialgleichung*

$$\Delta U + k^2 U = 0$$

mit konstantem, positiv reellem k *und erfülle für* $r \to \infty$

$$\int\limits_{\Omega} \left|\frac{\partial}{\partial r} U - i\,k\,U\right|^2 d\omega = o\left(\frac{1}{r^2}\right).$$

---

[1] Vgl. CL. MÜLLER: Electromagnetic Radiation, Pathern and Sources, IRE Transaction, Vol. AP-4, No. 3, (1956).

Dann gibt es eine ganze harmonische Funktion $H(\mathfrak{x})$, *so daß für* $r \to \infty$

$$\int_\Omega |H(r\mathfrak{x}_0)|^2 d\omega = O(r^2 e^{kRr})$$

ist, und gleichmäßig bez. aller Richtungen mit $r \to \infty$

$$U(r\mathfrak{x}_0) = \frac{e^{ikr}}{r} H(\mathfrak{x}_0) + o\left(\frac{1}{r}\right)$$

gilt.

Auch Satz 18 kann entsprechend verallgemeinert werden. Wir finden dann

Satz 27. *Es sei* k *konstant und positiv reell und* $H(\mathfrak{x})$ *eine ganze harmonische Funktion mit*

$$\overline{\lim_{r\to\infty}} \left(\frac{1}{kr} \lg \int_\Omega |H(r\mathfrak{x}_0)|^2 d\omega\right) = R < \infty .$$

Dann gibt es in $|\mathfrak{x}| > R$ *eine Lösung* $U(\mathfrak{x})$ *der Differentialgleichung*

$$\Delta U + k^2 U = 0,$$

die für $r \to \infty$

$$\frac{\partial}{\partial r} U(r\mathfrak{x}_0) - ik\,U(r\mathfrak{x}_0) = o\left(\frac{1}{r}\right)$$

und

$$U(r\mathfrak{x}_0) = \frac{e^{ikr}}{r} H(\mathfrak{x}_0) + o\left(\frac{1}{r}\right)$$

gleichmäßig bez. aller Richtungen erfüllt.

Eine andere Darstellung dieses Sachverhaltes gewinnen wir in

Satz 28. *Es sei* G *ein endliches von der regulären Fläche* F *berandetes Gebiet. Die Funktion* $U(\mathfrak{x})$ *sei außerhalb* G *und auf* F *stetig differenzierbar. Im Äußeren von* G *gelte*

$$\Delta U + k^2 U = 0$$

mit positiv reellem, konstantem k. *Für* $r \to \infty$ *sei*

$$\int_\Omega \left|\frac{\partial}{\partial r} U(r\mathfrak{x}_0) - ik\,U(r\mathfrak{x}_0)\right|^2 d\omega = o\left(\frac{1}{r^2}\right).$$

Dann ist gleichmäßig bez. aller Richtungen

$$U(r\mathfrak{x}_0) = \frac{e^{ikr}}{r} H(\mathfrak{x}_0) + o\left(\frac{1}{r}\right)$$

mit

$$H(\mathfrak{x}_0) = -\frac{1}{4\pi} \int_F e^{-ik(\mathfrak{x}_0\mathfrak{y})} \left(ik\,U(\mathfrak{y})(\mathfrak{x}_0\mathfrak{n}) + \frac{\partial}{\partial n} U(\mathfrak{y})\right) dF_{\mathfrak{y}},$$

wobei $\mathfrak{n}$ die ins Äußere von G weisende Flächennormale auf F bezeichnet, und $\partial/\partial n$ die Ableitung in Richtung von $\mathfrak{n}$ darstellt.

Zum Beweise benutzen wir die Funktion

$$\varphi(\mathfrak{x},\mathfrak{y}) = \frac{e^{ik|\mathfrak{x}-\mathfrak{y}|}}{|\mathfrak{x}-\mathfrak{y}|}. \tag{6}$$

Für $\mathfrak{y} \neq \mathfrak{x}$ gilt

$$(\Delta_{\mathfrak{y}} + k^2)\,\varphi(\mathfrak{x},\mathfrak{y}) = 0. \tag{7}$$

Liegt $\mathfrak{y}$ auf F, und haben $\mathfrak{n}$ und $\partial/\partial n$ die in Satz 28 genannte Bedeutung, so wird mit

$$\mathfrak{x} = r\,\mathfrak{x}_0; \qquad \mathfrak{y} = R\,\mathfrak{y}_0 \tag{8}$$

gleichmäßig bez. $\mathfrak{x}_0$ und $\mathfrak{y}$ für $r \to \infty$

$$\left\{\begin{aligned} \varphi(r\,\mathfrak{x}_0,\mathfrak{y}) &= \frac{e^{ikr}}{r}\left(e^{-ik(\mathfrak{x}_0\mathfrak{y})} + o(1)\right),\\ \frac{\partial}{\partial n_{\mathfrak{y}}}\varphi(r\,\mathfrak{x}_0,\mathfrak{y}) &= -ik\frac{e^{ikr}}{r}\left((\mathfrak{n}\,\mathfrak{x}_0)\,e^{-ik(\mathfrak{x}_0\mathfrak{y})} + o(1)\right), \end{aligned}\right. \tag{9}$$

während bei festem $\mathfrak{x}$ gleichmäßig bez. $\mathfrak{y}_0$ für $R \to \infty$

$$\frac{\partial}{\partial R}\varphi(\mathfrak{x}, R\,\mathfrak{y}_0) = ik\,\varphi(\mathfrak{x}, R\,\mathfrak{y}_0) + O\left(\frac{1}{R^2}\right) \tag{10}$$

gibt. Es sei nun R eine positiv reelle Zahl, die so groß gewählt wurde, daß G ganz in der Kugel $|\mathfrak{y}| \leqq R$ enthalten ist. Dann wird nach dem GREENschen Satz, falls $\mathfrak{x}$ außerhalb G liegt,

$$\begin{aligned} U(\mathfrak{x}) = \frac{1}{4\pi}\int_F \left(U\frac{\partial}{\partial n_{\mathfrak{y}}}\varphi - \varphi\frac{\partial}{\partial n_{\mathfrak{y}}}U\right)dF_{\mathfrak{y}} \\ + \frac{1}{4\pi}\int_{|\mathfrak{y}|=R}\left(U\frac{\partial}{\partial n_{\mathfrak{y}}}\varphi - \varphi\frac{\partial}{\partial n_{\mathfrak{y}}}U\right)dF_{\mathfrak{y}}. \end{aligned} \tag{11}$$

Für das zweite Integral erhalten wir wegen Gl. (10), da auf $|\mathfrak{y}| = R$ stets $\frac{\partial}{\partial n_{\mathfrak{y}}} = \frac{\partial}{\partial R}$ ist

$$-\frac{1}{4\pi}\int_{|\mathfrak{y}|=R}\varphi(\mathfrak{x},\mathfrak{y})\left(\frac{\partial U}{\partial R} - ikU\right)dF_{\mathfrak{y}} + O\left(\frac{1}{R^2}\int_{|\mathfrak{y}|=R}|U|\,dF\right). \tag{12}$$

Nach Satz 26 ist aber

$$U(R\,\mathfrak{y}_0) = O\left(\frac{1}{R}\right), \tag{13}$$

so daß wir durch den Grenzübergang $R \to \infty$

$$U(\mathfrak{x}) = \frac{1}{4\pi}\int_F\left(U\frac{\partial}{\partial n_{\mathfrak{y}}}\varphi - \varphi\frac{\partial U}{\partial n_{\mathfrak{y}}}\right)dF_{\mathfrak{y}} \tag{14}$$

finden. Mit $\mathfrak{x} = r\,\mathfrak{x}_0$ ergibt sich nach Gl. (9) dann weiterhin für $r \to \infty$

$$U(r\,\mathfrak{x}_0) = -\frac{e^{ikr}}{r}\,\frac{1}{4\pi}\int\limits_F e^{-ik(\mathfrak{x}_0\mathfrak{y})}\left(U\,i\,k\,(\mathfrak{x}_0\,\mathfrak{n}) + \frac{\partial U}{\partial n_{\mathfrak{y}}}\right) dF_{\mathfrak{y}}, \tag{15}$$

womit Satz 18 bewiesen ist.

Wir wollen uns nun den Gleichungen

$$\begin{cases} \nabla \times \mathfrak{H} + i\,\omega\,\mathfrak{E} = 0, \\ \nabla \times \mathfrak{E} - i\,\omega\,\mathfrak{H} = 0 \end{cases} \tag{16}$$

zuwenden, und setzen ω positiv reell voraus. Dann gelten für die Lösungen von Gl. (16) die Beziehungen

$$\nabla\,\mathfrak{E} = \nabla\,\mathfrak{H} = 0,$$
$$(\varDelta + \omega^2)\,\mathfrak{E} = 0, \qquad (\varDelta + \omega^2)\,\mathfrak{H} = 0. \tag{17}$$

Unser Ziel ist die Gewinnung einer Lösung $\mathfrak{E}$, $\mathfrak{H}$ von Gl. (16) mit vorgegebenem asymptotischen Verhalten. Ist $\mathfrak{F}(\mathfrak{x})$ ein ganzes harmonisches Vektorfeld, das der Bedingung

$$\overline{\lim_{r\to\infty}}\left(\frac{1}{\omega\,r}\lg\int\limits_\Omega |\mathfrak{F}(r\,\mathfrak{x}_0)|^2\,d\omega\right) = R < \infty \tag{18}$$

genügt und

$$\mathfrak{x}_0\,\mathfrak{F}(\mathfrak{x}_0) = 0 \tag{19}$$

erfüllt, so gibt es nach Satz 27 in $|\mathfrak{x}| > R$ ein Feld $\mathfrak{E}$, das der Gleichung

$$\varDelta\,\mathfrak{E} + \omega^2\,\mathfrak{E} = 0 \tag{20}$$

genügt, die Ausstrahlungsbedingung

$$\int\limits_\Omega \left|\frac{\partial}{\partial r}\,\mathfrak{E}(r\,\mathfrak{x}_0) - i\,\omega\,\mathfrak{E}(r\,\mathfrak{x}_0)\right|^2 d\omega = o\left(\frac{1}{r^2}\right) \tag{21}$$

erfüllt und das asymptotische Verhalten

$$\mathfrak{E}(r\,\mathfrak{x}_0) = \frac{e^{i\omega r}}{r}\,\mathfrak{F}(\mathfrak{x}_0) + o\left(\frac{1}{r}\right) \tag{22}$$

besitzt. Wegen Gl. (19) folgt hieraus nach Satz 23

$$\nabla\,\mathfrak{E} = 0. \tag{23}$$

Für $\omega = 1$ hatten wir diese Ergebnisse schon in Satz 25 formuliert. Jetzt ergibt sich durch Übertragung von Lemma 40 mit Hilfe der

Transformation Gl. (2), daß entsprechend dem Ergebnis von Satz 25 für $r \to \infty$ wegen Gl. (19)

$$\mathfrak{x}_0 \times \nabla \times \mathfrak{E} + i\,\omega\,\mathfrak{E} = o\left(\frac{1}{r}\right) \tag{24}$$

ist. Setzen wir nun

$$\mathfrak{H} = -\frac{i}{\omega}\nabla \times \mathfrak{E}, \tag{25}$$

so wird

$$\mathfrak{H} = \frac{e^{i\omega r}}{r}(\mathfrak{x}_0 \times \mathfrak{F}(\mathfrak{x}_0)) + o\left(\frac{1}{r}\right), \tag{26}$$

und wir erhalten aus Gl. (22) und (24) wegen (19)

$$\left\{\begin{aligned} &\mathfrak{x}_0 \times \mathfrak{H} + \mathfrak{E} = o\left(\frac{1}{r}\right),\\ &\mathfrak{x}_0 \times \mathfrak{E} - \mathfrak{H} = o\left(\frac{1}{r}\right). \end{aligned}\right. \tag{27}$$

Durch Zusammenfassung dieser Ergebnisse folgt daher

Satz 29. *Es sei* $\mathfrak{F}(\mathfrak{x})$ *ein ganzes harmonisches Vektorfeld mit*

$$\overline{\lim_{r\to\infty}}\left(\frac{1}{\omega r}\lg\int_{\Omega}|\mathfrak{F}(r\,\mathfrak{x}_0)|^2\,d\omega\right) = R < \infty.$$

Dann besitzen die Gleichungen

$$\nabla \times \mathfrak{H} + i\,\omega\,\mathfrak{E} = 0, \qquad \nabla \times \mathfrak{E} - i\,\omega\,\mathfrak{H} = 0$$

in $|\mathfrak{x}| > R$ *eine Lösung* $\mathfrak{E}$, $\mathfrak{H}$, *die für* $r \to \infty$ *die Bedingungen*

$$\mathfrak{x}_0 \times \mathfrak{H} + \mathfrak{E} = o\left(\frac{1}{r}\right); \qquad \mathfrak{x}_0 \times \mathfrak{E} - \mathfrak{H} = o\left(\frac{1}{r}\right)$$

und

$$\mathfrak{E}(r\,\mathfrak{x}_0) = \frac{e^{i\omega r}}{r}\mathfrak{F}(\mathfrak{x}_0) + o\left(\frac{1}{r}\right)$$

gleichmäßig bez. $\mathfrak{x}_0$ *erfüllt.*

§ 9. Das lokale Verhalten

Es sei $k^2(\mathfrak{x})$ eine von $\mathfrak{x}$ abhängige Funktion. Wir betrachten die Lösungen der Differentialgleichung

$$\Delta U + k^2(\mathfrak{x})\,U = 0 \tag{1}$$

in der Umgebung des Nullpunktes. Für konstante k und $\mathfrak{x} \neq \mathfrak{y}$ besitzen wir in

$$\varphi(\mathfrak{x}, \mathfrak{y}) = \frac{e^{ik|\mathfrak{x}-\mathfrak{y}|}}{|\mathfrak{x}-\mathfrak{y}|} \tag{2}$$

eine Lösung der Differentialgleichung (1). Genügt dann $U(\mathfrak{x})$ in $|\mathfrak{x}| \leqq C$ der Differentialgleichung (1) mit konstantem k, so wird nach dem GREENschen Satz für $|\mathfrak{y}| < C$ und $|\mathfrak{y}| + \tau \leqq C$

$$(3)\quad \begin{aligned} &\int\limits_{|\mathfrak{x}-\mathfrak{y}|=\tau} \left(\frac{\partial U}{\partial n_{\mathfrak{x}}}\varphi - U\frac{\partial}{\partial n_{\mathfrak{x}}}\varphi\right) dF_{\mathfrak{x}} + \int\limits_{|\mathfrak{x}|=C} \left(\frac{\partial U}{\partial n_{\mathfrak{x}}}\varphi - U\frac{\partial}{\partial n_{\mathfrak{x}}}\varphi\right) dF_{\mathfrak{x}} \\ &\qquad = \int\limits_{\substack{|\mathfrak{x}|\leqq C\\ |\mathfrak{x}-\mathfrak{y}|\geqq\tau}} (\varphi\Delta U - U\Delta\varphi)\, dV_{\mathfrak{x}} = 0. \end{aligned}$$

Für $\tau \to 0$ ist bei festem $\mathfrak{y}$

$$(4)\quad \left\{ \begin{aligned} &\int\limits_{|\mathfrak{x}-\mathfrak{y}|=\tau} \frac{\partial U}{\partial n}\varphi\, dF_{\mathfrak{x}} = O(\tau) = o(1), \\ &\int\limits_{|\mathfrak{x}-\mathfrak{y}|=\tau} U\frac{\partial \varphi}{\partial n}\, dF_{\mathfrak{x}} = 4\pi U(\mathfrak{y}) + o(1), \end{aligned} \right.$$

so daß sich aus Gl. (3)

$$(5)\qquad U(\mathfrak{y}) = \frac{1}{4\pi} \int\limits_{|\mathfrak{x}|=C} \left(\frac{\partial U}{\partial n}\varphi - U\frac{\partial \varphi}{\partial n}\right) dF_{\mathfrak{x}}$$

ergibt. Hier ist für $|\mathfrak{y}| \leqq C' < C$ die Funktion $\varphi(\mathfrak{x}, \mathfrak{y})$ beliebig oft stetig bez. $\mathfrak{y}$ differenzierbar. Wir finden daher, da wir diese Betrachtung immer durchführen können, wenn $U(\mathfrak{x})$ in der Umgebung eines Punktes der Differentialgleichung (1) genügt,

Lemma 43. *Jede Lösung der Gleichung*

$$\Delta U + k^2 U = 0$$

mit konstantem k ist im Inneren ihres Definitionsbereiches beliebig oft differenzierbar.

Diese Ergebnis gilt im allgemeinen nicht mehr, wenn $k(\mathfrak{x})$ veränderlich ist. Wir beweisen nämlich nun

Satz 30. *Es gibt in $|\mathfrak{x}| \leqq 1$ eine stetige Funktion $k^2(\mathfrak{x})$, so daß jede zweimal differenzierbare Lösung von*

$$\Delta U + k^2(\mathfrak{x})\, U = 0$$

identisch verschwindet.

Zum Beweise dieses Satzes haben wir eine Funktion $k(\mathfrak{x})$ zu konstruieren, die stetig und so beschaffen ist, daß $U = 0$ die einzige zweimal differenzierbare Lösung der genannten Differentialgleichung darstellt.

Wir benötigen dazu

Lemma 44. *Es gibt eine stetige Funktion $f(\mathfrak{y})$ in $|\mathfrak{y}| \leqq 1$, so daß die Funktion*

$$U(\mathfrak{x}) = \int\limits_{|\mathfrak{y}| \leqq 1} \frac{f(\mathfrak{y})}{|\mathfrak{x} - \mathfrak{y}|} \, d V_{\mathfrak{y}}$$

in einer überall dichten Punktfolge der Kugel $|\mathfrak{x}| \leqq 1$ nicht zweimal differenzierbar ist.

Wir betrachten zunächst die Funktion

$$g(\mathfrak{y}) = \left(\lg \frac{e}{\varrho}\right)^{-1} K_2(\mathfrak{y}_0), \tag{6}$$

wobei wir

$$\mathfrak{y} = \varrho \, \mathfrak{y}_0 \tag{7}$$

setzen und $K_2(\mathfrak{y}_0)$ eine Kugelfunktion zweiter Ordnung darstellt. Es wird nach Lemma 11 und Lemma 15 für $|\mathfrak{x}| \leqq 1$ mit $\mathfrak{x} = r \, \mathfrak{x}_0$

$$\begin{aligned} &\frac{1}{4\pi} \int\limits_{|\mathfrak{y}| \leqq 1} \frac{1}{|\mathfrak{x} - \mathfrak{y}|} \, g(\mathfrak{y}) \, d V_{\mathfrak{y}} \\ &\quad = \frac{1}{5} K_2(\mathfrak{x}_0) \left(r^2 \int\limits_r^1 \frac{1}{\varrho} \left(\lg \frac{e}{\varrho}\right)^{-1} d\varrho + \frac{1}{r^3} \int\limits_0^r \varrho^4 \left(\lg \frac{e}{\varrho}\right)^{-1} d\varrho \right). \end{aligned} \tag{8}$$

Setzen wir

$$H_2(\mathfrak{x}) = r^2 K_2(\mathfrak{x}_0) = O(r^2), \tag{9}$$

so ergibt sich

$$K_2(\mathfrak{x}_0) \frac{1}{r^3} \int\limits_0^r \varrho^4 \left(\lg \frac{e}{\varrho}\right)^{-1} d\varrho = H_2(\mathfrak{x}) \, \Psi(r) = h(\mathfrak{x}) \tag{10}$$

mit

$$\Psi(r) = \frac{1}{r^5} \int\limits_0^r \varrho^4 \left(\lg \frac{e}{\varrho}\right)^{-1} d\varrho. \tag{11}$$

Es ist daher für $r \to 0$ wegen

$$\Psi(r) = o(1); \quad \Psi'(r) = o\left(\frac{1}{r}\right) \tag{12}$$

mit Gl. (9) auch

$$h(\mathfrak{x}) = o(r^2); \quad \nabla h(\mathfrak{x}) = o(r), \tag{13}$$

so daß $h(\mathfrak{x})$ in $\mathfrak{x} = 0$ zweimal differenzierbar ist. Nach Gl. (8) erhalten wir weiterhin

$$\frac{1}{4\pi} \int\limits_{|\mathfrak{y}| \leqq 1} \frac{1}{|\mathfrak{x} - \mathfrak{y}|} \, g(\mathfrak{y}) \, d V_{\mathfrak{y}} = \frac{1}{5} H_2(\mathfrak{x}) \lg \lg \frac{e}{r} + \frac{1}{5} h(\mathfrak{x}). \tag{14}$$

Aus

$$(15)\quad \begin{aligned}\nabla\left[H_2(\mathfrak{x})\lg\left(\lg\frac{e}{r}\right)\right] &= \lg\left(\lg\frac{e}{r}\right)\nabla H_2 - \frac{1}{r}H_2(\mathfrak{x})\left(\lg\frac{e}{r}\right)^{-1}\\ &= \lg\left(\lg\frac{e}{r}\right)\nabla H_2 + o(r) = o(1)\end{aligned}$$

folgt aber, daß der erste Summand von Gl. (14) im Nullpunkt nicht zweimal differenzierbar ist, so daß auch

$$(16)\quad \frac{1}{4\pi}\int\limits_{|\mathfrak{y}|\leq 1}\frac{1}{|\mathfrak{x}-\mathfrak{y}|}\,g(\mathfrak{y})\,dV_{\mathfrak{y}}$$

dort nicht zweimal differenziert werden kann.

Für $|\mathfrak{y}| < e$ ist $g(\mathfrak{y})$ stetig. Bilden wir nun mit beliebigem $\mathfrak{y}'$ aus $|\mathfrak{y}'| < 1$

$$(17)\quad \frac{1}{4\pi}\int\limits_{|\mathfrak{y}|\leq 1}\frac{1}{|\mathfrak{x}-\mathfrak{y}|}\,g(\mathfrak{y}-\mathfrak{y}')\,dV_{\mathfrak{y}},$$

so wird dieses Integral gleich

$$(18)\quad \begin{aligned}&\frac{1}{4\pi}\int\limits_{G_1}\frac{1}{|\mathfrak{x}-\mathfrak{y}|}\,g(\mathfrak{y}-\mathfrak{y}')\,dV_{\mathfrak{y}} - \frac{1}{4\pi}\int\limits_{G_2}\frac{1}{|\mathfrak{x}-\mathfrak{y}|}\,g(\mathfrak{y}-\mathfrak{y}')\,dV_{\mathfrak{y}} +\\ &\qquad + \frac{1}{4\pi}\int\limits_{|\mathfrak{y}-\mathfrak{y}'|\leq 1}\frac{1}{|\mathfrak{x}-\mathfrak{y}|}\,g(\mathfrak{y}-\mathfrak{y}')\,dV_{\mathfrak{y}},\end{aligned}$$

wobei G_1 und G_2 die folgende Bedeutung haben (vgl. Abb. 4):

$$\mathfrak{y}\in G_1 \quad \text{wenn} \quad |\mathfrak{y}|\leq 1 \quad \text{und} \quad |\mathfrak{y}-\mathfrak{y}'|\geq 1,$$
$$\mathfrak{y}\in G_2 \quad \text{wenn} \quad |\mathfrak{y}|\geq 1 \quad \text{und} \quad |\mathfrak{y}-\mathfrak{y}'|\leq 1.$$

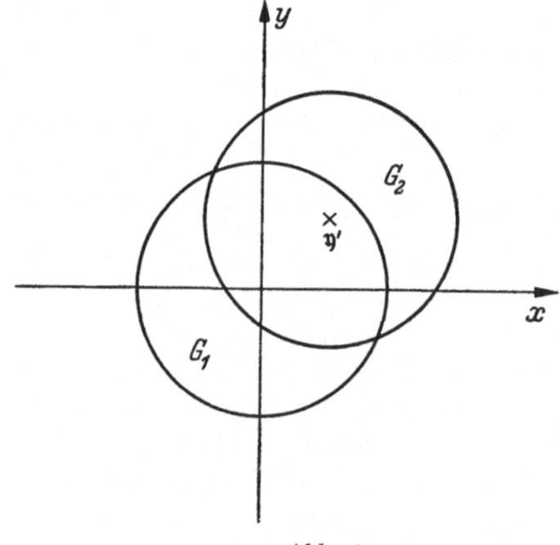

Abb. 4

Da $|\mathfrak{y}'| < 1$ ist, liegt $\mathfrak{y}'$ im Äußeren von G_1 und G_2. Folglich sind die beiden ersten Integrale von Gl. (18) für $\mathfrak{x} = \mathfrak{y}'$ beliebig oft differenzierbar, während das letzte Integral dort nicht zweimal differenziert werden kann. Es stellt also Gl. (17) eine für $\mathfrak{x} = \mathfrak{y}'$ nicht zweimal differenzierbare Funktion dar.

Wir konstruieren nun eine überall dichte Punktfolge im Inneren der Einheitskugel und führen dazu einige abkürzende Bezeichnungen ein.

Wir werden sagen, ein Punkt $\mathfrak{x}_i$ aus $|\mathfrak{x}| < 1$ gehört zur Klasse $\mathfrak{K}_l$, wenn er sich in der Form $\mathfrak{x}_i = (n_1/2^{k_1}, n_2/2^{k_2}, n_3/2^{k_3})$ mit ganzen n_j, k_j und $0 < k_j \leq l$ so darstellen läßt, daß die Zahlen n_j nur ungerade

Werte zwischen $-(2^{k_j}-1)$ und $(2^{k_j}-1)$ annehmen, und mindestens einer der drei Exponenten k_j gleich l ist.

Die Punkte der Klasse $\mathfrak{K}_1$ sind daher gleich $(\pm\frac{1}{2}, \pm\frac{1}{2}, \pm\frac{1}{2})$ während die Punkte der Klasse $\mathfrak{K}_2$ nur die Koordinaten $\pm\frac{1}{4}$, $\pm\frac{3}{4}$ und $\pm\frac{1}{2}$ haben können, wobei die zur Klasse $\mathfrak{K}_1$ gehörigen Punkte ausgeschlossen sind, da für sie $k_1 = k_2 = k_3 = 1$ ist.

Die Anzahl der Punkte der Klasse $\mathfrak{K}_l$ bezeichnen wir mit N_l und bilden

$$f(\mathfrak{y}) = \sum_{l=1}^{\infty} \frac{e^{-l}}{N_l} \sum_{\mathfrak{x}_i \in \mathfrak{K}_l} g(\mathfrak{y}-\mathfrak{x}_i). \tag{19}$$

Es ist nach Gl. (6)

$$g(\mathfrak{y}-\mathfrak{x}_i) = K_2\left(\frac{\mathfrak{y}-\mathfrak{x}_i}{|\mathfrak{y}-\mathfrak{x}_i|}\right)\left(\lg\frac{e}{|\mathfrak{y}-\mathfrak{x}_i|}\right)^{-1}, \tag{20}$$

so daß mit geeignetem $C > 0$ für alle $\mathfrak{y}$ und $\mathfrak{x}_i$

$$|g(\mathfrak{y}-\mathfrak{x}_i)| \leqq C\left(\lg\frac{e}{|\mathfrak{y}-\mathfrak{x}_i|}\right)^{-1} \tag{21}$$

gilt. Für $|\mathfrak{y}| \leqq 1$ ist stets $|\mathfrak{x}_i - \mathfrak{y}| \leqq 2$, so daß für alle $|\mathfrak{y}| \leqq 1$

$$|g(\mathfrak{y}-\mathfrak{x}_i)| \leqq C\left(\lg\frac{e}{2}\right)^{-1} \tag{22}$$

ist. Daher konvergiert die Reihe Gl. (19) gleichmäßig in der Einheitskugel und stellt dort eine stetige Funktion dar. Wir beweisen nun

Lemma 45. *Ist $\mathfrak{z}$ ein Punkt der Klasse $\mathfrak{K}_l$, so existiert eine Konstante A derart, daß für alle $\mathfrak{y}$ mit*

$$|\mathfrak{y}-\mathfrak{z}| \leqq \tfrac{1}{8}; \qquad |\mathfrak{y}| \leqq 1$$

die Ungleichung

$$\left|f(\mathfrak{y}) - \frac{e^{-l}}{N_l} g(\mathfrak{z}-\mathfrak{y}) - f(\mathfrak{z})\right| \leqq A\,|\mathfrak{z}-\mathfrak{y}|^{1/3}$$

gilt.

Aus Gl. (6) entnehmen wir die Existenz einer Zahl $B > 0$ derart, daß für alle $|\mathfrak{y}| \leqq 2$

$$|\nabla g(\mathfrak{y})| \leqq \frac{B}{|\mathfrak{y}|} \tag{23}$$

ist. Sind $\mathfrak{z}$ und $\mathfrak{y}$ zwei Punkte im Inneren der Einheitskugel mit

$$|\mathfrak{z}-\mathfrak{y}| = \tau \tag{24}$$

und ist $\mathfrak{x}_i$ ein Punkt unserer Punktfolge mit

$$|\mathfrak{x}_i-\mathfrak{z}| \geqq \delta > 4\tau = 4\,|\mathfrak{z}-\mathfrak{y}| \tag{25}$$

so ist

$$|\mathfrak{x}_i-\mathfrak{y}| \geqq \frac{3}{4}\,\delta. \tag{26}$$

Nach dem Mittelwertssatz wird dann unter Benutzung von Gl. (23)

$$(27)\qquad |g(\mathfrak{y}-\mathfrak{x}_i)-g(\mathfrak{z}-\mathfrak{x}_i)|\leqq\frac{4}{3}\frac{B}{\delta}|\mathfrak{y}-\mathfrak{z}|=O\left(\frac{\tau}{\delta}\right),$$

wobei diese Abschätzung gleichmäßig in $\mathfrak{x}_i$ gilt, solange die Einschränkungen Gl. (25) erfüllt sind.

Wir wählen nun $\mathfrak{z}$ als Punkt der Klasse $\mathfrak{K}_l$. Dann wird für alle $\delta>0$[1]

$$(28)\qquad \begin{aligned} &f(\mathfrak{y})-f(\mathfrak{z})-\frac{e^{-l}}{N_l}g(\mathfrak{y}-\mathfrak{z})=-\frac{e^{-l}}{N_l}g(\mathfrak{y}-\mathfrak{z})+\\ &+\sum_{l=1}^{\infty}\frac{e^{-l}}{N_l}\left\{\sum_{|\mathfrak{x}_i-\mathfrak{z}|\geqq\delta}^{\mathfrak{K}_l}[g(\mathfrak{y}-\mathfrak{x}_i)-g(\mathfrak{z}-\mathfrak{x}_i)]+\right.\\ &\left.+\sum_{|\mathfrak{x}_i-\mathfrak{z}|<\delta}^{\mathfrak{K}_l}[g(\mathfrak{y}-\mathfrak{x}_i)-g(\mathfrak{z}-\mathfrak{x}_i)]\right\}=-\frac{e^{-l}}{N_l}g(\mathfrak{y}-\mathfrak{z})+S_1+S_2.\end{aligned}$$

Ist $|\mathfrak{y}-\mathfrak{z}|=\tau\leqq\frac{\delta}{4}$, so ergibt sich nach Gl. (27)

$$(29)\qquad S_1=\sum_{l=1}^{\infty}\frac{e^{-l}}{N_l}\sum_{|\mathfrak{x}_i-\mathfrak{z}|\geqq\delta}^{\mathfrak{K}_l}[g(\mathfrak{y}-\mathfrak{x}_i)-g(\mathfrak{z}-\mathfrak{x}_i)]=O\left(\frac{\tau}{\delta}\right).$$

Die beiden Bedingungen

$$(30)\qquad \mathfrak{x}_i\in\mathfrak{K}_l\quad\text{und}\quad|\mathfrak{x}_i-\mathfrak{z}|<\delta$$

können für kleine δ, abgesehen von $\mathfrak{x}_i=\mathfrak{z}$, nur erfüllt werden, wenn e groß ist. Es gilt nämlich für

$$(31)\qquad \begin{cases}\mathfrak{x}_i\in\mathfrak{K}_l; & \mathfrak{x}_i'\in\mathfrak{K}_{l'},\\ l'\leqq l; & \mathfrak{x}_i\neq\mathfrak{x}_i'\end{cases}$$

auf Grund der Definition der Klassen $\mathfrak{K}_l$

$$(32)\qquad |\mathfrak{x}_i-\mathfrak{x}_i'|\geqq 2^{-l}.$$

Da die Punkte aller Klassen mit $l'\leqq l$ ein kubisches Gitter mit der Maschenweite 2^{-l} in der Einheitskugel bilden. Folglich ist mit $\alpha=-\frac{\lg\delta}{\lg 2}$

$$(33)\qquad S_2-\frac{e^{-l}}{N_l}g(\mathfrak{y}-\mathfrak{z})=\sum_{l>\alpha}\frac{e^{-l}}{N_l}\sum_{|\mathfrak{x}_i-\mathfrak{z}|<\delta}^{\mathfrak{K}_l}[g(\mathfrak{y}-\mathfrak{x}_i)-g(\mathfrak{z}-\mathfrak{x}_i)],$$

---

[1] Das Symbol $\sum^{\mathfrak{K}_l}$ ist so zu verstehen, daß nur über die Punkte $\mathfrak{x}_i$ der entsprechenden Klasse summiert wird.

so daß wir nach Gl. (22)

$$(34)\qquad \left|S_2 - \frac{e^{-l}}{N_l} g(\mathfrak{y}-\mathfrak{z})\right| = O\big(\sum_{l>\alpha} e^{-l}\big) = O\left(\delta^{\frac{1}{\lg 2}}\right)$$

erhalten. Insgesamt wird also

$$(35)\qquad \left|S_1 + S_2 - \frac{e^{-l}}{N_l} g(\mathfrak{y}-\mathfrak{z})\right| = O\left(\frac{\tau}{\delta} + \delta^{\frac{1}{\lg 2}}\right).$$

Setzen wir nun mit $\tau = |\mathfrak{z} - \mathfrak{y}|$

$$(36)\qquad \delta = \tau^{1/3},$$

so ist für $\delta < \frac{1}{2}$ offenbar

$$(37)\qquad 4\tau < \delta,$$

und es folgt wegen $0 < \lg 2 < 1$ für $\tau < \frac{1}{8}$

$$(38)\qquad \left|S_1 + S_2 - \frac{e^{-l}}{N_l} g(\mathfrak{y}-\mathfrak{z})\right| = O(\tau^{1/3}),$$

so daß wir Lemma 45 bewiesen haben.

Es ergibt sich nun auch sofort Lemma 44, denn die Punkte der Klassen $\mathfrak{K}_l$ liegen überall dicht, und wir werden zeigen, daß die Funktion

$$(39)\qquad U(\mathfrak{x}) = \int\limits_{|\mathfrak{y}|\leqq 1} \frac{1}{|\mathfrak{x}-\mathfrak{y}|} f(\mathfrak{y})\, d V_{\mathfrak{y}}^{q}$$

in keinem Punkte $\mathfrak{z}$ unserer Folge zweimal differenzierbar ist. Nach Lemma 45 können wir nämlich, falls $\mathfrak{z}$ zur Klasse $\mathfrak{K}_l$ gehört, $f(\mathfrak{y})$ in der Form

$$(40)\qquad f(\mathfrak{y}) = \frac{e^{-l}}{N_l} g(\mathfrak{y}-\mathfrak{z}) + h(\mathfrak{y})$$

darstellen, wobei $h(\mathfrak{y})$ für $|\mathfrak{z}-\mathfrak{y}| < \frac{1}{8}$ die Bedingung

$$(41)\qquad |h(\mathfrak{y}) - h(\mathfrak{z})| \leqq A\, |\mathfrak{z}-\mathfrak{y}|^{1/3}$$

erfüllt. Nach Lemma 9 ist daher

$$(42)\qquad \int\limits_{|\mathfrak{y}|\leqq 1} \frac{1}{|\mathfrak{x}-\mathfrak{y}|} h(\mathfrak{y})\, d V_{\mathfrak{y}}$$

für $\mathfrak{x} = \mathfrak{z}$ zweimal differenzierbar. Nach den Ausführungen im Anschluß an Gl. (17) ist aber

$$(43)\qquad \int\limits_{|\mathfrak{y}|\leqq 1} \frac{1}{|\mathfrak{x}-\mathfrak{y}|} g(\mathfrak{y}-\mathfrak{z})\, d V_{\mathfrak{z}}$$

in $\mathfrak{x} = \mathfrak{z}$ nicht zweimal differenzierbar. Daher wird durch Gl. (39) eine der in Lemma 44 behaupteten Funktionen dargestellt.

Da die oben benutzte Funktion $f(\mathfrak{y})$ in $|\mathfrak{y}| \leqq 1$ stetig ist, gibt es eine Konstante C, so daß für alle $\mathfrak{y}$ aus $|\mathfrak{y}| \leqq 1$

$$C + f(\mathfrak{y}) = k^2(\mathfrak{y}) > 0 \tag{44}$$

ist. Die Funktion $k^2(\mathfrak{y})$ besitzt daher auch die in Lemma 44 behauptete Eigenschaft.

Zum Beweise von Satz 30 nehmen wir an, es sei $U(\mathfrak{x})$ eine in $|\mathfrak{x}| \leqq 1$ zweimal differenzierbare Lösung der Differentialgleichung

$$\Delta U + k^2(\mathfrak{x})\, U = 0, \tag{45}$$

wo $k^2(\mathfrak{x})$ die Bedeutung Gl. (44) hat. Ist dann

$$\varphi(\mathfrak{x}, \mathfrak{y}) = \frac{1}{|\mathfrak{x} - \mathfrak{y}|}, \tag{46}$$

so wird nach der im Anschluß an Gl. (3) durchgeführten Rechnung für $|\mathfrak{x}| < 1$

$$\begin{aligned} U(\mathfrak{x}) = \frac{1}{4\pi} \int\limits_{|\mathfrak{y}| \leqq 1} \frac{1}{|\mathfrak{x} - \mathfrak{y}|}\, k^2(\mathfrak{y})\, U(\mathfrak{y})\, dV_{\mathfrak{y}} \\ + \frac{1}{4\pi} \int\limits_{|\mathfrak{y}| = 1} \left(\frac{\partial U}{\partial n}\, \varphi(\mathfrak{x}, \mathfrak{y}) - U \frac{\partial}{\partial n_{\mathfrak{y}}}\, \varphi(\mathfrak{x}, \mathfrak{y}) \right) dF_{\mathfrak{y}}. \end{aligned} \tag{47}$$

Hier ist die durch das Oberflächenintegral dargestellte Funktion für $|\mathfrak{x}| < 1$ beliebig oft differenzierbar. Wir können unsere Betrachtung daher auf das Volumenintegral beschränken.

Es sei $\mathfrak{z}$ ein Punkt der Klasse $\mathfrak{K}_l$. Dann setzen wir

$$\begin{aligned} \int\limits_{|\mathfrak{y}| \leqq 1} \frac{1}{|\mathfrak{x} - \mathfrak{y}|}\, k^2(\mathfrak{y})\, U(\mathfrak{y})\, dV_{\mathfrak{y}} = U(\mathfrak{z}) \int\limits_{|\mathfrak{y}| \leqq 1} \frac{1}{|\mathfrak{x} - \mathfrak{y}|}\, k^2(\mathfrak{y})\, dV_{\mathfrak{y}} \\ + \int\limits_{|\mathfrak{y}| \leqq 1} \frac{1}{|\mathfrak{x} - \mathfrak{y}|}\, k^2(\mathfrak{y})\, (U(\mathfrak{y}) - U(\mathfrak{z}))\, dV_{\mathfrak{y}}. \end{aligned} \tag{48}$$

Da $U(\mathfrak{y})$ für $|\mathfrak{y}| < 1$ stetig differenzierbar ist, gibt es positive Konstanten τ und A, so daß für $|\mathfrak{x} - \mathfrak{y}| < \tau$

$$|k^2(\mathfrak{y})\, (U(\mathfrak{y}) - U(\mathfrak{z}))| \leqq A\, |\mathfrak{y} - \mathfrak{z}| \tag{49}$$

ist. Somit ist das zweite Integral der rechten Seite von Gl. (48) nach Lemma 9 in $\mathfrak{x} = \mathfrak{z}$ zweimal differenzierbar. Das Integral

$$\int\limits_{|\mathfrak{y}| \leqq 1} \frac{1}{|\mathfrak{x} - \mathfrak{y}|}\, k^2(\mathfrak{y})\, dV_{\mathfrak{y}} = 4\pi \left(\frac{1}{2} - \frac{1}{3} |\mathfrak{x}|^2 \right) + \int\limits_{|\mathfrak{y}| \leqq 1} \frac{1}{|\mathfrak{x} - \mathfrak{y}|}\, f(\mathfrak{y})\, dV_{\mathfrak{y}} \tag{50}$$

ist aber nach Lemma 45 dort nicht zweimal differenzierbar. Da $U(\mathfrak{x})$ zweimal differenzierbar in $\mathfrak{x} = \mathfrak{z}$ vorausgesetzt wurde, muß

$U(\mathfrak{z}) = 0$ sein. Diese Argumentation können wir in allen Punkten unserer Punktfolge durchführen und finden, da diese Punktfolge in der Einheitskugel überall dicht liegt, aus der Stetigkeit, daß $U(\mathfrak{x})$ identisch verschwindet[1].

Eine Theorie der Differentialgleichung

$$\Delta^* U + k^2(\mathfrak{x})\, U = 0 \tag{51}$$

unter Benutzung des üblichen LAPLACEschen Operators Δ^* für nur stetige $k^2(\mathfrak{x})$ ist daher im allgemeinen nicht möglich. Legen wir dagegen den Operator Δ entsprechend unserer Definition zugrunde, so können wir eine Theorie entwickeln, die auch für stetige $k^2(\mathfrak{x})$ voll gültig bleibt.

Wir wenden uns nun einem weiteren Satz über das Verhalten der Lösungen der Differentialgleichung

$$\Delta U + k^2 U = 0 \tag{52}$$

zu, den wir im Falle konstanter k sehr einfach beweisen können. Ist nämlich G ein reguläres Gebiet, das von der Fläche F berandet wird, so liefert der GREENsche Satz mit

$$\varphi(\mathfrak{x}, \mathfrak{y}) = \frac{e^{ik|\mathfrak{x}-\mathfrak{y}|}}{|\mathfrak{x}-\mathfrak{y}|} \tag{53}$$

unter Berücksichtigung der Singularität dieser Funktion nach der in Gl. (4) durchgeführten Rechnung

$$U(\mathfrak{x}) = \frac{1}{4\pi} \int\limits_F \left(\frac{\partial U}{\partial n}\, \varphi - U \frac{\partial \varphi}{\partial n} \right) dF_{\mathfrak{y}} \tag{54}$$

für alle $\mathfrak{x}$ in G. Verschwindet daher auf F sowohl U als auch $\frac{\partial U}{\partial n}$, so ist U identisch Null.

Diesen Beweis können wir nicht ohne weiteres auf stetig veränderliche $k^2(\mathfrak{x})$ übertragen, da uns kein Analogon der Funktion Gl. (53) zur Verfügung steht. Wir müssen daher andere Methoden benutzen und beweisen nun

Satz 31. *Es sei $U(\mathfrak{x})$ stetig differenzierbar im Inneren des regulären Gebietes G und auf dessen Rand F. In G genüge $U(\mathfrak{x})$ der Differentialgleichung*

$$\Delta U + k^2(\mathfrak{x})\, U = 0$$

mit in G stetigem $k^2(\mathfrak{x})$. Auf F sei

$$U = \frac{\partial U}{\partial n} = 0 .$$

Dann verschwindet U identisch[2].

---

[1] Diese Argumentation stammt von A. WINTNER: Amer. J. Math. **72**, 731, (1950).

[2] Vgl. CL. MÜLLER: Zur mathematischen Theorie elektromagnetischer Schwingungen. Abh. d. Deutschen Akademie Berlin, Nr. 3 (1945/46).

Zum Beweise diese Satzes nehmen wir an, daß der Nullpunkt unseres Koordinatensystems im Äußeren von G liegt. Wir bilden die für alle $\mathfrak{x}$ definierte Funktion

$$V(\mathfrak{x}) = \begin{cases} U(\mathfrak{x}) & \text{für} \quad \mathfrak{x} \in G, \\ 0 & \text{für} \quad \mathfrak{x} \notin G. \end{cases} \tag{55}$$

Für alle $\mathfrak{x}$, die nicht auf F liegen, ist diese Funktion eine Lösung von

$$\Delta V + k^2 V = 0, \tag{56}$$

wenn wir $k^2(\mathfrak{x})$ beliebig ins Äußere von G fortsetzen. Der Einfachheit halber setzen wir fest, daß $k^2(\mathfrak{x})$ im Äußeren von G verschwindet. Wir bilden nun

$$\left\{ \begin{aligned} F_{n,j}(r) &= \int\limits_{\Omega} V(r\,\mathfrak{x}_0)\, K_{n,j}(\mathfrak{x}_0)\, d\omega, \\ \Phi_{n,j}(r) &= \int\limits_{\Omega} K_{n,j}(\mathfrak{x}_0)\, \Delta V(r\,\mathfrak{x}_0)\, d\omega, \end{aligned} \right. \tag{57}$$

wobei Ω die Einheitskugel $\mathfrak{x}_0^2 = 1$ und $d\omega$ deren Flächenelement bezeichnet.

Auf Grund der vorausgesetzten Randbedingung ist $V(\mathfrak{x})$ überall stetig differenzierbar und ΔV überall stetig. Da der Nullpunkt im Äußeren von G liegt, gibt es ein $C > 0$ und ein $D > C > 0$, so daß für alle n und $r \leqq C$, sowie $r \geqq D$

$$F_{n,j}(r) = \Phi_{n,j}(r) = 0 \tag{58}$$

ist. Nach Lemma 11 ist

$$\Delta K_{n,j}(\mathfrak{x}_0) = \frac{1}{r^2}\, \Delta_0\, K_{n,j}(\mathfrak{x}_0) = -\frac{n(n+1)}{r^2}\, K_{n,j}(\mathfrak{x}_0). \tag{59}$$

Daher wird nach dem GREENschen Satz

$$\int\limits_{|\mathfrak{x}|=R} \frac{\partial V}{\partial R} K_{n,j}(\mathfrak{x}_0)\, dF = \int\limits_{|\mathfrak{x}| \leqq R} \left(\Delta V K_{n,j}(\mathfrak{x}_0) + \frac{n(n+1)}{|\mathfrak{x}|^2} V K_{n,j}(\mathfrak{x}_0) \right) dV, \tag{60}$$

so daß sich wegen

$$R^2 F'_{n,j}(R) = \int\limits_{|\mathfrak{x}|=R} \frac{\partial V}{\partial R} K_{n,j}(\mathfrak{x}_0)\, dF \tag{61}$$

aus der Stetigkeit von V und ΔV

$$(R^2 F'_{n,j}(R))' - \frac{n(n+1)}{R^2} F_{n,j}(R) = R^2\, \Phi_{n,j}(R) \tag{62}$$

ergibt. Wir finden damit

Lemma 46. *Die Funktion $F_{n,j}(R)$ genügt für alle R der Differentialgleichung*

$$F''_{n,j} + \frac{2}{R} F'_{n,j} - \frac{n(n+1)}{R^2} F_{n,j} = \Phi_{n,j}.$$

Die allgemeine Lösung dieser Differentialgleichung lautet

$$F_{n,j}(R) = A R^n + B R^{-n-1} + \frac{R^n}{2n+1} \int_0^R \left(\frac{1}{r^{n-1}} - \frac{r^{n+2}}{R^{2n+1}} \right) \Phi_{n,j}(r)\, dr. \tag{63}$$

Nach Gl. (58) muß daher $A = B = 0$ sein, und wir finden

$$F_{n,j}(R) = \frac{R^n}{2n+1} \int_0^R \left(\frac{1}{r^{n-1}} - \frac{r^{n+2}}{R^{2n+1}} \right) \Phi_{n,j}(r)\, dr. \tag{64}$$

Wir können die allgemeine Lösung auch in der Form

$$\begin{aligned} F_{n,j}(R) &= A R^n + B R^{-n-1} - \\ &\quad - \frac{R^n}{2n+1} \int_R^\infty \frac{\Phi_{n,j}(r)}{r^{n-1}}\, dr - \frac{R^n}{2n+1} \int_0^R \frac{r^{n+2}}{R^{2n+1}} \Phi_{n,j}(r)\, dr \end{aligned} \tag{65}$$

schreiben und finden nach Gl. (58) für $R \to 0$ zunächst $B = 0$ und dann für $R \to \infty$ auch $A = 0$. Es gilt daher

Lemma 47. *Die Funktion $F_{n,j}(R)$ kann in der Form*

$$F_{n,j}(R) = \frac{R^n}{2n+1} \int_0^R \left(\frac{1}{r^{n-1}} - \frac{r^{n-2}}{R^{2n+1}} \right) \Phi_{n,j}(r)\, dr$$

oder

$$F_{n,j}(R) = -\frac{R^n}{2n+1} \left(\int_R^\infty \frac{1}{r^{n-1}} \Phi_{n,j}(r)\, dr + \int_0^R \frac{r^{n+2}}{R^{2n+1}} \Phi_{n,j}(r)\, dr \right)$$

dargestellt werden, wobei diese Darstellungen für alle n und alle R gleichzeitig gelten.

Wir setzen weiterhin zur Abkürzung

$$\left\{ \begin{aligned} F^2(R) &= \sum_{n=0}^{\infty} \sum_{j=-n}^{n} |F_{n,j}(r)|^2, \\ \Phi^2(R) &= \sum_{n=0}^{\infty} \sum_{j=-n}^{n} |\Phi_{n,j}(r)|^2. \end{aligned} \right. \tag{66}$$

Wegen

$$\Delta V = -k^2 V \tag{67}$$

folgt aus der Stetigkeit von $k^2(\mathfrak{x})$

$$|\Delta V| \leqq A|V| \tag{68}$$

mit geeignetem $A > 0$. Aus den Definitionen Gl. (57) ergibt sich daher für alle R wegen der Vollständigkeit der Kugelfunktionen

$$\Phi^2(R) \leqq A F^2(R). \tag{69}$$

Nach Gl. (58) ist $F^2(R)$ nur im Intervall $C \leqq R \leqq D$ von Null verschieden. Wir können daher stets eine Konstante B_0 so finden, daß für alle $R \leqq D$

$$F^2(R) \leqq B_0 R^{1/2} \tag{70}$$

ist. Wir nehmen nun an, es wäre mit festem ganzem $l \geqq 0$ und $B_l > 0$

$$F^2(R) \leqq B_l R^{3l+1/2} \tag{71}$$

bewiesen worden. Für alle n mit $2n \leqq 3(l+1)$ erhalten wir dann

$$|F_{n,j}(R)|^2 \leqq \frac{R^{2n}}{(2n+1)^2} \int_0^R \frac{|\Phi_{n,j}(r)|^2}{r^{3l+1/2}}\, dr \int_0^R r^{3l+1/2} \left(r^{1-n} - \frac{r^{n+2}}{R^{2n+1}}\right)^2 dr. \tag{72}$$

Es wird

$$\begin{aligned} R^{2n-3(l+1)-1/2} \int_0^R r^{3l+1/2} \left(r^{1-n} - \frac{r^{n+3}}{R^{2n+1}}\right)^2 dr = \frac{1}{3(l+1)+3/2-(2n+1)} + \\ + \frac{1}{3(l+1)+3/2+(2n+1)} - \frac{2}{3(l+1)+3/2} \leqq \frac{4(2n+1)^2}{[3(l+3/2)]^2} < \frac{4}{9}\frac{(2n+1)^2}{(l+1)^2}, \end{aligned} \tag{73}$$

so daß sich aus Gl. (72)

$$|F_{n,j}(R)|^2 \leqq \frac{4}{9}\frac{R^{3(l+1)+1/2}}{(l+1)^2} \int_0^R \frac{|\Phi_{n,j}(r)|^2}{r^{3l+1/2}}\, dr < \frac{4}{9}\frac{R^{3(l+1)+1/2}}{(l+1)^2} \int_0^D \frac{|\Phi_{n,j}(r)|^2}{r^{3l+1/2}}\, dr \tag{74}$$

ergibt. Für $2n > 3(l+1)$ benutzen wir die zweite der in Lemma 47 genannten Darstellungen und finden, da $\Phi_{n,j}(r)$ für $r > D$ verschwindet,

$$|F_{n,j}(R)|^2 \leqq \frac{2R^{2n}}{(2n+1)^2}\left(\left|\int_R^D \frac{\Phi_{n,j}(r)}{r^{n-1}}\, dr\right|^2 + \left|\int_0^R \frac{r^{n+2}}{R^{2n+1}}\,\Phi_{n,j}(r)\, dr\right|^2\right). \tag{75}$$

Nun ist

$$\begin{aligned} \left|\int_R^D \frac{\Phi_{n,j}(r)}{r^{n-1}}\, dr\right|^2 \leqq \int_R^D \frac{|\Phi_{n,j}(r)|^2}{r^{3l+1/2}}\, dr \int_R^D \frac{r^{3l+1/2}}{r^{2n-2}}\, dr < \\ < \frac{R^{3(l+1)+1/2-2n}}{(2n+1)-3(l+3/2)} \int_0^D \frac{|\Phi_{n,j}(r)|^2}{r^{3l+1/2}}\, dr \end{aligned} \tag{76}$$

und

$$(77)\qquad \begin{aligned}\left|\int_0^R \frac{r^{n+2}}{R^{2n+1}}\,\Phi_{n,j}(r)\,dr\right|^2 &\leqq \int_0^R \frac{|\Phi_{n,j}(r)|^2}{r^{3l+1/2}}\,dr \int_0^R \frac{r^{3l+1/2+2n+4}}{R^{4n+2}}\,dr \leqq \\ &\leqq \frac{R^{3(l+1)+1/2-2n}}{2n+1+3(l+3/2)} \int_0^D \frac{|\Phi_{n,j}(r)|^2}{r^{3l+1/2}}\,dr,\end{aligned}$$

so daß sich aus Gl. (75) wegen $2n+1-3(l+1)-\frac{1}{2} \geqq \frac{1}{2}$

$$(78)\qquad \begin{aligned}|F_{n,j}(R)|^2 &\leqq \frac{8\,R^{3(l+1)+1/2}}{(2n+1)(2n+1+3l+3)} \int_0^D \frac{|\Phi_{n,j}(r)|^2}{r^{3l+1/2}}\,dr < \\ &< \frac{4}{9}\,\frac{R^{3(l+1)+1/2}}{(l+1)^2} \int_0^D \frac{|\Phi_{n,j}(r)|^2}{r^{3l+1/2}}\,dr\end{aligned}$$

folgt. Da diese Abschätzung in Gl. (74) schon für $2n \leqq 3(l+1)$ bewiesen wurde, gilt sie somit für alle n. Wir erhalten daher für beliebige N nach Gl. (66)

$$(79)\qquad \sum_{n=0}^{N} \sum_{j=-n}^{n} |F_{n,j}(R)|^2 < \frac{4}{9}\,\frac{R^{3(l+1)+1/2}}{(l+1)^2} \int_0^D \frac{\Phi^2(r)\,dr}{r^{3l+1/2}},$$

und es ergibt sich durch den Grenzübergang $N \to \infty$

$$(80)\qquad F^2(R) < \frac{4}{9}\,\frac{R^{3(l+1)+1/2}}{(l+1)^2} \int_0^D \frac{\Phi^2(r)\,dr}{r^{3l+1/2}}.$$

Unter der Voraussetzung Gl. (71) ist nach Gl. (69)

$$(81)\qquad \Phi^2(R) \leqq A\,F^2(R) \leqq A\,B_l\,R^{3l+1/2},$$

so daß aus Gl. (80)

$$(82)\qquad F^2(R) < \frac{4}{9}\,\frac{A\,B_l\,D}{(l+1)^2}\,R^{3(l+1)+1/2} < \frac{A\,B_l\,D}{(l+1)^2}\,R^{3(l+1)+1/2}$$

folgt. Die Annahme Gl. (71) gilt somit auch für $l+1$ mit

$$(83)\qquad B_{l+1} = A\,D\,\frac{B_l}{(l+1)^2}.$$

Da die Annahme Gl. (71) für $l = 0$ mit einer geeigneten Konstanten B_0 erfüllt ist, erhalten wir

$$(84)\qquad B_l = \frac{A\,D}{l^2}\,B_{l-1} = \frac{(A\,D)^2}{l^2(l-1)^2}\,B_{l-2} = \cdots \frac{(A\,D)^l}{(l!)^2}\,B_0,$$

und es folgt aus Gl. (80)

(85) $$F^2(R) \leqq \frac{(A\,D\,R^3)^{l+1}}{[(l+1)!]^2} B_0 R^{1/2},$$

so daß sich durch den Grenzübergang $l \to \infty$

(86) $$F^2(R) = 0$$

ergibt, womit unser Satz bewiesen ist.

IV. Elektromagnetische Schwingungen im homogenen Raum

Wir gehen nun dazu über, die MAXWELLschen Gleichungen

$$\nabla \times \mathfrak{H} + i\,\omega\varepsilon\,\mathfrak{E} = \mathfrak{J}; \quad \nabla \times \mathfrak{E} - i\,\omega\mu\,\mathfrak{H} = -\mathfrak{J}'$$

systematisch zu behandeln. Zunächst entwickeln wir eine Integraldarstellung der Lösungen dieser Gleichungen, die als die mathematische Formulierung des HUYGENSschen Prinzips für elektromagnetische Schwingungen interpretiert werden kann. Wir zeigen nämlich, daß jedes Feld $\mathfrak{E}$, $\mathfrak{H}$, das im Inneren eines von der Fläche F berandeten regulären Gebietes G den Gleichungen

$$\nabla \times \mathfrak{H} + i\,\omega\varepsilon\,\mathfrak{E} = 0; \quad \nabla \times \mathfrak{E} - i\,\omega\mu\,\mathfrak{H} = 0$$

genügt, mit $r = |\mathfrak{x} - \mathfrak{y}|$, $\Phi = \frac{e^{ikr}}{r}$ und $\nabla = \nabla_{\mathfrak{y}}$ in der Form

$$\mathfrak{E}(\mathfrak{x}) = \frac{1}{4\pi}\int\limits_F \Big[-i\,\omega\mu\,(\mathfrak{n}\times\mathfrak{H})\,\Phi - (\mathfrak{n}\times\mathfrak{E})\times\nabla\Phi - (\mathfrak{E}\mathfrak{n})\nabla\Phi\Big]\,dF_{\mathfrak{y}},$$

$$\mathfrak{H}(\mathfrak{x}) = \frac{1}{4\pi}\int\limits_F \Big[i\,\omega\varepsilon\,(\mathfrak{n}\times\mathfrak{E})\,\Phi - (\mathfrak{n}\times\mathfrak{H})\times\nabla\Phi - (\mathfrak{E}\mathfrak{n})\nabla\Phi\Big]\,dF_{\mathfrak{y}}$$

dargestellt werden kann. Liegt $\mathfrak{x}$ im Äußeren von G, so verschwinden die Integrale der rechten Seite identisch.

Die Flächenintegrale können wir durch Einführung der Flächenströme

$$\mathfrak{j} = -\mathfrak{n}\times\mathfrak{H}; \quad \mathfrak{j}' = \mathfrak{n}\times\mathfrak{E}$$

als die von diesen Strömen erzeugte Schwingung interpretieren.

Durch diese Ergebnisse sind wir dann in der Lage, die einleitend aufgestellten Beziehungen für Flächenströme und Volumenströme streng zu beweisen.

§ 10. Die Integraldarstellung

Wir gehen von den Gleichungen

(1) $$\nabla \times \mathfrak{H} + i\,\omega\varepsilon\,\mathfrak{E} = \mathfrak{J}; \quad \nabla \times \mathfrak{E} - i\,\omega\mu\,\mathfrak{H} = -\mathfrak{J}'$$

aus und nehmen an, daß $\mathfrak{E}$, $\mathfrak{H}$ und $\mathfrak{J}$, $\mathfrak{J}'$ diesen Gleichungen in einem von der Randfläche F berandeten Gebiet G genügen. Wir setzen voraus, daß die genannten Felder stetig sind, und $\nabla\times\mathfrak{H}$, $\nabla\times\mathfrak{E}$, $\nabla\mathfrak{H}$, $\nabla\mathfrak{E}$ sowie $\nabla\mathfrak{J}$ und $\nabla\mathfrak{J}'$ im Sinne unserer Definition existieren und ebenfalls stetig sind. Zur Abkürzung bilden wir noch P und P' durch

$$\nabla\mathfrak{J} = i\omega P; \quad \nabla\mathfrak{J}' = i\omega P'. \tag{2}$$

Die Größen ε und μ seien konstant (ω ist natürlich ebenfalls konstant). Mit k bezeichnen wir die durch

$$0 \leqq \arg k < \pi \tag{3}$$

eindeutig definierte Wurzel aus

$$k^2 = \omega^2\varepsilon\mu. \tag{4}$$

Dann bilden wir

$$\Phi(\mathfrak{x},\mathfrak{y}) = \frac{e^{ik|\mathfrak{x}-\mathfrak{y}|}}{|\mathfrak{x}-\mathfrak{y}|} \tag{5}$$

und finden wegen ($\mathfrak{y} \neq \mathfrak{x}$)

$$(\Delta_{\mathfrak{y}} + k^2)\,\Phi = 0 \tag{6}$$

für jeden konstanten Vektor $\mathfrak{a}$

$$\begin{aligned}\nabla_{\mathfrak{y}}\times(\nabla_{\mathfrak{y}}\times\mathfrak{a}\,\Phi) &= \nabla_{\mathfrak{y}}\times(\nabla_{\mathfrak{y}}\Phi\times\mathfrak{a})\\ &= -\nabla_{\mathfrak{y}}\mathfrak{a}\,\Phi + \nabla_{\mathfrak{y}}(\nabla_{\mathfrak{y}}\mathfrak{a}\,\Phi) = k^2\mathfrak{a}\,\Phi + \nabla_{\mathfrak{y}}(\mathfrak{a}\,\nabla_{\mathfrak{y}}\Phi).\end{aligned} \tag{7}$$

Es sei G_τ die Menge der Punkte $\mathfrak{y}$ aus G, für die $|\mathfrak{x}-\mathfrak{y}| \geqq \tau$ ist. Liegt $\mathfrak{x}$ in G, so ist für genügend kleine τ der Kreis $|\mathfrak{x}-\mathfrak{y}| \leqq \tau$ ganz in G enthalten. Es sei weiterhin $\mathfrak{v}$ ein stetiges Vektorfeld, dessen Rotation $\nabla\times\mathfrak{v}$ und Divergenz $\nabla\mathfrak{v}$ ebenfalls stetig ist. Dann gilt mit $\nabla = \nabla_{\mathfrak{y}}$

$$\begin{aligned}\int_{G_\tau}\nabla(\mathfrak{v}\times(\nabla\Phi\times\mathfrak{a}))\,dV &= -\int_{G_\tau}[\mathfrak{v}\,(\nabla\times(\nabla\Phi\times\mathfrak{a})) -\\ -(\nabla\times\mathfrak{v})(\nabla\Phi\times\mathfrak{a})]\,dV_{\mathfrak{y}} &= \int_F\mathfrak{n}\,(\mathfrak{v}\times(\nabla\Phi\times\mathfrak{a}))\,dF_{\mathfrak{y}} +\\ &+ \int_{|\mathfrak{x}-\mathfrak{y}|=\tau}\mathfrak{n}\,(\mathfrak{v}\times(\nabla\Phi\times\mathfrak{a}))\,dF_{\mathfrak{y}}.\end{aligned} \tag{8}$$

Nach Gl. (7) ist

$$\int_{G_\tau}\mathfrak{v}\,(\nabla\times(\nabla\Phi\times\mathfrak{a}))\,dV_{\mathfrak{y}} = \int_{G_\tau}[k^2\Phi\,(\mathfrak{a}\mathfrak{v}) + (\mathfrak{v}\,\nabla(\mathfrak{a}\nabla\Phi))]\,dV_{\mathfrak{y}}. \tag{9}$$

Für das letzte Integral erhalten wir

$$\begin{aligned}\int_{G_\tau}\mathfrak{v}\nabla(\mathfrak{a}\nabla\Phi)\,dV_{\mathfrak{y}} &= -\int_{G_\tau}(\nabla\mathfrak{v})(\mathfrak{a}\nabla\Phi)\,dV_{\mathfrak{y}} +\\ &+ \int_F(\mathfrak{n}\mathfrak{v})(\mathfrak{a}\nabla\Phi)\,dF_{\mathfrak{y}} + \int_{|\mathfrak{x}-\mathfrak{y}|=\tau}(\mathfrak{n}\mathfrak{v})(\mathfrak{a}\nabla\Phi)\,dF_{\mathfrak{y}},\end{aligned} \tag{10}$$

so daß sich aus Gl. (8) nach Gl. (9) und (10)

$$
\begin{aligned}
&\mathfrak{a}\int\limits_{G_\tau}[-k^2\mathfrak{v}\,\Phi+(\nabla\mathfrak{v})\,\nabla\Phi-\nabla\Phi\times(\nabla\times\mathfrak{v})]\,dV_{\mathfrak{y}}\\
(11)\quad&=\mathfrak{a}\int[\mathfrak{v}\,(\mathfrak{n}\nabla\Phi)-\mathfrak{n}\,(\mathfrak{v}\nabla\Phi)+(\mathfrak{v}\mathfrak{n})\,\nabla\Phi]\,dF_{\mathfrak{y}}+\\
&+\mathfrak{a}\int\limits_{|\mathfrak{x}-\mathfrak{y}|=\tau}[\mathfrak{v}\,(\mathfrak{n}\nabla\Phi)-\mathfrak{n}\,(\mathfrak{v}\nabla\Phi)+(\mathfrak{v}\mathfrak{n})\,\nabla\Phi]\,dF_{\mathfrak{y}}
\end{aligned}
$$

ergibt. Für $\tau\to 0$ gilt aber auf $|\mathfrak{x}-\mathfrak{y}|=\tau$, da $\mathfrak{n}$ ins Innere der Kugel $|\mathfrak{x}-\mathfrak{y}|\leqq\tau$ weist

$$
(12)\qquad \nabla_{\mathfrak{y}}\Phi=\nabla\Phi=\frac{\mathfrak{n}}{\tau^2}+0\left(\frac{1}{\tau}\right).
$$

Damit erhalten wir durch den Grenzübergang $\tau\to 0$ für alle Vektoren $\mathfrak{a}$

$$
\begin{aligned}
&\mathfrak{a}\int\limits_{G}[-k^2\mathfrak{v}\,\Phi+(\nabla\mathfrak{v})\,\nabla\Phi-\nabla\Phi\times(\nabla\times\mathfrak{v})]\,dV_{\mathfrak{y}}\\
(13)\quad&=\mathfrak{a}\int[\mathfrak{v}\,(\mathfrak{n}\nabla\Phi)-\mathfrak{n}\,(\mathfrak{v}\nabla\Phi)+(\mathfrak{v}\mathfrak{n})\nabla\Phi]\,dF_{\mathfrak{y}}+4\pi\,(\mathfrak{a}\,\mathfrak{v}(\mathfrak{x})).
\end{aligned}
$$

Da diese Relation für alle $\mathfrak{a}$ gilt, finden wir

$$
\begin{aligned}
&\mathfrak{v}\,(\mathfrak{x})=\frac{1}{4\pi}\int\limits_{G}[-k^2\mathfrak{v}\,\Phi+(\nabla\mathfrak{v})\,\nabla\Phi-\nabla\Phi\times(\nabla\times\mathfrak{v})]\,dV-\\
(14)\quad&-\frac{1}{4\pi}\int\limits_{F}[\mathfrak{v}\,(\mathfrak{n}\nabla\Phi)-\mathfrak{n}\,(\mathfrak{v}\nabla\Phi)+(\mathfrak{v}\mathfrak{n})\,\nabla\Phi]\,dF.
\end{aligned}
$$

Wir kehren nun zur Gl. (1) zurück. Erfüllen die Felder $\mathfrak{E}$, $\mathfrak{H}$, $\mathfrak{J}$ und $\mathfrak{J}'$ die genannten Bedingungen, so sind beispielsweise $\nabla\times\mathfrak{E}$, $\nabla\times\mathfrak{H}$ und $\nabla\mathfrak{E}$, $\nabla\mathfrak{H}$ stetig. Wir finden zunächst[1] mit $dV=dV_{\mathfrak{y}}$ und $dF=dF_{\mathfrak{y}}$

$$
\begin{aligned}
&\int\limits_{G}\nabla\Phi\times(\nabla\times\mathfrak{E})\,dV=-\int\limits_{G}\nabla\Phi\times\mathfrak{J}'\,dV+i\omega\mu\int\limits_{G}\nabla\Phi\times\mathfrak{H}\,dV\\
(15)\quad&=\int\limits_{G}\mathfrak{J}'\times\nabla\Phi\,dV+i\omega\mu\int\limits_{G}\nabla\times\Phi\,\mathfrak{H}\,dV-i\omega\mu\int\limits_{G}\Phi\cdot\nabla\times\mathfrak{H}\,dV\\
&=\int\limits_{G}[\mathfrak{J}'\times\nabla\Phi-k^2\Phi\,\mathfrak{E}-i\omega\mu\,\mathfrak{J}\,\Phi]\,dV+i\omega\mu\int\limits_{F}(\mathfrak{n}\times\mathfrak{H})\,\Phi\,dF.
\end{aligned}
$$

Bilden wir nun Gl. (14) für $\mathfrak{v}=\mathfrak{E}$, so wird unter Verwendung der letzten Beziehung

$$
\begin{aligned}
&\mathfrak{E}(\mathfrak{x})=\frac{1}{4\pi}\int\limits_{G}[i\omega\mu\,\mathfrak{J}\,\Phi-\mathfrak{J}'\times\nabla\Phi+\nabla\mathfrak{E}\cdot\nabla\Phi]\,dV-\\
(16)\quad&-\frac{1}{4\pi}\int\limits_{F}[i\omega\mu(\mathfrak{n}\times\mathfrak{H})\,\Phi+(\mathfrak{n}\times\mathfrak{E})\times\nabla\Phi+(\mathfrak{E}\mathfrak{n})\nabla\Phi]\,dF.
\end{aligned}
$$

[1] Die für diesen Schritt notwendige leichte Berücksichtigung der Singularität von $\nabla\Phi$ bleibe dem Leser überlassen.

Nach Gl. (1) und (2) ist

$$i\omega\varepsilon \nabla \mathfrak{E} = \nabla \mathfrak{J} = i\omega P, \tag{17}$$

so daß wir schließlich

$$\begin{aligned}\mathfrak{E}(\mathfrak{x}) &= \frac{1}{4\pi}\int\limits_G \left[i\omega\mu\,\mathfrak{J}\Phi - \mathfrak{J}' \times \nabla\Phi + \frac{1}{\varepsilon}P\nabla\Phi\right]dV - \\ &- \frac{1}{4\pi}\int\limits_F [i\omega\mu(\mathfrak{n}\times\mathfrak{H})\Phi + (\mathfrak{n}\times\mathfrak{E})\times\nabla\Phi + (\mathfrak{E}\mathfrak{n})\nabla\Phi]\,dF\end{aligned} \tag{18}$$

erhalten. Analog ergibt sich aus Gl. (14) für $\mathfrak{v} = \mathfrak{E}$ auch

$$\begin{aligned}\mathfrak{H}(\mathfrak{x}) &= \frac{1}{4\pi}\int\limits_G \left[i\omega\varepsilon\,\mathfrak{J}'\Phi + \mathfrak{J}\times\nabla\Phi + \frac{1}{\mu}P'\nabla\Phi\right]dV + \\ &+ \frac{1}{4\pi}\int\limits_F [i\omega\varepsilon(\mathfrak{n}\times\mathfrak{E})\Phi - (\mathfrak{n}\times\mathfrak{H})\times\nabla\Phi - (\mathfrak{H}\mathfrak{n})\nabla\Phi]\,dF.\end{aligned} \tag{19}$$

Liegt $\mathfrak{x}$ im äußeren von G, so gilt statt Gl. (8)

$$\begin{aligned}&\int\limits_G \nabla(\mathfrak{v}\times(\nabla\Phi\times\mathfrak{a}))\,dV = -\int\limits_G \mathfrak{v}(\nabla\times(\nabla\Phi\times\mathfrak{a}))\,dV + \\ &+ \int\limits_G (\nabla\Phi\times\mathfrak{a})(\nabla\times\mathfrak{v})\,dV = \int\limits_F \mathfrak{n}(\mathfrak{v}\times(\nabla\Phi\times\mathfrak{a}))\,dF.\end{aligned} \tag{20}$$

Wegen

$$\int\limits_G \mathfrak{v}\nabla(\mathfrak{a}\nabla\Phi)\,dV = \int\limits_F (\mathfrak{v}\mathfrak{n})(\mathfrak{a}\nabla\Phi)\,dF - \int\limits_G \nabla\mathfrak{v}(\mathfrak{a}\nabla\Phi)\,dV \tag{21}$$

ergibt sich weiterhin statt Gl. (14)

$$\begin{aligned}0 &= \frac{1}{4\pi}\int\limits_G [-k^2\mathfrak{v}\Phi + (\nabla\mathfrak{v})\nabla\Phi - \nabla\Phi\times(\nabla\times\mathfrak{v})]\,dV - \\ &- \frac{1}{4\pi}\int\limits_F [\mathfrak{v}(\mathfrak{n}\nabla\Phi) - \mathfrak{n}(\mathfrak{v}\nabla\Phi) + (\mathfrak{v}\mathfrak{n})\nabla\Phi]\,dF.\end{aligned} \tag{22}$$

Setzen wir für $\mathfrak{v}$ nun wieder $\mathfrak{E}$ und $\mathfrak{H}$ ein, so folgt, daß die rechten Seiten von Gl. (18) und (19) verschwinden, wenn $\mathfrak{x}$ im Äußeren von $\mathfrak{G}$ liegt.

Damit erhalten wir[1]

Satz 32. *Die Felder $\mathfrak{E}$ und $\mathfrak{H}$ seien im regulären, von der Randfläche F berandeten Gebiet $\mathfrak{G}$ stetig. Es seien $\nabla\times\mathfrak{E}$, $\nabla\times\mathfrak{H}$, $\nabla\mathfrak{E}$ und $\nabla\mathfrak{H}$ ebenfalls stetig. Gilt dann mit stetigen $\mathfrak{J}$, $\mathfrak{J}'$ und P, P'*

$$\nabla\times\mathfrak{H} + i\omega\varepsilon\mathfrak{E} = \mathfrak{J};\quad \nabla\times\mathfrak{E} - i\omega\mu\mathfrak{H} = -\mathfrak{J}';\quad \nabla\mathfrak{J} = i\omega P;\quad \nabla\mathfrak{J}' = i\omega P'$$

[1] Diese Formulierung stammt von STRATTON und CHU: Phys. Rev. **56**, 99 (1939).

und konstanten ε und μ, so ist mit

$$\Phi = \frac{e^{ik|\mathfrak{x}-\mathfrak{y}|}}{\mathfrak{x}-\mathfrak{y}}; \quad 0 \leqq \arg k < \pi; \quad k^2 = \omega^2 \varepsilon \mu$$

für alle $\mathfrak{x}$ *aus G*

$$\mathfrak{E}(\mathfrak{x}) = \frac{1}{4\pi}\int_G \left[i\omega\mu\mathfrak{J}\cdot\Phi - \mathfrak{J}'\times\nabla\Phi + \frac{1}{\varepsilon}P\nabla\Phi\right]dV_{\mathfrak{y}} -$$

$$- \frac{1}{4\pi}\int_F [i\omega\mu(\mathfrak{n}\times\mathfrak{H})\Phi + (\mathfrak{n}\times\mathfrak{E})\times\nabla\Phi + (\mathfrak{E}\mathfrak{n})\nabla\Phi]\,dF_{\mathfrak{y}},$$

$$\mathfrak{H}(\mathfrak{x}) = \frac{1}{4\pi}\int_G \left[i\omega\varepsilon\mathfrak{J}'\Phi + \mathfrak{J}\times\nabla\Phi + \frac{1}{\mu}P'\nabla\Phi\right]dV_{\mathfrak{y}} +$$

$$+ \frac{1}{4\pi}\int_F [i\omega\varepsilon(\mathfrak{n}\times\mathfrak{E})\Phi - (\mathfrak{n}\times\mathfrak{H})\times\nabla\Phi - (\mathfrak{H}\mathfrak{n})\nabla\Phi]\,dF_{\mathfrak{y}},$$

wobei

$$\nabla = \nabla_{\mathfrak{y}}$$

gesetzt wird.

Liegt $\mathfrak{x}$ *im Äußeren von G, so verschwinden die Ausdrücke der rechten Seite identisch.*

Als Spezialfall erhalten wir für $\mathfrak{J} = \mathfrak{J}' = 0$.

Satz 33. *Im regulären, von F berandeten Gebiet G sei*

$$\nabla\times\mathfrak{H} + i\omega\varepsilon\mathfrak{E} = 0; \quad \nabla\times\mathfrak{E} - i\omega\mu\mathfrak{H} = 0.$$

Dann ist für alle $\mathfrak{x}$ *in G, wenn* $\mathfrak{n}$ *ins Äußere von G weist,*

$$\mathfrak{E}(\mathfrak{x}) = \frac{1}{4\pi}\int_F [-i\omega\mu(\mathfrak{n}\times\mathfrak{H})\Phi - (\mathfrak{n}\times\mathfrak{E})\times\nabla\Phi - (\mathfrak{E}\mathfrak{n})\nabla\,dF_{\mathfrak{y}},$$

$$\mathfrak{H}(\mathfrak{x}) = \frac{1}{4\pi}\int_F [i\omega\varepsilon(\mathfrak{n}\times\mathfrak{E})\Phi - (\mathfrak{n}\times\mathfrak{H})\times\nabla\Phi - (\mathfrak{H}\mathfrak{n})\nabla\Phi]\,dF_{\mathfrak{y}}.$$

Liegt $\mathfrak{x}$ *außerhalb G, so verschwinden die Ausdrücke der rechten Seite identisch.*

Dieser Satz gilt unter der Voraussetzung, daß in G das Feld $\mathfrak{E}$, $\mathfrak{H}$ stetig ist, $\nabla\times\mathfrak{E}$, $\nabla\times\mathfrak{H}$ existieren und den genannten Gleichungen genügen. Aus Satz 32 folgt daher, daß diese Felder in G beliebig oft differenzierbar und sogar analytisch sind, da sich in der Umgebung jedes inneren Punktes $\mathfrak{x}'$ die Funktionen $\Phi(\mathfrak{x}, \mathfrak{y})$ und $\nabla\Phi(\mathfrak{x}, \mathfrak{y})$ nach Potenzen der kartesischen Koordinaten des Ortsvektors $\mathfrak{x}$ entwickeln lassen. Die so entstehenden Reihen konvergieren für alle $\mathfrak{x}$ einer Kugel $|\mathfrak{x}-\mathfrak{x}'| \leqq \alpha$ mit genügend kleinem α und alle $\mathfrak{y}$ aus F gleichmäßig, so daß die Behauptung aus der Vertauschbarkeit von Summation und Integration folgt. Es gilt daher auch

Lemma 48. *In* $|\mathfrak{x} - \mathfrak{x}_1| \leqq \alpha$ *seien* $\mathfrak{E}$, $\mathfrak{H}$, $\nabla \times \mathfrak{E}$, $\nabla \times \mathfrak{H}$ *stetig, und es gelte mit konstanten* ε *und* μ

$$\nabla \times \mathfrak{H} + i\omega\varepsilon\mathfrak{E} = 0; \quad \nabla \times \mathfrak{E} - i\omega\mu\mathfrak{H} = 0.$$

Dann sind $\mathfrak{E}$ *und* $\mathfrak{H}$ *analytisch in* $\mathfrak{x}_1$.

Diese Tatsache hat zur unmittelbaren Folge, daß eine Lösung unserer Gleichungen identisch verschwindet, wenn sie auf einem regulären Flächenelement F' des Randes verschwindet. Ist nämlich $\mathfrak{x}_1$ ein innerer Punkt von F', so betrachten wir die Kugel $|\mathfrak{x} - \mathfrak{x}_1| \leqq \alpha$, die so klein gewählt sei, daß sie keine Punkte von $F - F'$ enthält. Wählen wir α genügend klein, so können wir weiterhin erreichen, daß diese Kugel von F' in genau zwei Teile zerlegt wird, die wir mit K_1 und K_2 bezeichnen. Es sei K_1 der in G gelegene und G_2 der außerhalb liegende Teil der Kugel. Wir bilden nun die Felder $\mathfrak{E}'$, $\mathfrak{H}'$, $\nabla \times \mathfrak{E}'$, $\nabla \times \mathfrak{H}'$ durch die Definitionen

$$(23)\quad \begin{cases} \mathfrak{E}' = \mathfrak{E};\ \mathfrak{H}' = \mathfrak{H};\ \nabla \times \mathfrak{E}' = \nabla \times \mathfrak{E};\ \nabla \times \mathfrak{H}' = \nabla \times \mathfrak{H} & \text{in } K_1, \\ \mathfrak{E}' = \mathfrak{H}' = \nabla \times \mathfrak{E}' = \nabla \times \mathfrak{H}' = 0 & \text{in } K_2. \end{cases}$$

Dieses Feld erfüllt die Voraussetzungen von Lemma 48. Folglich ist $\mathfrak{E}'$, $\mathfrak{H}'$ in der Kugel analytisch. In K_2 verschwindet das Feld aber identisch. Folglich verschwindet es in der ganzen Kugel. Auf Grund der analytischen Fortsetzbarkeit verschwindet $\mathfrak{E}$, $\mathfrak{H}$ damit überall.

Wir können dieses Ergebnis sogar noch verschärfen. Es gilt nämlich

Satz 34. *Im regulären, von F berandetem Gebiet G seien* $\mathfrak{E}$, $\mathfrak{H}$ *und* $\nabla \times \mathfrak{E}$, $\nabla \times \mathfrak{H}$ *stetig. Es gelte mit konstanten* ε *und* μ *in G*

$$\nabla \times \mathfrak{H} + i\omega\varepsilon\mathfrak{E} = 0; \quad \nabla \times \mathfrak{E} - i\omega\mu\mathfrak{H} = 0.$$

Auf einem regulären Flächenelement F' *von* F *sei*

$$\mathfrak{n} \times \mathfrak{E} = \mathfrak{n} \times \mathfrak{H} = 0.$$

Dann verschwinden $\mathfrak{E}$ *und* $\mathfrak{H}$ *identisch.*

Nach Satz 33 können wir nämlich $\mathfrak{E}$ und $\mathfrak{H}$ im Inneren von G in der Form

$$(24)\quad \begin{cases} \mathfrak{E}(\mathfrak{x}) \\ = \frac{1}{4\pi} \int\limits_{F-F'} [-i\omega\mu(\mathfrak{n} \times \mathfrak{H})\Phi - (\mathfrak{n} \times \mathfrak{E}) \times \nabla\Phi - (\mathfrak{E}\mathfrak{n})\nabla\Phi]\, dF_{\mathfrak{y}} - \\ - \frac{1}{4\pi} \int\limits_{F'} (\mathfrak{E}\mathfrak{n})\nabla\Phi\, dF_{\mathfrak{y}}, \\ \mathfrak{H}(\mathfrak{x}) \\ = \frac{1}{4\pi} \int\limits_{F-F'} [i\omega\varepsilon(\mathfrak{n} \times \mathfrak{E})\Phi - (\mathfrak{n} \times \mathfrak{H}) \times \nabla\Phi - (\mathfrak{H}\mathfrak{n})\nabla\Phi]\, dF_{\mathfrak{y}} - \\ - \frac{1}{4\pi} \int\limits_{F'} (\mathfrak{H}\mathfrak{n})\nabla\Phi\, dF_{\mathfrak{y}} \end{cases}$$

darstellen. In der Umgebung $|\mathfrak{x} - \mathfrak{x}_1| \leqq \alpha$ eines inneren Punktes $\mathfrak{x}_1$ von F' sind die Integrale über $F - F'$ analytisch, während die Integrale über F' wegen

$$(25) \qquad \nabla \Phi = \nabla_{\mathfrak{y}} \Phi = -\nabla_{\mathfrak{x}} \Phi$$

als Gradienten aufgefaßt werden können. Es sind daher die Rotationen der rechten Seiten in der Kugel $|\mathfrak{x} - \mathfrak{x}_1| \leqq \alpha$ analytisch. Wählen wir α klein genug, so wird diese Kugel durch F' in genau zwei Teile zerlegt, von denen der eine, K_1, innerhalb und der andere, K_2, außerhalb G liegt. Nach Satz 33 verschwinden aber die rechten Seiten von Gl. (24), falls $\mathfrak{x}$ in K_2 liegt. Damit sind die Rotationen der Integrale in K_2 gleich Null. Auf Grund des analytischen Verhaltens verschwinden die Rotationen dann aber in der ganzen Kugel, und es folgt aus der analytischen Fortsetzbarkeit, daß $\nabla \times \mathfrak{E}$ und $\nabla \times \mathfrak{H}$ identisch verschwinden, womit unser Satz bewiesen ist.

Wir hatten uns bisher mit den Feldern im Inneren der regulären Gebiete befaßt und beweisen nun analog zu Satz 33

Satz 35. *Das Äußere des regulären Gebietes G sei zusammenhängend. Dort gelte für das stetige Feld* $\mathfrak{E}$, $\mathfrak{H}$

$$\nabla \times \mathfrak{H} + i\omega\varepsilon\mathfrak{E} = 0; \quad \nabla \times \mathfrak{E} - i\omega\mu\mathfrak{H} = 0;$$

mit konstanten ε *und* μ. *Es seien die Ausstrahlungsbedingungen*

$$\omega\varepsilon(\mathfrak{x}_0 \times \mathfrak{E}) - k\mathfrak{H} = o\left(\frac{1}{r}\right); \quad \mathfrak{E} = O\left(\frac{1}{r}\right); \quad \mathfrak{H} = O\left(\frac{1}{r}\right),$$

$$\omega\mu(\mathfrak{x}_0 \times \mathfrak{H}) + k\mathfrak{E} = o\left(\frac{1}{r}\right)$$

für $r \to \infty$ *gleichmäßig bezüglich aller Richtungen erfüllt. Dann ist für alle* $\mathfrak{x}$ *im Äußeren von G*

$$\mathfrak{E}(\mathfrak{x}) = -\frac{1}{4\pi}\int_F [i\omega\mu(\mathfrak{n} \times \mathfrak{H})\Phi + (\mathfrak{n} \times \mathfrak{E}) \times \nabla\Phi + (\mathfrak{E}\mathfrak{n})\nabla\Phi]\, dF_{\mathfrak{y}}$$

$$\mathfrak{H}(\mathfrak{x}) = \frac{1}{4\pi}\int_F [i\omega\varepsilon(\mathfrak{n} \times \mathfrak{E})\Phi - (\mathfrak{n} \times \mathfrak{H}) \times \nabla\Phi - (\mathfrak{H}\mathfrak{n})\nabla\Phi]\, dF_{\mathfrak{y}},$$

wobei $\mathfrak{n}$ *die ins Innere von G weisende Flächennormale auf F ist. Für alle* $\mathfrak{x}$ *im Inneren von G verschwinden die Ausdrücke der rechten Seiten identisch.*

Zum Beweise wenden wir Satz 33 auf das Gebiet G'_R an, das aus den Punkten $\mathfrak{x}$ besteht, die nicht in G liegen und $|\mathfrak{x}| \leqq R$ erfüllen; für genügend große R wird dieses Gebiet von F und $|\mathfrak{x}| = R$ berandet. Liegt $\mathfrak{x}$

in G'_R, so ergibt sich nach Satz 33

$$(26)\quad \begin{aligned}\mathfrak{E}(\mathfrak{x}) = &-\frac{1}{4\pi}\int\limits_{F}[i\,\omega\mu(\mathfrak{n}\times\mathfrak{H})\,\Phi+(\mathfrak{n}\times\mathfrak{E})\times\nabla\Phi+(\mathfrak{E}\mathfrak{n})\nabla\Phi]\,dF_{\mathfrak{y}}-\\ &-\frac{1}{4\pi}\int\limits_{|\mathfrak{y}|=R}[i\,\omega\mu(\mathfrak{n}\times\mathfrak{H})\,\Phi+(\mathfrak{n}\times\mathfrak{E})\times\nabla\Phi+(\mathfrak{E}\mathfrak{n})\nabla\Phi]\,dF_{\mathfrak{y}}.\end{aligned}$$

Für $R\to\infty$ gilt nun bei festem $\mathfrak{x}$ gleichmäßig auf $|\mathfrak{y}|=R$

$$(27)\quad \nabla\Phi = i\,k\,\mathfrak{n}\,\Phi + O\left(\frac{1}{R^2}\right).$$

Damit wird aus dem Integral über $|\mathfrak{y}|=R$ für $R\to\infty$

$$(28)\quad \begin{aligned}&-\frac{1}{4\pi}\int\limits_{|\mathfrak{y}|=R}[i\,\omega\mu(\mathfrak{n}\times\mathfrak{H})-\mathfrak{n}\times(\mathfrak{n}\times\mathfrak{E})\,i\,k+(\mathfrak{E}\mathfrak{n})\,\mathfrak{n}\,i\,k]\,\Phi\,dF_{\mathfrak{y}}+o(1)\\ &=-\int\limits_{|\mathfrak{y}|=R}[\omega\mu(\mathfrak{n}\times\mathfrak{H})+k\mathfrak{E}]\,\Phi\,dF_{\mathfrak{y}}+o(1).\end{aligned}$$

Aus

$$(29)\quad \omega\mu(\mathfrak{x}_0\times\mathfrak{H})+k\,\mathfrak{E} = o\left(\frac{1}{r}\right)$$

folgt daher, daß die Integrale in Gl. (28) für $R\to\infty$ verschwinden. Nach Gl. (26) ist damit die erste Behauptung von Satz 35 bewiesen. Die Darstellung von $\mathfrak{H}(\mathfrak{x})$ folgt analog.

§ 11. Die Erzeugung elektromagnetischer Schwingungen durch Volumenströme

Wir waren bisher davon ausgegangen, daß Lösungen der Gleichungen

$$(1)\quad \nabla\times\mathfrak{H}+i\,\omega\,\varepsilon\,\mathfrak{E}=\mathfrak{J};\qquad \nabla\times\mathfrak{E}-i\,\omega\,\mu\,\mathfrak{H}=-\mathfrak{J}'$$

für konstante ε und μ vorliegen. Wir wollen uns nun der Aufgabe zuwenden, Felder $\mathfrak{E}$ und $\mathfrak{H}$ zu vorgegebenen $\mathfrak{J}$ und $\mathfrak{J}'$ zu bestimmen.

Dazu nehmen wir an, daß $\mathfrak{J}$ und $\mathfrak{J}'$ in einem regulären, von der Randfläche F berandeten Gebiet G stetig sind und dort stetige Divergenzen besitzen.

Es sei k wieder die durch $0\leq\arg k<\pi$ eindeutig bestimmte Wurzel aus

$$(2)\quad k^2=\omega^2\,\varepsilon\,\mu.$$

Wir setzen

$$(3)\quad \nabla\mathfrak{J}=i\,\omega\,P\quad\text{und}\quad \nabla\mathfrak{J}'=i\,\omega\,P'$$

und

(4) $$\Phi = \Phi(\mathfrak{x}, \mathfrak{y}) = \frac{e^{ik|\mathfrak{x}-\mathfrak{y}|}}{|\mathfrak{x}-\mathfrak{y}|}.$$

Dann untersuchen wir das Feld

(5) $$\begin{cases} \mathfrak{E}(\mathfrak{x}) = \frac{1}{4\pi}\int\limits_G \left[i\omega\mu\,\mathfrak{J}\Phi - \mathfrak{J}'\times\nabla\Phi + \frac{P}{\varepsilon}\nabla\Phi\right] dV_{\mathfrak{y}} + \\ \qquad + \frac{i}{4\pi\omega\varepsilon}\int\limits_F (\mathfrak{J}\mathfrak{n})\nabla\Phi\, dF_{\mathfrak{y}}, \\ \mathfrak{H}(\mathfrak{x}) = \frac{1}{4\pi}\int\limits_G \left[i\omega\varepsilon\,\mathfrak{J}'\Phi + \mathfrak{J}\times\nabla\Phi + \frac{P'}{\mu}\nabla\Phi\right] dV_{\mathfrak{y}} + \\ \qquad + \frac{i}{4\pi\omega\mu}\int\limits_F (\mathfrak{J}'\mathfrak{n})\nabla\Phi\, dF_{\mathfrak{y}}. \end{cases}$$

Zur Abkürzung setzen wir

(6) $$\mathfrak{A}(\mathfrak{x}) = \frac{1}{4\pi}\int\limits_G \mathfrak{J}\times\nabla\Phi\, dV_{\mathfrak{y}}; \qquad \mathfrak{B}(\mathfrak{x}) = \frac{1}{4\pi}\int\limits_G \mathfrak{J}'\times\nabla\Phi\, dV_{\mathfrak{y}}.$$

Es ist nach Lemma 9 für $\mathfrak{x}$ in G, falls $\mathfrak{j}$ und $\nabla\mathfrak{j}$ stetig sind

(7) $$\begin{aligned} \nabla_{\mathfrak{x}}\times\nabla_{\mathfrak{x}}\times\int\limits_G \mathfrak{j}\Phi\, dV_{\mathfrak{y}} &= \nabla_{\mathfrak{x}}\times\int\limits_G \mathfrak{j}\times\nabla_{\mathfrak{y}}\Phi\, dV_{\mathfrak{y}} \\ &= 4\pi\mathfrak{j}(\mathfrak{x}) - \nabla_{\mathfrak{x}}\int\limits_F (\mathfrak{j}\mathfrak{n})\Phi\, dF_{\mathfrak{y}} + \nabla_{\mathfrak{x}}\int\limits_G \Phi(\nabla\mathfrak{j})\, dV_{\mathfrak{y}} + k^2\int\limits_G \mathfrak{j}\Phi\, dV_{\mathfrak{y}}. \end{aligned}$$

Durch Anwendung dieser Identität mit $\mathfrak{j} = \mathfrak{J}$ und $\mathfrak{j} = \mathfrak{J}'$ folgt nach Gl. (3) und (5)

(8) $$\begin{cases} \nabla\times\mathfrak{H} = \nabla\times\mathfrak{A} + i\omega\varepsilon\mathfrak{B} = -i\omega\varepsilon\mathfrak{E} + \mathfrak{J}(\mathfrak{x}), \\ \nabla\times\mathfrak{E} = -\nabla\times\mathfrak{B} + i\omega\mu\mathfrak{A} = i\omega\mu\mathfrak{H} - \mathfrak{J}'(\mathfrak{x}), \end{cases}$$

da wegen der Vertauschbarkeit von Differentiation und Integration

(9) $$\begin{cases} \int\limits_G P\nabla_{\mathfrak{y}}\Phi\, dV = -\nabla_{\mathfrak{x}}\int\limits_G P\Phi\, dV, \\ \int\limits_F (\mathfrak{J}\mathfrak{n})\nabla_{\mathfrak{y}}\Phi\, dF = -\nabla_{\mathfrak{x}}\int\limits_F (\mathfrak{J}'\mathfrak{n})\Phi\, dF; \\ \int\limits_G P'\nabla_{\mathfrak{y}}\Phi\, dV = -\nabla_{\mathfrak{x}}\int\limits_G P'\Phi\, dV, \\ \int\limits_F (\mathfrak{J}'\mathfrak{n})\nabla_{\mathfrak{y}}\Phi\, dF = -\nabla_{\mathfrak{x}}\int\limits_F (\mathfrak{J}'\mathfrak{n})\Phi\, dF \end{cases}$$

ist. Im Inneren von G genügt unser Feld daher den geforderten Gleichungen.

Außerhalb G erhalten wir statt Gl. (7) ebenfalls nach Lemma 9

$$\begin{aligned}(10)\qquad &\nabla_{\mathfrak{x}} \times \nabla_{\mathfrak{x}} \times \int_G \mathfrak{j}\,\Phi\,dV_{\mathfrak{y}} \\ &= -\nabla_{\mathfrak{x}} \int_F (\mathfrak{j}\mathfrak{n})\,\Phi\,dF_{\mathfrak{y}} + \nabla_{\mathfrak{x}} \int_G \Phi(\nabla\mathfrak{j})\,dV_{\mathfrak{y}} + k^2 \int_G \mathfrak{j}\,\Phi\,dV_{\mathfrak{y}}.\end{aligned}$$

Damit wird für $\mathfrak{x} \notin G$

$$(11)\qquad \mathfrak{E} = \frac{i}{\omega\varepsilon}\nabla \times \mathfrak{A} - \mathfrak{B}; \qquad \mathfrak{H} = \frac{i}{\omega\mu}\nabla \times \mathfrak{B} + \mathfrak{A}.$$

und wir erhalten wegen

$$(12)\qquad \nabla\mathfrak{A} = \nabla\mathfrak{B} = 0$$

und

$$(13)\qquad (\Delta + k^2)\,\mathfrak{A} = 0; \qquad (\Delta + k^2)\,\mathfrak{B} = 0$$

die Beziehungen

$$(14)\qquad \nabla \times \nabla \times \mathfrak{A} = 0; \qquad \nabla \times \nabla \times \mathfrak{B} = 0,$$

aus denen sich dann

$$(15)\qquad \nabla \times \mathfrak{H} + i\omega\varepsilon\mathfrak{E} = 0; \quad \nabla \times \mathfrak{E} - i\omega\mu\mathfrak{H} = 0$$

ergibt.

Das in Gl. (5) dargestellte Feld ist für alle $\mathfrak{x}$, die nicht auf F liegen, definiert und stellt im Inneren von G eine Lösung der Gleichungen

$$(16)\qquad \nabla \times \mathfrak{H} + i\omega\varepsilon\mathfrak{E} = \mathfrak{J}; \quad \nabla \times \mathfrak{E} - i\omega\mu\mathfrak{H} = -\mathfrak{J}'$$

dar, während im Äußeren von G Gl. (15) gilt. Bis auf die durch die Oberflächenintegrale dargestellten Anteile sind die Felder stetig, da die kartesischen Komponenten der Volumenintegrale linear durch Ausdrücke der Gestalt

$$(17)\qquad \int_G \Phi(\mathfrak{x},\mathfrak{y})\,\varrho(\mathfrak{y})\,dV_{\mathfrak{y}}; \qquad \int_G \varrho(\mathfrak{y})\,\frac{\partial}{\partial y^i}\,\Phi(\mathfrak{x},\mathfrak{y})\,dV_{\mathfrak{y}}$$

dargestellt werden können, von denen wir bereits gezeigt hatten, daß sie stetig von $\mathfrak{x}$ abhängen, falls $\varrho(\mathfrak{y})$ gleichmäßig beschränkt ist.

Die Oberflächenintegrale sind im allgemeinen nicht stetig. Die Untersuchung ihres Verhaltens erfordert jedoch weitere Hilfsmittel, die wir noch zu entwickeln haben.

Wir formulieren zunächst unser Ergebnis in

Lemma 49. *Im regulären Gebiet G seien $\mathfrak{J}$, $\nabla\mathfrak{J}$ und $\mathfrak{J}'$, $\nabla\mathfrak{J}'$ stetig. Mit*

$$\nabla\mathfrak{J} = i\omega P \quad \text{und} \quad \nabla\mathfrak{J}' = i\omega P'$$

und

$$\Phi(\mathfrak{x},\mathfrak{y}) = \frac{e^{ik|\mathfrak{x}-\mathfrak{y}|}}{|\mathfrak{x}-\mathfrak{y}|}$$

werde das Feld

$$\mathfrak{E}(\mathfrak{x}) = \frac{1}{4\pi}\int_G \left[i\omega\mu\,\mathfrak{J}\,\Phi - \mathfrak{J}'\times\nabla\Phi + \frac{P}{\varepsilon}\nabla\Phi\right] dV_{\mathfrak{y}} + \\ + \frac{i}{\omega\varepsilon}\,\frac{1}{4\pi}\int_F (\mathfrak{J}\,\mathfrak{n})\nabla\Phi\, dF_{\mathfrak{y}},$$

$$\mathfrak{H}(\mathfrak{x}) = \frac{1}{4\pi}\int_G \left[i\omega\varepsilon\,\mathfrak{J}'\,\Phi + \mathfrak{J}\times\nabla\Phi + \frac{P'}{\mu}\nabla\Phi\right] dV_{\mathfrak{y}} + \\ + \frac{i}{\omega\mu}\,\frac{1}{4\pi}\int_F (\mathfrak{J}'\,\mathfrak{n})\nabla\Phi\, dF_{\mathfrak{y}}$$

gebildet. Dann gilt in den inneren Punkten von G

$$\nabla\times\mathfrak{H} + i\omega\varepsilon\,\mathfrak{E} = \mathfrak{J}; \qquad \nabla\times\mathfrak{E} - i\omega\mu\,\mathfrak{H} = -\mathfrak{J}',$$

während in den äußeren Punkten

$$\nabla\times\mathfrak{H} + i\omega\varepsilon\,\mathfrak{E} = 0; \qquad \nabla\times\mathfrak{E} - i\omega\mu\,\mathfrak{H} = 0$$

erfüllt wird.

Ist außerdem auf der Randfläche F

$$\mathfrak{J}\,\mathfrak{n} = \mathfrak{J}'\,\mathfrak{n} = 0,$$

so sind $\mathfrak{E}$ *und* $\mathfrak{H}$ *in allen Punkten stetig.*

Wir beweisen nun

Lemma 50. *Das in Lemma* 49 *genannte Feld genügt den Ausstrahlungsbedingungen*

$$\omega\mu(\mathfrak{n}\times\mathfrak{H}) + k\,\mathfrak{E} = O\left(\frac{1}{r^2}\right); \qquad \omega\varepsilon(\mathfrak{n}\times\mathfrak{E}) + k\,\mathfrak{H} = O\left(\frac{1}{r^2}\right);$$

gleichmäßig bezüglich aller Richtungen.

Im Äußeren von G gilt die Darstellung Gl. (11). Für positiv reelle k und $r\to\infty$ gilt gleichmäßig für alle $\mathfrak{x}_0$ und $\mathfrak{y}$ mit $\mathfrak{x}_0 = 1$; $|\mathfrak{y}| \leq R < \infty$ wegen $\mathfrak{x} = r\,\mathfrak{x}_0$

$$(18)\quad \left\{\begin{aligned} \Phi(\mathfrak{x},\mathfrak{y}) &= \frac{e^{ik|\mathfrak{x}-\mathfrak{y}|}}{|\mathfrak{x}-\mathfrak{y}|} = \frac{e^{ikr}}{r}\,e^{-ik(\mathfrak{x}_0\mathfrak{y})} + O\left(\frac{1}{r^2}\right), \\ \nabla\Phi &= \nabla_{\mathfrak{y}}\Phi = -\nabla_{\mathfrak{x}}\Phi = -ik\,\mathfrak{x}_0\,\Phi + O\left(\frac{1}{r^2}\right) \\ &= -ik\,\frac{e^{ikr}}{r}\,e^{-ik(\mathfrak{x}_0\mathfrak{y})}\,\mathfrak{x}_0 + O\left(\frac{1}{r^2}\right), \end{aligned}\right.$$

so daß sich mit

$$(19)\qquad \begin{cases} \mathfrak{A}_0(\mathfrak{x}_0) = \dfrac{1}{4\pi}\displaystyle\int\limits_G \mathfrak{J}(\mathfrak{y})\, e^{-ik(\mathfrak{x}_0\mathfrak{y})}\, dV_{\mathfrak{y}}, \\ \mathfrak{B}_0(\mathfrak{x}_0) = \dfrac{1}{4\pi}\displaystyle\int\limits_G \mathfrak{J}'(\mathfrak{y})\, e^{-ik(\mathfrak{x}_0\mathfrak{y})}\, dV_{\mathfrak{y}} \end{cases}$$

die asymptotische Beziehung

$$(20)\qquad \begin{cases} \mathfrak{A}(r\,\mathfrak{x}_0) = \mathfrak{A}(\mathfrak{x}) = i\,k\dfrac{e^{ikr}}{r}\mathfrak{x}_0 \times \mathfrak{A}_0 + O\left(\dfrac{1}{r^2}\right), \\ \mathfrak{B}(r\,\mathfrak{x}_0) = \mathfrak{B}(\mathfrak{x}) = i\,k\dfrac{e^{ikr}}{r}\mathfrak{x}_0 \times \mathfrak{B}_0 + O\left(\dfrac{1}{r^2}\right) \end{cases}$$

ergibt. Aus Gl. (10) folgt nach Gl. (18) für $\mathfrak{x} \notin G$

$$(21)\qquad \begin{aligned} \nabla_{\mathfrak{x}} \times \nabla_{\mathfrak{x}} \times \int\limits_G \mathfrak{j}\,\Phi\, dV_{\mathfrak{y}} &= \int\limits_F (\mathfrak{j}\,\mathfrak{n})\,\nabla\,\Phi\, dF_{\mathfrak{y}} - \int\limits_G (\nabla\,\mathfrak{j})\,\nabla\,\Phi\, dV_{\mathfrak{y}} + \\ + k^2 \int\limits_G \mathfrak{j}\,\Phi\, dV_{\mathfrak{y}} &= \frac{e^{ikr}}{r}\Big[-i\,k\,\mathfrak{x}_0 \int\limits_F (\mathfrak{j}\,\mathfrak{n})\, e^{-ik(\mathfrak{x}_0\mathfrak{y})}\, dF_{\mathfrak{y}} + \\ &+ \int\limits_G \big(i\,k\,\mathfrak{x}_0\,(\nabla\,\mathfrak{j}) + k^2\,\mathfrak{j}\big)\, e^{-ik(\mathfrak{x}_0\mathfrak{y})}\, dV_{\mathfrak{y}}\Big] + O\left(\frac{1}{r^2}\right). \end{aligned}$$

Nun ist

$$(22)\qquad \begin{aligned} \int\limits_F (\mathfrak{j}\,\mathfrak{n})\, e^{-ik(\mathfrak{x}_0\mathfrak{y})}\, dV_{\mathfrak{y}} &= \int\limits_G \nabla_{\mathfrak{y}}\big(\mathfrak{j}\, e^{-ik(\mathfrak{x}_0\mathfrak{y})}\big)\, dV_{\mathfrak{y}} \\ &= \int\limits_G \big[(\nabla\,\mathfrak{j})\, e^{-ik(\mathfrak{x}_0\mathfrak{y})} - i\,k\,(\mathfrak{x}_0\,\mathfrak{j})\, e^{-ik(\mathfrak{x}_0\mathfrak{y})}\big]\, dV_{\mathfrak{y}}, \end{aligned}$$

so daß wegen Gl. (21)

$$(23)\qquad \begin{aligned} &\nabla_{\mathfrak{x}} \times \nabla_{\mathfrak{x}} \times \int\limits_G \mathfrak{j}\,\Phi\, dV_{\mathfrak{y}} \\ &\qquad = -k^2\frac{e^{ikr}}{r}\mathfrak{x}_0 \times \Big(\mathfrak{x}_0 \times \int\limits_G \mathfrak{j}\, e^{-ik(\mathfrak{x}_0\mathfrak{y})}\, dV_{\mathfrak{y}}\Big) + O\left(\frac{1}{r^2}\right) \end{aligned}$$

folgt. Wenden wir diese Formel auf $\mathfrak{A}$ und $\mathfrak{B}$ an, so ergibt sich

$$(24)\qquad \begin{cases} \nabla \times \mathfrak{A} = -k^2\dfrac{e^{ikr}}{r}\mathfrak{x}_0 \times (\mathfrak{x}_0 \times \mathfrak{A}_0) + O\left(\dfrac{1}{r^2}\right), \\ \nabla \times \mathfrak{B} = -k^2\dfrac{e^{ikr}}{r}\mathfrak{x}_0 \times (\mathfrak{x}_0 \times \mathfrak{B}_0) + O\left(\dfrac{1}{r^2}\right), \end{cases}$$

und wir erhalten nach Gl. (11), wenn wir $\mathfrak{x}_0 = \mathfrak{n}$ setzen,

$$(25)\qquad \begin{cases} \mathfrak{E} = \dfrac{e^{ikr}}{r}\left(-i\omega\mu\,\mathfrak{n} \times (\mathfrak{n} \times \mathfrak{A}_0) - ik\mathfrak{n} \times \mathfrak{B}_0\right) + O\left(\dfrac{1}{r^2}\right), \\ \mathfrak{H} = \dfrac{e^{ikv}}{r}\left(-i\omega\varepsilon\,\mathfrak{n} \times (\mathfrak{n} \times \mathfrak{B}_0) + ik\mathfrak{n} \times \mathfrak{A}_0\right) + O\left(\dfrac{1}{r^2}\right). \end{cases}$$

Es ist also

$$(26)\quad \begin{cases} \omega\mu(\mathfrak{n}\times\mathfrak{H}) = ik^2\,\mathfrak{n}\times\mathfrak{B}_0 + ik\,\omega\mu\,\mathfrak{n}\times\mathfrak{n}\times\mathfrak{A}_0 + O\left(\frac{1}{r^2}\right) \\ \qquad = -k\mathfrak{E} + O\left(\frac{1}{r^2}\right), \\ \omega\varepsilon(\mathfrak{n}\times\mathfrak{E}) = ik^2\,\mathfrak{n}\times\mathfrak{A}_0 - ik\,\omega\varepsilon\,\mathfrak{n}\times\mathfrak{n}\times\mathfrak{B}_0 + O\left(\frac{1}{r^2}\right) \\ \qquad = k\mathfrak{H} + O\left(\frac{1}{r^2}\right), \end{cases}$$

womit Lemma 50 für positiv reelle k bewiesen ist. Ist

$$(27)\qquad 0 \leqq \arg k < \pi,$$

so gelten unsere Entwicklungen ebenfalls. Sie sind aber uninteressant, da Φ und $\nabla\Phi$ dann für $r\to\infty$ exponentiell verschwinden, womit auch $\mathfrak{E}$ und $\mathfrak{H}$ für $r\to\infty$ von der Ordnung e^{ikr}, also stärker als $1/r^2$ gegen Null gehen, so daß Lemma 50 auch in diesem Fall gilt.

§ 12. Analysis der Flächenströme

Durch Satz 32 können wir die von uns betrachteten Felder mit Hilfe von Volumenintegralen und Flächenintegralen darstellen. Die Volumenintegrale enthalten dabei nur die Ströme $\mathfrak{J}$ und $\mathfrak{J}'$ und deren Ladungen, während die Oberflächenintegrale durch die Randwerte der Felder bestimmt werden.

Diese Darstellungen gewinnen an Einheitlichkeit, wenn wir auch diese Oberflächenintegrale durch einfache physikalische Begriffe interpretieren. Dazu benötigen wir die Definition der Flächenströme und ihrer Ladungen.

Definition 10. *Ein auf der Fläche F definiertes stetiges Vektorfeld $\mathfrak{v}$, das keine Komponenten in Richtung der Normalen besitzt, heißt Flächenfeld auf F.*

Die Flächenfelder können wir später jeweils als elektrische oder magnetische Ströme interpretieren. Wir wollen uns zunächst mit ihrer Beschreibung befassen.

In der Umgebung jedes regulären Punktes können wir die Fläche F in der Form

$$(1)\qquad x^3 = F(x^1, x^2)$$

darstellen. Wir bezeichnen durch abgeteilte Indizes in der Form

$$(2)\qquad F_{|i} = \frac{\partial}{\partial x^i} F$$

die partiellen Ableitungen und nehmen an, daß der reguläre Punkt P die Koordinaten $(0, 0, x^3)$ besitzt. Es ist dann stets möglich, ein neues kartesisches Koordinatensystem so zu wählen, daß P zum Ursprung wird, und wir können ohne Einschränkung der Allgemeinheit annehmen, daß

$$F(0,0) = x_0^3 = 0 \tag{3}$$

ist. Weiterhin sehen wir, daß durch eine Drehung des Koordinatensystems, die die Ebene $x^3 = 0$ in die Tangentialebene an P überführt, stets erreicht werden kann, daß die ersten partiellen Ableitungen von F im Nullpunkt verschwinden. Deuten wir durch das Zeichen $\stackrel{\circ}{=}$ an, daß es sich um die Werte im Nullpunkt handelt, so wird

$$F_{|i} \stackrel{\circ}{=} 0. \tag{4}$$

Die Punkte der Fläche F können wir dann in der Umgebung des Punktes durch die Vektoren

$$\mathfrak{x} = x^1 \mathfrak{e}_1 + x^2 \mathfrak{e}_2 + F(x^1, x^2)\, \mathfrak{e}_3 \tag{5}$$

beschreiben. Durch diese Ortsvektoren wird also ein Flächenelement beschrieben, das P enthält und so beschaffen ist, daß jedem seiner Punkte umkehrbar eindeutig ein Punkt eines regulären Bereiches der x^1, x^2-Ebene zugeordnet ist. Wir nennen dann die Parameter x^1, x^2 die Koordinaten des Punktes $\mathfrak{x}$ in der Fläche.

Nun können die Punkte x^1, x^2 ihrerseits wieder umkehrbar eindeutig von Parametern u^1, u^2 abhängen, so daß auch diese Koordinaten als Flächenkoordinaten angesprochen werden müssen. Wir wollen voraussetzen, daß die Funktionaldeterminante $\frac{\partial(x^1, x^2)}{\partial(u^1, u^2)}$ nicht verschwindet.

Wir können daher allgemein annehmen, daß die Ortsvektoren $\mathfrak{x}$ in der Form

$$\mathfrak{x} = \mathfrak{x}(u^1, u^2) \tag{6}$$

gegeben sind, wobei die Wahl des Koordinatensystems weitgehend willkürlich ist. Unsere Definitionen und Begriffe müssen aber, falls sie von physikalischer oder geometrischer Bedeutung sein sollen, von der Wahl des Koordinatensystems unabhängig sein.

Welches Koordinatensystem wir auch benutzen, die Vektoren $\frac{\partial}{\partial u^i}\mathfrak{x}$ stellen immer Tangentialvektoren an die Fläche dar. Ist

$$x^i = x^i(u^1, u^2) \quad \text{und} \quad x^i_{|j} = \frac{\partial x^i}{\partial u^j}, \tag{7}$$

so wird, wenn wir über gleiche obere und untere Indizes von 1 bis 2 summieren

$$\frac{\partial}{\partial u^i}\mathfrak{x} = x^j_{|i}\, \mathfrak{x}_{|j} = x^j_{|i} \frac{\partial}{\partial x^j}\mathfrak{x}, \tag{8}$$

und wir erhalten

$$\begin{aligned}\frac{\partial}{\partial u^1}\mathfrak{x}\times\frac{\partial}{\partial u^2}\mathfrak{x} &= x^i_{|1}\frac{\partial}{\partial x^i}\mathfrak{x}\times x^j_{|2}\frac{\partial}{\partial x^j}\mathfrak{x}\\ &= (x^1_{|1}x^2_{|2}-x^2_{|1}x^1_{|2})\left(\frac{\partial}{\partial x^1}\mathfrak{x}\times\frac{\partial}{\partial x^2}\mathfrak{x}\right).\end{aligned}\tag{9}$$

Es ist aber

$$x^1_{|1}x^2_{|2}-x^2_{|1}x^1_{|2}=\frac{\partial(x^1,x^2)}{\partial(u^1,u^2)}\tag{10}$$

die Funktionaldeterminante der Transformation Gl. (8). Im Nullpunkt P ist

$$\frac{\partial}{\partial x^1}\mathfrak{x}\times\frac{\partial}{\partial x^2}\mathfrak{x}\stackrel{\circ}{=}\mathfrak{e}_1\times\mathfrak{e}_2\stackrel{\circ}{=}\mathfrak{e}_3,\tag{11}$$

so daß sich

$$\frac{\partial}{\partial u^1}\mathfrak{x}\times\frac{\partial}{\partial u^2}\mathfrak{x}\stackrel{\circ}{=}\frac{\partial(x^1,x^2)}{\partial(u^1,u^2)}\mathfrak{e}_3\tag{12}$$

ergibt. Es ist in P

$$\frac{\partial(x^1,x^2)}{\partial(u^1,u^2)}\neq 0,\tag{13}$$

und es gilt daher auch in der Umgebung von P

$$\left|\frac{\partial}{\partial u^1}\mathfrak{x}\times\frac{\partial}{\partial u^2}\mathfrak{x}\right|\neq 0.\tag{14}$$

Durch das Zeichen * wollen wir von nun an ausdrücken, daß die betrachtete Beziehung und die darin auftretenden Größen im allgemeinen Koordinatensystem der u^i gebildet werden. Im Gegensatz dazu stellen die nicht so gekennzeichneten Größen Bildungen im System der x^i dar.

Wir setzen dementsprechend

$$\overset{*}{\mathfrak{x}}_{|i}=\frac{\partial}{\partial u^i}\mathfrak{x}=x^j_{|i}\mathfrak{x}_{|j};\quad \overset{*}{\mathfrak{x}}_{|i|k}=\frac{\partial^2}{\partial u^i\partial u^k}\mathfrak{x}\tag{15}$$

und definieren den Normalenvektor $\mathfrak{n}$ durch

$$\mathfrak{n}=\frac{\overset{*}{\mathfrak{x}}_{|1}\times\overset{*}{\mathfrak{x}}_{|2}}{|\overset{*}{\mathfrak{x}}_{|1}\times\overset{*}{\mathfrak{x}}_{|2}|}.\tag{16}$$

Dann haben wir in jedem Punkte unseres Flächenelementes drei linear unabhängige Vektoren

$$\mathfrak{n},\ \overset{*}{\mathfrak{x}}_{|1},\ \overset{*}{\mathfrak{x}}_{|2}.\tag{17}$$

Folglich können wir $\mathfrak{x}_{|i|k}$ linear durch diese drei Vektoren ausdrücken und erhalten

$$\overset{*}{\mathfrak{x}}_{|i|k}=\overset{*}{\Gamma}{}_{ik}^{\,r}\,\overset{*}{\mathfrak{x}}_{|r}+\overset{*}{L}_{ik}\,\mathfrak{n}.\tag{18}$$

Im System der x_i ergibt sich entsprechend

$$\mathfrak{x}_{|i|k} = \Gamma^r_{ik}\,\mathfrak{x}_{|r} + L_{ik}\,\mathfrak{n}. \tag{19}$$

Es sei darauf hingewiesen, daß der Normalenvektor $\mathfrak{n}$ eine vom Koordinatensystem unabhängige Bildung ist und folglich nicht verschieden gekennzeichnet werden muß. Nach Gl. (15) ist

$$\overset{*}{\mathfrak{x}}_{|i} = x^j_{|i}\,\mathfrak{x}_{|j} \tag{20}$$

und somit

$$\overset{*}{\mathfrak{x}}_{|i|k} = x^j_{|i|k}\,\mathfrak{x}_{|j} + x^j_{|i}\,x^r_{|k}\,\mathfrak{x}_{|j|r}; \qquad x^j_{|i|k} = \frac{\partial^2 x^j}{\partial u^i\,\partial u^k}. \tag{21}$$

Setzen wir diese Identitäten in Gl. (18) ein, so wird

$$x^j_{|i|k}\,\mathfrak{x}_{|j} + x^j_{|i}\,x^r_{|k}\,\mathfrak{x}_{|j|r} = \overset{*}{\Gamma}{}^r_{ik}\,x^j_{|r}\,\mathfrak{x}_{|j} + \overset{*}{L}_{ik}\,\mathfrak{n}. \tag{22}$$

Unter Benutzung von Gl. (19) wird demnach

$$x^j_{|i|k}\,\mathfrak{x}_{|j} + x^j_{|i}\,x^r_{|k}\,\Gamma^s_{jr}\,\mathfrak{x}_{|s} + x^r_{|k}\,x^j_{|i}\,L_{jr}\,\mathfrak{n} = \overset{*}{\Gamma}{}^r_{ik}\,x^j_{|r}\,\mathfrak{x}_{|j} + \overset{*}{L}_{ik}\,\mathfrak{n}, \tag{23}$$

und wir erhalten sofort

$$\overset{*}{L}_{ik} = x^r_{|k}\,x^j_{|i}\,L_{jr}. \tag{24}$$

Aus den übrigen Gliedern ergibt sich

$$(x^j_{|i|k} + x^s_{|i}\,x^t_{|k}\,\Gamma^j_{st} - \overset{*}{\Gamma}{}^r_{ik}\,x^j_{|r})\,\mathfrak{x}_{|j} = 0, \tag{25}$$

da wegen unserer Summationsvorschrift

$$x^j_{|i}\,x^r_{|k}\,\Gamma^s_{jr}\,\mathfrak{x}_{|s} = x^s_{|i}\,x^t_{|k}\,\Gamma^j_{st}\,\mathfrak{x}_{|j} \tag{26}$$

ist. Somit wird

$$x^j_{|i|k} + x^s_{|i}\,x^t_{|k}\,\Gamma^j_{st} = \overset{*}{\Gamma}{}^r_{ik}\,x^j_{|r}. \tag{27}$$

Nun ist aber mit

$$u^i_k = \frac{\partial u^i}{\partial x^k} \tag{28}$$

bekanntlich

$$x^r_{|j}\,u^t_r = x^j_{|r}\,u^r_t = \delta^j_t = \begin{cases} 1 & \text{für } j = t, \\ 0 & \text{für } j \neq t. \end{cases} \tag{29}$$

Damit ergibt sich durch Multiplikation von Gl. (27) mit u^l_j und Summation über j

$$\overset{*}{\Gamma}{}^l_{ik} = u^l_j\,x^j_{|i|k} + u^l_j\,x^s_{|i}\,x^r_{|k}\,\Gamma^j_{sr}. \tag{30}$$

Wir wollen nun die benutzten Größen im System der x^i für $x^i = 0$ ausrechnen. Dann wird mit

(31) $$r^2 = (x^1)^2 + (x^2)^2$$

in der Umgebung des Nullpunktes nach Gl. (4) und (5)

(32) $$F(x^1, x^2) = \tfrac{1}{2} F_{ik} x^i x^k + o(r^2) \quad \text{mit} \quad F_{|i|k} \triangleq F_{ik} = F_{ki}$$

und wir erhalten

(33) $$\mathfrak{x} = x^i \mathfrak{e}_i + \tfrac{1}{2} \mathfrak{e}_3 F_{ik} x^i x^k + o(r^2).$$

Es wird weiterhin

(34) $$\mathfrak{x}_{|j} = \mathfrak{e}_j + F_{jk} x^k \mathfrak{e}_3 + o(r)$$

und

(35) $$\begin{aligned} \mathfrak{n} &= (\mathfrak{e}_3 - \mathfrak{e}_1 F_{|1} - \mathfrak{e}_2 F_{|2}) \frac{1}{\sqrt{1 + F_{|1}^2 + F_{|2}^2}} \\ &= \mathfrak{e}_3 - \mathfrak{e}_1 F_{1k} x^k - \mathfrak{e}_2 F_{2k} x^k + o(r) \end{aligned}$$

sowie

(36) $$\mathfrak{x}_{|j|k} = F_{jk} \mathfrak{e}_3 + o(1).$$

Nun war

(37) $$\mathfrak{x}_{|j|k} = \Gamma^s_{jk} \mathfrak{x}_{|s} + L_{jk} \mathfrak{n}.$$

Wir erhalten dann aus den obigen Formeln

(38) $$\begin{aligned} F_{jk} \mathfrak{e}_3 + o(1) = \Gamma^s_{jk} \mathfrak{e}_s + \Gamma^t_{jk} F_{ts} \mathfrak{e}_3 x^s + \\ + L_{jk}(\mathfrak{e}_3 - \mathfrak{e}_1 F_{1s} x^s - \mathfrak{e}_2 F_{2s} x^s) + o(r). \end{aligned}$$

Durch Vergleich ergibt sich

(39) $$L_{jk} \triangleq F_{jk}; \quad \Gamma^s_{jk} \triangleq 0.$$

Da die linke Seite von Gl. (38) nach Gl. (5) und (37) keine Komponenten in Richtung von $\mathfrak{e}_1$ und $\mathfrak{e}_2$ hat, finden wir weiterhin

(40) $$\Gamma^1_{jk} = L_{jk} F_{1s} x^s + o(r); \quad \Gamma^2_{jk} = L_{jk} F_{2s} x^s + o(r).$$

Mit Hilfe der Symbole

(41) $$\delta_{jk} = \delta^{jk} = \begin{cases} 1 & \text{für} \quad j = k, \\ 0 & \text{für} \quad j \neq k \end{cases}$$

können wir beide Formeln wegen Gl. (39) zu

(42) $$\Gamma^t_{jk} = \delta^{tl} L_{jk} F_{ls} x^s + o(r)$$

zusammenfassen. Damit wird nun

(43) $$\Gamma^t_{jk|s} \triangleq \delta^{tl} F_{jk} F_{ls},$$

und wir erhalten

$$\Gamma^t_{jk|t} - \Gamma^t_{jt|k} \stackrel{\circ}{=} F_{jk}(F_{11} + F_{22}) - F_{j1}F_{1k} - F_{j2}F_{2k} \\ = (F_{11}F_{22} - F_{12}F_{21})\,\delta_{jk}. \tag{44}$$

Nach diesen Vorbereitungen können wir nun zur Bildung von Größen übergehen, die nicht vom Koordinatensystem abhängen. Wir benutzen dazu die Begriffe „Tensor" und „Vektor" und stellen uns darunter Größen vor, die wir durch v^i bzw. T^{ik} beschreiben. Ein Vektor ist demnach ein System von zwei Funktionen, während ein Tensor aus vier Funktionen besteht, die jeweils durch die verschiedenen Kombinationen der Indizes beschrieben werden. Diese Vektoren und Tensoren haben zunächst nur einen Sinn im Koordinatensystem der x^i.

Nehmen wir beispielsweise einen Flächenstrom, den wir nach unserer Definition durch ein Vektorfeld beschreiben können, das keine Komponenten in Richtung der Flächennormalen hat. Dieses Feld läßt sich in der Form

$$\mathfrak{v} = v^i\,\mathfrak{x}_{|i} \tag{45}$$

darstellen. Gehen wir zu einem anderen Koordinatensystem über, so gilt analog

$$\mathfrak{v} = \overset{*}{v}{}^i\,\overset{*}{\mathfrak{x}}_{|i}\,. \tag{46}$$

Wegen Gl. (20) wird daher

$$\overset{*}{v}{}^i\,x^j_{|i}\,\mathfrak{x}_{|j} = v^j\,\mathfrak{x}_{|j}\,, \tag{47}$$

und wir erhalten

$$v^j = x^j_{|i}\,\overset{*}{v}{}^i \tag{48}$$

oder, nach Gl. (29)

$$\overset{*}{v}{}^i = u^i_j\,v^j\,. \tag{49}$$

Damit die beiden Funktionen $\overset{*}{v}{}^i$ also ein Vektorfeld im Sinne unseres Flächenstromes darstellen, muß das Transformationsgesetz Gl. (48) gelten.

Wir verallgemeinern diesen Sachverhalt nun, indem wir einen neuen Begriff einführen.

Definition 11. *Ein System von Funktionen*

$$T^{r_1\,.\,.\,r_n\,.\,.\,.\,.\,.}_{\,.\,.\,.\,.\,s_1\,.\,.\,.\,s_k}$$

heißt Tensor, wenn es sich beim Übergang vom System der x^i zu dem der u^i wie

$$\overset{*}{T}{}^{r_1\,.\,.\,r_n\,.\,.\,.\,.\,.}_{\,.\,.\,.\,.\,s_1\,.\,.\,.\,s_k} = u^{r_1}_{j_1}\cdots u^{r_n}_{j_n}\,x^{l_1}_{s_1}\cdots x^{l_k}_{s_k}\,T^{j_1\,.\,.\,j_n\,.\,.\,.\,.\,.}_{\,.\,.\,.\,.\,e_1\,.\,.\,.\,e_k}$$

transformiert.

Wir vereinbaren dabei, daß in dieser abkürzenden Schreibweise jeweils über gleiche „obere“ und „untere“ Indizes von 1 bis 2 zu summieren ist. Zur Abkürzung schreiben wir

$$(50)\qquad T^{ik}_{..} = T^{ik}; \qquad T^{..}_{ik} = T_{ik},$$

wenn nur „obere“ und „untere“ Indizes vorkommen.

Wir bilden nun

$$(51)\qquad \overset{*}{g}_{ik} = \overset{*}{\mathfrak{x}}_{|i}\,\overset{*}{\mathfrak{x}}_{|k}.$$

Dann wird

$$(52)\qquad \overset{*}{g}_{ik} = x^{j}_{|i}\,x^{l}_{|k}\,g_{jl}.$$

Definieren wir $\overset{*}{g}{}^{ik}$ durch

$$(53)\qquad \overset{*}{g}{}^{ij}\,\overset{*}{g}_{jk} = \delta^{i}_{k},$$

so folgt aus Gl. (52)

$$(54)\qquad \overset{*}{g}{}^{ij}\,x^{s}_{|j}\,x^{t}_{|k}\,g_{st} = \delta^{i}_{k}$$

und daher durch Multiplikation mit $x^{p}_{|i}\,u^{k}_{q}$ und nachfolgende Summation

$$(55)\qquad \delta^{p}_{q} = x^{p}_{|i}\,u^{k}_{q}\,\delta^{i}_{k} = x^{p}_{|i}\,u^{k}_{q}\,x^{t}_{|k}\,x^{s}_{|j}\,\overset{*}{g}{}^{ij}\,g_{st} = x^{p}_{|i}\,x^{s}_{|j}\,\overset{*}{g}{}^{ij}\,g_{sq},$$

so daß

$$(56)\qquad g^{ps} = x^{p}_{|i}\,x^{s}_{|j}\,\overset{*}{g}{}^{ij}$$

wird. Dies ist aber gleichbedeutend mit

$$(57)\qquad \overset{*}{g}{}^{ik} = u^{i}_{j}\,u^{k}_{s}\,g^{js}.$$

Es stellt daher $\overset{*}{g}{}^{ik}$ in unserem Sinne einen Tensor dar. Diese letzte Rechnung hat gezeigt, daß das Transformationsgesetz Gl. (52) wegen Gl. (53) mit dem von uns verlangten Gesetz für Tensoren mit oberen Indizes äquivalent ist.

Setzen wir nun

$$(58)\qquad \overset{*}{T}_{ir} = \overset{*}{g}_{ij}\,\overset{*}{g}_{rk}\,\overset{*}{T}{}^{jk}; \qquad \overset{*}{v}_{i} = \overset{*}{g}_{ir}\,\overset{*}{v}{}^{r},$$

so wird wegen Gl. (52) nach dem Transformationsgesetz der T^{ik} und v^{i}

$$(59)\qquad \overset{*}{T}_{ir} = x^{j}_{|i}\,x^{s}_{|r}\,T_{js}; \qquad \overset{*}{v}_{i} = x^{j}_{|i}\,v_{j}.$$

Das Herunterziehen der Indizes, wie es durch Gl. (58) formuliert wird, ändert daher die Tensoreigenschaften nicht. Wir können auch

$$(60)\qquad \overset{*}{T}{}^{i.}_{.r} = \overset{*}{g}_{rs}\,\overset{*}{T}{}^{is}_{..} \quad \text{und} \quad \overset{*}{T}{}^{.i}_{r.} = \overset{*}{g}_{rs}\,\overset{*}{T}{}^{si}_{..}$$

bilden. Dann gilt

$$(61)\qquad \begin{aligned} \overset{*}{T}{}^{i\cdot}_{\cdot r} &= u^i_j\, x^t_{|r}\, T^{j\cdot}_{\cdot t},\\ \overset{*}{T}{}^{\cdot i}_{r\cdot} &= u^i_j\, x^t_{|r}\, T^{\cdot j}_{t\cdot}. \end{aligned}$$

Hieraus folgt insbesondere

$$(62)\qquad \overset{*}{T}{}^{i\cdot}_{\cdot i} = u^i_j\, x^t_{|i}\, T^{j\cdot}_{\cdot t} = \delta^t_j\, T^{j\cdot}_{\cdot t} = T^{j\cdot}_{\cdot j},$$

so daß diese Größe vom Koordinatensystem unabhängig ist.

Wir bemerken noch, daß auch für

$$(63)\qquad \overset{*}{w}_i = \overset{*}{T}_{ij}\, \overset{*}{v}{}^j$$

das Transformationsgesetz

$$(64)\qquad \overset{*}{w}_i = x^t_{|i}\, x^s_{|j}\, T_{ts}\, u^j_r\, v^r = x^t_{|i}\, \delta^s_r\, T_{ts}\, v^r = x^t_{|i}\, w_t$$

gilt.

Durch die Aufstellung dieser Transformationsgesetze haben wir daher die Möglichkeit gewonnen, Funktionen zu bilden, die vom Koordinatensystem unabhängig sind, wie beispielsweise in Gl. (62) gezeigt wurde.

Aus Gl. (24) erkennen wir, daß unser Rechenverfahren auf $\overset{*}{L}_{ik} = \overset{*}{L}_{ki}$ anwendbar ist. Wir finden daher wegen der Symmetrie

$$(65)\qquad L^{i\cdot}_{\cdot j} = L^{\cdot i}_{j\cdot} = L^i_j = g^{is}\, L_{sj}$$

und erhalten in

$$(66)\qquad L^j_j = 2H$$

eine Größe, die nicht von der Wahl des Koordinatensystems abhängt. Wir nennen sie die mittlere Krümmung. Entsprechend folgt aus dem Transformationsgesetz

$$(67)\qquad \overset{*}{L}{}^i_j = x^i_{|s}\, u^t_j\, L^s_t,$$

daß auch

$$(68)\qquad \det|\overset{*}{L}{}^i_j| = \det|L^i_j| = L^1_1\, L^2_2 - (L^1_2)^2 = K$$

vom Koordinatensystem unabhängig ist. Wir bezeichnen die so gebildete Größe K als GAUSSsche Krümmung.

Wir bezeichnen allgemeiner derartige nicht von der Wahl des Koordinatensystems abhängige Größen als Invarianten. Es ist klar, daß alle Ausdrücke, die für die Geometrie der Fläche von Bedeutung sind, durch Invarianten darstellbar sein müssen.

Wir wollen die beiden gewonnenen Invarianten noch im Koordinatensystem der x^i ausrechnen und erhalten wegen

$$(69)\qquad g_{ik} \overset{\circ}{=} \delta_{ik}$$

aus Gl. (39)

$$2H = F_{11} + F_{22}; \quad K = F_{11}F_{22} - (F_{12})^2. \tag{70}$$

Auch den Flächenströmen, die wir durch die Komponenten v^i beschreiben, können wir Invarianten zuordnen, die nicht vom Koordinatensystem abhängen. Die einfachste ist das Quadrat der Länge, das wir durch

$$v^i v_i = v^i v^j g_{ij} \tag{71}$$

erhalten.

Für unsere Zwecke ist es aber besonders wichtig, neben diesen algebraischen Operationen auch Prozesse zu entwickeln, die durch Differentiation zu invarianten Bildungen führen. Wir betrachten zunächst einen Vektor

$$\overset{*}{v}_i = x^j_{|i} v_j. \tag{72}$$

Dann wird mit

$$\overset{*}{v}_{i|s} = \frac{\partial}{\partial u^s} \overset{*}{v}_i \,; \quad v_{i\,s} = \frac{\partial}{\partial x^s} v_i \tag{73}$$

aus Gl. (72)

$$\overset{*}{v}_{i\,s} = x^j_{|i} v_{j|t} x^t_{|s} + v_j x^j_{|i|s}. \tag{74}$$

Wir erkennen hier, daß $\overset{*}{v}_{i|s}$ keinen Tensor darstellt. Bilden wir aber

$$\overset{*}{v}_{i||s} = \overset{*}{v}_{i|s} - \overset{*}{\Gamma}{}^t_{is} \overset{*}{v}_t \,; \quad v_{i||s} = v_{i|s} - \Gamma^t_{is} v_t, \tag{75}$$

so wird wegen Gl. (30) und (74)

$$\begin{aligned} \overset{*}{v}_{i||s} &= v_{j|t} x^t_{|s} x^j_{|i} + v_j x^j_{|i|s} - \\ &\quad - (u^t_j x^r_{|s} x^e_{|i} \Gamma^j_{re} + u^t_j x^j_{|i|s}) x^p_{|t} v_p \\ &= (v_{j|t} - \Gamma^r_{jt} v_r) x^j_{|i} x^t_{|s} = v_{j||t} x^j_{|i} x^t_{|s}. \end{aligned} \tag{76}$$

Durch die Bildung

$$v_{i||s} = v_{i|s} - \Gamma^t_{is} v_t \tag{77}$$

gewinnen wir daher aus einem Vektor einen Tensor.

Ähnlich können wir auch einem Tensor T_{ik} durch

$$T_{ik||j} = T_{ik|j} - \Gamma^r_{ij} T_{rk} - \Gamma^r_{kj} T_{ir} \tag{78}$$

einen Ausdruck zuordnen, der dem Transformationsgesetz

$$\overset{*}{T}_{ik||j} = T_{rs||t} x^r_{|i} x^s_{|k} x^t_{|j} \tag{79}$$

genügt. Denn es ist

$$\overset{*}{T}_{ik|j} = \frac{\partial}{\partial u^j} T_{rs} x^r_{|i} x^s_{|k} = T_{rs|j} x^r_{|i} x^s_{|k} + T_{rs}(x^s_{|k} x^r_{|i|j} + x^r_{|i} x^s_{|k|j}), \tag{80}$$

so daß Gl. (79) wiederum aus Gl. (30) folgt.

Durch die Prozesse der Differentiation haben wir aus Vektoren oder Tensoren weitere Größen gewonnen, die denselben Transformationsgesetzen genügen. Die Ableitung einer Invarianten liefert natürlich immer einen Vektor, denn es ist

$$\frac{\partial}{\partial u^i} J = J_{|i} = x^j_{|i} J_{|j}. \tag{81}$$

Wir setzen daher für Invarianten

$$J_{||j} = J_{|j} \tag{82}$$

und haben damit unseren Prozeß auch auf diese Größen ausgedehnt. Diese Differentiationsprozesse nennen wir kovariante Ableitungen. Wir haben noch nicht gezeigt, wie sie sich beim Verschieben der Indizes, also beim Übergang von v_i zu v^i verhalten. Dazu benötigen wir einige Identitäten, die wir nun herleiten wollen. Zur Abkürzung der Rechnung benutzen wir die folgenden Überlegungen:

1. Stimmen zwei Vektor- oder Tensorfelder in einem Koordinatensystem überein, so sind sie in allen Systemen identisch.

2. Jeden Punkt unseres Flächenelementes können wir als Ursprung eines Koordinatensystems auffassen, das dort alle Eigenschaften besitzt, die wir bisher für unser System der x^i im Ursprung bewiesen hatten.

Wir können also Identitäten zwischen Vektor- oder Tensorfeldern allgemein beweisen, wenn wir sie für das System der x^i im Nullpunkt nachweisen. Wegen Gl. (79) gilt diese Argumentation auch für die kovarianten Ableitungen der Tensoren.

Es gilt zunächst

Lemma 51. *Es ist für Vektorfelder* v_i, w_i

$$(v_i w_k)_{||j} = v_{i||j} w_k + v_i w_{k||j}.$$

Wir setzen

$$T_{ik} = v_i w_k. \tag{83}$$

Dann wird im Nullpunkt wegen

$$\Gamma^r_{ik} \mathrel{\hat=} 0 \tag{84}$$

nach Gl. (78)

$$\begin{aligned} (v_i w_k)_{||j} &\mathrel{\hat=} (v_i w_k)_{|j} = w_k v_{i|j} + v_i w_{k|j}, \\ v_{i||j} &\mathrel{\hat=} v_{i|j}, \qquad v_{k||j} \mathrel{\hat=} v_{k|j}. \end{aligned} \tag{85}$$

Damit ist unsere Behauptung bewiesen, denn beide Seiten der behaupteten Identitäten genügen demselben Transformationsgesetz.

Weiterhin erhalten wir

Lemma 52. *Es ist*

$$g_{ik\|j} = 0.$$

Aus Gl. (34) und (51) folgt nämlich

(86) $$g_{ik} = \delta_{ik} + o(r).$$

Es ist daher

(87) $$g_{ik\|j} \stackrel{\circ}{=} g_{ik|j} = 0,$$

so daß Lemma 52 bewiesen ist.

Ausführlicher lautet Lemma 52 nach Gl. (78)

(88) $$g_{ik|j} = \Gamma^s_{ji} g_{sk} + \Gamma^s_{jk} g_{is}.$$

Setzen wir daher

(89) $$v^i_{\|k} = v^i_{|k} + \Gamma^i_{rk} v^r,$$

so wird nach Gl. (88)

(90) $$g_{is} v^s_{\|k} = (v^s g_{si})_{|k} - v^s g_{si|k} + g_{is} \Gamma^s_{rk} v^r = v_{i|k} - \Gamma^s_{ik} v_s = v_{i\|k}.$$

Es stellt daher auch Gl. (89) einen Tensor dar, und wir haben damit die kovariante Ableitung auch für v^i definiert. Analog wird mit

(91) $$T^{ik}_{\|j} = T^{ik}_{|j} + \Gamma^i_{jr} T^{rk} + \Gamma^k_{jr} T^{ir}$$

ebenfalls unter Benutzung von Gl. (88)

(92) $$g_{is} g_{kt} T^{ik}_{\|j} = T_{st\|j},$$

so daß auch Gl. (91) einen Tensor darstellt. Entsprechend zeigen wir noch, daß mit

(93) $$T^{\cdot i}_{k\cdot\|j} = T^{\cdot i}_{k\cdot|j} + \Gamma^i_{jr} T^{\cdot r}_{k\cdot} - \Gamma^r_{jk} T^{\cdot i}_{r\cdot}$$

die Identität

(94) $$g_{si} T^{\cdot i}_{k\cdot\|j} = T_{ks\|j}$$

gilt. Damit erfüllt auch Gl. (93) das Transformationsgesetz der Tensoren.

Wir beweisen nun

Lemma 53. *Es ist*

$$(T^{\cdot i}_{i\cdot})_{|j} = T^{\cdot i}_{i\cdot\|j}.$$

Durch diese Formel wird ausgedrückt, daß der Prozeß der Summation über gleiche „obere" und „untere" Indizes mit der kovarianten Differentiation vertauschbar ist.

Auf beiden Seiten der in Lemma 53 behaupteten Identität stehen Vektoren. Im Nullpunkt stimmen sie überein, da dort die Γ^r_{ik} verschwinden. Da wir jeden Punkt der Fläche zum Nullpunkt machen können, sind die Vektoren überall identisch.

Es gilt weiter für dreimal stetig differenzierbare Flächen die wichtige Identität

Lemma 54. *Für zweimal stetig differenzierbare Vektorfelder ist*

$$v^r_{\|j\|r} - v^r_{\|r\|j} = K v_j .$$

Im Nullpunkt ist nach Gl. (89)

$$(95)\qquad v^r_{\|j\|k} \stackrel{\circ}{=} v^r_{\|j|k} \stackrel{\circ}{=} v^r_{|j|k} + v^s \Gamma^r_{sj|k} .$$

Damit wird

$$(96)\qquad v^r_{\|j\|r} - v^r_{\|r\|j} \stackrel{\circ}{=} v^s(\Gamma^r_{sj|r} - \Gamma^r_{s\,r|j}) .$$

Für diesen Ausdruck hatten wir in Gl. (44) die Darstellung

$$(97)\qquad \Gamma^r_{sj|r} - \Gamma^r_{sr|j} \stackrel{\circ}{=} (F_{11}F_{22} - F_{12}^2)\,\delta_{sj}$$

hergeleitet, die wir wegen Gl. (70) auch in der Form

$$(98)\qquad \Gamma^r_{sj|r} - \Gamma^r_{sr|j} \stackrel{\circ}{=} K\,\delta_{sj}$$

schreiben können.

Es ist aber

$$(99)\qquad K g_{sj} \stackrel{\circ}{=} K\,\delta_{sj} ,$$

so daß sich

$$(100)\qquad v^r_{\|j\|r} - v^r_{\|r\|j} \stackrel{\circ}{=} K v_j$$

ergibt. Damit ist unsere Behauptung bewiesen.

Aus Lemma 54 folgt

Lemma 55. *Es sei v^r ein zweimal stetig differenzierbares Vektorfeld der Länge Eins. Dann ist*

$$(v^r v^j_{\|r} - v^j v^r_{\|r})_{\|j} = K v^r v_r = K .$$

Nach Voraussetzung ist

$$(101)\qquad v^r v_r = 1 .$$

Folglich wird nach Lemma 51 und Gl. (90)

$$(102)\qquad 0 = (v^r v_r)_{|j} = (v^r v_r)_{\|j} = v^r v_{r\|j} + v^r_{\|j} v_r = 2 v_r v^r_{\|j} ,$$

und wir erhalten, da v_1 und v_2 nicht gleichzeitig verschwinden,

$$(103)\qquad v^1_{\|1} v^2_{\|2} - v^1_{\|2} v^2_{\|1} = \det|v^i_{\|k}| = 0 .$$

Nach den Rechenregeln der kovarianten Differentiation wird

$$(104)\quad (v^r v^j_{\|r} - v^j v^r_{\|r})_{\|j} = v^r_{\|j} v^j_{\|r} - v^j_{\|j} v^r_{\|r} + v^r v^j_{\|r\|j} - v^j v^r_{\|r\|j},$$

und es ist nach Gl. (102)

$$(105)\quad \begin{aligned} v^r_{\|j} v^j_{\|r} - v^j_{\|j} v^r_{\|r} &= -2\det|v^i_{\|k}| = 0, \\ v^r v^j_{\|r\|j} - v^j v^r_{\|r\|j} &= v^r(v^j_{\|r\|j} - v^j_{\|j\|r}) = K v_r v^r, \end{aligned}$$

so daß wir

$$(106)\quad (v^r v^j_{\|r} - v^j v^r_{\|r})_{\|j} = K$$

erhalten.

Die einfachste Invariante, die wir einem Flächenfeld v^i durch Differentiation zuordnen können, ist die Größe

$$(107)\quad v^i_{\|i} = \nabla_0^* \mathfrak{v},$$

die wir als Divergenz bezeichnen wollen. Nach Gl. (89) wird

$$(108)\quad v^i_{\|i} = v^i_{|i} + \Gamma^i_{ri} v^r.$$

Ist

$$(109)\quad g = \det|g_{ik}|,$$

so wird

$$(110)\quad (\mathfrak{x}_{|1} \times \mathfrak{x}_{|2})^2 = |\mathfrak{x}_{|1} \times \mathfrak{x}_{|2}|^2 = \mathfrak{x}^2_{|1}\mathfrak{x}^2_{|2} - (\mathfrak{x}_{|1}\mathfrak{x}_{|2})^2 = g.$$

Wir erhalten daher

$$(111)\quad \begin{aligned} g_{|j} &= 2(\mathfrak{x}_{|1} \times \mathfrak{x}_{|2})\,[\mathfrak{x}_{|1|j} \times \mathfrak{x}_{2} + \mathfrak{x}_{|1} \times \mathfrak{x}_{|2|j}] \\ &= 2\sqrt{g}\,\mathfrak{n}(\Gamma^r_{1j}\mathfrak{x}_{|r} \times \mathfrak{x}_{|2} + \mathfrak{x}_{|1} \times \Gamma^r_{2j}\mathfrak{x}_{|r}), \end{aligned}$$

da die Komponenten von $\mathfrak{x}_{|i|k}$ in Richtung der Normalen keinen Beitrag zu unserem Ausdruck leisten. Wegen

$$(112)\quad \mathfrak{x}_{|1} \times \mathfrak{x}_{|2} = \sqrt{g}\,\mathfrak{n}$$

erhalten wir aus Gl. (111)

$$(113)\quad g_{|j} = 2g(\Gamma^1_{1j} + \Gamma^2_{2j}) = 2g\Gamma^r_{rj}.$$

Damit können wir Gl. (108) auch in der Form

$$(114)\quad v^i_{\|i} = \frac{1}{\sqrt{g}}(\sqrt{g}\,v^r)_{|r}$$

schreiben. Das Flächenelement dF hatten wir im System der x^i nach Definition 1 durch

$$(115)\quad dF = \sqrt{1 + F^2_{|1} + F^2_{|2}}\,dx^1\,dx^2$$

eingeführt. Es ist aber wegen

$$(116)\quad \mathfrak{x}_{|i} = \mathfrak{e}_i + \mathfrak{e}_3 F_{|i}$$

offenbar

$$(\mathfrak{x}_{|1} \times \mathfrak{x}_{|2})^2 = 1 + F_{|1}^2 + F_{|2}^2 = g, \tag{117}$$

so daß wir das Flächenelement auch in der Form

$$dF = \sqrt{g}\, d x^1 d x^2 \tag{118}$$

schreiben können.

Ist nun G' ein reguläres Teilgebiet des Gebietes G der x^1, x^2-Ebene, das wir zur Definition eines regulären Flächenelementes benutzen, so wird

$$\int_{G'} (\sqrt{g}\, v^i)_{|i}\, d x^1 d x^2 = \int_R \sqrt{g}\, (\mathfrak{v}' \mathfrak{n}')\, d s', \tag{119}$$

wobei wir

$$\mathfrak{v}' = v^i \mathfrak{e}_i \tag{120}$$

gesetzt haben und $\mathfrak{n}'$ der ins Äußere von G' weisende Normalenvektor der Randkurve R in der x^1, x^2-Ebene ist. Mit ds' bezeichnen wir das Bogenelement der Randkurve R von G'.

Dem Gebiet G' der Koordinatenebene entspricht ein Flächenelement F_0 der Fläche, und der Randkurve R entspricht der Rand C_0 von F_0. Diesen Rand können wir beschreiben durch

$$\mathfrak{x}(s') = \mathfrak{x}(x^1(s'), x^2(s')). \tag{121}$$

Differenzieren wir nach s' so wird

$$\frac{d}{ds'} \mathfrak{x} = \frac{d x^i}{d s'} \mathfrak{x}_{|i}, \tag{122}$$

und wir erhalten

$$\left(\frac{d}{ds'} \mathfrak{x}\right)^2 = g_{ik} \frac{d x^i}{d s'} \frac{d x^k}{d s'}. \tag{123}$$

Wir denken uns nun den Parameter s so eingeführt, daß

$$\left(\frac{d s}{d s'}\right)^2 = g_{ik} \frac{d x^i}{d s'} \frac{d x^k}{d s'} \tag{124}$$

gilt und nennen diesen Parameter die Bogenlänge auf C. Bezeichnen wir mit $\mathfrak{n}_0$ den Normalenvektor von C_0, der senkrecht auf C_0 steht und ins Äußere von F_0 weist, so wird

$$\mathfrak{n}_0 = \pm \left(\frac{d}{d s} \mathfrak{x}\right) \times \mathfrak{n}, \tag{125}$$

wobei das Vorzeichen davon abhängt, in welcher Richtung wir den Parameter s wachsen lassen, was gleichbedeutend mit der Wahl des Vorzeichens von ds/ds' in Gl. (124) ist.

Um diese Schwierigkeit zu beseitigen, denken wir uns nun die Kurve R der x^1, x^2-Ebene in der Form $x^i(s')$ so gegeben, daß

$$\mathfrak{n}' = \frac{d x^2}{d s'} \mathfrak{e}_1 - \frac{d x^1}{d s'} \mathfrak{e}_2 \tag{126}$$

ist. Dann wird

$$(\mathfrak{v}' \mathfrak{n}') = v^1 \frac{d x^2}{d s'} - v^2 \frac{d x^1}{d s'}. \tag{127}$$

Nach Gl. (126) wird G' mit wachsendem s' so umlaufen, daß das Innere zur linken Seite liegt. Setzen wir dann

$$\frac{d s}{d s'} = \sqrt{g_{ik} \frac{d x^i}{d s'} \frac{d x^k}{d s'}}, \tag{128}$$

so überträgt sich dieser Umlaufsinn auf die Randkurve C_0, und wir erhalten

$$\mathfrak{n}_0 = \left(\frac{d}{d s} \mathfrak{x}\right) \times \mathfrak{n}. \tag{129}$$

Daher wird mit $\dot{x}^i = \frac{d x^i}{d s}$

$$\begin{aligned}(\mathfrak{v}\mathfrak{n}_0) &= v^i \mathfrak{x}_{|i} (\mathfrak{x}_{|j} \times \mathfrak{n}) \frac{d x^j}{d s} \\ &= v^1 \mathfrak{x}_{|1} (\mathfrak{x}_{|2} \times \mathfrak{n})\, \dot{x}^2 + v^2 \mathfrak{x}_{|2} (\mathfrak{x}_{|1} \times \mathfrak{n})\, \dot{x}^1 \\ &= \sqrt{g}\, (v^1 \dot{x}^2 - v^2 \dot{x}^1),\end{aligned} \tag{130}$$

und wir finden

$$\int_R \sqrt{g}\, (\mathfrak{v}' \mathfrak{n}')\, d s' = \int_R \sqrt{g} \left(v^1 \frac{d x^2}{d s'} - v^2 \frac{d x^1}{d s'}\right) d s' = \int_{C_0} (\mathfrak{v}\mathfrak{n}_0)\, d s, \tag{131}$$

da

$$(v^1 \dot{x}^2 - v^2 \dot{x}^1)\, d s = \left(v^1 \frac{d x^2}{d s'} - v^2 \frac{d x^1}{d s'}\right) d s' \tag{132}$$

ist.

Es gilt somit

Lemma 56. *Es sei F ein reguläres Flächenelement, das von der Kurve C berandet wird. Ist $\mathfrak{v}$ ein stetig differenzierbares Flächenfeld, so gilt mit*

$$\nabla_0^* \mathfrak{v} = v^i_{||i},$$

wenn $\mathfrak{n}_0$ den Normalenvektor auf C darstellt, der dort senkrecht auf $\mathfrak{n}$ steht und ins Äußere von F weist,

$$\int_F \nabla_0^* \mathfrak{v}\, d F = \int_C (\mathfrak{v}\mathfrak{n}_0)\, d s.$$

Dieses Ergebnis zeigt uns, daß $\nabla_0^* \mathfrak{v}$ als Divergenz des Flächenfeldes $\mathfrak{v}$ aufgefaßt werden kann. Um nun den Ausdruck $\nabla_0 \mathfrak{v}$ zu definieren, gehen wir von diesem Ergebnis aus und bilden denselben Grenzprozeß, der auch zur Definition der Divergenz der räumlichen Vektorfelder geführt hatte. Dies führt zu

Definition 12. *Es sei F_ν eine Folge von regulären Flächenelementen mit den Randkurven C_ν, deren Flächeninhalt wir mit $\|F_\nu\|$ bezeichnen. Die Folge F_ν konvergiere gegen den Punkt $\mathfrak{x}$ der Fläche, d. h. zu jedem $\varepsilon > 0$ gibt es ein $N(\varepsilon)$ so, daß für alle $\nu \geqq N(\varepsilon)$ das Flächenelement F_ν ganz in der Kugel vom Radius ε um $\mathfrak{x}$ enthalten ist. Der Vektor $\mathfrak{n}_0$ habe die gleiche Bedeutung wie in Lemma 56.*

Das Flächenfeld $\mathfrak{v}$ sei stetig in der Umgebung von $\mathfrak{x}$. Existiert dann unabhängig von der Wahl der Folge F_ν

$$\lim_{F_\nu \to \mathfrak{x}} \frac{1}{\|F_\nu\|} \int_{F_\nu} (\mathfrak{n}_0 \mathfrak{v})\, ds = \nabla_0 \mathfrak{v},$$

so nennen wir $\nabla_0 \mathfrak{v}$ die Flächendivergenz von $\mathfrak{v}$ in $\mathfrak{x}$.

Auf Grund von Lemma 56 ist für stetig differenzierbare $\mathfrak{v}$

$$\nabla_0 \mathfrak{v} = \nabla_0^* \mathfrak{v}. \tag{133}$$

Der Operator ∇_0 ist jedoch auch anwendbar, wenn $\mathfrak{v}$ nicht stetig differenzierbar ist. Es gilt nämlich beispielsweise

Lemma 57. *Die Funktion U sei auf F stetig differenzierbar. Dann ist*

$$\nabla_0 (\mathfrak{n} \times g^{ik} \mathfrak{x}_{|i} U_{|k}) = 0.$$

Wir finden für jede der in Definition 12 genannten Kurven C_ν

$$\int_{C_\nu} \mathfrak{n}_0 (\mathfrak{n} \times g^{ik} \mathfrak{x}_{|i} U_{|k})\, ds = -\int_{C_\nu} g^{ik} \mathfrak{x}_{|i} U_{|k} (\mathfrak{n} \times \mathfrak{n}_0)\, ds. \tag{134}$$

Nun ist mit

$$\mathfrak{t} = \frac{d}{ds} \mathfrak{x} = \mathfrak{x}_{|i} \frac{dx^i}{ds}, \tag{135}$$

da $\mathfrak{n}_0$ ins Äußere von F_ν weist und der Umlaufsinn so gewählt wurde, daß F_ν zur linken Seite von C_ν bleibt,

$$\mathfrak{t} = \mathfrak{n} \times \mathfrak{n}_0. \tag{136}$$

Damit erhalten wir für das Integral der rechten Seite von Gl. (134)

$$-\int_{C_\nu} g^{ik} g_{ij} U_{|k} \frac{dx^j}{ds} ds = -\int_{C_\nu} U_{|j} \frac{dx^j}{ds} ds = 0 \tag{137}$$

und haben Lemma 57 bewiesen.

Wir wollen unsere Ergebnisse nun auf die Flächenfelder anwenden, die durch die Randwerte elektromagnetischer Schwingungen gegeben werden. Dazu betrachten wir ein Feld $\mathfrak{E}$, $\mathfrak{H}$, das im Gebiet G stetig ist und den Gleichungen

$$(138) \qquad \nabla \times \mathfrak{H} + i\omega\varepsilon\mathfrak{E} = \mathfrak{J}; \quad \nabla \times \mathfrak{E} - i\omega\mu\mathfrak{H} = -\mathfrak{J}'$$

mit konstanten ε und μ und stetigen $\mathfrak{J}$ und $\mathfrak{J}'$ genügt.

Setzen wir dann auf dem Rande F von G in allen regulären Punkten

$$(139) \qquad \mathfrak{j} = -\mathfrak{n} \times \mathfrak{H}; \quad \mathfrak{j}' = \mathfrak{n} \times \mathfrak{E},$$

so wird, wie wir nun zeigen werden

$$(140) \qquad \begin{cases} \nabla_0 \mathfrak{j} = -i\,\omega\,\varepsilon\,\mathfrak{E}\,\mathfrak{n} + (\mathfrak{J}\,\mathfrak{n}), \\ \nabla_0 \mathfrak{j} = -i\,\omega\,\mu\,\mathfrak{H}\,\mathfrak{n} - (\mathfrak{J}'\,\mathfrak{n}). \end{cases}$$

Zum Beweise dieser Gleichungen nehmen wir an, daß die Randfläche F in der Umgebung des Punktes, in dem wir diese Beziehungen beweisen wollen, in der Form

$$(141) \qquad x^3 = F(x^1, x^2)$$

dargestellt wird und das Innere von G auf der Seite

$$(142) \qquad x^3 < F(x^1, x^2)$$

liegt. Es sei F' ein reguläres Flächenelement, das durch einen Bereich B' der x^1, x^2-Ebene vermittels Gl. (141) beschrieben wird. Mit F'_λ bezeichnen wir die ebenfalls regulären Flächenelemente

$$(143) \qquad x^3 = F(x^1, x^2) - \lambda; \quad \lambda > 0.$$

Für genügend kleine λ und genügend kleine Bereiche B' liegen diese Elemente ganz in G. Bezeichnen wir mit dF_λ das Flächenelement dieser Bereiche und nennen wir die Randkurven C_λ sowie deren Bogenelemente ds_λ, so ist für alle λ

$$(144) \qquad dF_\lambda = dF; \quad ds_\lambda = ds.$$

Nach unserer Formulierung des Satzes von STOKES wird für $\lambda > 0$

$$(145) \qquad \begin{cases} \int\limits_{C_\lambda} \mathfrak{E}\,d\mathfrak{s} = \int\limits_{F'_\lambda} \mathfrak{n}(\nabla \times \mathfrak{E})\,dF = i\,\omega\,\mu \int\limits_{F'_\lambda} (\mathfrak{H}\,\mathfrak{n})\,dF - \int\limits_{F'_\lambda} (\mathfrak{J}'\,\mathfrak{n})\,dF, \\ \int\limits_{C_\lambda} \mathfrak{H}\,d\mathfrak{s} = \int\limits_{F'_\lambda} \mathfrak{n}(\nabla \times \mathfrak{H})\,dF = -i\,\omega\,\varepsilon \int\limits_{F'_\lambda} (\mathfrak{E}\,\mathfrak{n})\,dF + \int\limits_{F'_\lambda} (\mathfrak{J}\,\mathfrak{n})\,dF. \end{cases}$$

Da $\mathfrak{n}$ nicht von λ abhängt und $\mathfrak{E}$ und $\mathfrak{H}$ gleichmäßig stetig in G sind, erhalten wir durch den Grenzübergang $\lambda \to 0$ unter Beachtung von

$$d\mathfrak{s} = (\mathfrak{n} \times \mathfrak{n}_0)\, d s \tag{146}$$

die für alle F' unseres Flächenelementes gültige Beziehung

$$\left.\begin{aligned} -\int\limits_{C'} \mathfrak{n}_0(\mathfrak{n} \times \mathfrak{E})\, ds &= i\,\omega\,\mu \int\limits_{F'} (\mathfrak{H}\,\mathfrak{n})\, dF - \int\limits_{F'} (\mathfrak{J}'\mathfrak{n})\, dF, \\ \int\limits_{C'} \mathfrak{n}_0(\mathfrak{n} \times \mathfrak{H})\, ds &= i\,\omega\,\varepsilon \int\limits_{F'} (\mathfrak{E}\,\mathfrak{n})\, dF - \int\limits_{F'} (\mathfrak{J}\,\mathfrak{n})\, dF. \end{aligned}\right\} \tag{147}$$

Aus der Stetigkeit von $(\mathfrak{E}\,\mathfrak{n})$, $(\mathfrak{H}\,\mathfrak{n})$ und $(\mathfrak{J}\,\mathfrak{n})$, $(\mathfrak{J}'\,\mathfrak{n})$ folgt daher Gl. (140). Wir können somit unseren Flächenströmen $\mathfrak{j}$ und $\mathfrak{j}'$ durch

$$\varrho_0 = -\varepsilon(\mathfrak{E}\,\mathfrak{n}) - \frac{i}{\omega}(\mathfrak{J}\,\mathfrak{n}); \qquad \varrho_0' = -\mu(\mathfrak{H}\,\mathfrak{n}) - \frac{i}{\omega}(\mathfrak{J}'\mathfrak{n}) \tag{148}$$

Flächenladungen zuordnen, die die Kontinuitätsgleichungen

$$\nabla_0\,\mathfrak{j} - i\,\omega\,\varrho_0 = 0; \qquad \nabla_0\,\mathfrak{j}' - i\,\omega\,\varrho_0' = 0 \tag{149}$$

erfüllen.

Nach diesen Begriffsbildungen können wir nun für Gebiete, die von glatten Flächen berandet werden, Satz 32 neu formulieren. Es gilt dann

Satz 36. *Im regulären von der glatten Fläche F berandeten Gebiet G seien $\mathfrak{E}$, $\mathfrak{H}$ stetige Lösungen der Gleichungen*

$$\nabla \times \mathfrak{H} + i\,\omega\,\varepsilon\,\mathfrak{E} = \mathfrak{J}; \qquad \nabla \times \mathfrak{E} - i\,\omega\,\mu\,\mathfrak{H} = -\mathfrak{J}';$$
$$\nabla\,\mathfrak{J} = i\,\omega\,P; \qquad \nabla\,\mathfrak{J}' = i\,\omega\,P'$$

mit stetigen $\mathfrak{J}$, $\mathfrak{J}'$ und P, P' und konstanten ε, μ und ω. Dann ist für alle $\mathfrak{x}$ in G

$$\begin{aligned} \mathfrak{E}(\mathfrak{x}) = \frac{1}{4\pi} \int\limits_G \Big[i\,\omega\,\mu\,\mathfrak{J}\,\Phi - \mathfrak{J}' \times \nabla\,\Phi + \frac{1}{\varepsilon} P\,\nabla\,\Phi \Big]\, dV_{\mathfrak{y}} &+ \\ + \frac{1}{4\pi}\,\frac{i}{\omega\,\varepsilon} \int\limits_F (\mathfrak{J}\,\mathfrak{n})\,\nabla\,\Phi\, dF_{\mathfrak{y}} &+ \\ + \frac{1}{4\pi} \int\limits_F \Big[i\,\omega\,\mu\,\mathfrak{j}\,\Phi - \mathfrak{j}' \times \nabla\,\Phi + \frac{1}{o}\,\varrho_0\,\nabla\,\Phi \Big]\, dF_{\mathfrak{y}}&; \end{aligned}$$

$$\begin{aligned} \mathfrak{H}(\mathfrak{x}) = \frac{1}{4\pi} \int\limits_G \Big[i\,\omega\,\varepsilon\,\mathfrak{J}'\Phi + \mathfrak{J} \times \nabla\,\Phi + \frac{1}{\mu} P'\,\nabla\,\Phi \Big]\, dV_{\mathfrak{y}} &+ \\ + \frac{1}{4\pi}\,\frac{i}{\omega\,\mu} \int\limits_F (\mathfrak{J}'\,\mathfrak{n})\,\nabla\,\Phi\, dF_{\mathfrak{y}} &+ \\ + \frac{1}{4\pi} \int\limits_F \Big[i\,\omega\,\varepsilon\,\mathfrak{j}'\,\Phi + \mathfrak{j} \times \nabla\,\Phi + \frac{1}{\mu}\,\varrho_0'\,\nabla\,\Phi \Big]\, dF_{\mathfrak{y}}&, \end{aligned}$$

wobei die Flächenströme durch

$$\mathfrak{j} = -\mathfrak{n} \times \mathfrak{H}; \qquad \mathfrak{j}' = \mathfrak{n} \times \mathfrak{E}$$

mit Hilfe des ins Äußere von G weisenden Normalenvektors $\mathfrak{n}$ *definiert werden.*

Liegt $\mathfrak{x}$ *im Äußeren von G, so verschwinden die rechten Seiten identisch.*

Entsprechend folgt auch aus Satz 35

Satz 37. *Das Äußere des von der glatten Fläche F berandeten Gebietes G sei zusammenhängend. Dort gelte für das stetige Feld* $\mathfrak{E}$, $\mathfrak{H}$ *mit konstanten* ε *und* μ

$$\nabla \times \mathfrak{H} + i\omega\varepsilon\mathfrak{E} = 0; \qquad \nabla \times \mathfrak{E} - i\omega\mu\mathfrak{H} = 0.$$

Es seien die Ausstrahlungsbedingungen

$$\omega\varepsilon(\mathfrak{x}_0 \times \mathfrak{E}) - k\mathfrak{H} = o\left(\frac{1}{r}\right); \qquad \mathfrak{E} = O\left(\frac{1}{r}\right);$$

$$\omega\mu(\mathfrak{x}_0 \times \mathfrak{H}) + k\mathfrak{E} = o\left(\frac{1}{r}\right); \qquad \mathfrak{H} = O\left(\frac{1}{r}\right)$$

erfüllt. Dann gilt für alle $\mathfrak{x}$ *im Äußeren von G*

$$\mathfrak{E}(\mathfrak{x}) = \frac{1}{4\pi}\int\limits_F \left[i\omega\mu\mathfrak{j}\Phi - \mathfrak{j}' \times \nabla\Phi + \frac{1}{\varepsilon}\varrho_0\nabla\Phi\right] dF_{\mathfrak{y}},$$

$$\mathfrak{H}(\mathfrak{x}) = \frac{1}{4\pi}\int\limits_F \left[i\omega\varepsilon\mathfrak{j}'\Phi + \mathfrak{j} \times \nabla\Phi + \frac{1}{\mu}\varrho_0'\nabla\Phi\right] dF_{\mathfrak{y}},$$

wobei die Flächenströme durch

$$\mathfrak{j} = -\mathfrak{n} \times \mathfrak{H}; \qquad \mathfrak{j}' = \mathfrak{n} \times \mathfrak{E}$$

vermittels des ins Innere von G weisenden Normalenvektors $\mathfrak{n}$ *definiert werden.*

Liegt $\mathfrak{x}$ *innerhalb G, so verschwinden die genannten Felder identisch.*

Wir wollen nun noch zeigen, daß wir auch die durch den Operator ∇_0 definierte Divergenz eines Flächenfeldes durch eine Integration umkehren können. Die dazu notwendige Argumentation verläuft ganz analog zu den entsprechenden Betrachtungen, die wir in § 1 beim Beweis von Satz 3 angewandt hatten.

Es gilt nämlich

Satz 38. *Im regulären Flächenelement F' der glatten Fläche F, das von der Kurve C berandet wird, sei* $\mathfrak{v}$ *und* $\nabla_0\mathfrak{v}$ *stetig. Dann gilt*

$$\int\limits_{F'} (\nabla_0\mathfrak{v})\, dF = \int\limits_C (\mathfrak{n}_0\mathfrak{v})\, ds,$$

wobei $\mathfrak{n}_0$ den ins Äußere von F weisenden Normalenvektor von C in F darstellt.

Zum Beweise können wir annehmen, daß ein Koordinatensystem x^1, x^2 zur Verfügung steht, mit dessen Hilfe wir F' in der Form $x^3 = F(x^1, x^2)$ darstellen können. Wir legen dieses Koordinatensystem zugrunde und setzen

(150) $$\mathfrak{v} = v^i \mathfrak{x}_{|i}.$$

Dem Flächenelement F' entspricht dann ein abgeschlossener Bereich B der x^1, x^2-Ebene. In diesem Bereich sind $F_{|1}$ und $F_{|2}$ stetig differenzierbar. Die eventuell vorhandenen Singularitäten der Koordinatendarstellung x^1, x^2 liegen daher auch nicht auf dem Rande von F. Wir können demnach annehmen, daß die Normaldarstellung $x^3 = F(x^1, x^2)$ auch für ein Flächenelement F_1' gültig ist, das F' ganz enthält, denn die Funktion $F(x^1, x^2)$ wird in einem B umfassenden Bereich zweimal stetig differenzierbar sein. Die Komponenten v^i sind daher auch in einem B umfassenden Gebiet stetig. Es gibt daher ein τ_0, so daß wir für alle $\tau \leqq \tau_0$ und (x^1, x^2) aus B die Mittelwerte

(151) $$\int\limits_{(x^1-y^1)^2+(x^2-y^2)^2 \leqq \tau^2} \sqrt{g(y^1, y^2)}\, v^i(y^1, y^2)\, dy^1\, dy^2 = \pi \tau^2 \sqrt{g(x^1, x^2)}\, v^i_\tau(x^1, x^2)$$

bilden können, durch die wir $v^i_\tau(x^1, x^2)$ definieren. Setzen wir noch

(152) $$\int\limits_{(x^1-y^1)^2+(x^2-y^2)^2 \leqq \tau} \sqrt{g(y^1, y^2)}\, dy^1\, dy^2 = \|F_\tau(x^1, x^2)\|,$$

so wird wegen der Stetigkeit von v^i und $\sqrt{g}$ im Sinne gleichmäßiger Konvergenz in B

(153) $$\lim_{\tau \to 0} v^i_\tau(x^1, x^2) = v^i(x^1, x^2),$$

$$\lim_{\tau \to 0} \frac{\|F_\tau(x^1, x^2)\|}{\pi \tau^2 \sqrt{g(x^1, x^2)}} = 1.$$

Weiterhin ist[1]

(154) $$\frac{1}{\sqrt{g}} \frac{\partial \sqrt{g}\, v^i_\tau}{\partial x^i} = \frac{1}{\pi \tau^2 \sqrt{g(x^1, x^2)}} \int\limits_{(x^1-y^1)+(x^2-y^2)^2=\tau} \sqrt{g(y^1, y^2)} \left(v^1 \frac{dy^2}{ds} - v^2 \frac{dy^1}{ds} \right) ds,$$

wenn s ein beliebiger, die Integrationskurve so beschreibender Parameter ist, daß das Innere des Kreises positiv umlaufen wird. Bezeichnen

[1]) Wir benutzen hier die für stetige Funktionen $f(y^1, y^2)$ geltende Formel

$$\frac{\partial}{\partial x^i} \int\limits_{(x^1-y^1)^2+(x^2-y^2)^2 \leqq \tau} f(y^1, y^2)\, dy^1\, dy^2 = \int\limits_{(x^1-y^1)^2+(x^2-y^2)^2=\tau} f(y^1, y^2)\, n_i\, ds,$$

wobei n_i die $i - k$-Komponente des ins Äußere des Kreises weisenden Normalenvektors darstellt. Für drei Veränderliche wurde diese Formel ausführlich in § 1 hergeleitet.

wir mit $F_\tau(x^1, x^2)$ das dem Kreise $(x^1 - y^1)^2 + (x^2 - y^2)^2 \leqq \tau$ entsprechende Flächenelement und nennen wir dessen Randkurve $C_\tau(x^1, x^2)$, so wird nach einer früheren Rechnung (Gl. (130))

$$(155) \qquad \frac{1}{\sqrt{g}} \frac{\partial \sqrt{g}\, v_\tau^i}{\partial x^i} = \frac{1}{\pi \tau^2 \sqrt{g(x^1, x^2)}} \int\limits_{C_\tau(x^1, x^2)} (\mathfrak{n}_0 \mathfrak{v})\, ds,$$

da wir in Gl. (154) s so wählen können, daß ds gleich dem Linienelement auf C_τ wird.

Nach Voraussetzung gilt nun für jede gegen einen Punkt (x^1, x^2) aus B konvergente Punktfolge x_ν^i

$$(156) \qquad \lim_{\substack{\tau \to 0 \\ x_\nu^i \to x^i}} \frac{1}{\|F_\tau(x^1, x^2)\|} \int\limits_{C_\tau(x_\nu^1, x_\nu^2)} (\mathfrak{n}_0 \mathfrak{v})\, ds = \nabla_0 \mathfrak{v}(x^1, x^2).$$

Da $\nabla_0 \mathfrak{v}$ stetig ist, folgt damit im Sinne gleichmäßiger Konvergenz[1]

$$(157) \qquad \lim_{\tau \to 0} \frac{1}{\|F_\tau(x^1, x^2)\|} \int\limits_{C_\tau(x^1, x^2)} (\mathfrak{n}_0 \mathfrak{v})\, ds = \nabla_0 \mathfrak{v}(x^1, x^2),$$

und es ergibt sich wegen Gl. (153), daß auch

$$(158) \qquad \lim_{\tau \to 0} \frac{1}{\sqrt{g}} \frac{\partial \sqrt{g}\, v_\tau^i}{\partial x^i} = \nabla_0 \mathfrak{v}$$

gleichmäßig gilt.

Bezeichnen wir nun die Randkurve von B mit K und den Rand von F' mit C, so ergibt sich durch den Grenzübergang $\tau \to 0$

$$\int\limits_B \sqrt{g}\, \nabla_0 \mathfrak{v}\, dx^1\, dx^2 = \int\limits_{F'} (\nabla_0 \mathfrak{v})\, dF$$

$$(159) \qquad = \lim_{\tau \to 0} \int\limits_B \frac{\partial \sqrt{g}\, v_\tau^i}{\partial x^i}\, dx^1\, dx^2 = \lim_{\tau \to 0} \int\limits_K \sqrt{g} \left(v_\tau^1 \frac{dx^2}{ds} - v_\tau^2 \frac{dx^1}{ds} \right) ds$$

$$= \int\limits_K \sqrt{g} \left(v^1 \frac{dx^2}{ds} - v^2 \frac{dx^1}{ds} \right) ds = \int\limits_C (\mathfrak{n}_0 \mathfrak{v})\, ds,$$

womit unser Satz bewiesen ist.

Da wir jede reguläre Fläche in endlich viele reguläre Flächenelemente zerlegen können, erhalten wir noch

Lemma 58. *Auf der geschlossenen, glatten Fläche* $\nabla_0 \mathfrak{v}$ *sei* $\mathfrak{v}, \nabla_0 \mathfrak{v}$ *stetig. Dann ist*

$$\int\limits_F \nabla_0 \mathfrak{v}\, dF = 0.$$

---

[1] Vgl. die entsprechende Argumentation § 1.

Bezeichnen wir mit U eine stetig differenzierbare Funktion, so ist auch

$$\int_F U \nabla_0 \mathfrak{v}\, dF + \int_F \mathfrak{v} \nabla_0 U\, dF = 0.$$

Zum Beweise des zweiten Teiles von Lemma 58 benutzen wir wieder die Felder $\mathfrak{v}_\tau$ und beweisen zunächst in Erweiterung von Satz 38 für ein nicht geschlossenes von der Kurve C berandetes Flächenelement

$$\int_F [U(\nabla_0 \mathfrak{v}) + (\mathfrak{v} \nabla_0 U)]\, dF = \int_C (\mathfrak{n}_0 \mathfrak{v})\, U\, ds. \tag{160}$$

Da die Felder $\mathfrak{v}_\tau$ stetig differenzierbar sind, wird

$$\nabla_0 (U \mathfrak{v}_\tau) = U(\nabla_0 \mathfrak{v}_\tau) + (\mathfrak{v}_\tau \nabla_0 U), \tag{161}$$

und wir erhalten nach Satz 38

$$\int_F [U(\nabla_0 \mathfrak{v}_\tau) + (\mathfrak{v}_\tau \nabla_0 U)]\, dF = \int_C (\mathfrak{n}_0 \mathfrak{v}_\tau)\, U\, ds. \tag{162}$$

Nach Gl. (153) und (158) gilt aber im Sinne gleichmäßiger Konvergenz

$$\lim_{\tau \to 0} \mathfrak{v}_\tau = \mathfrak{v}; \quad \lim_{\tau \to 0} \nabla_0 \mathfrak{v}_\tau = \nabla_0 \mathfrak{v}, \tag{163}$$

so daß Gl. (160) aus Gl. (162) durch den Grenzübergang $\tau \to 0$ folgt. Damit ist auch Lemma 58 bewiesen, da wir jede reguläre Fläche in endlich viele reguläre Flächenelemente zerlegen können.

§ 13. Geschlossene Flächen und ihre Felder

Es wird nun unsere Aufgabe sein, das Verhalten der in Satz 36 und Satz 37 aufgetretenen Flächenintegrale zu untersuchen, wenn $\mathfrak{j}$ und $\mathfrak{j}'$ nicht aus den Randwerten von Lösungen unserer Gleichungen hervorgehen, sondern beliebig vorgegeben sind. Wir benötigen dazu eine eingehende Untersuchung dieser Oberflächenintegrale und der in ihnen auftretenden Flächenfelder.

Wir beginnen zunächst mit einer Betrachtung der Vektorfelder von konstanter Länge. Es sei also $\mathfrak{v}$ ein zweimal stetig differenzierbares Flächenfeld, dessen Komponenten v^i der Bedingung

$$\mathfrak{v}^2 = v^i v^k g_{ik} = 1 \tag{1}$$

genügen[1]. Hieraus folgt nach Lemma 55

$$(v^r v^j_{\|r} - v^j v^r_{\|r})_{\|j} = K. \tag{2}$$

[1] Das Flächenfeld kann auch komplex sein. Dann ist natürlich nicht $\mathfrak{v}^2 = |\mathfrak{v}|^2$.

Mit dem Vektor

$$\mathfrak{w} = (v^r v^j_{\|r} - v^j v^r_{\|r})\,\mathfrak{x}_{|j} \tag{3}$$

wird daher

$$\nabla_0 \mathfrak{w} = K. \tag{4}$$

Nach Lemma 58 ist aber für jede geschlossene Fläche

$$\int_F (\nabla_0 \mathfrak{w})\, dF = 0. \tag{5}$$

Es kann also nur dann ein zweimal stetig differenzierbares Vektorfeld von konstanter Länge auf der Fläche F geben, wenn

$$\int_F K\, dF = 0 \tag{6}$$

ist. Wir berechnen dieses Integral für die Einheitskugel und benutzen dazu die Gleichung

$$(x^3 - 1)^2 + (x^1)^2 + (x^2)^2 = 1, \tag{7}$$

die uns im Punkte 0, 0, 1 die Normalform

$$\begin{aligned} x^3 &= 1 - \sqrt{1 - (x^1)^2 - (x^2)^2} \\ &= \frac{1}{2}(x^1)^2 + \frac{1}{2}(x^2)^2 + \cdots \end{aligned} \tag{8}$$

liefert. Damit wird im Nullpunkt

$$F_{|1|1} \stackrel{\circ}{=} F_{|2|2} \stackrel{\circ}{=} 1, \tag{9}$$

so daß wir dort $K = 1$ erhalten. Diese Rechnung können wir durch geeignete Wahl des Koordinatensystems für jeden Punkt der Kugel durchführen. Es wird somit $K \equiv 1$, und wir erhalten für die Einheitskugel im Widerspruch zu Gl. (6)

$$\int_F K\, dF = 4\pi. \tag{10}$$

Es gibt also auf der Kugel kein Vektorfeld $\mathfrak{v}$ mit den angegebenen Eigenschaften. Es gibt damit aber auch kein zweimal stetig differenzierbares reelles Flächenfeld $\mathfrak{v}$, das nirgends verschwindet, denn sonst hätten wir in $\mathfrak{v}/|\mathfrak{v}|$ ein Feld konstanter Länge gewonnen.

Wir betrachten nun auf F eine geschlossene Kurve C mit gegebenem Umlaufsinn. Diese Kurve besitzt endlich viele Ecken, in denen die Tangente jeweils um die Außenwinkel α_i gedreht werden muß. Ist $\mathfrak{v}$ ein beliebiges in der Umgebung von C stetig differenzierbares und eindeutiges Vektorfeld, das auch komplexwertig sein kann und der Bedingung $\mathfrak{v}^2 = 1$ genügt, so setzen wir in den regulären Punkten der

Kurve mit dem Tangentenvektor $\mathfrak{t}$ der Kurve C und dem Normalenvektor $\mathfrak{n}$ der Fläche

$$\cos\varphi = \mathfrak{t}\,\mathfrak{v}; \qquad \sin\varphi = \mathfrak{n}(\mathfrak{t}\times\mathfrak{v}). \tag{11}$$

Der im allgemeinen komplexwertige Winkel φ ist nur bis auf ein Vielfaches von 2π bestimmt. Legen wir seinen Wert an einer Stelle der Kurve fest und verfolgen wir ihn beim Umlauf der Kurve unter Beachtung der durch den Umlaufsinn festgelegten Außenwinkel in den Ecken, so werden wir nach Rückkehr in den Ausgangspunkt zu einem Wert gelangen, der sich um ein Vielfaches von 2π vom Ausgangswert unterscheidet. Wir bilden nun

Definition 13. *Hat sich der durch*

$$\cos\varphi = \mathfrak{t}\,\mathfrak{v}; \qquad \sin\varphi = \mathfrak{n}(\mathfrak{t}\times\mathfrak{v})$$

definierte Winkel φ bei einmaligem Umlauf der regulären Kurve C um den Wert $2\pi\, n$ geändert, so nennen wir $(n+1)$ die Umlaufzahl des Vektorfeldes $\mathfrak{v}$ bezüglich der Kurve C oder kurz $U(\mathfrak{v};C)$

Nach Gl. (11) wird

$$-\dot\varphi\sin\varphi = \dot{\mathfrak{t}}\,\mathfrak{v} + \mathfrak{t}\,\dot{\mathfrak{v}}; \qquad \dot\varphi\cos\varphi = \dot{\mathfrak{n}}(\mathfrak{t}\times\mathfrak{v}) + \mathfrak{n}(\dot{\mathfrak{t}}\times\mathfrak{v}) + \mathfrak{n}(\mathfrak{t}\times\dot{\mathfrak{v}}), \tag{12}$$

wenn wir durch Punktieren die Ableitung nach der Bogenlänge s bezeichnen. Aus $\mathfrak{t}^2 = \mathfrak{n}^2 = \mathfrak{v}^2 = 1$ folgt aber

$$\mathfrak{t}\,\dot{\mathfrak{t}} = \mathfrak{n}\,\dot{\mathfrak{n}} = \mathfrak{v}\,\dot{\mathfrak{v}} = 0. \tag{13}$$

Es gibt also Funktionen A, B, C, D, E, F, so daß

$$\left\{\begin{aligned} \dot{\mathfrak{t}} &= A\,\mathfrak{n} + B(\mathfrak{n}\times\mathfrak{t}),\\ \dot{\mathfrak{n}} &= C\,\mathfrak{t} + D(\mathfrak{n}\times\mathfrak{t}),\\ \dot{\mathfrak{v}} &= E\,\mathfrak{n} + F(\mathfrak{n}\times\mathfrak{v}) \end{aligned}\right. \tag{14}$$

ist. Damit wird wegen $\mathfrak{n}\,\mathfrak{v} = \mathfrak{n}\,\mathfrak{t} = 0$ aus Gl. (12)

$$\begin{aligned} -\dot\varphi\sin\varphi &= (B-F)\,\mathfrak{n}(\mathfrak{t}\times\mathfrak{v}) = -(F-B)\sin\varphi,\\ \dot\varphi\cos\varphi &= (F-B)\,(\mathfrak{n}\times\mathfrak{t})\,(\mathfrak{n}\times\mathfrak{v}) = (F-B)\,\mathfrak{t}\,\mathfrak{v} = (F-B)\cos\varphi, \end{aligned} \tag{15}$$

und wir erhalten aus Gl. (14)

$$F - B = \dot\varphi = \dot{\mathfrak{v}}(\mathfrak{n}\times\mathfrak{v}) - \dot{\mathfrak{t}}(\mathfrak{n}\times\mathfrak{t}). \tag{16}$$

Es ergibt sich daher

Lemma 59. *Sind α_i die Außenwinkel der regulären geschlossenen Kurve C, so wird*

$$2\pi\, U(\mathfrak{v};C) = \int_C \dot{\mathfrak{v}}(\mathfrak{n}\times\mathfrak{v})\,ds - \int_C \dot{\mathfrak{t}}(\mathfrak{n}\times\mathfrak{t})\,ds - \Sigma\alpha_i + 2\pi.$$

Wir wollen nun annehmen, daß $\mathfrak{v}$ ein auf dem regulären Flächenelement F zweimal stetig differenzierbares Vektorfeld mit $\mathfrak{v}^2 = 1$ ist. Wird F von der regulären Kurve C berandet, so ist nach Lemma 55 und Lemma 56 mit der Abkürzung Gl. (3)

$$\int_F \nabla_0 \mathfrak{w} = \int_F K\,dF = \int_C (\mathfrak{n}_0 \mathfrak{w})\,ds. \tag{17}$$

Wegen $\mathfrak{n}_0 = \mathfrak{t} \times \mathfrak{n}$ wird daher

$$-\int_F K\,dF = -\int_C \mathfrak{w}(\mathfrak{t} \times \mathfrak{n})\,ds = \int_C \mathfrak{n}(\mathfrak{t} \times \mathfrak{w})\,ds. \tag{18}$$

Nun ist aber

$$\mathfrak{t} = \dot{x}^i \mathfrak{x}_{|i}; \qquad \mathfrak{w} = (v^r v^j_{||r} - v^j v^r_{||r})\,\mathfrak{x}_{|j}, \tag{19}$$

so daß sich

$$\begin{aligned} \mathfrak{n}(\mathfrak{t} \times \mathfrak{w}) &= \mathfrak{n}(\mathfrak{x}_{|i} \times \mathfrak{x}_{|j})\,\dot{x}^i (v^r v^j_{||r} - v^j v^r_{||r}) \\ &= \sqrt{g}\,[(v^r v^2_{||r} - v^2 v^r_{||r})\,\dot{x}^1 - (v^r v^1_{||r} - v^1 v^r_{||r})\,\dot{x}^2] \\ &= \sqrt{g}\,[(v^1 v^2_{||1} - v^2 v^1_{||1})\,\dot{x}^1 + (v^1 v^2_{||2} - v^2 v^1_{||2})\,\dot{x}^2] \\ &= \sqrt{g}\,(v^1 v^2_{||j} - v^2 v^1_{||j})\,\dot{x}^j \end{aligned} \tag{20}$$

ergibt. Weiter ist

$$\begin{aligned} \dot{\mathfrak{v}} &= \frac{d}{ds} v^i \mathfrak{x}_{|i} = (v^i_{|j} \mathfrak{x}_{|i} + v^i \mathfrak{x}_{|i|j})\,\dot{x}^j \\ &= (v^i_{|j} + \Gamma^i_{rj} v^r)\,\mathfrak{x}_{|i} \dot{x}^j + \mathfrak{n} L_{ij} v^i \dot{x}^j \\ &= v^i_{||j} \mathfrak{x}_{|i} \dot{x}^j + \mathfrak{n} L_{ij} v^i \dot{x}^j. \end{aligned} \tag{21}$$

Damit wird

$$\begin{aligned} \dot{\mathfrak{v}}(\mathfrak{n} \times \mathfrak{v}) &= \mathfrak{n}(\mathfrak{v} \times \dot{\mathfrak{v}}) = \mathfrak{n}(\mathfrak{x}_{|i} \times \mathfrak{x}_{|j})\,v^i v^j_{||k}\,\dot{x}^k \\ &= \sqrt{g}\,(v^1 v^2_{||k} - v^2 v^1_{||k})\,\dot{x}^k, \end{aligned} \tag{22}$$

und es ergibt sich wegen Gl. (18) und (20)

$$\int_C \dot{\mathfrak{v}}\,(\mathfrak{n} \times \mathfrak{v})\,ds = -\int_F K\,dF. \tag{23}$$

Aus Lemma 59 folgt nun

$$2\pi\,U(\mathfrak{v}; C) = -\int_F K\,dF - \int_C \dot{\mathfrak{t}}(\mathfrak{n} \times \mathfrak{t})\,ds - \Sigma \alpha_i + 2\pi. \tag{24}$$

Hier ist die linke Seite ein ganzzahliges Vielfaches von 2π, während die rechte Seite nur von der Fläche F und der Kurve C abhängt. Alle Felder $\mathfrak{v}$, die in F zweimal stetig differenzierbar sind und $\mathfrak{v}^2 = 1$ erfüllen, haben folglich die gleiche Umlaufzahl bezüglich C.

Zur Berechnung der Umlaufzahl können wir uns daher auf ein spezielles Vektorfeld beschränken. Wir benutzen dazu unser Tangenten-Normalensystem

$$x^3 = F(x^1, x^2) \tag{25}$$

und setzen

$$\mathfrak{v}_1 = \frac{1}{\sqrt{1+F_{|1}^2}}(\mathfrak{e}_1 + F_{|1}\,\mathfrak{e}_3). \tag{26}$$

In der x^1, x^2-Ebene werde die Kurve C durch die reguläre und geschlossene Kurve C_0 dargestellt, die den einfach zusammenhängenden Bereich B berandet. Die Außenwinkel dieser Kurve seien α_{i0}.

Wir betrachten nun für $0 \leqq \lambda \leqq 1$ die Schar von Flächen, die durch

$$x^3 = \lambda F(x^1, x^2) \tag{27}$$

dargestellt wird. Die vermittels C_0 erhaltene Randkurve dieses regulären Flächenelementes nennen wir C_λ. Statt Gl. (26) betrachten wir allgemeiner

$$\mathfrak{v}_\lambda = \frac{1}{\sqrt{1+\lambda^2 F_{|1}^2}}(\mathfrak{e}_1 + \lambda F_{|1}\,\mathfrak{e}_3). \tag{28}$$

Bezeichnen wir mit ds' das Linienelement auf C_0, so wird

$$\begin{aligned} \mathfrak{t}_\lambda(s') &= \frac{d}{ds'}\,\mathfrak{x}(s')\frac{1}{\left|\frac{d}{ds'}\mathfrak{x}\right|} \\ &= \frac{\lambda\left(F_{|1}\frac{dx^1}{ds'} + F_{|2}\frac{dx^2}{ds'}\right)\mathfrak{e}_3 + \frac{dx^1}{ds'}\mathfrak{e}_1 + \frac{dx^2}{ds'}\mathfrak{e}_2}{\sqrt{1+\lambda^2\left(F_{|1}\frac{dx^1}{ds'} + F_{|2}\frac{dx^2}{ds'}\right)^2}} \\ &= \mathfrak{e}_1\frac{dx^1}{ds'} + \mathfrak{e}_2\frac{dx^2}{ds'} + O(\lambda) \quad \text{für} \quad \lambda \to 0. \end{aligned} \tag{29}$$

Sowohl $\mathfrak{v}_\lambda$ als auch $\mathfrak{t}_\lambda$ hängen stetig von λ ab, so daß $U(\mathfrak{v}_\lambda; C_\lambda)$ ebenfalls eine stetige Funktion von λ dargestellt. Da die Umlaufzahl stets ganzzahlig ist, folgt damit

$$U(\mathfrak{v}_1, C_1) = U(\mathfrak{v}_\lambda, C_\lambda) = U(\mathfrak{v}_0, C_0). \tag{30}$$

Zur Berechnung von $U(\mathfrak{v}, C)$ können wir uns daher auf den ebenen Fall beschränken. Hier wird dann wegen $K = 0$ und $\dot{\mathfrak{v}} = 0$

$$2\pi\, U(\mathfrak{v}_0, C_0) = -\int_{C_0} \dot{\mathfrak{t}}(\mathfrak{n}\times\mathfrak{t})\,ds' - \sum \alpha_{i0} + 2\pi. \tag{31}$$

Hier ist $ds' = ds$ und

$$\mathfrak{t} = \mathfrak{e}_1\frac{dx^1}{ds'} + \mathfrak{e}_2\frac{dx^2}{ds'}; \quad \left(\frac{dx^1}{ds'}\right)^2 + \left(\frac{dx^2}{ds'}\right)^2 = 1. \tag{32}$$

Wir können daher

$$\mathfrak{t} = \mathfrak{e}_1 \cos \varphi(s) + \mathfrak{e}_2 \sin \varphi(s) \tag{33}$$

setzen. Damit wird

$$\dot{\mathfrak{t}} = -\frac{d\varphi}{ds}(\mathfrak{e}_1 \sin \varphi - \mathfrak{e}_2 \cos \varphi), \tag{34}$$

und wir erhalten wegen $\mathfrak{n} = \mathfrak{e}_3$

$$\int_{C_0} \dot{\mathfrak{t}}(\mathfrak{n} \times \mathfrak{t})\, ds = \int_{C_0} \frac{d\varphi}{ds}\, ds, \tag{35}$$

so daß sich

$$2\pi U(\mathfrak{v}_0, C_0) - 2\pi = -\int_{C_0} \frac{d\varphi}{ds}\, ds - \sum \alpha_{i0} \tag{36}$$

ergibt. Die rechte Seite gibt die negative Gesamtdrehung der Tangente beim Umlauf um C_0 an. Diese Zahl ändert sich nicht, wenn wir C_0 stetig ändern. Durch eine Folge stetiger Änderungen ist es aber möglich, die Kurve C_0, die ein einfach zusammenhängendes Gebiet berandet, etwa in ein Dreieck zu deformieren, indem wir zunächst die Kurve durch ein Polygom ersetzen und dann das Polygom durch Verbindung von Ecken in ein Dreieck überführen. Im Dreieck ist die Summe der Außenwinkel gleich 2π, so daß die rechte Seite von Gl. (36) gleich -2π wird, da $d\varphi/ds$ auf den Seiten des Dreiecks gleich Null ist.

Es gilt daher $U(\mathfrak{v}; C) = 0$, und wir erhalten wegen Gl. (24)

Lemma 60. *Das einfach zusammenhängende reguläre Flächenelement F werde von der Kurve C mit den Außenwinkeln α_i berandet. Dann ist*

$$2\pi - \sum \alpha_i = \int_F K\, dF + \int_C \dot{\mathfrak{t}}(\mathfrak{n} \times \mathfrak{t})\, ds$$

sowie

Lemma 61. *Das Flächenfeld $\mathfrak{v}$ sei im einfach zusammenhängenden von der Kurve C berandeten regulären Flächenelement F eindeutig, zweimal stetig differenzierbar und erfülle $\mathfrak{v}^2 = 1$. Dann ist*

$$U(\mathfrak{v}; C) = 0.$$

Da die Umlaufzahl $U(\mathfrak{v}; C)$ des Vektorfeldes $\mathfrak{v}$ bei stetigen Änderungen der Kurve C ungeändert bleibt, wenn dabei keine Singularitäten berührt werden, erhalten wir

Satz 39. *Das Vektorfeld $\mathfrak{v}$ sei eindeutig, zweimal stetig differenzierbar und erfülle $\mathfrak{v}^2 = 1$ auf der einfach zusammenhängenden regulären und glatten Fläche F. Dann ist für die Randkurve C, die so umlaufen wird, daß $\mathfrak{t} \times \mathfrak{n}$ ins Äußere von F weist,*

$$U(\mathfrak{v}; C) = 0.$$

Wir können nämlich die Kurve C so deformieren, daß sie Randkurve eines in F gelegenen Flächenelementes wird und erhalten unser Ergebnis dann aus Lemma 61.

Der Ausdruck

$$\int\limits_F K\,dF + \int\limits_C \dot{\mathfrak{t}}(\mathfrak{n} \times \mathfrak{t})\,ds + \sum \alpha_i \tag{37}$$

ändert sich ebenfalls stetig, wenn wir das Integrationsgebiet so ändern, daß auch die Kurve stetig wird. Daher ist auch der Wert des Ausdrucks Gl. (37) für alle einfach zusammenhängenden Flächen F derselbe. Es gilt daher

Satz 40. *Das einfach zusammenhängende Flächenstück F werde von der regulären Kurve C berandet. Dann ist mit den Außenwinkeln α_i*

$$2\pi = -\int\limits_F K\,dF + \int\limits_C \dot{\mathfrak{t}}(\mathfrak{n} \times \mathfrak{t})\,ds + \sum \alpha_i .$$

Wir denken uns nun unsere geschlossene Fläche F in f reguläre Flächenelemente zerlegt. Diese Einteilung besitze e echte Ecken, in denen mindestens drei der Flächenelemente zusammentreffen. Die scheinbaren Ecken, die nur durch die Unstetigkeiten der Tangenten an den Randkurven bedingt sind, zählen wir dabei nicht mit. Als echte Kanten bezeichnen wir entsprechend die Verbindungskurven der echten Ecken. Die Anzahl dieser Kanten sei k. Auf jedes der f Flächenelemente wenden wir nun Lemma 60 an und benutzen statt der Außenwinkel α_i die Innenwinkel β_i, so daß $\alpha_i = \pi - \beta_i$ wird.

Aus Lemma 60 folgt nun

$$2\pi f - \sum\sum(\pi - \beta_i) = \int K\,dF , \tag{38}$$

da sich die Integrale über die Kanten paarweise aufheben. An jeder Ecke ist aber die Summe der Innenwinkel gleich 2π. Da zu jeder Kante zwei Ecken gehören, wird

$$\sum\sum(\pi - \beta_i) = \sum\sum\pi - \sum\sum\beta_i = 2\pi(k - e) . \tag{39}$$

Aus Gl. (38) folgt daher

$$f - k + e = \frac{1}{2\pi}\int\limits_F K\,dF . \tag{40}$$

Für die Kugel kennen wir den Wert der rechten Seite bereits. Wir sehen jetzt jedoch, daß der Wert des Integrals sich nicht ändert, wenn wir die Kugel stetig deformieren, da dann eine Aufteilung der Fläche existiert, die die gleiche Anzahl Ecken und Kanten besitzt wie die ursprüngliche Aufteilung der Kugel.

Setzen wir an die Kugel einen Henkel an (vgl. Abb. 5), so läßt sich die dadurch entstehende Fläche in vier einfach zusammenhängende Flächenstücke zerlegen, die 8 Kanten und 4 Ecken bilden. Für Flächen dieser Art wird daher

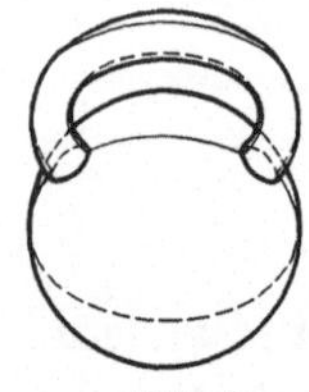

Abb. 5

$$\frac{1}{2\pi}\int_F K\,dF = 4 - 8 + 4 = 0. \tag{41}$$

Für jeden weiteren Henkel läßt sich eine Aufteilung finden, die zusätzlich 2 Flächen, 4 Ecken und 8 Kanten besitzt. Ist daher p die Anzahl der Henkel, so wird

$$\int_F K\,dF = 4\pi(1-p). \tag{42}$$

In Verbindung mit Gl. (40) wird somit allgemein

$$f - k + e = 2(1-p), \tag{43}$$

wobei p, die Anzahl der Henkel, als das Geschlecht der Fläche bezeichnet wird.

Wir denken uns die Fläche F nun so in reguläre, einfach zusammenhängende Flächenelemente aufgeteilt, daß auf den Kanten keine Singularitäten des Vektorfeldes $\mathfrak{v}$ liegen. Ist f die Anzahl der Flächenelemente, die jeweils von den Kurven $C_1, \ldots, C_f$ berandet werden, so ergibt sich aus Lemma 59

$$2\pi\sum_{\nu=1}^{f} U(\mathfrak{v}; C_\nu) = -\sum\sum \alpha_i + 2\pi f, \tag{44}$$

da sich die Integrale über die Kanten jeweils aufheben. Nach Gl. (39) und (43) folgt daher

Lemma 62. *Das Flächenfeld $\mathfrak{v}$ sei auf F zweimal stetig differenzierbar. Vermitteln die Kurven $C_1, \ldots, C_f$ eine Aufteilung von F in reguläre einfach zusammenhängende Teilflächen, und ist auf den Kurven C_ν $\mathfrak{v}^2 = 1$, so wird*

$$\sum_{\nu=1}^{f} U(\mathfrak{v}; C_\nu) = 2(1-p).$$

Wir erhalten damit insbesondere[1]

Lemma 63. *Nur auf geschlossenen Flächen vom Geschlecht $p = 1$ sind reelle, eindeutige, nirgends verschwindende Flächenfelder möglich.*

[1] Für komplexe Felder können wir auch schließen, daß $\mathfrak{v}^2$ an mindestens einer Stelle verschwindet, was aber nicht bedeutet, daß $\mathfrak{v} = 0$ ist. (Vgl. § 25.)

Verschwindet $\mathfrak{v}$ nämlich nirgends, so erfüllt $\mathfrak{v}/\sqrt{\mathfrak{v}^2}$ die Voraussetzungen von Satz 39, so daß die in Lemma 62 genannten Umlaufzahlen sämtlich verschwinden, was nur für $p = 1$ möglich ist.

Wir wollen nun annehmen, daß jede der Kurven C_ν nur eine isolierte Nullstelle von $\mathfrak{v}$ umläuft. Die Umlaufzahl bezüglich C_ν ändert sich nicht, wenn wir die Kurve so auf die umlaufende Nullstelle zusammenziehen, daß das eingeschlossene Gebiet stets einfach zusammenhängend ist. Bezeichnen wir die Nullstelle mit $\mathfrak{x}_\nu$ und die deformierten Kurven mit $D_{\nu\varkappa}$ so wird

$$U\left(\frac{\mathfrak{v}}{\sqrt{\mathfrak{v}^2}}\,;\,D_{\nu\varkappa}\right) = U\left(\frac{\mathfrak{v}}{\sqrt{\mathfrak{v}^2}}\,;\,C_\nu\right). \tag{45}$$

Nach Lemma 59 ist aber mit $\mathfrak{v}_1 = \mathfrak{v}/\sqrt{\mathfrak{v}^2}$

$$2\pi\, U(\mathfrak{v}_1; D_{\nu\varkappa}) = \int\limits_{D_{\nu\varkappa}} \dot{\mathfrak{v}}_1 (\mathfrak{n} \times \mathfrak{v}_1)\, ds - \int\limits_{D_{\nu\varkappa}} \dot{\mathfrak{t}} (\mathfrak{n} \times \mathfrak{t})\, ds - \sum \alpha_i + 2\pi. \tag{46}$$

Da das von $D_{\nu\varkappa}$ umschlossene Gebiet $F_{\nu\varkappa}$ einfach zusammenhängend ist, wird nach Lemma 60

$$2\pi\, U(\mathfrak{v}_1; D_{\nu\varkappa}) = \int\limits_{D_{\nu\varkappa}} \dot{\mathfrak{v}}_1 (\mathfrak{n} \times \mathfrak{v}_1)\, ds + \int\limits_{F_{\nu\varkappa}} K\, dF. \tag{47}$$

Aus Gl. (45) folgt daher

$$U(\mathfrak{v}_1; C_\nu) = \lim_{D_{\nu\varkappa} \to \mathfrak{x}_\nu} U(\mathfrak{v}_1, D_{\nu\varkappa}) = \lim_{D_{\nu\varkappa} \to \mathfrak{x}_\nu} \frac{1}{2\pi} \int\limits_{D_{\nu\varkappa}} \dot{\mathfrak{v}}_1 (\mathfrak{n} \times \mathfrak{v}_1)\, ds. \tag{48}$$

Wir bilden nun

Definition 14. *Das Vektorfeld $\mathfrak{v}$ sei in der Umgebung des Punktes $\mathfrak{x}_1$ zweimal stetig differenzierbar und besitze in $\mathfrak{x}_1$ eine isolierte Nullstelle der skalaren Funktion $\mathfrak{v}^2$. Dann nennen wir mit $\mathfrak{v}_1 = \mathfrak{v}/\sqrt{\mathfrak{v}^2}$*

$$\lim_{D_\varkappa \to \mathfrak{x}_1} \frac{1}{2\pi} \int\limits_{D_\varkappa} \dot{\mathfrak{v}}_1 (\mathfrak{n} \times \mathfrak{v}_1)\, ds = I(\mathfrak{v}; \mathfrak{x}_1)$$

den Index des Vektorfeldes $\mathfrak{v}$ an der Stelle $\mathfrak{x}_1$.

Aus Gl. (45) bis (46) folgt dann in Verbindung mit Lemma 62[1].

Lemma 64. *Besitzt die skalare Funktion $\mathfrak{v}^2$ des Flächenfeldes $\mathfrak{v}$ auf der geschlossenen regulären und glatten Fläche vom Geschlecht p nur isolierte Nullstellen, so ist die Summe der Indizes gleich $2(1-p)$.*

Wir wollen diese Ergebnisse zunächst anwenden, um die Frage zu untersuchen, ob es möglich ist, eine geschlossene Fläche durch ein

[1] Dies ist ein bekanntes Ergebnis der Topologie, das auf H. Poincaré zurückgeht. Vgl. etwa P. Alexandroff u. H. Hopf, Topologie I, Berlin 1935, S. 549.

einziges Koordinatensystem darzustellen. Damit ein Parametersystem (u^1, u^2) ein Koordinatensystem der Fläche darstellt, ist notwendig, daß $\sqrt{g} = \mathfrak{n}(\mathfrak{x}_{|1}^2 \times \mathfrak{x}_{|11})$ nirgends verschwindet. Gäbe es ein derartiges Koordinatensystem, so wäre $\mathfrak{x}_{|1}^2 = g_{11}$ überall von Null verschieden, und wir könnten in $\mathfrak{x}_{|1}/\sqrt{g_{11}}$ ein stetig differenzierbares Vektorfeld finden, das die konstante Länge Eins besitzt, was nur auf Flächen vom Geschlecht $p = 1$ möglich sein kann. Für die Kugel, deren Geschlecht gleich Null ist, gibt es daher kein Koordinatensystem, das die gesamte Fläche singularitätenfrei darstellt.

Nachdem wir gesehen haben, daß es im allgemeinen nicht möglich ist, zu einer geschlossenen Fläche eine Koordinatendarstellung zu finden, die eine singularitätenfreie Darstellung der ganzen Fläche ermöglicht, sind wir genötigt, die Fläche stückweise darzustellen, wie wir es schon durch den Aufbau aus regulären Flächenelementen getan hatten. Durch diese Situation werden Formulierungen mit Hilfe von Koordinaten, von Ausnahmefällen abgesehen, nur bei Diskussionen im Kleinen von Bedeutung sein können, und wir müssen uns auch aus diesem Grunde bemühen, Aussagen und Abschätzungen zu gewinnen, die vom Koordinatensystem unabhängig sind.

Wir beschränken uns dabei auf glatte Flächen und wissen bereits, daß zu jedem Punkt $\mathfrak{y}$ einer solchen Fläche F ein kartesisches Koordinatensystem so gefunden werden kann, daß $\mathfrak{y}$ Ursprung dieses Systems ist, wobei die x^1, x^2-Ebene zur Tangentenebene wird und die x^3-Achse die Richtung der Normalen besitzt. Es gibt dann ein Gebiet der x^1, x^2-Ebene, das den Nullpunkt enthält und vermittels $x^3 = F(x^1, x^2)$ auf einen Teil von F abgebildet wird. Da der Punkt $\mathfrak{y}$ als regulärer Punkt nur einem der endlich vielen regulären Flächenelemente angehört, in die F zerlegt wurde, gibt es eine positive Zahl τ, so daß die Kugel $|\mathfrak{x} - \mathfrak{y}| \leqq \tau$ nur solche Punkte $\mathfrak{x}$ von F enthält, die bei mindestens einer Aufteilung von F zum gleichen Flächenelement wie $\mathfrak{y}$ gehören.

Zu jedem Punkt $\mathfrak{y}$ von F gibt es eine solche Zahl τ. Die Gesamtheit dieser Zahlen besitzt eine positive untere Grenze. Wäre diese Grenze nämlich Null, so gäbe es eine Folge von Punkten $\mathfrak{x}_\nu$ und $\mathfrak{y}_\nu$, die auf jeweils verschiedenen Flächenelementen liegen mit $\lim\limits_{\nu\to\infty} |\mathfrak{x}_\nu - \mathfrak{y}_\nu| = 0$. Wir können annehmen, daß die Punkte $\mathfrak{y}_\nu$ bereits so gewählt wurden, daß sie gegen einen Punkt $\mathfrak{y}$ konvergieren. Zu $\mathfrak{y}$ gibt es aber eine Kugel $|\mathfrak{x} - \mathfrak{y}| \leqq \tau$ und eine Aufteilung der Fläche F in reguläre Flächenelemente, so daß diese Kugel nur Punkte von F enthält, die auf dem gleichen Flächenelement liegen. Daher müssen wegen Gl. (47) auch die $\mathfrak{x}_\nu$ und $\mathfrak{y}_\nu$ zum gleichen Flächenelement gehören, was der ursprünglichen Annahme widerspricht.

Es gibt also eine nur von der Gesamtfläche F abhängige positive Zahl τ, so daß zu jedem Punkt $\mathfrak{y}$ von F eine Aufteilung der Fläche in reguläre Flächenelemente existiert, bei der alle Punkte $\mathfrak{x}$ mit $|\mathfrak{x} - \mathfrak{y}| \leqq \tau$ auf einem Flächenelement liegen.

Wir erhalten nun

Lemma 65. *Es gibt eine vom Punkt $\mathfrak{y}$ der Fläche F unabhängige Zahl τ_0 so, daß der in der Kugel $|\mathfrak{x} - \mathfrak{y}| \leqq \tau_0$ gelegene Teil der Fläche F mit Hilfe eines Tangenten-Normalensystems zu $\mathfrak{y}$ in der Form*

$$x^3 = F(x^1, x^2)$$

dargestellt werden kann. Dabei ist $F(x^1, x^2)$ in

$$(x^1)^2 + (x^2)^2 \leqq \tau_0^2$$

zweimal stetig differenzierbar ist und erfüllt dort

$$F_{|1}^2 + F_{|2}^2 \leqq 1\,.$$

Der erste Teil der Behauptung ist durch die vorausgegangene Diskussion erwiesen. Die weiteren Behauptungen stellen Erweiterungen jener Überlegungen dar, zu deren Beweis wir die Stetigkeit des Normalenvektors benutzen. Zu jedem $\varepsilon > 0$ gibt es nämlich ein $\delta(\varepsilon) > 0$, so daß $|\mathfrak{n}(\mathfrak{x}) - \mathfrak{n}(\mathfrak{y})| \leqq \varepsilon$ für alle $\mathfrak{x}$ und $\mathfrak{y}$ mit

(49) $$|\mathfrak{x} - \mathfrak{y}| \leqq \delta(\varepsilon)$$

gilt. Wir setzen

(50) $$\delta^*(\varepsilon) = \operatorname{Min}\left(\delta(\varepsilon), \tau_0\right)$$

und wählen $\mathfrak{y}$ als Ursprung unseres Tangenten-Normalensystems. Dann wird

(51) $$\mathfrak{x} = x^1 \mathfrak{e}_1 + x^2 \mathfrak{e}_2 + F(x^1, x^2)\, \mathfrak{e}_3\,.$$

Wegen $\mathfrak{n}(\mathfrak{y}) = \mathfrak{e}_3$ bedeuten diese Beziehungen, daß

(52) $$\frac{F_{|1}^2 + F_{|2}^2}{1 + F_{|1}^2 + F_{|2}^2} \leqq |\mathfrak{n}(\mathfrak{x}) - \mathfrak{n}(\mathfrak{y})|^2 \leqq \varepsilon^2$$

ist, wenn x^1, x^2 in

(53) $$F^2(x^1, x^2) + (x^1)^2 + (x^2)^2 \leqq \left(\delta^*(\varepsilon)\right)^2$$

liegen. Aus Gl. (52) entnehmen wir daher für diese Werte x^1, x^2

(54) $$F_{|1}^2 + F_{|2}^2 \leqq \frac{\varepsilon^2}{1 - \varepsilon^2}\,.$$

Daraus folgt, daß der Kreis

(55) $$(x^1)^2 + (x^2)^2 \leqq (\delta^*(\varepsilon))^2 (1 - \varepsilon^2)$$

ganz in dem Gebiet Gl. (53) enthalten ist. Nach Gl. (54) ist nämlich wegen $F(0, 0) = 0$

(56) $$F^2(x^1, x^2) \leqq \frac{\varepsilon^2}{1 - \varepsilon^2}\left((x^1)^2 + (x^2)^2\right),$$

so daß die linke Seite von Gl. (53) unter der Voraussetzung Gl. (55) stets kleiner als

(57) $$\frac{(x^1)^2 + (x^2)^2}{1 - \varepsilon^2} \leqq (\delta^*(\varepsilon))^2$$

ist. Andererseits sind die Punkte Gl. (53) im Kreise vom Radius $\delta^*(\varepsilon)$ um den Nullpunkt enthalten. Setzen wir nun $\varepsilon = 1/\sqrt{2}$, so wird für

(58) $$(x^1)^2 + (x^2)^2 \leqq \frac{1}{2}\left(\delta^*\left(\frac{1}{\sqrt{2}}\right)\right)^2$$

nach Gl. (54)

(59) $$F_{|1}^2 + F_{|2}^2 \leqq 1 .$$

Die Zahl

(60) $$\tau_0 = \frac{1}{\sqrt{2}}\,\delta^*\left(\frac{1}{\sqrt{2}}\right)$$

erfüllt dann alle Behauptungen.

Wir bezeichnen den in der Kugel $|\mathfrak{x} - \mathfrak{y}| \leqq \tau$ um den Punkt $\mathfrak{y}$ enthaltenen Teil von F mit $F_\tau(\mathfrak{y})$ und beweisen

Lemma 66. *Es gibt eine positive Zahl* τ_0, *so daß für alle* $\tau \leqq \tau_0$ *und* α *mit* $0 < \alpha < 2$ *unabhängig vom Punkte* $\mathfrak{y}$ *der Fläche* F

$$\int\limits_{F_\tau(\mathfrak{y})} \frac{dF_{\mathfrak{x}}}{|\mathfrak{x} - \mathfrak{y}|^{2-\alpha}} < \frac{4\pi}{\alpha}\tau^\alpha$$

ist.

Es habe τ_0 die Bedeutung von Lemma 65. Wir wählen zu $\mathfrak{y}$ das Tangenten-Normalensystem. Dann wird mit $r^2 = (x^1)^2 + (x^2)^2$ nach Einführung ebener Polarkoordinaten r, φ in der x^1, x^2-Ebene

(61) $$\begin{aligned}\int\limits_{F_\tau(\mathfrak{y})} \frac{dF_{\mathfrak{x}}}{|\mathfrak{x} - \mathfrak{y}|^{2-\alpha}} &\leqq \int\limits_{r \leqq \tau} \frac{\sqrt{1 + F_{|1}^2 + F_{|2}^2}\, dx^1\, dx^2}{(r^2 + F^2)^{1-\alpha/2}} \\ &\leqq \sqrt{2}\int\limits_0^\tau \int\limits_0^{2\pi} \frac{dr\, d\varphi}{r^{1-\alpha}} = \frac{2\sqrt{2}\,\pi\tau^\alpha}{\alpha},\end{aligned}$$

da wegen Gl. (59)

(62) $$\sqrt{1 + F_{|1}^2 + F_{|2}^2} \leqq \sqrt{2}$$

ist, und der zu $F_\tau(\mathfrak{y})$ gehörige Parameterbereich ganz in $r \leqq \tau$ enthalten ist.

Wir beweisen weiter

Lemma 67. *Es gibt positive Zahlen τ_0 und M, so daß für alle $\mathfrak{x}$ und $\mathfrak{y}$ auf F mit $|\mathfrak{x} - \mathfrak{y}| \leqq \tau_0$*

$$|\mathfrak{n}(\mathfrak{x}) - \mathfrak{n}(\mathfrak{y})| \leqq M |\mathfrak{x} - \mathfrak{y}|$$

ist.

Wir benutzen wieder das Tangenten-Normalensystem zu $\mathfrak{y}$ und erhalten

$$\mathfrak{n}(\mathfrak{x}) - \mathfrak{n}(\mathfrak{y}) = \mathfrak{n}(x^1, x^2) - \mathfrak{n}(0, 0) = \int\limits_{(0,0)}^{(x^1, x^2)} \mathfrak{n}_{|i} du^i, \tag{63}$$

wobei der Integrationsweg im Kreise $r \leqq \tau_0$ zu verlaufen hat. Nach Lemma 65 ist $\mathfrak{n}$ in diesem Parameterbereich stetig differenzierbar.

Wegen $\mathfrak{n}^2 = 1$ finden wir

$$\mathfrak{n}\,\mathfrak{n}_{|i} = 0 \tag{64}$$

und erhalten aus $\mathfrak{x}_{|i}\,\mathfrak{n} = 0$

$$\mathfrak{x}_{|i|k}\,\mathfrak{n} + \mathfrak{x}_{|i}\,\mathfrak{n}_{|k} = L_{ik} + \mathfrak{x}_{|i}\,\mathfrak{n}_{|k} = 0. \tag{65}$$

Wegen Gl. (64) gilt

$$\mathfrak{n}_{|i} = A_i^j\,\mathfrak{x}_{|j}, \tag{66}$$

und aus Gl. (65) folgt

$$L_{ik} + A_k^j\,g_{ji} = 0 \tag{67}$$

oder

$$A_k^j = -L_k^j. \tag{68}$$

Aus Gl. (63) wird demnach, wenn wir das Integral entlang der Geraden von $(0, 0)$ nach (x^1, x^2) erstrecken

$$\begin{aligned} |\mathfrak{n}(x^1, x^2) - \mathfrak{n}(0, 0)|^2 &= \left| \int\limits_{(0,0)}^{(x^1, x^2)} L_i^j\,\mathfrak{x}_{|j}\,du^i \right|^2 \\ &\leqq r \int\limits_0^r \left| L_i^j\,\mathfrak{x}_{|j} \frac{du^i}{ds'} \right|^2 ds' = r \int\limits_0^r L_i^j L_k^s\,g_{js} \frac{du^i}{ds'} \frac{du^k}{ds'}\,ds', \end{aligned} \tag{69}$$

wobei s' die Bogenlänge auf der Geraden bezeichnet. Es seien nun λ_1 und λ_2 die Wurzeln der Gleichung

$$\det |L_i^j L_k^s\,g_{js} - \lambda g_{ik}| = 0. \tag{70}$$

Dann ist für diese Werte λ auch

$$\det |L^{jr} L_{jk} - \lambda \delta_k^r| = 0. \tag{71}$$

Für beliebige feste λ stellt die Determinante der linken Seite eine Invariante der Fläche dar. Im Nullpunkt $\mathfrak{y}$ können wir diese Funktion durch die Invarianten H und K ausdrücken.

Durch Drehung der x^1, x^2-Ebene des Tangenten-Normalensystems können wir nämlich stets erreichen, daß im Nullpunkt $F_{|1|2} \triangleq F_{|2|1} \triangleq 0$ ist. Damit wird nach Gl. (12.39) wegen $g^{ik} \triangleq \delta^{ik}$ mit den Abkürzungen k_1, k_2

$$(72)\quad \begin{aligned} &L_{11} \triangleq F_{|1|1} = k_1; \quad L_{22} \triangleq F_{|2|2} = k_2; \quad L_{12} = L_{21} \triangleq 0, \\ &L^{j1} L_{j1} \triangleq k_1^2; \quad L^{j2} L_{j2} = k_2^2; \quad L^{j1} L_{j2} \triangleq L^{j2} L_{j1} \triangleq 0. \end{aligned}$$

Damit erhalten wir zunächst im Nullpunkt, dann aber wegen der Invarianz für alle Punkte der Fläche

$$(73)\quad \begin{aligned} \det |L^{jr} L_{jk} - \lambda \delta_k^r| &= (k_1^2 - \lambda)(k_2^2 - \lambda) \\ &= K^2 - 4(H^2 - K)\lambda + \lambda^2 \end{aligned}$$

und finden $\lambda_1 = k_1^2$; $\lambda_2 = k_2^2$, so daß

$$(74)\quad \operatorname{Max}(\lambda_1, \lambda_2) \leqq \lambda_1 + \lambda_2 = 4(H^2 - K)$$

ist. Wegen

$$(75)\quad \left(\frac{d u^1}{d s'}\right)^2 + \left(\frac{d u^2}{d s'}\right)^2 = 1$$

erhalten wir daher

$$(76)\quad L_i^j L_k^s g_{js} \frac{d u^i}{d s'} \frac{d u^k}{d s'} \leqq 4(H^2 - K).$$

Die rechte Seite stellt eine auf der Fläche stetige Funktion dar und kann folglich durch eine Konstante M^2 gleichmäßig majorisiert werden. Aus Gl. (69) wird somit

$$(77)\quad |\mathfrak{n}(x^1, x^2) - \mathfrak{n}(0,0)|^2 \leqq M^2 r^2 = M^2[(x^1)^2 + (x^2)^2].$$

Nun ist in unserem Koordinatensystem

$$(78)\quad |\mathfrak{x} - \mathfrak{y}|^2 = r^2 + F^2(x^1, x^2),$$

so daß sich

$$(79)\quad |\mathfrak{n}(\mathfrak{x}) - \mathfrak{n}(\mathfrak{y})|^2 \leqq M^2 |\mathfrak{x} - \mathfrak{y}|^2$$

ergibt. Es war

$$(80)\quad \begin{aligned} \mathfrak{n}(x^1, x^2) &= (\mathfrak{e}_3 - F_{|1}\mathfrak{e}_1 - F_{|2}\mathfrak{e}_2) \frac{1}{\sqrt{1 + F_{|1}^2 + F_{|2}^2}}, \\ \mathfrak{n}(0,0) &= \mathfrak{e}_3 \end{aligned}$$

und

$$(81)\quad |\mathfrak{n}(x^1, x^2) - \mathfrak{n}(0,0)|^2 \geq \frac{F_{|1}^2 + F_{|2}^2}{1 + F_{|1}^2 + F_{|2}^2}$$

so daß sich nach Gl. (77)

(82) $$\frac{F_{|1}^2 + F_{|2}^2}{1 + F_{|1}^2 + F_{|2}^2} \leqq M^2 r^2$$

ergibt. Nach Lemma 65 ist

(83) $$F_{|1}^2 + F_{|2}^2 \leqq 1$$

für

(84) $$(x^1)^2 + (x^2)^2 \leqq \tau_0^2,$$

und es wird nach Gl. (82) daher

(85) $$F_{|1}^2 + F_{|2}^2 \leqq 2M^2 r^2.$$

Wegen $F_{|i} \triangleq 0$ ergibt sich somit für $r \leqq \tau_0$ durch Integration

(86) $$|F(x^1, x^2)| \leqq \frac{1}{2}\sqrt{2}\, M r^2.$$

Die hier gefundene Konstante M hängt nicht von der Wahl des Ursprungs des Koordinatensystems ab. Wir benutzen dieses Ergebnis und beweisen weiter

Lemma 68. *Es gibt positive Konstanten M und τ_0, so daß für alle $\mathfrak{y}$ auf F und $\tau \leqq \tau_0$*

$$\int\limits_{F_\tau(\mathfrak{y})} \left| \mathfrak{n}(\mathfrak{y}) \nabla_{\mathfrak{x}} \frac{1}{|\mathfrak{x} - \mathfrak{y}|} \right| dF_{\mathfrak{x}} \leqq 2\pi M \tau$$

ist.

Wir wählen $\mathfrak{y}$ als Nullpunkt eines Tangenten-Normalensystems. Dann wird

(87) $$\mathfrak{n}(\mathfrak{y}) = \mathfrak{e}_3$$

und

(88) $$\nabla_{\mathfrak{x}} \frac{1}{|\mathfrak{x} - \mathfrak{y}|} = \frac{\mathfrak{y} - \mathfrak{x}}{|\mathfrak{y} - \mathfrak{x}|^3} = -\frac{x^1 \mathfrak{e}_1 + x^2 \mathfrak{e}_2 + F(x^1, x^2)\, \mathfrak{e}_3}{(r^2 + F^2)^{3/2}},$$

so daß wir für $|\mathfrak{x} - \mathfrak{y}| \leqq \tau_0$

(89) $$\left| \mathfrak{n}(\mathfrak{y}) \cdot \nabla_{\mathfrak{x}} \frac{1}{|\mathfrak{x} - \mathfrak{y}|} \right| = \frac{|F|}{(r^2 + F^2)^{3/2}} \leqq \frac{|F|}{r^3}$$

erhalten. Damit folgt

(90) $$\int\limits_{F_\tau(\mathfrak{y})} \left| \mathfrak{n}(\mathfrak{y}) \nabla_{\mathfrak{x}} \frac{1}{|\mathfrak{x} - \mathfrak{y}|} \right| dF_{\mathfrak{x}} \leqq \int\limits_{r \leqq \tau} \frac{|F|}{r^3} \sqrt{1 + F_{|1}^2 + F_{|2}^2}\, dx^1\, dx^2.$$

Für $r \leqq \tau_0$ ist aber

(91) $$\sqrt{1 + F_{|1}^2 + F_{|2}^2} < \sqrt{2},$$

und wir finden wegen Gl. (86)

$$\int\limits_{r \leqq \tau} \frac{|F|}{r^3} \sqrt{1 + F_{|1}^2 + F_{|2}^2}\, d x^1 d x^2 \leqq 2\pi M \tau, \tag{92}$$

womit Lemma 68 bewiesen ist.

Von besonderer Bedeutung für unsere weiteren Betrachtungen sind die Funktionen

$$\int\limits_F \frac{\varrho(\mathfrak{y})}{|\mathfrak{x} - \mathfrak{y}|}\, dF_{\mathfrak{y}}, \tag{93}$$

und die Vektorfelder

$$\int\limits_F \varrho(\mathfrak{y})\, \nabla_{\mathfrak{x}} \frac{1}{|\mathfrak{x} - \mathfrak{y}|}\, dF_{\mathfrak{y}}, \tag{94}$$

die wir nach unseren Vorbereitungen nun untersuchen können. Wir beweisen zunächst

Lemma 69. *Die Funktion $\varrho(\mathfrak{y})$ sei stetig auf der regulären geschlossenen Fläche F. Dann ist*

$$U(\mathfrak{x}) = \int\limits_F \frac{\varrho(\mathfrak{y})}{|\mathfrak{x} - \mathfrak{y}|}\, dF_{\mathfrak{y}}$$

überall stetig.

Wenn $\mathfrak{x}$ nicht auf F liegt, ist diese Funktion nicht nur stetig, sondern sogar analytisch, so daß wir nur das Verhalten in der Umgebung der Fläche F zu untersuchen haben. Wir bemerken zunächst, daß $U(\mathfrak{x})$ auch auf F definiert ist, denn das Integral existiert nach Lemma 66 auch, wenn $\mathfrak{x}$ auf F liegt. Es bleibt uns daher zu zeigen, daß U auch in den Punkten der Fläche stetig ist.

Wir nehmen dazu an, daß $\mathfrak{x}'$ ein Punkt auf F ist und zerlegen U in

$$\begin{aligned} U(\mathfrak{x}) &= \int\limits_{F - F_\tau(\mathfrak{x}')} \frac{1}{|\mathfrak{x} - \mathfrak{y}|}\, \varrho(\mathfrak{y})\, dF_{\mathfrak{y}} + \int\limits_{F_\tau(\mathfrak{x}')} \frac{1}{|\mathfrak{x} - \mathfrak{y}|}\, \varrho(\mathfrak{y})\, dF_{\mathfrak{y}} \\ &= U_1(\mathfrak{x}) + U_2(\mathfrak{x}). \end{aligned} \tag{95}$$

Dann ist U_1 stetig in $\mathfrak{x}'$. Es gilt sogar für $|\mathfrak{x} - \mathfrak{x}'| \leqq \frac{\tau}{2}$ mit geeignetem $C > 0$

$$|U_1(\mathfrak{x}) - U_1(\mathfrak{x}')| \leqq \frac{2C}{\tau^2} |\mathfrak{x} - \mathfrak{x}'|, \tag{96}$$

da dann für alle $\mathfrak{y}$ mit $|\mathfrak{y} - \mathfrak{x}'| \geqq \tau$

$$\left| \frac{1}{|\mathfrak{x} - \mathfrak{y}|} - \frac{1}{|\mathfrak{x}' - \mathfrak{y}|} \right| \leqq \frac{|\mathfrak{x} - \mathfrak{x}'|}{|\mathfrak{x} - \mathfrak{y}|\,|\mathfrak{x}' - \mathfrak{y}|} \leqq \frac{2}{\tau^2} |\mathfrak{x} - \mathfrak{x}'| \tag{97}$$

gilt, und ϱ als stetige Funktion gleichmäßig beschränkt ist.

Nach Lemma 66 ist für $\tau \leqq \tau_0$

$$|U_2(\mathfrak{x}')| = O(\tau), \tag{98}$$

und mit $r^2 = (y^1)^2 + (y^2)^2$

$$\begin{aligned}|U_2(\mathfrak{x})| &= O\Bigg(\int\limits_{r \leqq \tau} \frac{d y^1 d y^2}{\sqrt{(x^1 - y^1)^2 + (x^2 - y^2)^2 + (x^3 - F(y^1, y^2))^2}}\Bigg)\\ &= O\Bigg(\int\limits_{r \leqq \tau} \frac{d y^1 d y^2}{\sqrt{(x^1 - y^1)^2 + (x^2 - y^2)^2}}\Bigg)\\ &= O\left(\tau + \sqrt{(x^1)^2 + (x^2)^2}\right) = O(\tau + |\mathfrak{x} - \mathfrak{x}'|).\end{aligned} \tag{99}$$

Es wird daher für $|\mathfrak{x} - \mathfrak{x}'| \leqq \frac{\tau}{2}$

$$|U(\mathfrak{x}) - U(\mathfrak{x}')| = O\left(\frac{|\mathfrak{x} - \mathfrak{x}'|}{\tau^2} + \tau + |\mathfrak{x} - \mathfrak{x}'|\right). \tag{100}$$

Setzen wir nun

$$\tau = |\mathfrak{x} - \mathfrak{x}'|^{1/3} \tag{101}$$

so wird für $|\mathfrak{x} - \mathfrak{x}'| \leqq \frac{1}{\sqrt{8}}$

$$|\mathfrak{x} - \mathfrak{x}'| \leqq \frac{\tau}{2}, \tag{102}$$

und wir erhalten

$$|U(\mathfrak{x}) - U(\mathfrak{x}')| = O(|\mathfrak{x} - \mathfrak{x}'|^{1/3}), \tag{103}$$

so daß U in $\mathfrak{x}'$ stetig ist. Wir haben sogar durch Gl. (103) gezeigt, daß $U(\mathfrak{x})$ einer Hölder-Bedingung genügt. Diese Bedingung spielt eine besondere Rolle bei der Betrachtung des Gradienten von U, den wir nun untersuchen wollen. Es gilt

Satz 41. *Zu der auf der geschlossenen Fläche F definierten Funktion $\varrho(\mathfrak{y})$ gebe es drei positive Konstanten A, α und γ, so daß für alle $\mathfrak{y}$ und $\mathfrak{y}'$ auf F mit $|\mathfrak{y} - \mathfrak{y}'| \leqq \gamma$*

$$|\varrho(\mathfrak{y}) - \varrho(\mathfrak{y}')| \leqq A |\mathfrak{y} - \mathfrak{y}'|^{\alpha} \qquad 0 < \alpha < 2$$

gilt. Dann ist das Vektorfeld

$$\mathfrak{v}(\mathfrak{x}) = \int\limits_F \varrho(\mathfrak{y}) \nabla_{\mathfrak{y}} \frac{1}{|\mathfrak{x} - \mathfrak{y}|} dF_{\mathfrak{y}}$$

stetig im Inneren und im Äußeren des von F berandeten Gebietes G.

Zum Beweise benutzen wir

Lemma 70. *Das Vektorfeld*

$$\mathfrak{w}(\mathfrak{x}) = \int\limits_F \nabla_{\mathfrak{y}} \frac{1}{|\mathfrak{x} - \mathfrak{y}|} dF_{\mathfrak{y}}$$

ist stetig im Inneren und im Äußeren von G.

Um dieses Ergebnis zu beweisen, führen wir ein neues krummliniges Koordinatensystem ein. Wir setzen nämlich

$$\mathfrak{x} = x^1 \mathfrak{e}_1 + x^2 \mathfrak{e}_2 + x^3 \mathfrak{e}_3 = \mathfrak{x}'(u^1, u^2) + u^3 \mathfrak{n}(u^1, u^2). \tag{104}$$

Dabei stellt $\mathfrak{z}(u^1, u^2)$ den Ortsvektor der Punkte der Fläche F dar. Wir wissen, daß die Fläche im allgemeinen nicht singularitätenfrei durch ein einziges Parametergebiet dargestellt werden kann. Für jedes der endlich vielen regulären Flächenelemente, aus denen die Fläche F besteht, besitzen wir aber eine derartige Darstellung, und wir nehmen an, daß wir mit endlich vielen Parmeterdarstellungen dieser Art die ganze Fläche dargestellt haben. Ohne im folgenden weiter auf diese einmal gewählte Darstellung näher einzugehen, können wir daher annehmen, daß mit

$$g_{ik} = \mathfrak{x}'_{|i} \cdot \mathfrak{x}'_{|k} \tag{105}$$

stets

$$\det|g_{ik}| = g \neq 0 \tag{106}$$

gilt. Es bleibt uns zu zeigen, daß wir dann eine Umgebung der Fläche eindeutig durch das System Gl. (140) darstellen können. Wir müssen dazu beweisen, daß die Funktionaldeterminante

$$\frac{\partial(x^1, x^2, x^3)}{\partial(u^1, u^2, u^3)} \neq 0 \tag{107}$$

ist. Mit

$$\gamma_{\mu\nu} = \frac{\partial}{\partial u^\mu}\mathfrak{x} \cdot \frac{\partial}{\partial u^\nu}\mathfrak{x} \tag{108}$$

wird

$$\left|\frac{\partial(x^1, x^2, x^3)}{\partial(u^1, u^2, u^3)}\right|^2 = \det|\gamma_{\mu\nu}|. \tag{109}$$

Zur Vereinfachung der Ausdrucksweise vereinbaren wir, daß μ, ν von 1 bis 3 und i, k von 1 bis 2 laufen. Entsprechend wird dann auch über gleiche obere und untere griechische Indizes von 1 bis 3 und über lateinische Indizes von 1 bis 2 summiert. Durch einen abgetrennten Index bezeichnen wir wieder die Ableitungen nach dem entsprechenden Parameter. Damit ergibt sich

$$\begin{aligned} \gamma_{ik} &= \mathfrak{x}_{|i}\mathfrak{x}_{|k} = (\mathfrak{x}'_{|i} + u^3 \mathfrak{n}_{|i})(\mathfrak{x}'_{|k} + u^3 \mathfrak{n}_{|k}) \\ &= g_{ik} + u^3(\mathfrak{n}_{|i}\mathfrak{x}'_{|k} + \mathfrak{n}_{|k}\mathfrak{x}'_{|i}) + (u^3)^2 \mathfrak{n}_{|i}\mathfrak{n}_{|k}, \end{aligned} \tag{110}$$

und es folgt aus

$$\mathfrak{n}_{|i} = -L_i^j \mathfrak{x}'_{|j}, \tag{111}$$

wegen $L_{ik} = L_{ki}$

$$\gamma_{ik} = g_{ik} - 2u^3 L_{ik} + (u^3)^2 L_i^j L_k^s g_{js}. \tag{112}$$

Weiter wird

(113) $$\gamma_{i3} = \mathfrak{x}_{|i}\,\mathfrak{x}_{|3} = \mathfrak{n}(\mathfrak{x}'_{|i} + u^3\,\mathfrak{n}_{|i}) = 0$$

und

(114) $$\gamma_{33} = \mathfrak{n}^2 = 1\,.$$

Wir finden daher

(115) $$\det|\gamma_{\mu\nu}| = \det|\gamma_{ik}|\,.$$

Nun ist aber γ_{ik} bei festem u^3 ein Tensor bez. u^1 und u^2 und

(116) $$\det|g^{ij}\gamma_{jk}| = \det|\delta^i_k - 2u^3\,L^i_k + (u^3)^2\,L^j_i\,L^k_j|$$

eine Invariante.

Zu jedem Punkt der Fläche können wir, wie bereits bekannt, ein Tangenten-Normalensystem so einführen, daß dort

(117) $$\begin{aligned} &L^1_1 \triangleq F_{|1|1} \triangleq k_1; \qquad L^1_2 \triangleq L^2_1 \triangleq 0;\\ &L^2_2 \triangleq F_{|2|2} \triangleq k_2 \end{aligned}$$

wird. Dabei ist

(118) $$k_1 + k_2 = 2H; \qquad k_1\,k_2 = K\,.$$

In diesem Punkt wird daher

(119) $$\begin{aligned} \det|g^{ij}\gamma_{jk}| &= \frac{1}{g}\det|\gamma_{ik}|\\ &\triangleq (1 - u^3\,k_1)^2\,(1 - u^3\,k_2)^2 \triangleq (1 - 2u^3\,H + (u^3)^2\,K)^2, \end{aligned}$$

und wir finden nach den üblichen Argumentationen

(120) $$\det|\gamma_{\mu\nu}| = g(1 - 2u^3\,H + (u^3)^2\,K)^2.$$

Das Verschwinden der Determinante der $\gamma_{\mu\nu}$ hängt daher nur von dem zweiten Faktor ab. Ist demnach

(121) $$|u^3| < \left|\operatorname{Min}\left(\frac{1}{k_1}, \frac{1}{k_2}\right)\right|,$$

so verschwindet dieser Faktor nicht. Nun ist aber, vom Fall $k_1 - k_2 = 0$ abgesehen, der sich nach Gl. (120) unmittelbar erledigt

(122) $$\left|\operatorname{Min}\left(\frac{1}{k_1}, \frac{1}{k_2}\right)\right|^2 \geqq \frac{1}{k_1^2 + k_2^2} = \frac{1}{4H^2 - 2K} \geqq C > 0\,,$$

da H und K stetig auf F sind. Es gibt daher eine positive Konstante C, so daß unser Koordinatensystem in dem Gebiet $|u^3| < C$ benutzt werden kann.

Wir wollen nun den Gradienten in diesem Koordinatensystem ausrechnen. Es ist

$$
\begin{aligned}
\nabla^* &= \mathfrak{e}_1 \frac{\partial}{\partial x^1} + \mathfrak{e}_2 \frac{\partial}{\partial x^2} + \mathfrak{e}_3 \frac{\partial}{\partial x^3} \\
&= \left(\mathfrak{e}_1 \frac{\partial u^\nu}{\partial x^1} + \mathfrak{e}_2 \frac{\partial u^\nu}{\partial x^3} + \mathfrak{e}_3 \frac{\partial u^\nu}{\partial x^3}\right) \frac{\partial}{\partial u^\nu} \\
&= \mathfrak{k}^\nu \frac{\partial}{\partial u^\nu}.
\end{aligned} \tag{123}
$$

Aus dieser Definition der Vektoren $\mathfrak{k}^\nu$ folgt

$$
\begin{aligned}
\mathfrak{k}^\nu \mathfrak{x}_{|\mu} &= \mathfrak{k}^\nu \left(\mathfrak{e}_1 \frac{\partial x^1}{\partial u^\mu} + \mathfrak{e}_2 \frac{\partial x^2}{\partial u^\mu} + \mathfrak{e}_3 \frac{\partial x^3}{\partial u^\mu}\right) \\
&= \frac{\partial u^\nu}{\partial x^\sigma} \frac{\partial x^\sigma}{\partial u^\mu} = \delta^\nu_\mu .
\end{aligned} \tag{124}
$$

Wir bilden nun

$$T^{ik} = 2H g^{ik} - L^{ik}. \tag{125}$$

Dann wird im Nullpunkt unseres Tangenten-Normalensystems

$$
\begin{aligned}
&T^{11} \stackrel{\circ}{=} k_2; \qquad T^{22} \stackrel{\circ}{=} k_1; \qquad T^{12} = T^{21} \stackrel{\circ}{=} 0; \\
&T^1_j T^{j1} \stackrel{\circ}{=} k_2^2; \qquad T^2_j T^{j2} \stackrel{\circ}{=} k_1^2; \qquad T^1_j T^{j2} \stackrel{\circ}{=} T^2_j T^{j1} \stackrel{\circ}{=} 0,
\end{aligned} \tag{126}
$$

und wir erhalten

$$\gamma_{ik}(g^{kr} - 2u^3 T^{kr} + (u^3)^2 T^k_j T^{jr}) \stackrel{\circ}{=} (1 - 2u^3 H + (u^3)^2 K)^2 \delta^r_i . \tag{127}$$

Definieren wir daher den Tensor $\Lambda^{\mu\nu}$ durch

$$
\begin{aligned}
\Lambda^{ik} &= \frac{g^{ik} - 2u^3 T^{ik} + (u^3)^2 T^i_j T^{jk}}{(1 - 2u^3 H + (u^3)^2 K)^2}, \\
\Lambda^{3i} &= 0, \qquad \Lambda^{33} = 1,
\end{aligned} \tag{128}
$$

so ergibt sich

$$\Lambda^{\nu\sigma} \mathfrak{x}_{|\sigma} \mathfrak{x}_{|\mu} = \Lambda^{\nu\sigma} \gamma_{\sigma\mu} = \delta^\nu_\mu , \tag{129}$$

und wir finden wegen Gl. (124)

$$\mathfrak{k}^\nu = \Lambda^{\nu\sigma} \mathfrak{x}_{|\sigma} , \tag{130}$$

so daß sich

$$\nabla^* = \Lambda^{\nu\sigma} \mathfrak{x}_{|\sigma} \frac{\partial}{\partial u^\nu} \tag{131}$$

ergibt. Auf der Fläche F, die durch $u^3 = 0$ in unserem Koordinatensystem gekennzeichnet ist, wird daher

$$\nabla^* \stackrel{\circ}{=} g^{ik} \mathfrak{x}_{|i} \frac{\partial}{\partial u^k} + \mathfrak{n} \frac{\partial}{\partial u^3} , \tag{132}$$

wenn wir das Zeichen $\stackrel{\circ}{=}$ hier so verstehen, daß die Werte für $u^3 = 0$ gemeint sind. Für jedes stetig differenzierbare Flächenfeld

$$\mathfrak{v} = v^r \mathfrak{x}_{|r} \tag{133}$$

wird

$$g^{ik} \mathfrak{x}_{|i} \frac{\partial}{\partial u^k} v^r \mathfrak{x}_{|r} = v^r_{|r} + \Gamma^r_{sr} v^s = v^r_{||r}. \tag{134}$$

Wir können daher den Operator ∇^*_0 durch Vergleich mit Gl. (12, 107) in der Form

$$g^{ik} \mathfrak{x}_{|i} \frac{\partial}{\partial u^k} = \nabla^*_0 \tag{135}$$

ausdrücken und erhalten nach Gl. (132)

$$\nabla^* \stackrel{\circ}{=} \nabla^*_0 + \mathfrak{n} \frac{\partial}{\partial u^3}. \tag{136}$$

In unserem Koordinatensystem ist aber

$$\frac{\partial}{\partial u^3} \stackrel{\circ}{=} \frac{\partial}{\partial n}, \tag{137}$$

so daß sich schließlich

$$\nabla^* \stackrel{\circ}{=} \nabla^*_0 + \mathfrak{n} \frac{\partial}{\partial n} \tag{138}$$

ergibt.

Es sei nun J eine beliebige stetig differenzierbare Funktion auf F. Dann ist für jedes Flächenelement F', das von der Kurve C berandet wird

$$\begin{aligned} \int_{F'} \nabla^*_0 J\, dF &= \int_{F'} g^{ik} \mathfrak{x}_{|i} \frac{\partial}{\partial u^k} J\, dF = \int_{B'} g^{ik} \mathfrak{x}_{|i} J_{|k} \sqrt{g}\, du^1 du^2 \\ &= \oint_{C'} J \sqrt{g} \left(g^{i1} \mathfrak{x}_{|i} \frac{du^2}{ds'} - g^{i2} \mathfrak{x}_{|i} \frac{du^1}{ds'} \right) ds' - \\ &\quad - \int_{B'} J \left(g^{ik} \mathfrak{x}_{|i} \sqrt{g} \right)_{|k} du^1 du^2 \\ &= \int_C J \mathfrak{n}_0\, ds - \int_{F'} J \frac{1}{\sqrt{g}} \left(g^{ik} \mathfrak{x}_{|i} \sqrt{g} \right)_{|k} dF. \end{aligned} \tag{139}$$

Dabei ist B' der Parameterbereich, der F' darstellt. Der Randkurve C entspricht die Kurve C' des Parameterbereiches und ds' stellt das Linienelement dieser Kurve in der Parameterebene dar.

Mit $\mathfrak{n}_0$ bezeichnen wir den Vektor

$$\mathfrak{n}_0 = \sqrt{g} \left(g^{i1} \frac{du^2}{ds'} - g^{i2} \frac{du^1}{ds'} \right) \mathfrak{x}_{|i}, \tag{140}$$

wobei ds das Linienelement auf C ist. Für den Tangentialvektor $\mathfrak{t}$ der Kurve C finden wir

$$(141)\qquad \mathfrak{t} = \mathfrak{x}_{|i} \frac{du^i}{ds'}.$$

Damit wird nach einfacher Rechnung

$$(142)\qquad \mathfrak{t}\,\mathfrak{n}_0 = 0$$

und

$$(143)\qquad \mathfrak{n}_0^2 = 1.$$

Es stellt daher $\mathfrak{n}_0$ den schon bei der Definition der Flächendivergenz benutzten Normalenvektor auf C dar.

Weiterhin ist

$$(144)\qquad \begin{aligned} \frac{1}{\sqrt{g}} (g^{ik}\,\mathfrak{x}_{|i}\sqrt{g})_{|k} &= g^{ik}_{|k}\,\mathfrak{x}_{|i} + g^{ik}\,\mathfrak{x}_{|i|k} + g^{ik}\,\mathfrak{x}_{|i}\Gamma^r_{kr} \\ &= (g^{ik}_{|k} + g^{rk}\Gamma^i_{rk} + g^{ik}\Gamma^r_{kr})\,\mathfrak{x}_{|i} + \mathfrak{n}\,L^{ik} g_{ik} = 2H\mathfrak{n} + g^{ik}_{||k}\,\mathfrak{x}_{|i}, \end{aligned}$$

so daß wir wegen $g^{ik}_{||k} = 0$

$$(145)\qquad \frac{1}{\sqrt{g}} (g^{ik}\,\mathfrak{x}_{|i}\sqrt{g})_{|k} = 2H\mathfrak{n}$$

erhalten. Es wird somit

$$(146)\qquad \int\limits_{F'} \nabla_0^* J\,dF = \int\limits_{C} J\,\mathfrak{n}_0\,ds - \int\limits_{F'} 2HJ\,\mathfrak{n}\,dF.$$

Da wir die Fläche F in endlich viele reguläre Flächenelemente zerlegen können, und sich die Integrale über die gemeinsamen Randkurven dieser Elemente paarweise aufheben, wird

$$(147)\qquad \int\limits_{F} \nabla_0^* J\,dF = -\int\limits_{F} 2HJ\,\mathfrak{n}\,dF.$$

Wir wenden uns nun dem Beweise von Lemma 70 zu und nehmen an, daß der Punkt $\mathfrak{x}$ nicht auf F liegt. Dann wird

$$(148)\qquad \int\limits_{F} \nabla_{\mathfrak{y}}^* \frac{1}{|\mathfrak{x}-\mathfrak{y}|}\,dF_{\mathfrak{y}} = \int\limits_{F} \mathfrak{n}\frac{\partial}{\partial n_{\mathfrak{y}}}\frac{1}{|\mathfrak{x}-\mathfrak{y}|}\,dF_{\mathfrak{y}} + \int\limits_{F} \nabla_0^* \frac{1}{|\mathfrak{x}-\mathfrak{y}|}\,dF_{\mathfrak{y}},$$

und es folgt aus Gl. (147)

$$(149)\qquad \int\limits_{F} \nabla_{\mathfrak{y}}^* \frac{1}{|\mathfrak{x}-\mathfrak{y}|}\,dF_{\mathfrak{y}} = \int\limits_{F} \mathfrak{n}\frac{\partial}{\partial n_{\mathfrak{y}}}\frac{1}{|\mathfrak{x}-\mathfrak{y}|}\,dF_{\mathfrak{y}} - \int \frac{2H\mathfrak{n}}{|\mathfrak{x}-\mathfrak{y}|}\,dF_{\mathfrak{y}}.$$

Nach Lemma 68 ist jede der kartesischen Komponenten des zweiten Integrals als Funktion von $\mathfrak{x}$ überall stetig.

Das erste Integral schreiben wir in der Form

$$(150)\quad \int\limits_F \mathfrak{n}(\mathfrak{y}) \frac{\partial}{\partial n_{\mathfrak{y}}} \frac{1}{|\mathfrak{x}-\mathfrak{y}|} dF_{\mathfrak{y}} = \mathfrak{m}(\mathfrak{x}) \int\limits_F \frac{\partial}{\partial n_{\mathfrak{y}}} \frac{1}{|\mathfrak{x}-\mathfrak{y}|} dF_{\mathfrak{y}} + \int\limits_F (\mathfrak{n}(\mathfrak{y}) - \mathfrak{m}(\mathfrak{x})) \frac{\partial}{\partial n_{\mathfrak{y}}} \frac{1}{|\mathfrak{x}-\mathfrak{y}|} dF_{\mathfrak{y}},$$

wobei wir $\mathfrak{m}(\mathfrak{x})$ folgendermaßen definieren:

Es werde $\mathfrak{x}$ durch die Koordinaten u^1, u^2, u^3 beschrieben. Mit $\mathfrak{x}'$ bezeichnen wir den Punkt $(u^1, u^2, 0)$ der Fläche F.

Dann ist $\mathfrak{m}(\mathfrak{x}) = \mathfrak{n}(\mathfrak{x}')$.

Nach der schon früher benutzten Formel (1,51) ist aber

$$(151)\quad \int\limits_F \frac{\partial}{\partial n_{\mathfrak{y}}} \frac{1}{|\mathfrak{x}-\mathfrak{y}|} dF_{\mathfrak{y}} = \begin{cases} 0 & \text{für } \mathfrak{x} \notin G,\ \mathfrak{x} \notin F, \\ -4\pi & \text{für } \mathfrak{x} \in G,\ \mathfrak{x} \notin F. \end{cases}$$

Durch den ersten Summanden der rechten Seite von Gl. (150) wird daher ein Vektorfeld definiert, das in der inneren Schale $-\frac{c}{2} \leqq u^3 \leqq 0$ und in der äußeren Schale $0 \leqq u^3 \leqq \frac{c}{2}$ jeweils stetig ist.

Den zweiten Summanden betrachten wir zunächst, wenn $\mathfrak{x}$ auf der Fläche liegt. Es ist nach Lemma 67 für $|\mathfrak{x}-\mathfrak{y}| \leqq \tau$, falls beide Punkte auf F liegen

$$(152)\quad |\mathfrak{n}(\mathfrak{x}) - \mathfrak{n}(\mathfrak{y})| \leqq M |\mathfrak{x}-\mathfrak{y}|.$$

Andererseits ist

$$(153)\quad \left| \frac{\partial}{\partial n_{\mathfrak{y}}} \frac{1}{|\mathfrak{x}-\mathfrak{y}|} \right| \leqq \frac{1}{|\mathfrak{x}-\mathfrak{y}|^2},$$

so daß

$$(154)\quad \left| (\mathfrak{n}(\mathfrak{x}) - \mathfrak{n}(\mathfrak{y})) \frac{\partial}{\partial n_{\mathfrak{y}}} \frac{1}{|\mathfrak{x}-\mathfrak{y}|} \right| \leqq \frac{1}{|\mathfrak{x}-\mathfrak{y}|}$$

wird. Damit können wir

$$(155)\quad \mathfrak{v}(\mathfrak{x}) = \int\limits_F (\mathfrak{n}(\mathfrak{y}) - \mathfrak{n}(\mathfrak{x})) \frac{\partial}{\partial n_{\mathfrak{y}}} \frac{1}{|\mathfrak{x}-\mathfrak{y}|} dF_{\mathfrak{y}}$$

auf F definieren. Wir definieren den Punkt $\mathfrak{x}'$ von F zu $\mathfrak{x}$ durch

$$(156)\quad \mathfrak{x} = \mathfrak{x}' + u^3 \mathfrak{n}$$

und setzen

$$(157)\quad \mathfrak{v}_\tau(\mathfrak{x}) = \int\limits_{\substack{F \\ |\mathfrak{x}'-\mathfrak{y}| \geqq \tau}} (\mathfrak{n}(\mathfrak{y}) - \mathfrak{n}(\mathfrak{x}')) \frac{\partial}{\partial n_{\mathfrak{y}}} \frac{1}{|\mathfrak{x}-\mathfrak{y}|} dF_{\mathfrak{y}}.$$

Dann gilt für alle $\mathfrak{x}$

$$(158)\qquad \lim_{\tau\to 0} \mathfrak{v}_\tau(\mathfrak{x}) = \int_F (\mathfrak{n}(\mathfrak{y}) - \mathfrak{n}(\mathfrak{x}')) \frac{\partial}{\partial n_{\mathfrak{y}}} \frac{1}{|\mathfrak{x}-\mathfrak{y}|} dF_{\mathfrak{y}} = \mathfrak{v}(\mathfrak{x}).$$

Wir wollen nun zeigen, daß dieser Grenzwert in der Schale $|u^3| \leqq \frac{c}{2}$ gleichmäßig angenommen wird. Dazu betrachten wir die Integrale

$$(159)\qquad \int_{F_\tau(\mathfrak{x}')} (\mathfrak{n}(\mathfrak{y}) - \mathfrak{n}(\mathfrak{x}')) \frac{\partial}{\partial n_{\mathfrak{y}}} \frac{1}{|\mathfrak{x}-\mathfrak{y}|} dF_{\mathfrak{y}}.$$

Für $\tau \leqq \tau_0$ läßt sich ein Tangenten-Normalensystem mit $\mathfrak{x}'$ als Nullpunkt so finden, daß $F_\tau(\mathfrak{x}')$ in der Form

$$(160)\qquad y^3 = F(y^1, y^2)$$

dargestellt werden kann. Dann hat $\mathfrak{x}$ die Koordinaten $(0, 0, u^3)$, und wir finden wegen Gl. (77) und (153) mit $r^2 = (y^1)^2 + (y^2)^2$

$$(161)\qquad \begin{aligned} &\int_{F_\tau(\mathfrak{x}')} \left| (\mathfrak{n}(\mathfrak{y}) - \mathfrak{n}(\mathfrak{x}')) \frac{\partial}{\partial n_{\mathfrak{y}}} \frac{1}{|\mathfrak{x}-\mathfrak{y}|} \right| dF_{\mathfrak{y}} \\ &\leqq M \int_{r\leqq\tau} \frac{r\,dy^1\,dy^2}{r^2 + (u^3 - F)^2} \leqq 2\pi M\tau. \end{aligned}$$

Da diese Abschätzung gleichmäßig für alle $\mathfrak{x}$ besteht, gilt Gl. (158) ebenfalls gleichmäßig für alle $\mathfrak{x}$ mit $|u^3| \leqq \frac{c}{2}$.

Wir wollen nun noch zeigen, daß die Felder $\mathfrak{v}_\tau(\mathfrak{x})$ für genügend kleine τ stetig sind und setzen dazu

$$(162)\qquad \mathfrak{x} = \mathfrak{x}' + u^3\mathfrak{n}, \qquad \mathfrak{x}_1 = \mathfrak{x}_1' + u_1^3\mathfrak{n}_1.$$

Wir zerlegen $\mathfrak{v}_\tau(\mathfrak{x})$ in die Summanden

$$(163)\qquad \begin{aligned} \mathfrak{v}_\tau(\mathfrak{x}) &= \int_{\substack{F \\ |\mathfrak{y}-\mathfrak{x}_1'|\geqq\tau}} + \int_{\substack{F \\ |\mathfrak{y}-\mathfrak{x}'|\geqq\tau \\ |\mathfrak{y}-\mathfrak{x}_1'|\leqq\tau}} - \int_{\substack{F \\ |\mathfrak{y}-\mathfrak{x}'|\leqq\tau \\ |\mathfrak{y}-\mathfrak{x}_1'|\geqq\tau}} \\ &= \mathfrak{v}_\tau^{(1)}(\mathfrak{x}) + \mathfrak{v}_\tau^{(2)}(\mathfrak{x}) + \mathfrak{v}_\tau^{(3)}(\mathfrak{x}). \end{aligned}$$

Dann ist für $|\mathfrak{x}' - \mathfrak{x}_1'| \leqq \frac{\tau}{2}$

$$(164)\qquad \begin{aligned} &|\mathfrak{v}_\tau^{(2)}(\mathfrak{x}) + \mathfrak{v}_\tau^{(3)}(\mathfrak{x})| \leqq \\ &\leqq \int_{\substack{F \\ \tau-|\mathfrak{x}'-\mathfrak{x}'|\leqq|\mathfrak{y}-\mathfrak{x}_1'|\leqq\tau+|\mathfrak{x}'-\mathfrak{x}_1'|}} \left| (\mathfrak{n}(\mathfrak{y}) - \mathfrak{n}(\mathfrak{x}')) \frac{\partial}{\partial n_{\mathfrak{y}}} \frac{1}{|\mathfrak{x}-\mathfrak{y}|} \right| dF_{\mathfrak{y}}, \end{aligned}$$

da die Gebiete

$$(165)\qquad \begin{matrix} |\mathfrak{y}-\mathfrak{x}'|\geqq\tau \\ |\mathfrak{y}-\mathfrak{x}_1'|\leqq\tau \end{matrix} \quad \text{und} \quad \begin{matrix} |\mathfrak{y}-\mathfrak{x}'|\leqq\tau \\ |\mathfrak{y}-\mathfrak{x}_1'|\geqq\tau \end{matrix}$$

in der Kugelschale $\tau-|\mathfrak{x}'-\mathfrak{x}_1'|\leqq|\mathfrak{y}-\mathfrak{x}_1|\leqq\tau+|\mathfrak{x}'-\mathfrak{x}_1'|$ enthalten sind.

Für jede Folge $\mathfrak{x}_k$, die gegen $\mathfrak{x}_1'$ konvergiert, gibt es aber ein N so, daß für alle $k\geqq N$

$$(166)\qquad |\mathfrak{x}_k'-\mathfrak{x}_1'|\leqq\frac{\tau}{2} \quad \text{und} \quad |\mathfrak{x}_k-\mathfrak{x}_1'|\leqq\frac{\tau}{2}$$

ist. Damit bleibt der Integrand in Gl. (164) im Integrationsgebiet gleichmäßig beschränkt, und wir erhalten mit einer geeigneten Konstanten D

$$(167)\qquad \begin{aligned} |\mathfrak{v}_\tau^{(2)}(\mathfrak{x}_k)+\mathfrak{v}_\tau^{(3)}(\mathfrak{x}_k)| &\leqq D \int\limits_{\substack{F \\ \tau-|\mathfrak{x}_k'-\mathfrak{x}_1'|\leqq|\mathfrak{y}-\mathfrak{x}_1|\leqq\tau+|\mathfrak{x}_k'-\mathfrak{x}_1'|}} dF_{\mathfrak{y}} \\ &= O\Bigl(\int\limits_{\tau-|\mathfrak{x}_k'-\mathfrak{x}_1'|\leqq\sqrt{r^2+F^2}\leqq\tau+|\mathfrak{x}_k'-\mathfrak{x}_1'|} dy^1\,dy^2\Bigr), \end{aligned}$$

so daß

$$(168)\qquad \lim_{\mathfrak{x}_k\to\mathfrak{x}_1'}\bigl(\mathfrak{v}_\tau^{(2)}(\mathfrak{x}_k)+\mathfrak{v}_\tau^{(3)}(\mathfrak{x}_k)\bigr)=0$$

ist[1]. Der Integrand in $\mathfrak{v}_\tau^{(1)}(\mathfrak{x})$ hängt für $|\mathfrak{x}-\mathfrak{x}_1'|<\tau$ stetig von $\mathfrak{x}$ ab.

---

[1] Eine genauere Durchführung des Beweises verläuft folgendermaßen: Wie führen in der y^1, y^2-Ebene neue Koordinaten durch

$$\Phi=r^2+F^2;\qquad \varphi=\operatorname{arc\,tg}\frac{y^2}{y^1}$$

ein. Dann wird die Funktionaldeterminante

$$\frac{\partial(\Phi,\varphi)}{\partial(y^1,y^2)}=\begin{vmatrix} 2y^1+2FF_{|1} & 2y^2+2FF_{|2} \\ -\dfrac{y^2}{r^2} & \dfrac{y^1}{r^2} \end{vmatrix} = 2\Bigl(1+\frac{F}{r^2}(y^1F_{|1}+y^2F_{|2})\Bigr)=D.$$

Nach (85) und (86) ist für $\tau\leqq\tau_0$

$$F_{|1}^2+F_{|2}^2\leqq 2M^2r^2;\qquad |F|\leqq\frac{1}{2}\sqrt{2}\,M\,r^2.$$

Damit wird

$$D=\frac{\partial(\Phi,\varphi)}{\partial(y^1,y^2)}\geqq 2\,(1-M^2r^2),$$

so daß die Funktionaldeterminante für $r\leqq r_0=\operatorname{Min}(1/M,\tau_0)$ nicht verschwindet. Wir können in dem Bereich

$$0\leqq r^2+F^2\leqq\tau^2<r_0^2$$

die Größen Φ und φ als Koordinaten einführen, und es wird für $\tau<\frac{r_0}{2}$ und $\alpha<\frac{r_0}{4}$

$$\iint\limits_{(\tau-\alpha)^2\leqq r^2+F^2\leqq(\tau+\alpha)^2} dy^1\,dy^2=\int\limits_0^{2\pi}\int\limits_{(\tau-\alpha)^2}^{(\tau+\alpha)^2}\frac{1}{D}\,d\Phi\,d\varphi=O(\alpha\tau).$$

Damit ist $\mathfrak{v}_r(\mathfrak{x})$ stetig in $\mathfrak{x}_1'$. Wir können diese Betrachtungen in allen Punkten von F anwenden. Da Gl. (158) gleichmäßig gilt, ist damit $\mathfrak{v}(\mathfrak{x})$ überall auf F stetig.

Da die Singularitäten des Integranden von Gl. (155) nur in Erscheinung treten, wenn $\mathfrak{x}$ auf F liegt, ist $\mathfrak{v}(\mathfrak{x})$ für alle $\mathfrak{x}$ der Schale stetig. Wir setzen nun unsere Ergebnisse zusammen und erhalten:

Für den im Inneren von G gelegenen Teil der Schale ist

$$\begin{aligned}\int_F \nabla_{\mathfrak{y}}^* \frac{1}{|\mathfrak{x}-\mathfrak{y}|}\, dF_{\mathfrak{y}} &= -4\pi\, \mathfrak{n}(\mathfrak{x}') + \int_F (\mathfrak{n}(\mathfrak{y}) - \mathfrak{n}(\mathfrak{x}')) \frac{\partial}{\partial n_{\mathfrak{y}}} \frac{1}{|\mathfrak{x}-\mathfrak{y}|}\, dF_{\mathfrak{y}} \\ &\quad - \int_F \frac{2H\mathfrak{n}}{|\mathfrak{x}-\mathfrak{y}|}\, dF_{\mathfrak{y}},\end{aligned} \tag{169}$$

während im äußeren Teil der Schale

$$\begin{aligned}\int_F \nabla_{\mathfrak{y}}^* \frac{1}{|\mathfrak{x}-\mathfrak{y}|}\, dF_{\mathfrak{y}} &= \int_F (\mathfrak{n}(\mathfrak{y}) - \mathfrak{n}(\mathfrak{x}')) \frac{\partial}{\partial n_{\mathfrak{y}}} \frac{1}{|\mathfrak{x}-\mathfrak{y}|}\, dF_{\mathfrak{y}} \\ &\quad - \int_F \frac{2H\mathfrak{n}}{|\mathfrak{x}-\mathfrak{y}|}\, dF_{\mathfrak{y}}\end{aligned} \tag{170}$$

gilt. Es ist dabei

$$\mathfrak{v}(\mathfrak{x}) = \int_F (\mathfrak{n}(\mathfrak{y}) - \mathfrak{n}(\mathfrak{x}')) \frac{\partial}{\partial n_{\mathfrak{y}}} \frac{\partial}{|\mathfrak{x}-\mathfrak{y}|}\, dF_{\mathfrak{y}} \tag{171}$$

eine in der ganzen Schale stetige Funktion.

Damit ist Lemma 70 bewiesen. Die Besonderheit dieses Ergebnisses besteht darin, daß die Grenzwerte auf F verschieden sind, je nachdem, ob wir uns der Fläche von außen oder von innen nähern. Die Integrale haben als uneigentliche Integrale noch einen Sinn, wenn $\mathfrak{x}$ auf F liegt. Wir können daher die in Gl. (169) und (170) formulierten Ergebnisse auch so aussprechen, daß die Normalkomponente unseres Feldes beim Durchgang durch F unstetig ist, während die Tangentialkomponente stetig sind. Der Sprung der Normalkomponente ist nach dieser Darstellung -4π. Wir wollen unsere Ergebnisse nun noch genauer formulieren und betrachten dazu die Grenzwerte auf F. Insbesondere interessieren uns die Integrale

$$\int_F \mathfrak{n}(\mathfrak{y}) \frac{\partial}{\partial n_{\mathfrak{y}}} \frac{1}{|\mathfrak{x}'-\mathfrak{y}|}\, dF_{\mathfrak{y}} \quad \text{und} \quad \int_F \frac{\partial}{\partial n_{\mathfrak{y}}} \frac{1}{|\mathfrak{x}'-\mathfrak{y}|}\, dF_{\mathfrak{y}}, \tag{172}$$

von denen wir nun nachweisen wollen, daß sie existieren. Es ist

$$\frac{\partial}{\partial n_{\mathfrak{y}}} \frac{1}{|\mathfrak{x}'-\mathfrak{y}|} = \left(\mathfrak{n}(\mathfrak{y})\, \nabla_{\mathfrak{y}}^* \frac{1}{|\mathfrak{x}'-\mathfrak{y}|}\right), \tag{173}$$

wobei nach Lemma 67

$$\left| (\mathfrak{n}(\mathfrak{x}') - \mathfrak{n}(\mathfrak{y}))\, \nabla_{\mathfrak{y}}^* \frac{1}{|\mathfrak{x}'-\mathfrak{y}|} \right| \leq \frac{M}{|\mathfrak{x}'-\mathfrak{y}|} \tag{174}$$

ist. Aus Lemma 66 und Lemma 68 folgt daher für $\tau \to 0$

$$\int\limits_{F_\tau(\mathfrak{x}')} \left| \frac{\partial}{\partial n_{\mathfrak{y}}} \frac{1}{|\mathfrak{x}' - \mathfrak{y}|} \right| dF_{\mathfrak{y}} = O(\tau), \tag{175}$$

so daß die Integrale Gl. (172) als uneigentliche Integrale existieren.

Wir beweisen nun

$$\int\limits_F \frac{\partial}{\partial n_{\mathfrak{y}}} \frac{1}{|\mathfrak{x}' - \mathfrak{y}|} dF = -2\pi \tag{176}$$

und bemerken zunächst, daß nach Gl. (175) das Integral

$$\int\limits_{|\mathfrak{x}' - \mathfrak{y}| \geqq \tau} \frac{\partial}{\partial n_{\mathfrak{y}}} \frac{1}{|\mathfrak{x}' - \mathfrak{y}|} dF_{\mathfrak{y}} \tag{177}$$

für $\tau \to 0$ gegen das gesuchte Integral konvergiert. Wenden wir die GREENsche Formel auf das Gebiet

$$\mathfrak{y} \in G; \quad |\mathfrak{x}' - \mathfrak{y}| \geqq \tau \tag{178}$$

an, so wird

$$0 = \int\limits_{\substack{F \\ |\mathfrak{x}' - \mathfrak{y}| \geqq \tau}} \frac{\partial}{\partial n} \frac{1}{|\mathfrak{x}' - \mathfrak{y}|} dF_{\mathfrak{y}} + \frac{1}{\tau^2} \int\limits_{\substack{|\mathfrak{x}' - \mathfrak{y}| = \tau \\ \mathfrak{y} \in G}} dF_{\mathfrak{y}}. \tag{179}$$

Wir werden zeigen, daß

$$\lim_{\tau \to 0} \frac{1}{\tau^2} \int\limits_{\substack{|\mathfrak{x}' - \mathfrak{y}| = \tau \\ \mathfrak{y} \in G}} dF_{\mathfrak{y}} = 2\pi \tag{180}$$

ist. Dazu führen wir wieder das Tangenten-Normalensystem in $\mathfrak{x}'$ ein und erhalten für die Fläche F die Darstellung

$$y^3 = F(y^1, y^2). \tag{181}$$

Der in G gelegene Teil der Kugel $|\mathfrak{y}| = \tau$ wird daher für $\tau \leqq \tau_0$ berandet durch die Kurve

$$(y^1)^2 + (y^2)^2 + F^2(y^1, y^2) = \tau^2; \qquad y^3 = F(y^1, y^2). \tag{182}$$

Es ist mit $r^2 = (y^1)^2 + (y^2)^2$ nach Gl. (86)

$$|F(y^1, y^2)| \leqq \tfrac{1}{2} \sqrt{2}\, M r^2. \tag{183}$$

Die Projektion der Randkurve Gl. (182) auf die y^1, y^2-Ebene liegt daher im Gebiet

$$R(\tau) = \frac{1}{M} \sqrt{\sqrt{2M^2\tau^2 + 1} - 1} \leqq r \leqq \tau \tag{184}$$

mit

$$\lim_{\tau\to 0}\frac{R(\tau)}{\tau}=1. \tag{185}$$

Es wird daher

$$2\pi\tau^2\left(1-\sqrt{1-\left(\frac{R}{\tau}\right)^2}\right)<\int\limits_{\substack{|\mathfrak{x}'-\mathfrak{y}|=\tau\\ \mathfrak{y}\in G}} dF_{\mathfrak{y}}<2\pi\tau^2\left(1+\sqrt{1-\left(\frac{R}{\tau}\right)^2}\right), \tag{186}$$

da die Randkurve ganz im Gebiet $|y^3|\leqq\tau\sqrt{1-\frac{R^2}{\tau^2}}$ verläuft. Aus Gl. (185) und (186) folgt damit die Behauptung. Wir bezeichnen nun mit

$$\int\limits_{\overrightarrow{Fi}} \quad\text{und}\quad \int\limits_{\overrightarrow{Fa}} \tag{187}$$

die Grenzwerte, die wir erhalten, wenn sich $\mathfrak{x}$ von innen beziehungsweise außen dem Punkte $\mathfrak{x}'$ der Fläche F nähert. Dann wird nach Gl. (169) und (170) unter Benutzung von Gl. (176)

$$\begin{aligned}\int\limits_{\overrightarrow{Fi}}\nabla_{\mathfrak{y}}^{*}\frac{1}{|\mathfrak{x}-\mathfrak{y}|}\,dF_{\mathfrak{y}}&=-2\pi\,\mathfrak{n}(\mathfrak{x}')+\int\limits_{F}\mathfrak{n}(\mathfrak{y})\frac{\partial}{\partial n}\frac{1}{|\mathfrak{x}'-\mathfrak{y}|}\,dF_{\mathfrak{y}}-\\&\quad-\int\limits_{F}\frac{2H\,\mathfrak{n}}{|\mathfrak{x}'-\mathfrak{y}|}\,dF_{\mathfrak{y}}\end{aligned} \tag{188}$$

und

$$\begin{aligned}\int\limits_{\overrightarrow{Fa}}\nabla_{\mathfrak{y}}^{*}\frac{1}{|\mathfrak{x}-\mathfrak{y}|}\,dF_{\mathfrak{y}}&=2\pi\,\mathfrak{n}(\mathfrak{x}')+\int\limits_{F}\mathfrak{n}(\mathfrak{y})\frac{\partial}{\partial n}\frac{1}{|\mathfrak{x}'-\mathfrak{y}|}\,dF_{\mathfrak{y}}-\\&\quad-\int\limits_{F}\frac{2H\,\mathfrak{n}}{|\mathfrak{x}'-\mathfrak{y}|}\,dF_{\mathfrak{y}}.\end{aligned} \tag{189}$$

Wir wenden uns nun dem Beweis von Satz 41 zu und betrachten

$$\int\limits_{F}\varrho(\mathfrak{y})\,\nabla_{\mathfrak{y}}^{*}\frac{1}{|\mathfrak{x}-\mathfrak{y}|}\,dF_{\mathfrak{y}}. \tag{190}$$

Für $\mathfrak{x}\notin F$ ist dieses Feld beliebig oft differenzierbar. Wir können unsere Untersuchung also wieder auf die Umgebung der Fläche F beschränken, und setzen in dem schon oben benutzten Gebiet $|u^3|\leqq\frac{C}{2}$

$$\begin{aligned}\int\limits_{F}\varrho(\mathfrak{y})\,\nabla_{\mathfrak{y}}^{*}\frac{1}{|\mathfrak{x}-\mathfrak{y}|}\,dF_{\mathfrak{y}}&=\varrho(\mathfrak{x}')\int\limits_{F}\nabla_{\mathfrak{y}}^{*}\frac{1}{|\mathfrak{x}-\mathfrak{y}|}\,dF_{\mathfrak{y}}+\\&\quad+\int\limits_{F}(\varrho(\mathfrak{y})-\varrho(\mathfrak{x}'))\,\nabla_{\mathfrak{y}}^{*}\frac{1}{|\mathfrak{x}-\mathfrak{y}|}\,dF_{\mathfrak{y}},\end{aligned} \tag{191}$$

wobei $\mathfrak{x}'$ wieder im Sinne von

$$\mathfrak{x} = \mathfrak{x}' + u^3 \mathfrak{n} \tag{192}$$

dem Punkte $\mathfrak{x}$ eindeutig zugeordnet ist. Die so definierte Funktion $\varrho(\mathfrak{x}')$ ist als Funktion von $\mathfrak{x}$ in der Schale stetig. Der erste Summand stellt daher einen im inneren bzw. äußeren Teil der Schale stetiges Vektorfeld dar. Zur Diskussion des zweiten Summanden bilden wir

$$\mathfrak{w}_\tau(\mathfrak{x}) = \int\limits_{\substack{F\\|\mathfrak{x}'-\mathfrak{y}|\geqq\tau}} (\varrho(\mathfrak{y}) - \varrho(\mathfrak{x}'))\, \nabla_{\mathfrak{y}}^* \frac{1}{|\mathfrak{x}-\mathfrak{y}|}\, dF_{\mathfrak{y}}. \tag{193}$$

Da die Funktion $\varrho(\mathfrak{y})$ der HÖLDER-Bedingung

$$|\varrho(\mathfrak{y}) - \varrho(\mathfrak{x}')| \leqq A\, |\mathfrak{x}' - \mathfrak{y}|^\alpha \tag{194}$$

für $|\mathfrak{y} - \mathfrak{x}'| \leqq \gamma$ genügt, wird

$$\left|(\varrho(\mathfrak{y}) - \varrho(\mathfrak{x}'))\, \nabla_{\mathfrak{y}}^* \frac{1}{|\mathfrak{x}'-\mathfrak{y}|}\right| \leqq \frac{A}{|\mathfrak{x}'-\mathfrak{y}|^{2-\alpha}}, \tag{195}$$

und wir finden nach Lemma 66

$$\int\limits_{F_\tau(\mathfrak{x}')} \left|(\varrho(\mathfrak{y}) - \varrho(\mathfrak{x}'))\, \nabla_{\mathfrak{y}}^* \frac{1}{|\mathfrak{x}'-\mathfrak{y}|}\right| dF_{\mathfrak{y}} \leqq \frac{4\pi A}{\alpha}\tau^\alpha. \tag{196}$$

Damit können wir

$$\mathfrak{w}(\mathfrak{x}) = \lim_{\tau\to 0} \mathfrak{w}_\tau(\mathfrak{x}) = \int\limits_F (\varrho(\mathfrak{y}) - \varrho(\mathfrak{x}'))\, \nabla_{\mathfrak{y}}^* \frac{1}{|\mathfrak{x}-\mathfrak{y}|}\, dF_{\mathfrak{y}} \tag{197}$$

auch auf F definieren.

Wir betrachten weiter das Integral

$$\int\limits_{F_\tau(\mathfrak{x}')} \left|(\varrho(\mathfrak{y}) - \varrho(\mathfrak{x}'))\, \nabla_{\mathfrak{y}}^* \frac{1}{|\mathfrak{x}-\mathfrak{y}|}\right| dF_{\mathfrak{y}} \leqq A \int\limits_{F_\tau(\mathfrak{x}')} \frac{|\mathfrak{y}-\mathfrak{x}'|^\alpha}{|\mathfrak{y}-\mathfrak{x}|^2}\, dF_{\mathfrak{y}}. \tag{198}$$

Zur Diskussion benutzen wir wieder das System

$$y^3 = F(y^1, y^2) \tag{199}$$

und erhalten mit $r^2 = (y^1)^2 + (y^2)^2$ für $\tau \leqq \tau_0$

$$\begin{aligned}\int\limits_{F_\tau(\mathfrak{x}')} \frac{|\mathfrak{y}-\mathfrak{x}'|^\alpha}{|\mathfrak{y}-\mathfrak{x}|^2}\, dF_{\mathfrak{y}} &\leqq \int\limits_{r\leqq\tau} \frac{\sqrt{1+F_{|1}^2+F_{|2}^2}\,(r^2+F^2)^{\alpha/2}}{r^2+(u^3-F)^2}\, dy^1\, dy^2\\ &\leqq \sqrt{2}\int\limits_{r\leqq\tau} r^{-2}(r^2+F^2)^{\alpha/2}\, dy^1\, dy^2 = O(\tau^\alpha),\end{aligned} \tag{200}$$

wobei die Abschätzung nach Gl. (86) gleichmäßig bezüglich $\mathfrak{x}$ gilt.

Es gilt daher für alle $\mathfrak{x}$ der Schale gleichmäßig

$$\lim_{\tau\to 0} \mathfrak{w}_\tau(\mathfrak{x}) = \mathfrak{w}(\mathfrak{x}), \tag{201}$$

und wir haben Satz 41 bewiesen, wenn wir zeigen, daß $\mathfrak{w}(\mathfrak{x})$ stetig in den Punkten $\mathfrak{x}'$ der Fläche F ist, da die Stetigkeit von $\mathfrak{w}(\mathfrak{x})$ in allen anderen Punkten der Schale bereits bekannt ist.

Wir beweisen dazu

$$\lim_{\mathfrak{x}\to \mathfrak{x}_1'} \mathfrak{w}_\tau(\mathfrak{x}) = \mathfrak{w}_\tau(\mathfrak{x}_1') \tag{202}$$

und schreiben analog zu Gl. (163)

$$\begin{aligned}\mathfrak{w}_\tau(\mathfrak{x}) &= \int\limits_{\substack{F\\ |\mathfrak{y}-\mathfrak{x}_1'|\geqq\tau}} + \int\limits_{\substack{F\\ |\mathfrak{y}-\mathfrak{x}'|\geqq\tau\\ |\mathfrak{y}-\mathfrak{x}_1'|\leqq\tau}} - \int\limits_{\substack{F\\ |\mathfrak{y}-\mathfrak{x}'|\leqq\tau\\ |\mathfrak{y}-\mathfrak{x}_1'|\geqq\tau}}\\ &= \mathfrak{w}_\tau^{(1)}(\mathfrak{x}) + \mathfrak{w}_\tau^{(2)}(\mathfrak{x}) - \mathfrak{w}_\tau^{(3)}(\mathfrak{x}).\end{aligned} \tag{203}$$

Es ist für $|\mathfrak{x}'-\mathfrak{x}_1'|\leqq\frac{\tau}{2}$

$$|\mathfrak{w}_\tau^{(2)}(\mathfrak{x}) - \mathfrak{w}_\tau^{(3)}(\mathfrak{x})| \leqq \int\limits_{\substack{F\\ \tau-|\mathfrak{x}'-\mathfrak{x}_1'|\leqq|\mathfrak{y}-\mathfrak{x}_1'|\leqq\tau+|\mathfrak{x}'-\mathfrak{x}_1'|}} \left|(\varrho(\mathfrak{y})-\varrho(\mathfrak{x}'))\,\nabla_{\mathfrak{y}}^*\frac{1}{|\mathfrak{x}-\mathfrak{y}|}\right| dF_{\mathfrak{y}}, \tag{204}$$

da bei der Bestimmung der Felder $\mathfrak{w}_\tau^{(2)}$ und $\mathfrak{w}_\tau^{(3)}$ nur über den in der genannten Kugelschale gelegenen Teil von F integriert wird.

Durchlaufen die $\mathfrak{x}$ eine gegen $\mathfrak{x}_1'$ konvergente Folge, so konvergieren die zugehörigen Fußpunkte $\mathfrak{x}'$ ebenfalls gegen $\mathfrak{x}_1'$. Für alle $\mathfrak{x}$ einer Umgebung von $\mathfrak{x}_1'$ bleibt daher der Integrand in Gl. (204) gleichmäßig beschränkt. Damit folgt analog zu Gl. (167) und (168)

$$\lim_{\mathfrak{x}\to\mathfrak{x}_1'}\left(\mathfrak{w}_\tau^{(2)}(\mathfrak{x}) + \mathfrak{w}_\tau^{(3)}(\mathfrak{x})\right) = 0. \tag{205}$$

Es ist aber $\mathfrak{w}_\tau^{(1)}(\mathfrak{x})$ in $\mathfrak{x}_1'$ stetig, so daß Gl. (202) bewiesen ist. Um nun zu zeigen, daß $\mathfrak{w}(\mathfrak{x})$ stetig in $\mathfrak{x}_1'$ ist, betrachten wir

$$\begin{aligned}|\mathfrak{w}(\mathfrak{x}_1') - \mathfrak{w}(\mathfrak{x})| &\leqq |\mathfrak{w}_\tau(\mathfrak{x}_1') - \mathfrak{w}_\tau(\mathfrak{x})| + \\ &+ |\mathfrak{w}(\mathfrak{x}_1') - \mathfrak{w}_\tau(\mathfrak{x}_1')| + |\mathfrak{w}(\mathfrak{x}) - \mathfrak{w}_\tau(\mathfrak{x})|\end{aligned} \tag{206}$$

und können wegen Gl. (201) τ so klein wählen, daß für alle $\mathfrak{x}$ und $\mathfrak{x}_1'$

$$|\mathfrak{w}(\mathfrak{x}_1') - \mathfrak{w}_\tau(\mathfrak{x}_1')| + |\mathfrak{w}(\mathfrak{x}) - \mathfrak{w}_\tau(\mathfrak{x})| \leqq \frac{\varepsilon}{2} \tag{207}$$

wird. Da $\mathfrak{w}_\tau(\mathfrak{x})$ in $\mathfrak{x}_1'$ stetig ist, gibt es somit ein $\delta(\varepsilon)$, so daß für $|\mathfrak{x}_1' - \mathfrak{x}| \leqq \delta(\varepsilon)$

(208) $$|\mathfrak{w}(\mathfrak{x}_1') - \mathfrak{w}(\mathfrak{x})| \leqq \varepsilon$$

ist. Damit haben wir die Stetigkeit von $\mathfrak{w}(\mathfrak{x})$ in allen Punkten bewiesen.

Nun ist

(209) $$\int\limits_F \varrho(\mathfrak{y})\, \nabla_{\mathfrak{y}}^* \frac{1}{|\mathfrak{x} - \mathfrak{y}|}\, dF_{\mathfrak{y}} = \varrho(\mathfrak{x}')\, \mathfrak{v}(\mathfrak{x}) + \mathfrak{w}(\mathfrak{x}),$$

so daß sich aus den Ergebnissen über $\mathfrak{v}$ und $\mathfrak{w}$ Satz 41 ergibt. Wir können jedoch noch mehr beweisen. Es folgt nämlich nach Gl. (188) und (189)

Satz 42. *Es gebe drei positive Zahlen A, α und γ mit $0 < \alpha < 2$ zu der auf F definierten Funktion $\varrho(\mathfrak{y})$ so, daß für alle $\mathfrak{x}$ nnd $\mathfrak{y}$ der Fläche mit $|\mathfrak{x} - \mathfrak{y}| \leqq \gamma$*

$$|\varrho(\mathfrak{y}) - \varrho(\mathfrak{x})| \leqq A\, |\mathfrak{x} - \mathfrak{y}|^\alpha$$

ist. Dann wird

$$\int\limits_{\overrightarrow{Fi}} \varrho(\mathfrak{y})\, \nabla_{\mathfrak{y}}^* \frac{1}{|\mathfrak{x} - \mathfrak{y}|}\, dF_{\mathfrak{y}} = -2\pi\, \varrho(\mathfrak{x}')\, \mathfrak{n}(\mathfrak{x}') +$$
$$+ \int\limits_F \varrho(\mathfrak{x}')\, \mathfrak{n}(\mathfrak{y}) \frac{\partial}{\partial n} \frac{1}{|\mathfrak{x}' - \mathfrak{y}|}\, dF_{\mathfrak{y}} - \int\limits_F \frac{2H\, \mathfrak{n}(\mathfrak{y})\, \varrho(\mathfrak{x}')}{|\mathfrak{x}' - \mathfrak{y}|}\, dF_{\mathfrak{y}} +$$
$$+ \int\limits_F (\varrho(\mathfrak{y}) - \varrho(\mathfrak{x}'))\, \nabla_{\mathfrak{y}}^* \frac{1}{|\mathfrak{x}' - \mathfrak{y}|}\, dF_{\mathfrak{y}}$$

und

$$\int\limits_{\overrightarrow{Fa}} \varrho(\mathfrak{y})\, \nabla_{\mathfrak{y}}^* \frac{1}{|\mathfrak{x} - \mathfrak{y}|}\, dF_{\mathfrak{y}} - \int\limits_{\overrightarrow{Fi}} \varrho(\mathfrak{y})\, \nabla_{\mathfrak{y}}^* \frac{1}{|\mathfrak{x} - \mathfrak{y}|}\, dF_{\mathfrak{y}} = 4\pi\, \varrho(\mathfrak{x}')\, \mathfrak{n}(\mathfrak{x}').$$

Es sei nun $\mathfrak{j}(\mathfrak{y})$ ein stetiges Flächenfeld auf F. Wir betrachten

(210) $$\int\limits_F \mathfrak{j}(\mathfrak{y}) \times \nabla_{\mathfrak{x}}^* \frac{1}{|\mathfrak{x} - \mathfrak{y}|}\, dF_{\mathfrak{y}} = -\int\limits_F \mathfrak{j}(\mathfrak{y}) \times \nabla_{\mathfrak{y}}^* \frac{1}{|\mathfrak{x} - \mathfrak{y}|}\, dF_{\mathfrak{y}}.$$

Dieses Feld ist in allen $\mathfrak{x}$, die nicht auf F liegen, stetig. In der Schale $|u^3| \leqq \frac{C}{2}$ betrachten wir zur Untersuchung des Verhaltens in der Umgebung von F

(211) $$\mathfrak{n}(\mathfrak{x}') \times \left(\int\limits_F \mathfrak{j}(\mathfrak{y}) \times \nabla_{\mathfrak{y}}^* \frac{1}{|\mathfrak{x} - \mathfrak{y}|}\, dF_{\mathfrak{y}} \right).$$

Wenn $\mathfrak{x}$ nicht auf F liegt, ergibt sich für dieses Integral

(212) $$\int\limits_F \mathfrak{j}(\mathfrak{y}) \left(\mathfrak{n}(\mathfrak{x}')\, \nabla_{\mathfrak{y}}^* \frac{1}{|\mathfrak{x} - \mathfrak{y}|} \right) dF_{\mathfrak{y}} - \int\limits_F (\mathfrak{j}(\mathfrak{y})\, \mathfrak{n}(\mathfrak{x}'))\, \nabla_{\mathfrak{y}}^* \frac{1}{|\mathfrak{x} - \mathfrak{y}|}\, dF_{\mathfrak{y}}.$$

Wir beweisen jetzt

Satz 43. *Das Flächenfeld* $\mathfrak{j}(\mathfrak{y})$ *sei stetig auf* F. *Dann ist*

$$\mathfrak{n}(\mathfrak{x}') \times \int_{\substack{Fi\\ \to}} \mathfrak{j}(\mathfrak{y}) \times \nabla_{\mathfrak{y}}^* \frac{1}{|\mathfrak{x}-\mathfrak{y}|}\, dF_{\mathfrak{y}} = -2\pi\, \mathfrak{j}(\mathfrak{x}') + \int_F \mathfrak{n}(\mathfrak{x}') \times \left(\mathfrak{j}(\mathfrak{y}) \times \nabla_{\mathfrak{y}} \frac{1}{|\mathfrak{x}-\mathfrak{y}|}\right) dF_{\mathfrak{y}}$$

und

$$\mathfrak{n}(\mathfrak{x}') \times \int_{\substack{Fa\\ \to}} \mathfrak{j}(\mathfrak{y}) \times \nabla_{\mathfrak{y}}^* \frac{1}{|\mathfrak{x}-\mathfrak{y}|}\, dF_{\mathfrak{x}} = 2\pi\, \mathfrak{j}(\mathfrak{x}') + \int_F \mathfrak{n}(\mathfrak{x}') \times \left(\mathfrak{j}(\mathfrak{y}) \times \nabla_{\mathfrak{y}} \frac{1}{|\mathfrak{x}-\mathfrak{y}|}\right) dF_{\mathfrak{y}}.$$

Wichtig an diesem Satz ist einmal der Unterschied in den Grenzwerten und zum andern, daß wir vom Felde $\mathfrak{j}(\mathfrak{y})$ nur Stetigkeit verlangen und auf die Hölder-Bedingung verzichten, die wir in Satz 42 vorausgesetzt hatten.

Bevor wir den Satz beweisen, wollen wir uns überlegen, daß die genannten Integrale existieren. Es ist

$$(213)\qquad \mathfrak{n}(\mathfrak{x}') \times \left(\mathfrak{j}(\mathfrak{y}) \times \nabla_{\mathfrak{y}} \frac{1}{|\mathfrak{x}'-\mathfrak{y}|}\right) = \mathfrak{j}(\mathfrak{y}) \left(\mathfrak{n}(\mathfrak{x}')\, \nabla_{\mathfrak{y}} \frac{1}{|\mathfrak{x}'-\mathfrak{y}|}\right) - \left(\mathfrak{n}(\mathfrak{x}')\, \mathfrak{j}(\mathfrak{y})\right) \nabla_{\mathfrak{y}} \frac{1}{|\mathfrak{x}'-\mathfrak{y}|}.$$

Nach Lemma 68 ist der erste Summand absolut integrierbar. Wir haben daher noch das zweite Glied zu untersuchen.

Wir benutzen dazu die Standardform der Darstellung der Fläche in der Umgebung von $\mathfrak{x}'$ und setzen

$$(214)\qquad \mathfrak{j}(\mathfrak{y}) = j^i \mathfrak{x}'_{|i} = j^i \mathfrak{e}_i + j^i F_{|i}\, \mathfrak{e}_3.$$

Wegen $\mathfrak{n}(\mathfrak{x}') = \mathfrak{e}_3$ wird

$$(215)\qquad |\mathfrak{j}(\mathfrak{y})\, \mathfrak{n}(\mathfrak{x}')|^2 = |j^i F_{|i}|^2 \leqq ((j^1)^2 + (j^2)^2)\,(F_{|1}^2 + F_{|2}^2),$$

und es folgt aus Gl. (214)

$$(216)\qquad |\mathfrak{j}|^2 = (j^1)^2 + (j^2)^2 + |j^i F_{|i}|^2,$$

so daß

$$(217)\qquad (j^1)^2 + (j^2)^2 \leqq |\mathfrak{j}|^2$$

wird.

Für $|\mathfrak{x}' - \mathfrak{y}| \leqq r_0$ ist nach Gl. (85) und (78)

$$(218)\qquad F_{|1}^2 + F_{|2}^2 \leqq 2M^2 r^2 \leqq 2M^2 |\mathfrak{x}' - \mathfrak{y}|^2.$$

Damit wird auf $F_\tau(\mathfrak{x}')$ mit geeignetem $D > 0$

$$|\mathfrak{n}(\mathfrak{x}')\,\mathfrak{j}(\mathfrak{y})| \leqq D\,M\,|\mathfrak{x}' - \mathfrak{y}|, \tag{219}$$

weil $|\mathfrak{j}|$ auf F gleichmäßig beschränkt ist. Es gilt somit

$$\left|(\mathfrak{n}(\mathfrak{x}')\,\mathfrak{j}(\mathfrak{y}))\,\nabla_{\mathfrak{y}}\frac{1}{|\mathfrak{x}' - \mathfrak{y}|}\right| \leqq \frac{D\,M\,|\mathfrak{x}' - \mathfrak{y}|}{|\mathfrak{x}' - \mathfrak{y}|^2}, \tag{220}$$

und wir finden für $\tau_0 \to 0$ nach Lemma 66

$$\int\limits_{F_\tau(\mathfrak{x}')}\left|(\mathfrak{n}(\mathfrak{x}')\,\mathfrak{j}(\mathfrak{y}))\,\nabla_{\mathfrak{y}}\frac{1}{|\mathfrak{x}' - \mathfrak{y}|}\right| dF_{\mathfrak{y}} = O(\tau), \tag{221}$$

so daß auch das zweite Glied in Gl. (213) absolut integrierbar ist.

Wenn $\mathfrak{x}$ nicht auf F liegt, wird wegen Gl. (219)

$$\left|(\mathfrak{n}(\mathfrak{x}')\,\mathfrak{j}(\mathfrak{y}))\,\nabla_{\mathfrak{y}}\frac{1}{|\mathfrak{x} - \mathfrak{y}|}\right| \leqq \frac{D\,M\,|\mathfrak{x}' - \mathfrak{y}|}{|\mathfrak{x} - \mathfrak{y}|^2}. \tag{222}$$

Wir setzen nun wieder

$$\mathfrak{x} = \mathfrak{x}' + u^3\,\mathfrak{n} \tag{223}$$

und beweisen

Lemma 71. *Es gilt gleichmäßig bezüglich aller $\mathfrak{x}'$ der Fläche F mit $\mathfrak{x} = \mathfrak{x}' + u^3\,\mathfrak{n}$*

$$\lim_{u^3 \to 0}\int\limits_F (\mathfrak{n}(\mathfrak{x}')\,\mathfrak{j}(\mathfrak{y}))\,\nabla_{\mathfrak{y}}\frac{1}{|\mathfrak{x} - \mathfrak{y}|}\,dF_{\mathfrak{y}} = \int\limits_F (\mathfrak{n}(\mathfrak{x}')\,\mathfrak{j}(\mathfrak{y}))\,\nabla_{\mathfrak{y}}\frac{1}{|\mathfrak{x}' - \mathfrak{y}|}\,dF_{\mathfrak{y}}.$$

Wir zerlegen unser Integral in

$$\int\limits_F = \int\limits_{F_\tau(\mathfrak{x}')} + \int\limits_{|\mathfrak{x}' - \mathfrak{y}| \geqq \tau}. \tag{224}$$

Dann ist für alle u^3 mit $|u^3| \leqq \frac{C}{2}$ und $\tau \leqq \tau_0$

$$\int\limits_{F_\tau(\mathfrak{x}')}\left|(\mathfrak{n}(\mathfrak{x}')\,\mathfrak{j}(\mathfrak{y}))\,\nabla_{\mathfrak{y}}\frac{1}{|\mathfrak{x} - \mathfrak{y}|}\right| dF_{\mathfrak{y}} = O\Bigg(\int\limits_{r \leqq \tau}\frac{r\,du^1\,du^2}{r^2 + (u^3 - F)^2}\Bigg) = O(\tau), \tag{225}$$

wobei diese Abschätzung unabhängig von $\mathfrak{x}'$ ist. Wir wählen τ so, daß

$$\int\limits_{F_\tau(\mathfrak{x}')}\left|(\mathfrak{n}(\mathfrak{x}')\,\mathfrak{j}(\mathfrak{y}))\,\nabla_{\mathfrak{y}}\frac{1}{|\mathfrak{x} - \mathfrak{y}|}\right| dF_{\mathfrak{y}} \leqq \frac{\varepsilon}{3} \tag{226}$$

ist. Bei festem τ ist

$$(\mathfrak{n}(\mathfrak{x}')\,\mathfrak{j}(\mathfrak{y}))\,\nabla_{\mathfrak{y}}\frac{1}{|\mathfrak{x} - \mathfrak{y}|} = \Psi(\mathfrak{x}', \mathfrak{y}, u^3) \tag{227}$$

für $\mathfrak{x}$ und $\mathfrak{y}$ mit $|u^3| \leqq \frac{C}{2}$ und $\mathfrak{y} \in F$, $|\mathfrak{y} - \mathfrak{x}'| \geqq \tau$ gleichmäßig stetig. Es gilt daher gleichmäßig in $\mathfrak{x}'$

$$\lim_{u^3 \to 0} \int\limits_{\substack{F \\ |\mathfrak{x}'-\mathfrak{y}| \geqq \tau}} \Psi(\mathfrak{x}', \mathfrak{y}, u^3)\, dF_{\mathfrak{y}} = \int\limits_{\substack{F \\ |\mathfrak{x}'-\mathfrak{y}| \geqq \tau}} \Psi(\mathfrak{x}', \mathfrak{y}, 0)\, dF_{\mathfrak{y}}. \tag{228}$$

Wegen Gl. (226) gilt aber nun für alle $\mathfrak{x}'$ und alle u^3 der Schale

$$\begin{aligned} &\left| \int\limits_F \Psi(\mathfrak{x}', \mathfrak{y}, u^3)\, dF_{\mathfrak{y}} - \int\limits_{\substack{F \\ |\mathfrak{x}'-\mathfrak{y}| \geqq \tau}} \Psi(\mathfrak{x}', \mathfrak{y}, u^3)\, dF_{\mathfrak{y}} \right| \\ &\qquad \leqq \left| \int\limits_{F_\tau(\mathfrak{x}')} |\Psi(\mathfrak{x}', \mathfrak{y}, u^3)|\, dF \right| \leqq \frac{\varepsilon}{3}. \end{aligned} \tag{229}$$

Wählen wir daher u^3 so klein, daß

$$\left| \int\limits_{\substack{F \\ |\mathfrak{x}'-\mathfrak{y}| \geqq \tau}} [\Psi(\mathfrak{x}', \mathfrak{y}, u^3) - \Psi(\mathfrak{x}', \mathfrak{y}, 0)]\, dF_{\mathfrak{y}} \right| \leqq \frac{\varepsilon}{3} \tag{230}$$

wird, so ist

$$\begin{aligned} &\left| \int\limits_F \Psi(\mathfrak{x}', \mathfrak{y}, u^3)\, dF_{\mathfrak{y}} - \int\limits_F \Psi(\mathfrak{x}', \mathfrak{y}, 0)\, dF_{\mathfrak{y}} \right| \leqq \frac{\varepsilon}{3} + \\ &\quad + \int\limits_{F_\tau(\mathfrak{x}')} |\Psi(\mathfrak{x}', \mathfrak{y}, u^3)|\, dF_{\mathfrak{y}} + \int\limits_{F_\tau(\mathfrak{x}')} |\Psi(\mathfrak{x}', \mathfrak{y}, 0|\, dF_{\mathfrak{y}} \leqq \varepsilon, \end{aligned} \tag{231}$$

womit Lemma 71 bewiesen ist.

Es gilt weiter

Lemma 72. *Es gilt gleichmäßig bez. aller $\mathfrak{x}'$ der Fläche*

$$\begin{aligned} &\lim_{u^3 \to +0} \int\limits_F \mathfrak{i}(\mathfrak{y}) \left(\mathfrak{n}(\mathfrak{x}') \nabla_{\mathfrak{y}} \frac{1}{|\mathfrak{x} - \mathfrak{y}|} \right) dF_{\mathfrak{y}} \\ &\qquad = 2\pi \mathfrak{j}(\mathfrak{x}') + \int\limits_F \mathfrak{i}(\mathfrak{y}) \left(\mathfrak{n}(\mathfrak{x}') \nabla_{\mathfrak{y}} \frac{1}{|\mathfrak{x} - \mathfrak{y}|} \right) dF_{\mathfrak{y}} \end{aligned}$$

und

$$\begin{aligned} &\lim_{u^3 \to -0} \int\limits_F \mathfrak{i}(\mathfrak{y}) \left(\mathfrak{n}(\mathfrak{x}') \nabla_{\mathfrak{y}} \frac{1}{|\mathfrak{x} - \mathfrak{y}|} \right) dF_{\mathfrak{y}} \\ &\qquad = -2\pi \mathfrak{j}(\mathfrak{x}') + \int\limits_F \mathfrak{i}(\mathfrak{y}) \left(\mathfrak{n}(\mathfrak{x}') \nabla_{\mathfrak{y}} \frac{1}{|\mathfrak{x} - \mathfrak{y}|} \right) dF_{\mathfrak{y}}. \end{aligned}$$

Da offenbar

$$(232)\quad \begin{aligned} &\lim_{u^3\to 0} \int\limits_{\substack{F\\ |\mathfrak{x}'-\mathfrak{y}|\geqq\tau}} \mathfrak{j}(\mathfrak{y})\left(\mathfrak{n}(\mathfrak{x}')\nabla_{\mathfrak{y}}\frac{1}{|\mathfrak{x}-\mathfrak{y}|}\right)dF_{\mathfrak{y}} \\ &= \int\limits_{\substack{F\\ |\mathfrak{x}'-\mathfrak{y}|\geqq\tau}} \mathfrak{j}(\mathfrak{y})\left(\mathfrak{n}(\mathfrak{x}')\nabla_{\mathfrak{y}}\frac{1}{|\mathfrak{x}'-\mathfrak{y}|}\right)dF_{\mathfrak{y}} \end{aligned}$$

ist, wird das Charakteristische dieses Ergebnisses durch das Integral über $F_\tau(\mathfrak{x}')$ beschrieben. Wir führen wieder das Standardsystem im Punkte $\mathfrak{x}'$ ein und finden mit $r^2 = (y^1)^2 + (y^2)^2$

$$(233)\quad \mathfrak{n}(\mathfrak{x}')\nabla_{\mathfrak{y}}\frac{1}{|\mathfrak{x}-\mathfrak{y}|} = -\frac{\mathfrak{n}(\mathfrak{x}')(\mathfrak{y}-\mathfrak{x})}{|\mathfrak{y}-\mathfrak{x}|^3} = \frac{u^3 - F(y^1,y^2)}{(r^2+(u^3-F)^2)^{3/2}}.$$

Bezeichnen wir mit B_τ die Projektion von $F_\tau(\mathfrak{x}')$ auf die Tangentialebene in $\mathfrak{x}'$, so ergibt sich

$$(234)\quad \begin{aligned} &\int\limits_{F_\tau(\mathfrak{x}')} \mathfrak{j}(\mathfrak{y})\left(\mathfrak{n}(\mathfrak{x}')\nabla_{\mathfrak{y}}\frac{1}{|\mathfrak{x}-\mathfrak{y}|}\right)dF_{\mathfrak{y}} \\ &= \int\limits_{B_\tau} \mathfrak{j}(y^1,y^2)\frac{u^3-F}{(r^2+(u^3-F)^2)^{3/2}}\sqrt{1+F_{|1}^2+F_{|2}^2}\,dy^1\,dy^2. \end{aligned}$$

Das Gebiet B_τ ist in $r \leqq \tau$ enthalten. Es sei $D(\tau)$ der Radius des größten in B_τ enthaltenen Kreises um den Nullpunkt. In jedem Punkt dieses Kreises ist nach Gl. (86)

$$(235)\quad r^2 + F^2 \leqq r^2 + \frac{M^2}{2}r^4 \leqq D^2\left(1+\frac{(MD)^2}{2}\right),$$

so daß

$$(236)\quad D^2\left(1+\frac{(MD)^2}{2}\right) \geqq \tau^2$$

sein muß. Da $D(\tau) \leqq \tau$ ist, finden wir

$$(237)\quad \tau \geqq D = D(\tau) \geqq \frac{\tau}{\sqrt{1+\frac{1}{2}(M\tau)^2}}.$$

Das Integral Gl. (234) betrachten wir nun für kleine τ und verstehen alle Abschätzungen im Sinne des Grenzüberganges $\tau \to 0$. Dann wird wegen Gl. (86)

$$(238)\quad \int\limits_{B_\tau} \mathfrak{j}(y^1,y^2)\frac{F}{[r^2+(u^3-F)^2]^{3/2}}\sqrt{1+F_{|1}^2+F_{|2}^2}\,dy^1dy^2 = O(\tau).$$

Setzen wir noch

$$(239)\quad R^2 = r^2 + (u^3)^2;\qquad R_1^2 = r^2 + (u^3-F)^2,$$

so wird

$$(240)\quad \left|\frac{1}{R_1^3}-\frac{1}{R^3}\right|=\left|\left(\frac{1}{R_1}-\frac{1}{R}\right)\left(\frac{1}{R_1^2}+\frac{1}{RR_1}+\frac{1}{R^2}\right)\right|\leqq\frac{3}{r^2}\left|\frac{R-R_1}{RR_1}\right|.$$

Nach der Dreiecksungleichung ist

$$(241)\quad |R-R_1|\leqq|F|,$$

und wir erhalten wegen Gl. (86)

$$(242)\quad \left|\frac{1}{R_1^3}-\frac{1}{R^3}\right|\leqq\frac{3}{2}\sqrt{2}\,\frac{M}{RR_1},$$

sowie

$$(243)\quad \left|\frac{1}{R_1}-\frac{1}{R}\right|\leqq\left|\frac{R-R_1}{RR_1}\right|\leqq\frac{1}{2}\sqrt{2}\,M.$$

Damit wird schließlich für $r\leqq\tau_0$

$$(244)\quad \left|\frac{1}{R^3}-\frac{1}{R_1^3}\right|\leqq\frac{3}{2}\left(\frac{\sqrt{2}\,M}{R^2}+\frac{M^2}{R}\right),$$

und es folgt

$$(245)\quad \begin{aligned}&\int\limits_{B_\tau}\mathfrak{i}(y^1,y^2)\frac{u^3\sqrt{1+F_{|1}^2+F_{|2}^2}}{[r^2+(u^3-F)^2]^{3/2}}\,dy^1\,dy^2\\ &=\int\limits_{B_\tau}\mathfrak{i}(y^1,y^2)\frac{u^3\sqrt{1+F_{|1}^2+F_{|2}^2}}{[r^2+(u^3)^2]^{3/2}}\,dy^1\,dy^2+O\left(\int\limits_{B_\tau}\left(\frac{|u^3|}{R^2}+\frac{|u^3|}{R}\right)dy^1\,dy^2\right)\\ &=\int\limits_{B_\tau}\mathfrak{i}(y^1,y^2)\frac{u^3\sqrt{1+F_{|1}^2+F_{|2}^2}}{[r^2+(u^3)^2]^{3/2}}\,dy^1\,dy^2+O(\tau),\end{aligned}$$

so daß nach Gl. (234) und (238)

$$(246)\quad \begin{aligned}&\int\limits_{F_\tau(\mathfrak{x}')}\mathfrak{i}(\mathfrak{y})\left(\mathfrak{n}(\mathfrak{x}')\nabla_{\mathfrak{y}}\frac{1}{|\mathfrak{x}-\mathfrak{y}|}\right)dF_{\mathfrak{y}}\\ &=\int\limits_{B_\tau}\mathfrak{i}(y^1,y^2)\,\frac{u^3\sqrt{1+F_{|1}^2+F_{|2}^2}\,dy^1\,dy^2}{[r^2+(u^3)^2]^{3/2}}+O(\tau)\end{aligned}$$

wird. Da

$$(247)\quad \left|\int\limits_{B_\tau}\frac{u^3\,dy^1\,dy^2}{[r^2+(u^3)^2]^{3/2}}\right|\leqq\int\limits_{r\leqq\tau}\frac{|u^3|\,dy^1\,dy^2}{[r^2+(u^3)^2]^{3/2}}=2\pi\left(1-\frac{|u^3|}{\sqrt{\tau^2+(u^3)^2}}\right)$$

ist, ergibt sich weiter wegen $F_{|i}\doteq 0$

$$(248)\quad \int\limits_{B_\tau}\mathfrak{i}(y^1,y^2)\frac{u^3\sqrt{1+F_{|1}^2+F_{|2}^2}\,dy^1\,dy^2}{[r^2+(u^3)^2]^{3/2}}=\int\limits_{B_\tau}\mathfrak{i}(y^1,y^2)\frac{u^3\,dy^1\,dy^2}{[r^2+(u^3)^2]^{3/2}}+o(1),$$

und es folgt aus der Stetigkeit von $\mathfrak{j}(y^1, y^2)$

$$\int\limits_{B_\tau} \mathfrak{j}(y^1,y^2)\frac{u^3\,d\,y^1\,d\,y^2}{[r^2+(u^3)^2]^{3/2}} = \mathfrak{j}(0,0)\int\limits_{B_\tau}\frac{u^3\,d\,y^1\,d\,y^2}{[r^2+(u^3)^2]^{3/2}} + o(1). \tag{249}$$

Nach Gl. (246) wird somit wegen $\mathfrak{j}(0,0) = \mathfrak{j}(\mathfrak{x}')$

$$\int\limits_{F_\tau(\mathfrak{x}')} \mathfrak{j}(\mathfrak{y})\left(\mathfrak{n}(\mathfrak{x}')\nabla_{\mathfrak{y}}\frac{1}{|\mathfrak{x}-\mathfrak{y}|}\right)dF_{\mathfrak{y}} = \mathfrak{j}(\mathfrak{x}')\int\limits_{B_\tau}\frac{u^3\,d\,y^1\,d\,y^2}{[r^2+(u^3)^2]^{3/2}} + o(1). \tag{250}$$

Für positive u^3 ist

$$\int\limits_{r\leqq D(\tau)}\frac{u^3\,d\,y^1\,d\,y^2}{[r^2+(u^3)^2]^{3/2}} \leqq \int\limits_{B_\tau}\frac{u^3\,d\,y^1\,d\,y^2}{[r^2+(u^3)^2]^{3/2}} \leqq \int\limits_{r\leqq\tau}\frac{u^3\,d\,y^1\,d\,y^2}{[r^2+(u^3)^2]^{3/2}} \tag{251}$$

und es gilt für beliebige positive α und positive u^3

$$\int\limits_{r\leqq\alpha}\frac{u^3\,d\,y^1\,d\,y^2}{[r^2+(u^3)^2]^{3/2}} = 2\pi\left(1-\frac{u^3}{\sqrt{\alpha^2+(u^3)^2}}\right). \tag{252}$$

Daher wird

$$2\pi\left(1-\frac{u^3}{\sqrt{D^2+(u^3)^2}}\right) \leqq \int\limits_{B_\tau}\frac{u^3\,d\,y^1\,d\,y^2}{[r^2+(u^3)^2]^{3/2}} \leqq 2\pi\left(1-\frac{u^3}{\sqrt{\tau^2+(u^3)^2}}\right). \tag{253}$$

Wir nehmen nun an, daß τ von u^3 abhängt, und zwar so, daß

$$\lim_{u^3\to 0}\frac{u^3}{\tau(u^3)} = 0 \tag{254}$$

ist. Aus Gl. (237) folgt dann mit $D(u^3) = D\big(\tau(u^3)\big)$

$$\lim_{u^3\to 0}\frac{u^3}{D(u^3)} = 0 \tag{255}$$

und somit

$$\lim_{u^3\to 0}\frac{u^3}{\sqrt{D^2(u^3)+(u^3)^2}} = 0. \tag{256}$$

Nach Gl. (253) ergibt sich daher

$$\lim_{u^3\to+0}\int\limits_{B_\tau}\frac{u^3\,d\,y^1\,d\,y^2}{[r^2+(u^3)^2]^{3/2}} = 2\pi, \tag{257}$$

und wir erhalten für diesen Grenzübergang unter der Bedingung Gl. (254) nach (250)

$$\int\limits_{F_\tau(\mathfrak{x}')} \mathfrak{j}(\mathfrak{y})\left(\mathfrak{n}(\mathfrak{x}')\nabla_{\mathfrak{y}}\frac{1}{|\mathfrak{x}-\mathfrak{y}|}\right)dF_{\mathfrak{y}} = 2\pi\,\mathfrak{j}(\mathfrak{x}') + o(1). \tag{258}$$

Aus Gl. (257) folgt

$$\lim_{u^3 \to -0} \int_{B_\tau} \frac{u^3\, dy^1\, dy^2}{[r^2 + (u^3)^2]^{3/2}} = -2\pi \tag{259}$$

und es folgt analog zu Gl. (258) für $u^3 \to -0$

$$\int_{F_\tau(\mathfrak{x})} \mathfrak{j}(\mathfrak{y}) \left(\mathfrak{n}(\mathfrak{x}')\, \nabla_{\mathfrak{y}} \frac{1}{|\mathfrak{x} - \mathfrak{y}|}\right) dF_{\mathfrak{y}} = -2\pi\, \mathfrak{j}(\mathfrak{x}') + o(1). \tag{260}$$

Für $|u^3| \leqq \frac{\tau}{2}$ wird wegen $|\mathfrak{x} - \mathfrak{x}'| = |u^3|$

$$\begin{aligned} &\left| \int\limits_{\substack{F \\ |\mathfrak{x}' - \mathfrak{y}| \geqq \tau}} \mathfrak{j}(\mathfrak{y}) \left[\mathfrak{n}(\mathfrak{x}') \left(\nabla_{\mathfrak{y}} \frac{1}{|\mathfrak{x} - \mathfrak{y}|} - \nabla_{\mathfrak{y}} \frac{1}{|\mathfrak{x}' - \mathfrak{y}|}\right)\right] dF_{\mathfrak{y}} \right. \\ &= O\left(\int\limits_{\substack{F \\ |\mathfrak{x}' - \mathfrak{y}| \geqq \mathfrak{x}}} \left| \nabla_{\mathfrak{y}} \frac{1}{|\mathfrak{x} - \mathfrak{y}|} - \nabla_{\mathfrak{y}} \frac{1}{|\mathfrak{x}' - \mathfrak{y}|} \right| dF_{\mathfrak{y}} \right) = O\left(\frac{|u^3|}{\tau^3}\right). \end{aligned} \tag{261}$$

Setzen wir daher

$$\tau^4 = |u^3|, \tag{262}$$

so sind für $\tau \leqq \operatorname{Min}\left(\frac{1}{\sqrt[3]{2}}, \tau_0\right)$ alle Voraussetzungen, insbesondere $|u^3| \leqq \frac{\tau}{2}$ und Gl. (254) erfüllt und wir erhalten nach Gl. (258) und (261)

$$\begin{aligned} &\int_F \mathfrak{j}(\mathfrak{y}) \left(\mathfrak{n}(\mathfrak{x}')\, \nabla_{\mathfrak{y}} \frac{1}{|\mathfrak{x} - \mathfrak{y}|}\right) dF_{\mathfrak{y}} \\ &= 2\pi\, \mathfrak{j}(\mathfrak{x}') + \int\limits_{\substack{F \\ |\mathfrak{x}' - \mathfrak{y}| \geqq \tau}} \mathfrak{j}(\mathfrak{y}) \left(\mathfrak{n}(\mathfrak{x}')\, \nabla_{\mathfrak{y}} \frac{1}{|\mathfrak{x}' - \mathfrak{y}|}\right) dF_{\mathfrak{y}} + o(1). \end{aligned} \tag{263}$$

Nach Lemma 68 ist

$$\begin{aligned} &\int_F \mathfrak{j}(\mathfrak{y}) \left(\mathfrak{n}(\mathfrak{x}')\, \nabla_{\mathfrak{y}} \frac{1}{|\mathfrak{x}' - \mathfrak{y}|}\right) dF_{\mathfrak{y}} \\ &\qquad = \int\limits_{\substack{F \\ |\mathfrak{x}' - \mathfrak{y}| \geqq \tau}} \mathfrak{j}(\mathfrak{y}) \left(\mathfrak{n}(\mathfrak{x}')\, \nabla_{\mathfrak{y}} \frac{1}{|\mathfrak{x}' - \mathfrak{y}|}\right) dF_{\mathfrak{y}} + O(\tau), \end{aligned} \tag{264}$$

so daß sich aus Gl. (263) schließlich

$$\begin{aligned} &\lim_{u^3 \to +0} \int_F \mathfrak{j}(\mathfrak{y}) \left(\mathfrak{n}(\mathfrak{x}')\, \nabla_{\mathfrak{y}} \frac{1}{|\mathfrak{x} - \mathfrak{y}|}\right) dF_{\mathfrak{y}} \\ &\qquad = 2\pi\, \mathfrak{j}(\mathfrak{x}') + \int_F \mathfrak{j}(\mathfrak{y}) \left(\mathfrak{n}(\mathfrak{x}')\, \nabla_{\mathfrak{y}} \frac{1}{|\mathfrak{x}' - \mathfrak{y}|}\right) dF_{\mathfrak{y}} \end{aligned} \tag{265}$$

ergibt. Mit Gl. (250) folgt analog

$$(266)\qquad \begin{aligned}\lim_{u^3\to -0}\int_F \mathfrak{j}(\mathfrak{y})\left(\mathfrak{n}(\mathfrak{x}')\nabla_{\mathfrak{y}}\frac{1}{|\mathfrak{x}-\mathfrak{y}|}\right)dF_{\mathfrak{y}}\\ = -2\pi\mathfrak{j}(\mathfrak{x}')+\int_F \mathfrak{j}(\mathfrak{y})\left(\mathfrak{n}(\mathfrak{x}')\nabla_{\mathfrak{y}}\frac{1}{|\mathfrak{x}'-\mathfrak{y}|}\right)dF_{\mathfrak{y}},\end{aligned}$$

und wir haben Lemma 72 bewiesen, da alle unsere Abschätzungen gleichmäßig bezüglich $\mathfrak{x}'$ gelten.

Die in Lemma 71 und Lemma 72 bewiesenen Beziehungen drücken aus, daß die genannten Randwerte angenommen werden, wenn wir uns der Fläche entlang der Normalen nähern. Uns interessiert natürlich besonders, daß diese Randwerte auch bei beliebiger Annäherung angenommen werden.

Zum Beweise dieses Ergebnisses, das, wenn $\mathfrak{j}(\mathfrak{y})$ eine HÖLDER-Bedingung erfüllt, bereits in Satz 42 enthalten ist, gehen wir folgendermaßen vor:

Auf den Parallelflächen $u^3 = \text{const} \neq 0$ sind die Felder

$$(267)\qquad \mathfrak{n}(\mathfrak{x}')\times\int_F\left(\mathfrak{j}(\mathfrak{y})\times\nabla_{\mathfrak{y}}\frac{1}{|\mathfrak{x}'+u^3\mathfrak{n}-\mathfrak{y}|}\right)dF_{\mathfrak{y}}=\mathfrak{g}(\mathfrak{x}',u^3)$$

stetig. Für $u^3\to +0$ bzw. $u^3\to -0$ werden die Grenzfelder gleichmäßig angenommen, so daß sie nach der bekannten Argumentation auch stetig sind. Nennen wir nun die Grenzfelder $\mathfrak{g}(\mathfrak{x}', +0)$ und $\mathfrak{g}(\mathfrak{x}', -0)$, so folgt für alle Folgen $\mathfrak{x}'_\nu$ und u^3_ν

$$(268)\qquad \lim_{\substack{\mathfrak{x}'_\nu\to\mathfrak{x}'\\ u^3_\nu\to +0}}\mathfrak{g}(\mathfrak{x}'_\nu,u^3_\nu)=\mathfrak{g}(\mathfrak{x}',+0),$$

denn es ist

$$(269)\qquad \begin{aligned}&|\mathfrak{g}(\mathfrak{x}'_\nu,u^3_\nu)-\mathfrak{g}(\mathfrak{x}',+0)|\\ &\quad\leqq|\mathfrak{g}(\mathfrak{x}'_\nu,u^3_\nu)-\mathfrak{g}(\mathfrak{x}'_\nu,+0)|+|\mathfrak{g}(\mathfrak{x}'_\nu,+0)-\mathfrak{g}(\mathfrak{x}',+0)|,\end{aligned}$$

so daß sich die Behauptung aus der gleichmäßigen Konvergenz der Folge $\mathfrak{g}(\mathfrak{x}', u^3)$ für $u^3\to +0$ und der Stetigkeit der Grenzfelder ergibt.

Für $u^3\to -0$ gilt natürlich eine analoge Betrachtung.

Wir wollen unsere Ergebnisse nun zur Diskussion der Felder

$$(270)\qquad \left\{\begin{aligned}&\int_F \mathfrak{j}(\mathfrak{y})\,\Phi(\mathfrak{x},\mathfrak{y})\,dF_{\mathfrak{y}};\quad \int_F \mathfrak{j}(\mathfrak{y})\times\nabla_{\mathfrak{y}}\Phi(\mathfrak{x},\mathfrak{y})\,dF_{\mathfrak{y}},\\ &\int_F \varrho_0(\mathfrak{y})\,\nabla_{\mathfrak{y}}\Phi(\mathfrak{x},\mathfrak{y})\,dF_{\mathfrak{y}}\end{aligned}\right.$$

verwenden, wenn $\Phi(\mathfrak{x}, \mathfrak{y})$ wieder die Bedeutung

$$\Phi(\mathfrak{x}, \mathfrak{y}) = \frac{e^{ik|\mathfrak{x}-\mathfrak{y}|}}{|\mathfrak{x}-\mathfrak{y}|} \tag{271}$$

hat. Für alle $\mathfrak{x}$ und $\mathfrak{y}$, die im Inneren einer beliebig großen, aber fest gewählten Kugel liegen, gibt es eine Konstante A, so daß

$$\left\{\begin{aligned} \left|\Phi(\mathfrak{x}, \mathfrak{y}) - \frac{1}{|\mathfrak{x}-\mathfrak{y}|}\right| &\leqq A, \\ \left|\nabla_{\mathfrak{y}} \Phi(\mathfrak{x}, \mathfrak{y}) - \nabla_{\mathfrak{y}} \frac{1}{|\mathfrak{x}-\mathfrak{y}|}\right| &\leqq \frac{A}{|\mathfrak{x}-\mathfrak{y}|} \end{aligned}\right. \tag{272}$$

ist. Wir setzen zur Abkürzung

$$\Psi(\mathfrak{x}, \mathfrak{y}) = \Phi(\mathfrak{x}, \mathfrak{y}) - \frac{1}{|\mathfrak{x}-\mathfrak{y}|} = ik - \frac{k^2}{2}|\mathfrak{x}-\mathfrak{y}| + \cdots \tag{273}$$

und betrachten zunächst

$$\int_F \mathfrak{j}(\mathfrak{y})\, \Psi(\mathfrak{x}, \mathfrak{y})\, dF_{\mathfrak{y}}. \tag{274}$$

Aus Gl. (273) folgt, daß $\Psi(\mathfrak{x}, \mathfrak{y})$ für alle $\mathfrak{x}$ und $\mathfrak{y}$ stetig ist. Damit ist auch das Integral Gl. (274) stetig, und wir erhalten in Verbindung mit Lemma 69

Lemma 73. *Das Flächenfeld $\mathfrak{j}(\mathfrak{y})$ sei stetig auf F. Dann ist*

$$\int_F \mathfrak{j}(\mathfrak{y})\, \Phi(\mathfrak{x}, \mathfrak{y})\, dF_{\mathfrak{y}}$$

ein für alle $\mathfrak{x}$ stetiges Vektorfeld.

Zum Beweise genügt es, das genannte Feld in der Form

$$\int_F \mathfrak{j}(\mathfrak{y}) \frac{1}{|\mathfrak{x}-\mathfrak{y}|}\, dF_{\mathfrak{y}} + \int_F \mathfrak{j}(\mathfrak{y})\, \Psi(\mathfrak{x}, \mathfrak{y})\, dF_{\mathfrak{y}} \tag{275}$$

darzustellen. Stellen wir dann $\mathfrak{j}(\mathfrak{y})$ in einem kartesischen Koordinatensystem durch

$$\mathfrak{j}(\mathfrak{y}) = j^i(\mathfrak{y})\, \mathfrak{e}_i \tag{276}$$

dar, so läßt sich auf jede der kartesischen Komponenten des ersten Integrals in Gl. (275) Lemma 69 anwenden. Die Stetigkeit des zweiten Integrals hatten wir oben nachgewiesen, und es ergibt sich Lemma 73 durch die Verbindung beider Ergebnisse.

Wir wollen nun Satz 41 und Satz 43 erweitern, indem wir in den dort auftretenden Integralen $\frac{1}{|\mathfrak{x}-\mathfrak{y}|}$ durch $\Phi(\mathfrak{x}, \mathfrak{y})$ ersetzen. Wir betrachten zunächst das Integral

$$(277)\qquad \int\limits_F \varrho(\mathfrak{y})\,\nabla_{\mathfrak{y}}\,\Phi(\mathfrak{x},\mathfrak{y})\,dF_{\mathfrak{y}} = \int\limits_F \varrho(\mathfrak{y})\left(\nabla_{\mathfrak{y}}\frac{1}{|\mathfrak{x}-\mathfrak{y}|} + \nabla_{\mathfrak{y}}\Psi(\mathfrak{x},\mathfrak{y})\right)dF_{\mathfrak{y}}.$$

Nach Satz 41 genügt es, das Integral

$$(278)\qquad \int\limits_F \varrho(\mathfrak{y})\,\nabla_{\mathfrak{y}}\,\Psi(\mathfrak{x},\mathfrak{y})\,dF_{\mathfrak{y}}$$

zu untersuchen. Wir bilden dazu für die Punkte der Schale $|u^3| \leqq \frac{C}{2}$ mit

$$(279)\qquad \mathfrak{x} = \mathfrak{x}' + u^3\,\mathfrak{n}(\mathfrak{x}')$$

die Integrale

$$(280)\qquad \mathfrak{p}_\tau(\mathfrak{x}) = \int\limits_{F - F_\tau(\mathfrak{x}')} \varrho(\mathfrak{y})\,\nabla_{\mathfrak{y}}\,\Psi(\mathfrak{x},\mathfrak{y})\,dF_{\mathfrak{y}}.$$

Nach Gl. (272) ist

$$(281)\qquad |\nabla_{\mathfrak{y}}\,\Psi(\mathfrak{x},\mathfrak{y})| \leqq \frac{A}{|\mathfrak{x}-\mathfrak{y}|},$$

so daß für $\tau \to 0$ nach Lemma 66

$$(282)\qquad \int\limits_{F_\tau(\mathfrak{x}')} |\varrho(\mathfrak{y})\,\nabla_{\mathfrak{y}}\,\Psi(\mathfrak{x}',\mathfrak{y})|\,dF_{\mathfrak{y}} = O\Bigg(\int\limits_{F_\tau(\mathfrak{x}')} \frac{dF_{\mathfrak{y}}}{|\mathfrak{x}'-\mathfrak{y}|}\Bigg) = O(\tau)$$

ist. Damit existiert das Integral

$$(283)\qquad \int\limits_F \varrho(\mathfrak{y})\,\nabla_{\mathfrak{y}}\,\Psi(\mathfrak{x}',\mathfrak{y})\,dF_{\mathfrak{y}}$$

für die Punkte $\mathfrak{x}'$ der Fläche F. Es gilt auch im Sinne gleichmäßiger Konvergenz

$$(284)\qquad \begin{aligned} \lim_{\tau\to 0} \mathfrak{p}_\tau(\mathfrak{x}') &= \int\limits_F \varrho(\mathfrak{y})\,\nabla_{\mathfrak{y}}\,\Psi(\mathfrak{x}',\mathfrak{y})\,dF_{\mathfrak{y}} - \lim_{\tau\to 0}\int\limits_{F_\tau(\mathfrak{x}')} \varrho(\mathfrak{y})\,\nabla_{\mathfrak{y}}\,\Psi(\mathfrak{x}',\mathfrak{y})\,dF_{\mathfrak{y}} \\ &= \int\limits_F \varrho(\mathfrak{y})\,\nabla_{\mathfrak{y}}\,\Psi(\mathfrak{x}',\mathfrak{y})\,dF_{\mathfrak{y}}, \end{aligned}$$

denn die Abschätzung Gl. (282) gilt gleichmäßig bezüglich $\mathfrak{x}'$.

Wir zeigen schließlich noch, daß die durch Gl. (283) definierten Randwerte stetig sind. Da die $\mathfrak{p}_\tau(\mathfrak{x}')$ gleichmäßig gegen das Integral Gl. (283) konvergieren, genügt es die Stetigkeit von $\mathfrak{p}_\tau(\mathfrak{x})$ in den Punkten $\mathfrak{x}'$ von F nachzuweisen.

Analog zu Gl. (202ff.) bilden wir für beliebige $\mathfrak{x}$ der Schale

$$\mathfrak{p}_\tau(\mathfrak{x}) = \int\limits_{\substack{F\\|\mathfrak{y}-\mathfrak{x}_1'|\geqq\tau}} \varrho(\mathfrak{y})\nabla_{\mathfrak{y}}\Psi(\mathfrak{x},\mathfrak{y})\,dF_{\mathfrak{y}} + \int\limits_{\substack{F\\|\mathfrak{y}-\mathfrak{x}'|\geqq\tau\\|\mathfrak{y}-\mathfrak{x}_1'|\leqq\tau}} \varrho(\mathfrak{y})\nabla_{\mathfrak{y}}\Psi(\mathfrak{x},\mathfrak{y})\,dF_{\mathfrak{y}} - \tag{285}$$
$$- \int\limits_{\substack{F\\|\mathfrak{y}-\mathfrak{x}_1'|\geqq\tau\\|\mathfrak{y}-\mathfrak{x}'|\leqq\tau}} \varrho(\mathfrak{y})\nabla_{\mathfrak{y}}\Psi(\mathfrak{x},\mathfrak{y})\,dF_{\mathfrak{y}} = \mathfrak{p}_\tau^{(1)} + \mathfrak{p}_\tau^{(2)} - \mathfrak{p}_\tau^{(3)}.$$

Dann wird für $|\mathfrak{x}'-\mathfrak{x}_1'| + |u^3| \leqq \frac{\tau}{4}$

$$|\mathfrak{p}_\tau^{(2)}(\mathfrak{x}) - \mathfrak{p}_\tau^{(3)}(\mathfrak{x})| \leqq \int\limits_{\substack{F\\\tau-|\mathfrak{x}'-\mathfrak{x}_1'|\leqq|\mathfrak{y}-\mathfrak{x}_1'|\leqq\tau+|\mathfrak{x}'-\mathfrak{x}_1'|}} |\varrho(\mathfrak{y})\nabla_{\mathfrak{y}}\Psi(\mathfrak{x},\mathfrak{y})|\,dF_{\mathfrak{y}}. \tag{286}$$

Nach Gl. (167) erhalten wir, da der Integrand der rechten Seite bei festem τ gleichmäßig beschränkt ist

$$|\mathfrak{p}_\tau^{(2)}(\mathfrak{x}) - \mathfrak{p}_\tau^{(3)}(\mathfrak{x})| = O\Big(\int\limits_{\tau-|\mathfrak{x}'-\mathfrak{x}_1'|\leqq|\mathfrak{y}-\mathfrak{x}_1'|\leqq\tau+|\mathfrak{x}'-\mathfrak{x}_1'|} dF_{\mathfrak{y}}\Big) \tag{287}$$

und es folgt[1]

$$\lim_{\mathfrak{x}\to\mathfrak{x}_1'} |\mathfrak{p}_\tau^{(2)}(\mathfrak{x}) - \mathfrak{p}_\tau^{(3)}(\mathfrak{x})| = 0. \tag{288}$$

Andererseits ist

$$\lim_{\mathfrak{x}\to\mathfrak{x}_1'} \mathfrak{p}_\tau^{(1)}(\mathfrak{x}) = \int\limits_{\substack{F\\|\mathfrak{y}-\mathfrak{x}_1'|\geqq\tau}} \varrho(\mathfrak{y})\nabla_{\mathfrak{y}}\Psi(\mathfrak{x}_1',\mathfrak{y})\,dF_{\mathfrak{y}} = \mathfrak{p}_\tau^{(1)}(\mathfrak{x}'), \tag{289}$$

so daß wir

$$\lim_{\mathfrak{x}\to\mathfrak{x}_1'} \mathfrak{p}_\tau(\mathfrak{x}) = \mathfrak{p}_\tau(\mathfrak{x}_1') \tag{290}$$

erhalten.

Daher ist $\mathfrak{p}_\tau(\mathfrak{x})$ in allen Punkten von F stetig. Für diejenigen $\mathfrak{x}$, die nicht auf F liegen, ist $\mathfrak{p}_\tau(\mathfrak{x})$ aber offensichtlich stetig. Wir erhalten daher

Lemma 74. *Die auf F definierte Funktion $\varrho(\mathfrak{y})$ sei stetig. Dann ist das Feld*

$$\int\limits_F \varrho(\mathfrak{y})\nabla_{\mathfrak{y}}\Psi(\mathfrak{x},\mathfrak{y})\,dF_{\mathfrak{y}}$$

stetig für alle $\mathfrak{x}$.

In Verbindung mit Satz 41 ergibt sich nun

Satz 44. *Zu der auf der geschlossenen glatten Fläche F definierten Funktion $\varrho(\mathfrak{y})$ gebe es drei positive Konstanten A, α und γ, so daß für*

[1] Vgl. Fußnote 1, Seite 187.

alle $\mathfrak{y}$ *und* $\mathfrak{y}'$ *auf* F *mit* $|\mathfrak{y}-\mathfrak{y}'|\leqq\gamma$

$$|\varrho(\mathfrak{y})-\varrho(\mathfrak{y}')|\leqq A|\mathfrak{y}-\mathfrak{y}'|^{\alpha}$$

ist. Dann ist das Vektorfeld

$$\mathfrak{v}(\mathfrak{x})=\int\limits_F\varrho(\mathfrak{y})\nabla_{\mathfrak{y}}\Phi(\mathfrak{x},\mathfrak{y})\,dF_{\mathfrak{y}}$$

stetig im Inneren und im Äußeren des von F *berandeten Gebietes* G.

Nach Satz 42 gilt weiterhin

Satz 45. *Die Funktion* $\varrho(\mathfrak{y})$ *erfülle die Voraussetzungen von Satz 44. Dann ist*

$$\int\limits_{\underset{\to}{Fa}}\varrho(\mathfrak{y})\nabla_{\mathfrak{y}}\Phi(\mathfrak{x},\mathfrak{y})\,dF_{\mathfrak{y}}-\int\limits_{\underset{\to}{Fi}}\varrho(\mathfrak{y})\nabla_{\mathfrak{y}}\Phi(\mathfrak{x},\mathfrak{y})\,dF_{\mathfrak{y}}=4\pi\,\varrho(\mathfrak{x}')\,\mathfrak{n}(\mathfrak{x}').$$

Ist $\mathfrak{j}(\mathfrak{y})$ ein auf F stetiges Flächenfeld, so ist nach Lemma 74 auch

$$\int\limits_F\mathfrak{j}(\mathfrak{y})\times\nabla_{\mathfrak{y}}\Psi(\mathfrak{x},\mathfrak{y})\,dF_{\mathfrak{y}}\tag{291}$$

stetig für alle $\mathfrak{x}$, denn wir können jede der kartesischen Komponenten dieses Feldes in der Form

$$\int\limits_F\left(\varrho_i(\mathfrak{y})\frac{\partial}{\partial y^k}\Psi(\mathfrak{x},\mathfrak{y})-\varrho_k(\mathfrak{y})\frac{\partial}{\partial y^i}\Psi(\mathfrak{x},\mathfrak{y})\right)dF_{\mathfrak{y}}\tag{292}$$

mit stetigen $\varrho_i(\mathfrak{y})$ und $\varrho_k(\mathfrak{y})$ schreiben. Aus Satz 43 folgt daher

Satz 46. *Das Flächenfeld* $\mathfrak{j}(\mathfrak{y})$ *sei stetig auf* F. *Dann ist*

$$\mathfrak{n}(\mathfrak{x}')\times\int\limits_{\underset{\to}{Fi}}\mathfrak{j}(\mathfrak{y})\times\nabla_{\mathfrak{y}}\Phi(\mathfrak{x},\mathfrak{y})\,dF_{\mathfrak{y}}=-2\pi\,\mathfrak{j}(\mathfrak{x}')+\int\limits_F\mathfrak{n}(\mathfrak{x}')\times(\mathfrak{j}(\mathfrak{y})\times\nabla_{\mathfrak{y}}\Phi(\mathfrak{x},\mathfrak{y}))\,dF_{\mathfrak{y}}$$

und

$$\mathfrak{n}(\mathfrak{x}')\times\int\limits_{\underset{\to}{Fa}}\mathfrak{j}(\mathfrak{y})\times\nabla_{\mathfrak{y}}\Phi(\mathfrak{x},\mathfrak{y})\,dF_{\mathfrak{y}}=2\pi\,\mathfrak{j}(\mathfrak{x}')+\int\limits_F\mathfrak{n}(\mathfrak{x}')\times(\mathfrak{j}(\mathfrak{y})\times\nabla_{\mathfrak{y}}\Phi(\mathfrak{x},\mathfrak{y}))\,dF_{\mathfrak{y}}.$$

Bevor wir uns der Behandlung der durch Flächenströme erzeugten Schwingungen weiter zuwenden, beweisen wir noch

Satz 47. *Es sei* F *ein reguläres, analytisches Flächenstück und* $\varrho(\mathfrak{y})$ *eine auf* F *analytische Funktion. Dann gibt es zu jedem inneren Punkt von* F *eine Funktion* $U(\mathfrak{x})$, *die in seiner Umgebung* n-*mal stetig diffe-*

renzierbar ist und in den Punkten der Fläche F mit

$$\int_F \varrho(\mathfrak{y})\, \Phi(\mathfrak{x}, \mathfrak{y})\, dF_{\mathfrak{y}}$$

übereinstimmt.

Während wir uns bisher darum bemüht hatten, die Differenzierbarkeitsvoraussetzungen möglichst schwach zu fassen, setzen wir hier voraus, daß F und ϱ analytisch sind. Dies besagt genauer, daß wir zu jedem inneren Punkt von F ein Tangenten-Normalensystem so finden können, daß

$$x^3 = F(x^1, x^2) \tag{293}$$

ist und $F(x^1, x^2)$ in der Umgebung des Nullpunktes in eine gleichmäßig konvergente Potenzreihe nach den x^1, x^2 entwickelt werden kann. Auch $\varrho = \varrho(x^1, x^2)$ besitzt eine derartige Entwicklung.

Zum Beweise von Satz 47 denken wir uns eine Kugel K um einen inneren Punkt der Fläche F. Der Radius sei so gewählt, daß das Innere der Kugel durch F in genau zwei Teile zerlegt wird.

Wir benutzen nun das in Gl. (104) durch

$$\mathfrak{x} = x^1 \mathfrak{e}_1 + x^2 \mathfrak{e}_2 + x^3 \mathfrak{e}_3 = \mathfrak{z}(u^1, u^2) + u^3 \mathfrak{n} \tag{294}$$

eingeführte Koordinatensystem, das für $|u^3| \leqq \operatorname{Min}\left(\frac{1}{K_1}, \frac{1}{K_2}\right)$ die Umgebung des Flächenstücks darzustellen gestattet. Die Kugel K sei so klein, daß ihr Inneres umkehrbar eindeutig durch das Koordinatensystem Gl. (104) beschrieben werden kann.

Nachdem wir das Vorzeichen der Normalen $\mathfrak{n}$ festgelegt haben, nennen wir K_+ den Teil der Kugel, dem $u^3 \geqq 0$ entspricht, und K_- entsprechend den in $u^3 \leqq 0$ gelegenen Teil.

Nach Gl. (131) ist

$$\nabla^* = \Lambda^{\nu\sigma} \mathfrak{x}_{|\nu} \frac{\partial}{\partial u^\sigma}, \tag{295}$$

so daß

$$\Delta^* = \left(\Lambda^{\nu\sigma} \mathfrak{x}_{|\nu} \frac{\partial}{\partial u^\sigma}\right) \left(\Lambda^{\mu\tau} \mathfrak{x}_{|\mu} \frac{\partial}{\partial u^\tau}\right) \tag{296}$$

wird.

Nach Gl. (128) ist für $i = 1, 2$

$$\Lambda^{3i} = 0; \quad \Lambda^{33} = 1. \tag{297}$$

Sammeln wir daher die Ableitungen nach (u^3), so ergibt sich wegen

$\mathfrak{x}_{|i}\,\mathfrak{x}_{|3} = 0$ der Ausdruck[1]

(298)
$$\left(\Lambda^{\nu\sigma}\,\mathfrak{x}_{|\nu}\frac{\partial}{\partial u^\sigma}\right)\mathfrak{n}\frac{\partial}{\partial u^3} = \left(\frac{\partial}{\partial u^3}\right)^2 + \Lambda^{\nu\sigma}\,\mathfrak{x}_{|\nu}\,\mathfrak{n}_{|\sigma}\frac{\partial}{\partial u^3} = \left(\frac{\partial}{\partial u^3}\right)^2 + \Lambda^{ik}\,\mathfrak{x}_{|i}\,\mathfrak{n}_{|k}\frac{\partial}{\partial u^3}$$

Nun ist

(299)
$$\mathfrak{n}_{|k} = -L_k^j\,\mathfrak{z}_{|j}$$

und

(300)
$$\mathfrak{x}_{|i} = \mathfrak{z}_{|i} + u^3\,\mathfrak{n}_{|i} = \mathfrak{z}_{|i} - u^3\,L_i^k\,\mathfrak{z}_{|k}.$$

Damit wird

(301)
$$\mathfrak{x}_{|i}\,\mathfrak{n}_{|k} = -L_{ik} + u^3\,L_i^j\,L_{jk}.$$

Im Nullpunkt ist nach Gl. (126ff.)

(302)
$$\begin{gathered}\Lambda^{11} \mathrel{\stackrel{\circ}{=}} \frac{1}{(1-u^3k_1)^2}; \qquad \Lambda^{22} \mathrel{\stackrel{\circ}{=}} \frac{1}{(1-u^3k_2)^2}; \qquad \Lambda^{12} \mathrel{\stackrel{\circ}{=}} \Lambda^{21} \mathrel{\stackrel{\circ}{=}} 0,\\ \mathfrak{x}_{|1}\,\mathfrak{n}_{|1} \mathrel{\stackrel{\circ}{=}} -k_1(1-u^3k_1),\\ \mathfrak{x}_{|2}\,\mathfrak{n}_{|2} \mathrel{\stackrel{\circ}{=}} -k_2(1-u^3k_2),\\ \mathfrak{x}_{|1}\,\mathfrak{n}_{|2} \mathrel{\stackrel{\circ}{=}} \mathfrak{x}_{|2}\,\mathfrak{n}_{|1} \mathrel{\stackrel{\circ}{=}} 0.\end{gathered}$$

Daher wird dort

(303)
$$\begin{aligned}\Lambda^{ik}(\mathfrak{x}_{|i}\,\mathfrak{n}_{|k}) &\mathrel{\stackrel{\circ}{=}} \frac{-k_1}{1-u^3k_1} + \frac{-k_2}{1-u^3k_2}\\ &= \frac{\partial}{\partial u^3}\lg(1-u^3k_1)(1-u^3k_2),\end{aligned}$$

und wir erhalten nach der üblichen Argumentation

(304)
$$\Lambda^{ik}(\mathfrak{x}_{|i}\,\mathfrak{n}_{|k}) = \frac{\partial}{\partial u^3}\lg\left(1 - 2u^3H + (u^3)^2K\right).$$

Die in Gl. (296) vorkommenden Ableitungen nach u^3 können wir daher in der Form

(305)
$$\begin{aligned}&\frac{1}{1-2u^3H+(u^3)^2K}\frac{\partial}{\partial u^3}\left(1-2u^3H+(u^3)^2K\right)\frac{\partial}{\partial u^3}\\ &\qquad \mathrel{\stackrel{\circ}{=}} \left(\frac{\partial}{\partial u^3}\right)^2 - 2H\frac{\partial}{\partial u^3}\end{aligned}$$

schreiben. Die verbleibenden Operatoren können wir zu

(306)
$$\left(\Lambda^{ik}\,\mathfrak{x}_{|i}\frac{\partial}{\partial u^k}\right)\left(\Lambda^{lm}\,\mathfrak{x}_{|l}\frac{\partial}{\partial u^m}\right)$$

---

[1] Es sei daran erinnert, daß über gleiche „obere" und „untere" griechische Indizes von 1 bis 3 und über lateinische Indizes von 1 bis 2 summiert wird.

zusammenfassen, da wegen $\mathfrak{x}_{|3} = \mathfrak{n}$

$$(307)\quad \begin{aligned} &\mathfrak{n}\frac{\partial}{\partial u^3}\Lambda^{lm}\mathfrak{x}_{|l}\frac{\partial}{\partial u^m} \\ &= (\mathfrak{n}\,\mathfrak{x}_{|l})\frac{\partial}{\partial u^3}\Lambda^{lm}\frac{\partial}{\partial u^m} + \Lambda^{lm}(\mathfrak{n}\,\mathfrak{x}_{|l|3})\frac{\partial}{\partial u^m}\end{aligned}$$

identisch verschwindet. Den Operator Gl. (306) schreiben wir nun formal als Potenzreihe nach u^3 in der Form

$$(308)\quad \sum_{n=0}^{\infty}(u^3)^n \Delta_{(n)}.$$

Jeder der Operatoren $\Delta_{(n)}$ ist ein Operator zweiter Ordnung.

Wir können daher $\Delta + k^2$ formal als Reihe

$$(309)\quad \Delta + k^2 = \sum_{n=0}^{\infty}(u^3)^n\Delta_{(n)} + \left(\frac{\partial}{\partial u^3}\right)^2 + \sum_{n=0}^{\infty}(u^3)^n C_n(u^1, u^2)\frac{\partial}{\partial u^3} + k^2$$

darstellen. Setzen wir nun

$$(310)\quad U_N = \sum_{n=1}^{N}(u^3)^n \varrho_n(u^1, u^2),$$

so lassen sich die Funktionen $\varrho_n(u^1, u^2)$ zu der vorgegebenen Funktion

$$(311)\quad \varrho_1(u^1, u^2) = \varrho(u^1, u^2)$$

rekursiv so bestimmen, daß in $(\Delta + k^2)\,U_N$ die ersten N-2-Potenzen von (u^3) verschwinden.

Nach Gl. (305) ist

$$(312)\quad C_0(u^1, u^2) = -2H.$$

Damit wird

$$(313)\quad U_2 = u^3\varrho_1(u^1, u^2)(1 + u^3 H)$$

eine Funktion, für die $(\Delta + k^2)\,U_2$ auf der Fläche $u^3 = 0$ verschwindet. Für $N = 2$ ist die Behauptung daher bewiesen. Den weiteren Beweis führen wir nun durch vollständige Induktion. Wir nehmen daher an, daß $\varrho_1, \ldots, \varrho_N$ so bestimmt wurden, daß

$$(314)\quad (\Delta + k^2)\sum_{n=1}^{N}(u^3)^n\varrho_n(u^1, u^2) = d_{(N-1)}(u^1, u^2)(u^3)^{N-1} + \cdots$$

gilt. Es wird

$$(315)\quad (\Delta + k^2)(u^3)^{N+1}\varrho_{N+1}(u^1, u^2) = (N+1)N(u^3)^{N-1}\varrho_{N+1} + \cdots,$$

so daß wir mit

$$\varrho_{N+1} = -\frac{1}{N(N+1)} d_{N+1} \tag{316}$$

in

$$U_{N+1} = -\sum_{n=1}^{N+1} (u^3)^n \varrho_n (u^1, u^2) \tag{317}$$

eine Funktion erhalten, die die Behauptung für $N + 1$ erfüllt. Setzen wir zur Abkürzung

$$(\Delta + k^2) U_N = U_{1N}, \tag{318}$$

so verschwinden in U_{1N} die ersten $(N\text{-}2)$ Potenzen von (u^3). Dies bedeutet, daß alle Ableitungen von U_{1N} bis zur Ordnung $(N\text{-}2)$ auf der Fläche $u^3 = 0$ verschwinden.

Es sei nun $\mathfrak{x}$ ein Punkt aus K_+. Dann wird nach der GREENschen Formel

$$\begin{aligned} \int_{K_-} (\Phi \Delta U_N - U_N \Delta \Phi)\, dV &= \int_{F'} \left(\Phi \frac{\partial U_N}{\partial n} - U_N \frac{\partial \Phi}{\partial n}\right) dF \\ &+ \int_{F_-} \left(\Phi \frac{\partial U_N}{\partial n} - U_N \frac{\partial \Phi}{\partial n}\right) dF. \end{aligned} \tag{319}$$

Hier ist F' der in K gelegene Teil von F und F_- der zu K_- gehörige Teil der Randfläche von K. Auf F' ist nun

$$U_N = 0; \qquad \frac{\partial U_N}{\partial n} = \varrho. \tag{320}$$

Die Integrale über F_- sind in der Umgebung des Nullpunktes unseres Koordinatensystems analytisch. Wir erhalten daher, wenn wir durch $(=)$ eine Gleichheit bis auf beliebig oft differenzierbare Anteile ausdrücken

$$\begin{aligned} \int_F \Phi \varrho\, dF_{\mathfrak{y}} &= \int_{F'} \Phi \varrho\, dF_{\mathfrak{y}} + \int_{F-F'} \Phi \varrho\, dF_{\mathfrak{y}} \\ &(=) \int_{F'} \Phi \varrho\, dF_{\mathfrak{y}} (=) \int_{K_-} \Phi (\Delta U_N + k^2 U_N)\, dV_{\mathfrak{y}}. \end{aligned} \tag{321}$$

Diese Beziehung gilt für beliebig große N. Wir zeigen nun, daß das Integral der rechten Seite mindestens N-mal stetig differenzierbar ist. Es wird nämlich mit $\mathfrak{n} = n^i \mathfrak{e}_i$

$$\begin{aligned} \frac{\partial}{\partial x^i} \int_{K_-} \Phi U_{1N}\, dV_{\mathfrak{y}} &= -\int_{K_-} U_{1N} \frac{\partial \Phi}{\partial y^i}\, dV_{\mathfrak{y}} \\ &= -\int_{F'} n^i U_{1N} \Phi\, dF_{\mathfrak{y}} - \int_{F_-} n^i U_{1N} \Phi\, dF_{\mathfrak{y}} + \int_{K_-} \Phi \frac{\partial}{\partial y^i} U_{1N}\, dV_{\mathfrak{y}} \\ &(=) \int_{K_-} \Phi \frac{\partial}{\partial y^i} U_{1N}\, dV_{\mathfrak{y}}, \end{aligned} \tag{322}$$

da U_{1N} auf F' verschwindet. Wir können uns diesen Vorgang (N-2) mal ausgeführt denken. Dann stimmen die (N-2)-ten Ableitungen bis auf beliebig oft differenzierbare Anteile mit dem Integral

$$\int_{K_-} \Phi \left(\frac{\partial}{\partial y}\right)^{N-2} U_{1N}\, dV_{\mathfrak{y}} \tag{323}$$

überein, wobei wir durch $\left(\frac{\partial}{\partial y}\right)^n$, $\left(\frac{\partial}{\partial x}\right)^n$ eine der n-ten Ableitungen bezeichnen. Differenzieren wir nun noch einmal, so ergibt sich auch

$$\left(\frac{\partial}{\partial x}\right)^{N-1} \int_{K_-} \Phi\, U_{1N}\, dV_{\mathfrak{y}} \,(=) \int_{K_-} \Phi \left(\frac{\partial}{\partial y}\right)^{N-1} U_{1N}\, dV_{\mathfrak{y}}, \tag{324}$$

da auf F'

$$\left(\frac{\partial}{\partial y}\right)^{N-2} U_{1N} = 0 \tag{325}$$

ist. Das Integral der rechten Seite ist aber nun noch mindestens einmal stetig differenzierbar.

Das Integral

$$\int_F \Phi\, \varrho\, dF_{\mathfrak{y}} \tag{326}$$

stimmt daher in K_+ mit einer Funktion überein, die in K mindestens N-mal differenzierbar ist. Diese Identität gilt wegen der Stetigkeit von Gl. (326) auf F. Damit ist Satz 47 bewiesen.

§ 14. Die Erzeugung elektromagnetischer Schwingungen durch Flächenströme

Auf einer glatten, regulären Fläche F seien zwei Flächenfelder $\mathfrak{j}$ und $\mathfrak{j}'$ gegeben, die die folgenden Eigenschaften besitzen:

1. Es genügen $\mathfrak{j}$ und $\mathfrak{j}'$ jeweils gleichmäßig auf F einer Hölder-Bedingung.

2. Die Divergenzen $\nabla_0 \mathfrak{j}$ und $\nabla_0 \mathfrak{j}'$ genügen ebenfalls gleichmäßig auf F jeweils einer Hölder-Bedingung. Wir bilden dann mit konstanten ε, μ und ω

$$\mathfrak{E}(\mathfrak{x}) = \frac{1}{4\pi} \int_F \left[i\,\omega\,\mu\,\mathfrak{j}\,\Phi - \mathfrak{j}' \times \nabla\Phi + \frac{1}{\varepsilon}\,\varrho_0 \nabla\Phi\right] dF_{\mathfrak{y}} \tag{1}$$

und

$$\mathfrak{H}(\mathfrak{x}) = \frac{1}{4\pi} \int_F \left[i\,\omega\,\varepsilon\,\mathfrak{j}'\,\Phi + \mathfrak{j} \times \nabla\Phi + \frac{1}{\mu}\,\varrho_0' \nabla\Phi\right] dF_{\mathfrak{y}}, \tag{2}$$

wobei ϱ_0 und ϱ_0' durch die Gleichungen

$$\nabla_0 \mathfrak{j} = i\,\omega\,\varrho_0; \qquad \nabla_0 \mathfrak{j}' = i\,\omega\,\varrho_0' \tag{3}$$

definiert werden.

Wenn $\mathfrak{x}$ nicht auf F liegt, folgt wegen

$$\nabla \Phi(\mathfrak{x}, \mathfrak{y}) = \nabla_{\mathfrak{y}} \Phi(\mathfrak{x}, \mathfrak{y}) = -\nabla_{\mathfrak{x}} \Phi(\mathfrak{x}, \mathfrak{y}) \tag{4}$$

aus Gl. (1) und (2)

$$\left\{\begin{aligned} \mathfrak{E}(\mathfrak{x}) &= \frac{1}{4\pi}\Big[\int_F i\,\omega\,\mu\,\mathfrak{j}\,\Phi\,dF_{\mathfrak{y}} - \nabla_{\mathfrak{x}} \times \int_F \mathfrak{j}'\,\Phi\,dF_{\mathfrak{y}} \\ &\qquad - \frac{1}{\varepsilon}\nabla_{\mathfrak{x}}\int_F \varrho_0\,\Phi\,dF_{\mathfrak{y}}\Big]. \\ \mathfrak{H}(\mathfrak{x}) &= \frac{1}{4\pi}\Big[\int_F i\,\omega\,\varepsilon\,\mathfrak{j}'\,\Phi\,dF_{\mathfrak{y}} + \nabla_{\mathfrak{x}} \times \int_F \mathfrak{j}\,\Phi\,dF_{\mathfrak{y}} \\ &\qquad - \frac{1}{\mu}\nabla_{\mathfrak{x}}\int_F \varrho_0'\,\Phi\,dF_{\mathfrak{y}}\Big], \end{aligned}\right. \tag{5}$$

so daß wir

$$\nabla \times \mathfrak{E} = \frac{1}{4\pi}\Big[\nabla_{\mathfrak{x}} \times \int_F i\,\omega\,\mu\,\mathfrak{j}\,\Phi\,dF_{\mathfrak{y}} - \nabla_{\mathfrak{x}} \times \Big(\nabla_{\mathfrak{x}} \times \int_F \mathfrak{j}'\,\Phi\,dF_{\mathfrak{y}}\Big)\Big] \tag{6}$$

erhalten. Es ist aber

$$\Phi(\mathfrak{x}, \mathfrak{y}) = \frac{e^{ik|\mathfrak{x}-\mathfrak{y}|}}{|\mathfrak{x}-\mathfrak{y}|} \tag{7}$$

mit

$$k^2 = \omega^2\,\varepsilon\,\mu\,. \tag{8}$$

Weiterhin wird wegen Gl. (4)

$$\begin{aligned} \nabla \times \mathfrak{E} = \frac{1}{4\pi}\Big[i\,\omega\,\mu\int_F (\mathfrak{j} \times \nabla_{\mathfrak{y}}\,\Phi)\,dF_{\mathfrak{y}} - \nabla_{\mathfrak{x}}\Big(\nabla_{\mathfrak{x}}\int_F \mathfrak{j}'\,\Phi\,dF_{\mathfrak{y}}\Big) + \\ + \Delta_{\mathfrak{x}}\int_F \mathfrak{j}'\,\Phi\,dF_{\mathfrak{y}}\Big], \end{aligned} \tag{9}$$

wenn wir die bekannte Identität

$$\nabla^* \times (\nabla^* \times \mathfrak{v}) = \nabla^*(\nabla^*\mathfrak{v}) - \Delta^*\mathfrak{v} \tag{10}$$

beachten, die wir hier anwenden können, da in den auftretenden Rechnungen stets ∇ durch ∇^* ersetzt werden kann. Aus

$$\Delta_{\mathfrak{x}}\,\Phi(\mathfrak{x}, \mathfrak{y}) + k^2\,\Phi(\mathfrak{x}, \mathfrak{y}) = 0 \quad \text{für} \quad \mathfrak{x} \neq \mathfrak{y} \tag{11}$$

folgt daher nach Gl. (8)

$$\begin{aligned} \nabla \times \mathfrak{E} = \frac{i\,\omega\,\mu}{4\pi}\int_F (i\,\omega\,\varepsilon\,\mathfrak{j}'\,\Phi + \mathfrak{j} \times \nabla\,\Phi)\,dF_{\mathfrak{y}} \\ - \frac{1}{4\pi}\nabla_{\mathfrak{x}}\Big(\nabla_{\mathfrak{x}}\int_F \mathfrak{j}'\,\Phi\,dF_{\mathfrak{y}}\Big). \end{aligned} \tag{12}$$

Nun ist aber

$$(13)\qquad \begin{aligned}\Big(\nabla_{\mathfrak{x}}\int_F \mathfrak{j}'\,\Phi\,dF_{\mathfrak{y}}\Big) &= \int_F (\mathfrak{j}'\,\nabla_{\mathfrak{x}}\,\Phi)\,dF_{\mathfrak{y}} = -\int_F (\mathfrak{j}'\,\nabla_{\mathfrak{y}}\,\Phi)\,dF_{\mathfrak{y}}\\ &= -\int_F (\mathfrak{j}'\,\nabla_0\,\Phi)\,dF_{\mathfrak{y}},\end{aligned}$$

denn es wird für jede stetig differenzierbare Funktion U

$$(14)\qquad (\mathfrak{j}'\,\nabla\,U) = (\mathfrak{j}'\,\nabla_0\,U),$$

da $\mathfrak{j}'$ ein Flächenfeld und

$$(15)\qquad \nabla_0\,U = \nabla\,U - \mathfrak{n}\,\frac{\partial U}{\partial n}$$

ist. Aus Lemma 58 folgt daher

$$(16)\qquad -\int_F \mathfrak{j}'\,\nabla_0\,\Phi\,dF_{\mathfrak{y}} = \int_F \Phi\,\nabla_0\,\mathfrak{j}'\,dF_{\mathfrak{y}} = i\,\omega\int_F \varrho_0'\,\Phi\,dF_{\mathfrak{y}}$$

und wir erhalten

$$(17)\qquad \nabla_{\mathfrak{x}}\Big(\nabla_{\mathfrak{x}}\int_F \mathfrak{j}'\,\Phi\,dF_{\mathfrak{y}}\Big) = -i\,\omega\int_F \varrho_0'\,\nabla_{\mathfrak{y}}\,\Phi\,dF_{\mathfrak{y}}.$$

Nach Gl. (12) finden wir nun

$$(18)\qquad \nabla\times\mathfrak{E} = \frac{i\,\omega\,\mu}{4\,\pi}\int_F \Big[i\,\omega\,\varepsilon\,\mathfrak{j}'\,\Phi + \mathfrak{j}\times\nabla\,\Phi + \frac{1}{\mu}\,\varrho_0'\,\nabla\,\Phi\Big]\,dF_{\mathfrak{y}}$$

und erkennen durch Vergleich mit Gl. (2)

$$(19)\qquad \nabla\times\mathfrak{E} - i\,\omega\,\mu\,\mathfrak{H} = 0.$$

Analog erhalten wir auch

$$(20)\qquad \nabla\times\mathfrak{H} + i\,\omega\,\varepsilon\,\mathfrak{E} = 0.$$

Wir haben damit in den Feldern Gl. (1) und (2) ein elektromagnetisches Schwingungsfeld erhalten, das in allen Punkten, die nicht auf F liegen, den Gl. (19) und (20) genügt.

Wir bezeichnen nun mit $\mathfrak{E}_i$, $\mathfrak{H}_i$ die Werte der Felder $\mathfrak{E}$, $\mathfrak{H}$ an der Innenseite der Fläche F, und mit $\mathfrak{E}_a$, $\mathfrak{H}_a$ die Werte an der Außenseite. Dann wird im Sinne der Bezeichnungen von § 13 nach Gl. (1) und (2)

$$(21)\qquad \left\{\begin{aligned}\mathfrak{E}_i(\mathfrak{x}') &= \frac{1}{4\,\pi}\int_{\overrightarrow{Fi}} \Big[i\,\omega\,\mu\,\mathfrak{j}\,\Phi - \mathfrak{j}'\times\nabla\,\Phi + \frac{1}{\varepsilon}\,\varrho_0\,\nabla\,\Phi\Big]\,dF_{\mathfrak{y}},\\ \mathfrak{E}_a(\mathfrak{x}') &= \frac{1}{4\,\pi}\int_{\overrightarrow{Fa}} \Big[i\,\omega\,\mu\,\mathfrak{j}\,\Phi - \mathfrak{j}'\times\nabla\,\Phi + \frac{1}{\varepsilon}\,\varrho_0\,\nabla\,\Phi\Big]\,dF_{\mathfrak{y}}.\end{aligned}\right.$$

Aus Lemma 73, Satz 43 und Satz 46 folgt die Existenz dieser Grenzwerte, und es gilt insbesondere

$$(22)\qquad \mathfrak{n}(\mathfrak{x}') \times (\mathfrak{E}_i(\mathfrak{x}') - \mathfrak{E}_a(\mathfrak{x}')) = \mathfrak{j}'(\mathfrak{x}').$$

Entsprechend folgt mit

$$(23)\qquad \left\{ \begin{aligned} \mathfrak{H}_i(\mathfrak{x}') &= \frac{1}{4\pi} \int\limits_{\underset{\rightarrow}{Fi}} \left[i\,\omega\,\varepsilon\,\mathfrak{j}'\,\Phi + \mathfrak{j} \times \nabla \Phi + \frac{1}{\mu}\,\varrho_0' \nabla \Phi \right] dF_{\mathfrak{y}}, \\ \mathfrak{H}_a(\mathfrak{x}') &= \frac{1}{4\pi} \int\limits_{\underset{\rightarrow}{Fa}} \left[i\,\omega\,\varepsilon\,\mathfrak{j}'\,\Phi + \mathfrak{j} \times \nabla \Phi + \frac{1}{\mu}\,\varrho_0' \nabla \Phi \right] dF_{\mathfrak{y}} \end{aligned} \right.$$

auch

$$(24)\qquad \mathfrak{n}(\mathfrak{x}') \times (\mathfrak{H}_i(\mathfrak{x}') - \mathfrak{H}_a(\mathfrak{x}')) = -\mathfrak{j}(\mathfrak{x}').$$

Die damit gewonnenen Sprungrelationen Gl. (22) und (24) stehen im Einklang mit den in der Einleitung gegebenen Definitionen der Flächenströme. Wir haben damit in den Feldern (1) und (2) eine Darstellung der von Flächenströmen erzeugten Schwingungen erhalten.

Die Sprungrelationen Gl. (22) und (24) beschreiben die Unstetigkeiten der Tangentialkomponenten beim Durchgang durch F. Zur Diskussion der Normalkomponenten untersuchen wir das Verhalten der Ausdrücke

$$(25)\qquad \mathfrak{n}(\mathfrak{x}') \int\limits_{\underset{\rightarrow}{Fi}} (\mathfrak{j} \times \nabla \Phi)\, dF_{\mathfrak{y}} \quad \text{und} \quad \mathfrak{n}(\mathfrak{x}') \int\limits_{\underset{\rightarrow}{Fa}} (\mathfrak{j} \times \nabla \Phi)\, dF_{\mathfrak{y}}.$$

Dazu führen wir ein kartesisches Koordinatensystem mit dem Ursprung $\mathfrak{x}'$ so ein, daß $\mathfrak{n}(\mathfrak{x}') = \mathfrak{e}_3$ wird und setzen

$$(26)\qquad \mathfrak{n}(\mathfrak{x}') \times \mathfrak{j}(\mathfrak{y}) = \varrho_1(\mathfrak{y})\,\mathfrak{e}_1 + \varrho_2(\mathfrak{y})\,\mathfrak{e}_2 + \varrho_3(\mathfrak{y})\,\mathfrak{e}_3.$$

Dann ist

$$(27)\qquad \varrho_3(\mathfrak{x}') = 0$$

und es wird mit $\mathfrak{y} = y^i\,\mathfrak{e}_i$

$$(28)\qquad \begin{aligned} &\mathfrak{n}(\mathfrak{x}') \int\limits_{\underset{\rightarrow}{Fi}} (\mathfrak{j} \times \nabla \Phi)\, dF_{\mathfrak{y}} - \int\limits_{\underset{\rightarrow}{Fi}} (\mathfrak{n}(\mathfrak{x}') \times \mathfrak{j}) \nabla \Phi\, dF_{\mathfrak{y}} \\ &\qquad = \int\limits_{\underset{\rightarrow}{Fi}} \left(\varrho_1(\mathfrak{y}) \frac{\partial \Phi}{\partial y^1} + \varrho_2(\mathfrak{y}) \frac{\partial \Phi}{\partial y^2} + \varrho_3(\mathfrak{y}) \frac{\partial \Phi}{\partial y^3} \right) dF_{\mathfrak{y}}, \end{aligned}$$

Entsprechend folgt auch

$$(29)\qquad \mathfrak{n}(\mathfrak{x}') \int\limits_{\underset{\rightarrow}{Fa}} (\mathfrak{j} \times \nabla \Phi)\, dF_{\mathfrak{y}} = \int\limits_{\underset{\rightarrow}{Fa}} \left(\varrho_1(\mathfrak{y}) \frac{\partial \Phi}{\partial y^1} + \varrho_2(\mathfrak{y}) \frac{\partial \Phi}{\partial y^2} + \varrho_3(\mathfrak{y}) \frac{\partial \Phi}{\partial y^3} \right) dF_{\mathfrak{y}}.$$

Nach Satz 43 ist nun wegen $\nabla \Phi = \nabla_{\mathfrak{y}} \Phi$

$$\left(\mathfrak{e}_\nu \int\limits_{\overrightarrow{Fa}} \varrho(\mathfrak{y}) \nabla_{\mathfrak{y}} \Phi \, dF_{\mathfrak{y}}\right) - \left(\mathfrak{e}_\nu \int\limits_{\overrightarrow{Fi}} \varrho(\mathfrak{y}) \nabla_{\mathfrak{y}} \Phi \, dF_{\mathfrak{y}}\right) = 4\pi\, \varrho(\mathfrak{x}') \left(\mathfrak{n}(\mathfrak{x}')\, \mathfrak{e}_\nu\right). \tag{30}$$

Mit den Abkürzungen Gl. (28) und (29) finden wir somit

$$\begin{aligned} &\mathfrak{n}(\mathfrak{x}') \Big(\int\limits_{\overrightarrow{Fa}} (\mathfrak{j} \times \nabla\Phi)\, F d_{\mathfrak{y}} - \int\limits_{\overrightarrow{Fi}} (\mathfrak{j} \times \nabla\Phi)\, dF_{\mathfrak{y}} \Big) \\ &\quad = 4\pi \left(\varrho_1(\mathfrak{x}')\, \mathfrak{e}_1 + \varrho_2(\mathfrak{x}')\, \mathfrak{e}_2 + \varrho_3(\mathfrak{x}')\, \mathfrak{e}_3\right) \mathfrak{n}(\mathfrak{x}'). \end{aligned} \tag{31}$$

Da aber $\mathfrak{n}(\mathfrak{x}') = \mathfrak{e}_3$ und $\varrho_3(\mathfrak{x}') = 0$ ist, ergibt sich schließlich

$$\mathfrak{n}(\mathfrak{x}') \int\limits_{\overrightarrow{Fa}} (\mathfrak{j} \times \nabla \Phi)\, dF_{\mathfrak{y}} = \mathfrak{n}(\mathfrak{x}') \int\limits_{\overrightarrow{Fi}} (\mathfrak{j}' \times \nabla\Phi)\, dF_{\mathfrak{y}}. \tag{32}$$

Die Normalkomponenten von

$$\int\limits_F (\mathfrak{j} \times \nabla\Phi)\, dF_{\mathfrak{y}} \quad \text{und} \quad \int\limits_F (\mathfrak{j}' \times \nabla\Phi)\, dF_{\mathfrak{y}} \tag{33}$$

sind daher stetig beim Durchgang durch F.

Da

$$\int\limits_F \mathfrak{j}\, \Phi\, dF_{\mathfrak{y}} \quad \text{und} \quad \int\limits_F \mathfrak{j}'\, \Phi\, dF_{\mathfrak{y}} \tag{34}$$

in allen Komponenten stetig sind, werden die Sprünge der Normalkomponenten unserer Felder durch die Glieder

$$\frac{1}{4\pi\varepsilon} \int\limits_F \varrho_0 \nabla \Phi\, dF_{\mathfrak{y}} \quad \text{und} \quad \frac{1}{4\pi\mu} \int\limits_F \varrho_0' \nabla \Phi\, dF_{\mathfrak{y}} \tag{35}$$

bestimmt. Wir finden somit nach Satz 45

$$\mathfrak{n}(\mathfrak{x}') \left(\mathfrak{E}_i(\mathfrak{x}') - \mathfrak{E}_a(\mathfrak{x}')\right) = -\frac{1}{\varepsilon}\, \varrho_0(\mathfrak{x}') \tag{36}$$

und

$$\mathfrak{n}(\mathfrak{x}') \left(\mathfrak{H}_i(\mathfrak{x}') - \mathfrak{H}_a(\mathfrak{x}')\right) = -\frac{1}{\mu}\, \varrho_0'(\mathfrak{x}'). \tag{37}$$

Setzen wir für die folgenden Rechnungen fest, daß $\mathfrak{E}_i$, $\mathfrak{H}_i$, $\mathfrak{E}_a$, $\mathfrak{H}_a$ usw. die Vektoren und Skalare an der Stelle $\mathfrak{x}'$ bezeichnen, so folgt aus Gl. (22)

$$\mathfrak{n} \times \mathfrak{j}' = \mathfrak{n} \times [\mathfrak{n} \times (\mathfrak{E}_i - \mathfrak{E}_a)] = [\mathfrak{n}(\mathfrak{E}_i - \mathfrak{E}_a)]\, \mathfrak{n} - (\mathfrak{E}_i - \mathfrak{E}_a), \tag{38}$$

und es ergibt sich nach Gl. (36)

$$\mathfrak{E}_i - \mathfrak{E}_a = -\mathfrak{n} \times \mathfrak{j}' - \frac{1}{\varepsilon}\, \varrho_0 \mathfrak{n} \tag{39}$$

Analog ergibt sich aus Gl. (24)

$$\mathfrak{H}_i - \mathfrak{H}_a = \mathfrak{n} \times \mathfrak{j} - \frac{1}{\mu} \varrho_0' \mathfrak{n}. \tag{40}$$

Wir wollen nun noch zeigen, daß die Felder (1) und (2) auch den Ausstrahlungsbedingungen genügen.

Wir benutzen dazu die für alle $\mathfrak{y}$ auf F und alle $\mathfrak{x}_0$ gleichmäßig geltenden Abschätzungen (für $r \to \infty$)

$$\left\{\begin{aligned} \Phi(\mathfrak{x}, \mathfrak{y}) &= \frac{e^{ik|\mathfrak{x}-\mathfrak{y}|}}{|\mathfrak{x}-\mathfrak{y}|} = \frac{e^{ikr}}{r} e^{-ik(\mathfrak{x}_0 \mathfrak{y})} + O\left(\frac{1}{r^2}\right), \\ \nabla_{\mathfrak{y}} \Phi(\mathfrak{x}, \mathfrak{y}) &= -\nabla_{\mathfrak{x}} \Phi(\mathfrak{x}, \mathfrak{y}) = -ik\,\mathfrak{x}_0 \frac{e^{ikr}}{r} e^{-ik(\mathfrak{x}_0 \mathfrak{y})} + O\left(\frac{1}{r^2}\right). \end{aligned}\right. \tag{41}$$

Aus Gl. (1) folgt damit

$$\begin{aligned} \mathfrak{E}(r\,\mathfrak{x}_0) = \frac{e^{ikr}}{r} \frac{1}{4\pi} \int_F \left[i\,\omega\mu\,\mathfrak{j} + i\,k(\mathfrak{j}' \times \mathfrak{x}_0) - \frac{1}{\varepsilon} i\,k\,\mathfrak{x}_0\,\varrho_0 \right] e^{-ik(\mathfrak{x}_0 \mathfrak{y})} dF_{\mathfrak{y}} + \\ + O\left(\frac{1}{r^2}\right) \end{aligned} \tag{42}$$

und aus Gl. (2)

$$\begin{aligned} \mathfrak{H}(r\,\mathfrak{x}_0) = \frac{e^{ikr}}{r} \frac{1}{4\pi} \int_F \left[i\,\omega\,\varepsilon\,\mathfrak{j}' - i\,k(\mathfrak{j} \times \mathfrak{x}_0) - \frac{1}{\mu} i\,k\,\mathfrak{x}_0\,\varrho_0' \right] e^{-ik(\mathfrak{x}_0 \mathfrak{y})} dF_{\mathfrak{y}} + \\ + O\left(\frac{1}{r^2}\right). \end{aligned} \tag{43}$$

Nun ist

$$\nabla_0 \mathfrak{j} = i\,\omega\,\varrho_0. \tag{44}$$

Damit wird

$$i\,\omega \int_F \varrho_0(\mathfrak{y})\, e^{-ik(\mathfrak{x}_0 \mathfrak{y})} dF_{\mathfrak{y}} = \int_F e^{-ik(\mathfrak{x}_0 \mathfrak{y})} \nabla_0 \mathfrak{j}\, dF_{\mathfrak{y}}, \tag{45}$$

und es folgt nach Lemma 58

$$\int_F e^{-ik(\mathfrak{x}_0 \mathfrak{y})} \nabla_0 \mathfrak{j}\, dF_{\mathfrak{y}} + \int_F \mathfrak{j}\, \nabla_0 e^{-ik(\mathfrak{x}_0 \mathfrak{y})} dF_{\mathfrak{y}} = 0. \tag{46}$$

Nun ist aber

$$\begin{aligned} \nabla_0 e^{-ik(\mathfrak{x}_0 \mathfrak{y})} &= \nabla_{\mathfrak{y}} e^{-ik(\mathfrak{x}_0 \mathfrak{y})} - \mathfrak{n} \frac{\partial}{\partial n_{\mathfrak{y}}} e^{-ik(\mathfrak{x}_0 \mathfrak{y})} \\ &= -i\,k\,\mathfrak{x}_0\, e^{-ik(\mathfrak{x}_0 \mathfrak{y})} - \mathfrak{n} \frac{\partial}{\partial n_{\mathfrak{y}}} e^{-ik(\mathfrak{x}_0 \mathfrak{y})} \end{aligned} \tag{47}$$

und es wird wegen $(\mathfrak{j}\,\mathfrak{n}) = 0$

$$(\mathfrak{j}\, \nabla_0 e^{-ik(\mathfrak{x}_0 \mathfrak{y})}) = -i\,k(\mathfrak{x}_0\, \mathfrak{j})\, e^{-ik(\mathfrak{x}_0 \mathfrak{y})}. \tag{48}$$

Aus Gl. (45) ergibt sich somit

(49) $$i\omega\int_F \varrho_0(\mathfrak{y})\, e^{-ik(\mathfrak{x}_0\mathfrak{y})}\, dF_{\mathfrak{y}} = ik\int_F (\mathfrak{x}_0\,\mathfrak{j})\, e^{-ik(\mathfrak{x}_0\mathfrak{y})}\, dF_{\mathfrak{y}}$$

und

(50) $$\begin{aligned}\frac{1}{\varepsilon}\int_F ik\,\mathfrak{x}_0\,\varrho_0\, e^{-ik(\mathfrak{x}_0\mathfrak{y})}\, dF_{\mathfrak{y}} &= \frac{ik^2}{\omega\varepsilon}\int_F \mathfrak{x}_0\,(\mathfrak{x}_0\,\mathfrak{j})\, e^{-ik(\mathfrak{x}_0\mathfrak{y})}\, dF_{\mathfrak{y}}\\ &= i\omega\mu\int_F \mathfrak{x}_0\,(\mathfrak{x}_0\,\mathfrak{j})\, e^{-ik(\mathfrak{x}_0\mathfrak{y})}\, dF_{\mathfrak{y}}.\end{aligned}$$

Wir führen nun auf der Einheitskugel Ω die Flächenfelder

(51) $$\left\{\begin{aligned}\mathfrak{T}(\mathfrak{x}_0) &= \mathfrak{x}_0\times\frac{1}{4\pi}\int_F \mathfrak{j}\, e^{-ik(\mathfrak{x}_0\mathfrak{y})}\, dF_{\mathfrak{y}},\\ \mathfrak{T}'(\mathfrak{x}_0) &= \mathfrak{x}_0\times\frac{1}{4\pi}\int_F \mathfrak{j}'\, e^{-ik(\mathfrak{x}_0\mathfrak{y})}\, dF_{\mathfrak{y}}\end{aligned}\right.$$

ein. Dann wird nach Gl. (42)

(52) $$\mathfrak{E}(r\,\mathfrak{x}_0) = -\left(ik\mathfrak{T}'(\mathfrak{x}_0) + i\,\omega\,\mu\,\mathfrak{x}_0\times\mathfrak{T}(\mathfrak{x}_0)\right)\frac{e^{ikr}}{r} + O\left(\frac{1}{r^2}\right),$$

denn es ist

(53) $$\begin{aligned}\mathfrak{x}_0\times\mathfrak{T}(\mathfrak{x}_0) &= \mathfrak{x}_0\times\left(\mathfrak{x}_0\times\frac{1}{4\pi}\int_F \mathfrak{j}\, e^{-ik(\mathfrak{x}_0\mathfrak{y})}\, dF_{\mathfrak{y}}\right)\\ &= \frac{1}{4\pi}\int_F [\mathfrak{x}_0\,(\mathfrak{j}\,\mathfrak{x}_0) - \mathfrak{j}]\, e^{-ik(\mathfrak{x}_0\mathfrak{y})}\, dF_{\mathfrak{y}}\\ &= \frac{ik}{\varepsilon}\,\frac{1}{i\omega\mu}\,\frac{1}{4\pi}\int_F \mathfrak{x}_0\,\varrho_0\, e^{-ik(\mathfrak{x}_0\mathfrak{y})}\, dF_{\mathfrak{y}} - \frac{1}{i\omega\mu}\,\frac{1}{4\pi}\int_F \mathfrak{j}\, e^{-ik(\mathfrak{x}_0\mathfrak{y})}\, dF_{\mathfrak{y}}.\end{aligned}$$

Aus

(54) $$\nabla_0\,\mathfrak{j}' = i\,\omega\,\varrho_0'$$

folgt analog zu Gl. (50)

(55) $$\frac{1}{\mu}\int_F ik\,\mathfrak{x}_0\,\varrho_0'\, e^{-ik(\mathfrak{x}_0\mathfrak{y})}\, dF_{\mathfrak{y}} = i\,\omega\,\varepsilon\int_F \mathfrak{x}_0\,(\mathfrak{j}'\,\mathfrak{x}_0)\, e^{-ik(\mathfrak{x}_0\mathfrak{y})}\, dF_{\mathfrak{y}},$$

und wir erhalten aus Gl. (43)

(56) $$\mathfrak{H}(r\,\mathfrak{x}_0) = \left(ik\,\mathfrak{T}(\mathfrak{x}_0) - i\,\omega\,\varepsilon\,\mathfrak{x}_0\times\mathfrak{T}'(\mathfrak{x}_0)\right)\frac{e^{ikr}}{r} + O\left(\frac{1}{r^2}\right).$$

Es wird somit

(57) $$\left\{\begin{aligned}&\omega\mu\,(\mathfrak{x}_0\times\mathfrak{H}) + k\mathfrak{E} = O\left(\frac{1}{r^2}\right),\\ &\omega\varepsilon\,(\mathfrak{x}_0\times\mathfrak{E}) - k\mathfrak{H} = O\left(\frac{1}{r^2}\right),\\ &\mathfrak{E} = O\left(\frac{1}{r}\right);\quad \mathfrak{H} = O\left(\frac{1}{r}\right),\end{aligned}\right.$$

so daß die Felder (1) und (2) auch die Ausstrahlungsbedingungen erfüllen.

Durch Zusammenfassung unserer Ergebnisse ergibt sich abschließend

Satz 48. *Auf der glatten Fläche F genügen die Ströme* $\mathfrak{j}$ *und* $\mathfrak{j}'$ *jeweils einer* HÖLDER-*Bedingung. Die Divergenzen*

$$\nabla_0 \mathfrak{j} = i\omega \varrho_0; \qquad \nabla_0 \mathfrak{j}' = i\omega \varrho_0'$$

existieren und genügen ebenfalls HÖLDER-*Bedingungen. Dann erfüllen die Felder*

$$\mathfrak{E}(\mathfrak{x}) = \frac{1}{4\pi} \int\limits_F \left[i\omega\mu\, \mathfrak{j}\, \Phi - \mathfrak{j}' \times \nabla\Phi + \frac{1}{\varepsilon} \varrho_0 \nabla\Phi \right] dF_{\mathfrak{y}},$$

$$\mathfrak{H}(\mathfrak{x}) = \frac{1}{4\pi} \int\limits_F \left[i\omega\varepsilon\, \mathfrak{j}'\, \Phi + \mathfrak{j} \times \nabla\Phi + \frac{1}{\mu} \varrho_0' \nabla\Phi \right] dF_{\mathfrak{y}}$$

für alle $\mathfrak{x}$ *die nicht auf F liegen, die Gleichungen*

$$\nabla \times \mathfrak{H} + i\omega\varepsilon\mathfrak{E} = 0; \qquad \nabla \times \mathfrak{E} - i\omega\mu\mathfrak{H} = 0.$$

Es existieren die Grenzwerte $\mathfrak{E}_i$, $\mathfrak{E}_a$ *und* $\mathfrak{H}_i$, $\mathfrak{H}_a$ *mit den Sprungrelationen*

$$\mathfrak{E}_i - \mathfrak{E}_a = -\mathfrak{n} \times \mathfrak{j}' - \frac{1}{\varepsilon} \varrho_0 \mathfrak{n},$$

$$\mathfrak{H}_i - \mathfrak{H}_a = \mathfrak{n} \times \mathfrak{j} - \frac{1}{\mu} \varrho_0' \mathfrak{n}.$$

Die Felder $\mathfrak{E}$ *und* $\mathfrak{H}$ *genügen auch den Ausstrahlungsbedingungen.*

V. Lineare Transformationen

In den voraufgegangenen Untersuchungen hatten wir uns damit beschäftigt, explizite Darstellung für die durch Volumenströme oder Flächenströme erzeugten elektromagnetischen Schwingungen zu gewinnen. Diese Darstellungen können wir nun so auffassen, daß einem Paar von Strömen $\mathfrak{J}$, $\mathfrak{J}'$ ein Feld $\mathfrak{E}$, $\mathfrak{H}$ zugeordnet wird. Diese Zuordnung ist linear, denn den Strömen $\lambda\,\mathfrak{J}$, $\lambda\,\mathfrak{J}'$ entspricht bei konstantem λ das Feld $\lambda\,\mathfrak{E}$, $\lambda\,\mathfrak{H}$, und es ist das Feld der Summe zweier Ströme gleich der Summe der Felder der einzelnen Ströme. Eine derartige Zuordnung können wir auch als Transformation bezeichnen, wenn wir die verschiedene physikalische Bedeutung der Ströme und der Felder außer Acht lassen und uns nur mit der mathematischen Seite der Zuordnung befassen. Dann wird nämlich einem Paar von Vektorfeldern $\mathfrak{J}$, $\mathfrak{J}'$ ein anderes Paar von Feldern zugeordnet. Wir sagen dann auch, daß $\mathfrak{J}$, $\mathfrak{J}'$ in $\mathfrak{E}$, $\mathfrak{H}$ transformiert werden. Bei dieser Begriffsbildung ist entscheidend, daß die Zuordnung nicht nur für bestimmte Ströme definiert ist, sondern für eine allgemeine Klasse von Vektorfeldern existiert.

Im speziellen Fall der Volumenströme und der durch sie erzeugten Schwingungen würde diese Zuordnung für alle in einem regulären Gebiet stetigen Ströme mit stetigen Ladungen existieren. Bei der Untersuchung dieser Begriffe ist also zunächst eine Formulierung der Klasse der zugelassenen Elemente wesentlich. Diese Klassen haben charakteristische Eigenschaften, die zusammen mit den Besonderheiten der uns interessierenden Transformation die Entwicklung einer allgemeinen Theorie mit großer Anwendungsmöglichkeit gestatten.

Wir entwickeln zunächst die Gesetzmäßigkeiten dieses Fragenkreises, indem wir von den speziellen Eigenschaften unserer Integraldarstellungen weitgehend abstrahieren.

§ 15. Lineare Räume und ihre Transformationen[1]

Wir fassen die Gesamtheit der Paare komplexwertiger, stetiger Vektorfelder $\mathfrak{v}$, $\mathfrak{w}$ in einem regulären Gebiet G oder die Gesamtheit der Paare komplexwertiger stetiger Flächenfelder auf einer geschlossenen Fläche F zu einem sogenannten Raum $\mathfrak{L}$ zusammen. Unter einem Element aus $\mathfrak{L}$ verstehen wir dann ein Paar stetiger Vektorfelder, bzw. Flächenfelder. Entspricht dem Paar $\mathfrak{v}$, $\mathfrak{w}$ das Element f, so nennen wir $c\,\mathfrak{v}$, $c\,\mathfrak{w}$ das Element $c\,f$, wenn c konstant ist. Ist f' ein weiteres Element $\mathfrak{v}'$, $\mathfrak{w}'$, so wird $f + f'$ als das Paar der Summanden $\mathfrak{v} + \mathfrak{v}'$, $\mathfrak{w} + \mathfrak{w}'$ definiert.

Der Raum $\mathfrak{L}$ kann natürlich auch aus der Gesamtheit der komplexwertigen stetigen Flächenfelder bestehen. Dann ist die Bedeutung der Abkürzungen $c\,f$ und $f + f'$ der abstrakten Ausdrucksweise ohne weiteres klar.

Unter dem Begriff des Raumes können wir daher Gesamtheiten der verschiedensten Art zusammenfassen, die die folgenden Eigenschaften besitzen:

1. Ist f ein Element aus $\mathfrak{L}$, so ist für jede Konstante C auch $C\,f$ in $\mathfrak{L}$ enthalten.

2. Mit f und g gehört auch $f + g$ zu $\mathfrak{L}$. Sind daher $f_1, f_2, \ldots f_n$ Elemente aus $\mathfrak{L}$, so gehört auch jede Linearkombination dieser Elemente zu $\mathfrak{L}$.

Den Elementen unseres Raumes können wir nun eine Norm $\|f\|$ zuordnen. Ist nämlich $\mathfrak{v}$, $\mathfrak{w}$ das Paar, das wir in unserer Gesamtheit $\mathfrak{L}$ durch f beschreiben, so setzen wir

$$\|f\| = \operatorname{Max} \sqrt{|\mathfrak{v}(\mathfrak{x})|^2 + |\mathfrak{w}(\mathfrak{x})|^2}\,, \tag{1}$$

wobei das Maximum bezüglich aller Punkte des Gebietes G oder der Fläche F zu bilden ist.

---

[1] Wir verwenden hier Begriffsbildungen und Schlußweisen von F. RIESZ, Acta Math. **41**, 71 (1918). Diese Begriffsbildungen und Methoden erscheinen heute als eine spezielle Anwendung der Theorie der Banachräume. Vgl. etwa F. RIESZ: B. SZ.-NAGY, Vorlesungen über Funktionalanalysis, Deutscher Verlag der Wissenschaften, Berlin 1956.

Die so definierte Norm erfüllt die Bedingungen:

1. Für jede Konstante C ist
$$\|Cf\| = |C|\,\|f\|.$$
2. Für alle Elemente f und g ist
$$\|f+g\| \leqq \|f\| + \|g\|.$$
3. Aus $\|f\| = 0$ folgt $f = 0$.

Die gleichmäßige Konvergenz einer Folge von Vektorfeldern, die wir mit $\{f_n\}$ bezeichnen, drückt sich mit Hilfe der Norm dadurch aus, daß zu jedem $\varepsilon > 0$ ein $N(\varepsilon)$ so existiert, daß für alle $n, m \geqq N(\varepsilon)$

(2) $$\|f_n - f_m\| \leqq \varepsilon$$

ist.

Umgekehrt wollen wir eine Folge konvergent nennen, wenn diese Bedingung erfüllt ist. Für eine konvergente Folge ist daher die untere Grenze der Zahlen $\|f_n - f_m\|$ gleich Null.

Eine Folge wird beschränkt genannt, wenn die Folge der Normen beschränkt ist.

Aus der Definition der Konvergenz im Raume $\mathfrak{L}$ folgt nun

Lemma 75. *Die Folge der Elemente f_n sei konvergent. Dann gibt es ein Element f aus $\mathfrak{L}$, so daß*
$$\lim_{n\to\infty} \|f - f_n\| = 0$$
ist.

Dies ist lediglich eine unseren Begriffen angepaßte Formulierung des bekannten Satzes, daß eine gleichmäßig konvergente Folge stetiger Funktionen gegen eine stetige Grenzfunktion konvergiert.

Wir benötigen weiter

Definition 15. *Eine Folge $\{f_n\}$ heißt kompakt, wenn jede ihrer Teilfolgen eine konvergente Teilfolge enthält.*

Es ergibt sich damit sofort

Lemma 76. *Ist die Folge $\{f_n\}$ kompakt, so ist die untere Grenze der Zahlen $\|f_n - f_m\|$ gleich Null.*

Weiterhin gilt

Lemma 77. *Jede kompakte Folge ist beschränkt.*

Wäre die Folge nämlich nicht beschränkt, so gäbe es eine Teilfolge mit monoton gegen $+\infty$ wachsenden Normen, die daher keine konvergente Teilfolge enthalten kann.

Die Frage nach der Auflösung unserer Integralgleichungen führt uns zum Begriff der linearen Transformation. Wird jedem Element f aus $\mathfrak{L}$ eindeutig ein Element g aus $\mathfrak{L}$ zugeordnet, so nennen wir diese Zuordnung eine Transformation und schreiben

$$g = \boldsymbol{T}(f) = \boldsymbol{T} f. \tag{3}$$

Eine solche Transformation heißt beschränkt, wenn es eine positive Konstante M so gibt, daß für alle f

$$\|\boldsymbol{T}(f)\| \leqq M \|f\| \tag{4}$$

gilt. Sie heißt distributiv, wenn für alle f_1, f_2 und alle Konstanten C

$$\boldsymbol{T}(C f) = C \boldsymbol{T}(f); \qquad \boldsymbol{T}(f_1 + f_2) = \boldsymbol{T}(f_1) + \boldsymbol{T}(f_2) \tag{5}$$

gilt. Wir bilden nun

Definition 16. *Eine Transformation* $\boldsymbol{T}(f)$ *heißt linear, wenn sie beschränkt und distributiv ist.*

Die uns interessierenden Transformationen sind nun nicht nur linear, sondern sogar vollstetig im Sinne der

Definition 17. *Eine Transformation* $\boldsymbol{T}(f)$ *heißt vollstetig, wenn sie linear ist und jede beschränkte Folge in eine kompakte Folge überführt.*

Diese wichtige Eigenschaft der Vollstetigkeit besagt, daß wir aus einer beschränkten Folge $\{f_n\}$ stets eine Teilfolge $\{f_{n'}\}$ so auswählen können, daß $\boldsymbol{T}(f_{n'})$ konvergent ist.

Aus der Definition der Vollstetigkeit folgt fast unmittelbar

Lemma 78. *Es seien* $\boldsymbol{T}_1$ *und* $\boldsymbol{T}_2$ *lineare Transformationen, von denen* $\boldsymbol{T}_1$ *vollstetig ist. Dann ist auch* $\boldsymbol{T}_1 \boldsymbol{T}_2$ *und* $\boldsymbol{T}_2 \boldsymbol{T}_1$ *vollstetig.*

Da $\boldsymbol{T}_2$ beschränkt ist, wird durch $\boldsymbol{T}_2$ jede beschränkte Folge wieder in eine beschränkte Folge transformiert. Wir können daher aus jeder beschränkten Folge $\{f_n\}$ eine Teilfolge $\{f_{n'}\}$ so auswählen, daß $\boldsymbol{T}_1(\boldsymbol{T}_2 f_{n'})$ konvergent ist. Daher ist $\boldsymbol{T}_1 \boldsymbol{T}_2$ vollstetig. Andererseits können wir aus $\{f_n\}$ aber auch eine Teilfolge $\{f_{n''}\}$ so auswählen, daß $\boldsymbol{T}_1(f_{n''})$ konvergiert. Dann folgt aus der Beschränktheit von $\boldsymbol{T}_2$, daß auch $\boldsymbol{T}_2(\boldsymbol{T}_1 f_{n''})$ konvergiert, so daß auch $\boldsymbol{T}_2 \boldsymbol{T}_1$ vollstetig ist.

Weiterhin gilt

Lemma 79. *Sind* $\boldsymbol{T}_1$ *und* $\boldsymbol{T}_2$ *vollstetige Transformationen, so ist auch jede Kombination* $C_1 \boldsymbol{T}_1 + C_2 \boldsymbol{T}_2$ *mit Konstanten* C_1 *und* C_2 *vollstetig.*

Zunächst sind offenbar $C_1 \boldsymbol{T}_1$ und $C_2 \boldsymbol{T}_2$ vollstetig. Um die Behauptung auch für $C_1 \boldsymbol{T}_1 + C_2 \boldsymbol{T}_2$ zu beweisen, bemerken wir, daß au-

jeder beschränkten Folge $\{f_n\}$ eine Teilfolge $\{f_{n'}\}$ so ausgewählt werden kann, daß $C_1 \boldsymbol{T}_1(f_{n'})$ konvergiert. Aus der Teilfolge $\{f_{n'}\}$ wählen wir dann eine weitere Teilfolge $\{f_{n''}\}$ so aus, daß auch $C_2 \boldsymbol{T}_2(f_{n''})$ konvergiert und haben damit unsere Behauptung bewiesen.

Neben dem Gesamtraum $\mathfrak{L}$ unserer Elemente werden wir Teilräume $\mathfrak{L}'$ zu behandeln haben, die ähnliche Eigenschaften wie $\mathfrak{L}$ besitzen. Wir bilden daher

Definition 18. *Eine Menge $\mathfrak{L}'$ von Elementen aus $\mathfrak{L}$ heißt linearer Raum, wenn die folgenden Bedingungen gelten:*

1. *Mit f gehört auch $C\,f$ zu $\mathfrak{L}'$.*
2. *Mit f und g gehört auch $f + g$ zu $\mathfrak{L}'$.*
3. *Konvergiert eine aus Elementen von $\mathfrak{L}'$ gebildete Folge gegen f, so liegt auch f in $\mathfrak{L}'$.*

Wir beweisen nun

Lemma 80. *Es sei $\mathfrak{L}'$ ein linearer Raum und g ein Element aus $\mathfrak{L}$, das nicht in $\mathfrak{L}'$ liegt. Dann gibt es ein Element f_1 aus $\mathfrak{L}'$, so daß für alle f aus $\mathfrak{L}'$*

$$\|f - g\| \geqq \tfrac{1}{2}\|f_1 - g\|$$

gilt.

Da g nicht in $\mathfrak{L}'$ liegt, gibt es eine positive Zahl d, so daß für alle f aus $\mathfrak{L}'$ $\|f - g\| \geqq d$ ist. Zum Beweise betrachten wir nun mit einer fest gewählten Zahl $\alpha < d$ die Ungleichungen

$$\|f - g\| \geqq 2^{n-1}\alpha \tag{6}$$

für $n = 1, 2, 3, \ldots$ Dann gibt es ein n_0 so, daß Gl. (6) für diesen Exponenten von allen f aus $\mathfrak{L}'$ erfüllt wird, während

$$\|f - g\| \geqq 2^{n_0}\alpha \tag{7}$$

nicht für alle f aus $\mathfrak{L}'$ gilt. Es existiert daher ein f_1 aus $\mathfrak{L}'$ mit

$$\|f_1 - g\| \leqq 2^{n_0}\alpha\,. \tag{8}$$

Somit ist für alle f aus $\mathfrak{L}'$

$$\|f - g\| \geqq \tfrac{1}{2}\,2^{n_0}\alpha \geqq \tfrac{1}{2}\|f_1 - g\|, \tag{9}$$

womit Lemma 80 bewiesen ist.

Es gilt weiterhin

Lemma 81. *Es seien $\mathfrak{L}_1$ und $\mathfrak{L}_2$ lineare Räume mit $\mathfrak{L}_1 \supset \mathfrak{L}_2$. Dann gibt es ein Element g_1 aus $\mathfrak{L}_1$ mit*

$$\|g_1\| = 1$$

so, daß für alle f aus $\mathfrak{L}_2$

$$\|f - g_1\| \geqq \tfrac{1}{2}$$

ist.

Nach Voraussetzung gibt es ein Element g aus $\mathfrak{L}_1$, das nicht in $\mathfrak{L}_2$ enthalten ist. Nach Lemma 80 existiert daher ein Element f_2 aus $\mathfrak{L}_2$, so daß für alle $f \in \mathfrak{L}_2$

$$\|g - f\| \geqq \tfrac{1}{2}\|g - f_2\| \tag{10}$$

gilt. Wir setzen nun

$$g_1 = \frac{g - f_2}{\|g - f_2\|}. \tag{11}$$

Dann liegt g_1 in $\mathfrak{L}_1$ und es ist $\|g_1\| = 1$. Weiterhin wird

$$\|g_1 - f\| = \left\|\frac{g - f_2}{\|g - f_2\|} - f\right\| = \left\|\frac{g - f_2 - \|g - f_2\| f}{\|g - f_2\|}\right\| = \frac{\|g - f_2'\|}{\|g - f_2\|}. \tag{12}$$

Nun ist

$$f_2' = f_2 + \|g - f_2\| f \tag{13}$$

als Linearkombination zweier Elemente aus $\mathfrak{L}_2$ in $\mathfrak{L}_2$ enthalten. Aus Gl. (10) folgt daher

$$\frac{\|g - f_2'\|}{\|g - f_2\|} \geqq \frac{1}{2}, \tag{14}$$

womit Lemma 81 bewiesen ist.

Wir nennen n Elemente $f_1, f_2, \ldots, f_n$ linear abhängig, wenn es Konstanten $C_1, C_2 \ldots, C_n$, die nicht sämtlich verschwinden, so gibt, daß

$$C_1 f_1 + C_2 f_2 + \cdots + C_n f_n = 0 \tag{15}$$

ist, wir nennen sie linear unabhängig, wenn es nicht möglich ist, ein solches System von Konstanten zu finden. Wir bilden nun

Definition 19. *Ein linearer Raum $\mathfrak{L}$ heißt Raum der Dimension n, wenn je $(n+1)$ Elemente aus $\mathfrak{L}$ abhängig sind und mindestens ein System von n linear unabhängigen Elementen in $\mathfrak{L}$ existiert.*

Wir beweisen zunächst

Lemma 82. *Die aus den Elementen $f_\varkappa$ des linearen Raumes $\mathfrak{L}$ der Dimensionen n gebildete Folge sei beschränkt. Dann ist $\{f_\varkappa\}$ kompakt.*

Nach Voraussetzung gibt es in $\mathfrak{L}$ Elemente $g_1, g_2, \ldots, g_n$, die linear unabhängig sind. Jedes weitere Element f ist daher linear abhängig von den $g_1, \ldots, g_n$ und kann in der Form

$$f = C_1 g_1 + \cdots + C_n g_n \tag{16}$$

dargestellt werden. Die Elemente der Folge $\{f_\varkappa\}$ können wir daher in der Form

$$C_1^{(\varkappa)} g_1 + C_2^{(\varkappa)} g_2 + \cdots + C_n^{(\varkappa)} g_n \tag{17}$$

darstellen. Sind die $f_\varkappa$ beschränkt, so gilt für alle $\varkappa$ mit einer geeigneten Konstanten M

$$\|C_1^{(\varkappa)} g_1 + \cdots + C_n^{(\varkappa)} g_n\| \leqq M. \tag{18}$$

Wir betrachten die Zahlenfolge

$$|C_1^{(\varkappa)}| + |C_2^{(\varkappa)}| + \cdots + |C_n^{(\varkappa)}| = \mu_\varkappa \tag{19}$$

und wollen zeigen, daß sie ebenfalls beschränkt ist. Dazu untersuchen wir die Folge der Elemente

$$f'_\varkappa = \frac{1}{\mu_\varkappa} f_\varkappa = \frac{C_1^{(\varkappa)}}{\mu_\varkappa} g_1 + \cdots + \frac{C_n^{(\varkappa)}}{\mu_\varkappa} g_n = \lambda_1^{(\varkappa)} g_1 + \cdots + \lambda_n^{(\varkappa)} g_n \tag{20}$$

mit

$$|\lambda_1^{(\varkappa)}| + |\lambda_2^{(\varkappa)}| + \cdots + |\lambda_n^{(\varkappa)}| = 1. \tag{21}$$

Wäre nun die Zahlenfolge $\{\mu_\varkappa\}$ nicht beschränkt, so gäbe es eine Teilfolge $\{\mu_{\varkappa'}\}$, die monoton gegen $+\infty$ strebt. Wir betrachten die zugehörige Teilfolge $\{f_{\varkappa'}\}$ und bezeichnen sie der Einfachheit halber wieder mit $\{f_\varkappa\}$. Dann folgt aus Gl. (20), daß $f'_\varkappa$ gegen Null strebt. Da die $\lambda_i^{(\varkappa)}$ nach Gl. (21) gleichmäßig beschränkt sind, können wir wieder eine Teilfolge so auswählen, daß alle Koeffizienten $\lambda_i^{(\varkappa')}$ gegen Grenzwerte λ_i^* konvergieren. Wegen Gl. (21) gilt dann auch

$$|\lambda_1^*| + |\lambda_2^*| + \cdots + |\lambda_n^*| = 1. \tag{22}$$

Eine Teilfolge der Folge $\{f'_\varkappa\}$ konvergiert daher gegen

$$\lambda_1^* g_1 + \cdots + \lambda_n^* g_n. \tag{23}$$

Wir hatten aber gesehen, daß die Folge $\{f'_\varkappa\}$ gegen Null strebt. Daher müssen die Koeffizienten λ_i^* verschwinden, was mit Gl. (22) im Widerspruch steht. Die Zahlenfolge $\{\mu_\varkappa\}$ ist daher beschränkt. Aus jeder Teilfolge der $f_\varkappa$ können wir daher eine Teilfolge so auswählen, daß die Koeffizienten $C_i^{(\varkappa)}$ gegen Grenzwerte C_i^* konvergieren. Dann konvergieren aber auch die zugehörigen Elemente. Damit ist Lemma 82 bewiesen, und es folgt weiter

Lemma 83. *Es seien $g_1, \ldots, g_n$ linear unabhängig. Dann bildet die Gesamtheit der Linearkombinationen*

$$C_1 g_1 + C_2 g_2 + \cdots + C_n g_n$$

einen linearen Raum der Dimension n.

Die beiden ersten der in Definition 18 genannten Bedingungen sind offensichtlich erfüllt. Es bleibt die dritte Eigenschaft nachzuweisen.

Ist $\{f_\varkappa\}$ eine Folge von Elementen der in Lemma 83 genannten Form, die gegen ein Element f konvergiert, so ist die Folge $\{f_\varkappa\}$ beschränkt. Aus der unter Gl. (19) angewandten Argumentation folgt dann, daß die Zahlenfolge

$$|C_1^{(\varkappa)}| + \cdots + |C_n^{(\varkappa)}| \tag{24}$$

ebenfalls beschränkt ist. Wir können also eine Teilfolge so auswählen, daß die Koeffizienten $C_i^{(\varkappa)}$ konvergent sind. Die Grenzwerte nennen wir $C_1^*, C_2^*, \ldots, C_n^*$. Eine Teilfolge der $f_\varkappa$ strebt daher gegen das Element

$$C_1^* g_1 + C_2^* g_2 + \cdots + C_n^* g_n. \tag{25}$$

Dann konvergiert aber auch $\{f_\varkappa\}$ gegen dieses Element, das zu dem von uns betrachteten Raum gehört.

Es gilt nun weiter

Lemma 84. *Es sei $\mathfrak{L}$ ein linearer Raum von endlicher Dimension, und g ein Element, das nicht in $\mathfrak{L}$ liegt. Dann gibt es ein Element f^* aus $\mathfrak{L}$, so daß für alle f aus $\mathfrak{L}$*

$$\|f - g\| \geqq \|f^* - g\|$$

gilt.

Zum Beweise benutzen wir eine Folge positiver Zahlen α_n mit

$$1 < \alpha_{n+1} < \alpha_n; \quad \lim_{n\to\infty} \alpha_n = 1. \tag{26}$$

Zu jeder Zahl α_n gibt es eine Zahl $S(\alpha_n)$, so daß für alle f aus $\mathfrak{L}$

$$\|f - g\| \geqq S(\alpha_n) \tag{27}$$

ist, und

$$\|f - g\| \leqq \alpha_n S(\alpha_n) \tag{28}$$

für mindestens ein Element f_n aus $\mathfrak{L}$ erfüllt wird, wie folgendermaßen zu erkennen ist:

Da g nicht zu $\mathfrak{L}$ gehört, gibt es eine positive Zahl d, so daß für alle f

$$\|f - g\| \geqq d \tag{29}$$

gilt. Wir betrachten nun die Zahlen $(\alpha_n)^\varkappa d$. Dann gibt es in der Folge der Exponenten $\varkappa = 0, 1, 2, \ldots$ einen Exponenten K_n, so daß

$$\|f - g\| \geqq (\alpha_n)^{K_n} d \tag{30}$$

für alle f erfüllt wird, und ein Element f_n, das der Ungleichung

$$\|f_n - g\| \leqq (\alpha_n)^{K_n+1} d \tag{31}$$

genügt, denn sonst würde das Minimum von $\|f - g\|$ über alle Grenzen wachsen. Mit

$$S(\alpha_n) = (\alpha_n)^{K_n} d \tag{32}$$

ist daher Gl. (27) und (28) zu erfüllen. Für $f = 0$ erhalten wir aus Gl. (27)

$$S(\alpha_n) \leqq \|g\|. \tag{33}$$

Die Folge der positiven Zahlen $S(\alpha_n)$ ist daher beschränkt und besitzt mindestens einen Häufungspunkt. Wir wollen zeigen, daß $S(\alpha_n)$ konvergent ist, und nehmen zunächst entgegen dieser Behauptung an, daß $S(\alpha_n)$ zwei verschiedene Häufungspunkte B und C besitzt. Zu jedem dieser Häufungspunkte gibt es eine Teilfolge der α_n, die wir mit β_n und γ_n bezeichnen, so daß

$$\left\{\begin{array}{ll} \lim\limits_{n\to\infty} S(\beta_n) = B; & \lim\limits_{n\to\infty} S(\gamma_n) = C, \\ \lim\limits_{n\to\infty} \beta_n = 1 & \lim\limits_{n\to\infty} \gamma_n = 1 \end{array}\right. \tag{34}$$

ist. Entsprechend gibt es Elemente f_n und f'_n mit

$$\left\{\begin{array}{l} \|f_n - g\| \leqq \beta_n S(\beta_n), \\ \|f'_n - g\| \leqq \gamma_n S(\gamma_n), \end{array}\right. \tag{35}$$

während für alle f

$$\|f - g\| \geqq S(\beta_n) \quad \text{und} \quad \|f - g\| \geqq S(\gamma_n) \tag{36}$$

gilt. Aus Gl. (35) und (36) finden wir daher

$$\beta_n S(\beta_n) \geqq S(\gamma_n); \qquad \gamma_n S(\gamma_n) \geqq S(\beta_n),$$

woraus nach Gl. (34)

$$B \geqq C; \qquad C \geqq B \tag{37}$$

und somit $B = C$ folgt. Die Folge $S(\alpha_n)$ besitzt daher nur einen Häufungspunkt und ist folglich konvergent. Ihren Grenzwert bezeichnen wir mit S. Es ist daher stets

$$\|f - g\| \geqq S, \tag{38}$$

und es gibt eine Folge von Elementen f_n mit

$$\lim_{n\to\infty} \|f_n - g\| = S. \tag{39}$$

Die Folge $\{f_n - g\}$ ist beschränkt. Folglich sind auch die Elemente

(40) $$f_n = g + (f_n - g)$$

beschränkt. Da die f_n einem linearen Raum endlicher Dimension angehören, ist die aus ihnen gebildete Folge kompakt. Sie enthält daher eine konvergente Teilfolge, deren Grenzwert die Behauptung von Lemma 84 erfüllt.

Wir beweisen noch

Lemma 85. *Jede beschränkte Folge aus Elementen des linearen Raumes $\mathfrak{L}'$ sei kompakt. Dann ist $\mathfrak{L}'$ von endlicher Dimension.*

Den Beweis erbringen wir dadurch, daß wir in einem Raum von unendlicher Dimension eine beschränkte Folge nachweisen, die nicht kompakt ist.

Wir beginnen mit einem Element g_1 mit $\|g_1\| = 1$ und betrachten den linearen Raum der Dimension 1 der aus allen Elementen $C\,g_1$ besteht. Nach Lemma 81 gibt es ein Element g_2 in $\mathfrak{L}'$ mit $\|g_2\| = 1$, so daß für alle Konstanten C

(41) $$\|g_2 - C\,g_1\| \geqq \tfrac{1}{2}$$

gilt. Wir betrachten den aus den Linearkombinationen von g_1 und g_2 gebildeten linearen Raum $\mathfrak{L}_2$. Nach Lemma 81 gibt es dann im Raume $\mathfrak{L}'$ ein Element g_3 mit $\|g_3\| = 1$ und

(42) $$\|g_3 - f\| \geqq \tfrac{1}{2}$$

für alle f aus $\mathfrak{L}_2$. Aus g_1, g_2, g_3 bilden wir dann den linearen Raum $\mathfrak{L}_3$ der Linearkombinationen, und finden wieder nach Lemma 81 ein Element g_4 mit $\|g_4\| = 1$ und

(43) $$\|g_4 - f\| \geqq \tfrac{1}{2}$$

für alle f aus $\mathfrak{L}_3$. Indem wir nach diesem Verfahren Elemente $g_1, g_2 \ldots$ auswählen, gewinnen wir eine Folge von Elementen, die beschränkt ist und

(44) $$\|g_i - g_k\| \geqq \tfrac{1}{2} \quad \text{für} \quad i \neq k$$

erfüllt. Wir nehmen $i > k$ an. Dann liegt g_k im linearen Raum $\mathfrak{L}_{i-1}$, so daß die Behauptung aus der Konstruktion der g_i folgt. Die so gebildete beschränkte Folge ist aber wegen Gl. (44) sicher nicht kompakt.

Zum Abschluß dieser Untersuchung der linearen Räume beweisen wir noch

Lemma 86. *Es seien $\mathfrak{L}_1$ und $\mathfrak{L}_2$ zwei lineare Räume, die außer $f = 0$ kein Element gemeinsam haben. Der Raum $\mathfrak{L}_1$ sei von endlicher Dimension.*

Dann gibt es eine Konstante C, so daß für alle f aus $\mathfrak{L}_1$ und alle g aus $\mathfrak{L}_2$

$$\|f\| + \|g\| \leqq C \|f + g\|$$

ist.

Wäre die Behauptung nicht richtig, so gäbe es zwei Folgen $\{f_n\}$ und $\{g_n\}$ für die

$$\frac{\|f_n\| + \|g_n\|}{\|f_n + g_n\|} \tag{45}$$

über alle Grenzen wächst. Wir können uns die Folgen so normiert denken, daß

$$\|f_n\| + \|g_n\| = 1 \tag{46}$$

und

$$\lim_{n\to\infty} \|f_n + g_n\| = 0 \tag{47}$$

ist. Die Folge $\{f_n\}$ ist daher beschränkt, ihre Elemente stammen aus dem Raum $\mathfrak{L}_1$ von endlicher Dimension. Dann ist diese Folge nach Lemma 82 kompakt. Wir können demnach eine Teilfolge $\{f_{n'}\}$ so finden, daß $f_{n'}$ gegen f konvergiert. Aus Gl. (47) folgt dann, daß $-g_{n'}$ gegen f konvergiert, und es ergibt sich aus Gl. (46)

$$2\|f\| = 1\,. \tag{48}$$

Als Grenzwert von $f_{n'}$ gehört f zu $\mathfrak{L}_1$ und als Grenzwert von $-g_{n'}$ zu $\mathfrak{L}_2$. Das einzige gemeinsame Element der Räume $\mathfrak{L}_1$ und $\mathfrak{L}_2$ ist aber $f = 0$, was im Widerspruch zu Gl. (48) steht. Wir haben damit auch Lemma 86 bewiesen und wenden uns nun der Untersuchung der Umkehrung unserer Transformationen zu.

§ 16. Die Umkehrung der linearen Transformation

Wir betrachten lineare Transformationen der Form

$$\boldsymbol{T} = \boldsymbol{E} - \boldsymbol{K}\,, \tag{1}$$

wobei $\boldsymbol{E}$ die identische Transformation darstellt und $\boldsymbol{K}$ eine vollstetige Transformation bezeichnet.

Zunächst untersuchen wir die homogenen Gleichungen

$$\boldsymbol{T}^n \varphi = 0 \tag{2}$$

und beweisen

Lemma 87. *Bei festem n bildet die Gesamtheit der Lösungen der Gleichung*

$$\boldsymbol{T}^n \varphi = 0$$

einen linearen Raum Φ_n von endlicher Dimension.

Zum Beweise bemerken wir, daß

$$(3)\qquad T^n = (E - K)^n = E - nK + \cdots + (-1)^n K^n = E - A$$

ist, wobei A nach Lemma 4 und Lemma 5 vollstetig ist. Ist daher $\{\varphi_k\}$ eine beschränkte Folge von Elementen aus Φ_n, so ist $\{A\,\varphi_k\}$ kompakt. Da andererseits

$$(4)\qquad \varphi_k = A\,\varphi_k$$

gilt, ist jede beschränkte Folge aus Φ_n kompakt. Weiterhin ist Φ_n ein linearer Raum, denn mit φ_1 und φ_2 gehört auch jede Linearkombination zu Φ_n, und es folgt aus $\varphi_\nu \in \Phi_n$ und

$$(5)\qquad \lim_{\nu\to\infty} \|\varphi_\nu - \varphi\| = 0$$

auch

$$(6)\qquad T^n\,\varphi = \lim_{\nu\to\infty} T^n(\varphi - \varphi_\nu) = 0\,,$$

da $T^n = E - A$ beschränkt ist.

Nach Lemma 85 ist somit Φ_n ein linearer Raum von endlicher Dimension.

Aus der Definition der Räume Φ_n folgt

$$(7)\qquad \Phi_{n+1} \supseteqq \Phi_n\,.$$

Wir beweisen nun

Satz 49. *Es gibt eine ganze Zahl N, so daß für alle $n \geqq N$*

$$\Phi_n = \Phi_N$$

ist, während $\Phi_{N-1} \subset \Phi_N$ gilt.

Entgegen der Behauptung nehmen wir an, daß es zu jedem n ein Element φ_n so gibt, daß

$$(8)\qquad T^{n+1}\,\varphi_n = 0\,;\qquad T^n\,\varphi_n \neq 0$$

ist. Wir können nach Lemma 81 annehmen, daß $\|\varphi_n\| = 1$ ist und für alle φ aus Φ_n

$$(9)\qquad \|\varphi_n - \varphi\| \geqq \tfrac{1}{2}$$

gilt. Wir wählen m und n so, daß $m < n$ ist und bilden

$$(10)\qquad K(\varphi_n - \varphi_m) = \varphi_n - (\varphi_m + T\,\varphi_n - T\,\varphi_m)\,.$$

Dann ist

$$(11)\qquad T^n(\varphi_m + T\,\varphi_n - T\,\varphi_m) = T^n\,\varphi_m + T^{n+1}\,\varphi_n - T^{n+1}\,\varphi_m = 0\,,$$

so daß

(12) $$\varphi = \varphi_m + \boldsymbol{T}\,\varphi_n - \boldsymbol{T}\,\varphi_m$$

zu Φ_n gehört. Nach Gl. (9) ist daher für $n > m$

(13) $$\|\varphi_n - \varphi\| = \|\boldsymbol{K}\,\varphi_n - \boldsymbol{K}\,\varphi_m\| \geqq \tfrac{1}{2}.$$

Die Folge $\{\boldsymbol{K}\,\varphi_n\}$ ist aber kompakt und besitzt mindestens eine konvergente Teilfolge, was Gl. (13) widerspricht. Wir haben damit unsere Annahme zum Widerspruch geführt und Satz 49 bewiesen.

Es gilt nun weiter

Satz 50. *Es sei* $\mathfrak{B}$ *die Gesamtheit der Elemente*

$$g = \boldsymbol{T}\,f,$$

die mit Hilfe von Elementen f *aus* $\mathfrak{L}$ *dargestellt werden können. Dann gibt es eine nur von der Transformation* $\boldsymbol{T}$ *abhängige Konstante so, daß zu jedem* $g \in \mathfrak{B}$ *ein Element* f *mit*

$$\|f\| \leqq C\,\|g\|$$

existiert.

Es sei f eine Lösung der Gleichung

(14) $$g = \boldsymbol{T}\,f.$$

Dann hat die allgemeine Lösung dieser Gleichung die Form $f - \varphi$, wo φ ein Element des Raumes Φ_1 ist. Da dieser Raum endliche Dimension besitzt, können wir nach Lemma 84 ein Element φ^* aus Φ_1 so finden, daß stets

(15) $$\|f - \varphi\| \geqq \|f - \varphi^*\|$$

ist. Durch $f - \varphi^*$ wird daher die Lösung mit kleinster Norm gewonnen. Wir denken uns im folgenden immer dieses Element als Lösung gewählt.

Bezeichnen wir dieses Element mit f, so wird aus Gl. (15)

(16) $$\|f + \varphi^* - \varphi\| \geqq \|f\|.$$

Wir können daher stets annehmen, daß die Lösungen so gewählt wurden, daß für alle φ aus Φ_1

(17) $$\|f - \varphi\| \geqq \|f\|$$

ist.

Wäre die Behauptung von Satz 50 falsch, so gäbe es eine Folge $\{g_n\}$ von beschränkten Elementen mit zugehörigen Elementen f_n von kleinster Norm, so daß

(18) $$g_n = \boldsymbol{T}\,f_n$$

ist und $||f_n||$ über alle Grenzen wächst. Es wäre also

$$(19) \qquad \lim_{n\to\infty} \frac{||g_n||}{||f_n||} = 0 .$$

Wir können daher ohne Beschränkung der Allgemeinheit unsere Annahme auch so formulieren, daß Folgen $\{f_n\}$ und $\{g_n\}$ mit

$$(20) \qquad ||f_n|| = 1\,; \qquad g_n = \boldsymbol{T} f_n\,; \qquad \lim_{n\to\infty} ||g_n|| = 0$$

existieren. Aus diesen Voraussetzungen folgt

$$(21) \qquad \lim_{n\to\infty} ||f_n - \boldsymbol{K} f_n|| = 0 .$$

Aus der Folge $\{\boldsymbol{K} f_n\}$ können wir eine konvergente Teilfolge auswählen, die wir wieder mit $\{\boldsymbol{K} f_n\}$ bezeichnen. Dann ergibt sich aus

$$(22) \qquad \lim_{n\to\infty} \boldsymbol{K} f_n = g$$

nach Gl. (21)

$$(23) \qquad \lim_{n\to\infty} ||f_n - g|| = 0 ,$$

so daß aus Gl. (20)

$$(24) \qquad 0 = \lim_{n\to\infty} ||\boldsymbol{T}(f_n - g)|| = -\boldsymbol{T} g$$

folgt. Es gehört g also zu Φ_1.

Nun waren die f_n aber so angenommen, daß nach Gl. (17) für alle φ aus Φ_1

$$(25) \qquad ||f_n - \varphi|| \geqq ||f_n|| = 1$$

ist. Es ist also insbesondere auch

$$(26) \qquad ||f_n - g|| \geqq 1$$

im Widerspruch zu Gl. (23).

Wenden wir die Transformation $\boldsymbol{T}$ auf f an, so entsteht ein Element g, das wir als Bild von f bezeichnen. Wir können daher $\boldsymbol{T}$ als Abbildung auffassen. Es gilt nun

Lemma 88. *Bei Anwendung der Abbildung* $\boldsymbol{T}$ *gehen lineare Räume wieder in lineare Räume über.*

Zum Beweise müssen wir zeigen, daß die Gesamtheit der Bilder eines linearen Raumes wieder die Eigenschaften eines linearen Raumes besitzt. Sind g_1 und g_2 die Bilder von f_1 und f_2, so ist offenbar

$$(27) \qquad a g_1 + b g_2 = \boldsymbol{T}(a f_1 + b f_2) ,$$

und es sind die beiden ersten Eigenschaften eines linearen Raumes erfüllt. Es bleibt uns zu zeigen, daß mit einer konvergenten Folge $\{g_n\}$ auch der Grenzwert g zum Raum gehört.

Falls die Folge $\{g_n\}$ gegen g konvergiert, können wir stets durch Wahl einer Teilfolge eine Folge $\{g'_n\}$ so finden, daß

$$\|g - g'_n\| \leqq 2^{-n-1} \tag{28}$$

ist.

Dann wird

$$\|g'_{n+1} - g'_n\| \leqq \|g'_{n+1} - g\| + \|g'_n - g\| \leqq 2^{-n}. \tag{29}$$

Da die Elemente $g'_{n+1} - g'_n$ im Bildraum liegen, gibt es eine Folge $\{f_n\}$ mit

$$\boldsymbol{T} f_n = g'_{n+1} - g'_n; \quad \boldsymbol{T} f_0 = g_1 \qquad n = 1, 2, \ldots \tag{30}$$

Nach Satz 2 gilt

$$\|f_n\| \leqq C\,\|g'_{n+1} - g'_n\| \leqq C\,2^{-n}. \tag{31}$$

Die Reihe

$$f_1 + f_2 + \cdots + f_n \quad \text{mit} \quad \boldsymbol{T}(f_1 + f_2 + \cdots + f_n) = g'_{n+1} \tag{32}$$

konvergiert daher gegen ein Element f, das der Gleichung

$$\boldsymbol{T} f = g \tag{33}$$

genügt, so daß auch g zum Bildraum gehört.

Wir betrachten nun die linearen Bildräume $\mathfrak{B}_1, \mathfrak{B}_2, \ldots, \mathfrak{B}_n, \ldots$, die durch Anwendung der Transformationen $\boldsymbol{T}, \boldsymbol{T}^2, \ldots, \boldsymbol{T}^n, \ldots$ aus dem Gesamtraum $\mathfrak{L}$ entstehen. Wir bezeichnen diesen Zusammenhang in der Form

$$\mathfrak{B}_n = \boldsymbol{T}^n \mathfrak{L} \tag{34}$$

und gewinnen

$$\mathfrak{B}_{n+k} = \boldsymbol{T}^n \mathfrak{B}_k. \tag{35}$$

Daraus folgt

$$\mathfrak{L} \supseteqq \mathfrak{B}_1 \supseteqq \mathfrak{B}_2 \cdots \supseteqq \mathfrak{B}_n \cdots \tag{36}$$

Beim Übergang von $\mathfrak{B}_n$ zu $\mathfrak{B}_{n+1}$ können gewisse Elemente aus $\mathfrak{B}_n$ wegfallen, die in $\mathfrak{B}_{n+1}$ nicht mehr enthalten sind.

Es gilt nun

Satz 51. *Es gibt eine kleinste Zahl N, so daß für $n \geqq N$*

$$\mathfrak{B}_n = \mathfrak{B}_N$$

ist.

Zum Beweis der Existenz der Zahl N genügt es zu zeigen, daß nicht für alle n $\mathfrak{B}_{n+1}$ echter Teil von $\mathfrak{B}_n$ sein kann.

Wäre dies nämlich der Fall, so gäbe es für jedes n nach Lemma 81 ein Element g_n aus $\mathfrak{B}_n$ mit $\|g_n\| = 1$, so daß für alle g aus $\mathfrak{B}_{n+1}$

$$\|g - g_n\| \geqq \tfrac{1}{2} \tag{37}$$

ist, und wir könnten eine unendliche Folge von Elementen mit diesen Eigenschaften angeben. Für $m < n$ wäre also

$$\boldsymbol{K} g_m - \boldsymbol{K} g_n = g_m - (g_n + \boldsymbol{T} g_m - \boldsymbol{T} g_n) = g_m - g, \tag{38}$$

wobei g ein Element aus $\boldsymbol{B}_{m+1}$ ist. Aus Gl. (37) folgt daher

$$\|g_m - g\| = \|\boldsymbol{K} g_m - \boldsymbol{K} g_n\| \geqq \tfrac{1}{2}. \tag{39}$$

Die Folge $\{K g_n\}$ ist aber kompakt und besitzt mindestens eine konvergente Teilfolge, was Gl. (39) widerspricht. Wir wissen daher, daß eine Zahl N mit der angegebenen Eigenschaft existiert. Wir wollen nun zeigen, daß diese Zahl mit der in Satz 49 genannten übereinstimmt.

Wir bezeichnen dazu die in Satz 49 definierte Zahl mit N_1 und die in Satz 51 eingeführte Zahl mit N_2. Dann gilt für $n = 1, 2, \ldots$

$$\mathfrak{B}_{N_2} = \boldsymbol{T}^n \mathfrak{B}_{N_2}. \tag{40}$$

Wir beweisen nun

Lemma 89. *Es gibt außer $f = 0$ in $\mathfrak{B}_{N_2}$ keine Lösung der Gleichung*

$$\boldsymbol{T} f = 0.$$

Nach Gl. (40) gibt es nämlich zu jedem Element g aus $\mathfrak{B}_{N_2}$ ein Element f aus $\mathfrak{B}_{N_2}$, so daß

$$g = \boldsymbol{T} f \tag{41}$$

ist. Es sei nun $\boldsymbol{T} f_0 = 0$. Dann können wir ein Element f_1 aus $\mathfrak{B}_{N_2}$ so finden, daß

$$f_0 = \boldsymbol{T} f_1 \tag{42}$$

ist. Durch Fortsetzung dieses Verfahrens erhalten wir eine Folge $\{f_n\}$ aus Elementen von $\mathfrak{B}_{N_2}$ mit

$$f_{n-1} = \boldsymbol{T} f_n; \quad \boldsymbol{T} f_0 = 0. \tag{43}$$

Aus $\boldsymbol{T} f_0 = 0$ folgt dann für alle n

$$\boldsymbol{T}^{n+1} f_n = 0; \quad \boldsymbol{T}^n f_n = f_0 \neq 0 \tag{44}$$

im Widerspruch zu Satz 49.

Da die Gl. (41) für alle g aus $\mathfrak{B}_{N_2}$ eine Lösung besitzt, ergibt sich nach Lemma 89

Satz 52. *Die Abbildung*

$$\mathfrak{B}_{N_2} = \boldsymbol{T}\,\mathfrak{B}_{N_2}$$

ist umkehrbar eindeutig.

Sind nämlich f und f' zwei Elemente aus $\mathfrak{B}_{N_2}$ mit

(45) $$g = \boldsymbol{T} f; \qquad g = \boldsymbol{T} f',$$

so wird $\boldsymbol{T}(f - f') = 0$, und wir erhalten $f = f'$.

Aus Lemma 88 folgt weiter $N_1 \leqq N_2$. Wäre nämlich $N_1 > N_2$, so gäbe es ein Element φ mit

(46) $$\boldsymbol{T}^{N_1} \varphi = 0 \quad \text{und} \quad \boldsymbol{T}^{N_1 - 1} \varphi \neq 0,$$

und wir könnten $g = \boldsymbol{T}^{N_2} \varphi \neq 0$ bilden. Dann läge auch

(47) $$g' = \boldsymbol{T}^{N_1 - N_2 - 1} g$$

in $\mathfrak{B}_{N_2}$, und es wäre $\boldsymbol{T} g' = 0$. Wir fänden daher nach Lemma 89

(48) $$0 = g' = \boldsymbol{T}^{N_1 - N_2 - 1} \varphi$$

im Widerspruch zu Gl. (46).

Wir zeigen nun, daß auch $N_1 < N_2$ nicht möglich ist. Dazu wählen wir aus $\mathfrak{B}_{N_2 - 1}$ ein Element f, das in $\mathfrak{B}_{N_2}$ nicht enthalten ist. Ein solches Element können wir finden, denn sonst wäre

(49) $$\mathfrak{B}_{N_2 - 1} = \mathfrak{B}_{N_2},$$

und wir könnten N_2 durch $N_2 - 1$ ersetzen. Zu dem Element f gibt es nun wegen $N_2 - N_1 - 1 \geqq 0$ und

(50) $$\mathfrak{B}_{N_2 - 1} = \boldsymbol{T}^{N_1} \mathfrak{B}_{N_2 - N_1 - 1}$$

ein Element g aus $\mathfrak{B}_{N_2 - N_1 - 1}$, so daß $f = \boldsymbol{T}^{N_1} g$ ist.

Dann gehört $\boldsymbol{T}^{N_1 + 1} g$ zu $\mathfrak{B}_{N_2}$, und wir können nach Satz 52 ein eindeutig bestimmtes g' aus $\mathfrak{B}_{N_2}$ mit

(51) $$\boldsymbol{T}^{N_1 + 1} g = \boldsymbol{T} g'$$

finden. Aus

(52) $$\mathfrak{B}_{N_2} = \boldsymbol{T}^{N_1} \mathfrak{B}_{N_2 - N_1}$$

folgt nun die Existenz eines Elementes g'' aus $\mathfrak{B}_{N_2 - N_1}$ mit

(53) $$g' = \boldsymbol{T}^{N_1} g''.$$

Wir bilden nun

(54) $$\varphi = g - g''.$$

Dann ist nach Gl. (51) und (53)

(55) $$\boldsymbol{T}^{N_1+1}\varphi = \boldsymbol{T}^{N_1+1} g - \boldsymbol{T}^{N_1+1} g'' = \boldsymbol{T}^{N_1+1} g - \boldsymbol{T} g' = 0$$

und

(56) $$\boldsymbol{T}^{N_1}\varphi = \boldsymbol{T}^{N_1} g - \boldsymbol{T}^{N_1} g'' = f - g'.$$

Es gehört f zu $\mathfrak{B}_{N_2-1}$ aber nicht zu $\mathfrak{B}_{N_2}$, während g' in $\mathfrak{B}_{N_2}$ liegt Folglich kann $f - g'$ nicht verschwinden. Wir haben somit in Gl. (54) ein Element nachgewiesen, das zu Φ_{N_1+1}, aber nicht zu Φ_{N_1} gehört. Dies widerspricht der Definition von N_1, so daß $N_1 < N_2$ nicht möglich ist. Aus dem früheren Ergebnis $N_1 \leqq N_2$ folgt damit

Satz 53. *Es gibt eine ganze Zahl N, so daß für alle $n \geqq N$*

$$\mathfrak{B}_n = \mathfrak{B}_N$$

und

$$\Phi_n = \Phi_N$$

ist. Diese Zahl N ist entweder Null, oder es gibt Elemente g und φ mit

$$g \in \mathfrak{B}_{N-1}; \quad g \notin \mathfrak{B}_N,$$
$$\varphi \notin \Phi_{N-1}; \quad \varphi \in \Phi_N,$$

so daß sie die kleinste Zahl ihrer Art darstellt.

Falls $N = 0$ ist, folgt nach Satz 4, daß die Abbildung

(57) $$\mathfrak{L} = \mathfrak{B}_0 = \boldsymbol{T}\mathfrak{B}_0 = \boldsymbol{T}\mathfrak{L}$$

umkehrbar eindeutig ist. Das bedeutet aber, daß die homogene Gleichung

(58) $$\boldsymbol{T}\varphi = 0$$

nur die triviale Lösung $\varphi = 0$ besitzt. Es gilt somit

Satz 54. *Besitzt die Gleichung*

$$\boldsymbol{T}\varphi = 0$$

nur die triviale Lösung $\varphi = 0$, so ist die Gleichung

$$f = \boldsymbol{T} g$$

stets eindeutig auflösbar.

Im allgemeinen Fall $N > 0$ haben wir genauere Untersuchungen durchzuführen.

§ 17. Die adjungierte Transformation

Um die Auflösbarkeit unserer Gleichungen auch dann diskutieren zu können, wenn die homogene Gleichung von Null verschiedene Lösungen besitzt, führen wir zunächst den Begriff des Skalarproduktes zweier Elemente f und g ein.

Definition 20[1]. *Es seien f und g zwei Elemente aus $\mathfrak{L}$, die die Vektorfelder $\mathfrak{v}$ und $\mathfrak{w}$ repräsentieren. Diese Vektorfelder sind entweder stetige räumliche in einem regulären Gebiet G definierte Felder, oder stetige Flächenfelder auf einer regulären Fläche F. Dann ist das Skalarprodukt (f, g) der Elemente f und g*

$$\int_G (\mathfrak{v}\overline{\mathfrak{w}})\,dV \quad \text{bzw.} \quad \int_F (\mathfrak{v}\overline{\mathfrak{w}})\,dF.$$

Aus dieser Definition, die sich analog auch auf den Fall verallgemeinern läßt, daß die Elemente des Raumes durch Vektorpaare dargestellt werden, folgt sofort, daß $(f, f) = 0$ nur für $f = 0$ gilt und

$$\overline{(f, g)} = (g, f) \tag{1}$$

ist, sowie

$$\begin{aligned} (f, g+h) &= (f, g) + (f, h), \\ (cf, g) = c\,(f, g); &\quad (f, cg) = \bar{c}\,(f, g). \end{aligned} \tag{2}$$

Mit Hilfe des Skalarproduktes definieren wir nun die adjungierte Transformation.

Definition 21. *Die Transformation $\boldsymbol{T}'$ heißt adjungiert zu $\boldsymbol{T}$, wenn für alle Elemente f und g aus $\mathfrak{L}$*

$$(f, \boldsymbol{T}g) = (\boldsymbol{T}'f, g)$$

ist.

Diesen Sachverhalt können wir einfacher schreiben, wenn wir die Bezeichnung

$$\boldsymbol{T}'f = f\boldsymbol{T} \tag{3}$$

einführen. Dann lautet die Definitionsgleichung der adjungierten Transformation

$$(f, \boldsymbol{T}g) = (f\boldsymbol{T}, g). \tag{4}$$

Wir wollen im folgenden voraussetzen, daß zur Transformation $\boldsymbol{T}$ eine adjungierte $\boldsymbol{T}'$ existiert. Dann ist offenbar auch $\boldsymbol{T}$ adjungiert zu $\boldsymbol{T}'$, denn es wird

$$(f, \boldsymbol{T}'g) = \overline{(\boldsymbol{T}'g, f)} = \overline{(g\boldsymbol{T}, f)} = \overline{(g, \boldsymbol{T}f)} = (\boldsymbol{T}f, g). \tag{5}$$

Hat $\boldsymbol{T}$ speziell die Gestalt

$$\boldsymbol{T} = \boldsymbol{E} - \boldsymbol{K}, \tag{6}$$

[1] Mit Hilfe des Skalarproduktes kann eine Norm des Elementes f vermittels $\sqrt{(f, f)}$ eingeführt werden, die alle Bedingungen erfüllt, die von einem Banachraum gefordert werden. Steht in einem linearen Raum ein Skalarprodukt zur Verfügung und gilt die Abgeschlossenheitsrelation, so bezeichnet man den Raum als Hilbertraum. Die nun folgenden Überlegungen sind dadurch gekennzeichnet, daß für den gleichen Raum verschiedene Normen nebeneinander benutzt werden.

so wird

(7) $$T' = E - K'.$$

Wir werden voraussetzen, daß sowohl K als auch K' vollstetig sind. Dann gelten alle bisher für T abgeleiteten Ergebnisse auch für T'.

Es gibt daher zwei lineare Räume Φ_n und Φ'_n mit den Elementen φ und φ', die die Gleichungen

(8) $$T^n \varphi = 0; \qquad T'^n \varphi' = 0$$

erfüllen. Entsprechend gilt für die Räume $\mathfrak{B}_n$ und $\mathfrak{B}'_n$

(9) $$\begin{cases} \mathfrak{B}_0 = \mathfrak{B}'_0 = \mathfrak{L}, \\ \mathfrak{B}_{n+1} = T\mathfrak{B}_n; \quad \mathfrak{B}'_{n+1} = T'\mathfrak{B}'_n. \end{cases}$$

Nach Satz 53 gibt es nun für die Transformation T eine Zahl N und für die Transformation T' eine Zahl N', so daß für alle $n \geqq N$

(10) $$\mathfrak{B}_n = \mathfrak{B}_N; \qquad \Phi_n = \Phi_N$$

und für alle $n \geqq N'$

(11) $$\mathfrak{B}'_n = \mathfrak{B}'_{N'}; \qquad \Phi'_n = \Phi'_{N'}.$$

Bezeichnen wir mit N^* die größere der beiden genannten Zahlen, so wird für alle $n \geqq N^*$

(12) $$\mathfrak{B}_n = \mathfrak{B}_{N^*}; \quad \mathfrak{B}'_n = \mathfrak{B}'_{N^*}; \quad \Phi_n = \Phi_{N^*}; \quad \Phi'_n = \Phi'_{N^*}.$$

Wir beweisen nun

Lemma 90. *Jedes Element f aus $\mathfrak{L}$ kann eindeutig in der Form*

$$f = f_0 + \varphi \quad \textit{mit} \quad f_0 \in \mathfrak{B}_{N^*}; \quad \varphi \in \Phi_{N^*},$$

$$f = f'_0 + \varphi' \quad \textit{mit} \quad f'_0 \in \mathfrak{B}'_{N^*}; \quad \varphi' \in \Phi'_{N^*}$$

dargestellt werden.

Zum Beweise bilden wir zunächst

(13) $$g = T^{N^*} f.$$

Dann gibt es nach Satz 52 ein eindeutig bestimmtes Element f_0 aus $\mathfrak{B}_{N^*}$, so daß

(14) $$g = T^{N^*} f_0$$

ist. Daher wird

(15) $$T^{N^*}(f - f_0) = 0,$$

und es folgt

(16) $$f - f_0 \in \Phi_{N^*},$$

womit der erste Teil der Behauptung bewiesen ist. Der zweite Teil von Lemma 90 ergibt sich aus der analogen Überlegung für die Transformation $\boldsymbol{T}'$.

Da die Elemente f_0 aus $\mathfrak{B}_{N^*}$ und f'_0 aus $\mathfrak{B}'_{N^*}$ in der Form

$$f_0 = \boldsymbol{T}^{N^*} g_0; \qquad f'_0 = \boldsymbol{T}^{N^*} g'_0 \tag{17}$$

dargestellt werden können, ergibt sich

$$(\varphi', f_0) = (\varphi', \boldsymbol{T}^{N^*} g_0) = (\boldsymbol{T}'^{N^*} \varphi', g_0) = 0 \tag{18}$$

für alle φ' aus Φ'_{N^*} und

$$(\varphi, f_0) = (\varphi, \boldsymbol{T}'^{N^*} g'_0) = (\boldsymbol{T}^{N^*} \varphi, g'_0) = 0 \tag{19}$$

für alle φ aus Φ_{N^*}. Damit folgt

Lemma 91. *Für alle Elemente f_0 aus $\mathfrak{B}_{N^*}$ und alle φ' aus Φ'_{N^*} gilt*

$$(\varphi', f_0) = 0,$$

und für f'_0 aus $\mathfrak{B}'_{N^*}$ und φ aus Φ_{N^*} ist

$$(\varphi, f'_0) = 0.$$

In Verbindung mit Lemma 90 folgt nun

Lemma 92. *Es gibt kein von Null verschiedenes Element φ_0 aus Φ_{N^*}, so daß für alle φ' aus Φ'_{N^*}*

$$(\varphi_0, \varphi') = 0$$

ist, und kein von Null verschiedenes Element φ'_0 aus Φ'_{N^*}, so daß für alle φ aus Φ_{N^*}

$$(\varphi'_0, \varphi) = 0$$

gilt.

Nach Lemma 90 können wir nämlich φ_0 in der Form

$$\varphi_0 = f'_0 + \varphi'_1 \tag{20}$$

mit einem Element f'_0 aus $\mathfrak{B}'_{N^*}$ und einem Element φ'_1 aus Φ'_{N^*} darstellen. Nach Lemma 91 ist nun

$$(\varphi_0, \varphi_0) = (f'_0, \varphi_0) + (\varphi'_1, \varphi_0), \tag{21}$$

so daß φ_0 verschwindet. Entsprechend folgt aus

$$\varphi'_0 = f_0 + \varphi_1 \tag{22}$$

auch

$$(\varphi'_0, \varphi'_0) = (f_0, \varphi'_0) + (\varphi_1, \varphi'_0) = 0, \tag{23}$$

so daß auch φ'_0 verschwindet.

Die Räume Φ_{N^*} und Φ'_{N^*} sind von endlicher Dimension, und zwar besitze Φ_{N^*} die Dimension ν und Φ'_{N^*} die Dimension ν'. Dann können wir alle Elemente von Φ_{N^*} als Linearkombinationen eines Systems von ν linear unabhängigen Elementen

$$\varphi_1, \varphi_2, \ldots, \varphi_\nu \tag{24}$$

darstellen, und erhalten alle Elemente von Φ'_{N^*} durch Linearkombinationen eines Systems

$$\varphi'_1, \varphi'_2, \ldots, \varphi'_{\nu'}. \tag{25}$$

Es sei nun $\nu > \nu'$. Dann können wir ν Konstanten α^i, die nicht alle verschwinden, so finden, daß die ν' Gleichungen

$$\alpha^i (\varphi_i, \varphi'_\varkappa) = 0 \qquad \varkappa = 1, 2, \ldots \nu' \tag{26}$$

erfüllt werden. Es gäbe also entgegen Lemma 92 ein Element

$$\varphi_0 = \alpha^i \varphi_i, \tag{27}$$

das

$$(\varphi_0, \varphi') = 0 \tag{28}$$

für alle φ' aus Φ'_{N^*} erfüllt. Durch eine analoge Überlegung führen wir auch $\nu' > \nu$ zum Widerspruch und erhalten $\nu = \nu'$. Setzen wir noch

$$c_{ik} = (\varphi_i, \varphi'_k), \tag{29}$$

so ist auch

$$\det |c_{ik}| \neq 0, \tag{30}$$

denn sonst könnten wir wieder Konstanten α^i so finden, daß Gl. (26) erfüllt ist. Die Matrix (c_{ik}) besitzt folglich eine Umkehrung, die wir mit (d_{ik}) bezeichnen. Dann ist

$$\sum_{k=1}^{\nu} c_{ik} d_{kl} = \sum_{k=1}^{\nu} d_{lk} c_{ki} = \delta_{li}. \tag{31}$$

Bilden wir nun die Elemente

$$\varphi_l^* = \sum_{k=1}^{\nu} d_{lk} \varphi_k \tag{32}$$

aus Φ_{N^*}, so wird

$$(\varphi_l^*, \varphi'_i) = \sum_{k=1}^{\nu} d_{lk} (\varphi_k, \varphi'_i) = \sum_{k=1}^{\nu} d_{lk} c_{ki} = \delta_{li}. \tag{33}$$

Wir legen nun dieses System φ_l^* von Elementen aus Φ_{N^*} unseren Betrachtungen zugrunde und formulieren

Lemma 93. *Es gibt ein System von Elementen φ_i aus Φ_{N*} und ein System von Elementen φ'_k aus Φ'_{N*} mit $i, k = 1, \ldots, \nu$, so daß*

$$(\varphi_i, \varphi'_k) = \delta_{ik}$$

ist.

Wir wollen unsere Ergebnisse nun benutzen, um die Struktur der Räume Φ_{N*} und Φ'_{N*} weiter zu untersuchen. Wir waren davon ausgegangen, daß die Räume Φ_n und Φ'_n nach endlich vielen Schritten stabil werden, daß sie, mit anderen Worten, nach endlich vielen Schritten vollständig bekannt sind. Es könnte aber sein, daß etwa Φ_n eher stabil wird als Φ'_n. Diese Frage hatten wir bisher noch nicht untersucht. Wir wollen also annehmen, daß

$$\Phi_{N-1} = \Phi_N \tag{34}$$

ist, während ein Element φ'_1 aus Φ'_N existiert, das nicht in Φ'_{N+1} enthalten ist. Es ist nun

$$(\boldsymbol{T}')^{N-1} \varphi'_1 \in \Phi'_1 \subset \Phi'_N. \tag{35}$$

Für alle φ aus $\Phi_N = \Phi_{N+1}$ gilt aber

$$(\varphi, (\boldsymbol{T}')^{N-1} \varphi'_1) = (\boldsymbol{T}^{N-1} \varphi, \varphi'_1) = 0. \tag{36}$$

Entgegen der Annahme muß daher nach Lemma 92

$$(\boldsymbol{T}')^{N-1} \varphi'_1 = 0 \tag{37}$$

sein. Da die gleiche Argumentation auch anwendbar ist, wenn wir $\boldsymbol{T}$ und $\boldsymbol{T}'$ vertauschen, erkennen wir, daß Φ_n und Φ'_n nach der gleichen Zahl von Schritten stabil werden. Die charakteristischen Zahlen N für $\boldsymbol{T}$ und N' für $\boldsymbol{T}'$ sind also gleich, und es ist $N = N' = N^*$.

Wir beweisen nun

Lemma 94. *Die Dimensionen der Räume Φ_1 und Φ'_1 sind gleich.*

Zum Beweise betrachten wir die Gesamtheit der Bilder $\boldsymbol{T}\varphi$ für alle φ aus Φ_N. Dann gilt stets

$$\boldsymbol{T}\varphi \in \Phi_{N-1} \subset \Phi_N, \tag{38}$$

so daß der Raum Φ_N vermittels $\boldsymbol{T}$ auf einen Teil von sich abgebildet wird.

Wir nehmen weiter an, daß wir nach Lemma 93 zwei Systeme φ_i und φ'_k von Elementen aus Φ_N und Φ'_N so gebildet haben, daß

$$(\varphi_i, \varphi'_k) = \delta_{ik} \tag{39}$$

ist. Es gilt aber für jedes Element φ_i

(40) $$T\varphi_i = \sum_{k=1}^{\nu} A_{ik}\varphi_k,$$

so daß wir die Abbildung des Raumes Φ_N durch die Matrix (A_{ik}) beschreiben können.

Mit $\varphi_1^*, \varphi_2^*, \ldots, \varphi_\mu^*$; $\mu \leqq \nu$ bezeichnen wir ein System linear unabhängiger Elemente aus Φ_1, während mit $\psi_1^*, \ldots, \psi_\sigma^*$; $\sigma \leqq \nu$ ein System linear unabhängiger Elemente aus Φ_1' bezeichnet wird.

Da die φ_i^* und ψ_j^* in Φ_1, bzw. Φ_1' liegen, gibt es Konstanten x_i^k und y_j^m, so daß

(41) $$\varphi_i^* = x_i^k \varphi_k; \qquad \psi_j^* = y_j^m \varphi_m'$$

ist. Aus

(42) $$T\varphi_i^* = 0$$

folgt nun nach Gl. (40)

(43) $$A_{kl}\, x_i^k = 0 \quad \text{für} \quad \begin{cases} l = 1, 2, \ldots, \nu, \\ i = 1, 2, \ldots, \mu. \end{cases}$$

Umgekehrt stellt auch jedes System x_i^k, das Gl. (43) genügt, vermittels Gl. (41) ein Element aus Φ_1 dar. Die Anzahl μ der linear unabhängigen Lösungen von Gl. (43) gibt daher die Dimension von Φ_1 an.

Weiterhin ist für alle f

(44) $$(\psi_j^*, Tf) = (T'\psi_j^*, f) = 0.$$

Es wird also auch

(45) $$0 = (T\psi_l, \psi_j^*) = \sum_{k=1}^{\nu} (A_{lk}\varphi_k, \psi_j^*) = \sum_{k=1}^{\nu}\sum_{n=1}^{\nu} A_{lk}\, y_j^n (\varphi_k, \varphi_n'),$$

und wir erhalten nach Gl. (39)

(46) $$A_{lk}\, y_j^k = 0 \quad \begin{cases} l = 1, 2, \ldots, \nu, \\ j = 1, \ldots, \sigma. \end{cases}$$

Die Zahl der linear unabhängigen Lösungen dieses Systems homogener Gleichungen ist aber wegen Gl. (43) gleich μ. Wir wollen nun zeigen, daß jedem System y_j^k, das Gl. (46) löst, ein Element aus Φ_1' entspricht. Dazu bemerken wir, daß für alle φ_l nach Gl. (44) und (46)

(47) $$(y_j^k \varphi_k', T\varphi_l) = y_j^k (T'\varphi_k', \varphi_l) = 0$$

ist. Es gehört aber $y_j^k\, T'\varphi_k'$ zu Φ_N'. Folglich ist nach Lemma 92

(48) $$T'(y_j^k \varphi_k') = 0,$$

so daß $y_j^k \varphi_k'$ in Φ_1' liegt. Somit ergibt sich $\mu = \sigma$, und wir haben Lemma 94 bewiesen.

Es gilt weiterhin

Lemma 95. *Die Räume*

$$\Phi_1' \quad und \quad \mathfrak{B}_1$$

sowie

$$\Phi_1 \quad und \quad \mathfrak{B}_1'$$

haben nur das Element $f = 0$ gemeinsam.

Alle Elemente aus $\mathfrak{B}_1$ können nämlich in der Form $\boldsymbol{T} f$ und alle Elemente aus $\mathfrak{B}_1'$ in der Form $\boldsymbol{T}' f$ dargestellt werden. Es wird somit

$$(49) \qquad \begin{cases} (\varphi', \boldsymbol{T} f) = (\boldsymbol{T}'\varphi', f) = 0 & \text{für} \quad \varphi' \in \Phi_1', \\ (\varphi, \boldsymbol{T}' f) = \ (\boldsymbol{T}\varphi, f) = 0 & \text{für} \quad \varphi \in \Phi_1. \end{cases}$$

Für die Φ_1' und $\mathfrak{B}_1$ sowie Φ_1 und $\mathfrak{B}_1'$ gemeinsamen Elemente muß daher $(f, f) = 0$ gelten, woraus sich die Behauptung ergibt.

Wir denken uns nun zwei Systeme linear unabhängiger Elemente

$$(50) \qquad \begin{cases} \varphi_1, \varphi_2, \ldots, \varphi_\mu & \text{aus} \quad \Phi_1, \\ \varphi_1', \varphi_2', \ldots, \varphi_\mu' & \text{aus} \quad \Phi_1'. \end{cases}$$

so ausgewählt, daß

$$(51) \qquad (\varphi_i, \varphi_k) = (\varphi_i', \varphi_k') = \delta_{ik}$$

ist. Derartige Systeme können wir stets finden, wie die folgende Überlegung zeigt:

Wir gehen aus von einem System linear unabhängiger Elemente $\varphi_1^*, \ldots, \varphi_\mu^*$ und betrachten

$$(52) \qquad (\varphi_i^* x^i, \varphi_j^* x^j) = H_{ij} x^i \bar{x}^j; \qquad H_{ij} = (\varphi_i^*, \varphi_j^*)$$

als Funktion der μ Veränderlichen x^i. Diese Funktion ist eine positiv definite hermitesche Form der komplexen Veränderlichen x^i. Die Koeffizienten H_{ij} stellen daher eine positiv definite hermitesche Matrix dar. Zu dieser Matrix gibt es aber Koeffizienten B_l^i, so daß

$$(53) \qquad H_{ij} B_l^i \bar{B}_k^j = \delta_{lk}$$

ist.

Setzen wir nun

$$(54) \qquad \varphi_l = B_l^i \varphi_i^*,$$

so wird

$$(55) \qquad (\varphi_l, \varphi_k) = (B_l^i \varphi_i^*, B_k^j \varphi_j^*) = B_l^i \bar{B}_k^j H_{ij} = \delta_{lk}.$$

Mit Hilfe der Systeme Gl. (50) bilden wir die Transformation

(56) $$\boldsymbol{K}_0 f = \sum_{i=1}^{\mu} \varphi_i' (f, \varphi_i).$$

Dann ist

(57) $$\boldsymbol{K}_0' f = \sum_{i=1}^{\mu} \varphi_i (f, \varphi_i').$$

Wir betrachten dann die Transformation

(58) $$\boldsymbol{T}_0 = \boldsymbol{T} + \boldsymbol{K}_0$$

und beweisen

Lemma 96. *Die Gleichung*

$$\boldsymbol{T}_0 f = 0$$

besitzt nur die Lösung $f = 0$.

Aus $\boldsymbol{T}_0 f = 0$ folgt nämlich

(59) $$\boldsymbol{T} f = -\boldsymbol{K}_0 f.$$

Hier liegt die linke Seite in $\mathfrak{B}_1$ und die rechte Seite in Φ_1'. Es muß daher nach Lemma 95

(60) $$\boldsymbol{T} f = 0 \quad \text{und} \quad \boldsymbol{K}_0 f = 0$$

sein. Nach der ersten Gleichung ist f von der Form

(61) $$f = c^i \varphi_i.$$

Dann wird wegen Gl. (51)

(62) $$\boldsymbol{K}_0 f = c^i \varphi_i'.$$

Dieser Ausdruck verschwindet nur dann identisch, wenn alle Koeffizienten verschwinden. Damit folgt aus Gl. (61) die Behauptung.

Nach Satz 54 ist somit die Gleichung

(63) $$f = \boldsymbol{T}_0 g$$

stets eindeutig auflösbar.

Wir wollen jedoch die Gleichung

(64) $$f = \boldsymbol{T} g$$

lösen. Dazu ist notwendig, daß f zu $\mathfrak{B}_1$ gehört. Es muß also für alle φ' aus Φ_1'

(65) $$(\varphi', f) = 0$$

sein. Wir werden nun zeigen, daß diese Bedingung auch hinreichend ist.

Wir setzen dazu Gl. (65) voraus. Es gibt dann eine eindeutig bestimmte Lösung g der Gleichung Gl. (63), und wir erhalten

$$f - \boldsymbol{T} g = \boldsymbol{K}_0 g. \tag{66}$$

Wegen Gl. (65) gilt dann für alle φ' aus Φ_1'

$$(\varphi', f - \boldsymbol{T} g) = (\varphi', f) - (\varphi', \boldsymbol{T} g) = -(\boldsymbol{T}' \varphi', g) = 0, \tag{67}$$

so daß auch

$$(\varphi', \boldsymbol{K}_0 g) = 0 \tag{68}$$

ist. Da $\boldsymbol{K}_0 g$ zu Φ_1' gehört, folgt $\boldsymbol{K} g_0 = 0$ und g genügt der Gleichung

$$f = \boldsymbol{T} g. \tag{69}$$

Aus $\boldsymbol{K}_0 g = 0$ folgt aber weiter für alle φ aus Φ_1 auch

$$(\varphi, g) = 0. \tag{70}$$

Wir erhalten daher in Zusammenfassung unserer bisherigen Ergebnisse den FREDHOLMschen Alternativsatz.

Satz 55. Die Transformation $\boldsymbol{T}$ habe die Gestalt

$$\boldsymbol{T} = \boldsymbol{E} - \boldsymbol{K},$$

wo $\boldsymbol{K}$ eine adjungierte Transformation $\boldsymbol{K}'$ besitzt und $\boldsymbol{K}$ sowie $\boldsymbol{K}'$ vollstetig sind.

Es treten zwei Fälle auf:

I. Die Gleichung

$$\boldsymbol{T} \varphi = 0$$

besitzt nur die triviale Lösung $\varphi = 0$.

Dann hat auch die adjungierte Gleichung

$$\boldsymbol{T}' \varphi' = 0$$

nur die triviale Lösung $\varphi' = 0$. *Die inhomogene Gleichung*

$$f = \boldsymbol{T} g$$

besitzt für alle f *aus* $\mathfrak{L}$ *eine eindeutig bestimmte Lösung.*

II. Die Gleichung

$$\boldsymbol{T} \psi = 0$$

besitzt μ *linear unabhängige Lösungen.*

Dann hat auch die adjungierte Gleichung

$$\boldsymbol{T}' \varphi' = 0$$

μ linear unabhängige Lösungen, und die inhomogene Gleichung

$$f = \mathbf{T} g$$

besitzt dann und nur dann eine Lösung, wenn für alle φ' mit $\mathbf{T}' \varphi' = 0$

$$(\varphi', f) = 0$$

ist. Die Lösung g kann dann durch die Zusatzbedingung, daß für alle φ aus Φ_1

$$(\varphi, g) = 0$$

ist, eindeutig festgelegt werden.

Dieser Alternativsatz bildet die Grundlage der weiteren Existenzbeweise. Er sichert die Existenz der Lösungen unserer Probleme, liefert uns jedoch keine Methode zur Auflösung unserer Gleichungen.

§ 18. Eine Auflösung der Fredholmschen Gleichungen[1]

Wir wollen nun ein Verfahren entwickeln, das uns die Auflösung unserer Gleichungen mit Hilfe eines Approximationsverfahrens gestattet. Wir benötigen dazu einige Vorbemerkungen über das Skalarprodukt unseres Raumes.

Zunächst setzen wir

$$|f|^2 = (f, f). \tag{1}$$

Dann folgt nach der SCHWARZschen Ungleichung aus der Definition des Skalarproduktes

$$|(f, g)| \leq |f| \cdot |g|, \tag{2}$$

und es gilt

$$|f| = 0 \tag{3}$$

nur für $f = 0$.

Weiterhin gibt es eine Konstante C, so daß für alle f

$$|f| \leq C \, \|f\| \tag{4}$$

gilt, wie sich beispielsweise aus

$$\|f\| = \mathrm{Max} \sqrt{|\mathfrak{v}|^2} \tag{5}$$

und

$$|f|^2 = \int_G |\mathfrak{v}|^2 \, dV \quad \text{bzw.} \quad |f|^2 = \int_F |\mathfrak{v}|^2 \, dF \tag{6}$$

unschwer ablesen läßt.

[1] Vgl. CL. MÜLLER: Communications on Pure and Applied Mathematics. Vol. VIII, 635, (1955) und im weiteren Rahmen P. P. LAX: Communications on Pure and Applied Mathematics. Vol. VII, 633 (1954).

Wir benötigen nun zur Durchführung unserer Konstruktion

Satz 56. *Es seien $\boldsymbol{T}$ und $\boldsymbol{T}'$ zueinander adjungierte lineare Transformationen. Es gebe zwei lineare Räume $\mathfrak{V}$ und $\mathfrak{V}'$, so daß*

$$\mathfrak{V} = \boldsymbol{T}\mathfrak{V}'; \qquad \mathfrak{V}' = \boldsymbol{T}'\mathfrak{V}$$

ist. Gilt dann für alle f aus $\mathfrak{V}'$ mit einer positiven Konstanten M

$$\|\boldsymbol{T} f\| \leqq M \|f\|$$

und für alle f aus $\mathfrak{V}$

$$\|\boldsymbol{T}' f\| \leqq M \|f\|,$$

so ist auch

$$|\boldsymbol{T} f| \leqq M |f| \quad \text{für} \quad f \in \mathfrak{V}',$$

$$|\boldsymbol{T}' f| \leqq M |f| \quad \text{für} \quad f \in \mathfrak{V}.$$

Wir legen unserer Betrachtung hier Transformationen zugrunde, die nicht für alle f, sondern nur für die Elemente bestimmter Teilräume definiert sind, und sprechen die Behauptung auch nur für diese f aus.

Zum Beweise bilden wir die Transformation

$$\boldsymbol{A} = \boldsymbol{T}' \boldsymbol{T}, \tag{7}$$

die für die Elemente von $\mathfrak{V}'$ definiert ist.

Dann wird

$$\boldsymbol{A}' = \boldsymbol{A}, \tag{8}$$

denn es ist für $f, g \in \mathfrak{V}'$

$$(f, \boldsymbol{A} g) = (f, \boldsymbol{T}' \boldsymbol{T} g) = (\boldsymbol{T} f, \boldsymbol{T} g) = (\boldsymbol{T}' \boldsymbol{T} f g) = (\boldsymbol{A} f, g). \tag{9}$$

Wir erhalten daher

$$|\boldsymbol{A}^n f|^2 = (\boldsymbol{A}^n f, \boldsymbol{A}^n f) = (f, \boldsymbol{A}^{2n} f) \tag{10}$$

und finden nach Gl. (2)

$$|\boldsymbol{A}^n f|^2 \leqq |f| \cdot |\boldsymbol{A}^{2n} f| \tag{11}$$

oder

$$|\boldsymbol{A}^{2n} f| \geqq \frac{|\boldsymbol{A}^n f|^2}{|f|}. \tag{12}$$

Durch zweimalige Anwendung dieser Abschätzung ergibt sich

$$|\boldsymbol{A}^{4n} f| \geqq \frac{|\boldsymbol{A}^n f|^4}{|f|^3}, \tag{13}$$

und es folgt für alle $n = 2^\varkappa$, $\varkappa = 1, 2, 3 \ldots$

$$|\boldsymbol{A}^n f| \geqq \frac{|\boldsymbol{A} f|^n}{|f|^{n-1}}. \tag{14}$$

Nun ist aber nach Gl. (4)

(15) $$|A^n f| \leqq C \, \|A^n f\|,$$

so daß aus den Voraussetzungen von Satz 56 wegen

(16) $$\|A^n f\| = \|T' T A^{n-1} f\| \leqq M \|T A^{n-1} f\| \leqq M^2 \|A^{n-1} f\| \leqq M^{2n} \|f\|$$

schließlich

(17) $$|A^n f| \leqq C M^{2n} \|f\|$$

folgt. Nach Gl. (14) wird daher für $n = 2^\varkappa$

(18) $$\frac{|A f|}{|f|} \leqq M^2 \left(C \frac{1}{|f|} \|f\|\right)^{1/n}.$$

Durch den Grenzübergang $\varkappa \to \infty$ erhalten wir somit

(19) $$|A f| \leqq M^2 |f|.$$

Nun ist aber

(20) $$|T f|^2 = (T f, T f) = (f, T' T f) \leqq |f| \, |A f| \leqq M^2 |f|^2,$$

womit unsere Behauptung für T bewiesen ist. Um die Behauptung auch für T' zu beweisen, führen wir die gleiche Argumentation statt mit $T' T$ mit $T T'$ durch.

Nach Satz 55 können wir die Elemente f des Raumes $\mathfrak{B}_1$ durch die Bedingung

(21) $$(f, \varphi') = 0 \quad \text{für alle} \quad \varphi' \in \Phi_1'$$

vollständig charakterisieren. Da alle unsere Argumentationen auch für die adjungierte Transformation T' gelten, ist die Gleichung

(22) $$f = T' g$$

dann und nur dann auflösbar, wenn f die Bedingung

(23) $$(f, \varphi) = 0 \quad \text{für alle} \quad \varphi \in \Phi_1$$

erfüllt. Daher wird der Raum $\mathfrak{B}_1'$ durch diese Bedingung vollständig charakterisiert.

Nun gibt es ebenfalls nach Satz 55 zu jedem Element f aus $\mathfrak{B}_1$ ein eindeutig bestimmtes Element g mit

(24) $$(g, \varphi) = 0 \quad \text{für alle} \quad \varphi \in \Phi_1,$$

so daß

(25) $$f = T g$$

ist. Die Einschränkung Gl. (24) besagt aber, daß g in $\mathfrak{B}_1'$ liegt. Wir erhalten daher

Lemma 97. *Es gilt*

$$\mathfrak{B}_1 = \boldsymbol{T}\mathfrak{B}_1' \quad \text{und} \quad \mathfrak{B}_1' = \boldsymbol{T}'\mathfrak{B}_1,$$

wobei diese Abbildungen umkehrbar eindeutig sind.

Die Aussage über die Abbildung $\mathfrak{B}_1 = \boldsymbol{T}\mathfrak{B}_1'$ braucht nicht gesondert behandelt zu werden. Es genügt zu bemerken, daß unsere Argumentation sinngemäß auch für die Transformation $\boldsymbol{T}'$ gilt, und es folgt die zweite Behauptung dann durch Vertauschung von $\mathfrak{B}_1$ mit $\mathfrak{B}_1'$ und $\boldsymbol{T}$ mit $\boldsymbol{T}'$.

Wir wollen nun zeigen, daß auch die Umkehrungen

$$\mathfrak{B}_1' = \boldsymbol{T}^{-1}\mathfrak{B}_1; \qquad \mathfrak{B}_1 = \boldsymbol{T}'^{-1}\mathfrak{B}_1' \tag{26}$$

durch lineare Transformationen vermittelt werden, die wir $\boldsymbol{T}^{-1}$ und $\boldsymbol{T}'^{-1}$ nennen. Wir müssen hier jedoch betonen, daß diese Transformationen nicht im ganzen Raum $\mathfrak{L}$, sondern nur für die Elemente aus $\mathfrak{B}_1$ oder $\mathfrak{B}_1'$ definiert sind. Um nun zu zeigen, daß diese Umkehrungen lineare Transformationen darstellen, haben wir nachzuweisen, daß sie distributiv und beschränkt sind. Aus Lemma 97 und dem linearen Charakter von $\boldsymbol{T}$ folgt unmittelbar

$$\left\{\begin{array}{l} \boldsymbol{T}^{-1}(C_1 f_1 + C_2 f_2) = C_1 \boldsymbol{T}^{-1} f_1 + C_2 \boldsymbol{T}^{-1} f_2, \\ \boldsymbol{T}'^{-1}(C_1 f_1 + C_2 f_2) = C_1 \boldsymbol{T}'^{-1} f_1 + C_2 \boldsymbol{T}'^{-1} f_2, \end{array}\right. \tag{27}$$

so daß nur die Beschränktheit zu beweisen bleibt.

Wir beweisen zunächst

Lemma 98. *Es gibt eine nur von der Transformation* $\boldsymbol{T}$ *abhängige Konstante* C, *so daß für alle* f *aus* $\mathfrak{B}_1$ *und* g *aus* $\mathfrak{B}_1'$, *die in der Beziehung*

$$f = \boldsymbol{T} g$$

stehen,

$$\|g\| \leqq C \|f\|$$

ist.

Diese Aussage ist eine Verschärfung von Satz 50 und benutzt den gleichen Beweisgedanken. Wir nehmen nämlich entgegen der Behauptung an, daß es Folgen $\{f_n\}$ und $\{g_n\}$ so gibt, daß

$$f_n = \boldsymbol{T} g_n \tag{28}$$

gilt und

$$\|g_n\| = 1; \quad \lim_{n\to\infty} \|f_n\| = 0 \tag{29}$$

ist.

Es gibt dann eine Teilfolge der g_n, die wir mit $g_{n'}$ bezeichnen mit der Eigenschaft, daß $\boldsymbol{K} g_{n'}$ gegen ein Element g_0 konvergiert. Aus Gl. (29)

folgt dann wegen $\boldsymbol{T} g_{n'} = g_{n'} - \boldsymbol{K} g_{n'}$

$$\lim_{n'\to\infty} \|f_{n'}\| = \lim_{n'\to\infty} \|g_{n'} - g_0\| = 0, \tag{30}$$

und es wird

$$\lim_{n'\to\infty} \|\boldsymbol{T}(g_{n'} - g_0)\| = 0. \tag{31}$$

Da

$$f_{n'} = \boldsymbol{T} g_{n'}; \quad \lim_{n'\to\infty} \|\boldsymbol{T} g_{n'}\| = 0 \tag{32}$$

ist, ergibt sich

$$\boldsymbol{T} g_0 = 0, \tag{33}$$

und g_0 gehört zu Φ_1. Die Räume Φ_1 und $\mathfrak{B}_1'$ haben außer $f = 0$ kein Element gemeinsam. Da g_0 zu Φ_1 und $-g_{n'}$ zu $\mathfrak{B}_1'$ gehört, gibt es nach Lemma 86 eine Konstante C, so daß

$$\|g_0\| + \|g_{n'}\| \leqq C \|g_{n'} - g_0\| \tag{34}$$

ist. Nach Gl. (30) wird daher

$$\lim_{n'\to\infty} \|g_{n'}\| = 0 \tag{35}$$

im Widerspruch zu Gl. (29). Damit ist Lemma 98 bewiesen.

Da wir die entsprechende Überlegung auch für $\boldsymbol{T}'$ durchführen können, ergibt sich ebenfalls

Lemma 99. *Es gibt eine nur von der Transformation $\boldsymbol{T}'$ abhängige Konstante C', so daß für alle f aus $\mathfrak{B}_1'$ und g aus $\mathfrak{B}_1$, die in der Beziehung*

$$f = \boldsymbol{T}' g$$

stehen,

$$\|g\| \leqq C' \|f\|$$

ist.

Wir haben damit gezeigt, daß wir Umkehrungen der Abbildungen $\boldsymbol{T}$ und $\boldsymbol{T}'$ durch Transformationen $\boldsymbol{T}^{-1}$ und $\boldsymbol{T}'^{-1}$ beschreiben können, die jeweils für die Elemente der Räume $\mathfrak{B}_1$ und $\mathfrak{B}_1'$ definiert sind.

Wir wollen nun Satz 56 auf diese Transformationen anwenden. Dazu müssen wir zeigen, daß $\boldsymbol{T}'^{-1}$ zu $\boldsymbol{T}^{-1}$ adjungiert ist. Zu diesem Zwecke betrachten wir

$$\begin{cases} (f, \boldsymbol{T}^{-1} g) = (\boldsymbol{T}' \boldsymbol{T}'^{-1} f, \boldsymbol{T}^{-1} g), \\ \qquad f \in \mathfrak{B}_1; \quad g \in \mathfrak{B}_1', \end{cases} \tag{36}$$

Dann ist

$$(\boldsymbol{T}' \boldsymbol{T}'^{-1} f, \boldsymbol{T}^{-1} g) = (\boldsymbol{T}'^{-1} f, \boldsymbol{T} \boldsymbol{T}^{-1} g) = (\boldsymbol{T}'^{-1} f, g) = (f, \boldsymbol{T}^{-1} g), \tag{37}$$

so daß $\boldsymbol{T}^{-1}$ und $\boldsymbol{T}'^{-1}$ die Voraussetzungen von Satz 56 erfüllen. Wir erhalten daher aus Lemma 98 und Lemma 99 mit $D = \mathrm{Max}(C, C')$

$$\left\{\begin{array}{ll} |\boldsymbol{T}^{-1} f| \leqq D|f| & \text{für} \quad f \in \mathfrak{B}_1', \\ |\boldsymbol{T}'^{-1} f| \leqq D|f| & \text{für} \quad f \in \mathfrak{B}_1. \end{array}\right. \tag{38}$$

Nach diesen Vorbereitungen können wir unser Approximationsverfahren entwickeln.

Wir setzen dazu voraus, daß f zu $\mathfrak{B}_1$ gehört, und bilden die Elemente f_n und g_n vermittels der Rekursionsbeziehungen

$$\left\{\begin{array}{ll} f_0 = f, & g_n = k_n \boldsymbol{T}' f_n, \\ f_{n+1} = f_n - \boldsymbol{T} g_n; & k_n = \dfrac{|\boldsymbol{T}' f_n|^2}{|\boldsymbol{T}\boldsymbol{T}' f_n|^2} \geqq \dfrac{1}{M^2}, \end{array}\right. \tag{39}$$

wobei die Abschätzung für k_n nach Satz 56 aus

$$|\boldsymbol{T}\boldsymbol{T}' f_n| \leqq M |\boldsymbol{T}' f_n|. \tag{40}$$

folgt. Wir wollen zunächst annehmen, daß nach endlich vielen Schritten $\boldsymbol{T}' f_n = 0$ ist, während $\boldsymbol{T}' f_{n-1}$ nicht verschwindet. Es ist sicher

$$\boldsymbol{T}' f = \boldsymbol{T}' f_0 \neq 0, \tag{41}$$

da f nicht zu Φ_1' gehört. Unsere Rekursion bricht daher nicht schon beim ersten Schritt ab. Unter der Voraussetzung $\boldsymbol{T}' f_n = 0$ bilden wir nun

$$\sum_{\nu=0}^{n-1} f_{\nu+1} = \sum_{\nu=0}^{n-1} f_\nu - \boldsymbol{T} \sum_{\nu=0}^{n-1} g_\nu \tag{42}$$

und erhalten wegen Gl. (39)

$$f_n = f_0 - \boldsymbol{T} \sum_{\nu=0}^{n-1} g_\nu. \tag{43}$$

Aus dieser Darstellung ergibt sich für alle φ' aus Φ_1'

$$(\varphi', f_n) = 0. \tag{44}$$

Andererseits gehört f_n zu Φ_1'. Es folgt daher $f_n = 0$, und wir haben in

$$g = \sum_{\nu=0}^{n-1} g_\nu \tag{45}$$

eine Lösung der Gleichung

$$f = \boldsymbol{T} g \tag{46}$$

gefunden, die auf Grund ihrer Bildung zu $\mathfrak{B}_1'$ gehört. Diese Lösung ist daher das gesuchte Element aus $\mathfrak{B}_1'$.

Bricht die Folge der Elemente f_n nicht ab, ist also stets $\boldsymbol{T} f_n \neq 0$, so ist nach Gl. (39)

$$k_n \geqq \frac{1}{M^2}. \tag{47}$$

Weiterhin liegt g_n stets in $\mathfrak{B}_1'$ und f_n in $\mathfrak{B}_1$, da

$$(\varphi', f_{n+1}) = (\varphi', f_n) = (\varphi', f_0) = 0 \quad \text{für} \quad \varphi' \in \Phi_1' \tag{48}$$

ist. Wir erhalten nun

$$\begin{aligned} |f_{n+1}|^2 &= (f_{n+1}, f_{n+1}) = (f_n - \boldsymbol{T} g_n, f_n - \boldsymbol{T} g_n) \\ &= |f_n|^2 - (f_n, \boldsymbol{T} g_n) - (\boldsymbol{T} g_n, f_n) + |\boldsymbol{T} g_n|^2 \\ &= |f_n|^2 + |\boldsymbol{T} g_n|^2 - 2(\boldsymbol{T} g_n, f_n), \end{aligned} \tag{49}$$

da

$$(\boldsymbol{T} g_n, f_n) = k_n (\boldsymbol{T} \boldsymbol{T}' f_n, f_n) = k_n (\boldsymbol{T}' f_n, \boldsymbol{T}' f_n) \tag{50}$$

ist. Nach Gl. (39) wird daher

$$|f_{n+1}|^2 = |f_n|^2 - k_n |\boldsymbol{T}' f_n|^2 < |f_n|^2. \tag{51}$$

Die Folge der positiven Zahlen $|f_n|^2$ ist demnach monoton fallend und folglich konvergent. Dann strebt aber die Differenz von $|f_{n+1}|^2$ und $|f_n|^2$ gegen Null, und wir finden

$$\lim_{n \to \infty} k_n |\boldsymbol{T}' f_n|^2 = 0. \tag{52}$$

Aus Gl. (47) erhalten wir damit

$$\lim_{n \to \infty} |\boldsymbol{T}' f_n|^2 = 0. \tag{53}$$

Nach Gl. (38) ist

$$|f_n| = |\boldsymbol{T}'^{-1} \boldsymbol{T}' f_n| \leqq D |\boldsymbol{T}' f_n|, \tag{54}$$

so daß aus Gl. (53)

$$\lim_{n \to \infty} |f_n| = 0 \tag{55}$$

folgt. Wir setzen nun für $n = 1, 2, \ldots$

$$h_n = \sum_{\nu=0}^{n-1} g_\nu \tag{56}$$

und bilden analog zu Gl. (42)

$$\sum_{\nu=0}^{n-1} f_{\nu+1} = \sum_{\nu=0}^{n-1} f_\nu - \boldsymbol{T} \sum_{\nu=0}^{n-1} g_\nu. \tag{57}$$

Hieraus folgt

$$f_n = f - \boldsymbol{T} h_n. \tag{58}$$

Wir wissen aber, daß ein Element g aus $\mathfrak{B}_1'$ mit der Eigenschaft

$$f = \boldsymbol{T} g \tag{59}$$

existiert, und erhalten folglich aus Gl. (58)

$$f_n = \boldsymbol{T}(g - h_n). \tag{60}$$

Nun ist aber nach Gl. (38)

$$|g - h_n| = |\boldsymbol{T}^{-1} f_n| \leqq D |f_n|, \tag{61}$$

so daß sich wegen Gl. (55)

$$\lim_{n\to\infty} |g - h_n| = 0 \tag{62}$$

ergibt. In Zusammenfassung unserer Ergebnisse erhalten wir daher

Satz 57. Es sei f *ein Element aus* $\mathfrak{B}_1$.

Bilden wir die Folgen

$$f_{n+1} = f_n - \boldsymbol{T} g_n; \qquad f_0 = f,$$

$$g_n = k_n \boldsymbol{T}' f_n,$$

$$k_n = \frac{|\boldsymbol{T}' f_n|^2}{|\boldsymbol{T}\boldsymbol{T}' f_n|^2},$$

$$h_n = \sum_{\nu=0}^{n-1} g_\nu,$$

so gilt

$$\lim_{n\to\infty} |g - h_n| = 0,$$

wobei g *die durch*

$$(\varphi, g) = 0 \quad \textit{für alle } \varphi \textit{ mit } \quad \boldsymbol{T}\varphi = 0$$

eindeutig bestimmte Lösung der Gleichung

$$f = \boldsymbol{T} g$$

ist.

Das hier gewonnene Verfahren liefert damit über die früher gewonnenen Existenzsätze hinaus eine konstruktive Methode zur Gewinnung der Lösungen unserer Gleichungen. Es ist dabei allerdings zu beachten, daß die Approximation nur im Sinne des quadratischen Mittels erfolgt, wie es sich durch die Benutzung der Skalarprodukte ergeben hat.

Bei den uns interessierenden Fragen liegt das Interesse darin, eine gegebene Funktion f durch Ausdrücke der Form $\boldsymbol{T} h_n$ zu approximieren. Hier erhalten wir aus Gl. (58)

$$|f - \boldsymbol{T} h_n| = |f_n|, \tag{63}$$

und es folgt aus Gl. (51)

(64) $$|f - \boldsymbol{T} h_{n+1}| = |f_{n+1}| < |f_n| = |f - \boldsymbol{T} h_n|.$$

In diesem Sinne liefern die Elemente $\boldsymbol{T} h_n$ daher eine sich mit jedem Schritt verbessernde Approximation.

Es bleibt uns nun noch zu zeigen, daß die zur Lösung der Beugungsprobleme aufgestellten Integralgleichungen die hier gemachten Voraussetzungen erfüllen, um daraus die Beweise der Existenz der von uns gesuchten Lösungen ableiten zu können.

§ 19. Integraloperatoren

Wir wollen zunächst einige Operatoren untersuchen, die den Voraussetzungen unserer Theorie genügen.

Zunächst legen wir als Raum $\mathfrak{L}$ die Gesamtheit der in einem regulären Gebiet G stetigen und komplexwertigen Paare von Vektorfeldern $\mathfrak{J}$, $\mathfrak{J}'$ zugrunde. Als Norm führen wir

(1) $$|\mathfrak{J}| + |\mathfrak{J}'|$$

und als Skalarprodukt zweier Paare $\mathfrak{J}_1$, $\mathfrak{J}_1'$ und $\mathfrak{J}_2$, $\mathfrak{J}_2'$ den Ausdruck

(2) $$\int_G (\mathfrak{J}_1 \overline{\mathfrak{J}}_2 + \mathfrak{J}_1' \overline{\mathfrak{J}}_2')\, dV$$

ein.

Es seien nun $\mathfrak{M}_{ik}(\mathfrak{x}, \mathfrak{y})$ Matrizen, die von den Punktepaaren $\mathfrak{x}$, $\mathfrak{y}$ aus G abhängen. Wir betrachten die Transformation

(3) $$\begin{cases} \mathfrak{J}^* = \int_G (\mathfrak{M}_{11}(\mathfrak{x}, \mathfrak{y})\, \mathfrak{J}(\mathfrak{y}) + \mathfrak{M}_{12}(\mathfrak{x}, \mathfrak{y})\, \mathfrak{J}'(\mathfrak{y}))\, dV_{\mathfrak{y}}, \\ \mathfrak{J}'^* = \int_G (\mathfrak{M}_{21}(\mathfrak{x}, \mathfrak{y})\, \mathfrak{J}(\mathfrak{y}) + \mathfrak{M}_{22}(\mathfrak{x}, \mathfrak{y})\, \mathfrak{J}'(\mathfrak{y}))\, dV_{\mathfrak{y}}. \end{cases}$$

Es gilt nun

Satz 58. *Gibt es eine Konstante C, so daß alle Elemente der Matrizen $\mathfrak{M}_{ik}(\mathfrak{x}, \mathfrak{y})$ ihrem absoluten Betrag nach kleiner als $\frac{C}{|\mathfrak{x} - \mathfrak{y}|^2}$ sind, so ist die Transformation Gl. (3) beschränkt.*

Ist $A(\mathfrak{x}, \mathfrak{y})$ ein beliebiges Element der genannten Matrizen, und gibt es Konstanten, C, τ_0, so daß für alle $\tau \leq \tau_0$ und $|\mathfrak{x}_1 - \mathfrak{x}_2| \leq \frac{\tau}{4}$ sowie $|\mathfrak{x}_1 - \mathfrak{y}| \geq \tau$ stets

(4) $$|A(\mathfrak{x}_1, \mathfrak{y}) - A(\mathfrak{x}_2, \mathfrak{y})| \leq \frac{C\,|\mathfrak{x}_1 - \mathfrak{x}_2|}{\tau^3}$$

ist, so ist die Transformation Gl. (3) auch vollstetig.

Die erste Behauptung ist offensichtlich, da

$$\int_G \frac{dV_{\mathfrak{y}}}{|\mathfrak{x}-\mathfrak{y}|^2} \tag{5}$$

existiert und als Funktion von $\mathfrak{x}$ gleichmäßig beschränkt ist.

Zum Nachweis der Vollstetigkeit haben wir zu zeigen, daß vermittels unserer Transformation jede beschränkte Folge in eine kompakte verwandelt wird. Wir setzen also eine beschränkte Folge $\mathfrak{J}_n$, $\mathfrak{J}'_n$ in unsere Transformation ein und untersuchen die Bilder.

Wegen

$$|\mathfrak{J}_n| + |\mathfrak{J}'_n| \leqq 1 \tag{6}$$

ergibt sich für $|\mathfrak{x}_1 - \mathfrak{x}_2| \leqq \frac{\tau}{4}$ mit zunächst willkürlichen $\tau \leqq \tau_0$

$$\begin{aligned} &|\mathfrak{J}_n^*(\mathfrak{x}_1) - \mathfrak{J}_n^*(\mathfrak{x}_2)| \\ &= O\Big(\int\limits_{|\mathfrak{x}_1-\mathfrak{y}|\leqq\tau} \frac{dV_{\mathfrak{y}}}{|\mathfrak{x}-\mathfrak{y}|^2} + \int\limits_{|\mathfrak{x}_2-\mathfrak{y}|\leqq\tau} \frac{dV_{\mathfrak{y}}}{|\mathfrak{x}-\mathfrak{y}|^2} + \frac{|\mathfrak{x}_1-\mathfrak{x}_2|}{\tau^3}\int_G dV_{\mathfrak{y}}\Big). \end{aligned} \tag{7}$$

Es folgt also

$$|\mathfrak{J}_n^*(\mathfrak{x}_1) - \mathfrak{J}_n^*(\mathfrak{x}_2)| = O\Big(\tau + \frac{|\mathfrak{x}_1-\mathfrak{x}_2|}{\tau^3}\Big). \tag{8}$$

Setzen wir daher

$$|\mathfrak{x}_1 - \mathfrak{x}_2| = \tau^4, \tag{9}$$

so wird für $|\mathfrak{x}_1 - \mathfrak{x}_2| \leqq (\frac{1}{4})^{4/3}$

$$|\mathfrak{J}_n^*(\mathfrak{x}_1) - \mathfrak{J}_n^*(\mathfrak{x}_2)| = O(|\mathfrak{x}_1 - \mathfrak{x}_2|^{1/4}). \tag{10}$$

Diese Abschätzung gilt gleichmäßig bezüglich n. Die Folge $\mathfrak{J}_n^*(\mathfrak{x})$ ist daher gleichgradig stetig. Es besitzt natürlich $\mathfrak{J}_n'^*(\mathfrak{x})$ die gleiche Eigenschaft.

Wir beweisen nun

Lemma 100. *Die Folge $f_n(\mathfrak{x})$ sei in einer abgeschlossenen Punktmenge M gleichmäßig beschränkt und gleichgradig stetig. Dann gibt es eine Teilfolge $f'_n(\mathfrak{x})$, die gleichmäßig gegen eine stetige Grenzfunktion konvergiert.*

Mit dem Beweis dieses Lemmas ist dann auch Satz 58 bewiesen.

Zum Beweise denken wir uns eine Folge von Punkten $\mathfrak{x}_\nu$, die in M überall dicht ist. In der Umgebung jedes Punktes von M liegen daher unendlich viele Punkte der Folge $\mathfrak{x}_\nu$. Wir betrachten nun die Zahlenfolgen

$$z_{n\nu} = f_n(\mathfrak{x}_\nu). \tag{11}$$

Die Folge z_{n1} ist gleichmäßig beschränkt. Es gibt folglich eine konvergente Teilfolge $z_{n'1}$. Die Teilfolge $f_{n'}(\mathfrak{x})$ konvergiert daher in $\mathfrak{x}_1$. Diese Teilfolge enthält wiederum eine Teilfolge, die in $\mathfrak{x}_2$ konvergiert. Durch Fortsetzung dieser Schlußweise ergibt sich die Existenz einer Teilfolge, die in allen Punkten $\mathfrak{x}_\nu$ konvergiert. Wir nennen diese Teilfolge in Abänderung der Bezeichnungsweise $f_n(\mathfrak{x})$. Fassen wir die überall dichte Punktmenge $\mathfrak{x}_\nu$ zu einer Klasse $\mathfrak{K}$ zusammen, so folgt, daß $f_n(\mathfrak{x})$ in allen Punkten aus $\mathfrak{K}$ konvergiert.

Für die Punkte der Klasse $\mathfrak{K}$ gibt es daher eine Funktion $f(\mathfrak{x})$, so daß dort

$$\lim_{n\to\infty} f_n(\mathfrak{x}) = f(\mathfrak{x}) \tag{12}$$

gilt. Sind $\mathfrak{x}_1$ und $\mathfrak{x}_2$ Punkte aus $\mathfrak{K}$ mit $|\mathfrak{x}_1 - \mathfrak{x}_2| \leqq \delta(\varepsilon)$, so ist auf Grund der gleichgradigen Stetigkeit für alle n

$$|f_n(\mathfrak{x}_1) - f_n(\mathfrak{x}_2)| \leqq \varepsilon. \tag{13}$$

Damit wird wegen Gl. (12) auch

$$|f(\mathfrak{x}_1) - f(\mathfrak{x}_2)| \leqq \varepsilon, \tag{14}$$

denn es ist

$$\begin{aligned} |f(\mathfrak{x}_1) - f(\mathfrak{x}_2)| \leqq |f(\mathfrak{x}_1) - f_n(\mathfrak{x}_1)| + |f(\mathfrak{x}_2) - f_n(\mathfrak{x}_2)| + \\ + |f_n(\mathfrak{x}_1) - f_n(\mathfrak{x}_2)|. \end{aligned} \tag{15}$$

Ist daher $\mathfrak{x}_\nu$ eine Folge konvergenter Punkte aus $\mathfrak{K}$, so wird $f(\mathfrak{x}_\nu)$ konvergent, denn es ist für $\nu, \mu \geqq N(\delta)$

$$|\mathfrak{x}_\nu - \mathfrak{x}_\mu| \leqq \delta(\varepsilon) \tag{16}$$

und somit

$$|f(\mathfrak{x}_\nu) - f(\mathfrak{x}_\mu)| \leqq \varepsilon. \tag{17}$$

Da jeder Punkt der Menge M als Grenzwert einer Folge $\mathfrak{x}_\nu$ aus $\mathfrak{K}$ aufgefaßt werden kann, läßt sich die Funktion $f(\mathfrak{x})$ in allen Punkten aus M eindeutig definieren. Sind nämlich $\mathfrak{x}_\nu$ und $\mathfrak{x}'_\nu$ zwei Folgen, die gegen den gleichen Punkt konvergieren, so gibt es zu jedem $\varepsilon > 0$ ein $N(\varepsilon)$, so daß für $\nu \geqq N(\varepsilon)$

$$|\mathfrak{x}_\nu - \mathfrak{x}'_\nu| \leqq \delta(\varepsilon) \tag{18}$$

und damit auch

$$|f(\mathfrak{x}_\nu) - f(\mathfrak{x}'_\nu)| \leqq \varepsilon \tag{19}$$

ist. Die durch diese Grenzwerte definierte Funktion $f(\mathfrak{x})$ ist für alle $\mathfrak{x}$ stetig, denn zu zwei Punkten $\mathfrak{y}_1$ und $\mathfrak{y}_2$ aus M können wir Folgen $\mathfrak{x}_\nu$ und $\mathfrak{x}'_\nu$ aus $\mathfrak{K}$ mit

$$\lim_{\nu\to\infty} \mathfrak{x}_\nu = \mathfrak{y}_1; \quad \lim_{\nu\to\infty} \mathfrak{x}'_\nu = \mathfrak{y}_2 \tag{20}$$

finden. Daher wird

$$(21)\qquad |f(\mathfrak{y}_1)-f(\mathfrak{y}_2)| \leqq |f(\mathfrak{y}_1)-f(\mathfrak{x}_\nu)| + |f(\mathfrak{y}_2)-f(\mathfrak{x}'_\nu)| + |f(\mathfrak{x}_\nu)-f(\mathfrak{x}'_\nu)|.$$

Es sei $|\mathfrak{y}_1-\mathfrak{y}_2|\leqq\frac{1}{2}\,\delta\left(\frac{\varepsilon}{3}\right)$. Dann können wir ein N so finden, daß für $\nu > N$

$$(22)\qquad \left\{\begin{aligned} &|\mathfrak{x}_\nu-\mathfrak{x}'_\nu|\leqq\delta\left(\frac{\varepsilon}{3}\right); \quad |f(\mathfrak{y}_1)-f(\mathfrak{x}_\nu)|\leqq\frac{\varepsilon}{3},\\ &\qquad\qquad |f(\mathfrak{y}_2)-f(\mathfrak{x}'_\nu)|\leqq\frac{\varepsilon}{3}\end{aligned}\right.$$

ist. Somit ist für $|\mathfrak{y}_1-\mathfrak{y}_2|\leqq\frac{1}{2}\,\delta\left(\frac{\varepsilon}{3}\right)$

$$(23)\qquad |f(\mathfrak{y}_1)-f(\mathfrak{y}_2)|\leqq\frac{\varepsilon}{3}+\frac{\varepsilon}{3}+\frac{\varepsilon}{3}=\varepsilon.$$

Es sei nun $\mathfrak{y}_n$ eine Folge von Punkten aus M, die gegen einen Punkt $\mathfrak{y}$ konvergiert, dann wird

$$(24)\qquad \lim_{n\to\infty} f_n(\mathfrak{y}_n)=f(\mathfrak{y}).$$

Es ist nämlich mit einem Punkt $\mathfrak{x}$ der Klasse $\mathfrak{K}$

$$(25)\qquad \begin{aligned} &|f(\mathfrak{y})-f_n(\mathfrak{y}_n)| = |f(\mathfrak{x})-f_n(\mathfrak{y}_n)+f(\mathfrak{y})-f(\mathfrak{x})|\leqq\\ &\leqq |f(\mathfrak{y})-f(\mathfrak{x})|+|f(\mathfrak{x})-f_n(\mathfrak{x})|+|f_n(\mathfrak{x})-f_n(\mathfrak{y}_n)|.\end{aligned}$$

Zunächst können wir hier $\mathfrak{x}$ so bestimmen, daß

$$(26)\qquad |\mathfrak{x}-\mathfrak{y}|\leqq\frac{1}{2}\,\delta\left(\frac{\varepsilon}{3}\right)$$

ist. Dann gibt es ein N mit der Eigenschaft, daß für $n > N$

$$(27)\qquad |f(\mathfrak{x})-f_n(\mathfrak{x})|\leqq\frac{\varepsilon}{3},\qquad |\mathfrak{y}-\mathfrak{y}_n|\leqq\frac{1}{2}\,\delta\left(\frac{\varepsilon}{3}\right)$$

ist. Es gilt dann für diese n

$$(28)\qquad |\mathfrak{x}-\mathfrak{y}_n|\leqq|\mathfrak{x}-\mathfrak{y}|+|\mathfrak{y}-\mathfrak{y}_n|\leqq\delta\left(\frac{\varepsilon}{3}\right),$$

und wir erhalten

$$(29)\qquad |f(\mathfrak{y})-f_n(\mathfrak{y}_n)|\leqq\frac{\varepsilon}{3}+\frac{\varepsilon}{3}+\frac{\varepsilon}{3}=\varepsilon.$$

Da die Beziehung Gl. (24) für jede konvergente Folge $\mathfrak{y}_n$ gilt, ist die Konvergenz gleichmäßig.

Wir betrachten zum Beweise die Folge μ_n der Maxima der Funktionen

$$(30)\qquad |f(\mathfrak{y})-f_n(\mathfrak{y})|=|\varphi_n(\mathfrak{y})|$$

und zeigen

(31) $$\lim_{n\to\infty} \mu_n = 0.$$

Wäre dies nicht der Fall, so gäbe es eine Teilfolge $\mu_{n'}$ mit

(32) $$\lim_{n'\to\infty} \mu_{n'} > 0.$$

Zu dieser Teilfolge gibt es eine Folge von Punkten $\mathfrak{y}_{n'}$ mit

(33) $$|\varphi_{n'}(\mathfrak{y}_{n'})| = \mu_{n'}.$$

In der abgeschlossenen Punktmenge M besitzt die Punktfolge $\mathfrak{y}_{n'}$ eine konvergente Teilfolge $\mathfrak{y}_{n''}$. Der Grenzwert sei $\mathfrak{z}$. Damit ist

(34) $$\lim_{n''\to\infty} \mu_{n''} = \lim_{n''\to\infty} |f(\mathfrak{y}_{n''}) - f_{n''}(\mathfrak{y}_{n''})| = \lim_{n''\to\infty} |f(\mathfrak{z}) - f_{n''}(\mathfrak{y}_{n''})|,$$

denn $f(\mathfrak{y}_{n''})$ strebt gegen $f(\mathfrak{z})$. Aus Gl. (24) ergibt sich dann im Widerspruch zu Gl. (32)

(35) $$\lim_{n''\to\infty} \mu_{n''} = 0.$$

Damit ist Lemma 100 bewiesen.

Wir untersuchen nun Transformationen von Flächenfeldern und nehmen an, daß die Flächenfelder in der Form

(36) $$\mathfrak{j} = j^i \mathfrak{x}_{|i}$$

dargestellt werden. Die Transformation werde durch das Integral

(37) $$j^i(x) = \int_F P^{i\cdot\,\cdot}_{\cdot,\,r}(x, y)\, j^r(y)\, dF_y$$

vermittelt. Wir setzen hier (x) und (y) als Abkürzung für die Flächenkoordinaten. Mit $P^{i\cdot\,\cdot}_{\cdot,\,r}(x, y)$ bezeichnen wir ein System von Funktionen, das sich bei Transformationen der (x) wie ein Vektor mit oberem Index und bei Transformationen der (y) wie ein Vektor mit unterem Index verhält. Bilden wir dann

(38) $$\begin{aligned} &g_{ik}(x)\, P^{i\cdot\,\cdot}_{\cdot,\,r}(x, y)\, P^{k\cdot\,\cdot}_{\cdot,\,s}\, j^r(y)\, j^s(y) \\ &= P_{k,\cdot}^{\cdot\,r}(x, y)\, P^{k,\,s}_{\cdot\,\cdot}(x, y) = j_r(y)\, j_s(y), \end{aligned}$$

so stellt dieser Ausdruck eine Größe dar, die bei Transformationen der (x) und (y) invariant ist.

Mit

(39) $$T^{rs}_{\cdot\,\cdot} = P_{k,\cdot}^{\cdot\,r}(x, y)\, P^{k,\,s}_{\cdot\,\cdot}(x, y)$$

gewinnen wir Größen, die bei Transformationen der (x) invariant sind und sich bezüglich der (y) wie Tensoren verhalten. Wir lassen daher die Abhängigkeit von (x) zunächst unbeachtet und führen die folgenden Überlegungen der Tensorrechnung im Hinblick auf die Abhängigkeit von (y) durch.

Es ist

$$T^{rs}_{\cdot\cdot} = P_{k;\cdot}^{;r}(x,y)\, P^{ks}_{\cdot\cdot}(x,y) = P^{k;r}_{\cdot;\cdot}(x,y)\, P_{k;\cdot}^{;s}(x,y) = T^{s,r}_{\cdot,\cdot}, \tag{40}$$

so daß der Tensor T^{rs} symmetrisch ist. Eine Abschätzung für den Ausdruck Gl. (38) gewinnen wir nach den bekannten Methoden der linearen Algebra durch Untersuchung der Wurzeln λ_1 und λ_2 der Gleichung

$$\det |T^{sr} - \lambda g^{sr}| = 0, \tag{41}$$

die auch Wurzeln von

$$\det |T^s_r - \lambda \delta^s_r| = 0 \tag{42}$$

sind. Dann wird

$$\lambda_1 + \lambda_2 = T^s_s. \tag{43}$$

Nach Definition ist der Tensor T^{sr} positiv definit, so daß λ_1 und λ_2 positiv sind. Es wird für $i = 1, 2$ daher

$$\lambda_i < T^s_s. \tag{44}$$

Es gibt nun zwei Vektoren $\xi_{i(1)}$, $\xi_{i(2)}$ mit

$$\left\{\begin{aligned} \xi_{i(1)}\, T^{ir} &= \lambda_1 \xi^r_{(1)}, \\ \xi_{i(2)}\, T^{ir} &= \lambda_2 \xi^r_{(2)}, \end{aligned}\right. \tag{45}$$

und es wird

$$\lambda_1 \xi^r_{(1)} \xi_{r(2)} = \xi_{i(1)} \xi_{r(2)} T^{ir} = \lambda_2 \xi^i_{(2)} \xi_{i(1)}. \tag{46}$$

Nehmen wir zunächst $\lambda_1 \neq \lambda_2$ an, so folgt

$$\xi^r_{(1)} \xi_{r(2)} = 0, \tag{47}$$

und wir können $\xi_{r(1)}$ und $\xi_{r(2)}$ so normieren, daß

$$\xi^r_{(i)} \xi_{r(k)} = \delta_{ik} \tag{48}$$

ist. Einen beliebigen Vektor j^i stellen wir in der Form

$$j^i = \alpha^1 \xi^i_{(1)} + \alpha^2 \xi^i_{(2)} \tag{49}$$

dar und erhalten

$$\begin{aligned} T^{sr} j_s j_r &= T^{sr}(\alpha^1 \xi_{s(1)} + \alpha^2 \xi_{s(2)})(\alpha^1 \xi_{r(1)} + \alpha^2 \xi_{r(2)}) \\ &= (\alpha^1)^2 T^{sr} \xi_{s(1)} \xi_{r(1)} + 2\alpha^1\alpha^2 T^{sr} \xi_{s(1)} \xi_{r(2)} + (\alpha^2)^2 T^{rs} \xi_{s(1)} \xi_{r(2)} \\ &= \lambda_1 (\alpha^1)^2 + \lambda_2 (\alpha^2)^2 \leqq (\lambda_1 + \lambda_2)\,[(\alpha^1)^2 + (\alpha^2)^2]. \end{aligned} \tag{50}$$

Wegen Gl. (48) ist aber

$$j^i j_i = (\alpha^1)^2 + (\alpha^2)^2, \tag{51}$$

und wir finden nach Gl. (44)

$$T^{sr} j_s j_r \leqq T^s_s j_r j^r. \tag{52}$$

Stimmen die Wurzeln der Gl. (42) überein, so muß auch

$$2\lambda - T^s_s = 0 \tag{53}$$

sein. In diesem Falle gilt daher wegen $T^2_1 = T^2_1$

$$0 = \begin{vmatrix} \frac{T^1_1 - T^2_2}{2} & T^2_1 \\ T^1_2 & \frac{T^2_2 - T^1_1}{2} \end{vmatrix} = -\frac{1}{4}(T^1_1 - T^2_2)^2 - (T^2_1)^2, \tag{54}$$

so daß

$$T^1_1 = T^2_2; \quad T^1_2 = T^2_1 = 0 \tag{55}$$

ist. Wir erhalten somit

$$T^r_s = \lambda \delta^r_s \tag{56}$$

oder auch

$$T^{rs} = \lambda g^{rs}. \tag{57}$$

Damit wird

$$T^{rs} j_r j_s = \lambda j_r j^r \leqq T^s_s j_r j^r. \tag{58}$$

Diese Abschätzung gilt daher stets.

Wir nehmen nun an, daß $j_r(y)\, j^r(y) \leqq 1$ ist. Dann wird für alle (y) nach Gl. (38)

$$\begin{aligned} g_{ik}(x)\, P^{i;\cdot}_{\cdot;r}(x, y)\, P^{k;\cdot}_{\cdot;s}(x, y)\, j^r(y)\, j^s(y) \\ = P^{k;r}_{\cdot;\cdot} P^{\cdot;s}_{k;\cdot} j_r(y)\, j_s(y) \leqq P^{k;l}_{\cdot;\cdot} P^{\cdot;\cdot}_{k;l}. \end{aligned} \tag{59}$$

Die Länge des Vektors mit den Komponenten

$$P^{i;\cdot}_{\cdot;r}(x, y)\, j^r(y) \tag{60}$$

ist daher stets kleiner als

$$\sqrt{P^{\cdot;\cdot}_{i;k}(x, y)\, P^{i;k}_{\cdot;\cdot}(x, y)} \tag{61}$$

und die Länge des Vektors

$$\sum_{\nu=1}^{n} P^{i;\cdot}_{\cdot;r}(x, y_\nu)\, j^r(y_\nu) \tag{62}$$

kleiner als

$$\sum_{\nu=1}^{n} \sqrt{P^{\cdot;\cdot}_{k;r}(x, y_\nu)\, P^{k;r}_{\cdot;\cdot}(x, y_\nu)}\,. \tag{63}$$

Durch den bekannten Übergang zum Integral folgt daher, daß der Betrag des Vektors

$$(64)\qquad \int_F P^{i,\,\cdot}_{\cdot,\,r}(x,y)\, j^r(y)\, dF_y$$

unter der Voraussetzung

$$(65)\qquad j^r(y)\, j_r(y) \leqq 1$$

durch

$$(66)\qquad \int_F \sqrt{P^{i,k}_{\cdot,\cdot}(x,y)\, P^{\cdot,\cdot}_{i,k}(x,y)}\, dF_y$$

majorisiert wird.

Wir beweisen nun

Satz 59. *Es sei* $P^{i,\,\cdot}_{\cdot,\,r}(x, y)$ *stetig für die Koordinaten* (y) *eines Flächenelementes* F *und die Koordinaten* (x) *eines Flächenelementes* F'. *Durch*

$$\mathfrak{j}^*(x) = \int_F P^{i,\,\cdot}_{\cdot,\,r}(x,y)\, j^r(y)\, dF_y$$

werde eine Abbildung von Flächenfeldern vermittelt. Ist dann

$$\int_F \sqrt{P^{\cdot,\,\cdot}_{k,\,r}(x,y)\, P^{k,\,r}_{\cdot,\,\cdot}(x,y)}\, dF_y$$

für alle (x) *aus* F' *gleichmäßig beschränkt, und gilt für jede gegen* (x) *konvergente Folge* (x_n)

$$\lim_{(x_n)\to(x)} \int_F \left| P^{i,\,\cdot}_{\cdot,\,r}(x_n,y) - P^{i,\,\cdot}_{\cdot,\,r}(x,y)\right| dF_y = 0,$$

so stellt die Abbildung eine vollstetige Transformation dar.

In diesem Satz stellen die $j^i(y)$ die Komponenten eines Flächenfeldes auf einem regulären Flächenelement F dar. Die (x) durchlaufen die Koordinaten eines anderen Flächenelementes F', so daß durch die genannte Transformation eine Abbildung der Flächenfelder in F auf Flächenfelder in F' bewirkt. Die erste Voraussetzung besagt dann nach Gl. (64) — (66), daß diese Transformation beschränkt ist.

Die Koordinaten der regulären Flächenelemente F und F' können so angenommen werden, daß die durch die Koeffizienten g_{ik} beschriebene quadratische Form nicht entartet ist. Es gibt also eine positive Zahl a, so daß

$$(67)\qquad g_{ik}\, j^i j^k \geqq a[(j^1)^2 + (j^2)^2]$$

ist. Sind daher die Flächenfelder gleichmäßig beschränkt, so haben auch ihre Komponenten j^i diese Eigenschaft. Dann folgt aber aus der zweiten Voraussetzung, daß die Bilder einer Folge gleichmäßig beschränkter Flächenfelder gleichgradig stetig sind. Nach Lemma 100 können wir aus der Folge der Bilder daher eine gleichmäßig konvergente Teilfolge auswählen, womit die Behauptung bewiesen ist.

VI. Elektromagnetische Schwingungen im inhomogenen Raum

§ 20. Formulierung der Fragestellungen[1]

Wir waren bisher immer davon ausgegangen, daß die elektromagnetischen Eigenschaften des Raumes durch die Konstanten ε und μ beschrieben werden. Dies entspricht der Vorstellung eines homogen mit der gleichen Materie erfüllten Raumes.

Wir wenden uns nun der Behandlung der Schwingungen im inhomogenen Raum zu und nehmen an, daß sich die Materialeigenschaften örtlich ändern. Mathematisch drückt sich diese Erweiterung darin aus, daß wir ε und μ nicht mehr als konstant ansehen, sondern sie als Funktionen des Ortes auffassen.

Der physikalischen Wirklichkeit entsprechen wir dadurch, daß wir drei charakteristische Fälle behandeln, die zwar nicht die allgemeinste Vorstellung wiedergeben, jedoch so gewählt sind, daß sie die typischen Erscheinungen darstellen. Diese drei Fälle entsprechen verschiedenen Arten der Verteilung der Materie im Raum.

Bei fast allen physikalischen Problemen dieses Fragenkreises kann angenommen werden, daß die Homogenität des Raumes nur in einem endlichen Raumteil zerstört ist. Wir werden deshalb stets voraussetzen, daß ε und μ im Äußeren eines regulären Gebietes G konstant sind. Wir bezeichnen die dort geltenden Werte von ε und μ mit ε_a und μ_a.

Als charakteristische Fälle behandeln wir zunächst unter den genannten Voraussetzungen über G:

Fall I. Die elektromagnetischen Eigenschaften werden im Inneren von G durch die stetig differenzierbaren Funktionen ε und μ beschrieben. Auf dem Rande F von G ist $\varepsilon = \varepsilon_a$, $\mu = \mu_a$.

Fall II. Die elektromagnetischen Eigenschaften werden im Inneren von G durch die Konstanten $\varepsilon = \varepsilon_i$, $\mu = \mu_i$ beschrieben.

Fall III. Das Innere von G wird durch ein Material von vollkommener Leitfähigkeit ausgefüllt. Dies entspricht der Vorstellung des Grenzfalles $\varepsilon = \varepsilon_0 + i\,\infty$.

Die Materialgrößen ε_a, μ_a, ε_i, μ_i haben dabei den Einschränkungen zu genügen, die wir einleitend aus der MAXWELL-HERTZschen Theorie abgeleitet hatten. Es muß also jeweils

$$(1)\qquad \left\{\begin{aligned} \varepsilon &= \varepsilon_0 + \frac{i\sigma}{\omega}, \\ \mu &= \mu_0 + \frac{i\sigma'}{\omega} \end{aligned}\right.$$

[1] Vgl. CL. MÜLLER: Zur mathematischen Theorie elektromagnetischer Schwingungen. Abh. d. Deutschen Akademie Berlin, Nr. 3 (1945/46), S. 23ff.

sein, wobei ε_0, μ_0, σ, σ' reellwertig sind und

$$(2) \qquad \varepsilon_0 > 0, \quad \mu_0 > 0, \quad \sigma \geqq 0, \quad \sigma' \geqq 0$$

erfüllen. Im Falle I sind dann ε_0, μ_0, σ, σ' stetig differenzierbare Ortsfunktionen. Mit k_a bezeichnen wir die durch

$$(3) \qquad k_a^2 = \omega^2 \varepsilon_a \mu_a; \quad 0 \leqq \arg k_a < \pi$$

definierte Zahl. Die Frequenz ω genügt stets der Einschränkung

$$(4) \qquad 0 \leqq \arg \omega < \pi .$$

Zur Vereinfachung der Formulierung nehmen wir an, daß unsere Schwingungen durch Volumenströme $\mathfrak{J}$ und $\mathfrak{J}'$ erzeugt werden. Diese Ströme seien nur in einem regulären Gebiet G' von Null verschieden. Das Gebiet G' sei endlich, liege ganz im Äußeren von G und werde von der Fläche F' berandet.

Diese Voraussetzung über die Erzeugung der Schwingungen ist die einfachste Annahme, die wir unseren Betrachtungen zugrunde legen können. Andere Formen der Erzeugung unserer Schwingungen, etwa durch Flächenströme oder punktförmige Dipole können analog behandelt werden.

Von allen Schwingungen verlangen wir, daß sie die Ausstrahlungsbedingungen im Äußeren von G erfüllen. Für $r \to \infty$ müssen daher unsere Felder den asymptotischen Beziehungen

$$(5) \qquad \begin{cases} \omega \mu_a (\mathfrak{x}_0 \times \mathfrak{H}) + k_a \mathfrak{E} = O\left(\frac{1}{r^2}\right), \\ \omega \varepsilon_a (\mathfrak{x}_0 \times \mathfrak{E}) - k_a \mathfrak{H} = O\left(\frac{1}{r^2}\right), \\ \mathfrak{E} = O\left(\frac{1}{r}\right); \quad \mathfrak{H} = O\left(\frac{1}{r}\right) \end{cases}$$

genügen.

Den drei verschiedenen Formen der Verteilung der Materie entsprechen daher die folgenden mathematischen Probleme (vgl. Abb. 6—8):

Problem I. *Die Ortsfunktionen ε und μ besitzen die in Fall I genannten Eigenschaften. Im regulären von der glatten Fläche F' berandeten Gebiet G' seien die Ströme $\mathfrak{J}$ und $\mathfrak{J}'$ stetig. Die durch*

$$\nabla \mathfrak{J} = i \omega P; \quad \nabla \mathfrak{J}' = i \omega P'$$

definierten Ladungen seien ebenfalls stetig. Auf der Randfläche F' sei $(\mathfrak{J}\mathfrak{n}) = (\mathfrak{J}'\mathfrak{n}) = 0$.

Es ist ein Feld $\mathfrak{E}$, $\mathfrak{H}$ *zu bestimmen, das überall stetig ist und den Gleichungen*

$$\nabla \times \mathfrak{H} + i\,\omega\,\varepsilon\,\mathfrak{E} = \begin{cases} \mathfrak{J} & \text{für } \mathfrak{x} \in G';\ \mathfrak{x} \notin F', \\ 0 & \text{für } \mathfrak{x} \notin G';\ \mathfrak{x} \notin F', \end{cases}$$

$$\nabla \times \mathfrak{E} - i\,\omega\,\mu\,\mathfrak{H} = \begin{cases} -\mathfrak{J}' & \text{für } \mathfrak{x} \in G';\ \mathfrak{x} \notin F', \\ 0 & \text{für } \mathfrak{x} \notin G';\ \mathfrak{x} \notin F' \end{cases}$$

genügt. Das Feld erfülle außerdem die Ausstrahlungsbedingungen.

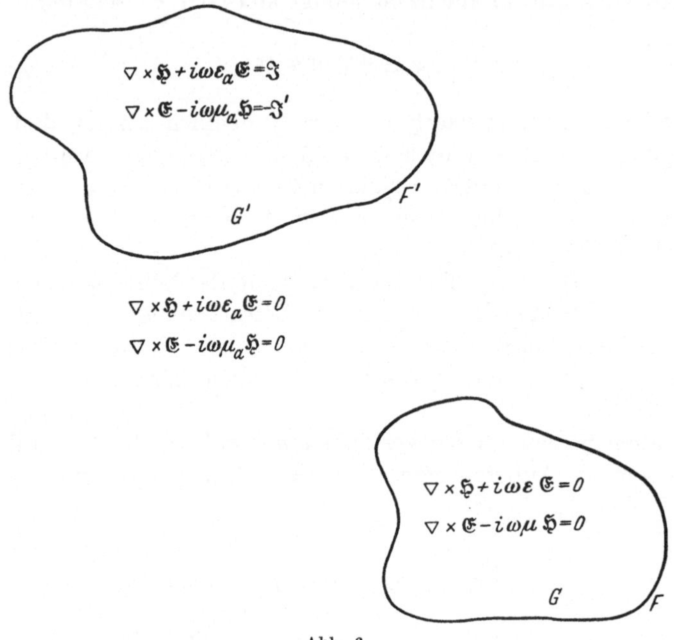

Abb. 6

Für den zweiten Fall erhalten wir:

Problem II. *Die Ortsfunktionen* ε *und* μ *besitzen die in Fall II genannten Eigenschaften. Die Ströme* $\mathfrak{J}$ *und* $\mathfrak{J}'$ *genügen den in Problem I genannten Voraussetzungen.*

Es ist ein Feld $\mathfrak{E}$, $\mathfrak{H}$ *zu bestimmen, das in allen Punkten, die nicht auf der Randfläche F des Gebietes G liegen, stetig ist und die Gleichungen*

$$\nabla \times \mathfrak{H} + i\,\omega\,\varepsilon\,\mathfrak{E} = \begin{cases} \mathfrak{J} & \text{für } \mathfrak{x} \in G';\ \mathfrak{x} \notin F', \\ 0 & \text{für } \mathfrak{x} \notin G';\ \mathfrak{x} \notin F';\ \mathfrak{x} \notin F, \end{cases}$$

$$\nabla \times \mathfrak{E} - i\,\omega\,\mu\,\mathfrak{H} = \begin{cases} -\mathfrak{J}' & \text{für } \mathfrak{x} \in G';\ \mathfrak{x} \notin F', \\ 0 & \text{für } \mathfrak{x} \notin G';\ \mathfrak{x} \notin F';\ \mathfrak{x} \notin F \end{cases}$$

erfüllt. Beim Durchgang durch F seien die Tangentialkomponenten von $\mathfrak{E}$ *und* $\mathfrak{H}$ *stetig.*

Das Feld genüge außerdem den Ausstrahlungsbedingungen.

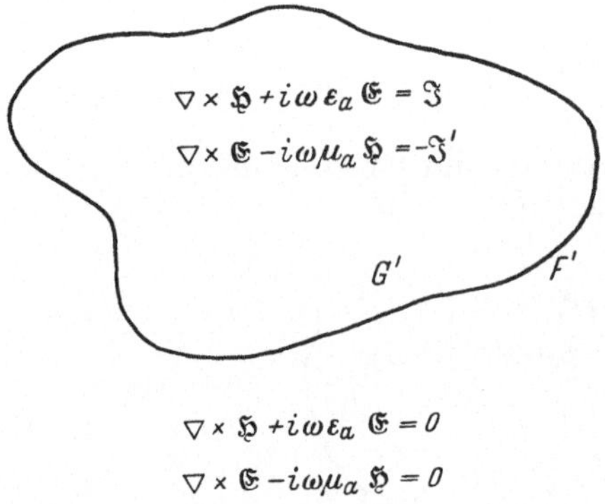

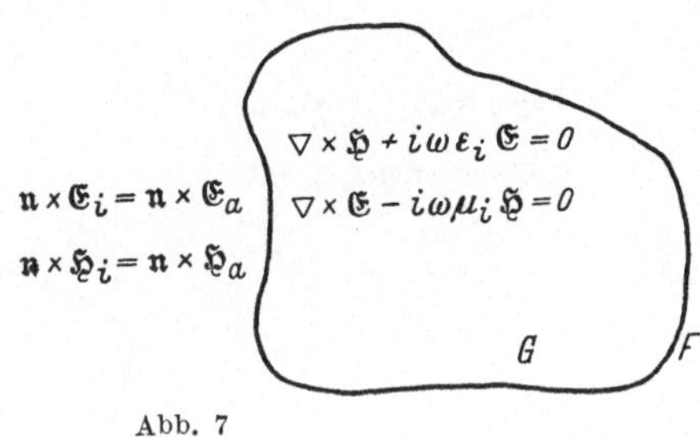

Abb. 7

Im Fall III erhalten wir

Problem III. *Die Ströme* $\mathfrak{J}$ *und* $\mathfrak{J}'$ *genügen den in Problem I genannten Voraussetzungen.*

Es ist im Äußeren von G ein Feld $\mathfrak{E}$, $\mathfrak{H}$ *zu bestimmen, das überall stetig ist und die Gleichungen*

$$\nabla \times \mathfrak{H} + i\,\omega\,\varepsilon_a \mathfrak{E} = \begin{cases} \mathfrak{J} & \text{für } \mathfrak{x} \in G';\ \mathfrak{x} \notin F', \\ 0 & \text{für } \mathfrak{x} \notin G\ ;\ \mathfrak{x} \notin F', \end{cases}$$

$$\nabla \times \mathfrak{E} - i\,\omega\,\mu_a \mathfrak{H} = \begin{cases} -\mathfrak{J}' & \text{für } \mathfrak{x} \in G'\ \ \mathfrak{x} \notin F', \\ 0 & \text{für } \mathfrak{x} \notin G'\ \ \mathfrak{x} \notin F' \end{cases}$$

erfüllt.

Auf der Randfläche F von G sei $\mathfrak{n} \times \mathfrak{E} = 0$.

Das Feld genüge außerdem den Ausstrahlungsbedingungen.

Zur Diskussion dieser Probleme benutzen wir das Feld $\mathfrak{E}_e$, $\mathfrak{H}_e$, das durch die folgenden Bedingungen festgelegt wird:

1. Für alle $\mathfrak{x}$ ist $\mathfrak{E}_e$, $\mathfrak{H}_e$ stetig.

2. Es gilt

$$\nabla \times \mathfrak{H}_e + i\,\omega\,\varepsilon_a \mathfrak{E}_e = \begin{cases} \mathfrak{J} & \text{für} \quad \mathfrak{x} \in G';\ \mathfrak{x} \notin F', \\ 0 & \text{für} \quad \mathfrak{x} \notin G';\ \mathfrak{x} \notin F', \end{cases}$$

$$\nabla \times \mathfrak{E}_e - i\,\omega\,\mu_a \mathfrak{H}_e = \begin{cases} -\mathfrak{J}' & \text{für} \quad \mathfrak{x} \in G' \ \ \mathfrak{x} \notin F', \\ 0 & \text{für} \quad \mathfrak{x} \notin G' \ \ \mathfrak{x} \notin F'. \end{cases}$$

3. $\mathfrak{E}_e$, $\mathfrak{H}_e$ genügt den Ausstrahlungsbedingungen.

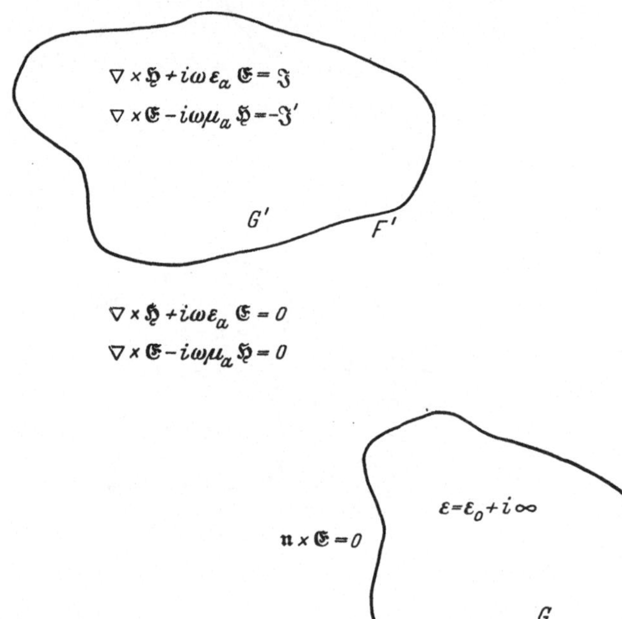

Abb. 8

Dieses Feld, das wir das einfallende Feld nennen, beschreibt die elektromagnetische Schwingung, die durch die Ströme $\mathfrak{J}$ und $\mathfrak{J}'$ erzeugt wird, wenn der Raum homogen ist und seine Eigenschaften durch die Konstanten ε_a und μ_a beschrieben werden. Ein Feld, das die genannten Bedingungen erfüllt, können wir nach Lemma 49 und Lemma 50 explizit angeben. Dieses Feld stellt dann eine Lösung von Problem I und Problem II für den Fall dar, daß in G $\varepsilon = \varepsilon_a$ und $\mu = \mu_a$ ist.

Von entscheidender Bedeutung für unsere Untersuchung ist jedoch nicht nur der Nachweis einer Lösung, sondern die eindeutige Bestimmtheit der Lösung, die wir nicht nur für Problem I, sondern für alle drei Probleme beweisen müssen.

Wir werden diese Fragen der Eindeutigkeit nun allgemein behandeln. Dazu nehmen wir an, es gäbe jeweils zwei Lösungen und bezeichnen für jedes der Probleme mit $\mathfrak{E}_0$, $\mathfrak{H}_0$ die Differenz der beiden Lösungen. Dieses Feld erfüllt zunächst die Ausstrahlungsbedingungen und genügt für alle $\mathfrak{x} \notin F'$ den Gleichungen

$$\left\{\begin{aligned} &\nabla \times \mathfrak{H}_0 + i\,\omega\,\varepsilon\,\mathfrak{E}_0 = 0\,,\\ &\nabla \times \mathfrak{E}_0 - i\,\omega\,\mu\,\mathfrak{H}_0 = 0\,.\end{aligned}\right. \tag{6}$$

Es ist überdies stetig in den Punkten der Fläche F'. Wir wollen nun zeigen, daß auch in den Punkten der Fläche F die Größen $\nabla \times \mathfrak{H}_0$ und $\nabla \times \mathfrak{E}_0$ gebildet werden können und den Gleichungen (6) genügen. Zu diesem Zweck denken wir uns ein reguläres Gebiet G_0, das G' ganz enthält und im Äußeren von G liegt. Die Randfläche dieses Gebietes bestehe aus der Fläche F_0. Das Gebiet $G_0 - G'$ ist dann ebenfalls regulär und wird von den Flächen F_0 und F' berandet. Es sei nun $\mathfrak{x}$ ein innerer Punkt von G'. Nach Satz 33 ist dann

$$\left\{\begin{aligned} \mathfrak{E}_0(\mathfrak{x}) &= \frac{1}{4\pi}\int\limits_{F'} [-\,i\,\omega\,\mu_a(\mathfrak{n} \times \mathfrak{H}_0)\,\Phi - \\ &\qquad - (\mathfrak{n} \times \mathfrak{E}_0) \times \nabla\Phi - (\mathfrak{E}_0\,\mathfrak{n})\,\nabla\Phi]\,dF_{\mathfrak{y}}\,,\\ \mathfrak{H}_0(\mathfrak{x}) &= \frac{1}{4\pi}\int\limits_{F'} [i\,\omega\,\varepsilon_a(\mathfrak{n} \times \mathfrak{E}_0)\,\Phi - \\ &\qquad - (\mathfrak{n} \times \mathfrak{H}_0) \times \nabla\Phi - (\mathfrak{H}_0\,\mathfrak{n})\,\nabla\Phi]\,dF_{\mathfrak{y}}\,.\end{aligned}\right. \tag{7}$$

Liegt $\mathfrak{x}$ in $G_0 - G'$, so verschwinden die Integrale der rechten Seite identisch.

Wenden wir Satz 33 weiterhin auf das Gebiet $G_0 - G'$ an, so erhalten wir für $\mathfrak{x} \in G'$

$$\left\{\begin{aligned} 0 &= \frac{1}{4\pi}\int\limits_{F_0} [-\,i\,\omega\,\mu_a(\mathfrak{n} \times \mathfrak{H}_0)\,\Phi - \\ &\qquad - (\mathfrak{n} \times \mathfrak{E}_0) \times \nabla\Phi - (\mathfrak{E}_0\,\mathfrak{n})\,\nabla\Phi]\,dF_{\mathfrak{y}} - \\ &\quad - \frac{1}{4\pi}\int\limits_{F'} [-\,i\,\omega\,\mu_a(\mathfrak{n} \times \mathfrak{H}_0)\,\Phi - \\ &\qquad - (\mathfrak{n} \times \mathfrak{E}_0) \times \nabla\Phi - (\mathfrak{E}_0\,\mathfrak{n})\,\nabla\Phi]\,dF_{\mathfrak{y}}\,,\\ 0 &= \frac{1}{4\pi}\int\limits_{F_0} [+\,i\,\omega\,\mu_a(\mathfrak{n} \times \mathfrak{E}_0)\,\Phi - \\ &\qquad - (\mathfrak{n} \times \mathfrak{H}_0) \times \nabla\Phi - (\mathfrak{H}_0\,\mathfrak{n})\,\nabla\Phi]\,dF_{\mathfrak{y}} - \\ &\quad - \frac{1}{4\pi}\int\limits_{F'} [+\,i\,\omega\,\mu_a(\mathfrak{n} \times \mathfrak{E}_0)\,\Phi - \\ &\qquad - (\mathfrak{n} \times \mathfrak{H}_0) \times \nabla\Phi - (\mathfrak{H}_0\,\mathfrak{n})\,\nabla\Phi]\,dF_{\mathfrak{y}}\,,\end{aligned}\right. \tag{8}$$

wobei wir die Normale $\mathfrak{n}$ auf F', die in Gl. (7) und (8) auftritt, so normieren, daß sie ins Äußere von G' weist. Liegt $\mathfrak{x}$ in $G_0 - G'$, so stellen die Integrale der rechten Seiten von Gl. (8) die Vektoren $\mathfrak{E}_0(\mathfrak{x})$ bzw. $\mathfrak{H}_0(\mathfrak{x})$ dar.

Durch Addition von Gl. (7) und (8) erhalten wir nun, da $\mathfrak{E}_0$ und $\mathfrak{H}_0$ stetig in den Punkten der Fläche F' sind,

$$(9)\quad \left\{\begin{aligned} \mathfrak{E}_0(\mathfrak{x}) &= \frac{1}{4\pi}\int\limits_{F_0} [-i\,\omega\,\mu_a(\mathfrak{n}\times\mathfrak{H}_0)\,\Phi - \\ &\qquad - (\mathfrak{n}\times\mathfrak{E}_0)\times\nabla\Phi - (\mathfrak{E}_0\,\mathfrak{n})\,\nabla\Phi]\,dF_{\mathfrak{y}}, \\ \mathfrak{H}_0(\mathfrak{x}) &= \frac{1}{4\pi}\int\limits_{F_0} [i\,\omega\,\varepsilon_a(\mathfrak{n}\times\mathfrak{E}_0)\,\Phi - \\ &\qquad - (\mathfrak{n}\times\mathfrak{H}_0)\times\nabla\Phi - (\mathfrak{H}_0\,\mathfrak{n})\,\nabla\Phi]\,dF_{\mathfrak{y}}. \end{aligned}\right.$$

Zunächst gilt diese Darstellung, wenn $\mathfrak{x}$ im Inneren von G' liegt. Sie gilt aber auch, wenn $\mathfrak{x}$ innerhalb $G_0 - G'$ liegt, da dann die Integrale Gl. (7) verschwinden und die Integrale Gl. (8) $\mathfrak{E}_0$ bzw. $\mathfrak{H}_0$ darstellen. Die Integraldarstellung Gl. (9) gilt daher für alle $\mathfrak{x}$ im Inneren von G_0, die nicht auf F' liegen. Die linken Seiten sind aber in den Punkten der Fläche F stetig und die rechten Seiten sind dort sogar analytisch. Damit gilt Gl. (9) für $\mathfrak{x}$ im Inneren von G_0. Das Feld $\mathfrak{E}_0$, $\mathfrak{H}_0$ genügt daher in allen Punkten des Äußeren von G den Differentialgleichungen (6).

Daher erfüllen die Differenzfelder in allen drei Fällen die folgenden Bedingungen:

1. Es werden die Ausstrahlungsbedingungen erfüllt[1].
2. Die Felder sind stetig im Äußeren von G und genügen dort den Gleichungen

$$\nabla\times\mathfrak{H}_0 + i\,\omega\,\varepsilon_a\,\mathfrak{E}_0 = 0,$$
$$\nabla\times\mathfrak{E}_0 - i\,\omega\,\mu_a\,\mathfrak{H}_0 = 0.$$

Die Felder $\mathfrak{E}_0$, $\mathfrak{H}_0$ unterscheiden sich je nach den drei Problemen in ihrem Verhalten an der Randfläche F und im Inneren von G.

Problem I. Die Randwerte von $\mathfrak{E}_0$, $\mathfrak{H}_0$ sind stetig beim Durchgang durch F. Im Inneren von G gilt

$$\nabla\times\mathfrak{H}_0 + i\,\omega\,\varepsilon\,\mathfrak{E}_0 = 0,$$
$$\nabla\times\mathfrak{E}_0 - i\,\omega\,\mu\,\mathfrak{H}_0 = 0.$$

[1] Die Beweise der Eindeutigkeit lassen sich auch mit schwächeren Formulierungen der Ausstrahlungsbedingungen erhalten, wenn ω, ε_a und μ_a reell sind. Vgl. W. K. SAUNDERS: Proc. Nat. Acad. Sci. **38**, 342 (1952).

Problem II. Die Tangentialkomponenten der Randwerte von $\mathfrak{E}_0$, $\mathfrak{H}_0$ sind stetig beim Durchgang durch F. Im Inneren von G gilt

$$\nabla \times \mathfrak{H}_0 + i\,\omega\,\varepsilon_i \mathfrak{E}_0 = 0,$$
$$\nabla \times \mathfrak{E}_0 - i\,\omega\,\mu_i \mathfrak{H}_0 = 0.$$

Problem III. Auf dem Rande F ist

$$\mathfrak{n} \times \mathfrak{E}_0 = 0.$$

Wir werden nun zeigen, daß aus den genannten Bedingungen jeweils folgt, daß $\mathfrak{E}_0$ und $\mathfrak{H}_0$ identisch verschwinden. Wir beweisen damit die Eindeutigkeit der Lösungen unserer Probleme.

Nach diesem Ergebnis werden wir dann mit Hilfe der Theorie der linearen Integralgleichungen nachweisen, daß unsere Probleme jeweils genau eine Lösung besitzen, die wir durch ein rekursives Verfahren gewinnen können.

§ 21. Die Eindeutigkeitssätze

Wir beweisen zunächst

Satz 60. *Im Inneren des von der Fläche F berandeten regulären Gebietes G seien $\mathfrak{E}$, $\mathfrak{H}$ und $\nabla\,\mathfrak{E}$, $\nabla\,\mathfrak{H}$ sowie $\nabla \times \mathfrak{E}$, $\nabla \times \mathfrak{H}$ stetig. Es gelte*

$$\nabla \times \mathfrak{H} + i\,\omega\,\varepsilon\,\mathfrak{E} = 0,$$
$$\nabla \times \mathfrak{E} - i\,\omega\,\mu\,\mathfrak{H} = 0$$

mit in G stetig differenzierbaren ε und μ.

Ist dann auf F

$$\mathfrak{n} \times \mathfrak{E} = \mathfrak{n} \times \mathfrak{H} = 0,$$

so verschwinden $\mathfrak{E}$ und $\mathfrak{H}$ identisch.

Zum Beweise dieses Satzes benötigen wir einige Ergebnisse aus der Theorie der Kugelfunktionen, die wir zunächst herleiten.

Es sei $K_{n,j}(\mathfrak{x}_0)$ mit $j = -n, \ldots, 0, \ldots, n$ ein reelles normiertes Orthogonalsystem von Kugelfunktionen der Ordnung n. Dann ist mit reellen, konstanten Vektoren $\mathfrak{a}_j^l$

$$\nabla r^n K_{n,j}(\mathfrak{x}_0) = r^{n-1} \sum_{l=-(n-1)}^{n-1} \mathfrak{a}_j^l K_{n-1,l}(\mathfrak{x}_0), \tag{1}$$

da jede der kartesischen Komponenten der linken Seite ein homogenes harmonisches Polynom vom Grade $n - 1$ darstellt.

Nun ist

$$\int\limits_{|\mathfrak{x}| \leq 1} (\nabla H_{n,j} \cdot \nabla H_{n,k})\, dV = \int\limits_{|\mathfrak{x}| = 1} H_{n,j} \frac{\partial}{\partial r} H_{n,k}\, dF, \tag{2}$$

so daß wir nach Gl. (1)

$$\sum_{l=-(n-1)}^{n-1} \mathfrak{a}_j^l \mathfrak{a}_k^l \int_0^1 r^{2n}\,dr = n\,\delta_{jk} \tag{3}$$

erhalten. Damit ergibt sich

$$\sum_{l=-(n-1)}^{n-1} \mathfrak{a}_j^l \mathfrak{a}_k^l = n(2n+1)\,\delta_{jk}. \tag{4}$$

Wir betrachten nun die Funktion

$$\frac{H_{n-1,l}}{r^{2n-1}} = \frac{K_{n-1,l}(\mathfrak{x}_0)}{r^n}. \tag{5}$$

Dann ist für $r > 0$

$$\Delta \frac{H_{n-1,l}}{r^{2n-1}} = H_{n-1,l}\,\Delta r^{1-2n} + 2(\nabla r^{1-2n} \nabla H_{n-1,l}) = 0 \tag{6}$$

und

$$\begin{aligned} \nabla \frac{H_{n-1,l}}{r^{2n-1}} &= \frac{r\nabla H_{n-1,l} - (2n-1)\,H_{n-1,l}\,\mathfrak{x}_0}{r^{2n}} \\ &= \frac{r^2\nabla H_{n-1,l} - (2n-1)\,H_{n-1,l}\,\mathfrak{x}}{r^{2n+1}} \end{aligned} \tag{7}$$

Die kartesischen Komponenten des Zählers stellen hier homogene Polynome vom Grade n dar. Damit ist für jeden konstanten Vektor $\mathfrak{d}$

$$\left(\mathfrak{d} \nabla \frac{H_{n-1,l}}{r^{2n-1}}\right) = \frac{H_n(\mathfrak{x})}{r^{2n+1}}, \tag{8}$$

denn nach Gl. (6) wird

$$\Delta\left(\mathfrak{d} \nabla \frac{H_{n-1,l}}{r^{2n-1}}\right) = \nabla\left(\Delta\, \mathfrak{d} \frac{H_{n-1,l}}{r^{2n-1}}\right) = \nabla\left(\mathfrak{d}\, \Delta \frac{H_{n-1,l}}{r^{2n-1}}\right) = 0, \tag{9}$$

so daß H_n harmonisch ist.

Ausgehend von diesem Ergebnis folgt nun

$$\nabla \frac{K_{n-1,l}}{r^n} = \frac{1}{r^{n+1}} \sum_{=-n}^{n} \mathfrak{b}_l^j K_{n,j}, \tag{10}$$

und wir finden durch Anwendung der GREENschen Formel

$$\begin{aligned} \int_{|\mathfrak{x}|\geqq 1} \left(\nabla \frac{K_{n-1,l}}{r^n} \nabla \frac{K_{n-1,m}}{r^n}\right) dV &= n \int_{|\mathfrak{x}|=1} K_{n-1,l} K_{n-1,m}\,dF \\ &= \sum_{j=-n}^{n} \mathfrak{b}_l^j \mathfrak{b}_m^j \int_1^\infty \frac{dr}{r^{2n}} = n\,\delta_{lm}, \end{aligned} \tag{11}$$

so daß sich

$$\sum_{j=-n}^{n} \mathfrak{b}_l^j \mathfrak{b}_m^j = n(2n-1)\,\delta_{lm} \tag{12}$$

ergibt. In Lemma 12 hatten wir

$$\sum_{j=-n}^{n} K_{n,j}(\mathfrak{x}_0)\,K_{n,j}(\mathfrak{y}_0) = \frac{2n+1}{4\pi} P_n(\mathfrak{x}_0\,\mathfrak{y}_0) \tag{13}$$

und in Lemma 20

$$\frac{1}{|\mathfrak{x}-\mathfrak{y}|} = \sum_{n=0}^{\infty} \frac{|\mathfrak{x}|^n}{|\mathfrak{y}|^{n+1}} P_n(\mathfrak{x}_0\,\mathfrak{y}_0) \qquad (|\mathfrak{x}| < |\mathfrak{y}|) \tag{14}$$

bewiesen. Nun ist für $\mathfrak{x} \neq \mathfrak{y}$

$$\nabla_{\mathfrak{x}} \frac{1}{|\mathfrak{x}-\mathfrak{y}|} = -\nabla_{\mathfrak{y}} \frac{1}{|\mathfrak{x}-\mathfrak{y}|}, \tag{15}$$

und es kann die Identität Gl. (14) wegen

$$P_n(t) = O(1); \qquad P_n'(t) = O(n^2) \qquad \left\{\begin{array}{c} -1 \leqq t \leqq 1 \\ n \to \infty \end{array}\right\} \tag{16}$$

für $\frac{|\mathfrak{x}|}{|\mathfrak{y}|} \leqq \alpha < 1$ gliedweise nach $\mathfrak{x}$ und $\mathfrak{y}$ differenziert werden.

Damit erhalten wir

$$\sum_{n=0}^{\infty} \nabla_{\mathfrak{x}} \frac{|\mathfrak{x}|^n}{|\mathfrak{y}|^{n+1}} P_n(\mathfrak{x}_0\,\mathfrak{y}_0) = -\sum_{n=0}^{\infty} \nabla_{\mathfrak{y}} \frac{|\mathfrak{x}|^n}{|\mathfrak{y}|^{n+1}} P_n(\mathfrak{x}_0\,\mathfrak{y}_0). \tag{17}$$

Entwickeln wir hier beide Seiten nach Potenzen von $\frac{|\mathfrak{x}|}{|\mathfrak{y}|}$, so ergibt sich durch Koeffizientenvergleich

$$\nabla_{\mathfrak{x}} \frac{|\mathfrak{x}|^n P_n(\mathfrak{x}_0\,\mathfrak{y}_0)}{|\mathfrak{y}|^{n+1}} = -\nabla_{\mathfrak{y}} \frac{|\mathfrak{x}|^{n-1} P_{n-1}(\mathfrak{x}_0\,\mathfrak{y}_0)}{|\mathfrak{y}|^n}. \tag{18}$$

Unter Benutzung von Gl. (13) erhalten wir damit

$$\begin{aligned} &\frac{1}{(2n+1)\,|\mathfrak{y}|^{n+1}} \sum_{j=-n}^{n} K_{n,j}(\mathfrak{y}_0) \nabla H_{n,j}(\mathfrak{x}) \\ &\qquad = \frac{-|\mathfrak{x}|^{n-1}}{2n-1} \sum_{l=-(n-1)}^{n-1} K_{n-1,l}(\mathfrak{x}_0) \nabla \frac{H_{n-1,l}(\mathfrak{y})}{|\mathfrak{y}|^{2n-1}}, \end{aligned} \tag{19}$$

und es folgt unter Benutzung von Gl. (1) und (10)

$$\begin{aligned} &\frac{1}{2n+1} \sum_{l=-(n-1)}^{n-1} \sum_{j=-n}^{n} K_{n,j}(\mathfrak{y}_0)\, \mathfrak{a}_j^l K_{n-1,l}(\mathfrak{x}_0) \\ &\qquad = \frac{-1}{2n-1} \sum_{l=-(n-1)}^{n-1} \sum_{j=-n}^{n} K_{n-1,l}(\mathfrak{x}_0)\, \mathfrak{b}_l^j K_{n,j}(\mathfrak{y}_0). \end{aligned} \tag{20}$$

Da diese Beziehung für alle $\mathfrak{x}_0$ und $\mathfrak{y}_0$ gilt, muß

$$(2n-1)\,\mathfrak{a}_j^l = -(2n+1)\,\mathfrak{b}_l^j \tag{21}$$

sein. Aus Gl. (4) ergibt sich somit

$$\sum_{l=-(n-1)}^{n-1} \mathfrak{b}_l^j \mathfrak{b}_l^k = \frac{n(2n-1)^2}{2n+1}\,\delta^{jk}, \tag{22}$$

während Gl. (12) zu

$$\sum_{j=-n}^{n} \mathfrak{a}_j^l \mathfrak{a}_j^m = \frac{n(2n+1)^2}{2n-1}\,\delta^{lm} \tag{23}$$

führt.

Es sei nun $\mathfrak{v}$ ein Vektorfeld in $|\mathfrak{x}| \leqq D$, so daß dort $\mathfrak{v}$, $\nabla\mathfrak{v}$, $\nabla\times\mathfrak{v}$ und $\nabla\times\nabla\times\mathfrak{v}$ stetig sind. Für $r \to 0$ und alle n gelte

$$\left\{\begin{aligned} &\int\limits_{|\mathfrak{x}|=r} |\mathfrak{v}|^2\,dF = o(r^n); &&\int\limits_{|\mathfrak{x}|=r} |\nabla\mathfrak{v}|^2\,dF = o(r^n),\\ &\int\limits_{|\mathfrak{x}|=r} |\nabla\times\mathfrak{v}|^2\,dF = o(r^n); &&\int\limits_{|\mathfrak{x}|=r} |\nabla\times\nabla\times\mathfrak{v}|^2\,dF = o(r^n). \end{aligned}\right. \tag{24}$$

Das Feld $\mathfrak{v}$ ist also so beschaffen, daß in der Umgebung des Nullpunktes $\mathfrak{v}$, $\nabla\mathfrak{v}$, $\nabla\times\mathfrak{v}$ und $\nabla\times\nabla\times\mathfrak{v}$ im quadratischen Mittel stärker als jede Potenz verschwinden.

Dann bilden wir mit

$$\Psi_{n,j}(R;\,\mathfrak{x}) = \Psi_{n,j} = \left(\frac{1}{r^{n+1}} - \frac{r^n}{R^{2n+1}}\right) K_{n,j}(\mathfrak{x}_0) \tag{25}$$

für $R \leqq D$ und $R > \tau > 0$

$$\begin{aligned} \int\limits_{R\geqq|\mathfrak{x}|\geqq\tau} \nabla(\mathfrak{v}\times\nabla\times\mathfrak{a}\Psi_{n,j})\,dV = &\int\limits_{|\mathfrak{x}|=R} \mathfrak{n}(\mathfrak{v}\times(\nabla\times\mathfrak{a}\Psi_{n,j}))\,dF + \\ &+ \int\limits_{|\mathfrak{x}|=\tau} \mathfrak{n}(\mathfrak{v}\times(\nabla\times\mathfrak{a}\Psi_{n,j}))\,dF, \end{aligned} \tag{26}$$

wobei $\mathfrak{a}$ einen beliebigen konstanten Vektor darstellt.

Es ist wegen $\Delta\Psi_{n,j} = 0$

$$\begin{aligned} \nabla(\mathfrak{v}\times(\nabla\times\mathfrak{a}\Psi_{n,j})) &= (\nabla\times\mathfrak{v})(\nabla\times\mathfrak{a}\Psi_{n,j}) - \mathfrak{v}\,\nabla\times\nabla\times\mathfrak{a}\Psi_{n,j}\\ &= (\nabla\times\mathfrak{v})(\nabla\times\mathfrak{a}\Psi_{n,j}) - \mathfrak{v}\,\nabla(\nabla\mathfrak{a}\Psi_{n,j}) \end{aligned} \tag{27}$$

und

$$\begin{aligned} \int\limits_{R\geqq|\mathfrak{x}|\geqq\tau} \mathfrak{v}\,\nabla(\nabla\mathfrak{a}\Psi_{n,j})\,dV = &\int\limits_{|\mathfrak{x}|=R} (\mathfrak{n}\mathfrak{v})(\nabla\mathfrak{a}\Psi_{n,j})\,dF + \\ + \int\limits_{|\mathfrak{x}|=\tau} (\mathfrak{n}\mathfrak{v})(\nabla\mathfrak{a}\Psi_{n,j})\,dF - &\int\limits_{R\geqq|\mathfrak{x}|\geqq\tau} (\nabla\mathfrak{v})(\nabla\mathfrak{a}\Psi_{n,j})\,dV. \end{aligned} \tag{28}$$

Damit folgt aus Gl. (26) und (27)

$$(29)\quad \begin{aligned}&\int\limits_{|\mathfrak{x}|=R} [\mathfrak{n}(\mathfrak{v}\times\nabla\times\mathfrak{a}\Psi_{n,j}) + (\mathfrak{n}\mathfrak{v})(\nabla\mathfrak{a}\Psi_{n,j})]\,dF\\ &+\int\limits_{|\mathfrak{x}|=\tau} [\mathfrak{n}(\mathfrak{v}\times\nabla\times\mathfrak{a}\Psi_{n,j}) + (\mathfrak{n}\mathfrak{v})(\nabla\mathfrak{a}\Psi_{n,j})]\,dF\\ &= \int\limits_{R\geqq|\mathfrak{x}|\geqq\tau} [(\nabla\times\mathfrak{v})(\nabla\times\mathfrak{a}\Psi_{n,j}) + (\nabla\mathfrak{v})(\nabla\mathfrak{a}\Psi_{n,j})]\,dV.\end{aligned}$$

Auf Grund der Voraussetzungen Gl. (24) können wir nun den Grenzübergang $\tau\to 0$ durchführen, und es ergibt sich wegen $(\nabla\mathfrak{a}\Psi_{n,j}) = (\mathfrak{a}\nabla\Psi_{n,j})$

$$(30)\quad \begin{aligned}&\int\limits_{|\mathfrak{x}|=R} [(\mathfrak{n}\mathfrak{v})(\mathfrak{a}\nabla\Psi_{n,j}) + \mathfrak{n}(\mathfrak{v}\times(\nabla\Psi_{n,j}\times\mathfrak{a}))]\,dF\\ &\qquad= \int\limits_{|\mathfrak{x}|\leqq R} [(\nabla\times\mathfrak{v})(\nabla\Psi_{n,j}\times\mathfrak{a}) + (\nabla\mathfrak{v})(\mathfrak{a}\nabla\Psi_{n,j})]\,dV.\end{aligned}$$

Nach Gl. (25) ist auf $|\mathfrak{x}| = R$

$$(31)\quad \nabla\Psi_{n,j} = -\mathfrak{n}\frac{2n+1}{R^{n+2}}K_{n,j}(\mathfrak{x}_0),$$

so daß aus Gl. (30)

$$(32)\quad \begin{aligned}&-\frac{2n+1}{R^{n+2}}\mathfrak{a}\Big(\int\limits_{|\mathfrak{x}|=R}\mathfrak{v}K_{n,j}(\mathfrak{x}_0)\,dF\Big)\\ &\qquad=\mathfrak{a}\int\limits_{|\mathfrak{x}|\leqq R}[(\nabla\times\mathfrak{v})\times\nabla\Psi_{n,j} + (\nabla\mathfrak{v})\nabla\Psi_{n,j}]\,dV\end{aligned}$$

folgt.

Da diese Relation für alle $\mathfrak{a}$ gilt, erhalten wir, wenn mit Ω wieder die Einheitskugel und mit $d\omega$ deren Flächenelement bezeichnet wird

$$(33)\quad \begin{aligned}&\int\limits_{\Omega}\mathfrak{v}(r\mathfrak{x}_0)K_{n,j}(\mathfrak{x}_0)\,d\omega\\ &\qquad=-\frac{R^n}{2n+1}\int\limits_{|\mathfrak{x}|\leqq R}[(\nabla\times\mathfrak{v})\times\nabla\Psi_{n,j} + (\nabla\mathfrak{v})\nabla\Psi_{n,j}]\,dV.\end{aligned}$$

Wegen Gl. (24) ist weiterhin für alle n

$$(34)\quad \begin{aligned}&\int\limits_{|\mathfrak{x}|\leqq R}[(\nabla\times\mathfrak{v})\times\nabla\Psi_{n,j}]\,dV\\ &\quad=\int\limits_{|\mathfrak{x}|\leqq R}\Psi_{n,j}(\nabla\times\nabla\times\mathfrak{v})\,dV = -\int\limits_{|\mathfrak{x}|=R}\mathfrak{n}\times(\Psi_{n,j}\nabla\times\mathfrak{v})\,dF.\end{aligned}$$

Da $\Psi_{n,j}$ auf $|\mathfrak{x}| = R$ verschwindet, ist das Integral der rechten Seite gleich Null, und wir finden

$$(35)\quad \begin{aligned}&\int\limits_{\Omega} \mathfrak{v}(r\mathfrak{x}_0)\, K_{n,j}(\mathfrak{x}_0)\, d\omega \\ &= -\frac{R^n}{2n+1} \int\limits_{|\mathfrak{x}|\leqq 1} [\Psi_{n,j}(\nabla\times\nabla\times\mathfrak{v}) + (\nabla\mathfrak{v})\nabla\Psi_{n,j}]\, dV.\end{aligned}$$

Wir setzen nun

$$(36)\quad \left\{\begin{aligned} \mathfrak{v}_{n,j}(r) &= \int\limits_{\Omega} \mathfrak{v}(r\,\mathfrak{x}_0)\, K_{n,j}(\mathfrak{x}_0)\, d\omega, \\ v_{n,j}(r) &= \int\limits_{\Omega} (\nabla\mathfrak{v}(r\,\mathfrak{x}_0))\, K_{n,j}(\mathfrak{x}_0)\, d\omega, \\ \mathfrak{V}_{n,j}(r\,\mathfrak{x}_0) &= \int\limits_{\Omega} (\nabla\times\nabla\times\mathfrak{v}(r\,\mathfrak{x}_0))\, K_{n,j}\, d\omega. \end{aligned}\right.$$

Da nach Gl. (1) und (10) für $n \geqq 1$

$$(37)\quad \begin{aligned}\nabla\Psi_{n,j} = &\frac{1}{r^{n+2}} \sum_{l=-(n+1)}^{n+1} \mathfrak{b}_j^l\, K_{n+1,l}(\mathfrak{x}_0) \\ &- \frac{r^{n-1}}{R^{2n+1}} \sum_{l=-(n-1)}^{n+1} \mathfrak{a}_j^l\, K_{n-1,l}(\mathfrak{x}_0)\end{aligned}$$

ist, wird aus Gl. (35) für $n \geqq 1$

$$(38)\quad \begin{aligned}\mathfrak{v}_{n,j}(R) = &-\frac{R^n}{2n+1}\int\limits_0^R \left[\frac{\mathfrak{V}_{n,j}(r)}{r^{n-1}} + \frac{1}{r^n} \sum_{l=-(n+1)}^{n+1} V_{n-1,l}(r)\, \mathfrak{b}_j^l\right] dr \\ &+ \frac{R^{-n-1}}{2n+1}\int\limits_0^R \left[r^{n+2}\,\mathfrak{V}_{n,j}(r) + r^{n+1} \sum_{l=-(n-1)}^{n-1} V_{n-1,l}(r)\, \mathfrak{a}_j^l\right] dr\end{aligned}$$

Für $n = 0$ erhalten wir

$$(39)\quad \begin{aligned}&\mathfrak{V}_{0,0}(R) \\ &= -\int\limits_0^R \left[r\,\mathfrak{V}_{0,0}(r) + \sum_{l=-1}^{+1} V_{1,l}(r)\, \mathfrak{b}_0^l\right] dr + R^{-1}\int\limits_0^R r^2\,\mathfrak{V}_{0,0}(r)\, dr.\end{aligned}$$

Zur Abkürzung setzen wir weiter

$$(40)\quad \left\{\begin{aligned} \mathfrak{B}_{n+1,j}(r) &= \sum_{l=-(n+1)}^{n+1} V_{n+1,l}(r)\, \mathfrak{b}_j^l \qquad j = -n, \cdots, 0, \cdots, n, \\ \mathfrak{A}_{n-1,j}(r) &= \sum_{l=-(n-1)}^{n-1} V_{n-1,l}(r)\, \mathfrak{a}_j^l \qquad j = -n, \cdots, 0, \cdots, n. \end{aligned}\right.$$

Dann ist nach Gl. (22) und (23)

$$(41)\quad \begin{cases} \sum\limits_{j=-n}^{n} |\mathfrak{B}_{n+1,j}(r)|^2 = \dfrac{n(2n-1)^2}{2n+1} \sum\limits_{l=-(n-1)}^{n+1} |V_{n+1,l}(r)|^2, \\ \sum\limits_{j=-n}^{n} |\mathfrak{A}_{n-1,j}(r)|^2 = \dfrac{n(2n+1)^2}{2n-1} \sum\limits_{l=-(n+1)}^{n-1} |V_{n-1,l}(r)|^2. \end{cases}$$

Nach diesen Vorbereitungen können wir uns dem Beweise unseres Satzes zuwenden. Wir hatten dort ein Feld $\mathfrak{E}$, $\mathfrak{H}$ vorausgesetzt, das im Inneren des von der regulären Fläche F berandeten Gebietes G stetig ist, den Gleichungen

$$(42)\qquad \nabla\times\mathfrak{H} + i\,\omega\,\varepsilon\,\mathfrak{E} = 0; \qquad \nabla\times\mathfrak{E} - i\,\omega\,\mu\,\mathfrak{H} = 0,$$

mit stetig differenzierbaren ε und μ genügt, und auf F die Randbedingung

$$(43)\qquad \mathfrak{n}\times\mathfrak{E} = \mathfrak{n}\times\mathfrak{H} = 0$$

erfüllt. Wir beweisen nun

Lemma 101. *Das durch*

$$\mathfrak{E}' = \begin{cases} \mathfrak{E} & \text{für } \mathfrak{x}\in G; \\ 0 & \text{für } \mathfrak{x}\notin G; \end{cases} \qquad \mathfrak{H}' = \begin{cases} \mathfrak{H} & \text{für } \mathfrak{x}\in G \\ 0 & \text{für } \mathfrak{x}\notin G \end{cases}$$

definierte Feld und die Bildungen

$$\nabla\times\mathfrak{E}', \quad \nabla\times\mathfrak{H}', \quad \nabla\,\mathfrak{E}', \quad \nabla\,\mathfrak{H}', \quad \nabla\times\nabla\times\mathfrak{E}', \quad \nabla\times\nabla\times\mathfrak{H}'$$

sind überall stetig.

Im Äußeren von G verschwinden die genannten Größen identisch. Im Inneren ist $\nabla\times\mathfrak{E}'$ und $\nabla\times\mathfrak{H}'$ wegen Gl. (42) stetig. Aus diesen Gleichungen folgt auch

$$(44)\quad \begin{cases} \nabla\times\nabla\times\mathfrak{H} = -i\,\omega\nabla\times\varepsilon\mathfrak{E} = -i\,\omega\nabla\,\varepsilon\times\mathfrak{E} + k^2\mathfrak{H}, \\ \nabla\times\nabla\times\mathfrak{E} = i\,\omega\nabla\times\mu\,\mathfrak{H} = i\,\omega\nabla\mu\times\mathfrak{H} + k^2\mathfrak{E}, \end{cases}$$

so daß diese Felder ebenfalls stetig sind. Weiterhin ist

$$(45)\quad \begin{aligned} \nabla(\varepsilon\mathfrak{E}) &= (\mathfrak{E}\nabla\,\varepsilon) + \varepsilon\nabla\,\mathfrak{E} = 0 \\ \nabla(\mu\mathfrak{H}) &= (\mathfrak{H}\nabla\,\mu) + \mu\nabla\,\mathfrak{H} = 0. \end{aligned}$$

Da ε und μ nirgends verschwinden, sind somit auch $\nabla\,\mathfrak{E}'$ und $\nabla\,\mathfrak{H}'$ stetig.

Es bleibt uns daher zu zeigen, daß diese Größen auch beim Durchgang durch F stetig sind. Dazu genügt es, die Stetigkeit von $\mathfrak{E}'$ und $\mathfrak{H}'$ zu beweisen, was gleichbedeutend damit ist, daß $\mathfrak{E}$ und $\mathfrak{H}$ auf F verschwinden. Wir haben $\mathfrak{n} \times \mathfrak{E} = \mathfrak{n} \times \mathfrak{H} = 0$ vorausgesetzt und müssen demnach noch beweisen, daß auch die Normalkomponenten verschwinden.

Nehmen wir an, daß $\mathfrak{E}$ und $\mathfrak{H}$ auf F noch stetig differenzierbar sind, so folgt das Verschwinden der Normalkomponenten fast unmittelbar aus den MAXWELLschen Gleichungen. Da wir unseren Satz ohne diese Voraussetzungen ausgesprochen haben, müssen wir zum Beweise anders argumentieren.

Da F eine reguläre Fläche ist, können wir sie in endlich viele reguläre Flächenelemente zerlegen, die wir etwa durch Wahl eines geeigneten kartesischen Koordinatensystems, wie es in der Definition geschieht, in der Form

$$x^3 = F(x^1, x^2) \tag{46}$$

darstellen können, wobei die Koordinaten x^1, x^2 einem regulären Gebiet B der (x^1, x^2)-Ebene angehören. Jedes Teilgebiet B' von B beschreibt dann ein Teilstück des Flächenelementes. Da F zum Rand des regulären Gebietes G gehört, können wir annehmen, daß zu jedem ganz in B gelegenen Gebiet B' eine Zahl λ_0 so existiert, daß für alle λ mit $0 < \lambda < \lambda_0$ die Fläche

$$x^3 = F(x^1, x^2) - \lambda \quad \text{mit} \quad (x^1, x^2) \in B' \tag{47}$$

ganz in G liegt. Bezeichnen wir die Fläche Gl. (47) mit F'_λ, und nennen F'_0 das B' entsprechende Teilstück von F, so können wir die Punkte von F'_λ und F'_0 eindeutig aufeinander beziehen, indem wir Punkte mit gleichen (x^1, x^2) einander zuordnen.

In diesen Punkten stimmen dann auch das Linienelement und der Normalenvektor überein. Bezeichnen wir die Randkurven von F'_λ und F'_0 mit C_λ und C_0, so gilt nach dem STOKESschen Satz

$$\int_{C_\lambda} (\mathfrak{H}\,\mathfrak{t})\,ds = \int_{F'_\lambda} \mathfrak{n}(\nabla \times \mathfrak{H})\,dF = -i\omega \int_{F'_\lambda} \varepsilon(\mathfrak{E}\,\mathfrak{n})\,dF, \tag{48}$$

weil das Flächenstück F'_λ ganz in G liegt. Da $\mathfrak{E}$ und $\mathfrak{H}$ stetig vorausgesetzt sind, können wir den Grenzübergang $\lambda \to 0$ durchführen und erhalten

$$\int_{C_0} (\mathfrak{H}\,\mathfrak{t})\,ds = -i\omega \int_{F'_0} \varepsilon(\mathfrak{E}\,\mathfrak{n})\,dF. \tag{49}$$

Das Linienintegral verschwindet aber, da $\mathfrak{H}$ auf F keine Tangentialkomponenten besitzt. Folglich ist für alle F'_0

$$\int_{F'_0} \varepsilon(\mathfrak{E}\,\mathfrak{n})\,dF = 0. \tag{50}$$

Wegen $\varepsilon \neq 0$ folgt daraus aber $(\mathfrak{E}\,\mathfrak{n}) = 0$. Entsprechend beweisen wir auch $(\mathfrak{H}\,\mathfrak{n}) = 0$.

Die Felder $\mathfrak{E}$ und $\mathfrak{H}$ verschwinden daher auf F, und wir haben Lemma 101 bewiesen.

Wir denken uns nun den Koordinatenursprung im Äußeren von G gewählt und nennen das Feld $\mathfrak{E}'$, $\mathfrak{H}'$ jetzt einfach $\mathfrak{E}$, $\mathfrak{H}$. Dann besitzt dieses Feld die folgenden Eigenschaften:

1. Für alle r und alle n gilt

$$\int\limits_{|\mathfrak{x}|=r} |\mathfrak{E}|^2\, dF = O(r^n)\,; \qquad \int\limits_{|\mathfrak{x}|=r} |\mathfrak{H}|^2\, dF = O(r^n)\,.$$

2. Es gibt eine Konstante $C > 0$, so daß überall

$$|\nabla\,\mathfrak{E}|^2 \leqq C(|\mathfrak{E}|^2 + |\mathfrak{H}|^2)\,; \qquad |\nabla\,\mathfrak{H}|^2 \leqq C(|\mathfrak{E}|^2 + |\mathfrak{H}|^2)\,,$$

$$|\nabla \times \nabla \times \mathfrak{E}|^2 \leqq C(|\mathfrak{E}|^2 + |\mathfrak{H}|^2)\,; \qquad |\nabla \times \nabla \times \mathfrak{H}|^2 \leqq C(|\mathfrak{E}|^2 + |\mathfrak{H}|^2)$$

erfüllt wird.

Die unter 2. genannten Eigenschaften folgen sofort aus Gl. (44) und (45). Unter Benutzung der stetigen Differenzierbarkeit von ε und μ. Für die Felder $\mathfrak{E}$ und $\mathfrak{H}$ gelten daher die Voraussetzungen Gl. (24), unter denen wir Gl. (38) hergeleitet hatten. Wir wenden diese Formel nun auf $\mathfrak{E}$ an und setzen

$$(51)\qquad \left\{\begin{aligned} \mathfrak{e}_{n,j}(r) &= \int\limits_{\Omega} \mathfrak{E}(r\,\mathfrak{x}_0)\, K_{n,j}(\mathfrak{x}_0)\, d\omega\,, \\ e_{n,j}(r) &= \int\limits_{\Omega} (\nabla\,\mathfrak{E}(r\,\mathfrak{x}_0))\, K_{n,j}(\mathfrak{x}_0)\, d\omega\,, \\ \mathfrak{E}_{n,j}(r) &= \int\limits_{\Omega} (\nabla \times \nabla \times \mathfrak{E}(r\,\mathfrak{x}_0))\, K_{n,j}(\mathfrak{x}_0)\, d\omega\,, \end{aligned}\right.$$

sowie

$$(52)\qquad \left\{\begin{aligned} \mathfrak{B}_{n+1,j}(r) &= \sum_{l=-(n+1)}^{n+1} e_{n+1,l}(r)\, \mathfrak{b}_j^l\,, \\ \mathfrak{A}_{n-1,j}(r) &= \sum_{l=-(n-1)}^{n-1} e_{n-1,l}(r)\, \mathfrak{a}_j^l\,. \end{aligned}\right.$$

Dann ist nach Gl. (41)

$$(53)\qquad \left\{\begin{aligned} \sum_{j=-n}^{n} |\mathfrak{B}_{n+1,j}(r)|^2 &= \frac{n(2n-1)^2}{2n+1} \sum_{j=-(n+1)}^{n+1} |e_{n+1,j}(r)|^2\,, \\ \sum_{j=-n}^{n} |\mathfrak{A}_{n-1,j}(r)|^2 &= \frac{n(2n+1)^2}{2n-1} \sum_{j=-(n-1)}^{n-1} |e_{n-1,j}(r)|^2\,, \end{aligned}\right.$$

und es folgt aus Gl. (38)

$$
(54)\quad \begin{aligned}
\mathfrak{e}_{n,j}(R) = &-\frac{R^n}{2n+1}\int_0^R \left[\frac{\mathfrak{E}_{n,j}(r)}{r^{n-1}} + \frac{1}{r^n}\mathfrak{B}_{n+1,j}(r)\right] dr + \\
&+ \frac{R^{-n-1}}{2n+1}\int_0^R [r^{n+2}\mathfrak{E}_{n,j}(r) + r^{n+1}\mathfrak{A}_{n-1,j}(r)]\, dr .
\end{aligned}
$$

Das Feld $\mathfrak{E}$ ist aber nur im Inneren von G von Null verschieden. Es gibt daher ein $D > 0$, so daß für alle $r \geqq D$ und alle n

$$
(55)\quad \mathfrak{e}_{n,j}(r) = e_{n,j}(r) = \mathfrak{E}_{n,j}(r) = 0
$$

ist. Für $R \geqq D$ hängen die Integrale in Gl. (54) daher nicht von R ab, und es verschwindet $\mathfrak{e}_{n,j}(R)$ identisch. Aus Gl. (54) entnehmen wir daher

$$
(56)\quad \int_0^D \left[\frac{\mathfrak{E}_{n,j}(r)}{r^{n-1}} + \frac{1}{r^n}\mathfrak{B}_{n+1,j}(r)\right] dr = 0
$$

und

$$
(57)\quad \int_0^D [r^{n+2}\mathfrak{E}_{n,j}(r) + r^{n+1}\mathfrak{A}_{n-1,j}(r)]\, dr = 0 .
$$

Wegen Gl. (55) gilt somit für alle R

$$
(58)\quad \int_0^R \left[\frac{\mathfrak{E}_{n,j}(r)}{r^{n-1}} + \frac{1}{r^n}\mathfrak{B}_{n+1,j}(r)\right] dr = -\int_R^D \left[\frac{\mathfrak{E}_{n,j}(r)}{r^{n-1}} + \frac{1}{r^n}\mathfrak{B}_{n+1,j}(r)\right] dr .
$$

Die erste der beiden Eigenschaften unseres Feldes $\mathfrak{E}$, $\mathfrak{H}$ hat zur Folge, daß zu jeder ganzen Zahl l eine positive Konstante A_l so existiert, daß für alle r

$$
(59)\quad \int_{|\mathfrak{x}|=r} (|\mathfrak{E}|^2 + |\mathfrak{H}|^2)\, dF \leqq A_l\, r^{2l-3/4}
$$

ist. Nach Gl. (54) folgt nun

$$
(60)\quad \begin{aligned}
|\mathfrak{e}_{n,j}(R)|^2 \leqq &\frac{2R^{2n}}{(2n+1)^2}\left|\int_0^R \left[\frac{\mathfrak{E}_{n,j}(r)}{r^{n-1}} + \frac{1}{r^n}\mathfrak{B}_{n+1,j}(r)\right] dr\right|^2 + \\
&+ \frac{2R^{-2n-2}}{(2n+1)^2}\left|\int_0^R [r^{n+2}\mathfrak{E}_{n,j}(r) + r^{n+1}\mathfrak{A}_{n-1,j}(r)]\, dr\right|^2 .
\end{aligned}
$$

Hat l die in Gl. (59) genannte Bedeutung, so wird für $n \leqq l$ aus Gl. (60) mit Hilfe der SCHWARZschen Ungleichung

$$
\begin{aligned}
|\mathfrak{e}_{n,j}(R)|^2 &\leqq \frac{2R^{2n}}{(2n+1)^2}\left|\int_0^R r^{l-n-3/8}[r\,\mathfrak{E}_{n,j}(r)+\mathfrak{B}_{n+1,j}(r)]\,r^{3/8-l}\,dr\right|^2 + \\
&+\frac{2R^{-2n-2}}{(2n+1)^2}\left|\int_0^R r^{l+n+5/8}[r\,\mathfrak{E}_{n,j}(r)+\mathfrak{A}_{n-1,j}(r)]\,r^{3/8-l}\,dr\right|^2 \\
&\leqq \frac{4R^{2n}}{(2n+1)^2}\int_0^R r^{2l-2n-3/4}\,dr\int_0^R \frac{r^2|\mathfrak{E}_{n,j}(r)|^2+|\mathfrak{B}_{n+1,j}(r)|^2}{r^{2l-3/4}}\,dr + \\
&+\frac{4R^{-2n-2}}{(2n+1)^2}\int_0^R r^{2l+2n+2-3/4}\,dr\int_0^R \frac{r^2|\mathfrak{E}_{n,j}(r)|^2+|\mathfrak{A}_{n-1,j}(r)|^2}{r^{2l-3/4}}\,dr \\
&\leqq \frac{16R^{2l+1/4}}{(2n+1)^2}\int_0^R \frac{r^2|\mathfrak{E}_{n,j}(r)|^2+|\mathfrak{B}_{n+1,j}(r)|^2}{r^{2l-3/4}}\,dr + \\
&+\frac{16R^{2l+1/4}}{(2n+1)^2}\int_0^R \frac{r^2|\mathfrak{E}_{n,j}(r)|^2+|\mathfrak{A}_{n-1,j}(r)|^2}{r^{2l-3/4}}\,dr.
\end{aligned} \tag{61}
$$

Für $n = 0$ gilt entsprechend nach Gl. (39)

$$
\mathfrak{e}_{0,0}(R) = -\int_0^R [r\,\mathfrak{E}_{0,0}(r)+\mathfrak{B}_{1,0}(r)]\,dr + R^{-1}\int_0^R r^2\,\mathfrak{E}_{0,0}(r)\,dr. \tag{62}
$$

Hier finden wir

$$
\begin{aligned}
|\mathfrak{e}_{0,0}(R)|^2 &\leqq 2\left|\int_0^R [r\,\mathfrak{E}_{0,0}(r)+\mathfrak{B}_{1,0}(r)]\,dr\right|^2 + 2R^{-2}\left|\int_0^R r^2\,\mathfrak{E}_{0,0}(r)\,dr\right| \\
&\leqq 4\int_0^R r^{2l-3/4}\,dr\int_0^R \frac{r^2|\mathfrak{E}_{0,0}(r)|^2+|\mathfrak{B}_{1,0}(r)|^2}{r^{2l-3/4}}\,dr + \\
&+4R^{-2}\int_0^R r^{2l+2-3/4}\,dr\int_0^R \frac{r^2|\mathfrak{E}_{0,0}(r)|^2}{r^{2l-3/4}}\,dr \\
&\leqq 16R^{2l+1/4}\int_0^R \frac{r^2|\mathfrak{E}_{0,0}(r)|^2+|\mathfrak{B}_{1,0}(r)|^2}{r^{2l-3/4}}\,dr + \\
&+16R^{2l+1/4}\int_0^R \frac{r^2|\mathfrak{E}_{0,0}(r)|^2}{r^{2l-3/4}}\,dr.
\end{aligned} \tag{63}
$$

Auf Grund der Vollständigkeit der Kugelfunktionen ist

$$(64)\quad \begin{cases} \sum_{n=0}^{\infty} \sum_{j=-n}^{n} |\mathfrak{E}_{n,j}(r)|^2 = \int_{\Omega} |\nabla \times \nabla \times \mathfrak{E}(r x_0)|^2 d\omega, \\ \sum_{n=0}^{\infty} \sum_{j=-n}^{n} |e_{n,j}(r)|^2 = \int_{\Omega} |\nabla \mathfrak{E}(r x_0)|^2 d\omega. \end{cases}$$

Nach Voraussetzung ist aber

$$(65)\quad |\nabla \times \nabla \times \mathfrak{E}|^2 \leqq C(|\mathfrak{E}|^2 + |\mathfrak{H}|^2); \qquad |\nabla \mathfrak{E}|^2 \leqq C(|\mathfrak{E}|^2 + |\mathfrak{H}|^2),$$

so daß unter Beachtung von Gl. (59) und (64)

$$(66)\quad \begin{cases} \sum_{n=0}^{\infty} \sum_{j=-n}^{n} |\mathfrak{E}_{n,j}(r)|^2 \leqq C A_l r^{2l-3/4} \\ \sum_{n=0}^{\infty} \sum_{j=-n}^{n} |e_{n,j}(r)|^2 \leqq C A_l r^{2l-3/4} \end{cases}$$

wird. Aus Gl. (61) erhalten wir zunächst für $l \geqq n \geqq 1$ nach Gl. (53)

$$(67)\quad \begin{aligned} \sum_{j=-n}^{n} |e_{n,j}(R)|^2 \leqq\; & 32 R^{2l+1/4} \int_0^R \sum_{j=-n}^{+n} \frac{r^2 |\mathfrak{E}_{n,j}(r)|^2}{r^{2l-3/4}} dr + \\ & + 16 R^{2l+1/4} \frac{n(2n-1)^2}{(2n+1)^3} \int_0^R r^{-2l+3/4} \sum_{j=-(n+1)}^{n+1} |e_{n+1,j}(r)|^2 dr + \\ & + 16 R^{2l+1/4} \frac{n}{2n-1} \int_0^R r^{-2l+3/4} \sum_{j=-(n-1)}^{n-1} |e_{n-1,j}(r)|^2 dr \\ \leqq\; & 32 R^{2l+1/4} \int_0^R \sum_{j=-n}^{n} \frac{r^2 |\mathfrak{E}_{n,j}(r)|^2}{r^{2l-3/4}} dr + \\ & + 16 R^{2l+1/4} \int_0^R r^{-2l+3/4} \sum_{j=-(n+1)}^{n+1} |e_{n+1,j}(r)|^2 dr + \\ & + 16 R^{2l+1/4} \int_0^R r^{-2l+3/4} \sum_{j=-(n-1)}^{n-1} |e_{n-1,j}(r)|^2 dr. \end{aligned}$$

Für $n = 0$ ergibt sich entsprechend

$$(68)\quad \begin{aligned} |e_{0,0}(R)|^2 \leqq 32 R^{2l+1/4} & \int_0^R r^2 |\mathfrak{E}_{0,0}(r)|^2 r^{-2l+3/4} dr \\ & + 16 R^{2l+1/4} \int_0^R r^{-2l+3/4} \sum_{j=-1}^{1} |e_{1,j}(r)|^2 dr. \end{aligned}$$

Mit Hilfe von Gl. (66) finden wir daher für $R \leqq D$

$$\sum_{n=0}^{l} \sum_{j=-n}^{n} |\mathfrak{e}_{n,j}(R)|^2 \leqq 32(D^2+1)\,C A_l\, R^{2(l+1)-3/4}. \tag{69}$$

Die Abschätzungen Gl. (67) und (68) gelten für alle $n \leqq l$. Um analoge Ungleichungen auch für $n > l$ herzuleiten, benutzen wir Gl. (58) und erhalten aus Gl. (54)

$$\begin{aligned} \mathfrak{e}_{n,j}(R) &= \frac{R^n}{2n+1}\int_R^D \left[\frac{\mathfrak{E}_{n,j}(r)}{r^{n-1}} + \frac{1}{r^n}\mathfrak{B}_{n+1,j}(r)\right] dr \\ &+ \frac{R^{-n-1}}{2n+1}\int_0^R \left[r^{n+2}\mathfrak{E}_{n,j}(r) + r^{n+1}\mathfrak{A}_{n-1,j}(r)\right] dr. \end{aligned} \tag{70}$$

Damit ergibt sich für $n > l \geqq 1$ und $R < D$ vermittels der SCHWARZschen Ungleichung

$$\begin{aligned} &|\mathfrak{e}_{n,j}(R)|^2 \\ &\leqq \frac{4R^{2n}}{(2n+1)^2}\int_R^D r^{2l+3/4-2n}\,dr \int_R^D \left[\frac{r^2|\mathfrak{E}_{n,j}(r)|^2}{r^{2l+3/4}} + \frac{|\mathfrak{B}_{n+1,j}(r)|^2}{r^{2l+3/4}}\right] dr \\ &+ \frac{4R^{-2n-2}}{(2n+1)^2}\int_0^R r^{2l-3/4+2n+2}\,dr \int_0^R \left[\frac{r^2|\mathfrak{E}_{n,j}(r)|^2}{r^{2l-3/4}} + \frac{|\mathfrak{A}_{n-1,j}(r)|^2}{r^{2l-3/4}}\right] dr. \end{aligned} \tag{71}$$

und wir finden

$$\begin{aligned} |\mathfrak{e}_{n,j}(R)|^2 &\leqq \frac{16R^{2l+7/4}}{(2n+1)^2}\int_R^D \left[\frac{r^2|\mathfrak{E}_{n,j}(r)|^2}{r^{2l+3/4}} + \frac{|\mathfrak{B}_{n,j}(r)|^2}{r^{2l+3/4}}\right] dr \\ &+ \frac{16R^{2l-1/4}}{(2n+1)^2}\int_0^R \frac{r^2|\mathfrak{E}_{n,j}(r)|^2 + |\mathfrak{B}_{n,j}(r)|^2}{r^{2l-3/4}}\,dr, \end{aligned} \tag{72}$$

so daß sich wiederum unter Verwendung von Gl. (53) und (66) für alle $N > l$

$$\begin{aligned} \sum_{n=l}^{N}{}' \sum_{j=-n}^{n} |\mathfrak{e}_{n,j}(R)|^2 &\leqq 16\,C A_l (D^2+1) R^{2l+7/4}\int_R^D r^{-3/2}\,dr \\ &+ 16\,C A_l(D^2+1) R^{2l-1/4}\int_0^R dr \leqq 32\,C A_l(D^2+1)\,R^{2(l+1)-3/4} \end{aligned} \tag{73}$$

ergibt. Es gilt daher für alle N ohne Einschränkung

$$\sum_{n=0}^{N} \sum_{=-n}^{n} |\mathfrak{e}_{n,j}(R)|^2 \leqq 64\,C(D^2+1)\,A_l\,R^{2(l+1)-3/4}. \tag{74}$$

Aus der Vollständigkeit der Kugelfunktionen folgt daher

$$\int_{\Omega} |\mathfrak{E}(R\,\mathfrak{x}_0)|^2\,d\omega = \sum_{n=0}^{\infty} \sum_{j=-n}^{n} |\mathfrak{e}_{n,j}(R)|^2 \tag{75}$$
$$\leqq 64\,C\,(D^2+1)\,A_l\,R^{2(l+1)-3/4}.$$

In der Herleitung dieses Ergebnisses haben wir nur Voraussetzungen benutzt, die auch von $\mathfrak{H}$ erfüllt werden. Aus

$$\int_{|\mathfrak{x}|=R} (|\mathfrak{E}|^2 + |\mathfrak{H}|^2)\,dF \leqq A_l\,R^{2l-3/4} \tag{76}$$

ergibt sich folglich auch

$$\int_{|\mathfrak{x}|=R} |\mathfrak{H}(R\,\mathfrak{x}_0)|^2\,d\omega \leqq 64\,C\,(D^2+1)\,A_l\,R^{2(l+1)-3/4}. \tag{77}$$

Unter den hier benutzten Voraussetzungen über $\mathfrak{E}$ und $\mathfrak{H}$ gilt daher

Lemma 102. *Das Feld $\mathfrak{E}$, $\mathfrak{H}$ genüge den Voraussetzungen von Satz* 60. *Der Punkt $\mathfrak{x}=0$ liege außerhalb G. Aus*

$$\int_{|\mathfrak{x}|=R} (|\mathfrak{E}|^2 + |\mathfrak{H}|^2)\,dF \leqq A_l\,R^{2l-3/4}$$

folgt dann mit von l unabhängigen Konstanten C und D

$$\int_{|\mathfrak{x}|=R} (|\mathfrak{E}|^2 + |\mathfrak{H}|^2)\,dF \leqq 128\,C\,(D^2+1)\,A_l\,R^{2(l+1)-3/4},$$

wobei D^2 so gewählt ist, daß das Gebiet G ganz in $|\mathfrak{x}| \leqq D$ enthalten ist.

Auf Grund der ersten Eigenschaft unseres Feldes können wir aber stets ein A_1 so finden, daß Gl. (76) für $l=1$ gilt. Dann folgt aus Lemma (102), daß Gl. (76) auch für $l=2$ gültig ist, wenn wir

$$A_2 = 128(D^2+1)\,C\,A_1 \tag{78}$$

setzen. In Fortsetzung dieser Iteration bilden wir entsprechend

$$A_l = [128(D^2+1)\,C]^{l-1}\,A_1 \tag{79}$$

und finden demnach

Lemma 103. *Für alle $l \geqq 1$ gilt*

$$\int_{|\mathfrak{x}|=R} (|\mathfrak{E}|^2 + |\mathfrak{H}|^2)\,dF \leqq [(128)\,(D^2+1)\,C\,R^2]^{l-1}\,A_1\,R^{5/4+2l}.$$

Durch den Grenzübergang $l \to \infty$ folgt nun

Lemma 104. *Für*

$$R < \frac{1}{\sqrt{128(D^2+1)\,C}} = \frac{A}{\sqrt{D^2+1}} = R_1$$

ist

$$\int\limits_{|\mathfrak{x}|=R} (|\mathfrak{E}|^2 + |\mathfrak{H}|^2)\,dF = 0 .$$

Das Feld $\mathfrak{E}$, $\mathfrak{H}$ verschwindet daher als stetiges Feld in Inneren der abgeschlossenen Kugel $|\mathfrak{x}| \leqq R_1$ identisch. Es sei nun $\mathfrak{x}_1$ ein Punkt mit

$$(80) \qquad |\mathfrak{x}_1| < R_1 .$$

Dann ist die Kugel $|\mathfrak{x}| \leqq D$ ganz in $|\mathfrak{x} - \mathfrak{x}_1| \leqq D + R_1$ enthalten. In der Umgebung von $\mathfrak{x}_1$ verschwindet $\mathfrak{E}$, $\mathfrak{H}$ identisch. Wir können unser in Lemma 104 formuliertes Ergebnis also wieder anwenden, wenn wir D durch $D + R_1$ ersetzen, so daß $\mathfrak{E}$, $\mathfrak{H}$ auch in

$$(81) \qquad |\mathfrak{x} - \mathfrak{x}_1| < \frac{A}{\sqrt{(D+R_1)^2+1}} = R_2$$

verschwindet. Da dieses Ergebnis für alle $\mathfrak{x}_1$ mit $|\mathfrak{x}_1| < R_1$ gilt, muß unser Feld in

$$(82) \qquad |\mathfrak{x}| < R_1 + R_2$$

gleich Null sein.

Diesen Prozeß setzen wir nun fort. Dann erhalten wir eine Folge von Kugeln $|\mathfrak{x}| \leqq R_n$, deren Radien durch die Rekursion

$$(83) \qquad \begin{cases} R_0 = 0, \\ R_n = R_{n-1} + \dfrac{A}{\sqrt{(D+R_{n-1})^2+1}} \end{cases}$$

bestimmt werden. Diese Folge von Radien ist monoton. Sie wächst also entweder über alle Grenzen und wird dann natürlich auch einmal größer als D oder sie ist konvergent. Nennen wir den Grenzwert S, so folgt aus Gl. (83)

$$(84) \qquad S = S + \frac{A}{\sqrt{(D+S)^2+1}} ,$$

was offenbar nicht von endlichen S erfüllt werden kann. Nach einer endlichen Anzahl von Schritten haben wir daher das Innere der Kugel $|\mathfrak{x}| \leqq D$ ausgeschöpft und damit unseren Satz bewiesen.

Wir beweisen nun

Satz 61. *Es sei G ein reguläres von der Fläche F berandetes Gebiet. In G seien ε und μ stetig differenzierbar. Außerhalb G seien ε und μ kon-*

stant. Wir setzen dort $\varepsilon = \varepsilon_a$ *und* $\mu = \mu_a$. *Für* $\mathfrak{x} \notin F$ *genüge* $\mathfrak{E}$, $\mathfrak{H}$ *den Gleichungen*

$$\nabla \times \mathfrak{H} + i\,\omega\,\varepsilon\,\mathfrak{E} = 0; \qquad \nabla \times \mathfrak{E} - i\,\omega\,\mu\,\mathfrak{H} = 0.$$

Im Äußeren und im Inneren von G sei $\mathfrak{E}$, $\mathfrak{H}$ *stetig, und es gelte in allen regulären Punkten von F*

$$\mathfrak{n} \times \mathfrak{E}_a = \mathfrak{n} \times \mathfrak{E}_i; \qquad \mathfrak{n} \times \mathfrak{H}_a = \mathfrak{n} \times \mathfrak{H}_i,$$

wobei $\mathfrak{E}_a$, $\mathfrak{H}_a$ *die Grenzwerte bei Annäherung von außen und* $\mathfrak{E}_i$, $\mathfrak{H}_i$ *die Grenzwerte bei Annäherung von innen bezeichnen.*

Für $r \to \infty$ *und* $\mathfrak{x} = r\,\mathfrak{x}_0$ *gelte gleichmäßig bzgl. aller Richtungen* $\mathfrak{E}_0$ *mit* $k_a^2 = \omega^2\,\varepsilon_a\,\mu_a$ *und* $0 \leqq \arg k_a < \pi$

$$\omega\,\mu_a\,\mathfrak{x}_0 \times \mathfrak{H} + k_a\,\mathfrak{E} = o\left(\frac{1}{r}\right); \qquad \mathfrak{E} = O\left(\frac{1}{r}\right).$$

Dann verschwindet $\mathfrak{E}$, $\mathfrak{H}$ *identisch.*

Dieser Satz enthält den Beweis der Eindeutigkeit der Probleme I und II.

Wir haben vorausgesetzt, daß der Raum in zwei Teile zerfällt, von denen der eine durch das endliche reguläre Gebiet G dargestellt wird.

Im Äußeren dieses Gebietes sind ε und μ konstant, während sie im Inneren stetig differenzierbar sind. Da die ε und μ nicht stetig in der Umgebung von F vorausgesetzt wurden, können wir nicht erwarten, daß die Felder $\mathfrak{E}$ und $\mathfrak{H}$ dort stetig sind, sondern müssen Unstetigkeiten beim Durchgang durch F erwarten. Wir fordern aber, daß die Tangentialkomponenten in den regulären Punkten stetig sind.

Die letzte der Voraussetzungen unseres Satzes hatten wir schon einleitend als Ausstrahlungsbedingung formuliert. Entscheidend für unseren Beweis sind die Einschränkungen, denen wir ω, ε und μ unterwerfen. Es ist stets

$$\mathrm{Re}(i\,\omega\,\varepsilon) \leqq 0; \qquad \mathrm{Re}(i\,\omega\,\mu) \leqq 0, \tag{85}$$

wobei die Gleichheitszeichen nur gelten, wenn ω, ε und μ positiv reell sind. Aus unseren Einschränkungen über k_a entnehmen wir

$$\mathrm{Re}\left(\frac{k_a}{\omega\,\mu_a}\right) \geqq 0. \tag{86}$$

Wir bilden nun zunächst

$$\begin{aligned}\int_G \nabla(\overline{\mathfrak{E}} \times \mathfrak{H})\,dV &= \int_G [\mathfrak{H}\,\nabla \times \overline{\mathfrak{E}} - \overline{\mathfrak{E}}\,\nabla \times \mathfrak{H}]\,dV\\ &= \int_F \mathfrak{n}(\overline{\mathfrak{E}} \times \mathfrak{H})\,dF = \int_G [i\,\omega\,\varepsilon\,\mathfrak{E}\,\overline{\mathfrak{E}} - i\,\overline{\omega}\,\overline{\mu}\,\mathfrak{H}\,\overline{\mathfrak{H}}]\,dV.\end{aligned} \tag{87}$$

Weiterhin ist

$$(88)\qquad \int\limits_{\substack{\mathfrak{x}\notin G\\ |\mathfrak{x}|\leqq R}} [i\,\omega\,\varepsilon\,\mathfrak{E}\,\overline{\mathfrak{E}} - i\,\overline{\omega\,\mu}\,\mathfrak{H}\,\overline{\mathfrak{H}}]\,d\,V = \int\limits_{\substack{\mathfrak{x}\notin G\\ |\mathfrak{x}|\leqq R}} \nabla(\overline{\mathfrak{E}}\times\mathfrak{H})\,d\,V$$

$$= \int\limits_{|\mathfrak{x}|=R} \mathfrak{n}(\overline{\mathfrak{E}}\times\mathfrak{H})\,dF + \int\limits_{F} \mathfrak{n}(\overline{\mathfrak{E}}\times\mathfrak{H})\,dF\,.$$

In dem letzten Integral weist die Normale ins Innere des Gebietes G. Durch Addition von Gl. (87) und (88) erhalten wir nun, da sich die Integrale über F wegen der Stetigkeit der Tangentialkomponenten aufheben

$$(89)\qquad \int\limits_{|\mathfrak{x}|\leqq R} [i\,\omega\,\varepsilon\,\mathfrak{E}\,\overline{\mathfrak{E}} - i\,\overline{\omega\,\mu}\,\mathfrak{H}\,\overline{\mathfrak{H}}]\,d\,V = \int\limits_{|\mathfrak{x}|=R} \mathfrak{n}(\overline{\mathfrak{E}}\times\mathfrak{H})\,dF\,.$$

Auf $|\mathfrak{x}| = R$ ist aber $\mathfrak{n} = \mathfrak{x}_0$. Damit wird für $R\to\infty$

$$(90)\qquad \mathfrak{n}(\overline{\mathfrak{E}}\times\mathfrak{H}) = \mathfrak{x}_0(\overline{\mathfrak{E}}\times\mathfrak{H}) = -\overline{\mathfrak{E}}(\mathfrak{x}_0\times\mathfrak{H}) = \frac{\overline{k}_1}{\overline{\varepsilon\,\omega_1}}\,\mathfrak{E}\,\overline{\mathfrak{E}} + o\left(\frac{1}{R^2}\right).$$

Da diese Relation gleichmäßig für alle Richtungen gilt, finden wir nach Gl. (89) für $R\to\infty$

$$(91)\qquad \int\limits_{|\mathfrak{x}|\leqq R} [i\,\omega\,\varepsilon\,\mathfrak{E}\,\overline{\mathfrak{E}} - i\,\overline{\omega\,\mu}\,\mathfrak{H}\,\overline{\mathfrak{H}}]\,d\,V = \frac{\overline{k_a}}{\overline{\omega\,\varepsilon_a}} \int\limits_{|\mathfrak{x}|=R} \mathfrak{E}\,\overline{\mathfrak{E}}\,dF + o(1)\,.$$

Wegen Gl. (85) ist

$$(92)\qquad \mathrm{Re} \int\limits_{|\mathfrak{x}|\leqq R} [i\,\omega\,\varepsilon\,\mathfrak{E}\,\overline{\mathfrak{E}} - i\,\overline{\omega\,\mu}\,\mathfrak{H}\,\overline{\mathfrak{H}}]\,d\,V \leqq 0\,,$$

während

$$(93)\qquad \mathrm{Re}\left(\frac{\overline{k_a}}{\overline{\omega\,\varepsilon_a}} \int\limits_{|\mathfrak{x}|=R} \mathfrak{E}\,\overline{\mathfrak{E}}\,dF\right) \geqq 0$$

ist. Es kann Gl. (91) daher nur gelten, wenn für alle R

$$(94)\qquad \mathrm{Re} \int\limits_{|\mathfrak{x}|\leqq R} [i\,\omega\,\varepsilon\,\mathfrak{E}\,\overline{\mathfrak{E}} - i\,\overline{\omega\,\mu}\,\mathfrak{H}\,\overline{\mathfrak{H}}]\,d\,V = 0$$

ist, und

$$(95)\qquad \lim_{R\to\infty} \int\limits_{|\mathfrak{x}|=R} \mathfrak{E}\,\overline{\mathfrak{E}}\,dF = 0$$

erfüllt wird.

Nehmen wir an, es wären ω, ε_a und μ_a nicht positiv reell. Dann wäre mindestens eine der Zahlen $\mathrm{Re}(i\,\omega\,\varepsilon_a)$ und $\mathrm{Re}(i\,\omega\,\mu_a)$ kleiner als Null. Aus Gl. (94) erhalten wir dann, daß zunächst entweder $\mathfrak{E}$ oder $\mathfrak{H}$ identisch verschwinden. Aus den Maxwellschen Gleichungen folgt dann aber, daß beide in ganzen Äußeren von G verschwinden. Wegen der Stetigkeit der Tangentialkomponenten erfüllt daher das Feld im Inneren die Voraussetzungen von Satz 60 und verschwindet folglich ebenfalls.

Wir können also jetzt voraussetzen, daß ω, ε_a und μ_a positiv reell sind. Dann ist auch k_1 positiv reell und es gilt nach Gl. (95) für $r \to \infty$

$$\int_{\Omega} |\mathfrak{E}(r\,\mathfrak{x}_0)|^2\, d\omega = o\left(\frac{1}{r^2}\right). \tag{96}$$

Da $\mathfrak{E}$ im Äußeren von G der Gleichung

$$\Delta\,\mathfrak{E} + k_a^2\,\mathfrak{E} = 0 \tag{97}$$

genügt, können wir wegen Gl. (96) Satz 60 auf jede der kartesischen Komponenten von $\mathfrak{E}$ anwenden. Folglich verschwindet $\mathfrak{E}$ und damit auch $\mathfrak{H}$ im Äußeren einer genügend großen Kugel identisch. Da $\mathfrak{E}$, $\mathfrak{H}$ als Lösung von Gl. (97) analytisch ist, verschwindet das Feld $\mathfrak{E}$, $\mathfrak{H}$ im Äußeren von G identisch.

Auf Grund der Stetigkeit der Tangentialkomponenten können wir nun wieder auf das Feld im Inneren Satz 60 anwenden und haben damit unseren Eindeutigkeitssatz bewiesen.

Eine ähnliche Argumentation führt auch zum Beweis der Eindeutigkeit von Problem III.

Satz 62. *Im Äußeren eines regulären Gebietes G sei $\mathfrak{E}$, $\mathfrak{H}$ stetig, und es gelte mit konstanten ε und μ*

$$\nabla \times \mathfrak{H} + i\,\omega\,\varepsilon\,\mathfrak{E} = 0; \qquad \nabla \times \mathfrak{E} - i\,\omega\,\mu\,\mathfrak{H} = 0.$$

Ist dann auf F

$$\mathfrak{n} \times \mathfrak{E} = 0$$

und gilt für $r \to \infty$ gleichmäßig bzgl. aller Richtungen

$$\omega\,\mu(\mathfrak{x}_0 \times \mathfrak{H}) + k\,\mathfrak{E} = o\left(\frac{1}{r}\right); \qquad \mathfrak{E} = O\left(\frac{1}{r}\right),$$

so verschwindet das Feld $\mathfrak{E}$, $\mathfrak{H}$ identisch.

Wir bilden wieder

$$\begin{aligned}\int\limits_{\substack{\mathfrak{x}\notin G\\|\mathfrak{x}|\leqq R}} \nabla(\overline{\mathfrak{E}} \times \mathfrak{H})\,dV &= \int\limits_{\substack{\mathfrak{x}\notin G\\|\mathfrak{x}|\leqq R}} [i\,\omega\,\varepsilon\,\mathfrak{E}\,\overline{\mathfrak{E}} - i\,\overline{\omega\,\mu}\,\mathfrak{H}\,\overline{\mathfrak{H}}]\,dV\\ &= \int\limits_{|\mathfrak{x}|=R} \mathfrak{n}(\overline{\mathfrak{E}} \times \mathfrak{H})\,dF + \int\limits_{F} \mathfrak{n}(\overline{\mathfrak{E}} \times \mathfrak{H})\,dF.\end{aligned} \tag{98}$$

Wegen der Randbedingung $\mathfrak{n} \times \mathfrak{E} = 0$ verschwindet hier das Integral über F, und wir finden nach Gl. (90) für $R \to \infty$

$$(99) \qquad \int\limits_{\substack{\mathfrak{x} \notin G \\ |\mathfrak{x}| \leqq R}} [i\,\omega\,\varepsilon\,\mathfrak{E}\,\overline{\mathfrak{E}} - i\,\overline{\omega\,\mu}\,\mathfrak{H}\,\overline{\mathfrak{H}}]\,dV = \frac{\bar{k}}{\overline{\omega\,\varepsilon}} \int\limits_{|\mathfrak{x}| = R} \mathfrak{E}\,\overline{\mathfrak{E}}\,dF + o(1).$$

Ist

$$(100) \qquad \mathrm{Re}(i\,\omega\,\varepsilon) + R(i\,\omega\,\mu) < 0,$$

so verschwindet das Feld wiederum, da dann entweder

$$(101) \qquad \int\limits_{\substack{\mathfrak{x} \notin G \\ |\mathfrak{x}| \leqq R}} \mathfrak{E}\,\overline{\mathfrak{E}}\,dV \quad \text{oder} \quad \int\limits_{\substack{\mathfrak{x} \notin G \\ |\mathfrak{x}| \leqq R}} \mathfrak{H}\,\overline{\mathfrak{H}}\,dV$$

für alle R verschwindet. Für positiv reelle ω, ε und μ muß aber

$$(102) \qquad \lim_{R \to \infty} \int\limits_{|\mathfrak{x}| = R} \mathfrak{E}\,\overline{\mathfrak{E}}\,dF = 0,$$

gelten, so daß aus Satz 60 wiederum $\mathfrak{E} = 0$ und somit auch $\mathfrak{H} = 0$ folgt.

Wir haben damit die Eindeutigkeit der Lösung unserer Probleme bewiesen. Ein entscheidendes Hilfsmittel waren die Ausstrahlungsbedingungen, die uns in Verbindung mit dem Lemma von RELLICH die Beweisführung ermöglichten.

Die Beweise der Existenz der Lösung führen wir nun mit Hilfe der Theorie der linearen Integralgleichungen, die für jedes der Probleme in einer anderen Form angewandt wird.

§ 22. Problem I

Zur Aufstellung der Integralgleichung zur Lösung des Problems I gehen wir von der Annahme aus, daß uns die Lösung $\mathfrak{E}$, $\mathfrak{H}$ bereits zur Verfügung steht. Dieses Feld erfüllt die Ausstrahlungsbedingungen, ist überall stetig, und genügt den Gleichungen

$$(1) \qquad \nabla \times \mathfrak{H} + i\,\omega\,\varepsilon\,\mathfrak{E} = \begin{cases} \mathfrak{J} & \text{für } \mathfrak{x} \in G';\ \mathfrak{x} \notin F', \\ 0 & \text{für } \mathfrak{x} \notin G';\ \mathfrak{x} \notin F', \end{cases}$$

$$\nabla \times \mathfrak{E} - i\,\omega\,\mu\,\mathfrak{H} = \begin{cases} -\mathfrak{J}' & \text{für } \mathfrak{x} \in G';\ \mathfrak{x} \notin F', \\ 0 & \text{für } \mathfrak{x} \notin G';\ \mathfrak{x} \notin F'. \end{cases}$$

Dabei ist außerhalb G und auf F

$$(2) \qquad \varepsilon = \varepsilon_a, \qquad \mu = \mu_a,$$

während ε und μ im Inneren von G stetig differenzierbar sind.

Im Inneren von G schreiben wir die Gleichungen (1) in der Form

$$(3)\qquad \begin{cases} \nabla\times\mathfrak{H} + i\,\omega\,\varepsilon_a\,\mathfrak{E} = i\,\omega(\varepsilon_a-\varepsilon)\,\mathfrak{E} = \mathfrak{J}_s, \\ \nabla\times\mathfrak{E} - i\,\omega\,\mu_a\,\mathfrak{H} = -i\,\omega(\mu_a-\mu)\,\mathfrak{H} = -\mathfrak{J}_s'. \end{cases}$$

Die rechten Seiten fassen wir nun formal als Ströme auf und nennen $\mathfrak{J}_s$ und $\mathfrak{J}_s'$ die scheinbaren Ströme unseres Problems.

Durch diese Formulierung wird der Raum scheinbar homogen, da ε und μ überall die konstanten Werte ε_a und μ_a besitzen. Die Abweichungen vom homogenen Charakter des Raumes werden durch scheinbare Ströme berücksichtigt.

Im homogenen Raum ist die elektromagnetische Schwingung durch die Ströme eindeutig bestimmt, und es stehen uns explizite Darstellungen der Felder zur Verfügung.

Wir führen noch die scheinbaren Ladungen P_s und P_s' durch

$$(4)\qquad \nabla\,\mathfrak{J}_s = i\,\omega\,P_s;\qquad \nabla\,\mathfrak{J}_s' = i\,\omega\,P_s'$$

ein. Dann wird nach Gl. (3)

$$(5)\qquad P_s = \nabla(\varepsilon_a-\varepsilon)\,\mathfrak{E};\qquad P_s' = \nabla(\mu_a-\mu)\,\mathfrak{H}.$$

Die Ströme $\mathfrak{J}_s$ und $\mathfrak{J}_s$ sind nur in G von Null verschieden. Dort gilt aber

$$(6)\qquad \nabla\times\mathfrak{H} + i\,\omega\,\varepsilon\,\mathfrak{E} = 0;\qquad \nabla\times\mathfrak{E} - i\,\omega\,\mu\,\mathfrak{H} = 0.$$

Wir erhalten daher

$$(7)\qquad \nabla(\varepsilon\,\mathfrak{E}) = \nabla(\mu\,\mathfrak{H}) = 0$$

oder

$$(8)\qquad \varepsilon\,\nabla\,\mathfrak{E} + (\mathfrak{E}\,\nabla\,\varepsilon) = 0;\qquad \mu\,\nabla\,\mathfrak{H} + (\mathfrak{H}\,\nabla\,\mu) = 0.$$

Nach Gl. (5) wird daher

$$(9)\qquad \begin{cases} P_s = \varepsilon_a\nabla\,\mathfrak{E} = -\dfrac{\varepsilon_a}{\varepsilon}(\mathfrak{E}\,\nabla\,\varepsilon), \\ P_s' = \mu_a\nabla\,\mathfrak{H} = -\dfrac{\mu_a}{\mu}(\mathfrak{H}\,\nabla\,\mu). \end{cases}$$

Entscheidend an dieser Darstellung ist, daß die scheinbaren Ladungen keine Ableitungen der Felder $\mathfrak{E}$ und $\mathfrak{H}$ enthalten.

Wir benutzen nun das schon in § 15 definierte einfallende Feld $\mathfrak{E}_e$, $\mathfrak{H}_e$, das wir in der Form

$$(10)\qquad \begin{cases} \mathfrak{E}_e(\mathfrak{x}) = \dfrac{1}{4\pi}\displaystyle\int_{G'}\left[i\,\omega\,\mu_a\,\mathfrak{J}\,\Phi - \mathfrak{J}'\times\nabla\,\Phi + \dfrac{P}{\varepsilon_a}\nabla\,\Phi\right]d\,V_{\mathfrak{y}}, \\ \mathfrak{H}_e(\mathfrak{x}) = \dfrac{1}{4\pi}\displaystyle\int_{G'}\left[i\,\omega\,\varepsilon_a\,\mathfrak{J}'\Phi + \mathfrak{J}\times\nabla\,\Phi + \dfrac{P}{\mu_a}\nabla\,\Phi\right]d\,V_{\mathfrak{y}} \end{cases}$$

darstellen können, wobei die Funktion $\Phi(\mathfrak{x}, \mathfrak{y})$ mit dem Parameter k_a zu bilden ist.

Nach Lemma 49 erfüllen die rechten Seiten alle Bedingungen, die von dem einfallenden Feld verlangt werden, so daß nach dem Eindeutigkeitssatz das Feld $\mathfrak{E}_e$, $\mathfrak{H}_e$ durch die rechten Seiten von Gl. (10) dargestellt wird.

Wir beweisen nun

Lemma 105. *Die Lösung* $\mathfrak{E}$, $\mathfrak{H}$ *des Problems I kann mit Hilfe der scheinbaren Ströme* $\mathfrak{J}_s$, $\mathfrak{J}_s'$ *und ihrer Ladungen* P_s, P_s' *in der Form*

$$\mathfrak{E}(\mathfrak{x}) = \mathfrak{E}_e(\mathfrak{x}) + \frac{1}{4\pi}\int\limits_G \left[i\,\omega\,\mu_a\,\mathfrak{J}_s\,\Phi - \mathfrak{J}_s' \times \nabla\Phi + \frac{P_s}{\varepsilon_a}\nabla\Phi\right] d V_{\mathfrak{y}},$$

$$\mathfrak{H}(\mathfrak{x}) = \mathfrak{H}_e(\mathfrak{x}) + \frac{1}{4\pi}\int\limits_G \left[i\,\omega\,\varepsilon_a\,\mathfrak{J}_s'\,\Phi + \mathfrak{J}_s \times \nabla\Phi + \frac{P_s'}{\mu_a}\nabla\Phi\right] d V_{\mathfrak{y}}$$

dargestellt werden.

Das Feld $\mathfrak{E} - \mathfrak{E}_e$, $\mathfrak{H} - \mathfrak{H}_e$ genügt nämlich den folgenden Bedingungen:

1. $\mathfrak{E} - \mathfrak{E}_e$, $\mathfrak{H} - \mathfrak{H}_e$ sind überall stetig.

2. Es gilt

$$\nabla \times (\mathfrak{H} - \mathfrak{H}_e) + i\,\omega\,\varepsilon_a(\mathfrak{E} - \mathfrak{E}_e) = \begin{cases} \mathfrak{J}_s & \text{für } \mathfrak{x} \in G;\ \mathfrak{x} \notin F, \\ 0 & \text{für } \mathfrak{x} \notin G;\ \mathfrak{x} \notin F, \end{cases}$$

$$\nabla \times (\mathfrak{E} - \mathfrak{E}_e) - i\,\omega\,\mu_a(\mathfrak{H} - \mathfrak{H}_e) = \begin{cases} -\mathfrak{J}_s' & \text{für } \mathfrak{x} \in G;\ \mathfrak{x} \notin F, \\ 0 & \text{für } \mathfrak{x} \notin G;\ \mathfrak{x} \notin F. \end{cases}$$

3. $\mathfrak{E} - \mathfrak{E}_e$, $\mathfrak{H} - \mathfrak{H}_e$ genügen den Ausstrahlungsbedingungen.

Nach Lemma 49 erfüllen die in Lemma 105 genannten Integrale alle diese Bedingungen, wenn $\mathfrak{J}$, $\mathfrak{J}_s'$, P_s, P_s' stetig sind. Diese Eigenschaften sind aber vorhanden, denn sie ergeben sich nach Gl. (3) und (9) aus der Stetigkeit von $\mathfrak{E}$ und $\mathfrak{H}$ und der stetigen Differenzierbarkeit von ε und μ. Damit folgt Lemma 105 aus dem Eindeutigkeitssatz.

Setzen wir nun in die so gewonnenen Darstellungen die Definitionen

$$(11)\qquad \begin{cases} \mathfrak{J}_s = i\,\omega(\varepsilon_a - \varepsilon)\,\mathfrak{E}; & \mathfrak{J}_s' = i\,\omega(\mu_a - \mu)\,\mathfrak{H}, \\ P_s = -\dfrac{\varepsilon_a}{\varepsilon}(\mathfrak{E}\,\nabla\varepsilon); & P_s' = -\dfrac{\mu_a}{\mu}(\mathfrak{H}\,\nabla\mu) \end{cases}$$

ein, so ergibt sich

Satz 63. *Die Lösung $\mathfrak{E}$, $\mathfrak{H}$ des Problems I genügt der Integralgleichung*

$$\mathfrak{E}(\mathfrak{x}) = \mathfrak{E}_e(\mathfrak{x})$$
$$-\frac{1}{4\pi}\int\limits_G \left[\omega^2 \mu_a(\varepsilon_a-\varepsilon)\mathfrak{E}\Phi + i\,\omega(\mu_a-\mu)\,\mathfrak{H}\times\nabla\Phi + \frac{1}{\varepsilon}(\mathfrak{E}\nabla\varepsilon)\nabla\Phi\right] d V_{\mathfrak{y}},$$
$$\mathfrak{H}(\mathfrak{x}) = \mathfrak{H}_e(\mathfrak{x})$$
$$-\frac{1}{4\pi}\int\limits_G \left[\omega^2 \varepsilon_a(\mu_a-\mu)\mathfrak{H}\Phi - i\,\omega(\varepsilon_a-\varepsilon)\,\mathfrak{E}\times\nabla\Phi + \frac{1}{\mu}(\mathfrak{H}\nabla\mu)\nabla\Phi\right] d V_{\mathfrak{y}}.$$

Die Lösung des Problems I wollen wir nun so gewinnen, daß wir das in Satz 63 formulierte System linearer Integralgleichungen auflösen. Der Nachweis der Existenz der Lösung des Problems I zerfällt dann in drei Teile:

1. Nachweis der Existenz der Lösung des Systems der Integralgleichungen.
2. Angabe eines Verfahrens zur Bestimmung der Lösung.
3. Beweis, daß die Lösung des Systems der Integralgleichungen die Lösung des Problems I darstellt.

Die ersten beiden Punkte werden wir im Rahmen einer allgemeinen Theorie für alle drei Probleme behandeln. Hier wollen wir nun den dritten Punkt beweisen und annehmen, daß uns eine Lösung der Integralgleichung bekannt ist.

Wir zeigen zunächst

Satz 64. *Im regulären Gebiet G sei ein stetiges Feld $\mathfrak{E}$, $\mathfrak{H}$ so gegeben, daß*

$$\mathfrak{E}(\mathfrak{x}) = \mathfrak{E}_e(\mathfrak{x})$$
$$-\frac{1}{4\pi}\int\limits_G \left[\omega^2 \mu_a(\varepsilon_a-\varepsilon)\,\mathfrak{E}\Phi + i\,\omega(\mu_a-\mu)\mathfrak{H}\times\nabla\Phi + \frac{1}{\varepsilon}(\mathfrak{E}\nabla\varepsilon)\nabla\Phi\right] d V_{\mathfrak{y}},$$
$$\mathfrak{H}(\mathfrak{x}) = \mathfrak{H}_e(\mathfrak{x})$$
$$-\frac{1}{4\pi}\int\limits_G \left[\omega^2 \varepsilon_a(\mu_a-\mu)\,\mathfrak{H}\Phi - i\,\omega(\varepsilon_a-\varepsilon)\,\mathfrak{E}\times\nabla\Phi + \frac{1}{\mu}(\mathfrak{H}\nabla\mu)\nabla\Phi\right] d V_{\mathfrak{y}}$$

gilt. Dann ist

$$\nabla\mathfrak{E} + \frac{1}{\varepsilon}(\mathfrak{E}\nabla\varepsilon) = 0; \quad \nabla\mathfrak{H} + \frac{1}{\mu}(\mathfrak{H}\nabla\mu) = 0.$$

Da $\mathfrak{E}$ und $\mathfrak{H}$ stetig sind, wird wegen

$$\nabla\mathfrak{E}_e = 0; \quad \nabla\mathfrak{H}_e = 0 \tag{12}$$

und

$$\nabla\int\limits_G (i\,\omega(\mu_a-\mu)\,\mathfrak{H}\times\nabla\Phi)\,d V_{\mathfrak{y}} = 0 \tag{13}$$

auf Grund der Integralgleichungen

$$\nabla\mathfrak{E} = -\frac{1}{4\pi}\nabla_{\mathfrak{x}}\int\limits_G \left[\omega^2 \mu_a(\varepsilon_a-\varepsilon)\,\mathfrak{E}\,\Phi + \frac{1}{\varepsilon}(\mathfrak{E}\nabla_{\mathfrak{y}}\varepsilon)\nabla_{\mathfrak{y}}\Phi\right] d V_{\mathfrak{y}} \tag{14}$$

Das Feld $\mathfrak{E}$ ist daher nicht nur stetig, sondern besitzt auch eine stetige Divergenz. Demnach ist

$$
\begin{aligned}
\nabla_{\mathfrak{x}} \int_G (\varepsilon_a - \varepsilon)\, \mathfrak{E}\, \Phi\, d V_{\mathfrak{y}} &= - \int_G (\varepsilon_a - \varepsilon)\, (\mathfrak{E} \nabla_{\mathfrak{y}} \Phi)\, d V_{\mathfrak{y}} \\
&= - \int_G \nabla_{\mathfrak{y}} ((\varepsilon_a - \varepsilon)\, \mathfrak{E}\, \Phi)\, d V_{\mathfrak{y}} + \int_G \Phi \left(\nabla_{\mathfrak{y}} (\varepsilon_a - \varepsilon)\, \mathfrak{E} \right) d V_{\mathfrak{y}} \\
&= - \int_F (\varepsilon_a - \varepsilon)\, (\mathfrak{E}\, \mathfrak{n})\, \Phi\, d F_{\mathfrak{y}} + \int_G \Phi (\varepsilon_a \nabla_{\mathfrak{y}} \mathfrak{E} - \nabla_{\mathfrak{y}} \varepsilon\, \mathfrak{E})\, d V_{\mathfrak{y}} \\
&= \int_G \Phi [(\varepsilon_a - \varepsilon)\, \nabla_{\mathfrak{y}} \mathfrak{E} - (\mathfrak{E} \nabla_{\mathfrak{y}} \varepsilon)]\, d V_{\mathfrak{y}},
\end{aligned} \tag{15}
$$

da $(\varepsilon_a - \varepsilon)$ auf F verschwindet.

Es gilt weiterhin

$$
\begin{aligned}
\nabla_{\mathfrak{x}} \int_G \frac{1}{\varepsilon} (\mathfrak{E} \nabla_{\mathfrak{y}} \varepsilon)\, \nabla_{\mathfrak{y}} \Phi\, d V_{\mathfrak{y}} &= - \Delta_{\mathfrak{x}} \int_G \frac{1}{\varepsilon} (\mathfrak{E} \nabla_{\mathfrak{y}} \varepsilon)\, \Phi\, d V_{\mathfrak{y}} \\
&= k_a^2 \int_G \frac{1}{\varepsilon} (\mathfrak{E} \nabla_{\mathfrak{y}} \varepsilon)\, \Phi\, d V_{\mathfrak{y}} + 4\pi \frac{1}{\varepsilon} (\mathfrak{E} \nabla_{\mathfrak{y}} \varepsilon),
\end{aligned} \tag{16}
$$

so daß wir aus Gl. (14)

$$
\begin{aligned}
&\nabla_{\mathfrak{x}} \mathfrak{E} + \frac{1}{\varepsilon} (\mathfrak{E} \nabla_{\mathfrak{x}} \varepsilon) \\
&= - \frac{1}{4\pi} \int_G \omega^2 \mu_a [(\varepsilon_a - \varepsilon) \nabla_{\mathfrak{y}} \mathfrak{E} - (\mathfrak{E} \nabla_{\mathfrak{y}} \varepsilon)]\, \Phi\, d V_{\mathfrak{y}} - \\
&\quad - \frac{1}{4\pi} \int_G \omega^2 \mu_a \varepsilon_a \frac{1}{\varepsilon} (\mathfrak{E} \nabla_{\mathfrak{y}} \varepsilon)\, \Phi\, d V_{\mathfrak{y}} \\
&= - \frac{1}{4\pi} \int_G \omega^2 \mu_a (\varepsilon_a - \varepsilon) \left(\nabla_{\mathfrak{y}} \mathfrak{E} + \frac{1}{\varepsilon} (\mathfrak{E} \nabla_{\mathfrak{y}} \varepsilon) \right) \Phi\, d V_{\mathfrak{y}}
\end{aligned} \tag{17}
$$

erhalten. Die stetige Funktion

$$
U(\mathfrak{x}) = \nabla \mathfrak{E} + \frac{1}{\varepsilon} (\mathfrak{E} \nabla \varepsilon) \tag{18}
$$

genügt daher der Integralgleichung

$$
U(\mathfrak{x}) = - \frac{1}{4\pi} \int_G \Phi(\mathfrak{x}, \mathfrak{y})\, \lambda(\mathfrak{y})\, U(\mathfrak{y})\, d V_{\mathfrak{y}} \tag{19}
$$

mit

$$
\lambda = \omega^2 \mu_a (\varepsilon_a - \varepsilon) = k_a^2 - k^{*2}. \tag{20}
$$

Wenden wir den Operator $\Delta + k_a^2$ auf beide Seiten von Gl. (19) an, so ergibt sich nach Satz 7

$$
\Delta U + k_a^2 U = (k_a^2 - k^{*2})\, U, \tag{21}
$$

so daß die Funktion U der Differentialgleichung

$$\Delta U + k^{*2} U = 0 \tag{22}$$

genügt. Diese Funktion ist als Lösung der Integralgleichung (19) zunächst im Gebiet G definiert. Wir können diese Definition aber auf alle Werte $\mathfrak{x}$ ausdehnen, indem wir für $\mathfrak{x}$ außerhalb G

$$U(\mathfrak{x}) = -\frac{1}{4\pi}\int_G \Phi(\mathfrak{x}, \mathfrak{y})\,\lambda(\mathfrak{y})\,U(\mathfrak{y})\,dV_{\mathfrak{y}} \tag{23}$$

setzen. Da $\lambda(\mathfrak{y})\ U(\mathfrak{y})$ in G stetig ist, erhalten wir auf diese Weise eine überall stetig differenzierbare Funktion, die außerhalb G der Differentialgleichung

$$\Delta U + k_a^2 U = 0 \tag{24}$$

genügt. Für $r \to \infty$ ist weiterhin mit $\mathfrak{x} = r\,\mathfrak{x}_0$ gleichmäßig bezüglich aller $\mathfrak{y}$ aus G

$$\frac{\partial}{\partial r}\Phi(r\,\mathfrak{x}_0, \mathfrak{y}) - i\,k_a\,\Phi(r\,\mathfrak{x}_0, \mathfrak{y}) = O\left(\frac{1}{r^2}\right) \tag{25}$$

und

$$\Phi(r\,\mathfrak{x}_0, \mathfrak{y}) = O\left(\frac{1}{r}\right). \tag{26}$$

Damit genügt auch U den SOMMERFELDschen Ausstrahlungsbedingungen

$$\frac{\partial U}{\partial r} - i\,k_a\,U = O\left(\frac{1}{r^2}\right); \quad U = O\left(\frac{1}{r}\right). \tag{27}$$

Aus der GREENschen Formel folgt nun für große R

$$\int_{|\mathfrak{x}| \leqq R} (\overline{U}\,\Delta U - U\,\Delta\,\overline{U})\,dV = \int_{|\mathfrak{x}| = R} \left(\overline{U}\frac{\partial U}{\partial n} - U\frac{\partial\,\overline{U}}{\partial n}\right) dF. \tag{28}$$

Bei der Ableitung dieser Beziehung wählen wir R so groß, daß G ganz in der Kugel $|\mathfrak{x}| \leqq R$ enthalten ist. Wir beachten weiter, daß im Äußeren von G und auf F

$$\lambda(\mathfrak{y})\,U(\mathfrak{y}) = 0 \tag{29}$$

ist. Es läßt sich daher nach Gl. (23) $U(\mathfrak{x})$ in der Form

$$U(\mathfrak{x}) = -\frac{1}{4\pi}\int_{|\mathfrak{x}| \leqq 2R} \Phi(\mathfrak{x}, \mathfrak{y})\,\lambda(\mathfrak{y})\,U(\mathfrak{y})\,dV_{\mathfrak{y}} \tag{30}$$

schreiben. Dies zeigt, daß ∇U und ΔU in $|\mathfrak{x}| \leqq R$ stetig sind. Wir können daher den GREENschen Satz anwenden.

Aus Gl. (21) folgt nun wegen Gl. (22) und (24) unter Beachtung der Ausstrahlungsbedingungen Gl. (25) und (26) für $R \to \infty$

$$(31)\quad -\int_G (k^{*2} - \bar{k}^{*2})\, U \bar{U}\, dV - \int_{\substack{|\mathfrak{x}| \leqq R \\ \mathfrak{x} \notin G}} (k_a^2 - \bar{k}_a^2)\, U \bar{U}\, dV = i(k_a + \bar{k}_a) \int_{|\mathfrak{x}| = R} U \bar{U}\, dF + o(1)\,.$$

Es ist aber

$$(32)\quad \begin{aligned} k_a^2 &= \omega^2 \left(\varepsilon_0 + \frac{i\sigma}{\omega}\right)\left(\mu_0 + \frac{i\sigma'}{\omega}\right) \\ &= \omega^2 \varepsilon_0 \mu_0 + i\,\omega(\sigma \mu_0 + \sigma' \varepsilon_0) - \sigma \sigma' \end{aligned}$$

und damit

$$(33)\quad k_a^2 - \bar{k}_a^2 = (\omega + \bar{\omega})\,[(\omega - \bar{\omega})\, \varepsilon_0 \mu_0 + i(\sigma \mu_0 + \sigma' \varepsilon_0)]\,.$$

Dieser Ausdruck verschwindet nur, wenn $\omega + \bar{\omega} = 0$ oder $\omega - \bar{\omega} = 0$ und $\sigma = \sigma' = 0$ ist.

Bei der Diskussion der Gl. (31) unterscheiden wir daher drei Fälle

1. $k_a^2 - \bar{k}_a^2 \neq 0$,
2. $\omega - \bar{\omega} = 0; \quad \sigma = \sigma' = 0$,
3. $\omega + \bar{\omega} = 0$.

Bilden wir $k^{*2} - \bar{k}^{*2}$, so erhalten wir analog zu Gl. (33) einen Ausdruck, in dem die reellen Konstanten ε_0, μ_0 und σ, σ' durch reellwertige Ortsfunktionen ersetzt werden. Für diese gelten dann auch die Bedingungen

$$(34)\quad \varepsilon_a > 0, \quad \mu_0 > 0; \quad \sigma \geqq 0, \quad \sigma' \geqq 0\,.$$

Damit erhalten wir wegen $0 \leqq \arg \omega < \pi$ im ersten Fall, daß der Quotient

$$(35)\quad \frac{k^{*2} - \bar{k}^{*2}}{k_a^2 - \bar{k}_a^2}$$

reell und nicht negativ ist. Andererseits ist im ersten Falle auch $0 < \arg k_a < \pi$, so daß sich

$$(36)\quad i\,\frac{k_a + \bar{k}_a}{k_a^2 - \bar{k}_a^2} = \frac{i}{k_a - \bar{k}_a} > 0$$

ergibt. Dividieren wir daher beide Seiten von Gl. (31) durch $k_a^2 - \bar{k}_a^2$, so finden wir

$$(37)\quad -\int_{\substack{|\mathfrak{x}| \leqq R \\ \mathfrak{x} \notin G}} U \bar{U}\, dV = \frac{i}{k_a - \bar{k}_a} \int_{|\mathfrak{x}| = R} U \bar{U}\, dF + \int_G \frac{k^{*2} - \bar{k}^{*2}}{k_a^2 - \bar{k}_a^2}\, U \bar{U}\, dV + o(1)$$

Die ersten beiden Glieder der rechten Seite sind nicht negativ. Diese Gleichung kann daher nur bestehen, wenn

$$\lim_{R\to\infty} \int\limits_{\substack{|\mathfrak{x}|\leq R\\ \mathfrak{x}\notin G}} U\overline{U}\,dV = 0 \tag{38}$$

ist. Dann verschwindet aber U identisch im Äußeren von G, und es folgt aus der stetigen Differenzierbarkeit, daß auf F

$$U = 0 \quad \text{und} \quad \frac{\partial U}{\partial n} = 0 \tag{39}$$

ist. Nach Satz 31 verschwindet U daher identisch.

Im zweiten Fall ist k_a positiv reell und

$$Im\,(k^{*2}) \geqq 0 \tag{40}$$

Aus Gl. (31) folgt dann

$$-\int\limits_G (k^{*2} - \overline{k}^{*2})\,U\overline{U}\,dV = i(k_a + \overline{k}_a) \int\limits_{|\mathfrak{x}|=R} U\overline{U}\,dF + o(1) \tag{41}$$

Wegen Gl. (40) kann diese Gleichung nur bestehen, wenn

$$\lim_{R\to\infty} \int\limits_{|\mathfrak{x}|=R} U\overline{U}\,dF = 0 \tag{42}$$

ist. Setzen wir $V(\mathfrak{x}) = U\left(\frac{1}{k}\,\mathfrak{x}\right)$, so folgt aus Gl. (24) und (42)

$$\varDelta V + V = 0; \qquad \int\limits_{\Omega} |V(R\,\mathfrak{x}_0)|^2\,d\omega = o\left(\frac{1}{R^2}\right) \tag{43}$$

und es ergibt sich nach Satz 15, daß V und damit auch U im Äußeren von G identisch verschwindet. Aus der stetigen Differenzierbarkeit ergibt sich dann auf F wieder Gl. (39), und es gilt auch im Inneren von G $U \equiv 0$.

Im dritten Fall ist k_a^2 und k^{*2} negativ reell. Wir bilden

$$\int\limits_{|\mathfrak{x}|\leqq R} (\overline{U}\varDelta U + |\nabla U|^2)\,dV = \int\limits_{|\mathfrak{x}|=R} \overline{U}\,\frac{\partial U}{\partial n}\,dF. \tag{44}$$

Daraus folgt

$$\begin{aligned} &\int\limits_{|\mathfrak{x}|\leqq R} |\nabla U|^2\,dV - \int\limits_G k^{*2}\,U\overline{U}\,dV - k_a^2 \int\limits_{\substack{|\mathfrak{x}|\leqq R\\ \mathfrak{x}\notin G}} U\overline{U}\,dV \\ &\qquad = i\,k_a \int\limits_{|\mathfrak{x}|=R} \overline{U}\,U\,dF + o(1). \end{aligned} \tag{45}$$

Hier ist die linke Seite positiv reell und das erste Glied der rechten Seite negativ reell. Die Gleichung kann daher nur bestehen, wenn U identisch verschwindet.

Nach Gl. (18) ist damit die Behauptung von Satz 64 für $\mathfrak{E}$ bewiesen. Um die Behauptung auch für $\mathfrak{H}$ nachzuweisen, gehen wir von der zweiten Integralgleichung in Satz 64 aus und bilden analog zu Gl. (17)

$$\begin{aligned}&\nabla\mathfrak{H}+\frac{1}{\mu}(\mathfrak{H}\nabla\mu)\\ &\quad=-\frac{1}{4\pi}\int_G\omega^2\varepsilon_a(\mu_a-\mu)\left(\nabla\mathfrak{H}+\frac{1}{\mu}(\mathfrak{H}\nabla\mu)\right)\Phi\,dV.\end{aligned}\tag{46}$$

Setzen wir hier

$$U(\mathfrak{x})=\nabla\mathfrak{H}+\frac{1}{\mu}(\mathfrak{H}\nabla\mu)\tag{47}$$

und

$$\lambda=\omega^2\varepsilon_a(\mu_a-\mu),\tag{48}$$

so können wir obige Beweisführung übertragen, da in der Argumentation nur die allgemeinen Einschränkungen benutzt wurden, denen ε, μ und ω unterworfen sind. Diese Bedingungen sind aber für ε und μ gleich, so daß der Beweis nicht wiederholt zu werden braucht.

Es folgt nun unmittelbar

Lemma 106. *Sind $\mathfrak{E}$ und $\mathfrak{H}$ Lösungen des in Satz* 64 *genannten Systems von Integralgleichungen, so wird*

$$\nabla\left(i\omega(\varepsilon_a-\varepsilon)\mathfrak{E}\right)=-i\omega\frac{\varepsilon_a}{\varepsilon}(\mathfrak{E}\nabla\varepsilon),$$

$$\nabla\left(i\omega(\mu_a-\mu)\mathfrak{H}\right)=-i\omega\frac{\mu_a}{\mu}(\mathfrak{H}\nabla\mu).$$

Es ist nämlich nach Satz 64

$$\left\{\begin{aligned}&\nabla(\varepsilon_a-\varepsilon)\mathfrak{E}=\varepsilon_a\nabla\mathfrak{E}-\nabla(\varepsilon\mathfrak{E})=\varepsilon_a\nabla\mathfrak{E}=-\frac{\varepsilon_a}{\varepsilon}(\mathfrak{E}\nabla\varepsilon),\\ &\nabla(\mu_a-\mu)\mathfrak{H}=\mu_a\nabla\mathfrak{H}-\nabla(\mu\mathfrak{H})=\mu_a\nabla\mathfrak{H}=-\frac{\mu_a}{\mu}(\mathfrak{H}\nabla\mu).\end{aligned}\right.\tag{49}$$

Fassen wir daher die aus den Lösungen $\mathfrak{E}$, $\mathfrak{H}$ der Integralgleichungen gebildeten Ausdrücke

$$\mathfrak{J}=i\omega(\varepsilon_a-\varepsilon)\mathfrak{E};\qquad\mathfrak{J}'=i\omega(\mu_a-\mu)\mathfrak{H}\tag{50}$$

als Volumenströme auf, so gilt

$$\left\{\begin{aligned}&\nabla\mathfrak{J}=i\omega P=-i\omega\frac{\varepsilon_a}{\varepsilon}(\mathfrak{E}\nabla\varepsilon),\\ &\nabla\mathfrak{J}'=i\omega P'=-i\omega\frac{\mu_a}{\mu}(\mathfrak{H}\nabla\mu).\end{aligned}\right.\tag{51}$$

Damit können wir unsere Integralgleichungen in der Form

$$(52)\quad \begin{cases} \mathfrak{E}(\mathfrak{x}) = \mathfrak{E}_e(\mathfrak{x}) + \frac{1}{4\pi}\int\limits_G \left[i\,\omega\,\mu_a\,\mathfrak{J}\,\Phi - \mathfrak{J}' \times \nabla\,\Phi + \frac{1}{\varepsilon_a} P \nabla\,\Phi\right] d\,V_{\mathfrak{y}}, \\ \mathfrak{H}(\mathfrak{x}) = \mathfrak{H}_e(\mathfrak{x}) + \frac{1}{4\pi}\int\limits_G \left[i\,\omega\,\varepsilon_a\,\mathfrak{J}'\,\Phi + \mathfrak{J} \times \nabla\,\Phi + \frac{1}{\mu_a} P' \nabla\,\Phi\right] d\,V_{\mathfrak{y}} \end{cases}$$

schreiben. Da $\mathfrak{E}_e$ und $\mathfrak{H}_e$ den Gleichungen

$$(53)\qquad \nabla \times \mathfrak{H}_e + i\,\omega\,\varepsilon_a\,\mathfrak{E}_e = 0; \qquad \nabla \times \mathfrak{E}_e - i\,\omega\,\mu_a\,\mathfrak{H}_e = 0$$

genügen, ergibt sich nach Lemma 49, da $(\mathfrak{J}\,\mathfrak{n})$ und $(\mathfrak{J}'\,\mathfrak{n})$ auf F verschwinden

$$(54)\qquad \nabla \times \mathfrak{H} + i\,\omega\,\varepsilon_a\,\mathfrak{E} = \mathfrak{J}; \qquad \nabla \times \mathfrak{E} - i\,\omega\,\mu_a\,\mathfrak{H} = -\,\mathfrak{J}',$$

denn es sind $\mathfrak{J}$, $\mathfrak{J}'$ und $\nabla\,\mathfrak{J}$, $\nabla\,\mathfrak{J}'$ stetig. Setzen wir nun für $\mathfrak{J}$ und $\mathfrak{J}'$ die ihnen entsprechenden Ausdrücke Gl. (50) ein, so ergibt sich

$$(55)\quad \begin{cases} \nabla \times \mathfrak{H} + i\,\omega\,\varepsilon_a\,\mathfrak{E} = \, i\,\omega(\varepsilon_a - \varepsilon)\,\mathfrak{E}, \\ \nabla \times \mathfrak{E} - i\,\omega\,\mu_a\,\mathfrak{H} = -\,i\,\omega(\mu_a - \mu)\,\mathfrak{H}. \end{cases}$$

Wir finden damit

Satz 65. *Sind* $\mathfrak{E}$ *und* $\mathfrak{H}$ *stetige Lösungen des in Satz* 64 *genannten Systems von Integralgleichungen, so wird*

$$\nabla \times \mathfrak{H} + i\,\omega\,\varepsilon\,\mathfrak{E} = 0; \qquad \nabla \times \mathfrak{E} - i\,\omega\,\mu\,\mathfrak{H} = 0.$$

Damit haben wir gezeigt, daß die Lösungen des Systems von Integralgleichungen den von uns geforderten Gleichungen genügen.

Wir wollen nun noch zeigen, daß unsere Integralgleichungen höchstens eine Lösung besitzen. Da wir bereits wissen, daß jede Lösung des Problems der Integralgleichung genügt, wird damit die vollständige Äquivalenz zwischen der Lösung unseres Problems und der Auflösung der Integralgleichung hergestellt.

Gäbe es nämlich zwei verschiedene Lösungen unserer Integralgleichungen, so könnten wir die Differenzfelder bilden, die wir vorübergehend mit $\mathfrak{E}$ und $\mathfrak{H}$ bezeichnen wollen. Diese Felder genügen den Integralgleichungen

$$(56)\quad \begin{cases} \mathfrak{E}(\mathfrak{x}) = -\frac{1}{4\pi}\int\limits_G \Big[\omega^2\,\mu_a(\varepsilon_a - \varepsilon)\,\mathfrak{E}\,\Phi \\ \qquad\qquad + i\,\omega(\mu_a - \mu)\,\mathfrak{H} \times \nabla\,\Phi + \frac{1}{\varepsilon}(\mathfrak{E}\,\nabla\,\varepsilon)\,\nabla\,\Phi\Big]\,d\,V, \\ \mathfrak{H}(\mathfrak{x}) = -\frac{1}{4\pi}\int\limits_G \Big[\omega^2\,\varepsilon_a(\mu_a - \mu)\,\mathfrak{H}\,\Phi \\ \qquad\qquad - i\,\omega(\varepsilon_a - \varepsilon)\,\mathfrak{E} \times \nabla\,\Phi + \frac{1}{\mu}(\mathfrak{H}\,\nabla\,\mu)\,\nabla\,\Phi\Big]\,d\,V. \end{cases}$$

Wir wollen nun zeigen, daß jede stetige Lösung $\mathfrak{E}$, $\mathfrak{H}$ dieser Gleichungen identisch verschwindet und formulieren dazu

Satz 66. *Für* $\mathfrak{E}_e = \mathfrak{H}_e = 0$ *ist* $\mathfrak{E} = \mathfrak{H} = 0$ *die einzige stetige Lösung des in Satz 63 genannten Systems von Integralgleichungen.*

Unter diesen Voraussetzungen genügt $\mathfrak{E}$, $\mathfrak{H}$ nämlich den Gleichungen (56) und es gilt nach Satz 64 auch

$$(57) \qquad \nabla \mathfrak{E} + \frac{1}{\varepsilon}(\mathfrak{E} \nabla \varepsilon) = 0; \qquad \nabla \mathfrak{H} + \frac{1}{\mu}(\mathfrak{H} \nabla \mu) = 0.$$

Führen wir daher wieder die Ströme

$$(58) \qquad \mathfrak{J} = i\,\omega(\varepsilon_a - \varepsilon)\,\mathfrak{E}; \qquad \mathfrak{J}' = i\,\omega(\mu_a - \mu)\,\mathfrak{H}$$

und die Ladungen Gl. (51) ein, so ist Gl. (56) gleichbedeutend mit

$$(59) \qquad \left\{ \begin{aligned} \mathfrak{E} &= \frac{1}{4\pi}\int_G \left[i\,\omega\,\mu_a\,\mathfrak{J}\,\Phi - \mathfrak{J}' \times \nabla \Phi + \frac{1}{\varepsilon_a} \Gamma \nabla \Phi\right] dV, \\ \mathfrak{H} &= \frac{1}{4\pi}\int_G \left[i\,\omega\,\varepsilon_a\,\mathfrak{J}'\,\Phi + \mathfrak{J} \times \nabla \Phi + \frac{1}{\mu_a} P' \nabla \Phi\right] dV. \end{aligned} \right.$$

Die Ströme $\mathfrak{J}$ und $\mathfrak{J}'$ erfüllen die Voraussetzungen von Lemma 49. Im Äußeren von G gilt daher

$$(60) \qquad \nabla \times \mathfrak{H} + i\,\omega\,\varepsilon_a\,\mathfrak{E} = 0; \qquad \nabla \times \mathfrak{E} - i\,\omega\,\mu_a\,\mathfrak{H} = 0.$$

Im Inneren von G gilt dagegen nach Satz 65

$$(61) \qquad \nabla \times \mathfrak{H} + i\,\omega\,\varepsilon\,\mathfrak{E} = 0; \qquad \nabla \times \mathfrak{E} - i\,\omega\,\mu\,\mathfrak{H} = 0.$$

Nach Lemma 49 und Lemma 50 ist weiterhin das Feld $\mathfrak{E}$, $\mathfrak{H}$ überall stetig und erfüllt die Ausstrahlungsbedingungen. Es sind daher die Voraussetzungen von Satz 61 erfüllt, und wir erhalten $\mathfrak{E} = \mathfrak{H} = 0$.

Zum Beweis der Existenz der Lösung von Problem I haben wir daher nur noch zu zeigen, daß unsere in Satz 63 formulierten Integralgleichungen eine stetige Lösung besitzen. Diesen Nachweis liefert aber Satz 54, da unsere Integralgleichungen die Eigenschaften der dort behandelten linearen Gleichungen besitzen, und folglich eine eindeutige und stetige Lösung haben.

§ 23. Problem II

Wir wenden uns nun der Behandlung des Problems II zu. Zur Vereinfachung der Argumentation wollen wir voraussetzen, daß die Fläche F analytisch ist.

Wir nehmen an, Problem II wäre gelöst, die Tangentialkomponenten der Lösung $\mathfrak{E}_a, \mathfrak{H}_a; \mathfrak{E}_i, \mathfrak{H}_i$ seien auf F differenzierbar, und ihre Ableitungen genügten HÖLDER-Bedingungen. Dann führen wir wieder das einfallende Feld

$$(1)\quad \begin{cases} \mathfrak{E}_e = \frac{1}{4\pi}\int\limits_G \left[i\,\omega\,\mu_a\,\mathfrak{J}\,\Phi_a - \mathfrak{J}'\times\nabla\Phi_a + \frac{1}{\varepsilon_a}P\nabla\Phi_a\right]d\,V_{\mathfrak{y}}, \\ \mathfrak{H}_e = \frac{1}{4\pi}\int\limits_G \left[i\,\omega\,\varepsilon_a\,\mathfrak{J}'\,\Phi_a + \mathfrak{J}\times\nabla\Phi_a + \frac{1}{\mu_a}P'\nabla\Phi_a\right]d\,V_{\mathfrak{y}} \end{cases}$$

ein, wobei

$$(2)\qquad \nabla\,\mathfrak{J} = i\,\omega\,P; \qquad \nabla\,\mathfrak{J}' = i\,\omega\,P'$$

ist, und

$$(3)\qquad \Phi_a = \frac{e^{i k_a|\mathfrak{x}-\mathfrak{y}|}}{|\mathfrak{x}-\mathfrak{y}|}$$

gesetzt wurde. Mit Hilfe der scheinbaren Ströme

$$(4)\qquad \mathfrak{J}_s = i\,\omega(\varepsilon_a - \varepsilon_i)\,\mathfrak{E}_i; \qquad \mathfrak{J}'_s = i\,\omega(\mu_a - \mu_i)\,\mathfrak{H}_i$$

läßt sich dann das Feld $\mathfrak{E}_a, \mathfrak{H}_a$ in der Form

$$(5\qquad \mathfrak{E}_a = \mathfrak{E}_e + \mathfrak{E}'_a; \qquad \mathfrak{H}_a = \mathfrak{H}_e + \mathfrak{H}'_a$$

mit

$$(6)\quad \begin{aligned} \mathfrak{E}'_a = {} & \frac{i}{4\pi\,\omega\,\varepsilon_a}\int\limits_F (\mathfrak{J}_s\,\mathfrak{n})\nabla\Phi_a\,dF_{\mathfrak{y}} + \\ & + \frac{1}{4\pi}\int\limits_G \left[i\,\omega\,\mu_a\,\mathfrak{J}_s\,\Phi_a - \mathfrak{J}'_s\times\nabla\Phi_a + \frac{1}{\varepsilon_a}P'_s\nabla\Phi_a\right]d\,V_{\mathfrak{y}}, \end{aligned}$$

$$(7)\quad \begin{aligned} \mathfrak{H}'_a = {} & \frac{i}{4\pi\,\omega\,\varepsilon_a}\int\limits_F (\mathfrak{J}'_s\,\mathfrak{n})\nabla\Phi_a\,dF_{\mathfrak{y}} + \\ & + \frac{1}{4\pi}\int\limits_G \left[i\,\omega\,\varepsilon_a\,\mathfrak{J}'_s\,\Phi_a + \mathfrak{J}_s\times\nabla\Phi_a + \frac{1}{\mu_a}P'_s\nabla\Phi_a\right]d\,V_{\mathfrak{y}}. \end{aligned}$$

darstellen, wo $\mathfrak{E}'_a, \mathfrak{H}'_a$ als reflektiertes Feld bezeichnet wird. Es genügt $\mathfrak{E}'_a, \mathfrak{H}'_a$ im Äußeren von G den MAXWELLschen Gleichungen und den Ausstrahlungsbedingungen. Ist $\mathfrak{n}$ die ins Äußere von G gerichtete Normale auf F, so ergibt sich mit den auf F gebildeten Flächenströmen

$$(8)\qquad \mathfrak{j}_a = -\mathfrak{n}\times\mathfrak{H}'_a; \qquad \mathfrak{j}'_a = \mathfrak{n}\times\mathfrak{E}'_a$$

und deren Flächendivergenzen

$$(9)\qquad \nabla_0\,\mathfrak{j}_a = i\,\omega\,\varrho_{0a}; \qquad \nabla_0\,\mathfrak{j}'_a = i\,\omega\,\varrho'_{0a}$$

nach Satz 37, daß im Äußeren von G

$$(10)\qquad \frac{1}{4\pi}\int\limits_F \left[i\,\omega\,\mu_a\,\mathfrak{j}_a\,\Phi_a - \mathfrak{j}'_a\times\nabla\Phi_a + \frac{\varrho_{0a}}{\varepsilon_a}\nabla\Phi_a\right]dF = -\mathfrak{E}'_a$$

$$(11)\qquad \frac{1}{4\pi}\int\limits_F \left[i\,\omega\,\varepsilon_a\,\mathfrak{j}'_a\,\Phi_a + \mathfrak{j}_a\times\nabla\Phi_a + \frac{\varrho_{0a}}{\mu_a}\nabla\Phi_a\right]dF = -\mathfrak{H}'_a$$

ist. Da Gl. (10) beim Durchgang durch F von innen nach außen den Sprung

$$(12)\qquad \mathfrak{n}\times\mathfrak{j}'_a = \mathfrak{n}\times(\mathfrak{n}\times\mathfrak{E}'_a) = -(\mathfrak{E}'_a)_{\text{tang}}$$

und Gl. (11) den Sprung

$$(13)\qquad -\mathfrak{n}\times\mathfrak{j}_a = \mathfrak{n}\times(\mathfrak{n}\times\mathfrak{H}'_a) = -(\mathfrak{H}'_a)_{\text{tang}}$$

erleidet, verschwinden die Tangentialkomponenten des Feldes, Gl. (10), (11), an der Innenseite von F. Daraus ergibt sich aber nach Satz 36, daß dieses Feld im Inneren von F identisch verschwindet.

Aus Satz 37 folgt weiterhin, daß mit den Flächenströmen

$$(14)\qquad \mathfrak{j}_i = -\mathfrak{n}\times\mathfrak{H}_i;\qquad \mathfrak{j}'_i = \mathfrak{n}\times\mathfrak{E}_i$$

und deren Divergenzen

$$(15)\qquad \nabla_0\mathfrak{j}_i = i\,\omega\,\varrho_{0i};\qquad \nabla_0\mathfrak{j}'_i = i\,\omega\,\varrho'_{0i}$$

im Äußeren von G

$$(16)\qquad \begin{cases} \dfrac{1}{4\pi}\displaystyle\int\limits_F \left[i\,\omega\,\mu_i\,\mathfrak{j}_i\,\Phi_i - \mathfrak{j}'_i\times\nabla\Phi_i + \frac{\varrho_{0i}}{\varepsilon_i}\nabla\Phi_i\right]dF_{\mathfrak{y}} = 0\\[2ex] \dfrac{1}{4\pi}\displaystyle\int\limits_F \left[i\,\omega\,\varepsilon_i\,\mathfrak{j}'_i\,\Phi_i + \mathfrak{j}_i\times\nabla\Phi_i + \frac{\varrho_{0i}}{\mu_i}\nabla\Phi_i\right]dF_{\mathfrak{y}} = 0 \end{cases}$$

mit

$$(17)\qquad \Phi_i = \frac{e^{i k_i |\mathfrak{x}-\mathfrak{y}|}}{|\mathfrak{x}-\mathfrak{y}|}$$

ist. Setzen wir noch

$$(18)\qquad \begin{cases} \mathfrak{j}_e = -\mathfrak{n}\times\mathfrak{H}_e; & \mathfrak{j}'_e - \mathfrak{n}\times\mathfrak{E}_e,\\ \nabla_0\mathfrak{j}_e = i\,\omega\,\varrho_{0e}; & \nabla_0\mathfrak{j}'_e = i\,\omega\,\varrho'_{0e}, \end{cases}$$

so ergibt sich aus der Übereinstimmung der Tangentialkomponenten von $\mathfrak{E}_a$, $\mathfrak{H}_a$ und $\mathfrak{E}_i$, $\mathfrak{H}_i$

$$(19)\qquad \mathfrak{j}_a + \mathfrak{j}_e = \mathfrak{j}_i;\qquad \mathfrak{j}'_a + \mathfrak{j}'_e = \mathfrak{j}'_i\,.$$

Da $\mathfrak{j}_e$ und $\mathfrak{j}'_e$ aus den Komponenten des einfallenden Feldes bestimmt werden, also als bekannt angesehen werden können, genügt es, zur Lösung von Problem II $\mathfrak{j}_i$, $\mathfrak{j}'_i$ zu bestimmen.

Durch die Symbole $\int\limits_{\overrightarrow{Fi}}$ und $\int\limits_{\overrightarrow{Fa}}$ wollen wir wieder die Grenzwerte der Integrale Gl. (10), (11) und (16), (17) andeuten, die bei Annäherung auf der inneren bzw. äußeren Normalen an F erhalten werden. Dann ist

$$(20)\qquad \mathfrak{n}\times\frac{1}{4\pi}\int\limits_{\overrightarrow{Fi}}\left[i\,\omega\,\mu_a\,\mathfrak{j}_e\,\Phi_a-\mathfrak{j}_e'\times\nabla\Phi_a+\frac{\varrho_{0e}}{\varepsilon_a}\nabla\Phi_a\right]dF=\mathfrak{j}_e',$$

$$(21)\qquad -\mathfrak{n}\times\frac{1}{4\pi}\int\limits_{\overrightarrow{Fi}}\left[i\,\omega\,\varepsilon_a\,\mathfrak{j}_e'\,\Phi_a+\mathfrak{j}_e\times\nabla\Phi_a+\frac{\varrho_{0e}'}{\mu_a}\nabla\Phi_a\right]dF=\mathfrak{j}_e.$$

Wegen Gl. (10), (11) und der Sprungrelationen Gl. (12), (13) wird

$$(22)\qquad \mathfrak{n}\times\frac{1}{4\pi}\int\limits_{\overrightarrow{Fi}}\left[i\,\omega\,\mu_a\,\mathfrak{j}_a\,\Phi_a-\mathfrak{j}_a'\times\nabla\Phi_a+\frac{\varrho_{0a}}{\varepsilon_a}\nabla\Phi_a\right]dF=0,$$

$$(23)\qquad -\mathfrak{n}\times\frac{1}{4\pi}\int\limits_{\overrightarrow{Fi}}\left[i\,\omega\,\varepsilon_a\,\mathfrak{j}_a'\,\Phi_a+\mathfrak{j}_a\times\nabla\Phi_a+\frac{\varrho_{0a}'}{\mu_a}\nabla\Phi_a\right]dF=0$$

und wir erhalten nach Gl. (19)

$$(24)\qquad \mathfrak{n}\times\frac{1}{4\pi}\int\limits_{\overrightarrow{Fi}}\left[i\,\omega\,\mu_a\,\mathfrak{j}_i\,\Phi_a-\mathfrak{j}_i'\times\nabla\Phi_a+\frac{\varrho_{0i}}{\varepsilon_a}\nabla\Phi_a\right]dF=\mathfrak{j}_e',$$

$$(25)\qquad -\mathfrak{n}\times\frac{1}{4\pi}\int\limits_{\overrightarrow{Fi}}\left[i\,\omega\,\varepsilon_a\,\mathfrak{j}_i'\,\Phi_a+\mathfrak{j}_i\times\nabla\Phi_a+\frac{\varrho_{0i}'}{\mu_a}\nabla\Phi_a\right]dF=\mathfrak{j}_e.$$

Andererseits ist nach Gl. (16), (17)

$$(26)\qquad \mathfrak{n}\times\frac{1}{4\pi}\int\limits_{\overrightarrow{Fa}}\left[i\,\omega\,\mu_i\,\mathfrak{j}_i\,\Phi_i-\mathfrak{j}_i'\times\nabla\Phi_i+\frac{\varrho_{0i}}{\varepsilon_i}\nabla\Phi_i\right]dF=0,$$

$$(27)\qquad \mathfrak{n}\times\frac{1}{4\pi}\int\limits_{\overrightarrow{Fa}}\left[i\,\omega\,\varepsilon_i\,\mathfrak{j}_i'\,\Phi_i+\mathfrak{j}_i\times\nabla\Phi_i+\frac{\varrho_{0i}'}{\mu_i}\nabla\Phi_i\right]dF=0.$$

Da ϱ_{0i} einer HÖLDER-Bedingung genügt, ist nach Satz 42

$$(28)\qquad \begin{aligned}\mathfrak{n}\times\int\limits_{\overrightarrow{Fi}}\varrho_i\nabla\frac{1}{|\mathfrak{x}-\mathfrak{y}|}dF_{\mathfrak{y}}&=-\mathfrak{n}\times\nabla'\int\limits_{\overrightarrow{Fi}}\varrho_i\frac{1}{|\mathfrak{x}-\mathfrak{y}|}dF_{\mathfrak{y}}\\&=-\mathfrak{n}\times\nabla'\int\limits_{\overrightarrow{Fa}}\varrho_i\frac{1}{|\mathfrak{x}-\mathfrak{y}|}dF_{\mathfrak{y}}=\mathfrak{n}\times\int\limits_{\overrightarrow{Fa}}\varrho_i\nabla\frac{1}{|\mathfrak{x}-\mathfrak{y}|}dF_{\mathfrak{y}},\end{aligned}$$

wobei wir hier und im folgenden $\nabla = \nabla_{\mathfrak{y}}$ und $\nabla' = \nabla_{\mathfrak{x}}$ setzen. Da $\nabla\left(\Phi_a - \frac{1}{|\mathfrak{x}-\mathfrak{y}|}\right)$ und $\nabla\left(\Phi_i - \frac{1}{|\mathfrak{x}-\mathfrak{y}|}\right)$ beim Grenzübergang gleichmäßig beschränkt bleiben, ist

$$\mathfrak{n} \times \int\limits_{\substack{Fi\\ \to}} \varrho_i \nabla \Phi_a \, dF_{\mathfrak{y}} - \mathfrak{n} \times \int\limits_{\substack{Fa\\ \to}} \varrho_i \nabla \Phi_i \, dF = \mathfrak{n} \times \int\limits_F \varrho_i \nabla (\Phi_a - \Phi_i) \, dF, \tag{29}$$

wobei im letzten Integral auch der Punkt $\mathfrak{x}$ auf F liegt. Nun ist

$$\mathfrak{n} \times \int\limits_F \varrho_i \nabla (\Phi_a - \Phi_i) \, dF = -\mathfrak{n} \times \nabla' \int\limits_F \varrho_i (\Phi_a - \Phi_i) \, dF \tag{30}$$

und es ergibt sich wegen

$$\nabla_0 \mathfrak{j}_i = i \omega \varrho_{0i} \tag{31}$$

nach Lemma 58[1]

$$\begin{aligned} \int\limits_F \varrho_i (\Phi_a - \Phi_i) \, dF &= \frac{1}{i\omega} \int\limits_F (\nabla_0 \mathfrak{j}_i)(\Phi_a - \Phi_i) \, dF \\ &= -\frac{i}{\omega} \int\limits_F [\mathfrak{j}_i \nabla_0 (\Phi_a - \Phi_i)] \, dF = \frac{i}{\omega} \int\limits_F [\mathfrak{j}_i \nabla (\Phi_a - \Phi_i)] \, dF, \end{aligned} \tag{32}$$

da auf F

$$\nabla = \nabla_0 + \mathfrak{n} \frac{\partial}{\partial \mathfrak{n}} \tag{33}$$

und $(\mathfrak{j}_i \mathfrak{n}) = 0$ ist.

Wir erhalten daher wegen Gl. (29) und (30)

$$\begin{aligned} &\mathfrak{n} \times \int\limits_{\substack{Fi\\ \to}} \varrho_i \nabla \Phi_a \, dF - \mathfrak{n} \times \int\limits_{\substack{Fa\\ \to}} \varrho_i \nabla \Phi_i \, dF \\ &= \frac{i}{\omega} \mathfrak{n} \times \int\limits_F (\mathfrak{j}_i \nabla) \nabla (\Phi_a - \Phi_i) \, dF. \end{aligned} \tag{34}$$

Im letzten Integral ist es erlaubt, den Punkt $\mathfrak{x}$ auf F anzunehmen, da die zweiten Ableitungen von $\Phi_a - \Phi_i$ höchstens von der Ordnung $\frac{1}{|\mathfrak{x}-\mathfrak{y}|}$ singulär werden.

Nach Satz 46 ist nun

$$\mathfrak{n} \times \int\limits_{\substack{Fi\\ \to}} \mathfrak{j}_i' \times \nabla \Phi_a \, dF = -2\pi \mathfrak{j}_i' + \int\limits_F \mathfrak{n} \times (\mathfrak{j}_i' \times \nabla \Phi_a) \, dF \tag{35}$$

---

[1] Die Berücksichtigung der Unstetigkeit der Ableitungen von $\Phi_a - \Phi_i$ im Punkte $\mathfrak{x}$ bereitet keine Schwierigkeiten, da $\nabla_0(\Phi_a - \Phi_i)$ gleichmäßig beschränkt ist.

und

$$\mathfrak{n} \times \int\limits_{\overrightarrow{Fa}} \mathfrak{j}_i' \times \nabla \Phi_i \, dF = 2\pi \mathfrak{j}_i' + \int\limits_F \mathfrak{n} \times (\mathfrak{j}_i' \times \nabla \Phi_i) \, dF. \tag{36}$$

Wegen

$$\int\limits_{\overrightarrow{Fi}} \mathfrak{j}_i \Phi_a \, dF = \int\limits_F \mathfrak{j}_i \Phi_a \, dF; \quad \int\limits_{\overrightarrow{Fa}} \mathfrak{j}_i \Phi_i \, dF = \int\limits_F \mathfrak{j}_i \Phi_i \, dF \tag{37}$$

ergibt sich aus Gl. (24) und (26) daher durch Bildung von

$$\begin{aligned} &\varepsilon_a \mathfrak{n} \times \frac{1}{4\pi} \int\limits_{\overrightarrow{Fi}} \left[i \omega \mu_a \mathfrak{j}_i \Phi_a - \mathfrak{j}_i' \times \nabla \Phi_a + \frac{\varrho_{0i}}{\varepsilon_a} \nabla \Phi_a \right] dF \\ &- \varepsilon_i \mathfrak{n} \times \frac{1}{4\pi} \int\limits_{\overrightarrow{Fa}} \left[i \omega \mu_i \mathfrak{j}_i \Phi_i - \mathfrak{j}_i' \times \nabla \Phi_i + \frac{\varrho_{0i}}{\varepsilon_i} \nabla \Phi_i \right] dF, \end{aligned} \tag{38}$$

nach Gl. (34), (35) und (36)

$$\begin{aligned} &\frac{\varepsilon_i + \varepsilon_a}{2} \mathfrak{j}_i' + \frac{i}{4\pi\omega} \mathfrak{n} \times \int\limits_F (\mathfrak{j}_i \nabla) \nabla (\Phi_a - \Phi_i) \, dF + \\ &+ \frac{1}{4\pi} \int\limits_F \left[\frac{i}{\omega} (\mathfrak{n} \times \mathfrak{j}_i)(k_a^2 \Phi_a - k_i^2 \Phi_i) + \mathfrak{n} \times (\mathfrak{j}_i' \times \nabla (\varepsilon_a \Phi_a - \varepsilon_i \Phi_i) \right] dF \\ &= \varepsilon_a \mathfrak{j}_e'. \end{aligned} \tag{39}$$

Dies liefert uns die Integralgleichung

$$\begin{aligned} \mathfrak{j}_i' = &\frac{2\varepsilon_a}{\varepsilon_i + \varepsilon_a} \mathfrak{j}_e' - \frac{1}{2\pi} \frac{1}{\varepsilon_i + \varepsilon_a} \int\limits_F \mathfrak{n} \times (\mathfrak{j}_i' \times \nabla (\varepsilon_a \Phi_a - \varepsilon_i \Phi_i)) \, dF - \\ &- \frac{1}{2\pi} \frac{i}{\omega(\varepsilon_i + \varepsilon_a)} \int\limits_F [(\mathfrak{n} \times \mathfrak{j}_i)(k_a^2 \Phi_a - k_i^2 \Phi_i) + \mathfrak{n} \times (\mathfrak{j}_i \nabla) \nabla (\Phi_a - \Phi_i)] dF \end{aligned} \tag{40}$$

Aus Gl. (25) bzw. Gl. (27) erhalten wir durch Multiplikation mit μ_i bzw. μ_a und nachfolgende Substraktion analog

$$\begin{aligned} \mathfrak{j}_i = &\frac{2\mu_a}{\mu_i + \mu_a} \mathfrak{j}_e + \frac{1}{2\pi} \frac{1}{\mu_i + \mu_a} \int\limits_F \mathfrak{n} \times (\mathfrak{j}_i \times \nabla (\mu_a \Phi_a - \mu_i \Phi_i)) \, dF - \\ &- \frac{1}{2\pi} \frac{i}{\omega(\mu_i + \mu_a)} \int\limits_F [(\mathfrak{n} \times \mathfrak{j}_i')(k_a^2 \Phi_a - k_i^2 \Phi_i) + \mathfrak{n} \times (\mathfrak{j}_i' \nabla) \nabla (\Phi_a - \Phi_i)] dF. \end{aligned} \tag{41}$$

Diese beiden Systeme von Integralgleichungen werden wir als Ausgang unserer weiteren Betrachtung wählen.

Wir schreiben statt $\mathfrak{j}_i$, $\mathfrak{j}_i'$ einfacher $\mathfrak{j}$, $\mathfrak{j}'$. Die Fläche zerlegen wir in endlich viele reguläre Oberflächenelemente, die in der Form

$$\mathfrak{x} = \mathfrak{x}(y^1, y^2) \tag{42}$$

dargestellt werden, wobei wir zur Beschreibung der Gesamtfläche endlich viele punktfremde Parameterbereiche benutzen, die einzeln jeweils ein Oberflächenelement in der Form, (42), darstellen. Die Wahl der Parameterdarstellung und der Parameterbereiche ist weitgehend willkürlich. Wir können aber zu jedem Punkt P von F eine Parameterdarstellung der angegebenen Art so finden, daß

a) P den Parametern (0, 0) entspricht,

b) $\mathfrak{x}(y^1, y^2)$ in einer Umgebung des Nullpunktes analytisch ist.

Den Vektor $\mathfrak{j}$ stellen wir mit Hilfe seiner Komponenten j^1, j^2 in der Form

$$\mathfrak{j} = j^1 \mathfrak{x}_{|1} + j^2 \mathfrak{x}_{|2} \tag{43}$$

dar, wobei

$$\mathfrak{x}_{|} = \frac{\partial}{\partial y^i} \mathfrak{x} \tag{44}$$

ist. Vereinbaren wir wieder, daß alle Indizes nur die Werte 1,2 annehmen und über gleiche obere und untere Indizes von 1 bis 2 zu summieren ist, so ergibt sich

$$\mathfrak{j} = j^i \mathfrak{x}_{|i}; \qquad \mathfrak{j}' = j'^i \mathfrak{x}_{|i} \tag{45}$$

Wir benutzen noch

$$g_{ik} = \mathfrak{x}_{|i} \mathfrak{x}_{|k} \tag{46}$$

und können unser Koordinatensystem so vereinfachen, daß in P

$$g_{ik} = \delta_{ik}; \qquad \Gamma^r_{ik} = 0 \tag{47}$$

ist. Für eingehendere Rechnungen benutzen wir das Tangenten-Normalensystem

$$y^3 = F(y^1, y^2) \tag{48}$$

zum Punkte P.

Dann wird die Darstellung Gl. (42) zu

$$\mathfrak{x} = y^k \mathfrak{e}_k + F(y^1, y^2)\, \mathfrak{e}_3 \tag{49}$$

und es ist in P

$$g_{ik} = \mathfrak{x}_{|i} \mathfrak{x}_{|k} = \mathfrak{e}_i \mathfrak{e}_k = \delta_{ik} \tag{50}$$

sowie wegen Gl. (50)

$$0 = \mathfrak{x}_{|i|k} \mathfrak{x}_{|j} = \Gamma^r_{ik} \mathfrak{x}_{|r} \mathfrak{x}_{|j} = \Gamma^r_{ik} \delta_{rj} = F_{|i|k}(\mathfrak{e}_j \mathfrak{e}_3). \tag{51}$$

Wir wollen das Integralgleichungssystem Gl. (40), (41) nun als System von Integralgleichungen für die vier Funktionen j^1, j^2, j'^1, j'^2 auffassen. Bezeichnen wir durch (x) die Abhängigkeit von den Aufpunktskoordinaten (x^1, x^2), so lautet Gl. (40) beispielsweise

$$j'^i(x) = \frac{2\varepsilon_a}{\varepsilon_i + \varepsilon_a} j_e'^i(x) -$$

(52)
$$-\frac{1}{2\pi}\frac{1}{\varepsilon_i+\varepsilon_a}\int_F g^{ik}(x)\,\mathfrak{x}_k(x)\times[\mathfrak{n}(x)\times(\mathfrak{x}_{|s}(y)\times\nabla(\varepsilon_a\Phi_a-\varepsilon_i\Phi_i))]\,j'^s(y)\,dF_y$$
$$-\frac{1}{2\pi}\frac{i}{\omega(\varepsilon_i+\varepsilon_a)}\int_F g^{ik}(x)\,\mathfrak{x}_k(x)\,[\mathfrak{n}(x)\times\mathfrak{x}_{|s}(y)\,(k_a^2\Phi_a-k_i^2\Phi_i)]\,j^s(y)\,dF_y$$
$$-\frac{1}{2\pi}\frac{i}{\omega(\varepsilon_i+\varepsilon_a)}\int_F g^{ik}(x)\,\mathfrak{x}_k(x)[\mathfrak{n}(x)\times(\mathfrak{x}_{|s}(y)\nabla)\nabla(\Phi_a-\Phi_i)]\,j^s(y)\,dF_y.$$

Die Integralgleichung (41) zerfällt entsprechend in zwei Gleichungen, die dadurch entstehen, daß wir beide Seiten skalar mit $g^{ik}\,\mathfrak{x}_{,k}$ multiplizieren.

Wir setzen nun

(53)
$$\mathfrak{S}_{ik}(x,y) = \mathfrak{x}_{|i}(x)\,\mathfrak{x}_{|k}(y)$$

und denken uns die Koordinaten so bezeichnet, daß

(54)
$$\mathfrak{n}(x) = \frac{\mathfrak{x}_{|1}(x)\times\mathfrak{x}_{|2}(x)}{|\mathfrak{x}_{|1}(x)\times\mathfrak{x}_{|2}(x)|}$$

ist.

In der Umgebung von $(x) = (y)$ wird

(55)
$$\begin{aligned}\mathfrak{S}_{ik}(x,y) &= \mathfrak{x}_{|i}(x)\,(\mathfrak{x}_{|k}(x) + \mathfrak{x}_{|k|r}(y^r - x^r) + \cdots)\\ &= g_{ik}(x) + \Gamma^s_{kr}\,g_{si}(y^r - x^r) + \cdots,\end{aligned}$$

wobei die Restfunktionen mindestens quadratisch in den $(y^r - x^r)$ sind. Wir wollen für die weiteren Rechnungen vereinbaren, daß alle differentialgeometrischen Größen[1] nur von (x) abhängen. Es verhält sich

(56)
$$\mathfrak{x}_{|i}(x)\,(\mathfrak{n}(x)\times\mathfrak{x}_{|k}(y)) = \Lambda_{ik}(x,y)$$

in der Umgebung von $(x) = (y)$ wie

(57)
$$-\mathfrak{n}(x)\,[\mathfrak{x}_{|i}(x)\times(\mathfrak{x}_{|k} + \mathfrak{x}_{|k|j}(y^j - x^j)) + \cdots].$$

Führen wir $\alpha_{ik} = -\alpha_{ki}$ durch

(58)
$$\mathfrak{n}(x)\,(\mathfrak{x}_{|i}(x)\times\mathfrak{x}_{|k}(y)) = \alpha_{ik}$$

ein, so wird aus Gl. (57)

(59)
$$\Lambda_{ik}(x,y) = -\sqrt{g}\,(\alpha_{ik} + \alpha_{ir}\Gamma^r_{kj}(y^j - x^j) + \cdots),$$

[1] Wir meinen damit die in den folgenden Formeln auftretenden Größen g_{ik}, L_{ik} usw.

wobei auch hier die höheren Glieder mindestens quadratisch in den $y^j - x^j$ sind.

Wir untersuchen weiterhin

$$\nabla \frac{1}{|\mathfrak{x} - \mathfrak{y}|} = \frac{\mathfrak{x}(x) - \mathfrak{x}(y)}{|\mathfrak{x}(x) - \mathfrak{x}(\mathfrak{y})|^3}. \tag{60}$$

Hier ist

$$\mathfrak{x}(y) - \mathfrak{x}(x) = \mathfrak{x}_{|k}(y^k - x^k) + \tfrac{1}{2}\mathfrak{x}_{|k|j}(y^k - x^k)(y^k - x^k) + \cdots, \tag{61}$$

und es wird auf F

$$\begin{aligned} \mathfrak{n}(x)\nabla \frac{1}{|\mathfrak{x} - \mathfrak{y}|} &= \frac{\mathfrak{n}(x)(\mathfrak{x}(x) - \mathfrak{x}(\mathfrak{y}))}{|\mathfrak{x}(x) - \mathfrak{x}(\mathfrak{y})|^3} \\ &= \frac{-1}{2|\mathfrak{x}(x) - \mathfrak{x}(y)|^3}(L_{ik}(y^i - x^i)(y^k - x^k) + \cdots). \end{aligned} \tag{62}$$

Die Glieder

$$(\mathfrak{n}(x)\,\mathfrak{x}_{|i}(y))\left(\mathfrak{x}_{|k}(x)\nabla \frac{1}{|\mathfrak{x} - \mathfrak{y}|}\right) \tag{63}$$

liefern auf Grund der gleichen Rechnungen

$$\begin{aligned} &(\mathfrak{n}(x)\,\mathfrak{x}_{|i}(y))\frac{1}{|\mathfrak{x}(x) - \mathfrak{x}(y)|^3}[\mathfrak{x}_{|k}(x)(\mathfrak{x}(x) - \mathfrak{x}(y))] \\ &\quad = \frac{-1}{2|\mathfrak{x}(x) - \mathfrak{x}(y)|^3}(L_{ij}\,g_{kt}(y^j - x^j)(y^t - x^t) + \cdots). \end{aligned} \tag{64}$$

Schließlich untersuchen wir noch die Ausdrücke

$$\begin{aligned} &\mathfrak{x}_{|i}(x)\{\mathfrak{n}(x) \times (\mathfrak{x}_{|k}(y)\nabla)\nabla|\mathfrak{x}(x) - \mathfrak{x}(y)|\} \\ &\quad = -\mathfrak{x}_{|i}(x)\{\mathfrak{n}(x) \times \nabla'(\mathfrak{x}_{|k}(y)\nabla|\mathfrak{x}(x) - \mathfrak{x}(y)|)\} \\ &\quad = \frac{1}{|\mathfrak{x}(x) - \mathfrak{x}(y)|}\mathfrak{x}_{|i}(x)(\mathfrak{n}(x) \times \mathfrak{x}_{|k}(y)) \\ &\quad - \frac{1}{|\mathfrak{x}(x) - \mathfrak{x}(y)|^3}[\mathfrak{x}_{|i}(x)(\mathfrak{n}(x) \times (\mathfrak{x}(y) - \mathfrak{x}(x)))]\,[\mathfrak{x}_{|k}(y)(\mathfrak{x}(y) - \mathfrak{x})x))] \end{aligned} \tag{65}$$

und erhalten

$$\begin{aligned} &\mathfrak{x}_{|i}(x)\{\mathfrak{n}(x) \times (\mathfrak{x}_{|k}(y)\nabla)\nabla|\mathfrak{x}(x) - \mathfrak{x}(y)|\} \\ &\quad = \frac{-1}{|\mathfrak{x}(x) - \mathfrak{x}(y)|}\left(\alpha_{ik} - \frac{\alpha_{ij}\,g_{kr}(y^j - x^j)(y^r - x^r)}{|\mathfrak{x}(x) - \mathfrak{x}(y)|^2} + \cdots\right). \end{aligned} \tag{66}$$

Damit sind wir nun in der Lage, unser Integralgleichungssystem zu diskutieren, da die behandelten Ausdrücke die höchsten Singularitäten unserer Integralgleichungen beschreiben. Zur Abkürzung schreiben wir für Gl. (52)

$$\begin{aligned} j'^i(x) &= \frac{2\varepsilon_a}{\varepsilon_i + \varepsilon_a} j_e'^i(x) + \\ &+ \frac{1}{2\pi}\frac{1}{\varepsilon_i + \varepsilon_a}\int_F [K'^i_{\cdot r}(x, y)\,j'^r(y) + P'^i_{\cdot r}(x, y)\,j^r(y)]\,dF_y \end{aligned} \tag{67}$$

mit

$$(68)\quad \begin{cases} K'^{i}_{\cdot r}(x,y) = -g^{ij}\,\mathfrak{x}_{|j}(x)\,\big(\mathfrak{n}(x)\times\mathfrak{x}_{|r}(y)\times\nabla(\varepsilon_a\Phi_a-\varepsilon_i\Phi_i)\big)\,, \\ P'^{i}_{\cdot r}(x,y) = \frac{i}{\omega}\,g^{ij}\,\mathfrak{x}_{|j}(x)\,\big(\mathfrak{n}(x)\times\mathfrak{x}_{|r}(y)\big)\,(k_i^2\Phi_i-k_a^2\Phi_a)\,- \\ \qquad -\frac{i}{\omega}\,g^{ij}\,\mathfrak{x}_{|j}(x)\,\big[\mathfrak{n}(x)\times(\mathfrak{x}_{|r}(y)\nabla)\,\nabla(\Phi_a-\Phi_i)\big]. \end{cases}$$

Dann wird mit der Abkürzung $|\mathfrak{x}-\mathfrak{y}| = |\mathfrak{x}(x)-\mathfrak{x}(y)|$

$$(69)\quad K'^{i}_{\cdot r}(x,y) = \frac{\varepsilon_i-\varepsilon_a}{2|x-y|^3}\big[(\delta^i_r L_{jk}-L^i_r g_{jk})(y^j-x^j)(y^k-x^k)+\cdots\big]$$

und

$$(70)\quad \begin{aligned} P'^{i}_{\cdot r}(x,y) &= \frac{3i}{2\omega}(k_a^2-k_i^2)\frac{1}{|x-y|}(\alpha^{i}_{\cdot r}+\cdots)\,- \\ &-\frac{i}{2\omega}(k_a^2-k_i^2)\frac{1}{|x-y|^3}(\alpha^{i}_{\cdot s}g_{kr}(y^s-x^s)(y^k-x^k)+\cdots)\,, \end{aligned}$$

wobei

$$(71)\quad \alpha^{i}_{\cdot r} = g^{ij}\alpha_{jr}$$

ist. Entsprechend wird aus Gl. (41)

$$(72)\quad \begin{aligned} j^i(x) &= \frac{2\mu_a}{\mu_i+\mu_a}j^i_e(x)+\frac{1}{2\pi}\frac{1}{\mu_i+\mu_a}\int\limits_F\big[K^{i}_{\cdot r}(x,y)\,j'^r(y)\,+ \\ &\qquad + P^{i}_{\cdot r}(x,y)\,j^r(y)\big]\,dF_y \end{aligned}$$

mit

$$(73)\quad K^{i}_{\cdot r}(x,y) = P'^{i}_{\cdot r}(x,y)$$

und

$$(74)\quad P^{i}_{\cdot r}(x,y) = g^{ij}\,\mathfrak{x}_{|j}(x)\big[\mathfrak{n}(x)\times\big(\mathfrak{x}_{|r}(y)\times\nabla(\mu_a\Phi_a-\mu_i\Phi_i)\big)\big],$$

so daß wir auch

$$(75)\quad \begin{aligned} K^{i}_{\cdot r}(x,y) &= \frac{3i}{2\omega}(k_a^2-k_i^2)\frac{1}{|x-y|}(\alpha^{i}_{\cdot r}+\cdots) \\ &= \frac{i}{2\omega}(k_a^2-k_i^2)\frac{1}{|x-y|^3}(\alpha^{i}_{\cdot s}g_{kr}(y^s-x^s)(y^k-s^k)+\cdots) \end{aligned}$$

und

$$(76)\quad P^{i}_{\cdot r}(x,y) = -\frac{\mu_i-\mu_a}{2|x-y|^3}\big[(\delta^i_r L_{jk}-L^i_r g_{jk})(y^j-x^j)(y^k-x^k)+\cdots\big]$$

erhalten.

Zur weiteren Untersuchung der Singularitäten benutzen wir nun zu einem beliebigen Punkt P das schon erwähnte Tangenten-Normalensystem. Es bezeichne $\Psi(x,y)$ eine der Funktionen $P^{i}_{\cdot r}$, $P'^{i}_{\cdot r}$, $K^{i}_{\cdot r}$, $K'^{i}_{\cdot r}$. Ist K_c eine Kugel vom Radius C um R und

$$(77)\quad |y|^2 = (y^1)^2+(y^2)^2+(y^3)^2;\qquad y^3 = F(y^1,y^2)\,,$$

so ergibt sich aus den Entwicklungen Gl. (69), (70) und (75), (76), daß für die in K_c gelegenen Punkte (x) und (y) von F

$$|\Psi(x, y)| = O\left(\frac{1}{|x-y|}\right) \tag{78}$$

ist. Setzen wir

$$\frac{\partial}{\partial x^i}\Psi(x, y) = \Psi_{|i}, \tag{79}$$

so wird gleichmäßig für (x) und (y) einer Umgebung des Nullpunktes

$$|\Psi_{|i}(x, y)| = O\left(\frac{1}{|x-y|^2}\right). \tag{80}$$

Ist

$$\left\{\begin{aligned} |x-y|^2 &= |\mathfrak{x}(x) - \mathfrak{x}(y)|^2 = (x^1-y^1)^2 + (x^2-y^2)^2 + (x^3-y^3)^2, \\ |x|^2 &= |\mathfrak{x}|^2 = (x^1)^2 + (x^2)^2 + (x^3)^2, \end{aligned}\right. \tag{81}$$

so wird gleichmäßig für eine Umgebung des Nullpunktes

$$\frac{1}{|x|}|\Psi(x, y) - \Psi(0, y)| = O\left(\frac{1}{|y|\,|x-y|} + \frac{1}{|y|^2}\right). \tag{82}$$

Zum Beweise dieser Ungleichung bemerken wir, daß die Singularitäten von $\Psi(x, y)$ durch die Funktionen

$$\frac{A(x)}{|x-y|} \quad \text{und} \quad \frac{A_{ik}(x)\,(y^i - x^i)\,(y^k - x^k)}{|x-y|^3} \tag{83}$$

dargestellt werden können, wobei die Koeffizienten stetig differenzierbar von (x) abhängen. Es wird dann

$$\begin{aligned} &\frac{1}{|x|}\left|\frac{A(x)}{|x-y|} - \frac{A(0)}{|y|}\right| = O\left(\frac{1}{|x|}\left|\frac{1}{|x-y|} - \frac{1}{|y|}\right|\right) + O\left(\frac{1}{|y|}\right) \\ &= O\left(\frac{\big||x-y|^2 - |y|^2\big|}{|x|\,|x-y|\,|y|(|y| + |x-y|)} + \frac{1}{|y|}\right) = O\left(\frac{1}{|y|\,|x-y|} + \frac{1}{|y|^2}\right), \end{aligned} \tag{84}$$

so daß wir die Behauptung für den ersten Funktionstyp bewiesen haben.

Wir setzen zur Abkürzung

$$\frac{(y^i - x^i)\,(y^k - x^k)}{|x-y|^2} = B^{ik}(x, y) \tag{85}$$

mit

$$|B^{ik}(x, y)| \leqq 1. \tag{86}$$

Dann wird

$$B^{ik}(x, y) - B^{ik}(0, y) = \frac{D^{ik}(x, y)}{|y|^2\,|x-y|^2}, \tag{87}$$

wobei

$$(88)\quad \begin{aligned} D^{ik}(x, y) &= \begin{vmatrix} |y|^2 & y^i y^k \\ |x-y|^2 & (x^i - y^i)(x^k - y^k) \end{vmatrix} \\ &= \begin{vmatrix} |y|^2 - |x-y|^2 & y^i y^k - (x^i - y^i)(x^k - y^k) \\ |x-y|^2 & (x^i - y^i)(x^k - y^k) \end{vmatrix} \end{aligned}$$

ist. Hieraus ergibt sich

$$(89)\quad |D^{ik}(x, y)| \leqq 2|x|(|y| + |x-y|)\,|x-y|^2,$$

und wir erhalten wegen Gl. (86)

$$(90)\quad \begin{aligned} &\frac{1}{|x|}\left|\frac{B^{ik}(x, y)}{|x-y|} - \frac{B^{ik}(0, y)}{|y|}\right| \\ &\leqq \frac{1}{|x|}\left|\frac{1}{|x-y|} - \frac{1}{|y|}\right| + \frac{1}{|x|\,|x-y|}\,|B^{ik}(x, y) - B^{ik}(0, y)|, \end{aligned}$$

so daß sich nach Gl. (87) und (89) für die rechte Seite

$$(91)\quad O\left(\frac{1}{|y|}\,\frac{1}{|x-y|} + \frac{1}{|y|^2}\right)$$

ergibt. Damit ist Gl. (82) bewiesen.

Wir hatten die Fläche F als analytisch vorausgesetzt. Ist dann $F(c)$ der in der Kugel vom Radius c um den Nullpunkt enthaltene Teil der Fläche F, so ist

$$(92)\quad \int_{F(c)} \Psi(x, y)\, dF_y$$

für alle Punkte im Inneren von $F(c)$ nach Satz 47 beliebig oft differenzierbar.

Nach Lemma 65 gibt es eine Zahl $\tau_0 > 0$ so, daß der in der Kugel vom Radius τ_0 um einen Punkt von F enthaltene Teil der Fläche stets mit Hilfe eines Tangenten-Normalensystems von Koordinaten darstellbar ist.

Bezeichnet $F(x, \tau)$ den in der Kugel vom Radius τ um den Punkt (x) der Fläche enthaltenen Teil von F, so ist wegen Gl. (78) für stetige $f(y)$ und $\tau \to 0$ nach Lemma 66

$$(93)\quad \int_{F(x,\tau)} \Psi(x, y)\, f(y)\, dF_y = O(\tau).$$

Wir beweisen nun

Lemma 107. *Ist $f(y)$ stetig in $F(c)$, so genügt*

$$\int_{F(c)} \Psi(x, y)\, f(y)\, dF_y$$

gleichmäßig in $F(c)$ einer HÖLDER-*Bedingung.*

Ist nämlich

$$|x_1 - x_2| \leqq \frac{\tau}{4}; \quad |x_1 - y| \geqq \tau, \tag{94}$$

so ergibt sich nach dem Mittelwertsatz gleichmäßig bezüglich aller Veränderlichen

$$|\Psi(x_1, y) - \Psi(x_2, y)| = O\left(\frac{|x_1 - x_2|}{\tau^2}\right), \tag{95}$$

und es wird

$$\begin{aligned} \Big|\int_{F(c)} \Psi(x_1, y) f(y)\, dF_y - \int_{F(c)} \Psi(x_2, y) f(y)\, dF_y\Big| \\ = O\Big(\int_{F(c) - F(x_1, \tau)} |\Psi(x_1, y) - \Psi(x_2, y)|\, dF_y + \\ + \int_{F(x_2, 2\tau)} (|\Psi(x_1, y)| + |\Psi(x_2, y)|\, dF_y)\Big). \end{aligned} \tag{96}$$

Nun ist $F(x_1, \tau)$ ganz in $F(x_2, 2\tau)$ enthalten, so daß nach Lemma 66

$$\int_{F(x_1, \tau)} |\Psi(x_2, y)|\, dF_y \leqq \int_{F(x_2, 2\tau)} |\Psi(x_2, y)|\, dF_y = O(\tau) \tag{97}$$

wird und aus Gl. (96) wegen Gl. (95)

$$\Big|\int_{F(c)} \Psi(x_1, y) f(y)\, dF_y - \int_{F(c)} \Psi(x_2, y) f(y)\, dF_y\Big| = O\left(\frac{|x_1 - x_2|}{\tau^2} + \tau\right) \tag{98}$$

entsteht. Setzen wir daher

$$|x_1 - x_2| = \tau^3, \tag{99}$$

so wird Gl. (94) für

$$|x_1 - x_2| \leqq \tfrac{1}{8} \tag{100}$$

erfüllt und wir erhalten

$$\Big|\int_{F(c)} \Psi(x_1, y) f(y)\, dF_y - \int_{F(c)} \Psi(x_2, y) f(y)\, dF_y\Big| = O(|x_1 - x_2|^{1/3}). \tag{101}$$

Wir benötigen noch die Differenzierbarkeit des in Lemma 107 untersuchten Integrals und beweisen nun

Lemma 108. *Es sei $f(y)$ stetig in $F(c)$ und genüge in P einer* Hölder-*Bedingung. Dann ist*

$$\int_{F(c)} \Psi(x, y) f(y)\, dF_y$$

in P differenzierbar.

Zum Beweise setzen wir, da P Nullpunkt unseres Koordinatensystems ist

$$\int_{F(c)} \Psi(x, y) f(y) dF_y = f(0) \int_{F(c)} \Psi(x, y) dF + \tag{102}$$
$$+ \int_{F(c)} \Psi(x, y) (f(y) - f(0)) dF_y .$$

Nach den Ausführungen zu Gl. (92) ist das erste Integral beliebig oft differenzierbar. Für das zweite Integral bilden wir mit

$$|x| \leqq \frac{\tau}{4}; \qquad f_0(y) = f(y) - f(0) \tag{103}$$

den Ausdruck

$$\int_{F(c)} \frac{1}{|x|} (\Psi(x, y) - \Psi(0, y)) f_0(y) dF_y - \int_{F(c)} \Psi_{|i}(0, y) f_0(y) dF_y \tag{104}$$

und wollen (x) auf der x^i-Achse gegen Null gehen lassen. Es ist auf Grund des Mittelwertsatzes wegen Gl. (103) für $|y| \geqq \tau$

$$\left| \frac{1}{|x|} (\Psi(x, y) - \Psi(0, y)) - \Psi_{|i}(0, y) \right| = O\left(\frac{|x|}{\tau^3}\right). \tag{105}$$

Wir nehmen $\delta < 1$ an[1]. Wegen

$$|f_0(y)| = O(|y|^\delta) \tag{106}$$

ergibt sich aus Gl. (80) dann

$$\left| \int_{F(0,\tau)} \Psi_{|i}(0, y) f_0(y) dF_y \right| = O(\tau^\delta) \tag{107}$$

sowie

$$\left| \int_{F(0,\tau)} \frac{1}{|x|} (\Psi(x, y) - \Psi(0, y)) f_0(y) dF \right| \tag{108}$$
$$= O\left(\int_{F(0,\tau)} |y|^\delta \left(\frac{1}{|y||x-y|} + \frac{1}{|y|^2} \right) dF_y \right).$$

Nun ist

$$\int_{F(0,\tau)} |y|^\delta \frac{dF_y}{|x||x-y|} \leqq \int_{F(x,2\tau)} |y|^\delta \frac{dF_y}{|y||x-y|}, \tag{109}$$

und daraus wird wegen $\delta < 1$ und

$$|y| \geqq \big| |x-y| - |x| \big| \tag{110}$$

---

[1] Dies ist keine Einschränkung der Allgemeinheit. Genügt nämlich $f(y)$ einer HÖLDERbedingung mit $\delta \geqq 1$, so genügt diese Funktion erst recht einer HÖLDERbedingung mit $\delta < 1$.

die weitere Abschätzung

$$(111)\quad \int\limits_{F(x,2\tau)} |y|^\delta \frac{dF_y}{|x||x-y|} \leqq \int\limits_{F(x,2\tau)} \frac{\big||x-y|-|x|\big|^{\delta-1}}{|x-y|}\,dF_y = O\Big(\int\limits_0^{2\tau} \big|r-|x|\big|^{\delta-1}\,dr\Big) = O(\tau^\delta),$$

wobei sich die letzte Abschätzung durch Einführung von Polarkoordinaten mit (x) als Ursprung ergibt. Es wird daher

$$(112)\quad \Big|\int\limits_{F(0,\tau)} \frac{1}{|x|}(\Psi(x,y)-\Psi(0,y))\,f_0(y)\,dF_y - \int\limits_{F(0,\tau)} \Psi_{|i}(0,y)\,f_0(y)\,dF_y\Big| = O(\tau^\delta).$$

Nach Gl. (105) ist

$$(113)\quad \Big|\int\limits_{F(c)-F(0,\tau)} \Big[\frac{1}{|x|}(\Psi(x,y)-\Psi(0,y))\,f_0(y) - \Psi_{|i}(0,y)\,f_0(y)\Big]\,dF_y\Big| = O\Big(\frac{x}{\tau^3}\Big),$$

so daß wir

$$(114)\quad \Big|\int\limits_{F(c)} \Big[\frac{1}{|x|}(\Psi(x,y)-\Psi(0,y))\,f_0(y) - \Psi_{|i}(0,y)\,f_0(y)\Big]\,dF_y\Big| = O\Big(\frac{x}{\tau^3}+\tau^\delta\Big)$$

erhalten. Setzen wir nun $\tau = |\mathfrak{x}|^{1/4}$, so ergibt sich

$$(115)\quad \Big|\int\limits_{F(c)} \Big[\frac{1}{|x|}(\Psi(x,y)-\Psi(0,y))\,f_0(y) - \Psi_{|i}(0,y)\,f_0(y)\Big]\,dF_y\Big| = O(|x|^\gamma)$$

mit $\gamma = \frac{\delta}{4}$, so daß auch das zweite Integral in Gl. (102) differenzierbar ist. Damit ist Lemma 108 bewiesen.

Wir können über die Ableitung noch mehr aussagen und führen zur Abkürzung

$$(116)\quad \frac{\partial}{\partial x^i}\int\limits_{F(c)} \Psi(x,y)\,dF_y = K_i(x)$$

ein.

Da wir die im Punkte $(x) = 0$ durchgeführte Betrachtung auch in jedem anderen Punkte anwenden können, falls $f(y)$ dort eine Hölder-

Bedingung mit den gleichen Konstanten genügt, erhalten wir

$$(117)\quad \frac{\partial}{\partial x}\int\limits_{F(c)}\Psi(x,y)f(y)\,dF_y = f(x)\,K_i(x) + \int\limits_{F(c)}\Psi_{|i}(x,y)\,\big(f(y)-f(x)\big)\,dF_y.$$

Es ergibt sich dann für $|x| \leqq \frac{\tau}{2}$

$$(118)\quad \Big|\int\limits_{F(\tau)}\Psi_{|i}(x,y)\,\big(f(y)-f(x)\big)\,dF_y\Big| \leq \int\limits_{F(x,\,2\tau)}\big|\Psi_{|i}(x,y)\,\big(f(y)-f(x)\big)\big|\,dF_y.$$

Wir beweisen nun

Lemma 109. *Genügt $f(y)$ in allen Punkten von $F(c)$ gleichmäßig einer* HÖLDER-*Bedingung, so genügen auch die ersten Ableitungen von*

$$\int\limits_{F(c)}\Psi(x,y)\,f(y)\,dF_y$$

HÖLDER-*Bedingungen.*

Zum Beweise betrachten wir den Nullpunkt, setzen

$$(119)\qquad \frac{\partial}{\partial x^i}\int\limits_{F(c)}\Psi(x,y)\,f(y)\,dF_y = H_i(x)$$

und erhalten

$$(120)\quad H_i(x) = f(x)\,K_i(x) + \int\limits_{F(c)\,-\,F(\tau)}\Psi_{|i}(x,y)\,\big(f(y)-f(x)\big)\,dF_y + O(\tau^\delta),$$

da nach Gl. (118)

$$(121)\qquad \int\limits_{F(\tau)}\Psi_{|i}(x,y)\,\big(f(y)-f(x)\big)\,dF_y = O(\tau^\delta)$$

ist. Für die Differenz der Ableitungen an den Stellen (x) und (0) ergibt sich somit

$$(122)\quad \begin{aligned} H_i(x) - H_i(0) &= f(x)\,K_i(x) - f(0)\,K_i(0) + \\ &+ \int\limits_{F(c)\,-\,F(\tau)}\Psi_{|i}(x,y)\,\big(f(y)-f(x)\big)\,dF_y - \\ &- \int\limits_{F(c)\,-\,F(\tau)}\Psi_{|i}(0,y)\,\big(f(y)-f(0)\big)\,dF_y - O(\tau^\delta). \end{aligned}$$

Ist nun für $|x| \to 0$

$$(123)\qquad |f(x)-f(0)| = O(|x|^\delta),$$

so ist auch

$$(124)\qquad |f(x)\,K_i(x) - f(0)\,K_i(0)| = O(\tau^\delta),$$

da $K_i(x)$ differenzierbar ist. Es wird daher

$$
(125)\qquad \begin{aligned} H_i(x) - H_i(0) &= \big(f(0) - f(x)\big) \int\limits_{F(c)-F(\tau)} \Psi_{|i}(0, y)\, dF_y + \\ &+ \int\limits_{F(c)-F(\tau)} \big(\Psi_{|i}(x, y) - \Psi_{|i}(0, y)\big)\big(f(y) - f(x)\big)\, dF_y + O(\tau^\delta)\,. \end{aligned}
$$

Für $|y| \geqq \tau$, $|x| \leqq \frac{\tau}{2}$ ist nach dem Mittelwertsatz

$$
(126)\qquad |\Phi_{|i}(x, y) - \Phi_{|i}(0, y)| = O\left(\frac{|x|}{\tau^3}\right),
$$

so daß aus Gl. (125)

$$
(127)\qquad \begin{aligned} H_i(x) - H_i(0) &= O\left(\frac{|x|}{\tau^3} + \tau^\delta + |x|^\delta \int\limits_{F(c)-F(\tau)} |\psi_{|i}(0, y)|\, dF_y\right) \\ &= O\left(\frac{|x|}{\tau^3} + \tau^\delta + \frac{|x|^\delta}{\tau^2}\right) \end{aligned}
$$

wird. Setzen wir nun

$$
(128)\qquad |x| = \tau^\alpha \quad \text{mit} \quad \alpha > 3,\ \delta\alpha > 2,
$$

so wird für $|x|^{1-1/\alpha} \leqq \frac{1}{2}$ mit positivem γ

$$
(129)\qquad |H_i(x) - H_i(0)| = O(|x|^\gamma)\,.
$$

Da wir diese Betrachtung in jedem Punkt von F durchführen können, erhalten wir

Satz 67. *Sind* $\mathfrak{j}$ *und* $\mathfrak{j}'$ *stetige Lösungen des Systems* (75) *mit zweimal differenzierbaren* $\mathfrak{j}_e$ *und* $\mathfrak{j}_e'$, *so existieren auch ihre ersten Ableitungen, und diese genügen auf* F *gleichmäßig* HÖLDER-*Bedingungen.*

Nach Lemma 107 genügt nämlich

$$
(130)\qquad \mathfrak{j} - \frac{2\varepsilon_a}{\mu_i + \mu_a}\,\mathfrak{j}_e \quad \text{und} \quad \mathfrak{j}' - \frac{2\varepsilon_a}{\varepsilon_i + \varepsilon_a}\,\mathfrak{j}_e'
$$

jeweils einer HÖLDER-Bedingung. Da $\mathfrak{j}_e$ und $\mathfrak{j}_e'$ zweimal differenzierbar sind, genügen somit auch $\mathfrak{j}$ und $\mathfrak{j}'$ HÖLDER-Bedingungen. Aus Lemma 108 und Lemma 109 folgt dann, daß die in Gl. (130) genannten Ausdrücke differenzierbar sind und ihre Ableitungen HÖLDER-Bedingungen genügen.

Zum Nachweis der Gleichmäßigkeit der HÖLDER-Bedingung bemerken wir zunächst, daß der Exponent γ nicht von der Wahl des Ursprungs des Tangenten-Normalen-Systems abhängt und somit gleichmäßig gilt.

Wir betrachten nun die Funktion

$$
(131)\qquad \frac{|\mathfrak{j}(\mathfrak{x}) - \mathfrak{j}(\mathfrak{y})|}{|\mathfrak{x} - \mathfrak{y}|^\alpha}
$$

mit $\alpha < \gamma$. Dann ist diese Funktion der Punktepaare $\mathfrak{x}$, $\mathfrak{y}$ der Fläche bei festem $\mathfrak{x}$ eine stetige Funktion von $\mathfrak{y}$ und bei festem $\mathfrak{y}$ eine stetige Funktion von $\mathfrak{x}$. Sie hängt also stetig von den Punktepaaren $\mathfrak{x}$, $\mathfrak{y}$ der geschlossenen Fläche F ab. Dann ist sie aber auch gleichmäßig beschränkt, und wir erkennen, daß es eine Konstante A so gibt, daß für alle $\mathfrak{x}$ und $\mathfrak{y}$

$$|\mathfrak{i}(\mathfrak{x}) - \mathfrak{i}(\mathfrak{y})| \leqq A|\mathfrak{x} - \mathfrak{y}|^{\alpha} \tag{132}$$

ist.

Wir kehren nun zur Diskussion unserer Integralgleichungen zurück und beweisen zunächst

Satz 68. *Es gibt keine von Null verschiedenen stetigen Lösungen des Integralgleichungssystems*

$$j_0^k(x) = \frac{1}{2\pi(\varepsilon_i + \varepsilon_a)} \int\limits_F \left[K_r^k(x, \xi)\, j_0'^r(\xi) + P_r^k(x, \xi)\, j_0^r(\xi)\right] dF_\xi ,$$

$$j_0'^k(x) = \frac{1}{2\pi(\mu_i + \mu_a)} \int\limits_F \left[K_r'^k(x, \xi)\, j_0'^r(\xi) + P_r'^k(x, \xi)\, j_0^r(\xi)\right] dF_\xi .$$

Zum Beweise gehen wir zur Bedeutung unseres Integralgleichungssystems zurück und setzen

$$\mathfrak{j}_0 = j_0^k\, \mathfrak{x}_{|k}; \quad \mathfrak{j}_0' = j_0'^k\, \mathfrak{x}_{|k}; \quad \nabla_F\, \mathfrak{j}_0 = i\,\omega\,\varrho_0; \quad \nabla_F\, \mathfrak{j}_0' = i\,\omega\,\varrho_0'. \tag{133}$$

Dann können wir außerhalb G ein Feld

$$\mathfrak{E}_a^0 = \frac{1}{4\pi} \int\limits_F \left[i\,\omega\,\mu_i\,\Phi_i\,\mathfrak{j}_0 - \mathfrak{j}_0' \times \nabla\,\Phi_i + \frac{1}{\varepsilon_i}\,\varrho_0\,\nabla\,\Phi_i\right] dF, \tag{134}$$

$$\mathfrak{H}_a^0 = \frac{1}{4\pi} \int\limits_F \left[i\,\omega\,\varepsilon_i\,\Phi_i\,\mathfrak{j}_0' + \mathfrak{j}_0 \times \nabla\,\Phi_i + \frac{1}{\mu_i}\,\varrho_0'\,\nabla\,\Phi_i\right] dF \tag{135}$$

und in G ein Feld

$$\mathfrak{E}_i^0 = \frac{1}{4\pi} \int\limits_F \left[i\,\omega\,\mu_a\,\Phi_a\,\mathfrak{j}_0 - \mathfrak{j}_0' \times \nabla\,\Phi_a + \frac{1}{\varepsilon_a}\,\varrho_0\,\nabla\,\Phi_a\right] dF, \tag{136}$$

$$\mathfrak{H}_i^0 = \frac{1}{4\pi} \int\limits_F \left[i\,\omega\,\varepsilon_a\,\Phi_a\,\mathfrak{j}_0' + \mathfrak{j}_0 \times \nabla\,\Phi_a + \frac{1}{\mu_i}\,\varrho_0'\,\nabla\,\Phi_a\right] dF \tag{137}$$

bilden. Da die $\mathfrak{j}_0$, $\mathfrak{j}_0'$ differenzierbar sind und ihre Differentialquotienten gleichmäßig HÖLDER-Bedingungen genügen, sind die Felder $\mathfrak{E}_a^0$, $\mathfrak{H}_a^0$ und $\mathfrak{E}_i^0$, $\mathfrak{H}_i^0$ auf Grund der laufend benutzten Sätze stetig auf F, wenn sie dort durch die Grenzübergänge auf der Normalen definiert werden.

Unser Integralgleichungssystem ist dann gleichbedeutend mit

(138) $$\varepsilon_a (\mathfrak{n} \times \mathfrak{E}_i^0)_a = \varepsilon_i (\mathfrak{n} \times \mathfrak{E}_a^0)_i\,,$$

(139) $$\mu_a (\mathfrak{n} \times \mathfrak{H}_i^0)_a = \mu_i (\mathfrak{n} \times \mathfrak{H}_a^0)_i\,.$$

Es weist $\mathfrak{n}$ dabei ins Äußere von F. In G gilt

(140) $$\nabla \times \mathfrak{H}_i^0 + i\,\omega\,\varepsilon_a \mathfrak{E}_i^0 = 0; \qquad \nabla \times \mathfrak{E}_i^0 - i\,\omega\,\mu_a \mathfrak{H}_i^0 = 0$$

sowie in G_a

(141) $$\nabla \times \mathfrak{H}_a^0 + i\,\omega\,\varepsilon_i \mathfrak{E}_a^0 = 0; \qquad \nabla \times \mathfrak{E}_a^0 - i\,\omega\,\mu_i \mathfrak{H}_a^0 = 0\,.$$

Für $\mathfrak{E}_a^0$, $\mathfrak{H}_a^0$ gelten darüber hinaus die Ausstrahlungsbedingungen mit ε_i, μ_i. Für Gl. (140) können wir auch schreiben

(142) $$\nabla \times (\mu_a \mathfrak{H}_i^0) + i\,\omega\,\mu_a (\varepsilon_a \mathfrak{E}_i^0) = 0; \qquad \nabla \times (\varepsilon_a \mathfrak{E}_i^0) - i\,\omega\,\varepsilon_a (\mu_a \mathfrak{H}_i^0) = 0$$

und für Gl. (141)

(143) $$\nabla \times (\mu_i \mathfrak{H}_a^0) + i\,\omega\,\mu_i (\varepsilon_i \mathfrak{E}_a^0) = 0; \qquad \nabla \times (\varepsilon_i \mathfrak{E}_a^0) - i\,\omega\,\varepsilon_i (\mu_i \mathfrak{H}_a^0) = 0\,.$$

In gleicher Weise lassen sich die Ausstrahlungsbedingungen für $\mathfrak{E}_a^0$, $\mathfrak{H}_a^0$ in die Form

(144) $$\lim_{R\to\infty} R[\omega\,\mu_i (\mathfrak{n} \times \varepsilon_i \mathfrak{E}_a^0) - k_i (\mu_i \mathfrak{H}_a^0)] = \lim_{R\to\infty} R[\omega\,\varepsilon_i (\mathfrak{n} \times \mu_i \mathfrak{H}_a^0) + k_i (\varepsilon_i \mathfrak{E}_a^0)] = 0$$

bringen.

Das Feld

(145) $$\begin{cases} (\varepsilon_a \mathfrak{E}_i,\ \mu_a \mathfrak{H}_i) & \text{für} \quad \mathfrak{x} \in G; \quad \mathfrak{x} \notin F, \\ (\varepsilon_i \mathfrak{E}_a,\ \mu_i \mathfrak{H}_a) & \text{für} \quad \mathfrak{x} \notin G; \quad \mathfrak{x} \notin F \end{cases}$$

erfüllt daher die Voraussetzungen von Satz 61 und verschwindet folglich identisch.

Dann verschwinden aber auch die Tangentialkomponenten von $\mathfrak{E}_a^0$, $\mathfrak{H}_a^0$ und $\mathfrak{E}_i^0$, $\mathfrak{H}_i^0$ auf F. Wir setzen das Feld $\mathfrak{E}_a^0$, $\mathfrak{H}_a^0$ nun vermittels Gl. (136), (137) ins Innere von G fort. Im Äußeren ist das Feld identisch Null. Auf Grund der Sprungrelationen muß dann

(146) $$(\mathfrak{n} \underset{\overrightarrow{Fi}}{\times} \mathfrak{E}_a^0) = \mathfrak{n} \times \mathfrak{j}_0'; \qquad (\mathfrak{n} \underset{\overrightarrow{Fi}}{\times} \mathfrak{H}_a^0) = -(\mathfrak{n} \times \mathfrak{j}_0)$$

sein. Eine entsprechende Beziehung gilt für $\mathfrak{E}_i^0$, $\mathfrak{H}_i^0$. Dieses Feld wird vermittels Gl. (144), (145) ins Äußere von V fortgesetzt und genügt dort vermöge seiner Darstellung den Ausstrahlungsbedingungen mit ε_a und μ_a.

Hier ist

$$(147)\qquad \underset{\overrightarrow{F_a}}{(\mathfrak{n}\times\mathfrak{E}_i^0)} = -(\mathfrak{n}\times\mathfrak{j}_0'); \qquad \underset{\overrightarrow{F_a}}{(\mathfrak{n}\times\mathfrak{H}_i)} = \mathfrak{n}\times\mathfrak{j}_0.$$

Wir bilden nun das Feld

$$(148)\qquad \begin{array}{ll} (\mathfrak{E}_a^0, \mathfrak{H}_a^0) & \text{für} \quad \mathfrak{x}\in G;\quad \mathfrak{x}\notin F, \\ (-\mathfrak{E}_i^0, -\mathfrak{H}_i^0) & \text{für} \quad \mathfrak{x}\notin G;\quad \mathfrak{x}\notin F. \end{array}$$

Dieses Feld entsteht also dadurch, daß wir die Integrale Gl. (134), (135) zur Definition des Feldes für $\mathfrak{x}\in G$ und die Integrale Gl. (136), (137) zur Definition des Feldes für $\mathfrak{x}\notin G$ benutzen.

Das Feld Gl. (148) erfüllt dann auch die Voraussetzungen von Satz 61 und wir erhalten

$$(149)\qquad \mathfrak{E}_i^0 \equiv \mathfrak{H}_i^0 \equiv 0 \text{ in } G_a; \quad \mathfrak{E}_a^0 \equiv \mathfrak{H}_a^0 \equiv 0 \text{ in } G.$$

Aus den vorausgegangenen Überlegungen ergab sich, daß auch in G_a $\mathfrak{E}_a^0 \equiv \mathfrak{H}_a^0 \equiv 0$ ist. Das Feld Gl. (134), (135) verschwindet demnach identisch. Dann muß wegen der Sprungrelationen auch $\mathfrak{j}_0 \equiv \mathfrak{j}_0' \equiv 0$ sein.

Wir nehmen nun an, daß $\mathfrak{j}$, $\mathfrak{j}'$ eine stetige Lösung der Integralgleichungen (40) und (41) ist und werden zeigen, daß diese Felder die eindeutig bestimmte Lösung des Problems II liefern. Dazu bilden wir die beiden Felder

$$(150)\qquad \mathfrak{E}_a = \frac{1}{4\pi}\int\limits_F \left[i\,\omega\mu_i\,\mathfrak{j}\,\Phi_i - \mathfrak{j}'\times\nabla\,\Phi_i + \frac{1}{\varepsilon_i}\,\varrho\nabla\,\Phi_i\right] dF,$$

$$(151)\qquad \mathfrak{H}_a = \frac{1}{4\pi}\int\limits_F \left[i\,\omega\varepsilon_i\,\mathfrak{j}'\,\Phi_i + \mathfrak{j}\times\nabla\,\Phi_i + \frac{1}{\mu_i}\,\varrho'\nabla\,\Phi_i\right] dF$$

sowie

$$(152)\qquad \mathfrak{E}_i = -\mathfrak{E}_e + \frac{1}{4\pi}\int\limits_F \left[i\,\omega\mu_a\,\mathfrak{j}\,\Phi_a - \mathfrak{j}'\times\nabla\,\Phi_a + \frac{1}{\varepsilon_a}\,\varrho\nabla\,\Phi_a\right] dF,$$

$$(153)\qquad \mathfrak{H}_i = -\mathfrak{H}_e + \frac{1}{4\pi}\int\limits_F \left[i\,\omega\varepsilon_a\,\mathfrak{j}'\,\Phi_a + \mathfrak{j}\times\nabla\,\Phi_a + \frac{1}{\mu_a}\,\varrho'\nabla\,\Phi_a\right] dF,$$

wobei $\mathfrak{j}$ und $\mathfrak{j}'$ die Lösungen $\mathfrak{j}_i$, $\mathfrak{j}_i'$ des Integralgleichungssystems (40), (41) sind. Nach Gl. (39) ist

$$(154)\qquad \varepsilon_a\,\underset{\overrightarrow{F_i}}{(\mathfrak{n}\times\mathfrak{E}_i)} = \varepsilon_i\,\underset{\overrightarrow{F_a}}{(\mathfrak{n}\times\mathfrak{E}_a)}$$

und entsprechend

(155) $$\mu_a \underset{\substack{F_i\\ \rightarrow}}{(\mathfrak{n} \times \mathfrak{H}_i)} = \mu_i \underset{\substack{F_a\\ \rightarrow}}{(\mathfrak{n} \times \mathfrak{H}_a)}.$$

Im Äußeren von G genügen $\mathfrak{E}_a$ und $\mathfrak{H}_a$ den Gleichungen

(156) $$\nabla \times \mathfrak{H}_a + i\,\omega\varepsilon_i\,\mathfrak{E}_a = 0; \quad \nabla \times \mathfrak{E}_a - i\,\omega\mu_i\,\mathfrak{H}_a = 0$$

und im Inneren von G gilt

(157) $$\nabla \times \mathfrak{H}_i + i\,\omega\varepsilon_a\,\mathfrak{E}_i = 0; \quad \nabla \times \mathfrak{E}_i - i\,\omega\mu_a\,\mathfrak{H}_i = 0.$$

Darüber hinaus genügt $\mathfrak{E}_a$, $\mathfrak{H}_a$ den Ausstrahlungsbedingungen mit ε_i und μ_i. Bilden wir nun wieder

(158) $$\mathfrak{E}_a^* = \varepsilon_i\,\mathfrak{E}_a; \quad \mathfrak{H}_a^* = \mu_i\,\mathfrak{H}_a; \quad \mathfrak{E}_i^* = \varepsilon_a\,\mathfrak{E}_i; \quad \mathfrak{H}_i^* = \mu_a\,\mathfrak{H}_i,$$

so genügen auch diese Felder MAXWELLschen Gleichungen, Ausstrahlungsbedingungen, und es ist

(159) $$\begin{aligned} &\text{in } G\colon \nabla \times \mathfrak{H}_i^* + i\,\omega\,\mu_a\,\mathfrak{E}_i^* = \nabla \times \mathfrak{E}_i^* - i\,\omega\,\varepsilon_a\,\mathfrak{H}_i^* = 0,\\ &\text{in } G_a\colon \nabla \times \mathfrak{H}_a^* + i\,\omega\,\mu_i\,\mathfrak{E}_a^* = \nabla \times \mathfrak{E}_a^* - i\,\omega\,\varepsilon_i\,\mathfrak{H}_a^* = 0. \end{aligned}$$

Auf Grund der schon benutzten, an den Eindeutigkeitsbeweis angeschlossenen Überlegungen können wir wiederum

(160) $$\underset{\substack{F_a\\ \rightarrow}}{\mathfrak{n} \times \mathfrak{H}_a} = \underset{\substack{F_a\\ \rightarrow}}{\mathfrak{n} \times \mathfrak{E}_a} = \underset{\substack{F_i\\ \rightarrow}}{\mathfrak{n} \times \mathfrak{H}_i} = \underset{\substack{F_i\\ \rightarrow}}{\mathfrak{n} \times \mathfrak{E}_i} = 0$$

folgern. Dies sind aber die Gl. (24), (25) und (26), (27). Es bleibt uns noch zu zeigen, daß wir durch die Bestimmung von $\mathfrak{j}$ und $\mathfrak{j}'$ in der Lage sind, das reflektierte und gebrochene Feld anzugeben. Wir untersuchen zunächst das Feld Gl. (150), (151) im Inneren von G. Aus Gl. (160) ergibt sich

(161) $$\begin{aligned} &\underset{\substack{F_a\\ \rightarrow}}{\mathfrak{n} \times \int} \left[i\,\omega\,\mu_i\,\mathfrak{j}\,\Phi_i - \mathfrak{j}' \times \nabla\,\Phi_i + \frac{1}{\varepsilon_i}\,\varrho\,\nabla\,\Phi_i\right] dF = 0,\\ &\underset{\substack{F_a\\ \rightarrow}}{\mathfrak{n} \times \int} \left[i\,\omega\,\varepsilon_i\,\mathfrak{j}'\,\Phi_i + \mathfrak{j} \times \nabla\,\Phi_i + \frac{1}{\mu_i}\,\varrho'\,\nabla\,\Phi_i\right] dF = 0. \end{aligned}$$

Auf Grund der Sprungrelationen ist daher

(162) $$\begin{aligned} &\underset{\substack{F_i\\ \rightarrow}}{\mathfrak{n} \times \frac{1}{4\pi}\int} \left[i\,\omega\,\mu_i\,\mathfrak{j}\,\Phi_i - \mathfrak{j}' \times \nabla\,\Phi_i + \frac{1}{\varepsilon_i}\,\varrho\,\nabla\cdot\Phi_i\right] dF = \mathfrak{j}',\\ &\underset{\substack{F_i\\ \rightarrow}}{\mathfrak{n} \times \frac{1}{4\pi}\int} \left[i\,\omega\,\varepsilon_i\,\mathfrak{j}'\,\Phi_i + \mathfrak{j} \times \nabla\,\Phi_i + \frac{1}{\mu_i}\,\varrho'\,\nabla\,\Phi_i\right] dF = -\mathfrak{j}. \end{aligned}$$

Entsprechend ergibt sich aus Gl. (152), (153) und (160)

$$\begin{aligned}
&\mathfrak{n} \times \frac{1}{4\pi} \int\limits_{\overrightarrow{F_i}} \left[i\,\omega\,\mu_a\,\mathfrak{j}\,\Phi_a - \mathfrak{j}' \times \nabla \Phi_a + \frac{1}{\varepsilon_a}\,\varrho\,\nabla\Phi_a \right] dF = \mathfrak{n} \times \mathfrak{E}_e = -\mathfrak{j}'_e, \\
(163)\qquad &\mathfrak{n} \times \frac{1}{4\pi} \int\limits_{\overrightarrow{F_i}} \left[i\,\omega\,\varepsilon_a\,\mathfrak{j}'\,\Phi_a + \mathfrak{j} \times \nabla \Phi_a + \frac{1}{\mu_a}\,\varrho'\,\nabla\Phi_a \right] dF = \mathfrak{n} \times \mathfrak{H}_e = \mathfrak{j}_e
\end{aligned}$$

und hieraus nach den Sprungrelationen

$$\begin{aligned}
&\mathfrak{n} \times \frac{1}{4\pi} \int\limits_{\overrightarrow{F_a}} \left[i\,\omega\,\mu_a\,\mathfrak{j}\,\Phi_a - \mathfrak{j}' \times \nabla \Phi_a + \frac{1}{\varepsilon_a}\,\varrho\,\nabla\Phi_a \right] dF = -\,\mathfrak{j}'_e - \mathfrak{j}'; \\
(164)\qquad &\mathfrak{n} \times \frac{1}{4\pi} \int\limits_{\overrightarrow{F_a}} \left[i\,\omega\,\varepsilon_a\,\mathfrak{j}'\,\Phi_a + \mathfrak{j} \times \nabla \Phi_a + \frac{1}{\mu_a}\,\varrho'\,\nabla\Phi_a \right] dF = \mathfrak{j}_e + \mathfrak{j}.
\end{aligned}$$

Es folgt nun aus Gl. (162) und (164)

$$\begin{aligned}
&\mathfrak{n} \times (\mathfrak{E}_e \underset{\overrightarrow{F_a}}{+} \mathfrak{E}_r) = \mathfrak{j}' = (\mathfrak{n} \underset{\overrightarrow{F_i}}{\times} \mathfrak{E}_g), \\
(165)\qquad &\mathfrak{n} \times (\mathfrak{H}_e \underset{\overrightarrow{F_a}}{+} \mathfrak{H}_r) = -\mathfrak{j} = (\mathfrak{n} \underset{\overrightarrow{F_i}}{\times} \mathfrak{H}_g).
\end{aligned}$$

Damit erhalten wir

Satz 69. *Sind* $\mathfrak{j}$ *und* $\mathfrak{j}'$ *die eindeutig bestimmten Lösungen des Integralgleichungssystems*

$$\begin{aligned}
\mathfrak{j} = {} & \frac{2\mu_a}{\mu_i + \mu_a}\,\mathfrak{j}_e + \frac{1}{2\pi}\,\frac{1}{\mu_i + \mu_a} \int\limits_F \mathfrak{n} \times [\mathfrak{j} \times \nabla'(\mu_a\,\Phi_a - \mu_i\,\Phi_i)]\,dF - \\
& - \frac{1}{2\pi}\,\frac{i}{\omega}\,\frac{1}{\mu_i + \mu_a} \int\limits_F [(\mathfrak{n} \times \mathfrak{j}')\,(k_a^2\,\Phi_a - k_i^2\,\Phi_i) + \mathfrak{n} \times (\mathfrak{j}'\nabla)\,\nabla(\Phi_a - \Phi_i)]\,dF, \\
\mathfrak{j}' = {} & \frac{2\varepsilon_a}{\varepsilon_i + \varepsilon_a}\,\mathfrak{j}'_e - \frac{1}{2\pi}\,\frac{1}{\varepsilon_i + \varepsilon_a} \int\limits_F \mathfrak{n} \times [\mathfrak{j}' \times \nabla\,(\varepsilon_a\,\Phi_a - \varepsilon_i\,\Phi_i)]\,dF - \\
& - \frac{1}{2\pi}\,\frac{i}{\omega}\,\frac{1}{\varepsilon_i + \varepsilon_a} \int\limits_F [(\mathfrak{n} \times \mathfrak{j})\,(k_a^2\,\Phi_a - k_i^2\,\Phi_i) + \mathfrak{n} \times (\mathfrak{j}\nabla)\,\nabla(\Phi_a - \Phi_i)]\,dF
\end{aligned}$$

mit

$$\mathfrak{j}_e = -\mathfrak{n} \times \mathfrak{H}_e; \qquad \mathfrak{j}'_e = \mathfrak{n} \times \mathfrak{E}_e,$$

so ist das gebrochene Feld $\mathfrak{E}_g$, $\mathfrak{H}_g$ *(im Inneren von G) gleich*

$$\begin{aligned}
\mathfrak{E}_g &= \frac{1}{4\pi} \int\limits_F [i\,\omega\,\mu_i\,\mathfrak{j}\,\Phi_i - \mathfrak{j}' \times \nabla\Phi_i + \frac{1}{\varepsilon_i}\,\varrho\,\nabla\Phi_i]\,dF, \\
\mathfrak{H}_g &= \frac{1}{4\pi} \int\limits_F [i\,\omega\,\varepsilon_i\,\mathfrak{j}'\,\Phi_i + \mathfrak{j} \times \nabla\Phi_i + \frac{1}{\mu_a}\,\varrho'\,\nabla\Phi_i]\,dF,
\end{aligned}$$

während das reflektierte Feld $\mathfrak{E}_r$, $\mathfrak{H}_r$ (im Äußeren von G) durch

$$\mathfrak{E}_r = \frac{-1}{4\pi} \int_F \left[i\,\omega\,\mu_a\, \mathfrak{j}\, \Phi_a - \mathfrak{j}' \times \nabla \Phi_a + \frac{1}{\varepsilon_a} \varrho \nabla \Phi_a \right] dF,$$

$$\mathfrak{H}_r = \frac{-1}{4\pi} \int_F \left[i\,\omega\,\varepsilon_a\, \mathfrak{j}'\, \Phi_a + \mathfrak{j} \times \nabla \Phi_a + \frac{1}{\mu_a} \varrho' \nabla \Phi_a \right] dF$$

dargestellt wird. Die Ladungen ϱ und ϱ' ergeben sich dabei aus den Flächendivergenzen von $\mathfrak{j}$ und $\mathfrak{j}'$ durch

$$\nabla_F \mathfrak{j} = i\,\omega\,\varrho; \qquad \nabla_F \mathfrak{j}' = i\,\omega\,\varrho'.$$

Es ist somit das Problem II auf die Berechnung der Tangentialkomponenten des gebrochenen Feldes $\mathfrak{E}_g$, $\mathfrak{H}_g$ auf der Grenzfläche der beiden Medien zurückgeführt worden, da auf Grund der Randbedingungen damit auch die Tangentialkomponenten des reflektierten Feldes bestimmt sind. Es lassen sich in dieser Weise auch die praktisch wichtigen Fälle spezieller einfallender Felder behandeln, die in der eingangs formulierten Fassung nicht enthalten sind.

Das System von Integralgleichungen erfüllt alle Bedingungen, die wir in der Theorie der linearen Transformationen verlangt hatten. Wir können daher Satz 54 anwenden. Es gibt demnach eine stetige Lösung unserer Integralgleichungen, die wir dann nach Satz 69 zur Darstellung der Lösung des Problems II benutzen können[1].

VII. Die Randwertprobleme

Wir fragen nun, ob wir eine Lösung der MAXWELLschen Schwingungsgleichung so bestimmen können, daß ihre Randwerte auf einer geschlossenen regulären Fläche vorgeschriebene Werte annehmen. Aus den Eindeutigkeitssätzen ergibt sich bereits, daß ein Feld $\mathfrak{E}$, $\mathfrak{H}$, das im Äußeren eines regulären Gebietes den Gleichungen

$$\nabla \times \mathfrak{H} + i\,\omega\,\varepsilon\,\mathfrak{E} = 0; \qquad \nabla \times \mathfrak{E} - i\,\omega\,\mu\,\mathfrak{H} = 0$$

genügt, die Ausstrahlungsbedingungen erfüllt und auf der Randfläche F die Eigenschaft

$$\mathfrak{n} \times \mathfrak{E} = 0$$

besitzt, identisch verschwindet. Dieses Ergebnis besagt, daß eine Lösung unserer Gleichungen, die auch noch die Ausstrahlungsbedingungen erfüllt, durch die Werte $\mathfrak{n} \times \mathfrak{E}$ auf der Randfläche eindeutig bestimmt ist. Es entsteht nun die Frage, ob wir diese Randwerte auch beliebig vorgeben können.

[1] Eine andere Methode zur Lösung des Problems II wurde von R. B. BARRAR und C. L. DOLPH, Journ. of Rat. Mechanics and Analysis **3**, 726 (1954) angegeben. Der hier eingeschlagene Weg stammt von CL. MÜLLER, Math. Ann. **123**, 345 (1951).

Die Randwertaufgabe muß natürlich auch für das Innere eines regulären Gebietes gestellt werden, indem wir verlangen, daß eine Lösung unserer Gleichungen so bestimmt wird, daß die Tangentialkomponenten von $\mathfrak{E}$ auf der Randfläche F vorgeschriebene Werte annehmen. Hier zeigt sich nun, daß diese Aufgabe im allgemeinen nicht eindeutig lösbar ist, da wir Felder angeben können, die im Inneren der Kugel den MAXWELLschen Schwingungsgleichungen genügen, und die auf der Randfläche $\mathfrak{n} \times \mathfrak{E} = 0$ erfüllen.

Zum Nachweis eines solchen Feldes betrachten wir

$$\mathfrak{E} = \mathfrak{x} \times \nabla \zeta_n(r) K_n(\mathfrak{x}_0),$$

wo $\zeta_n(r)$ die im Nullpunkt reguläre BESSEL-Funktion ist. Setzen wir

$$U_n = \zeta_n(r) K_n(\mathfrak{x}_0),$$

so gilt

$$\Delta U_n + U_n = 0$$

und wir erhalten

$$\mathfrak{E} = -\nabla \times \mathfrak{x} U_n.$$

Nun ist

$$\Delta \mathfrak{E} = -\nabla \times \Delta \mathfrak{x} U_n$$

und

$$\Delta \mathfrak{x} U_n = \mathfrak{x} \Delta U_n + U_n \Delta \mathfrak{x} + 2\nabla U_n = -\mathfrak{x} U_n + 2\nabla U_n,$$

so daß sich

$$\Delta \mathfrak{E} = -\nabla \times \mathfrak{x} U_n = -\mathfrak{E}$$

ergibt. Da $\mathfrak{E}$ als Rotation dargestellt wird, gilt auch

$$\nabla \mathfrak{E} = 0,$$

und wir haben im Felde $\mathfrak{E}$ eine Lösung der Gleichung

$$\nabla \times \nabla \times \mathfrak{E} = \mathfrak{E}$$

erhalten. Setzen wir nun noch

$$i \mathfrak{H} = \nabla \times \mathfrak{E},$$

so genügen die Felder $\mathfrak{E}$, $\mathfrak{H}$ den MAXWELLschen Schwingungsgleichungen für $\omega = \varepsilon = \mu = 1$. Die Funktionen $\zeta_n(r)$ können unendlich viele Nullstellen besitzen[1], wie das Beispiel der Funktion

$$\zeta_1(r) = \frac{1}{r}\left(\frac{\sin r}{r} - \cos r\right)$$

[1] Vgl. auch WATSON: Theory of Bessel Functions, S. 477ff. Der Nachweis unendlich vieler Nullstellen der Funktion $\xi_n(r)$ läßt sich mit Hilfe der asymptotischen Entwicklungen leicht führen.

zeigt. Ist α eine Nullstelle dieser Funktion, so verschwinden die Tangentialkomponenten des Feldes $\mathfrak{E}$, denn es wird

$$\mathfrak{x} \times \nabla \zeta_n(r) K_n(\mathfrak{x}_0) = \zeta_n(r) \left(\mathfrak{x} \times \nabla K_n(\mathfrak{x}_0)\right).$$

Felder dieser Art nennen wir Eigenschwingungen. Zu jedem regulären Gebiet gibt es unendlich viele Eigenschwingungen, die bestimmten Frequenzen ω, den Eigenfrequenzen, entsprechen. Wir werden den Beweis der Existenz dieser Eigenschwingungen nicht führen. Wir müssen jedoch bei unseren Überlegungen zur Lösung der Randwertaufgaben der möglichen Existenz derartiger Eigenschwingung Rechnung tragen.

Dies hat zur Folge, daß die einfache Argumentation, die es uns ermöglichte, mit Hilfe der Theorie der linearen Operatoren die Existenz der Lösungen aus dem Eindeutigkeitssatz zu folgern, für die Randwertprobleme nicht durchzuführen ist.

Wir wollen noch prüfen, für welche Werte ω, ε und μ Eigenschwingungen des geschlossenen Gebietes G existieren. Wir nehmen dazu an, daß $\mathfrak{E}$, $\mathfrak{H}$ ein Feld ist, das im Innern von G den Gleichungen

$$\nabla \times \mathfrak{H} + i\,\omega\,\varepsilon\,\mathfrak{E} = 0; \qquad \nabla \times \mathfrak{E} - i\,\omega\,\mu\,\mathfrak{H} = 0$$

genügt und auf der Randfläche F die Bedingung

$$\mathfrak{n} \times \mathfrak{E} = 0 \quad \text{oder} \quad \mathfrak{n} \times \mathfrak{H} = 0$$

erfüllt. Dann ist

$$0 = \int_G \nabla(\mathfrak{E} \times \overline{\mathfrak{H}})\, dV = \int_F \mathfrak{n}(\mathfrak{E} \times \overline{\mathfrak{H}})\, dF$$
$$= \int_G (-\,i\,\overline{\omega\,\varepsilon}\,\mathfrak{E}\,\overline{\mathfrak{E}} + i\,\omega\,\mu\,\mathfrak{H}\,\overline{\mathfrak{H}})\, dV$$

Nun ist aber

$$\mathrm{Re}(i\,\omega\,\varepsilon) \leqq 0; \qquad \mathrm{Re}(i\,\omega\,\mu) \leqq 0,$$

so daß eine von Null verschiedene Lösung der obigen Gleichung nur existieren kann, wenn $\omega\,\varepsilon$ und $\omega\,\mu$ positiv reell sind. Nach unserer Normierung dieser Größen folgt daraus aber, daß ω, ε und μ positiv reell sein müssen, wenn Eigenschwingungen auftreten. Wir werden die Randwertprobleme zunächst unter dieser Voraussetzung behandeln, da hier besondere Schwierigkeiten auftreten können, und dann den allgemeinen Fall durch eine einfache Erweiterung anschließen.

Bei der Behandlung der Randwertprobleme werden wir auch das noch ausstehende Problem III der vollkommenen Reflexion behandeln können. Dieses Problem stellt nämlich einen Spezialfall des Randwertproblems dar, da die Bestimmung des reflektierten Feldes verlangt, daß ein Feld $\mathfrak{E}_r$, $\mathfrak{H}_r$ mit

$$\mathfrak{n} \times \mathfrak{E}_r = -\mathfrak{n} \times \mathfrak{E}_e$$

angegeben wird.

§ 24. Die Randwertprobleme des Innen- und des Außenraumes[1]

Wir betrachten ein reguläres Gebiet G, das von einer beliebig oft differenzierbaren Fläche F berandet wird, setzen ω, ε und μ als positiv reell voraus und formulieren die folgende Fragestellung:

I. (Innenraumproblem): Gesucht ist ein Feld $\mathfrak{E}$, $\mathfrak{H}$, das im Inneren von G den MAXWELLschen Schwingungsgleichungen genügt, wobei die Tangentialkomponenten auf F vorgeschriebene Werte annehmen ($\mathfrak{n} \times \mathfrak{E} = \mathfrak{g}$).

II. (Außenraumproblem): Gesucht ist ein Feld $\mathfrak{E}$, $\mathfrak{H}$, das im Äußeren von G den Schwingungsgleichungen genügt, die Ausstrahlungsbedingungen erfüllt, wobei die Tangentialkomponenten von $\mathfrak{E}$ auf F vorgeschriebene Werte annehmen ($\mathfrak{n} \times \mathfrak{E} = \mathfrak{g}$).

Die Randwerte $\mathfrak{g}$ seien stetig differenzierbare Flächenfelder, deren Ableitungen HÖLDER-Bedingungen genügen. Die gesuchten Felder werden wir durch geeignete Flächenströme $\mathfrak{j}$ und $\mathfrak{j}'$ erzeugen.

Sind die Ströme stetig differenzierbar und genügen ihre Ableitungen HÖLDER-Bedingungen, so können die durch diese Flächenströme erzeugten Felder $\mathfrak{E}$ und $\mathfrak{H}$ durch die Grenzübergänge auf der inneren bzw. äußeren Normalen von innen und außen stetig ergänzt werden. Wir bezeichnen diese Grenzwerte in verständlicher Schreibweise mit

$$(1)\qquad \mathfrak{E}_i\{\mathfrak{j},\mathfrak{j}'\},\quad \mathfrak{H}_i\{\mathfrak{j},\mathfrak{j}'\},\quad \mathfrak{E}_a\{\mathfrak{j},\mathfrak{j}'\},\quad \mathfrak{H}_a\{\mathfrak{j},\mathfrak{j}'\}.$$

Stellt $\mathfrak{n}$ die ins Äußere von G weisende Flächennormale dar, so ist auf Grund der Sprungrelationen von Satz 48

$$(2)\qquad \begin{aligned} \mathfrak{n} \times [\mathfrak{E}_i\{\mathfrak{j},\mathfrak{j}'\} - \mathfrak{E}_a\{\mathfrak{j},\mathfrak{j}'\}] &= \mathfrak{j}', \\ \mathfrak{n} \times [\mathfrak{H}_i\{\mathfrak{j},\mathfrak{j}'\} - \mathfrak{H}_a\{\mathfrak{j},\mathfrak{j}'\}] &= -\mathfrak{j}. \end{aligned}$$

Satz 36 liefert in dieser Schreibweise, wenn $\mathfrak{E}$ und $\mathfrak{H}$ in dem von F umschlossenen Gebiet den MAXWELLschen Gleichungen mit $\mathfrak{J} = \mathfrak{J}' = 0$ genügen

$$(3)\qquad \begin{aligned} \mathfrak{n} \times \mathfrak{E}_i\{-\mathfrak{n} \times \mathfrak{H}_i,\ \mathfrak{n} \times \mathfrak{E}_i\} &= \mathfrak{n} \times \mathfrak{E}_i, \\ \mathfrak{n} \times \mathfrak{H}_i\{-\mathfrak{n} \times \mathfrak{H}_i,\ \mathfrak{n} \times \mathfrak{E}_i\} &= \mathfrak{n} \times \mathfrak{H}_i. \end{aligned}$$

Wir benötigen noch die nach Satz 43 für stetige $\mathfrak{f}(\mathfrak{y})$ gültigen Beziehungen

$$(4)\qquad \begin{aligned} \mathfrak{n}(\mathfrak{x}) \times \int\limits_{\substack{Fi\\ \rightarrow}} (\mathfrak{f} \times \nabla\Phi)\, dF_{\mathfrak{y}} &= -2\pi\mathfrak{f}(\mathfrak{x}) + \int\limits_{F} \mathfrak{n}(\mathfrak{x}) \times (\mathfrak{f}(\mathfrak{y}) \times \nabla\Phi)\, dF_{\mathfrak{y}}, \\ \mathfrak{n}(\mathfrak{x}) \times \int\limits_{\substack{Fa\\ \rightarrow}} (\mathfrak{f} \times \nabla\Phi)\, dF_{\mathfrak{y}} &= 2\pi\mathfrak{f}(\mathfrak{x}) + \int\limits_{F} \mathfrak{n}(\mathfrak{x}) \times (\mathfrak{f}(\mathfrak{y}) \times \nabla\Phi)\, dF_{\mathfrak{y}} \end{aligned}$$

---

[1] Vgl. CL. MÜLLER, Math. Zeitschr. **56**, 261 (1952) und H. WEYL, Math. Zeitschr. **56**, 105 (1952).

und betrachten die homogenen Integralgleichungen

$$\mathfrak{k}(\mathfrak{x}) = -\frac{1}{2\pi}\int_F \mathfrak{n}(\mathfrak{x}) \times (\mathfrak{k}(\mathfrak{y}) \times \nabla\Phi)\, dF_{\mathfrak{y}} \tag{5}$$

und

$$\mathfrak{h}(\mathfrak{x}) = \frac{1}{2\pi}\int_F \mathfrak{n}(\mathfrak{x}) \times (\mathfrak{h}(\mathfrak{y}) \times \nabla\Phi)\, dF_{\mathfrak{y}}, \tag{6}$$

die wir symbolisch in der Form

$$(E+M)\,\mathfrak{k} = 0, \quad (E-M)\,\mathfrak{h} = 0 \tag{7}$$

schreiben. Zur Diskussion der adjungierten Gleichungen

$$(E+M')\,\mathfrak{t} = 0, \quad (E-M')\,\mathfrak{s} = 0 \tag{8}$$

denken wir uns ein geeignetes System von Flächenkoordinaten (x), (y) eingeführt und setzen

$$\begin{aligned} \mathfrak{k}(\mathfrak{x}) &= \mathfrak{k}(x) = k^r(x)\,\mathfrak{x}_{|r}(x) = k_r(x)\,\mathfrak{x}^r(x), \\ \mathfrak{t}(\mathfrak{x}) &= \mathfrak{t}(x) = t^r(x)\,\mathfrak{x}_{|r}(x) = t_r(x)\,\mathfrak{x}^r(x), \end{aligned} \tag{9}$$

wo

$$\mathfrak{x}^r = g^{rj}\,\mathfrak{x}_{|j}; \quad \mathfrak{x}^r\,\mathfrak{x}_{|k} = \delta^r_k \tag{10}$$

ist. In dieser Schreibweise lautet Gl. (5)

$$k^r(x) = -\frac{1}{2\pi}\int_F \mathfrak{x}^r(x)\,[\mathfrak{n}(x) \times (\mathfrak{x}_{|j}(y) \times \nabla_{\mathfrak{y}}\Phi)]\,k^j(y)\, dF_y, \tag{11}$$

so daß wir für das adjungierte System

$$t_j(x) = -\frac{1}{2\pi}\int_F \mathfrak{x}^r(y)\,[\mathfrak{n}(y) \times (\mathfrak{x}_{|j}(x) \times \nabla_{\mathfrak{x}}\bar{\Phi})]\,t_r(y)\, dF_y \tag{12}$$

erhalten. Da

$$\nabla_{\mathfrak{x}}\bar{\Phi} = -\nabla_{\mathfrak{y}}\bar{\Phi} \tag{13}$$

ist, können wir für Gl. (12) auch

$$\mathfrak{t}(\mathfrak{x}) = -\frac{1}{2\pi}\int_F \nabla_{\mathfrak{y}}\bar{\Phi} \times (\mathfrak{n}(\mathfrak{y}) \times \mathfrak{t}(\mathfrak{y}))\, dF_{\mathfrak{y}} \tag{14}$$

schreiben. Entsprechend finden wir

$$\mathfrak{s}(\mathfrak{x}) = \frac{1}{2\pi}\int_F \nabla_{\mathfrak{y}}\bar{\Phi} \times (\mathfrak{n}(\mathfrak{y}) \times \mathfrak{s}(\mathfrak{y}))\, dF_{\mathfrak{y}}. \tag{15}$$

Setzen wir F als analytisch voraus, so sind die Lösungen der Integralgleichungen (5), (6), (14) und (15) nach Satz 67 differenzierbar und ihre Ableitungen genügen HÖLDER-Bedingungen. Die Lösungsgesamtheiten der vier Gleichungen (7) und (8) bezeichnen wir mit $\mathfrak{K}$, $\mathfrak{H}$, $\mathfrak{T}$ und $\mathfrak{S}$ und erhalten durch vektorielle Multiplikation der Gl. (5), (6) und (14), (15) mit $\mathfrak{n}(\mathfrak{x})$

Lemma 110. *Für* $\mathfrak{k}\in\mathfrak{K}$, $\mathfrak{h}\in\mathfrak{H}$, $\mathfrak{t}\in\mathfrak{T}$ *und* $\mathfrak{s}\in\mathfrak{S}$ *gilt*

$$\mathfrak{n}\times\bar{\mathfrak{t}}\in\mathfrak{H};\quad \mathfrak{n}\times\bar{\mathfrak{s}}\in\mathfrak{K};\quad \mathfrak{n}\times\bar{\mathfrak{h}}\in\mathfrak{T};\quad \mathfrak{n}\times\bar{\mathfrak{k}}\in\mathfrak{S},$$

wobei die so vermittelten Abbildungen umkehrbar eindeutig sind.

Da $\mathfrak{T}$ und $\mathfrak{K}$ nach Satz 55 gleiche Dimension haben, folgt somit, daß auch $\mathfrak{K}$, $\mathfrak{S}$ und $\mathfrak{H}$ die gleiche Dimension besitzen.

Wir diskutieren zunächst die Differenzierbarkeitseigenschaften unserer Lösungsfelder und untersuchen dazu das Vektorfeld $\mathfrak{k}\in\mathfrak{K}$. Nach Gl. (11) erhalten wir für die Komponenten $k^r(x)$ die Darstellung

$$k^r(x) = -\frac{1}{2\pi}\int\limits_F Q^r{}_{\cdot j}(x,y)\,k^j(y)\,dF_{\mathfrak{y}}, \tag{16}$$

wenn wir

$$Q^r{}_{\cdot j}(x,y) = \mathfrak{x}^r(x)\,[\mathfrak{n}(x)\times(\mathfrak{x}_{|j}(y)\times\nabla_{\mathfrak{y}}\Phi)] \tag{17}$$

setzen. Analog zu Gl. (23, 69) wird

$$Q^r{}_{\cdot j}(x,y) = \frac{1}{2|x-y|^3}[(\delta^r_j L_i{}^{\varkappa} - L^r_j g_i{}^{\varkappa})(y^i - x^i)(y^{\varkappa} - x^{\varkappa}) + \cdots]. \tag{18}$$

Die Funktionen $Q^r{}_{\cdot j}(x,y)$ besitzen daher alle Eigenschaften, die wir in Gl. (23, 78) ff. von der Funktion $\Psi(x,y)$ vorausgesetzt haben.

Wir gehen nun davon aus, daß $k^r(x)$ stetig ist. Dann stellt die rechte Seite von Gl. (16) nach Lemma 107 ein Vektorfeld dar, das einer HÖLDER-Bedingung genügt. Damit erfüllt $k^r(x)$ als Lösung von Gl. (16) die Voraussetzungen von Lemma 108. Die rechte Seite von Gl. (16) ist damit nach Lemma 108 differenzierbar, so daß auch $k^r(x)$ differenzierbar ist. Aus Lemma 109 folgt dann, daß $k^r(x)$ erste Ableitungen besitzt, die HÖLDER-Bedingungen genügen. Alle Elemente von $\mathfrak{K}$ besitzen daher diese Eigenschaft. Die gleiche Schlußweise können wir auch auf die Elemente von $\mathfrak{H}$ anwenden, da sich die Integralgleichungen Gl. (5) und (6) nur durch das Vorzeichen der rechten Seiten unterscheiden. Nach Lemma 110 sind daher alle Elemente aus $\mathfrak{K}$, $\mathfrak{H}$, $\mathfrak{T}$ und $\mathfrak{S}$ differenzierbar, und ihre Flächendivergenzen genügen HÖLDER-Bedingungen. Für je zwei Flächenfelder $\mathfrak{j}$ und $\mathfrak{j}'$ aus der hier diskutierten Gesamtheit existieren daher nach Satz 48 die Grenzwerte Gl. (1).

Wir wollen die Lösungen unserer Integralgleichungen nun zu speziellen Feldern in Beziehung setzen und bemerken zunächst, daß mit den zu Beginn eingeführten Abkürzungen nach Gl. (4) die Gl. (5) und (6)

$$\mathfrak{n}\times\mathfrak{E}_a\{0,\mathfrak{k}\} = 0,\quad \mathfrak{n}\times\mathfrak{H}_i\{\mathfrak{h},0\} = 0 \tag{19}$$

bedeuten. Diese Gleichungen sind äquivalent mit

$$(20) \qquad \mathfrak{n} \times \mathfrak{E}_i\{0, \mathfrak{k}\} = \mathfrak{k}, \quad \mathfrak{n} \times \mathfrak{H}_a\{\mathfrak{h}, 0\} = \mathfrak{h}.$$

Aus dem Eindeutigkeitssatz folgt dann in Verbindung mit den Sprungrelationen Gl. (2)

$$(21) \qquad \mathfrak{n} \times \mathfrak{H}_a\{0, \mathfrak{k}\} = \mathfrak{n} \times \mathfrak{H}_i\{0, \mathfrak{k}\} = 0.$$

Ist andererseits $\mathfrak{E}^0$, $\mathfrak{H}^0$ ein Feld, das in G den MAXWELLschen Gleichungen genügt und auf F die Randbedingung $\mathfrak{n} \times \mathfrak{H}_i^0 = 0$ erfüllt, so folgt aus Gl. (3)

$$(22) \qquad \mathfrak{n} \times \mathfrak{E}_i^0\{0, \mathfrak{n} \times \mathfrak{E}_i^0\} = \mathfrak{n} \times \mathfrak{E}_i^0,$$

so daß $\mathfrak{n} \times \mathfrak{E}_i^0$ zu $\mathfrak{K}$ gehört. Nun ist aber nach Gl. (19) $\mathfrak{n} \times \mathfrak{H}_i\{\mathfrak{h}, 0\} = 0$ und wir erhalten

Lemma 111. *Durch*

$$\mathfrak{n} \times \mathfrak{E}_i\{\mathfrak{h}, 0\} = \mathfrak{n} \times \mathfrak{E}_a\{\mathfrak{h}, 0\} = \mathfrak{n} \times \mathfrak{E}\{\mathfrak{h}, 0\}$$

wird $\mathfrak{H}$ *umkehrbar eindeutig auf* $\mathfrak{K}$ *abgebildet.*

Es ist nämlich wegen Gl. (22) für alle $\mathfrak{h}$ aus $\mathfrak{H}$

$$(23) \qquad \mathfrak{n} \times \mathfrak{E}_i\{\mathfrak{h}, 0\} \in \mathfrak{K}.$$

Wäre nun die Dimension der Gesamtheit aller $\mathfrak{n} \times \mathfrak{E}_i\{\mathfrak{h}, 0\}$ kleiner als die Dimension von $\mathfrak{K}$, die gleich der Dimension von $\mathfrak{H}$ ist, so gäbe es ein $\mathfrak{h}^*$ aus $\mathfrak{H}$ mit

$$(24) \qquad \mathfrak{n} \times \mathfrak{E}_i\{\mathfrak{h}^*, 0\} = 0.$$

Wegen

$$(25) \qquad \mathfrak{n} \times \mathfrak{E}_i\{\mathfrak{h}, 0\} = \mathfrak{n} \times \mathfrak{E}_a\{\mathfrak{h}^*, 0\} = 0$$

folgt aber über den Eindeutigkeitssatz und nach Gl. (20)

$$(26) \qquad 0 = \mathfrak{n} \times \mathfrak{H}_a\{\mathfrak{h}^*, 0\} = \mathfrak{h}^*,$$

so daß das durch $\mathfrak{n} \times \mathfrak{E}_i\{\mathfrak{h}, 0\}$ vermittelte Bild von $\mathfrak{H}$ in $\mathfrak{K}$ liegt und die gleiche Dimension wie $\mathfrak{K}$ hat. Dies ist aber die Aussage von Lemma 111.

Mit Gl. (3) und (20) können wir jedem $\mathfrak{k}$ aus $\mathfrak{K}$ umkehrbar eindeutig ein Feld $\mathfrak{E}$, $\mathfrak{H}$ zuordnen, das in G den MAXWELLschen Gleichungen und der Randbedingung $\mathfrak{n} \times \mathfrak{H}_i = 0$ genügt, wenn wir $\mathfrak{k} = \mathfrak{n} \times \mathfrak{E}_i$ setzen. Mit $\mathfrak{E}$, $\mathfrak{H}$ besitzt aber auch $\overline{\mathfrak{E}}$, $-\overline{\mathfrak{H}}$ diese Eigenschaften und wir finden

Lemma 112. *Mit* $\mathfrak{k}$ *gehört auch* $\overline{\mathfrak{k}}$ *zu* $\mathfrak{K}$, *so daß jedem* $\mathfrak{k}$ *eindeutig ein* $\mathfrak{h}$ *mit*

$$\overline{\mathfrak{k}} = \mathfrak{n} \times \mathfrak{E}_i\{\mathfrak{h}, 0\}$$

zugeordnet ist.

Wir beweisen nun noch

Lemma 113. *Für alle* $\mathfrak{h}$ *aus* $\mathfrak{H}$ *ist*

$$\operatorname{Re}\int_F \bar{\mathfrak{h}}\,\mathfrak{E}\{\mathfrak{h},0\}\,dF \leqq 0,$$

wobei das Gleichheitszeichen nur für $\mathfrak{h}=0$ *gilt.*

Zum Beweise betrachten wir das Feld $\mathfrak{E}\{\mathfrak{h},0\}$, $\mathfrak{H}\{\mathfrak{h},0\}$, das den Ausstrahlungsbedingungen genügt, und wählen um einen beliebigen festen Mittelpunkt eine Schar von Kugeln mit den Radien R. Ist R so groß, daß das von uns betrachtete Gebiet G ganz in $|\mathfrak{x}|\leqq R$ liegt, so wird unter Beachtung der Unstetigkeiten des Feldes $\mathfrak{E}\{\mathfrak{h},0\}$, $\mathfrak{H}\{\mathfrak{h},0\}$

$$\begin{aligned}\int_{|\mathfrak{x}|\leqq R} \nabla(\mathfrak{E}\times\bar{\mathfrak{H}})\,dV &= \int_{|\mathfrak{x}|\leqq R} i\omega\left[\mu\mathfrak{H}\bar{\mathfrak{H}}-\varepsilon\mathfrak{E}\bar{\mathfrak{E}}\right]dV \\ &= \int_{|\mathfrak{x}|=R} \mathfrak{n}\,(\mathfrak{E}\times\bar{\mathfrak{H}})\,dF+\int_F \bar{\mathfrak{h}}\,\mathfrak{E}\,dF.\end{aligned} \tag{27}$$

Auf Grund der Ausstrahlungsbedingungen wird daher

$$\begin{aligned}-\operatorname{Re}\int_F \bar{\mathfrak{h}}\,\mathfrak{E}\,dF &= \lim_{R\to\infty}\int_{|\mathfrak{x}|=R} \mathfrak{n}\,(\mathfrak{E}\times\bar{\mathfrak{H}})\,dF \\ &= \frac{k}{\omega\mu}\lim_{R\to\infty}\int_{|\mathfrak{x}|=R} \mathfrak{E}\bar{\mathfrak{E}}\,dF \geqq 0.\end{aligned} \tag{28}$$

Aus dem Gleichheitszeichen folgt hier nach der Argumentation des Satzes 61

$$\mathfrak{n}\times\mathfrak{E}_a\{\mathfrak{h},0\}=\mathfrak{n}\times\mathfrak{H}_a\{\mathfrak{h},0\}=0 \tag{29}$$

und somit wegen Gl. (20) $\mathfrak{h}=0$.

Es sei $\mathfrak{h}_\tau$ eine Basis von $\mathfrak{H}$. Dann ist nach Lemma 112

$$\mathfrak{k}_\tau=\mathfrak{n}\times\mathfrak{E}\{\mathfrak{h}_\tau,0\} \tag{30}$$

eine Basis von $\mathfrak{K}$. Mit der Basis

$$\mathfrak{t}_\tau=\mathfrak{n}\times\bar{\mathfrak{h}}_\tau \tag{31}$$

von $\mathfrak{T}$ bilden wir die Matrix

$$C_{\tau\sigma}=\int_F (\bar{\mathfrak{t}}_\tau\,\mathfrak{k}_\sigma)\,dF=\int_F \mathfrak{h}_\tau\,\mathfrak{E}\{\mathfrak{h}_\sigma,0\}\,dF. \tag{32}$$

Setzen wir zur Abkürzung

$$\mathfrak{E}_\tau=\mathfrak{E}\{\mathfrak{h}_\tau,0\};\quad \mathfrak{H}_\tau=\mathfrak{H}\{\mathfrak{h}_\tau,0\}, \tag{33}$$

so wird mit den Bezeichnungen von Gl. (27) wegen Gl. (20)

$$(34)\quad \begin{aligned} 0 &= \int\limits_{|\mathfrak{x}|\leqq R} [\nabla(\mathfrak{E}_\tau \times \mathfrak{H}_\sigma) - \nabla(\mathfrak{E}_\sigma \times \mathfrak{H}_\tau)]\, dV \\ &= \int\limits_{|\mathfrak{x}|=R} [\mathfrak{n}(\mathfrak{E}_\tau \times \mathfrak{H}_\sigma) - \mathfrak{n}(\mathfrak{E}_\sigma \times \mathfrak{H}_\tau)]\, dF + \int\limits_F (\mathfrak{h}_\tau \mathfrak{E}_\sigma - \mathfrak{h}_\sigma \mathfrak{E}_\tau)\, dF. \end{aligned}$$

Auf Grund der Ausstrahlungsbedingungen ist für $R \to \infty$

$$(35)\quad \begin{aligned} \int\limits_{|\mathfrak{x}|=R} \mathfrak{n}(\mathfrak{E}_\tau \times \mathfrak{H}_\sigma)\, dF &= \frac{k}{\omega\mu} \int\limits_{|\mathfrak{x}|=R} \mathfrak{E}_\tau \mathfrak{E}_\sigma\, dF + o(1) \\ &= \int\limits_{|\mathfrak{x}|=R} \mathfrak{n}(\mathfrak{E}_\sigma \times \mathfrak{H}_\tau)\, dF + o(1), \end{aligned}$$

so daß wir aus Gl. (32) die Symmetrie der Matrix $C_{\tau\sigma}$ erhalten. Wir beweisen nun

Lemma 114. *Die Matrix $C_{\tau\sigma}$ ist nicht entartet.*

Wäre nämlich $\det|C_{\tau\sigma}| = 0$, so gäbe es ein nicht triviales $\mathfrak{k}^* \in \mathfrak{K}$ so, daß für alle $\mathfrak{t} \in \mathfrak{T}$

$$(36)\quad 0 = \int\limits_F (\bar{\mathfrak{t}}\, \mathfrak{k}^*)\, dF = \int\limits_F (\mathfrak{t}\, \bar{\mathfrak{k}}^*)\, dF$$

ist. Auf Grund von Lemma 112 gibt es ein eindeutig bestimmtes $\mathfrak{h}^* \in \mathfrak{H}$ mit

$$(37)\quad \bar{\mathfrak{k}}^* = \mathfrak{n} \times \mathfrak{E}\{\mathfrak{h}^*, 0\}.$$

Da nach Lemma 110 $\mathfrak{n} \times \bar{\mathfrak{h}}^*$ zu $\mathfrak{T}$ gehört, wäre somit

$$(38)\quad \int\limits_F (\mathfrak{n} \times \bar{\mathfrak{h}}^*)\, \bar{\mathfrak{k}}^*\, dF = \int\limits_F \bar{\mathfrak{h}}^*\, \mathfrak{E}\{\mathfrak{h}^*, 0\}\, dF = 0.$$

Daraus folgt aber nach Lemma 114 über Gl. (37) entgegen unserer Annahme $\mathfrak{h}^* = \mathfrak{k}^* = 0$. Daher ist $\det|C_{\tau\sigma}| \neq 0$.

Es gibt also zu jedem $\mathfrak{t}^* \in \mathfrak{T}$ ein $\mathfrak{k} \in \mathfrak{K}$ so, daß für alle $\mathfrak{t} \in \mathfrak{T}$

$$(39)\quad \int\limits_F (\mathfrak{t}^* - \mathfrak{k}^*)\, \bar{\mathfrak{t}}\, dF = 0$$

ist.

Bei der Behandlung der Randwertprobleme wollen wir annehmen, daß die vorgegebenen Werte differenzierbar sind und ihre Ableitungen HÖLDER-Bedingungen genügen.

Wir wenden uns zunächst dem Innenraumproblem zu und setzen voraus, es gäbe ein Feld $\mathfrak{E}$, $\mathfrak{H}$, das in G den MAXWELLschen Gleichungen genügt, und auf F $\mathfrak{n} \times \mathfrak{E}_i = \mathfrak{g}$ erfüllt. Mit $\mathfrak{E}^0$, $\mathfrak{H}^0$ bezeichnen wir eine in G stetig differenzierbare Lösung unserer Gleichungen mit $\mathfrak{n} \times \mathfrak{E}_i^0 = 0$.

Dann ist

$$(40)\qquad \nabla\times\nabla\times\mathfrak{E}=k^2\mathfrak{E};\qquad \nabla\times\nabla\times\mathfrak{E}^0=k^2\mathfrak{E}^0,$$

und wir erhalten

$$(41)\qquad \begin{aligned} 0&=\int\limits_G[\mathfrak{E}\nabla\times\nabla\times\mathfrak{E}^0-\mathfrak{E}^0\nabla\times\nabla\times\mathfrak{E}]\,dV\\ &=\int\limits_F\mathfrak{n}[\mathfrak{E}^0\times(\nabla\times\mathfrak{E})-\mathfrak{E}\times(\nabla\times\mathfrak{E}^0)]\,dF,\end{aligned}$$

so daß wegen $\mathfrak{n}\times\mathfrak{E}_i^0=0$

$$(42)\qquad 0=\int\limits_F(\mathfrak{n}\times\mathfrak{E})\nabla\times\mathfrak{E}^0\,dF=i\,\omega\,\mu\int\limits_F(\mathfrak{n}\times\mathfrak{E})\,\mathfrak{H}^0\,dF$$

ist. Wegen Gl. (3) ist aber

$$(43)\qquad \mathfrak{n}\times\mathfrak{E}_i\{-\mathfrak{n}\times\mathfrak{H}_i^0,0\}=0;\qquad \mathfrak{n}\times\mathfrak{H}_i\{-\mathfrak{n}\times\mathfrak{H}_i^0,0\}=\mathfrak{n}\times\mathfrak{H}_i^0,$$

so daß aus Gl. (2)

$$(44)\qquad \mathfrak{n}\times\mathfrak{H}_a\{-\mathfrak{n}\times\mathfrak{H}_i^0,0\}=0$$

folgt. Aus den Darstellungen der Flächenfelder ergibt sich damit, daß $\mathfrak{n}\times\mathfrak{H}_i^0$ zu $\mathfrak{K}$ gehört, während aus Gl. (3) die Existenz eines Feldes $\mathfrak{E}^0$, $\mathfrak{H}^0$ mit $\mathfrak{n}\times\mathfrak{H}_i^0=\mathfrak{k}$, $\mathfrak{n}\times\mathfrak{E}_i^0=0$ für jedes $\mathfrak{k}$ aus $\mathfrak{K}$ folgt. Es wird daher wegen Gl. (42)

$$(45)\qquad \int\limits_F\mathfrak{E}(\mathfrak{n}\times\mathfrak{H}_i^0)\,dF=\int\limits_F\mathfrak{E}\,\mathfrak{k}\,dF=0.$$

Da diese Beziehung für alle $\mathfrak{k}$ gilt, folgt aus Lemma 110 wegen $\mathfrak{n}\times\mathfrak{E}_i=\mathfrak{g}$ für alle $\mathfrak{s}\in\mathfrak{S}$

$$(46)\qquad \int\limits_F\mathfrak{g}\,\bar{\mathfrak{s}}\,dF=0,$$

so daß diese Bedingung notwendig für die Existenz einer Lösung des zugehörigen Innenraumproblems ist.

Zum Beweis der Existenz der Lösung dieses Problems setzen wir

$$(47)\qquad \mathfrak{E}=\mathfrak{E}\{0,\mathfrak{f}\};\qquad \mathfrak{H}=\mathfrak{H}\{0,\mathfrak{f}\}$$

und erhalten nach Gl. (4) mit den Bezeichnungen Gl. (7) zur Bestimmung von $\mathfrak{f}$ die Integralgleichung

$$(48)\qquad \tfrac{1}{2}(E-M)\,\mathfrak{f}=\mathfrak{g}.$$

Hinreichend für die Existenz einer stetigen Lösung dieser Integralgleichung ist, daß für alle $\mathfrak{s}$ mit

$$(49)\qquad 0=(E-M')\,\mathfrak{s}$$

die Bedingung

$$\int_F \bar{\mathfrak{z}}\, \mathfrak{g}\, dF = 0 \tag{50}$$

erfüllt wird. Da wir von dem Feld $\mathfrak{g}$ verlangten, daß es differenzierbar ist, und seine Ableitungen HÖLDER-Bedingungen genügen, besitzt auch $\mathfrak{f}$ diese Eigenschaften, denn aus der Stetigkeit von $\mathfrak{f}$ folgt wegen

$$\mathfrak{f} = M\mathfrak{f} + 2\mathfrak{g} \tag{51}$$

daß $\mathfrak{f}$ einer HÖLDER-Bedingung genügt, dann die Differenzierbarkeit, und schließlich die HÖLDER-Bedingung für die Ableitungen. Das Feld (47) besitzt daher stetige Randwerte und stellt die Lösung unseres Randwertproblems dar. Wir finden damit:

Satz 70. *Notwendig und hinreichend für die Existenz einer Lösung des Innenraumproblems mit* $\mathfrak{n} \times \mathfrak{E} = \mathfrak{g}$ *ist, daß für alle* $\mathfrak{z}$ *aus* $\mathfrak{S}$

$$\int_F \mathfrak{g}\, \bar{\mathfrak{z}}\, dF = 0$$

gilt.

Zur Lösung des Außenraumproblems stellen wir die vorgegebenen Randwerte $\mathfrak{g}$ in der Form

$$\mathfrak{g} = \mathfrak{g}^* + \mathfrak{t}^* \tag{52}$$

dar, wo $\mathfrak{t}^* \in \mathfrak{T}$ durch die Bedingungen

$$\int_F \mathfrak{g}\, \bar{\mathfrak{t}}\, dF = \int_F \mathfrak{t}^* \bar{\mathfrak{t}}\, dF \quad \text{für alle} \quad \mathfrak{t} \in \mathfrak{T} \tag{53}$$

eindeutig bestimmt ist. Zu diesem $\mathfrak{t}^*$ gibt es nach Gl. (39) ein $\mathfrak{k}^* \in \mathfrak{K}$ so, daß für alle $\mathfrak{t} \in \mathfrak{T}$

$$\int_F (\mathfrak{t}^* - \mathfrak{k}^*)\, \bar{\mathfrak{t}}\, dF = 0 \tag{54}$$

ist. Wir setzen nun

$$\mathfrak{g} = \mathfrak{g}^* + \mathfrak{t}^* - \mathfrak{k}^* + \mathfrak{k}^* = \mathfrak{g}_0 + \mathfrak{k}^*, \tag{55}$$

wobei aus Gl. (53) und (54)

$$\int_F \mathfrak{g}_0 \bar{\mathfrak{t}}\, dF = 0 \quad \text{für alle} \quad \mathfrak{t} \in \mathfrak{T} \tag{56}$$

folgt.

Das Randwertproblem lösen wir durch den Ansatz

$$\mathfrak{E} = \mathfrak{E}\{\mathfrak{h}, \mathfrak{f}\}; \quad \mathfrak{H} = \mathfrak{H}\{\mathfrak{h}, \mathfrak{f}\} \tag{57}$$

und bestimmen $\mathfrak{h}$ nach Lemma 111 so, daß

$$\mathfrak{n} \times \mathfrak{E}\{\mathfrak{h}, 0\} = \mathfrak{k}^* \tag{58}$$

ist. Die Bestimmung von $\mathfrak{f}$ führt über

$$\mathfrak{n} \times \mathfrak{E}_a\{0, \mathfrak{f}\} = \mathfrak{g}_0 \tag{59}$$

nach Gl. (4) zu der Integralgleichung

$$-\tfrac{1}{2}(E + M)\,\mathfrak{f} = \mathfrak{g}_0, \tag{60}$$

die wegen Gl. (56) eine durch die Zusatzbedingung

$$\int_F \mathfrak{f}\bar{\mathfrak{k}}\,dF = 0, \quad \mathfrak{k} \in \dot{\mathfrak{K}} \tag{61}$$

eindeutig bestimmte Lösung besitzt. Da diese Lösung auch differenzierbar ist und ihre Ableitungen Hölder-Bedingungen genügen, erhalten wir

Satz 71. *Das Außenraumproblem besitzt für alle* $\mathfrak{g}$ *eine eindeutig bestimmte Lösung.*

Die bisherigen Untersuchungen wurden unter der Voraussetzung geführt, daß ω, ε und μ positiv reell sind. Gilt diese Voraussetzung nicht, so treten keine Eigenschwingungen des Innenraumes auf.

Nach Gl. (19) ist für alle $\mathfrak{h}$ aus $\mathfrak{H}$

$$\mathfrak{n} \times \mathfrak{H}_i\{\mathfrak{h}, 0\} = 0. \tag{62}$$

Da keine Eigenschwingungen existieren, folgt damit auch

$$\mathfrak{n} \times \mathfrak{E}_i\{\mathfrak{h}, 0\} = 0. \tag{63}$$

Nun gilt aber

$$\mathfrak{n} \times \mathfrak{E}_i\{\mathfrak{h}, 0\} = \mathfrak{n} \times \mathfrak{E}_a\{\mathfrak{h}, 0\}, \tag{64}$$

so daß aus dem Eindeutigkeitssatz auch

$$\mathfrak{n} \times \mathfrak{H}_a\{\mathfrak{h}, 0\} = 0 \tag{65}$$

folgt. Nach Gl. (20) ist auf Grund der Sprungrelationen

$$\mathfrak{n} \times \mathfrak{H}_a\{\mathfrak{h}, 0\} = \mathfrak{h}, \tag{66}$$

und es folgt aus Gl. (65) $\mathfrak{h} = 0$. Sind ω, ε und μ nicht sämtlich positiv reell, so ist die Menge $\mathfrak{H}$ leer. Damit ist aber auch $\mathfrak{K}$ leer, denn nach Lemma 111 sind $\mathfrak{H}$ und $\mathfrak{K}$ umkehrbar eindeutig aufeinander abbildbar. Nach Lemma 110 sind damit auch $\mathfrak{S}$ und $\mathfrak{T}$ leer.

Zur Lösung der Randwertprobleme setzen wir nun

$$\mathfrak{E} = \mathfrak{E}\{0, \mathfrak{f}\} \tag{67}$$

und erhalten für das Innenraumproblem nach Gl. (4) mit den Bezeichnungen von Gl. (7)

$$\tfrac{1}{2}(E - M)\,\mathfrak{f} = \mathfrak{g} \tag{68}$$

während sich für das Außenraumproblem entsprechend

$$-\tfrac{1}{2}(E + M)\,\mathfrak{f} = \mathfrak{g} \tag{69}$$

ergibt. Beide Integralgleichungen besitzen eindeutig bestimmte Lösungen, da

$$(E - M)\,\mathfrak{f}_0 = 0 \tag{70}$$

oder

$$(E + M)\,\mathfrak{f}_0 = 0 \tag{71}$$

nur von $\mathfrak{f}_0 = 0$ erfüllt wird.

Es gilt daher

Satz 72. *Sind ω, ε und μ nicht sämtlich reell, so sind beide Randwertprobleme eindeutig lösbar.*

Es sei abschließend noch darauf hingewiesen, daß die Voraussetzungen für $\mathfrak{g}$ garantieren, daß auch die Randwerte der magnetischen Feldstärke bei Annäherung an F existieren. Die Annahme der Randwerte von $\mathfrak{E}$ ist bereits gewährleistet, wenn wir von $\mathfrak{g}$ nur Stetigkeit verlangen.

VIII. Die Strahlungscharakteristiken

Nachdem wir die Randwertprobleme untersucht haben, wollen wir uns nun einem Fragenkreis zuwenden, den man in etwa als das Randwertproblem im Unendlichen bezeichnen kann. Wir wollen nämlich untersuchen, ob wir Lösungen der MAXWELLschen Gleichungen finden können, die ein vorgegebenes asymptotisches Verhalten besitzen. Wir hatten diese Frage schon in § 8 für den Fall $\varepsilon = \mu = 1$ diskutiert und wollen uns auch hier auf diese Werte von ε und μ beschränken. Die Frequenz ω setzen wir als positiv reell voraus.

Wir betrachten dann Felder $\mathfrak{E}$, $\mathfrak{H}$, die für $|\mathfrak{x}| \geqq R$ Lösungen der Gleichungen

$$\nabla \times \mathfrak{H} + i\,\omega\,\mathfrak{E} = 0; \qquad \nabla \times \mathfrak{E} - i\,\omega\,\mathfrak{H} = 0; \qquad \omega \text{ reell}$$

darstellen und den Ausstrahlungsbedingungen

$$\mathfrak{n} \times \mathfrak{H} + \mathfrak{E} = o\left(\frac{1}{r}\right); \qquad \mathfrak{n} \times \mathfrak{E} - \mathfrak{H} = o\left(\frac{1}{r}\right)$$

$$\mathfrak{E} = O\left(\frac{1}{r}\right) \qquad \mathfrak{H} = O\left(\frac{1}{r}\right)$$

genügen. Ist $D > R$, so können wir $\mathfrak{E}$ nach Satz 35 in der Form

$$\mathfrak{E}(\mathfrak{x}) = \frac{1}{4\pi} \int\limits_{|\mathfrak{x}| = R} [\mathfrak{j}\,\Phi - \mathfrak{j}' \times \nabla \Phi + \varrho \nabla \Phi]\, dF_{\mathfrak{y}}$$

darstellen. Da

$$\Phi(\mathfrak{x}, \mathfrak{y}) = \frac{e^{i\omega|\mathfrak{x} - \mathfrak{y}|}}{|\mathfrak{x} - \mathfrak{y}|}$$

und

$$\nabla \Phi(\mathfrak{x}, \mathfrak{y}) = \nabla_{\mathfrak{y}} \Phi(\mathfrak{x}, \mathfrak{y})$$

für $\mathfrak{x} = r\mathfrak{x}_0$; $\mathfrak{x}_0^2 = 1$ der SOMMERFELDschen Ausstrahlungsbedingung gleichmäßig bezüglich aller $\mathfrak{y}$ auf $|\mathfrak{y}| = D$ und aller $\mathfrak{x}_0$ genügen, gilt auch

$$\frac{\partial}{\partial r} \mathfrak{E}(r\mathfrak{x}_0) - i\omega\, \mathfrak{E}(r\mathfrak{x}_0) = o\left(\frac{1}{r}\right)$$

oder

$$\int\limits_{\Omega} \left|\frac{\partial}{\partial r} \mathfrak{E}(r\mathfrak{x}_0) - i\omega\, \mathfrak{E}(r\mathfrak{x}_0)\right|^2 d\omega = o\left(\frac{1}{r^2}\right)$$

Jede der kartesischen Komponenten von $\mathfrak{E}$ erfüllt daher die Voraussetzungen von Satz 28. Es gibt demnach ein nur von der Richtung $\mathfrak{x}_0$ abhängiges Vektorfeld $\mathfrak{F}(\mathfrak{x}_0)$ so, daß für $r \to \infty$ gleichmäßig bezüglich $\mathfrak{x}_0$

$$\mathfrak{E}(r\mathfrak{x}_0) = \frac{e^{i\omega r}}{r} \mathfrak{F}(\mathfrak{x}_0) + O\left(\frac{1}{r^2}\right)$$

ist. Das Feld $\mathfrak{F}(\mathfrak{x}_0)$ nennen wir Strahlungscharakteristik des Feldes $\mathfrak{E}$, $\mathfrak{H}$. Jedem Ausstrahlungsvorgang ist umkehrbar eindeutig eine Strahlungscharakteristik zugeordnet. Gäbe es nämlich zwei Felder mit der gleichen Strahlungscharakteristik, so würde ihre Differenz $\mathfrak{E}_0$ für $r \to \infty$ die Bedingung

$$\int\limits_{\Omega} |\mathfrak{E}_0(r\mathfrak{x}_0)|^2\, d\omega = o\left(\frac{1}{r^2}\right)$$

erfüllen, und es folgte nach Satz 15 $\mathfrak{E}_0 \equiv 0$.

Da aus den Strahlungsbedingungen

$$\mathfrak{n}\,\mathfrak{E} = o\left(\frac{1}{r}\right)$$

folgt, ist wegen $n = \mathfrak{x}_0$

$$\mathfrak{x}_0 \, \mathfrak{F}(\mathfrak{x}_0) = 0 .$$

Die Gesamtheit der Strahlungscharakteristiken können wir daher nach Satz 26 und Satz 29 durch die folgenden Bedingungen charakterisieren:

1. Es gibt ein ganzes harmonisches Vektorfeld $\mathfrak{F}(\mathfrak{x})$, so daß

$$\overline{\lim} \left(\lg \frac{1}{r} \int\limits_{\Omega} |\mathfrak{F}(r \, \mathfrak{x}_0)|^2 \, d\omega \right) < \infty$$

ist.

2. Es ist

$$\mathfrak{x}_0 \, \mathfrak{F}(\mathfrak{x}_0) = 0 .$$

Wir wollen nun allgemeine Ergebnisse über die Polarisation der elektromagnetischen Schwingungen im Unendlichen gewinnen. Wir beachten dazu, daß der Realteil des mit $e^{-i\omega t}$ multiplizierten Feldes $\mathfrak{E}$ den Vektor der elektrischen Feldstärke in seiner räumlichen und zeitlichen Abhängigkeit bestimmt. Setzen wir mit reellen Feldern $\mathfrak{E}_1$ und $\mathfrak{E}_2$

$$\mathfrak{E} = \mathfrak{E}_1 + i \, \mathfrak{E}_2 ,$$

so wird der Vektor der elektrischen Feldstärke durch

$$\mathfrak{E}_1 \cos \omega t + \mathfrak{E}_2 \sin \omega t$$

gegeben. Wir nennen das Feld nun in einem Punkte P elliptisch polarisiert, wenn der Vektor der elektrischen Feldstärke dort in seinem zeitlichen Ablauf eine Ellipse beschreibt. Entsprechend heißt das Feld in P zirkular polarisiert, wenn der Vektor einen Kreis, und linear polarisiert, wenn er eine Gerade beschreibt.

Aus

$$(\mathfrak{E}_1 \cos \omega t + \mathfrak{E}_2 \sin \omega t)^2 = \mathfrak{E}_1^2 \cos^2 \omega t + 2 \, \mathfrak{E}_1 \, \mathfrak{E}_2 \sin \omega t \cos \omega t + \mathfrak{E}_2^2 \sin \omega t^2$$

folgt sofort, daß das Feld zirkular polarisiert ist, wenn

$$\mathfrak{E}_1^2 = \mathfrak{E}_2^2 \quad \text{und} \quad \mathfrak{E}_1 \mathfrak{E}_2 = 0$$

ist. In der komplexen Schreibweise können wir diese Bedingungen zu

$$\mathfrak{E}^2 = \mathfrak{E}_1^2 - \mathfrak{E}_2^2 + 2i \, \mathfrak{E}_1 \mathfrak{E}_2 = 0$$

zusammenfassen. Im Falle der linearen Polarisation sind $\mathfrak{E}_1$ und $\mathfrak{E}_2$ linear abhängig. Es gilt also

$$\mathfrak{E}_1 \times \mathfrak{E}_2 = 0 .$$

Dies ist gleichbedeutend mit

$$\mathfrak{E} \times \overline{\mathfrak{E}} = (\mathfrak{E}_1 + i\,\mathfrak{E}_2) \times (\mathfrak{E}_1 - i\,\mathfrak{E}_2) = -2i(\mathfrak{E}_1 \times \mathfrak{E}_2) = 0.$$

Ist das Feld im Punkte P nicht zirkular polarisiert, so bezeichnen wir die Hauptachsen der von dem Vektor $\mathfrak{E}_1 \cos\omega t + \mathfrak{E}_2 \sin\omega t$ beschriebenen Ellipse als Hauptpolarisationsachsen. Diese Begriffsbildung läßt sich offensichtlich auch auf den Grenzfall der linear polarisierten Felder anwenden.

Wir wollen nun die Richtungen dieser Achsen aus dem komplexen Vektor $\mathfrak{E}$ ablesen. Dazu bemerken wir, daß sich die Hauptpolarisationsachsen nicht ändern, wenn wir $\mathfrak{E}$ mit einem komplexen Skalar multiplizieren. Liegt keine zirkulare Polarisation vor, so ist $\mathfrak{E}^2 \neq 0$, und wir können

$$\mathfrak{E}' = \frac{1}{\sqrt{\mathfrak{E}^2}}\,\mathfrak{E}$$

bilden.

Dieses Feld besitzt dieselben Hauptpolarisationsachsen wie $\mathfrak{E}$, und es gilt

$$(\mathfrak{E}')^2 = 1,$$

so daß aus der Zerlegung von $\mathfrak{E}'$ in Real- und Imaginärteil mit

$$\mathfrak{E}' = \mathfrak{E}_1' + i\,\mathfrak{E}_2'$$

nach obigem Ergebnis

$$\mathfrak{E}_1'\,\mathfrak{E}_2' = 0$$

folgt. Die Hauptpolarisationsachsen des durch den komplexen Vektor $\mathfrak{E}$ beschriebenen Feldes haben daher die Richtungen der Real- und Imaginärteile des normierten Vektors $\mathfrak{E}'$.

Die topologischen Betrachtungen, die wir für Flächenfelder auf geschlossenen Flächen in § 13 durchgeführt hatten, gestatten uns die Aufstellung allgemeiner Gesetze über die Polarisationsverhältnisse der Strahlungscharakteristiken, denen wir uns nun zuwenden wollen.

§ 25. Die Polarisation der Strahlungscharakteristik

Es sei $\mathfrak{F}(\mathfrak{x}_0)$ ein komplexwertiges Flächenfeld der Einheitskugel, das die Eigenschaften einer Strahlungscharakteristik besitzt. Ist in einem Punkte $\mathfrak{y}_0$

$$\mathfrak{F}^2(\mathfrak{y}_0) = 0, \tag{1}$$

so nennen wir $\mathfrak{y}_0$ eine C-Stelle der Charakteristik $\mathfrak{F}(\mathfrak{x}_0)$. Wir zeigen nun

Lemma 115. *Sind die Punkte $\mathfrak{x}_0$ einer Umgebung $\mathfrak{x}_0\,\mathfrak{y}_0 \geqq \tau$ des Punktes $\mathfrak{y}_0$ C-Stellen der Charakteristik $\mathfrak{F}(\mathfrak{x}_0)$, so sind alle Punkte der Einheitskugel C-Stellen dieser Charakteristik.*

Der Beweis benutzt die Tatsache, daß für eine Strahlungscharakteristik die skalare Funktion $\mathfrak{F}^2(\mathfrak{x}_0)$ analytisch ist. Es gibt nämlich zu $\mathfrak{F}(\mathfrak{x}_0)$ ein harmonisches Vektorfeld $\mathfrak{F}(\mathfrak{x})$ so, daß

$$\mathfrak{F}(\mathfrak{x})_{\mathfrak{x}=\mathfrak{x}_0} = \mathfrak{F}(\mathfrak{x}_0) \tag{2}$$

ist. Die kartesischen Komponenten von $\mathfrak{F}(\mathfrak{x})$ sind ganze harmonische Funktionen und können folglich in $|\mathfrak{x}| \leqq 2$ in gleichmäßig konvergente Reihen nach homogenen Polynomen in den kartesischen Koordinaten (x^1, x^2, x^3) entwickelt werden. Dann läßt sich aber auch die skalare Funktion $\mathfrak{F}^2(\mathfrak{x})$ in diesem Gebiet als gleichmäßig konvergente Potenzreihe nach den kartesischen Koordinaten darstellen. Wir können ohne Einschränkung der Allgemeinheit annehmen, daß $\mathfrak{y}_0$ die Koordinaten $(0, 0, 1)$ hat. Die Halbkugel $(\mathfrak{x}_0\, \mathfrak{y}_0) \geqq \frac{1}{2}$ läßt sich dann in der Form

$$x^3 - \sqrt{1 - (x^1)^2 - (x^2)^2} \tag{3}$$

darstellen. Die rechte Seite ist für $(x^1)^2 + (x^2) \leqq \frac{3}{4}$ analytisch, so daß

$$\mathfrak{F}^2(\mathfrak{x}_0) = \mathfrak{F}^2\left(x^1, x^2, \sqrt{1 - (x^1)^2 - (x^2)^2}\right) \tag{4}$$

für diese Werte x^1, x^2 analytisch ist. Verschwindet $\mathfrak{F}^2(\mathfrak{x}_0)$ daher für

$$(\mathfrak{x}_0\, \mathfrak{y}_0) = \sqrt{1 - (x^1)^2 - (x^2)^2} \geqq \tau \tag{5}$$

identisch, so gilt für alle $\mathfrak{x}_0$ mit $\mathfrak{x}_0\, \mathfrak{y}_0 \geqq \frac{1}{2} = \cos\frac{\pi}{3}$

$$\mathfrak{F}^2(\mathfrak{x}_0) = 0. \tag{6}$$

Da wir an Stelle von $\mathfrak{y}_0$ nun jeden Punkt $\mathfrak{x}_0$ aus $\mathfrak{x}_0\, \mathfrak{y}_0 > \frac{1}{2}$ wählen können, gilt Gl. (6) auch in $\mathfrak{x}_0\, \mathfrak{y}_0 \geqq \cos\frac{2\pi}{3}$. Durch nochmalige Anwendung dieser Argumentation folgt dann die Behauptung von Lemma 115.

Zerlegen wir Strahlungscharakteristiken, die nur C-Stellen besitzen, in Real- und Imaginärteile

$$\mathfrak{F}(\mathfrak{x}_0) = \mathfrak{F}_1(\mathfrak{x}_0) + i\,\mathfrak{F}_2(\mathfrak{x}_0), \tag{7}$$

so gilt in allen Punkten der Einheitskugel Ω

$$\mathfrak{F}_1 \cdot \mathfrak{F}_2 = 0. \tag{8}$$

Wir können daher $\mathfrak{F}_1$ und $\mathfrak{F}_2$ mit Hilfe eines reellen Flächenfeldes $\mathfrak{v}$ in der Form

$$\mathfrak{F}_1 = \mathfrak{v}; \qquad \mathfrak{F}_2 = \mathfrak{n} \times \mathfrak{v} \tag{9}$$

oder

$$\mathfrak{F}_1 = \mathfrak{v}; \qquad \mathfrak{F}_2 = -\mathfrak{n} \times \mathfrak{v} \tag{10}$$

darstellen. Nach Lemma 63 muß das Vektorfeld $\mathfrak{v}$ an mindestens einer Stelle verschwinden. Es ergibt sich daher

Lemma 116. *Besitzt die Strahlungscharakteristik $\mathfrak{F}(\mathfrak{x}_0)$ nur C-Stellen, so verschwindet sie an mindestens einer Stelle.*

Die C-Stellen der Einheitskugel Ω bestimmen die Richtungen, in denen das Schwingungsfeld im asymptotischen Sinne zirkular polarisiert ist. Zur Untersuchung der entsprechenden Fragestellung für die lineare Polarisation bilden wir den Begriff der L-Stelle. Wir verstehen darunter einen Punkt $\mathfrak{x}_0$ aus Ω in dem

$$\mathfrak{n}(\mathfrak{F} \times \overline{\mathfrak{F}}) = 0 \tag{11}$$

ist.

Analog zu Lemma 115 folgt auch aus dem analytischen Verhalten der Funktion Gl. (11)

Lemma 117. *Sind die Punkte $\mathfrak{x}_0$ einer Umgebung $\mathfrak{x}_0 \mathfrak{y}_0 \geqq \tau$ des Punktes $\mathfrak{y}_0$ L-Stellen einer Charakteristik, so sind alle Punkte der Einheitskugel L-Stellen dieser Charakteristik.*

Es gilt nun weiterhin

Lemma 118. *Jede Strahlungscharakteristik besitzt mindestens eine L-Stelle und auch mindestens eine C-Stelle.*

Nach Lemma 63 verschwindet nämlich für jedes t das nach Gl. (7) aus den Real- und Imaginärteilen von $\mathfrak{F}(\mathfrak{x}_0)$ gebildete Feld

$$\mathfrak{F}_1(\mathfrak{x}_0) \cos \omega t + \mathfrak{F}_2(\mathfrak{x}_0) \sin \omega t \tag{12}$$

mindestens einmal. Eine Nullstelle dieses reellen Flächenfeldes entspricht aber einer L-Stelle des komplexen Feldes $\mathfrak{F}(\mathfrak{x}_0)$, da das Verschwinden von Gl. (11) bedeutet, daß $\mathfrak{F}_1$ und $\mathfrak{F}_2$ linear abhängig sind.

Zum Beweis der zweiten Behauptung nehmen wir an, es gäbe keine C-Stelle und $\mathfrak{F}^2$ wäre stets von Null verschieden. Dann könnten wir

$$\frac{1}{\sqrt{\mathfrak{F}^2}} \mathfrak{F} = \mathfrak{f} = \mathfrak{f}_1 + i \mathfrak{f}_2 \tag{13}$$

eindeutig auf Ω definieren, und es würde für das reelle Feld $\mathfrak{f}_1$ stets

$$\mathfrak{f}_1^2 = 1 + \mathfrak{f}_2^2 \geqq 1 \tag{14}$$

gelten, was nach Lemma 63 nicht möglich ist.

Wir beweisen nun

Satz 73. *Besitzt die Strahlungscharakteristik $\mathfrak{F}(\mathfrak{x}_0)$ nur isolierte L-Stellen, so verschwindet sie an mindestens einer dieser Stellen.*

Zum Beweise denken wir uns um die endlich vielen isolierten L-Stellen $\mathfrak{x}_{01}, \ldots, \mathfrak{x}_{0n}$ Kreise K_ν gezeichnet, die paarweise punktfremd sind. Wir bilden weiterhin das von t abhängige reelle Feld

$$\mathfrak{v}(\mathfrak{x}_0; t) = \mathfrak{F}_1(\mathfrak{x}_0) \cos \omega t + \mathfrak{F}_2(\mathfrak{x}_0) \sin w t. \tag{15}$$

Für jeden Wert von t besitzt dieses Feld eine Nullstelle. Wir denken uns nun $n+1$ verschiedene Zahlen $T_\varkappa$ mit

$$0 \leqq T_\varkappa < \frac{\pi}{\omega} \qquad \varkappa = 1, \dots n+1 \tag{16}$$

gewählt.

Die Nullstellen der $(n+1)$-Felder $\mathfrak{v}(\mathfrak{x}_0; T_\varkappa)$ verteilen sich dann auf die n-Punkte $\mathfrak{x}_{01}, \dots, \mathfrak{x}_{0n}$, so daß in mindestens einem Punkte $\mathfrak{x}_{0\nu}$ zwei Felder mit verschiedenen $T_\varkappa$ verschwinden. Dies ist nur möglich, wenn dort $\mathfrak{F}_1$ und $\mathfrak{F}_2$ gleichzeitig Null sind.

Wir wollen nun annehmen, daß die Charakteristik $\mathfrak{F}(\mathfrak{x}_0)$ nur isolierte C-Stellen $\mathfrak{x}_{01}, \dots, \mathfrak{x}_{0n}$ besitzt. Für $\mathfrak{x}_0 \neq \mathfrak{x}_{0\nu}$ ist dann $\sqrt{\mathfrak{F}^2}$ eine mindestens zweimal stetig differenzierbare Funktion, die wir im allgemeinen jedoch nicht eindeutig auf der Kugel definieren können. Bei Fortsetzung entlang einer geschlossenen Kurve hat diese Funktion eventuell ihr Vorzeichen geändert. Entsprechend ist das komplexwertige Flächen feld

$$\mathfrak{f} = \frac{1}{\sqrt{\mathfrak{F}^2}}\,\mathfrak{F} \tag{17}$$

im allgemeinen auch nicht eindeutig. Bilden wir jedoch nach Einführung eines Systems von Flächenkoordinaten mit

$$\mathfrak{f} = f^1\,\mathfrak{x}_{|1} + f^2\,\mathfrak{x}_{|2} \tag{18}$$

das Feld $\mathfrak{w}$ mit den Komponenten

$$w^j = f^r f^j_{||r} - f^j f^r_{||r}, \tag{19}$$

so ist dieses Feld eindeutig, und es gilt nach Lemma 55 wegen $f^r f_r = 1$

$$w^j_{||j} = 1\,. \tag{20}$$

Ist andererseits C eine geschlossene, stückweise stetig differenzierbare Kurve mit gegebenem Umlaufsinn, die keinen der Punkte $\mathfrak{x}_{0\nu}$ enthält, so können wir analog zu Definition 13 auch die Umlaufzahl des Feldes $\mathfrak{f}$ bezüglich der Kurve C definieren. Entgegen den in § 13 durchgeführten Überlegungen läßt sich hier wegen der Mehrdeutigkeit des Feldes $\mathfrak{f}$ jedoch nicht mehr schließen, daß sich der Winkel zwischen dem Tangentenvektor $\mathfrak{t}$ der Kurve und dem Vektor $\mathfrak{f}$ bei einmaligem Umlauf um $2\pi n$ geändert hat, da $\mathfrak{f}$ das Vorzeichen wechseln kann. Die Änderung des Winkels ist aber stets ein Vielfaches von π. Für die komplexen Felder $\mathfrak{f}$ ist daher die Umlaufzahl im allgemeinen nicht ganzzahlig, sondern halbzahlig. Nach Definition 14 können wir den Punkten $\mathfrak{x}_{0\nu}$ auch Indizes zuordnen, die aber wiederum nicht nur ganzzahlig sind, sondern auch halbzahlig sein können.

Wir bilden nun

Definition 22. *Die Strahlungscharakteristik* $\mathfrak{F}(\mathfrak{x}_0)$ *besitze in den Punkten* $\mathfrak{x}_{01}, \ldots, \mathfrak{x}_{0n}$ *isolierte C-Stellen. Die Indizes dieser Punkte bezüglich des Feldes* $\mathfrak{F}(\mathfrak{x}_0)$ *seien* $J(\mathfrak{F}, \mathfrak{x}_{0\nu})$. *Dann nennen wir*

$$k_\nu = 2\,J(\mathfrak{F}, \mathfrak{x}_{0\nu})$$

die Ordnung der C-Stelle $\mathfrak{x}_{0\nu}$.

Aus Lemma 64 erhalten wir daher

Satz 74. *Besitzt die Strahlungscharakteristik* $\mathfrak{F}(\mathfrak{x}_0)$ *nur isolierte C-Stellen* $\mathfrak{x}_{0\nu}$ *der Ordnungen* k_ν, *so ist die Summe der Ordnungen gleich* 4.

In Zusammenfassung unserer Ergebnisse folgt daher, daß eine elektromagnetische Ausstrahlung asymptotisch in mindestens einer Richtung linear und in mindestens einer Richtung zirkular polarisiert ist. Ist die Ausstrahlung für alle Richtungen eines von Null verschiedenen räumlichen Winkels linear bzw. zirkular polarisiert, so ist die Ausstrahlung für alle Richtungen asymptotisch zirkular bzw. linear polarisiert.

Sind die Richtungen, in denen lineare bzw. zirkulare Polarisation auftritt, isoliert, so lassen sich Verschärfungen dieser Beziehungen formulieren. Da es jedoch möglich ist, daß diese Polarisationseigenschaften nicht nur isoliert, sondern für alle Richtungen eintreten, die durch eine oder mehrere Kurven auf der Einheitskugel gekennzeichnet sind, stellen diese Ergebnisse noch nicht eine volle Beschreibung der Polarisationserscheinungen der Strahlungscharakteristiken dar.

Verzeichnis der Sätze, Lemmata und Definitionen

Literatur

Die folgende Liste enthält, ohne Anspruch auf Vollständigkeit, eine Reihe von Büchern und Monographien, die entweder den Inhalt der vorliegenden Darstellung berühren oder Anwendungen der Technik und Physik behandeln.

Bohr, B. B., u. E. T. Copson: The Mathematical Theory of Huygens' Principle, Oxford 1950.

Bateman, H.: Electrical and Optical Wave Motion, New York 1955.

Becker, R.: Theorie der Elektrizität, Leipzig 1944.

Beckmann, B.: Die Ausbreitung der elektromagnetischen Wellen, Leipzig 1948.

Bergmann, L., u. H. Lassen: Ausstrahlung, Ausbreitung und Aufnahme elektromagnetischer Wellen (Lehrbuch der drahtlosen Nachrichtentechnik), Berlin 1940.

Borgnis, F., u. C. Papas: Randwertprobleme der Mikrowellenphysik, Berlin 1955.

Born, M.: Optik, Berlin 1930.

Bouwkamp, C. J.: Diffraction Theory, Reports on Progress in Physics, Bd. 17 (1954) 35.

de Broglie, L.: Problèmes de Propagations Guidés des Ondes Electromagnétiques, Paris 1951.

Courant, R., u. D. Hilbert: Methods of Mathematical Physics, New York 1955.

Frank, P., u. R. v. Mises: Die Differential- und Integralgleichungen der Mechanik und Physik, Braunschweig 1930.

Hobson, E. W.: The Theory of Spherical and Ellipsoidal Harmonics, Cambridge 1931.

Kahan, T.: Les cavités électromagnétiques et leurs applications en radiophysique, Mémorial des Sciences Physiques, Bd. 60, Paris 1956.

Lense, J.: Kugelfunktionen, Leipzig 1950.

Marcuvitz, N.: Waveguide Handbook, New York 1951.

Page, L., and N. Adams: Principles of Electricity, New York 1945.

Petrovski, J. G.: Vorlesungen über Partielle Differentialgleichungen Berlin 1954.

Poincaré, H.: Electricité et Optique, Paris 1954.

Rayleigh, Lord (Smith, J. W.): The Theory of Sound, New York 1945.

Schäfer, C.: Einführung in die Maxwellsche Theorie der Elektrizität und des Magnetismus, Berlin 1949.

Schelkunoff, S. A.: Electromagnetic Waves, New York 1943.

Slater, J., u. N. Frank: Electromagnetism, New York 1947.

Sommerfeld, A.: Vorlesungen über Theoretische Physik, Wiesbaden 1950.

Stratton, J. A.: Electromagnetic Theory, New York 1941.

Wagner, K. W.: Elektromagnetische Wellen, Basel 1954.

Zuhrt, H.: Elektromagnetische Strahlungsfelder, Berlin 1953.

Namen- und Sachverzeichnis

Die Seitenzahlen in *kursiver* Schrift bezeichnen die Stelle, an der das Stichwort ausführlich behandelt wird

721/24/56 — III/18/203